本书部分精彩分析图片

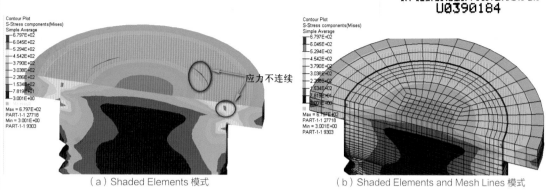

图 4-69 显示模式

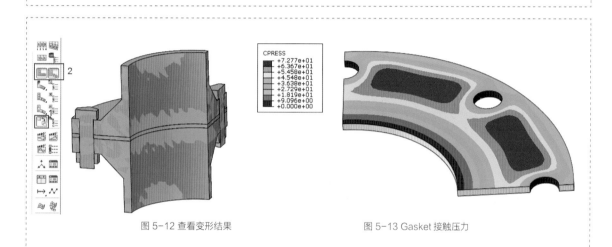

图 5-12 查看变形结果　　　　　图 5-13 Gasket 接触压力

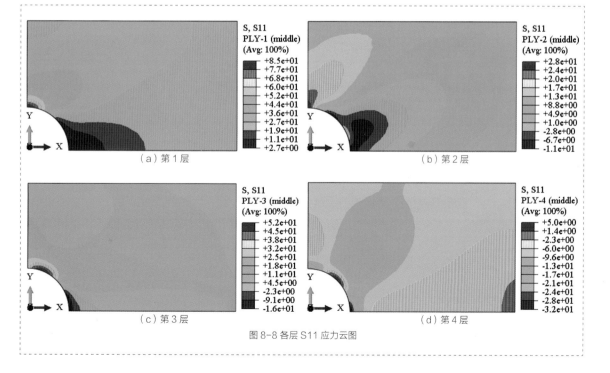

图 8-8 各层 S11 应力云图

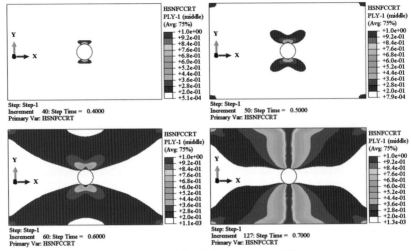

图 9-17 各时刻第一层的 HSNFCCRT 云图

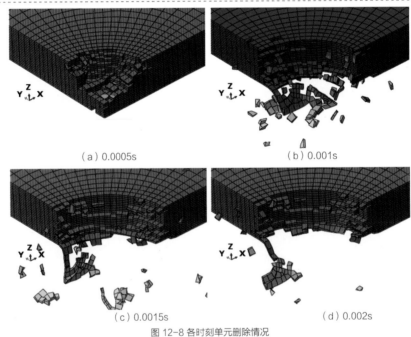

图 12-8 各时刻单元删除情况

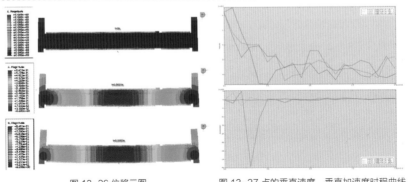

图 13-26 位移云图　　　　图 13-27 点的垂直速度、垂直加速度时程曲线

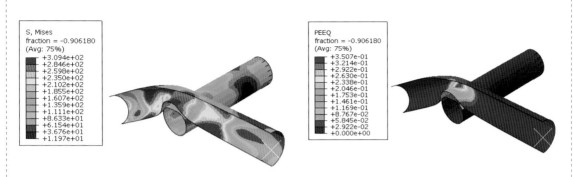

(a) 等效应力云图　　　　　　　　　　　　　　(b) 塑性应变云图

图 14-17 质量加速后的计算结果云图

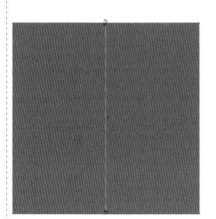

图 15-5 分割线

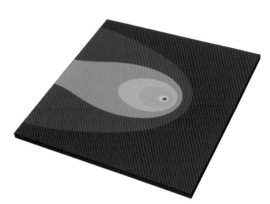

图 15-13 温度分布云图

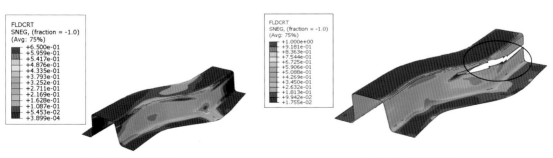

图 18-72 成形极限云图　　　　　　　　　　　　图 18-75 成形极限云图

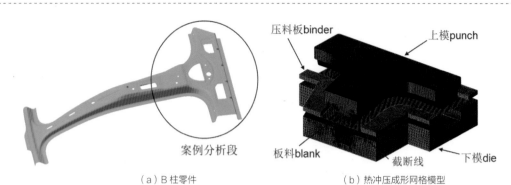

图 19-1 B柱"大头段"热冲压成形网格模型

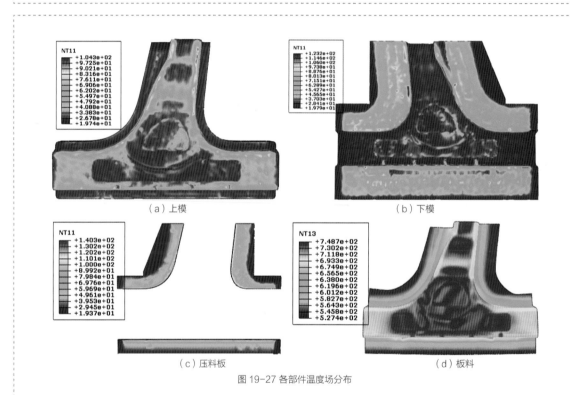

图 19-27 各部件温度场分布

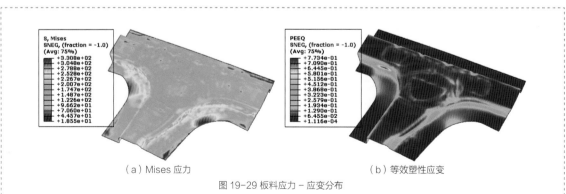

图 19-29 板料应力-应变分布

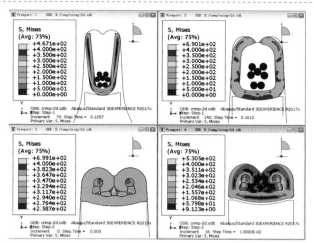

图 20-6 应力分布

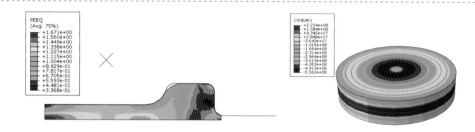

(a) PEEQ 计算结果　　(b) 未变形 CSHEAR1 云图

图 21-17 有摩擦计算结果

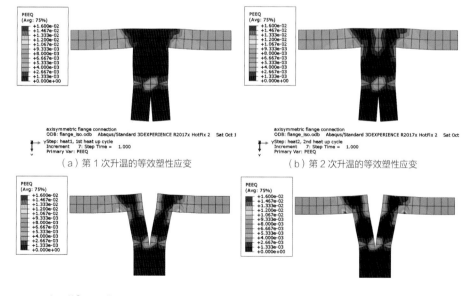

(a) 第 1 次升温的等效塑性应变　　(b) 第 2 次升温的等效塑性应变

(c) 第 3 次降温的等效塑性应变　　(d) 第 4 次降温的等效塑性应变

图 22-12 法兰等效塑性应变

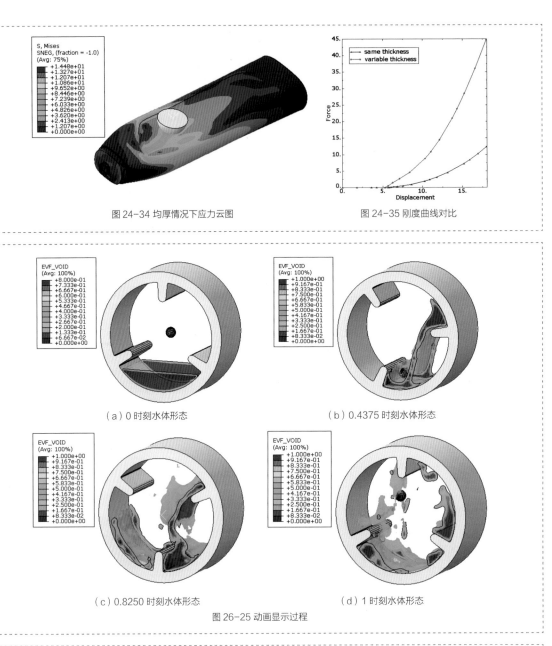

图 24-34 均厚情况下应力云图　　图 24-35 刚度曲线对比

(a) 0 时刻水体形态　　(b) 0.4375 时刻水体形态

(c) 0.8250 时刻水体形态　　(d) 1 时刻水体形态

图 26-25 动画显示过程

图 27-17 温度场分布云图　　图 27-18 电势分布云图　　图 27-19 1s 时瞬态温度场分布

图 28-20 可变形制动盘位移分布　　　　图 28-21 可变形制动盘应力分布

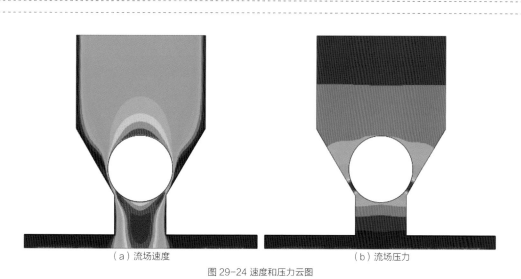

（a）流场速度　　　　　　　　　　　（b）流场压力

图 29-24 速度和压力云图

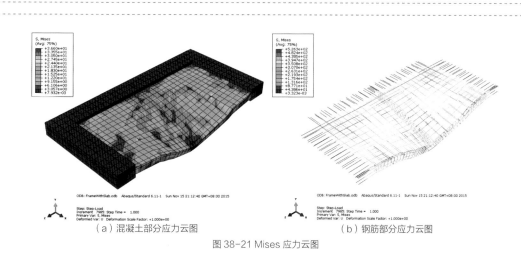

（a）混凝土部分应力云图　　　　　　　（b）钢筋部分应力云图

图 38-21 Mises 应力云图

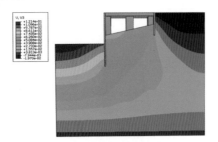
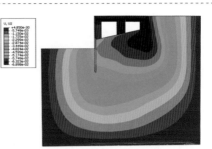

图 39-34 竖向位移分布等值云纹图　　　　图 39-35 水平向位移分布等值云纹图

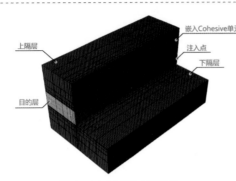
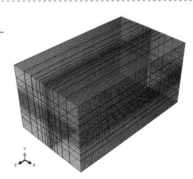

图 40-1 水力压裂有限元模型　　　　图 40-8 选择嵌入的内面位置

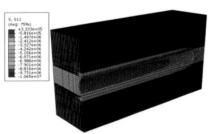
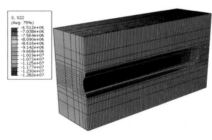

（a）实体单元 S11（最小水平正应力方向）　　（b）实体单元 S22（垂向正应力方向）

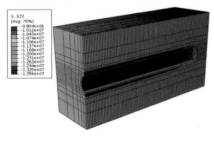

（c）实体单元 S33（最大水平正应力方向）　　（d）Cohesive 单元厚度方向应力

图 40-28 模型各部分应力云图分布

ABAQUS
分析之美

江丙云　孔祥宏　
树　西　苏景鹤　等著

人民邮电出版社
北　京

图书在版编目（CIP）数据

ABAQUS分析之美 / 江丙云等著. -- 北京：人民邮电出版社，2018.9（2024.3重印）
ISBN 978-7-115-48510-6

Ⅰ．①A… Ⅱ．①江… Ⅲ．①有限元分析－应用软件 Ⅳ．①O241.82-39

中国版本图书馆CIP数据核字(2018)第118057号

内 容 提 要

本书坚持"工程需分析"的工匠精神，心怀"分析即是美"的人文情怀，删除空洞理论，摒弃传统"理论介绍→实例讲解→软件操作"的编撰套路，采用读者更容易接受的"基于典型实例，以'工程目的→分析思路→操作流程→结果判读'为主线，穿插知识点和注意事项"的新颖讲解方式，着眼于工程中亟待解决的问题进行分类阐述，如接触收敛，复材强度，跌落碰撞，焊接仿真，薄板成形，体积成型，循环载荷，联合仿真，CEL仿真，热流固耦合，参数优化，非参优化，子程序和GUI，以及土木建筑等，并提供了完善的分析解决方案，以使读者感受CAE的魅力，享受Abaqus分析之美。

全书由23位CAE行业顶尖大咖倾力编写，历时3年5易其稿，并经由50余位行业专家评审和Abaqus原厂监制。涉及内容由编委会与1000余位网友互动交流后确定，力求提供读者最需要的工程技术知识、案例与经验。

本书提供配套模型源文件和视频讲解，读者可扫描前言或封底二维码进行下载。源文件+"step by step"操作视频+QQ群+"iCAX"和"CAETube"公众号等，构成可及时沟通交流的系统教程，为具有一定Abaqus基础的汽车、机械、电子、航空及土木等领域的工程师和科研人员提供CAE学习方法。

◆ 著　　江丙云　孔祥宏　树　西　苏景鹤　等
责任编辑　杨　璐
责任印制　陈　犇

◆ 人民邮电出版社出版发行　北京市丰台区成寿寺路11号
邮编 100164　电子邮件 315@ptpress.com.cn
网址 http://www.ptpress.com.cn
固安县铭成印刷有限公司印刷

◆ 开本：787×1092　1/16
印张：32.5
字数：971千字

插页：1
2018年9月第1版
2024年3月河北第10次印刷

定价：108.00元

读者服务热线：(010)81055410　印装质量热线：(010)81055316
反盗版热线：(010)81055315
广告经营许可证：京东市监广登字20170147号

编委会

主编

江丙云　上海交通大学博士，CAETube创始人，从事电子、汽车零部件和新能源Pack轻量化设计，以及注塑/冲压-结构联合仿真工作；编著有《ABAQUS工程实例详解》和《ABAQUS Python二次开发攻略》等。

孔祥宏　工学博士，毕业于南京航空航天大学，现就职于上海卫星工程研究所，从事卫星结构设计与分析工作；编著有《ABAQUS工程实例详解》等。

树　西　哈尔滨工业大学博士生，哈尔滨万洲焊接技术有限公司技术总监，国际焊接工程师，研发有新型搅拌摩擦焊接、智能焊接和增材制造等设备。

苏景鹤　SimWe论坛资深版主，硕士毕业于西安交通大学，从事CAE工作10余年，爱好程序设计，编著有《ABAQUS Python二次开发攻略》等。

编委（按拼音排序）

陈　东　广汽研究院车身工程部副部长，在白车身和内外饰领域具有17年工作经验，开发整车项目10余款。

陈佳敏　北京星辰北极星科技有限公司创始人，从事Abaqus GUI二次开发工作，主要研究的仿真领域有石油工程、岩土工程和金属加工工艺等。

范光召　清华大学结构工程研究所攻读博士学位，主要从事建筑结构抗震、高性能构件的研究工作。

顾亦磊　硕士毕业于西北工业大学飞行器设计专业，就职于上海卫星工程研究所，历任多个型号卫星的结构系统主任设计师，精通ABAQUS卫星复材分析。

顾　仲　东南大学研究生，多年从事CAE优化分析研究工作，开发和设计过多款GUI应用程序。

贺　斌　博士毕业于大连理工大学，擅长ABAQUS的结构分析、冲压分析和热力耦合分析，现主要从事新能源汽车Pack开发的相关仿真工作。

贾利勇　硕士，帝国理工学院访问学者，主要从事飞机结构设计和复材结构分析工作，精通ABAQUS子程序开发及Python二次开发，编著有《ABAQUS GUI程序开发指南：Python语言》。

姜叶洁　硕士毕业于湖南大学，于广汽研究院从事汽车CAE分析工作8年。

孔祥森　硕士毕业于上海航天技术研究院飞行器设计专业，就职于上海卫星工程研究所，卫星结构主任设计师，负责多项航天产品的仿真、开发与研制工作。

刘向征 硕士，从事汽车CAE分析工作13年，参与研发10余款车型，现任车身分析科科长。

龙逢兵 精通ABAQUS、Dyna和HyperWorks，从事结构碰撞分析工作10余年；2004年毕业于南京航空航天大学，目前就职于上汽依维柯红岩商用车有限公司。

罗元元 高级结构分析工程师，ABAQUS资深培训师，毕业于武汉大学，10余年世界500强企业机电产品分析经验，编著有《ABAQUS工程实例详解》。

唐晓楠 毕业于四川大学，目前在金发科技任产品支持工程师，主要从事结构分析和模流分析工作，具有7年CAE经验。

王 雯 南京航空航天大学研究生，从事CAE结构分析工作多年，擅长冲压成形分析，二次开发有钣金成形GUI。

王 琰 硕士毕业于河海大学，现就职于中交第四航务工程勘察设计院，从事港口工程设计工作，具有5年ABAQUS水利水运工程分析经验。

武跃维 硕士毕业于西北工业大学，主要研究方向为热传导的数值分析计算，现从事CAE求解器开发工作。

谢卫亮 毕业于河北工程大学，目前在金江机械有限公司任职产品开发经理，开发设计汽车悬架摆臂总成与转向拉杆总成产品。

姚 伟 就职于世界500强公司，从事CAE仿真分析工作，擅长机电产品结构强度分析、温升分析和信号完整性仿真分析。

张 鹏 毕业于浙江理工大学，从事CAE工作6年，现就职于博郡新能源汽车公司，主要从事结构强度、疲劳和优化工作。

评委（按拼音排序）

白 锐 达索SIMULIA亚太区战略发展总监

鲍益东 南京航空航天大学机电学院 副教授

曹金凤 《ABAQUS有限元分析常见问题解答》作者、青岛理工大学理学院力学教研室主任、副教授

曹 鹏 清华大学博士后、青海大学三江源学者

陈昌萍 厦门海洋职业技术学院 校长、博士生导师

陈 雷 重庆长安汽车股份有限公司 产品开发二部内外饰所 副所长（原内外饰CAE室室主任）

程　亮	WELSIM仿真软件创始人、博士
杜显赫	SimWe论坛资深版主、清华大学 博士
范铁钢	中国石油天然气管道科学研究院有限公司材料所 博士
高绍武	达索SIMULIA高级技术经理 博士
高照阳	上海德沪涂膜设备有限公司 技术总监、博士
胡　明	浙江理工大学机械与自动控制学院 副院长、教授、博士生导师
黄　霖	美敦力上海创新中心 首席科学家、博士
黄诗尧	福特汽车工程研究（南京）有限公司 材料&制造 研究员、博士
黄在伟	深圳市银宝山新科技股份有限公司 产品开发总监
金　晶	巴斯夫（中国）有限公 CAE亚洲区经理
李保罗	深圳比克动力电池有限公司 CAE经理
李大永	上海交通大学 教授、博士生导师
李　建	欧特克软件（中国）有限公司 Moldflow产品技术经理
李　娟	浙江吉利控股集团有限公司 CAE主任工程师
李　礼	联合仿真专家
李萌蘖	国家"千人计划"创新人才特聘专家 教授
李伟国	泰科电子(上海)有限公司 CAE主任工程师
李　岩	青岛海尔模具有限公司 CAE经理
林　丽	大北欧通讯设备（中国）有限公司 仿真专家
刘　敏	上汽集团上海捷能汽车技术有限公司 CAE资深主管
刘明建	vivo维沃移动通信有限公司 开发三部 CAE经理
刘笑天	长城汽车传动研究院电驱动设计部 CAE分析组组长
龙旦凤	美的中央空调先行研究中心 仿真专家、博士
聂文武	潍柴动力上海研发中心计算分析所 结构分析主任工程师
欧相麟	金发科技股份有限公司 技术经理
欧阳汉斌	南方医科大学 基础医学院、博士
祁　宙	上海毓恬冠佳汽车零部件有限公司 新事业部经理
沈新普	《基于ABAQUS的有限元分析和应用》作者、中国石油大学（华东）特聘教授、博士
石亦平	《ABAQUS有限元分析实例详解》作者、北京金风科创风电设备有限公司 总工程师助理、博士
谭慧明	河海大学港口海岸及近海工程学院 副教授
谭景磊	GE航空工程部 主管工程师

唐礼冬 富士康科技集团工程分析课 课长
陶明川 德尔福派克电气系统有限公司 CAE资深工程师
万　龙 哈尔滨万洲焊接技术有限公司 董事长兼技术经理
汪昌盛 博士、上海理工大学机械工程学院 讲师
王　康 番禺得意精密电子工业有限公司 CAE经理
魏先潘 宁波舜宇光电信息有限公司 CAE高级工程师
杨　洁 中国汽车工程学会轻量化部 部长、汽车轻量化技术创新战略联盟 副秘书长
杨良波 金发科技有限公司车用材料事业本部 技术经理
姚永汉 DS SIMULIA Tosca优化设计 技术支持
姚宗撰 DS SIMULIA二次开发技术支持、博士
叶　豪 温州医科大学数字化医学研究所实验技术专家
殷黎明 昆山嘉华精密工业有限公司 技术总监
张　磊 清华大学土木水利学院 博士
张　健 广汽研究院 仿真主管工程师

总统筹

姚新军 成都道然科技有限责任公司/CAE技术大系总策划

序一

有限元分析作为一项主要的计算机辅助工程（CAE）技术，已广泛应用于产品创新设计、制造过程分析及工艺参数优化等，成为企业创新、科研攻关的重要元素，其原因一方面得益于界面友好和功能强大的有限元软件的发展，另一方面也离不开包括本书编著者在内的一大批有限元分析技术传播者的贡献。

江丙云是我的博士研究生中勤奋并刻苦钻研的学生之一，有限元软件应用和写作是他做学位课题研究之余的两个主要爱好。他曾任职于世界500强企业，专职从事工程分析工作，也担任过Abaqus软件技术支持工程师，具有丰富的有限元分析经验和突出的工程应用能力，能将许多成果与工程实际进行紧密结合。

好的工程参考实例，可以让人正确地掌握有限元分析技术，在解决实际问题时减少盲目摸索，从而达到事半功倍的效果。Abaqus作为国际知名的有限元分析软件，具有丰富的案例和行业交流群，有利于促进有限元分析技术的应用。

本书将Abaqus操作流程与工程分析经验充分结合，涉及接触计算、复合材料、结构强度、流固耦合、成型过程、参数优化及子程序开发等内容，针对工程实例详细描述其问题及解决方案，展现有限元分析之美。

本书编者均来自知名高校和各大行业的CAE领域，他们充分发挥各自的专业所长，将丰富的科研和实践经验融入各行产品的设计、分析和优化中。相信本书的出版能够对从事CAE分析的工程师和高校科研人员提供帮助，并为有限元技术在中国的应用做出一点贡献。

李大永　教授
2017年12月于上海交通大学

序二

"工业4.0"和"中国制造2025"的提出，要求产品和零部件的设计越来越复杂和精密，进一步要求产品性能的预测更加精准和快速，同时对于现今产品的制造也迫切需要更多的新型加工方式。无论是产品性能的提前预测还是加工制造的可行性评估，人们都没有太多经验可供参考，必须采用更为先进的有限元分析（CAE）方法，以提高产品性能和优化生产工艺。

计算机技术和数值方法的突飞猛进，也助力了有限元技术的普及应用，使其已成为一种解决结构、流体、热和工艺等问题的必备方法。Abaqus为一套功能强大的大型通用有限元软件，其承载并集合众多分析能力于一身，解决问题的范围从相对简单的线性分析到许多复杂的非线性问题，特别是在结构力学领域，具有很高的知名度和广泛的用户群，分析结果具有极高的精准性和可靠性，能够为新材料的力学行为提供充分分析，为复杂产品的细节提供全面设计，为新型工艺的制造提供灵活解决方案。

江丙云、孔祥宏、树西、苏景鹤、贾利勇、陈佳敏和罗元元等众多作者在行业内都具有较高的人气，他们撰写的《ABAQUS工程实例详解》《ABAQUS Python二次开发攻略》和《ABAQUS GUI程序开发指南》等图书在行业内具有较高的销量和参考价值，他们录制的视频教程在微信、微博等新媒体上具有较高的观看人次，他们无私的奉献为CAE的普及和推广尽到了绵薄之力。我认识他们多年，他们都是相当认真、负责和严谨之人。我三年前就知道他们在编著本书，了解到新书的恢宏和作者团队的强大，同时也得知有众多汽车主机和零部件工厂的领导参与了审稿和点评，更加期待新书的出版上市。

我不久前收到全书书稿，认真翻阅后更加确定了本书值得推荐。本书结合了作者多年工作经验，完全基于工程实际案例，各自发挥所长，从实际问题描述、分析思路、操作方法和结果判读等方面，详细讲解了Abaqus/CAE、Abaqus/Standard、Abaqus/Explicit、Abaqus/CFD和Abaqus/ATOM等模块，在接触收敛，复材强度，跌落碰撞，焊接成型，土木建筑，参数和非参优化，以及子程序和GUI等上的应用，特色非常鲜明，书中介绍的一些解决实际问题的技巧，相信能够为读者解决实际问题提供一些思路。

高绍武　博士
达索SIMULIA高级技术经理
2017年冬于上海汇亚大厦

前言

企业和高校中广泛应用的Abaqus被认为是最强的通用有限元软件,没有"之一",其力学分析能力未逢棋手。

本书从2015年开始筹备,以"形散神不散"的核心思想,汇聚了23位Abaqus天团成员,历时3年倾力编著,并由50余位行业专家对各章节进行分别审稿和点评,以及1000多位网友互动。

请关注公众号"iCAX"和"CAETube",下载和观看本书配套模型和视频。

本书特色

- 本书5易其稿,历时3年,23位作者参编,50余位行业专家审稿,原厂监制;时刻保持与同行深入交流,编写出读者最需要的内容。
- 本书坚持"工程需分析"的工匠精神,心怀"分析即是美"的人文情怀,删除空洞理论,详解必备核心知识。
- 本书着眼于工程中亟待解决的问题进行分类阐述,并提供完善的解决方案,以使读者在学习中享受分析之美。
- 本书选取与工程实际紧密贴合的行业典型实例,与那些重演帮助文档案例的图书有较明显区别。
- 本书采用的许多行业案例,市面上Abaqus类书籍鲜有涉及,如复合材料、焊接成型、联合仿真、CEL仿真、参数优化和土木建筑等。
- 本书摒弃传统"理论介绍→实例讲解→软件操作"的编撰套路,采用读者更容易理解的"基于典型实例,以'工程目的→分析思路→操作流程→结果判读'为主线,穿插知识点和注意事项"的新颖方式。
- 本书提供全部模型文档和视频讲解文件,读者可边看视频边操作;同步依托微信群、公众号和小程序等,构成可及时沟通交流的生态系统。

本书主要面向具有一定基础的Abaqus工程师和科研人员,可帮助汽车、机械、电子、航空和土木等领域相关人员学习CAE方法并享受分析之美。

主要内容

本书依据工程领域和热门知识点,分为14部分,共计40讲内容。

第1部分，接触收敛，由第1~6讲组成。包括Abaqus的网格划分和非线性引入接触收敛类工程实例，如汽车球销、螺纹啮合、螺栓预紧和垫片密封等。

第2部分，复材强度，由第7~12讲组成。以Cohesive单元的应用引入复材分析，详细讲解复合材料层压板的强度分析方法，如USDFLD、UMAT和VUMAT子程序等。

第3部分，跌落碰撞，由第13~14讲组成。采用显式动力学分析方法，详细讲解电子产品的跌落分析及高压线的高速碰撞分析。

第4部分，焊接仿真，由第15~17讲组成。通过3个案例，详细讲解铝合金TIG的焊接、激光填丝钎焊及温度诱导氢扩散等分析。

第5部分，薄板成形，由第18~19讲组成。以汽车S轨的冷冲与高强度钢的热冲为例，详细介绍如何运用Abaqus对钣金件进行成型性能分析和失效判断。

第6部分，体积成型，由第20~21讲组成。针对金属大变形，以线束压接和圆盘锻压为例，详细讲解其分析过程和注意要点。

第7部分，循环载荷，由第22讲组成。以法兰循环受载为例，详细介绍了如何在软件中使用循环载荷进行金属材料的加工硬化分析。

第8部分，联合仿真，由第23~24讲组成。以注塑-结构、吹塑-结构联合分析为例，详细介绍如何将制造工艺仿真与结构强度分析进行联合，以使分析结果更加接近实际。

第9部分，CEL仿真，由第25~26讲组成。采用CEL方法处理橡胶大变形和流固耦合，详细讲解橡胶密封和洗衣机搅拌过程的分析。

第10部分，热流固耦合，由第27~29讲组成。采用Abaqus多物理场能力，讲解氧传感器的热应力、汽车刹车片的热力耦合，以及汽车防抱死系统的流固耦合等。

第11部分，参数优化，由第30~31讲组成。以连接器正向力分析和笔盖插入力分析为例，详细介绍了参数化设计方法和关键字编写流程。

第12部分，非参优化，由第32~33讲组成。以飞机起落架扭力臂和风力涡轮机轮轴为例，详细讲解了非参优化中最为重要的拓扑和形状两种优化方法。

第13部分，子程序和GUI，由第34~37讲组成。以杆单元为例演示了Abaqus强大的脚本功能，以Dload动态轴承载荷和Dflux焊接热分析为例，讲解了Abaqus优秀的子程序分析能力，并通过GUI实现六边形蜂窝结构的自动建模。

第14部分，土木建筑，由第38~40讲组成。以钢筋混凝土框架、桩基与地下连续墙组合码头结构和深层岩石为例，详细讲解了其分析流程和失效判断等。

技术支持

本书配套模型和视频，读者可关注"iCAX"和"CAETube"公众号，以及QQ群"CAE分析之美（234253423）"，进行下载和观看，在学习过程中如遇到困难，也请与我们联系。

如果读者无法通过微信和QQ访问，那么可以给我们发送邮件，Email：CAETube@caetube.com。

致谢

非常感谢上海交通大学李大永教授和达索SIMULIA高级技术经理高绍武博士百忙中为本书作序，以及杨洁部长、李萌蘖教授、沈新普教授、鲍益东副教授、曹金凤副教授、殷黎明总监等前辈的悉心指导。

此外，编者在编写中得到了季湘樱、杜显赫、姚宗撰、曹鹏、杨丽红和陈晓豫等朋友，以及富士康工程分析小伙伴们的鼎力相助，在此一并致谢。也非常感谢家人和朋友的大力支持，王琰尤其感谢周喆女士的相伴相随；谨以此书献给所有关心、关怀和关爱我们的人！

虽然编者已对本书仔细检查多遍，力求无误，但由于水平有限，书中欠妥之处在所难免，恳请读者批评指正，以供修订之借鉴。

编委会
2018年6月于上海

目录

第 01 部分

接触收敛　015

第1讲　网格划分和单元编辑 / 江丙云 / 016

第2讲　汽车球销安全分析 / 谢卫亮 / 030

第3讲　钢管缩孔下料长度分析 / 谢卫亮 / 039

第4讲　螺纹啮合接触分析 / 龙逢兵 / 049

第5讲　螺栓预紧接触分析 / 罗元元 / 070

第6讲　垫片密封接触分析 / 武跃维 / 080

第 02 部分

复材强度　093

第7讲　浅析Cohesive单元分析 / 孔祥宏 / 094

第8讲　复合材料分析入门 / 孔祥宏 / 104

第9讲　复合材料层压板强度分析 / 顾亦磊 孔祥宏 / 119

第10讲　USDFLD子程序复合材料强度分析 / 顾亦磊 孔祥宏 / 131

第11讲　UMAT子程序复合材料强度分析 / 孔祥森 孔祥宏 / 139

第12讲　VUMAT子程序复合材料冲击损伤分析 / 孔祥森 孔祥宏 / 15

第 03 部分

跌落碰撞　166

第13讲　电子连接器跌落分析 / 唐晓楠 / 167

第14讲　金属管高速碰撞分析 / 江丙云 / 180

第 04 部分

焊接仿真　193

第15讲　铝合金TIG焊接分析 / 树西 / 194

第16讲　激光填丝钎焊分析 / 树西 / 203

第17讲　温度诱导氢扩散分析 / 树西 / 211

第 05 部分

薄板成形　216

第18讲　汽车S轨冲压成形和失效分析 / 王雯 江丙云 / 217

第19讲　高强度钢板热冲压成形分析 / 贺斌 / 246

第 06 部分

体积成型　261

第20讲　线束压接成型分析 / 姚伟 / 262

第21讲　圆盘锻压成型分析 / 江丙云 / 270

第 07 部分

循环载荷　285

第22讲　法兰循环载荷塑性硬化分析 / 姜叶洁 刘向征 / 286

第 08 部分

联合仿真　298

第23讲　水箱注塑成型和结构强度联合分析 / 江丙云 / 299

第24讲　水壶吹塑成型和结构强度联合分析 / 王雯 江丙云 / 309

目录

第 09 部分
CEL仿真 324
第25讲 橡胶密封圈CEL大变形分析 / 树西 / 325
第26讲 洗衣机滚筒CEL旋转分析 / 王雯 / 333

第 10 部分
热流固耦合 343
第27讲 氧传感器热应力分析 / 张 鹏 / 344
第28讲 汽车刹车片热力耦合分析 / 陈东 / 352
第29讲 汽车防抱死系统流固耦合分析 / 江丙云 / 368

第 11 部分
参数优化 378
第30讲 连接器正向力参数化分析 / 罗元元 / 379
第31讲 笔盖插入力参数化分析 / 苏景鹤 / 393

第 12 部分
非参优化 400
第32讲 飞机起落架扭力臂的拓扑优化分析 / 顾仲 / 401
第33讲 风力涡轮机轮轴的形状优化分析 / 江丙云 姚伟 / 422

第 13 部分
子程序和GUI 430
第34讲 一个杆单元的有限元世界 / 孔祥宏 / 431
第35讲 Dload子程序动态轴承载荷分析 / 苏景鹤 / 444
第36讲 Dflux的焊接热分析 / 苏景鹤 / 450
第37讲 六边形蜂窝结构自动建模开发 / 贾利勇 / 459

第 14 部分
土木建筑 467
第38讲 钢筋混凝土框架柱子的失效分析 / 范光召 李潇然 / 468
第39讲 新型桩基与地下连续墙组合码头结构分析 / 王琰 / 488
第40讲 深层岩石的水力压裂仿真分析 / 陈佳敏 / 507

第 01 部分

接触收敛

第1讲 网格划分和单元编辑

主讲人：江丙云

软件版本	分析目的
Abaqus 2017	2D平面、3D曲面和实体的网格划分

难度等级	知识要点
★★☆☆☆	草图绘制、种子设定、网格划分、网格编辑

1.1 2D平面网格划分实例

本例先绘制草图，然后基于此草图创建平面部件（Part），再对此平面Part进行网格划分。

○ 单元类型的选择也是重点。

1.1.1 问题描述

图1-1所示的2D平面几何，即为本例网格划分对象，其具体尺寸参见图中标示。

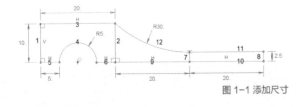

○ 也可通过File→Import→Sketch直接导入外部草图，如 AutoCAD DXF文件（*.dxf）。

图1-1 添加尺寸

1.1.2 草图绘制

打开 Abaqus/CAE，界面切换到 Sketch 模块。

应用命令Sketch → Create 或单击工具箱中的 （Create Sketch），在弹出的Create Sketch对话框中，草图名称（Name）默认为Sketch-1，草图尺寸（Approximate Size）约为100。单击对话框中Continue 按钮进入草图。

○ 草图尺寸可以简单理解为图纸大小，其大于草图最大尺寸即可。

1. 绘制垂直线1

应用命令 Add → Line → Connected Lines 或单击工具箱中的 （Create Lines: Connected），在草图下方提示栏输入起点（0,0），按 Enter 键或鼠标中键；在提示栏输入终点（0, 10），按 Enter 键即可完成长度为 10 的垂直线的绘制。

2.绘制垂直线2

应用命令 Add → Offset 或单击工具箱中的偏移曲线 ◢ (Offset Curves)，根据提示栏的提示选中上文所绘制的垂直线1并按鼠标中键确认 (Done)；在提示栏输入偏移距离 20 ← X Offset distance: 20 ，按鼠标中键确认后查看偏移的曲线是否在原垂直线1的右侧，若是则单击提示栏 OK 按钮，否则单击 Flip 按钮翻转偏移方向 ← X Is the offset shown on the correct side? OK Flip 。

3.绘制水平线3

单击工具箱中的 ✎ (Create Lines: Connected)，分别选择垂直线1和垂直线2的上顶点，绘制出水平线3。

4.绘制圆4、水平线5和水平线6

创建点：应用命令 Add → Point 或单击工具箱中的创建孤立点 ✚ (Created Isolated Point)，在提示栏输入 (10,0) ← X Pick a point--or enter X,Y: 10,0 ，按 Enter 键完成点的创建。

绘制圆4：应用命令 Add → Circle 或单击工具箱中的 ⊙，根据提示选择刚刚创建的点，即圆心；随后在提示栏输入 (15,0) 以确定圆的半径为 5 ← X Pick a perimeter point for the circle--or enter X,Y: 15,0 ，按 Enter 键完成圆的创建。

绘制水平线5：单击工具箱中的 ✎ (Create Lines: Connected)，根据提示选择垂直线1的下端点作为起点，水平交叉于左半圆作为终点。

绘制水平线6：同理，选择垂直线2的下端点作为起点，水平交叉于右半圆作为终点。

5.绘制垂直线7

单击工具箱中的偏移曲线 ◢ (Offset Curves)，根据提示选中上文绘制的垂直线2并按鼠标中键确认 (Done)；在提示栏输入偏移距离 20 ← X Offset distance: 20 ，按鼠标中键确认后查看偏移的曲线是否在原垂直线2的右侧，若是则单击提示栏 OK 按钮，否则单击 Flip 按钮翻转偏移方向。

6.绘制垂直线8

同上，单击工具箱中的 ◢，往右偏移垂直线7 20mm。

7.绘制水平线9和水平线10

绘制水平线9：单击工具箱中的 ✎ (Create Lines: Connected)，分别选择垂直线2和垂直线7的下端点。

绘制水平线10：同理，单击工具箱中的 ✎，分别选择垂直线7和垂直线8的下端点。

8.绘制水平线11

单击工具箱中的 ◢，往上偏移水平线10 2.5mm。

> ○ 曲线、圆等特征尺寸，可以通过坐标点提前确定，也可在草图绘制完成后，通过Add→Dimension添加尺寸，以及通过Edit→Dimension修改尺寸。

9.绘制弧线12

应用命令 Add → Arc → Tangent to Curves 或单击工具箱中的 ⌒ (Create Arc: Tangent to Adjacent Curves)，根据提示选择水平线11的左端点作为起点，选择水平线3的右端点作为终点，至此草图如图1-2所示。

裁剪多余线：应用命令 Edit → Auto-Trim 或单击工具箱中的自动修剪 ⊬ (Auto-Trim)，根据提示选择圆的下半部分、垂直线7和垂直线8的上面部分做裁剪删除，最终草图如图1-1所示。

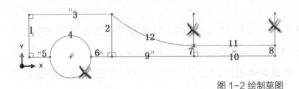

图 1-2 绘制草图

> 可应用命令 Add→Auto-Dimension 或单击工具箱中的 ⬚，根据提示选择线条做尺寸自动标注。同时应用 Edit→Dimension 或 Edit→Delete 编辑尺寸或删除多余尺寸。

1.1.3 创建 Part

切换到 Part 模块。

应用命令 Part → Create 或单击工具箱中的 Create Part ⬚，弹出图 1-3（a）所示的 Create Part 对话框，其中几何模型为二维平面（2D Planar）的变形体（Deformable）壳（Shell）。单击 Continue 按钮进入草图界面。

应用命令 Add → Sketch 或单击工具箱中的 Add Sketch ⬚，调入前文所绘制的草图 Sketch-1，单击提示栏中的 Done 按钮或按鼠标中键完成草图的调入。

根据提示 ⬚，单击 Done 按钮，弹出图 1-3（b）所示的警告信息，同时草图也会有图 1-3（c）所示的提示；此时应用命令 Delete ⬚，把垂直线 2 和垂直线 7 删除。

单击提示栏中的 Done 按钮或按鼠标中键，即完成 Shell 平面 Part 的创建。

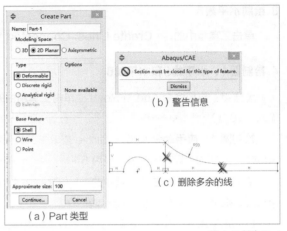

图 1-3 创建 Part

> 1. 通过 Modeling Space、Type 和 Base Feature 的不同组合，可以创建各种分析所需的几何模型。
> 2. 应用草图工具栏中的 Save Sketch As ⬚ 命令，可以把当前的草图另存一个草图以备后用；将 ⬚ 和 ⬚ 联合使用，对草图的装配、拆分特别有用，如调入 AutoCAD 模具装配图，拆分建立各零件图等。

1.1.4 网格划分

切换到 Mesh 模块，且 Object: ○ Assembly ● Part: Part-1 类型为 Part。

1. 切分平面

应用工具栏中的命令 Partition Face: Use Shortest Path Between 2 Points ⬚，根据提示，分别选中平面上原垂直线 2 和垂直线 7 相应的两点，切分后如图 1-4（b）所示。

> 工具栏图标右下角带有小箭头为可扩展工具，单击并长按可显示出全部工具，⬚。

2. 种子定义

应用命令 Seed → Edges 或单击工具箱中的 ⬚ Seed Edges，选中垂直线 1 并按鼠标中键，弹出 Local Seeds 对话框，如图 1-4（a）所示，在 Basic 选项卡中设置其边上节点个数为 5，同时在 Constraints 选项卡约束其节点个数不变。

同上，如图 1-4（b）所示，分别约束边线的种子个数，垂直线 1、垂直线 2、垂直线 7 和垂直线 8 为 5 个节点，水平线 3 和弧 4 为 20 个节点，水平线 5 和水平线 6 为水平线 4 个节点，水平线 9 和弧 12 为 10 个节点，水平线 10 和水平线 11 为 15 个节点。

○ 设定种子节点应避免过约束，通常建议选择Constraints选项卡的第1个约束，可允许节点增减。

3. 网格控制

应用命令 Mesh → Controls 或单击工具箱中的 ■（Assign Mesh Controls），根据提示，框选全部平面，按鼠标中键确定，弹出网格控制 Mesh Controls 对话框，如图 1-4（c）所示，设定网格单元形状 Element Shape 为四边形 Quad，网格划分技术 Technique 为自由划分 Free，网格划分算法 Algorithm 为中性轴算法 Medial axis。

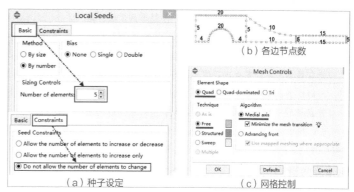

（a）种子设定　　　　　（c）网格控制

图 1-4 种子分布和网格控制

○ 不同颜色表示部件（Part）或实例（Instance）可以采取的网格划分技术：粉红色表示自由，绿色表示结构化，黄色表示扫描，橙色表示无法使用当前划分技术。

4. 单元类型

应用命令 Mesh → Element Type 或单击工具箱中的 ■（Assign Element Type），框选全部平面，按鼠标中键确定，弹出图 1-5 所示的单元类型 Element Type 对话框，选择类型为平面应变单元 CPE4R。

○ 1. Abaqus中，单元代号以字母和数字的组合来表示，如图1-5所示的CPE4R，其中C表示连续体Continuum，PE表示平面应变，4表示每个单元具有4个节点，R表示缩减积分。
2. 平面应变单元PE假定离面应变 ε_{33} 为0，用于模拟厚结构；平面应力单元PS假定离面应力 σ_{33} 为0，用于模拟薄结构。

图 1-5 单元类型

5. 网格划分

应用命令 Mesh → Part 或单击工具箱中的 ■（Mesh Part），单击提示栏中的 Yes 按钮或按鼠标中键完成网格划分，如图 1-6（a）所示。

如把图1-4（c）所示的网格划分算法改为进阶算法 Advancing front，则网格如图 1-6（b）所示。相对来说，图 1-6（a）所示的网格形状更为"养眼"，也更有利于求解收敛。

如果部件较为复杂，网格划分困难，则可进行区域切分，再应用命令 Mesh → Region 先后主次分区划分，以保证关键区域的网格质量最优。

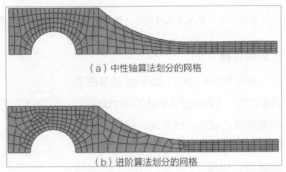

○ 中性轴算法是把目标区域分割为一些简单的区域，然后使用结构化技术对其进行划分，其特点是形状规则，但网格节点与种子的位置吻合差；而进阶算法是先在目标区域边界生成四边形网格，然后逐步向区域内部扩展，其特点是容易获得大小均匀的网格，网格节点与种子位置吻合较好，但容易出现网格形状歪斜、扭曲的问题。

图 1-6 网格划分

6.检查网格

应用命令 Mesh → Verify 或单击工具箱中的 （Verify Mesh），根据提示选中检查目标部件，弹出网格检查对话框。在 Analysis Checks 选项卡中勾选 Errors 和 Warnings，单击 Highlight 后，信息栏给出相应的检查结果，如有警告或错误，则网格有相应的颜色提示。

1.2 3D曲面网格划分实例

本例针对图 1-7 所示的 3D 几何进行网格划分，并把网格单元从几何剥离，加以偏置生成实体单元。

○ 初步尝试网格编辑功能。

1.2.1 问题描述

图 1-7 所示的 3D 曲面几何，即为本例网格划分对象，共有 11 个面，中间的面为加强筋。

1.2.2 导入几何并检查

打开 Abaqus/CAE，界面切换到 Part 模块。

1.导入几何

应用命令 File → Import → Part，弹出 Import Part 对话框，选中 Channel.iges 并单击 OK 按钮确认，后续参数默认导入图 1-7 所示的几何的参数。

2.几何检查

应用命令 Tools → Query 或单击工具栏中的 Query Information ，弹出 Query 对话框，选中此对话框中的 Geometry Diagnostics，弹出图 1-8 所示的几何诊断 Geometry Diagostics 对话框，勾选 Topology 选项中的 Free edges，单击 Highlight 按钮，检查几何的自由边，如图 1-7 所示；此检查没有发现加强筋和其余面之间的自由边，说明面与面之间的连接是正确的，不用修复。

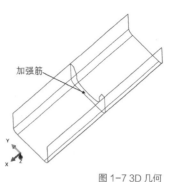

○ 1. 在树目录Parts单击鼠标右键也可导入。
2. Query工具非常有用，也会经常被用到。

图 1-7 3D 几何　　　图 1-8 几何诊断

1.2.3 网格划分

切换到 Mesh 模块，且 Object 类型为 Part。

1. 布置全局种子

应用命令 Seed → Part 或单击工具箱中的 ■（Seed Part），在弹出的 Global Seeds 对话框中，默认种子尺寸为 6 和其余参数。

2. 第1次网格划分

应用命令 Mesh → Part 或单击工具箱中的 ■（Mesh Part），根据提示单击 Yes 按钮 ，获得网格如图 1-9 所示，可知其圆弧面的网格尺寸较大，出现了棱角，有必要增加圆弧处种子（节点）数。

○ 应用工具栏中的 ■■ 显示网格、种子。

3. 第2次网格划分

应用命令 Seed → Edges 或单击工具箱中的 ■（Seed Edges），选中图 1-9 所示的弧线，设定其种子数为 6，参考图 1-4（a）。

再次应用命令 Mesh → Part 划分网格，如图 1-10 所示，是可以接受的，故其他圆弧也同理增加种子数。

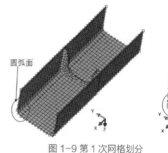

○ 网格划分是一门艺术，需要静心、耐心和细心。

图 1-9 第 1 次网格划分　　　图 1-10 第 2 次网格划分

4. 第3次网格划分

由图 1-9 和图 1-10 可知，加强筋上的网格不够光顺，有些许扭曲。

应用命令 Mesh → Controls 或单击工具箱中的 ■（Assign Mesh Controls），根据提示，框选全部平面，按鼠标中键确定，在弹出的网格控制 Mesh Controls 对话框中，按图 1-4（c）所示修改网格单元形状 Element Shape 为四边形 Quad，网格划分算法 Algorithm 为中性轴 Medial axis。

再次应用命令 Mesh → Part 划分所得网格，如图 1-11 所示。

5. 第4次网格划分

由图 1-11 可知，加强筋圆弧上的网格扁长，即长短轴比例失调，需增加加强筋边上的种子数。

应用命令 Seed → Edges 或单击工具箱中的 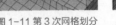（Seed Edges），选中图 1-11 所示的加强筋边，设定其种子数为 4。

如要避免已有网格影响再次划分，可应用命令 Mesh → Delete Part Native Mesh 或单击工具箱中的 ，删除几何部件上的全部单元。

再次应用命令 Mesh → Part 划分所得网格，如图 1-12 所示。

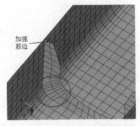
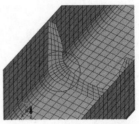

图 1-11 第 3 次网格划分　　图 1-12 第 4 次网格划分

> 1. 通过 Verify Mesh 也可查知，加强筋圆弧处网格有黄色警告。
> 2. 工具箱中的删除网格的图标，需要长按鼠标左键才能显示出来。

1.2.4 法向查询与调整

1. 法向查询

应用命令 Tools → Query 或单击工具栏中的 ●（Query Information），弹出 Query 对话框，选中此对话框中的壳单元法向（Shell element normal）；结合提示栏 Shell/Membrane faces are colored by normal: Brown=positive, Purple=negative 和图 1-13 可知各面的法向，当勾选提示栏 ☑ Highlight conflicting mesh edges，可显示出图中各面结合处的法向不一致导致的冲突边。

2. 法向调整

法向和材料厚度定义有关，故切换到 Property 模块。

应用命令 Assign → Element Normal，根据提示，选中图 1-14 所示的 6 个待调整的面，按鼠标中键或单击提示栏 Done 按钮 Select the regions whose normals are to be flipped (Brown=positive, Purple=negative) Done，完成面的调整。

再次查询（Query）各面的壳单元法向（Shell element normal），可知除加强筋以外，各面法向一致。

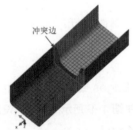
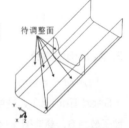

图 1-13 网格法向（冲突边）　　图 1-14 待调整面

> 1. 为定义后续厚度和接触等，获取壳单元的正反面法向信息必不可少。
> 2. 应用 Edit Mesh 也可调整单元法向，在 Mesh 模块，应用命令 Mesh→Edit，选相应的 Element，通过 Flip normal 完成法向调整。

1.2.5 网格分离

为了后续对网格进一步编辑，需要把网格从几何上分离出来。还是在 Mesh 模块，Object 类型为 Part。

应用命令 Mesh → Create Mesh Part，默认提示栏的 Mesh part name ← [X] Mesh part name: channel-mesh-1 [OK]，单击 OK 按钮，完成网格的分离，即新建了一个只有网格单元、没有几何的孤立部件，展开树目录 Parts 也可看到。

> 网格被几何绑定（Associate），无法进行编辑。

1.2.6 网格编辑

上文生成的孤立网格部件 channel-mesh-1 可进行许多扩展应用。

切换到 Mesh 模块，且 Object: ○ Assembly ● Part: channel-mesh-1 。

1. 偏置单元

应用命令 Mesh → Edit 或单击工具箱中的 ☒（Edit Mesh），弹出图 1-15 所示的 Edit Mesh 对话框，选择偏置 Offset（create shell layers），根据提示选中除加强筋以外的 10 个面，按鼠标中键，弹出图 1-16 所示的偏置网格（Offset Mesh-Shell Layers）对话框，按照图 1-16 设置，可获得图 1-17 所示的偏置壳单元。

类似上述操作，在 Edit Mesh 对话框中选择偏置 Offset（create solid layers），并设置偏置厚度（Total thickness）为 5，层数（Number of layers）为 4，可得到图 1-18 所示的偏置体单元。

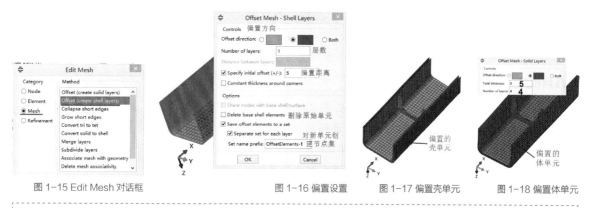

图 1-15 Edit Mesh 对话框　　图 1-16 偏置设置　　图 1-17 偏置壳单元　　图 1-18 偏置体单元

> ○ 偏置网格单元，对于等厚钣金件的网格划分非常有用，特别是具有复杂曲面的钣金件，可先划分其面单元，再通过网格偏置，获得体单元。

2. 删除单元

在 Edit Mesh 对话框中选择 Element: Delete，单击提示栏中 Sets 按钮 Select the elements to be deleted [Done] ☑ Delete associated unreferenced nodes [Sets...]，弹出 Region Selection 对话框，从中选择需要删除的单元集和相应的节点。

3. 创建单元

在 Edit Mesh 对话框中选择 Element: Create，在提示栏设定单元形状为 Line 2 ← [X] Element shape: [Line 2] Pick node 1 (end)，选中图 1-19 所示的 2 节点，创建 2 节点线单元；同理，在提示栏设定单元形状为 Quad 4 [Quad 4]，选中图 1-19 所示的 4 节点，创建四边形单元。

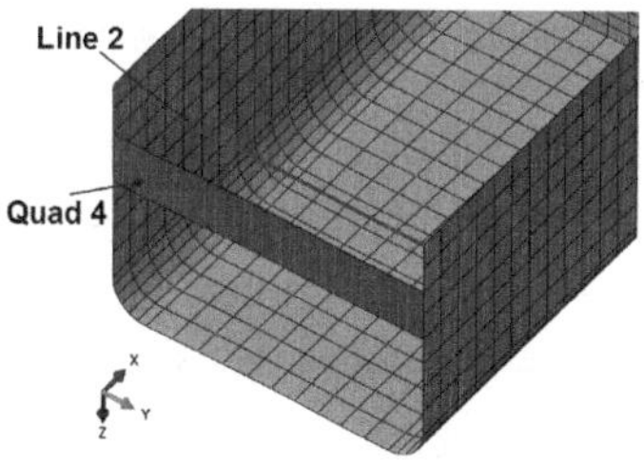

图 1-19 创建单元

1.3 3D实体网格划分实例

本例针对图 1-20 所示的 3D 实体几何进行六面体结构网格划分。

1.3.1 问题描述

图 1-20 所示的 3D 悬臂实体，即为本例网格划分对象，其由 4 个基本特征组成，即基座、弯臂、直臂和圆柱体等。

> ○ 了解特征有助于实体切分。

1.3.2 导入几何并检查

打开 Abaqus/CAE，界面切换到 Part 模块。

1. 导入几何

应用命令 File → Import → Part，弹出 Import Part 对话框，选中 arm.stp 并单击 OK 按钮确认；后续参数默认导入图 1-20 所示的几何。

> ○ 在树目录 Parts 单击鼠标右键也可导入。

2. 几何检查

应用命令 Tools → Query 或单击工具栏中的 Query Information ❶，弹出 Query 对话框中，选中此对话框中的 Geometry Diagnostics，弹出图 1-21 所示的几何诊断（Geometry Diagnostics）对话框，勾选 Topology 选项中的 Solid cells，并单击 Highlight 按钮检查实体数，信息栏给出只有 1 个实体 "1 solid cells were found and highlighted."的结果，即此悬臂无分割。

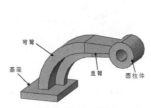

图 1-20 3D 悬臂（arm）

图 1-21 几何诊断

1.3.3 分割部件

切换到 Mesh 模块，且 Object 类型为 Part。

1. 显式颜色

设定工具栏颜色代码（Color Code）模式  为 Mesh defaults，单击打开其中的颜色代码（Color Code）对话框 ❸，如图 1-22 所示，各种颜色代表了可进行网格划分的方法。

> ○ 1. 对 Part 进行分割时，要时刻注意各 Cell 的颜色变化，以确认其是否能够划分出网格。
> 2. 橙色表示无法划分，需进一步对几何体进行分割；黄色表示扫掠网格；粉红色表示自由网格；绿色表示结构化网格。
> 3. 结构化网格和扫掠网格采用四边形（二维）和六面体单元（三维），其分析精度较高，应优先选择。

图 1-22 默认的颜色代码

2. 分割基座

根据上文，可知此悬臂部件显示的颜色为橙色，即无法划分，需进一步对悬臂几何体进行分割。

应用命令 Tools → Partition，弹出图 1-23 所示的分割（Create Partition）对话框，勾选类型为 Cell，采用扩展平面 Extend face 方法分割 Cell 实体，或单击工具箱中的 （Partition Cell: Extend Face）进行分割。

根据提示，选择图 1-24 所示的分割面，对整个几何体进行分割。分割后的基座自动变成黄色，表明基座可通过扫掠网格进行划分。

图 1-23 分割对话框　　图 1-24 选择分割面

○ 如操作失误，可通过树目录Model → Parts → arm: Features，单击鼠标右键某一特征进行删除或修改。

3. 分割弯臂

同理，应用 Tools → Partition，采用定义切割平面（Define cutting plane）方法，或单击工具箱中的 （Partition Cell: Define cutting plane）进行分割。

根据提示信息选择弯臂 Cell 。

再根据提示应用 3 Points 方法分割弯臂 ，先后选择图 1-25 所示的 3 个点，以定义弯臂和直臂之间的分割面。

分割后的部件几何体如图 1-26 所示，其弯臂也变为黄色。

图 1-25 选择 3 点定义分割面　　图 1-26 分割后的显示颜色

4. 分割直臂

由图 1-26 可知，直臂和圆柱体还是橙色的，需进一步分割。

应用命令 Tools → Partition，弹出图 1-23 所示的 Create Partition 对话框，勾选类型为 Cell，采用扩展平面 Extend face 方法分割 Cell 实体，或单击工具箱中的 （Partition Cell: Extend Face）进行分割。

根据提示选择图 1-27 所示的圆柱面作为分割面，对直臂和圆柱体进行分割。分割后的直臂自动变成黄色，即直臂可通过扫掠网格进行划分。

图 1-27 选择分割面　　图 1-28 分割后的显示颜色

5. 分割圆柱体

由图 1-28 可知，圆柱体还是橙色的，需进一步分割。

应用命令 Tools → Partition，采用定义切割平面 Define cutting plane 方法，或单击工具箱中的 （Partition Cell: Define cutting plane）进行分割。

根据提示信息选择圆柱 Cell ，再根据提示应用 3 Points 方法分割圆柱

 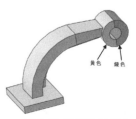

图 1-29 选择 3 点定义分割面　　图 1-30 分割后的显示颜色

，先后选择图 1-29 所示的 3 个点，以定义用于分割圆柱体的面。

分割后的部件几何体如图 1-30 所示，圆柱体一部分变为黄色，一部分变成绿色。

1.3.4 划分网格

1.布置全局种子

应用命令 Seed→Part 或单击工具箱中的（Seed Part），在弹出的 Global Seeds 对话框中，默认全局种子尺寸为 0.018 和其他参数。

2.第1次网格划分

应用命令 Mesh→Part 或单击工具箱中的（Mesh Part），根据提示单击 Yes 按钮 OK to mesh the part? Yes No，获得网格如图 1-31 所示。

由图 1-31 可知，基座和圆柱体网格有少许扭曲，有必要对其进行网格控制。

3.第2次网格划分

应用命令 Mesh→Controls 或单击工具箱中的（Assign Mesh Controls），根据提示，按住 Shift 键选择基座和圆柱体左半部分，按鼠标中键确定，在弹出的网格控制（Mesh Controls）对话框中，修改网格划分算法 Advancing front 为 Medial axis 算法。

再次应用命令 Mesh→Part 划分所得网格，如图 1-32 所示。

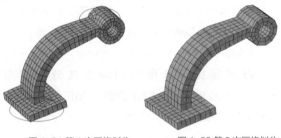

图 1-31 第 1 次网格划分

图 1-32 第 2 次网格划分

○ 单元类型的选择也是重点。

1.3.5 检查网格

应用命令 Mesh→Verify 或单击工具箱中的 Verify Mesh，根据提示选中部件，弹出网格检查对话框。在 Analysis Checks 选项卡，勾选 Errors 和 Warnings，单击 Highlight 按钮。信息栏给出图 1-33 所示的检查结果。

```
Part: arm
 Hex elements:  536
   Min angle on Quad Faces < 10:  0 (0%)
   Average min angle on quad faces:  78.17,  Worst min angle on quad faces:  34.67
   Max angle on Quad faces > 160:  0 (0%)
   Average max angle on quad faces:  101.82,  Worst max angle on quad faces:  147.37
   Aspect ratio > 10:  0 (0%)
   Average aspect ratio:  1.62,  Worst aspect ratio:  6.78
   Geometric deviation factor > 0.2:  0 (0%)
   Average geometric deviation factor:  0.0261,  Worst geometric deviation factor:  0.113
  Number of elements :  536,  Analysis errors:  0 (0%),  Analysis warnings:  0 (0%)
```

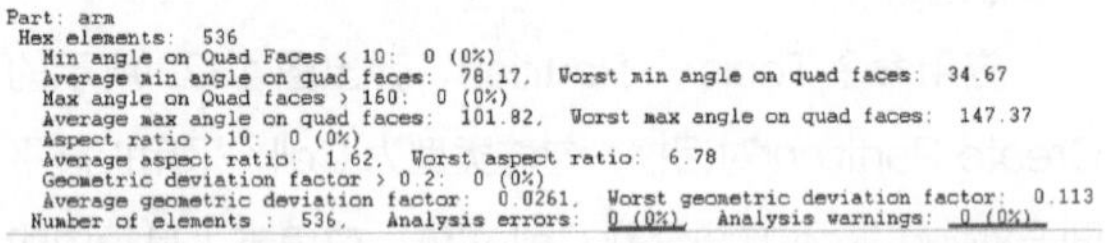

图 1-33 网格检查结果

○ 如有警告或错误，则网格有相应的颜色提示。

1.4 网格编辑实例

本例以人体头部、颈部的已有网格为对象，对其进行再次编辑。

1.4.1 问题描述

图 1-34 所示的网格来自于 LS-DYNA 的官方实例，其由人体的头部、颈部组成，为便于后续的描述，对颈部各部分分别命名为颈-1、颈-2、颈-3 和颈-4。

对图 1-34 已有网格加以编辑，目标网格如图 1-35 所示。

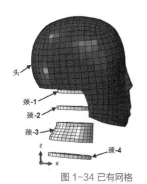 

图 1-34 已有网格　　图 1-35 目标网格

- 通常情况下，来自其他CAE分析人员的网格不能满足自己的分析需求，必须对其进行再次编辑。

1.4.2 导入网格

新建空白 Abaqus/CAE，保存为 4_neck-head_mesh.cae。

应用命令 File → Import → Model 或在图 1-36 所示的通过单击鼠标树目录右键导入本例文件夹中的 4_neck-head.inp 孤立网格，模型如图 1-34 所示。

- 孤立网格（Orphan Mesh）不受几何限制，编辑更方便。

1.4.3 创建单元和面集

切换到 Part 模块。

应用命令 Tools → Set → Create 或在树目录单击鼠标右键选择 Parts → Features → Sets，弹出 Create Set 对话框，选择 Type: Element，根据提示，通过 by angle 选择图 1-34 所示的头部面单元 by angle ▼ 90.0 ，创建名为 Set_head-shell 的头部单元集。

同上，分别创建表 1-1 所示的单元集。

表1-1 单元集

单元集名	所选单元	单元类型
Set_head-shell	头	Shell（S4、S3）
Set_neck-1	颈-1	Solid (C3D8、C3D6)
Set_neck-2	颈-2	
Set_neck-3	颈-3	
Set_neck-4	颈-4	

同时，应用命令 Tools → Surface → Create 或 在树目录单击鼠标右键选择 Parts → Features → Surfaces，弹出 Create Surface 对话框，默认 Type: Mesh，根据提示创建图 1-37 所示的颈-1~颈-4 外圈面的单元集 Set_neck-surface。

- 1.为了方便后续的描述或建模，对图1-34所示的模型分别创建各部分单元集。
  2.特别对于大型模型来说，创建单元集、节点集更便于选择。
  3.不太容易选中颈-2的外圈面，可先全选外圈面，再按住Ctrl键消除不需要的面。

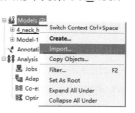 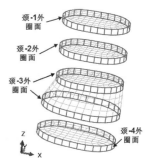

图 1-36 读入网格　图 1-37 Set_neck-surface 面集

1.4.4 偏置网格

切换到 Mesh 模块,且 Object 为 Part。

1.偏置头部

应用命令 Mesh→Edit 或单击工具箱中的 (Edit Mesh),弹出图 1-15 所示的 Edit Mesh 对话框。

在 Edit Mesh 对话框中,设定 Category: Mesh, Method: Offset (create solid layers)。根据提示,通过 by angle 90.0 选择图 1-38 所示头部的全部 Shell 单元的面。

随后弹出图 1-39 所示的偏置网格(Offset Mesh-Solid Layers)对话框。因要向外偏置且其外面颜色为橙色,故设置偏置方向为橙色;同时,偏置厚度设为 10 且仅 1 层单元;为方便后续的选择,在此对话框为新生成的实体单元定义单元集,集名为 Set_head-solid。

图 1-38 所选单元面

图 1-39 偏置头部网格对话框

2.偏置颈-1

同上,在 Edit Mesh 对话框中,设定 Category: Mesh, Method: Offset(create solid layers)。根据提示,通过 by angle 20 选择图 1-40 所示颈-1 的下单元面。

随后弹出图 1-41 所示的偏置网格对话框。偏置厚度设为 24 的 4 层单元;且新生单元与所选基础面共享节点;为新生成的实体单元定义单元集,集 名为 Set_neck-1-off。

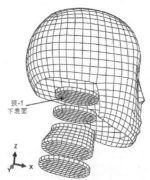

图 1-40 选择颈-1 的下单元面

图 1-41 偏置颈-1 网格对话框

3.偏置颈-2

同上,根据提示,通过 by angle 20 选择颈-2 的下单元面,在偏置网格对话框中,偏置厚度设为 24 的 4 层单元;且新生单元与所选基础面共享节点;为新生成的实体单元定义单元集,集名为 Set_neck-2-off。

4.偏置颈-3

同上,选择颈-3 的下单元面,偏置厚度设为 24 的 4 层单元;且新生单元与所选基础面共享节点;新生成的实体单元定义单元集,集名为 Set_neck-3-off。

5.偏置面集Set_neck-surface

在 Edit Mesh 对话框中,设定 Category: Mesh, Method: Offset(create solid layers)。根据提示,选择颈-1~颈-4 外圈面的面集 Set_neck-surface Surfaces...。

如图 1-42 所示,在偏置网格对话框中,偏置厚度设为 6 且仅 1 层单元。

经过以上几次偏置,获得图 1-35 所示的目标网格。

图 1-42 偏置面集网格对话框

○ 前期准备节点集时，很难做到全面考虑，可边建模边创建。

1.4.5 删除单元

应用命令 Mesh → Edit 或单击工具箱中的 ※（Edit Mesh），弹出图 1-15 所示的 Edit Mesh 对话框。

在 Edit Mesh 对话框中，设定 Category: Element，Method: Delete。根据提示，通过 选中 Set_head-shell 单元集来删除。

○ 有时仅删除了单元，还有大量的节点残留。

1.4.6 检查交叉网格

应用命令 Tools → Query 或单击工具箱中的 ❶（Query information），弹出 Query 对话框，选中此对话框的网格间隙/交叉（Mesh gaps/intersections）。

检查结果如图 1-43 所示，高亮显示出接触单元，但未有共享节点。

○ 上文虽然偏置了网格，但颈-1～颈-4之间的接触节点并未共享。

图 1-43 检查结果

1.4.7 合并节点

应用命令 Mesh → Edit 或单击工具箱中的 ※（Edit Mesh），弹出图 1-15 所示的 Edit Mesh 对话框。

在 Edit Mesh 对话框中，设定 Category: Node，Method: Merge。根据提示，框选全部颈部节点。在提示栏中设置合并节点容差为 0.001 Node merging tolerance: 0.001 。

确认并合并图 1-44 所示的接触点。

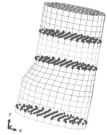

○ 不同Cell的网格节点一一对应或网格很密的情况下，才可用此方法合并节点。

图 1-44 合并节点

1.5 小结和点评

本讲详细讲解了 Abaqus 的网格划分、网格编辑等内容。从 2D 到 3D 的几何创建、从实体网格划分到网格的分离、从网格偏置到网格编辑均有详细演示。读者能够快速熟悉 Abaqus 分析的重要前处理（网格划分）的基本步骤，为后续的各种分析打下基础。

点评：李伟国　CAE 主任工程师

泰科电子（上海）有限公司

第2讲 汽车球销安全分析

主讲人：谢卫亮

软件版本	分析目的
Abaqus 2017、SolidWorks 2016（可选）	汽车球销进行线性静力分析以评估其安全性

难度等级	知识要点
★★☆☆☆	部件导入和切分、材料定义、创建分析步、网格划分、求解和后处理

2.1 概述说明

汽车球销是保证汽车操纵的稳定性，行驶的平顺性、舒适性和安全性，以及关键零部件，同时也是汽车转向系统中传递载荷的重要零件，用于与转向节或转向臂配合。在设计汽车球销时必须考虑其额定载荷情况下的安全性，同时由于汽车球销在使用过程中要求其在圆周方向有一定的摆角，这样会降低汽车球销强度，因此对此类汽车球销进行静力分析是必不可少的。

2.2 问题描述

本讲以图2-1所示的汽车球销设计图为例，采用静力求解来分析其设计安全性，并详细讲解其求解过程。

图2-1为汽车球销的设计图纸，材料为40Cr，密度为$7.85×10^{-6}kg/mm^3$，弹性模量为$2.1×10^5MPa$，泊松比为0.3，热处理状态为调质处理，硬度为26~32HRC，根据机械性能拉伸试验可得，该调质状态下的屈服强度为918MPa，工作载荷为4t。

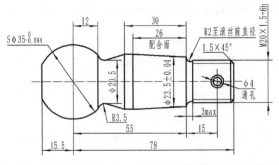

图2-1 汽车球销设计图

> ○ Abaqus中的量是没有单位的，因此在使用时必须要统一单位，否则就会导致计算结果与实际值不符，本讲采用的长度单位是mm，力、质量和时间的单位分别是N、t和s。

2.3 创建模型

2.3.1 网格划分

1. 创建、保存模型

打开 SolidWorks，打开资源中的球销文件 qiuxiao.x_t；然后再打开 Abaqus，创建 NewModel Database: With Standard/Explicit Model，应用命令 File → Save as 保存模型为 qiuxiao.cae，接着在 Module 选项卡中选择 Assembly 模块 。最后在菜单栏中依次单击 Tools → CAD Interfaces → SolidWorks...，弹出图 2-2 所示的对话框。然后单击 Enable 按钮，这样就与 SolidWorks 正确连接上。单击 SolidWorks 菜单栏中的 Abaqus，如图 2-3 所示。这样就将图 2-4 所示的球销模型导入 Abaqus 中。

图 2-2 连接 SolidWorks　　图 2-3 输入模型　　图 2-4 汽车球销模型

> 以上操作的前提是SolidWorks已安装与Abaqus接口，否则，请直接在Abaqus中导入qiuxiao.x_t。

2. 重命名模型

如图 2-5 所示，在树目录的 Model-1 单击鼠标右键，选择重命名（Rename），命令为 qiuxiao。

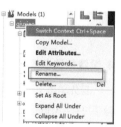

图 2-5 重命名 Model-1

2.3.2 网格划分

切换到 Mesh 模块 ，对 Part: qiuxiao 划分网格。从默认颜色可知，该球销模型为棕色，即不能直接划分网格，需切分体。

网格划分的具体步骤如下。

1. 创建一条基准轴

长按工具箱中的 ，然后选择工具箱中的 ，利用圆柱面创建基准轴，然后根据窗口左下角的提示 Select a conical or cylindrical face from which to create the datum axis，生成图 2-6 所示的基准轴。

2. 创建3个基准面

长按工具箱中的 ，然后选择工具箱中的 ，利用线和点创建基准面，然后根据窗口左下角的提示 Select a straight line through which the datum plane will pass，生成一个基准面。按此法创建另一个相互垂直的基准面。由于球销装配时的配合面为锥面体的一部分，如图 2-1 所示的中锥度配合面 26 以内的部分，所以从锥度小端向锥度大端偏移位移

26mm，长按工具箱中的 ，然后选择工具箱中的 ，再根据窗口左下角的提示 ，选择锥度小端面，按鼠标中键保持默认并确认，然后选择窗口左下角提示区的 Flip（翻转）按钮，按鼠标中键确认，在弹出的对话框中输入 26mm，再按鼠标中键确认，如图 2-7 所示。

图 2-6 创建基准轴

图 2-7 创建基准面

3. 切分体

长按工具箱中的 ，然后选择工具箱中的 ，使用基准面拆分体，然后根据窗口左下角的提示 ，选择一个基准面，按鼠标中键确认自动拆分体，然后再选择拆分的两个体（按住 Shift 键可选择两个体），按鼠标中键确认，再选择另一个基准面按鼠标中键确认，这样就将球销划分为 4 个体，最后拆分出锥度配合面，用同样的方法选择 4 个体之后，再选择另一个基准面按鼠标中键确认，这样就将球销划分为 8 个体，如图 2-8 所示。

图 2-8 拆分球销体

4. 设置网格参数

首先单击工具箱中的 ，设置球销全局种子尺寸（Approximate global size）为 2，如图 2-9 所示。然后单击工具箱中的 ，进行网格属性设置，弹出图 2-10 所示的对话框，单元形状选择六面体为主（Hex-dominated），网格划分技术选择扫掠（Sweep），算法选择进阶算法（Advancing front），同时勾选该选项下的复选框。

图 2-9 设置全局种子尺寸　　　图 2-10 设置网格属性

5. 网格划分

设置完成后单击工具箱中的 并按鼠标中键确认，完成球销网格划分，如图 2-11 所示。

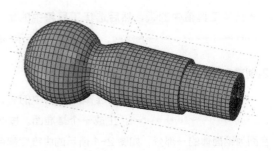

图 2-11 球销网格模型

6.定义单元类型

单击工具箱中的 ■，根据窗口左下角的提示 ■ Select the regions to be assigned element types Done，定义全部单元类型，按图 2-12 所示定义 C3D8R 单元类型。

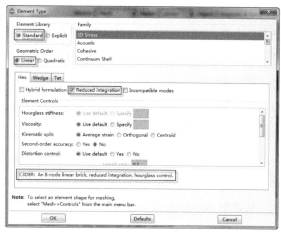

○ 用户可应用命令Mesh→Verify检查单元质量。

图 2-12 定义单元类型

2.3.3 定义材料

切换到 Property 模块 Module: Property Model: qiuxiao Part: qiuxiao，为 Part:qiuxiao 定义材料。

1.创建材料属性

单击工具箱中的 ■，弹出图 2-13 所示的对话框，先将材料命名为 Steel_40Cr，然后单击 Mechanical，分别选择 Elastic 和 Plastic，设置弹性参数和塑性参数。弹性参数中设置杨氏模量为 210000MPa、泊松比为 0.3；塑性参数中设置屈服应力为 918MPa、塑性应变为 0。

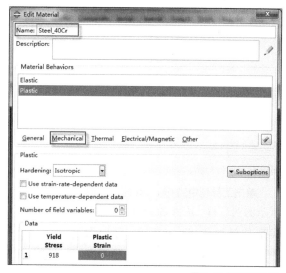

○ Abaqus中自定义材料时，Name的首位建议是英文字母。

图 2-13 创建材料属性

2.创建截面属性

单击工具箱中的 ■，弹出图 2-14 所示的对话框，将截面命名为 qiuxiao，单击 Continue 按钮，弹出图 2-15 所示的对话框，选择材料为 Steel_40Cr，单击 OK 按钮确认。

图 2-14 创建截面属性   图 2-15 为截面指定材料

3.指定截面属性

单击工具箱中的 ,按窗口左下角的提示 ,选择整个球销模型并按鼠标中键确认,弹出图 2-16 所示的对话框,在对话框中选择 qiuxiao 截面并单击 OK 按钮确认。

图 2-16 指定截面属性

2.3.4 创建装配

切换到 Assembly 模块 ,将 qiuxiao 模型装入。

单击工具箱中的 命令,弹出图 2-17 所示的对话框,在对话框中选择 qiuxiao 并单击 OK 按钮确认。

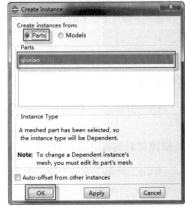

图 2-17 装配模型

2.3.5 创建分析步

切换到 Step 模块 ,为球销分析设置分析步。

单击工具箱中的 ,弹出图 2-18 所示的对话框,选择 Static,Riks 分析类型并单击 Continue 按钮,弹出图 2-19 所示的对话框,在 Basic 选项卡下 Nlgeom 后面选择 ON,然后切换到 Incrementation 选项卡,保持里面的默认参数,最后单击 OK 按钮确认。

图 2-18 选择分析类型　　　　图 2-19 设置分析步参数

> 1. Static,Riks 常用于非线性屈曲分析。
> 2. 汽车球销设计时,极限载荷不确定,用 Static,Riks 分析进行极限载荷的确认。
> 3. 在分析时给定任意载荷,此时分析会根据所给定的分析增量步的大小来终止分析(增量步大小可设置得适当大一些)。

2.3.6 创建参考点及耦合

切换到 Interaction 模块 Module: Interaction Model: qiuxiao Step: Initial ，为球销球中心创建耦合作用点。

单击工具箱中的 X^{RP}，在窗口左下角提示区内输入 X,Y,Z(0,0,0) 坐标，即坐标零点位置（此模型球销球中心刚好建在坐标零点位置） Select point to act as reference point -- or enter X,Y,Z: 0,0 ，然后按鼠标中键确认。接下来将参考点耦合到球销球面上，单击工具箱中的 ，弹出图 2-20 所示的对话框，选择 Coupling 并单击 Continue 按钮，根据窗口左下角的提示选择上一步创建的参考点，按鼠标中键确认，在提示区选择 Surface 按钮 Select the constraint region type: Surface Node Region，然后选择耦合点作用面（按 Shift 键选择球销的 4 个球面部分），按鼠标中键确认，弹出图 2-21 所示的对话框，选择 Continuum distributing，再单击 OK 按钮确认。

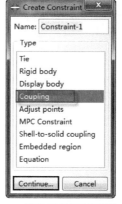

图 2-20 选择约束类型

图 2-21 设置耦合参数

2.3.7 创建边界条件和载荷

切换到 Load 模块 Module: Load Model: qiuxiao Step: Step-1 ，为球销模型施加边界条件和载荷。

1. 创建边界条件

单击工具箱中的 ，弹出图 2-22 所示的对话框，在分析步中选择 Initial，在分析步类型中选择 Displacement/Rotation，单击 Continue 按钮，按左下角提示按 Shift 键选择 4 个锥度配合面并按鼠标中键确认。在弹出对话框中，结合当前模型坐标系，限制其自由度，按图 2-23 所示进行设定，并单击 OK 按钮确认。

图 2-22 选择分析步类型　　图 2-23 限制自由度

2. 创建载荷

单击工具箱中的 ，弹出图 2-24 所示的对话框，在分析步中选择 Step-1，分析步类型中选择 Concentrated force，单击 Continue 按钮。按左下角提示选择球销模型上耦合点，并按鼠标中键确认，弹出图 2-25 所示的对话框，在 CF2 栏中输入任意值（如输入 100），其余为 0，即只在 Y 方向加载，然后单击 OK 按钮确认，边界条件及载荷视图如图 2-26 所示。

图 2-24 选择分析步类型　　图 2-25 设置载荷参数

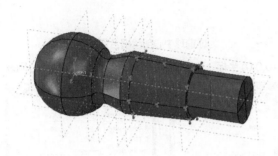

图 2-26 载荷和边界条件

> 在CF2处输入任意值（如输入100），是因为前面分析步选择的是Static, Riks，此分析类型是一直分析到给定分析步为止，即前面分析步中设定的100为止。

2.3.8 创建并提交作业

切换到 Job 模块 Module: Job Model: qiuxiao Step: Step-1 。

1.创建作业

单击工具箱中的图标，弹出图 2-27 所示的对话框，在对话框中命名为 qiuxiao，然后单击 Continue 按钮，弹出另一对话框，参数保持默认，直接单击 OK 按钮确认。

2.提交和监控作业

应用命令 Job → Submit:qiuxiao，提交作业。

应用命令 Job → Monitor:qiuxiao，可监控求解过程，直到进行到 100 次增量步才完成求解。

应用命令 Job → Results:qiuxiao，自动切换到后处理模块，以查看求解结果。

图 2-27 创建作业

2.4 查看结果

切换到 Visualization 模块 Module: Visualization Model: E:/7.abaqus/Job-1.odb ，查看分析结果。

1.应力和变形

单击工具箱中的图标，出现图 2-28 所示的分析结果变形图，此分析结果为求解 100 个增量步之后的结果图，图 2-29 为分析结果应力分布图。

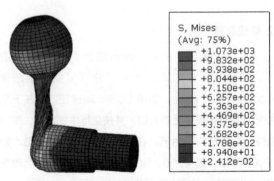

图 2-28 分析结果变形图　图 2-29 分析结果应力分布图

2. 载荷和位移曲线

应用命令 Tools → XY Date → Create，弹出图 2-30 所示的对话框，选择 ODB field output，单击 Continue 按钮，然后依次按图 2-31 和图 2-32 进行操作。

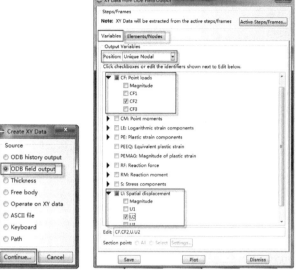

图 2-30 创建 XY 数据　　图 2-31 选择输出变量　　图 2-32 选择作用点

3. 载荷-位移曲线

应用命令 Tools → XY Date → Create，弹出图 2-33 所示的对话框，选择 Operate on XY data，单击 Continue 按钮，弹出图 2-34 所示的对话框，然后在右侧 Operators 下选择 combine(X,X)，接着依次选择 XY Data 下的 U 和 CF 两行数据（先选 U 再选 CF），最后单击 Plot Expression 按钮，弹出图 2-35 所示的位移－载荷曲线。

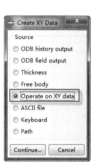

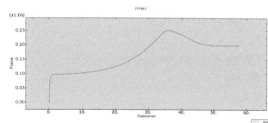

图 2-33 操作 XY 数据　　图 2-34 创建作业　　图 2-35 位移－载荷曲线

4. 结果查询

单击工具箱中的 ❶，弹出图 2-36 所示的对话框，然后选择 Probe values，查询位移载荷曲线上的值，分析结果如图 2-37 所示。由图可知，载荷加载到 87554.6N 时，球销开始屈服，也就是说该球销的极限载荷为 87554.6N，而该球销的设计载荷为 4000×9.8=39200N，所以该汽车球销的安全系数为 2.23；而汽车设计里推荐的理论安全系数为 1.7~2.4，所以该汽车球销在所给定载荷作用下，不会发生屈曲，完全符合设计要求。

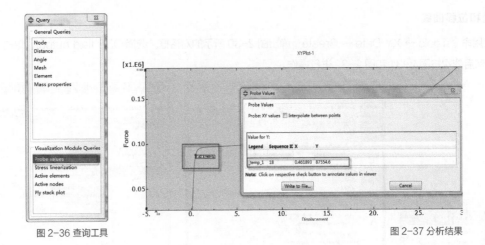

图 2-36 查询工具　　　　　　　　　　　　　　图 2-37 分析结果

2.5 inp文件解释

打开工作目录下的 qiuxiao.inp, 节选如下:

```
** 定义材料，名称为 Steel_40Cr, 弹性模量为 210000,
泊松比为 0.3
** MATERIALS
**
*Material, name=Steel_40Cr
*Elastic
210000., 0.3
** 塑性参数
*Plastic
918.,0.
**--------------------------------------
** 定义边界条件
** BOUNDARY CONDITIONS
**
** Name: BC-1 Type: Displacement/Rotation
*Boundary
Set-2, 1, 1
Set-2, 2, 2
Set-2, 3, 3
Set-2, 5, 5
Set-2, 6, 6
**--------------------------------------
** 定义分析步 Step-1
** STEP: Step-1
**
*Step, name=Step-1, nlgeom=YES
*Static, riks
1., 1., 1e-05, , ,
**
** 定义载荷 Load-1
** LOADS
**
** Name: Load-1   Type: Concentrated force
*Cload
Set-3, 2, 100
```

2.6 小结和点评

本讲以汽车球销为研究对象，采用 Riks 分析步求解其设计安全性，并详细讲解建模和分析过程。良好的球销设计能够保证汽车操纵的稳定性、行驶的平顺性和舒适性等，同时，球销作为汽车转向系统中传递载荷的重要零件，对其进行有限元分析预测是必不可少的。

点评：魏先潘 CAE 高级工程师
　　　宁波舜宇光电信息有限公司

第3讲 钢管缩孔下料长度分析

主讲人：谢卫亮

软件版本	分析目的
Abaqus 2017	通过静力接触分析钢管缩孔前的下料长度

难度等级	知识要点
★★☆☆☆	部件和材料属性的建立，分析步和接触属性的建立，网格划分，以及求解和后处理

3.1 概述说明

钢管缩孔是将钢管端部直径缩小的成型工艺，钢管在轴向压力作用下逐渐进入缩孔模内，此时钢管材料开始发生塑性变形，直到钢管通过缩孔模进入整形区内，在此区域内钢管直径不发生变化，而是始终保持缩孔模整形区的模腔尺寸。

缩孔工艺被广泛应用于管件接插、汽车油管、汽车拉杆、风管、空调管等连接部位的加工成型，但在实际加工过程中有不少问题，如钢管缩孔前下料长度的确定。对于此类问题，如今都是通过多次生产试验来最终确定其下料长度，这样既浪费时间，又浪费材料，故需要通过有限元分析提前确定其下料长度。

3.2 问题描述

以图 3-1 所示的（35~50）×8 缩孔钢管为例，采用接触分析与静力分析求解钢管缩孔过程中钢管的变形量，确定其下料长度，并详细讲解建模和求解过程。

○ 35-50×8按钢管的标准查是指35-ø50×8钢管，ø50指缩管前的钢管直径，ø42是指缩管后缩管部分的钢管直径。

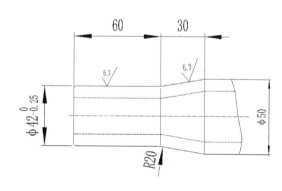

图 3-1 缩孔钢管

图 3-2 所示为（35~50）×8 钢管缩孔前尺寸图，材料为 35# 钢，密度为 $7.85×10^{-6}$ kg/mm³，弹性模量为 $2.1×10^5$ MPa，泊松比为 0.3，根据机械性能拉伸曲线测量并换算得到屈服应力与塑性应变对照参数表，如图 3-3 所示。缩管模的材料为 Cr12MoV，硬度为 70~80HRC，具体尺寸如图 3-4 所示，压头尺寸任意。

039

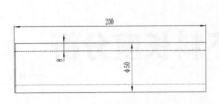
图 3-2 钢管缩孔前尺寸

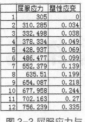
图 3-3 屈服应力与塑性应变对照表

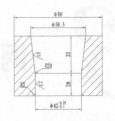
图 3-4 缩管模尺寸

○ 金属材料的弹塑性变形可表述为：

1. 在小应变时，材料性质为线弹性，弹性模量 E 为常数。
2. 应力超过屈服应力后，刚度显著下降，此时的应变包括塑性应变和弹性应变两个部分，在卸载后，弹性应变消失，而塑性应变仍旧存在。
3. 对于塑性变形后的屈服应力与塑性应变的对应关系由材料拉伸性曲线得到。

3.3 模型创建

3.3.1 建立缩管模、钢管及压头草图

1. 创建草图

切换到 Sketch 模块 Module: Sketch Model: Model-1 Sketch: ，创建缩管模、钢管及压头模型。

单击工具箱中的 ，弹出对话框，然后单击 Continue 按钮，接着在图示草图模块内绘制缩管模草图、钢管草图及压头草图，最后按各零部件尺寸要求标注尺寸，如图 3-5～图 3-7 所示，完成后按鼠标中键确认退出草图模块；最后应用命令 File → Save as 保存模型为 suoguan.cae。

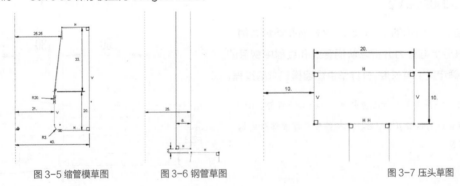

图 3-5 缩管模草图　　　图 3-6 钢管草图　　　图 3-7 压头草图

2. 模型重命名

如图 3-8 所示，在树目录的 Model-1 单击鼠标右键，选择重命名（Rename），命名为 suoguan。

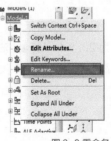

图 3-8 重命名

3.3.2 创建各部件模型

切换到 Part 模块 Module: Part Model: suoguan Part: ，创建各部件模型。

1.创建可变形钢管模型

单击工具箱中的 ，弹出图3-9所示的对话框，创建可变形钢管模型gangguan；然后按图3-9设置，单击Continue按钮；接着单击工具箱中的 ，在弹出的对话框中确认并按鼠标中键再次确认，出现图3-10所示的草图，最后删除多余线条，只保留钢管草图，并按鼠标中键确认，完成钢管模型的创建，如图3-11（a）所示。

图3-9 创建钢管模型

图3-10 导入草图

2.创建缩管模和压头模型

按上述方法分别创建解析刚性缩管模模型suoguanmo和解析刚性压头模型yatou，具体模型如图3-11（b）和图3-11（c）所示。

> 在本次分析中，由于分析的主要对象是钢管缩管情况，而压头和缩管模为本次分析的辅助工具，所以将钢管定义为可变形部件，而压头和缩管模定义为解析刚性，这样大大降低了分析的难度。

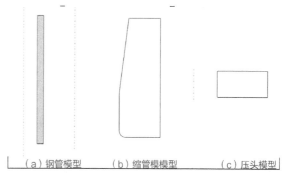

（a）钢管模型　　（b）缩管模型　　（c）压头模型

图3-11 钢管、缩管模及压头模型

3.为解析刚性模型定义参考点

应用命令Tools→Reference Point，然后根据窗口左下角的提示 ，在缩管模型上任选一点定义参考点，如图3-12所示。按同样方法为压头定义参考点，如图3-13所示。

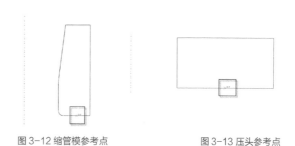

图3-12 缩管模参考点　　　　图3-13 压头参考点

3.3.3 定义材料属性

切换到 Property 模块 Module: Property Model: suoguan Part: gangguan ，为 Part:gangguan 定义材料。

1. 创建材料属性

单击工具箱中的 ，弹出图 3-14 所示的对话框，先将材料命名为 gangguan，然后单击 Mechanical，分别选择 Elastic 和 Plastic，设置弹性参数和塑性参数，弹性参数中设置杨氏模量为 210000MPa、泊松比为 0.3。根据图 3-3 为钢管设置塑性参数。

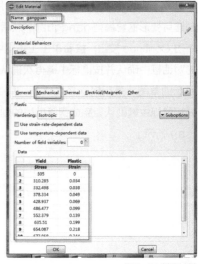

图 3-14 创建材料

2. 创建截面属性

单击工具箱中的 ，弹出图 3-15 所示的对话框，将截面命名为 gangguan，单击 Continue 按钮，弹出图 3-16 所示的对话框，选择 gangguan 材料，单击 OK 按钮确认。

3. 指派截面属性

单击工具箱中的 ，按窗口左下角的提示 选择整个钢管模型并按鼠标中键确认，弹出图 3-17 所示的对话框，在对话框中选择 gangguan 截面并单击 OK 按钮确认。

图 3-15 创建截面属性

图 3-16 为截面指定材料属性

3.3.4 创建装配

切换到 Assembly 模块 Module: Assembly Model: suoguan Step: Initial ，将 suoguan 模型装入。

单击工具箱中的 ，弹出图 3-18 所示的对话框，在对话框中按住 Shift 键，然后选择 gangguan、suoguanmo 及 yatou 并单击 OK 按钮确认。

图 3-17 指定截面属性

图 3-18 装配模型

3.3.5 创建分析步

切换到 Step 模块 ，为 suoguan 分析设置分析步。

单击工具箱中的 ←■，弹出图 3-19 所示的对话框，创建第 1 个分析步，选择 Static,General 分析类型并单击 Continue 按钮，弹出图 3-20 所示的对话框，在 Basic 选项卡下 Nlgeom 后面选择 ON，然后切换到 Incrementation 选项卡，按图 3-20 所示设置参数，最后单击 OK 按钮确认。

图 3-19 创建分析步

图 3-20 设置第 1 个分析步参数

按同样的方法创建第 2 个分析步，切换到 Incrementation 选项卡，按图 3-21 所示设置参数，最后单击 OK 按钮确认。

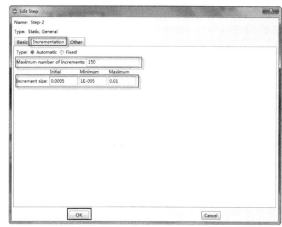

- 第 1 个分析步用于使各个接触关系平衡地建立起来，第 2 个分析步才是真正的工作状态。

图 3-21 设置第 2 个分析步参数

3.3.6 创建接触

切换到 Interaction 模块 Module: Interaction Model: Model-1 Step: Initial ，为 suoguan 模型定义接触。

1. 定义接触属性

单击工具箱中的 ，弹出图 3-22 所示的接触属性定义对话框，参数保持默认，然后单击 Continue 按钮，在弹出的对话框中单击 OK 按钮。

2. 定义接触面

单击工具箱中的 ，弹出图 3-23 所示的定义接触对话框，在 Step 中选择 Initial，其他参数保持默认，并单击 Continue 按钮，然后根据窗口左下角提示 Select the master surface individually (Create surface: m-Surf-2) Done ，先选择压头模型作为主表面（选择与钢管接触的面为主表面），再选择钢管顶面作为从表面，如图 3-24 所示，并按鼠标中键确认，弹出图 3-25 所示对话框，并按图示设置好参数后单击 OK 按钮确认。

第01部分　接触收敛

  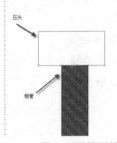 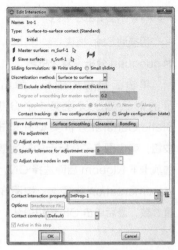

图 3-22 定义接触属性　　图 3-23 定义接触面　　图 3-24 选择接触面　　图 3-25 设置接触面参数

按上述方法设置钢管与缩管模的接触面，将分析步设为 Step-1，如图 3-26 所示，并选择图 3-27 所示的接触面，其余参数同上。

> 1.在定义主表面时，应选择刚度较大的面作为主表面，特别是解析面或由刚性单元构成的面必须作为主表面；2.如果两个接触面的刚度相似，则应选择网格较粗的面作为主表面；3.此分析中，由于分析时压头与钢管是接触的，而钢管与缩管模是分开的，所以在定义压头与钢管接触时，将其分析步设为 Initial，而在定义钢管与缩管模接触时，将其分析步设为 Step-1。

图 3-26 定义接触面　　图 3-27 选择接触面

3.3.7 创建边界条件

切换到 Load 模块 Module: Load　Model: suoguan　Step: Step-1，为缩管模模型施加边界条件。

1. 创建边界条件

单击工具箱中的 ⬚，弹出图 3-28 所示的对话框，在分析步中选择 Initial，在分析步类型中选择 Displacement/Rotation，单击 Continue 按钮，在对话框中选择缩管模模型中的参考点并按鼠标中键确认，弹出图 3-29 所示的对话框，并按图 3-29 限制自由度，再单击 OK 按钮确认。

图 3-28 定义分析步类型　　图 3-29 限制缩管模自由度

2. 创建位移载荷

单击工具箱中的 ⬚，弹出图 3-30 所示的对话框，在分析步中选择 Step-1，在分析步类型中选择

Displacement/Rotation，单击 Continue 按钮，在对话框中选择压头模型中的参考点并按鼠标中键确认，弹出图 3-31 所示的对话框，并在 Y 方向上给压头添加 -4mm 的位移载荷，再单击 OK 按钮确认。然后应用命令 BC → Manger，弹出图 3-32 所示的对话框，选择 Modified，单击 Edit 按钮，弹出图 3-33 所示的对话框，在弹出的对话框中给 U2 方向添加 -90mm 的位移载荷，并单击 OK 按钮确认。

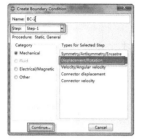

图 3-30 定义分析步类型

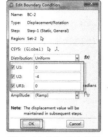

图 3-31 施加位移载荷

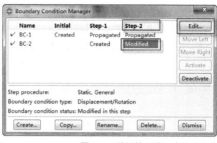

图 3-32 编辑第 2 分析步位移载荷

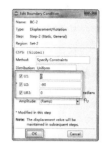

图 3-33 施加位移载荷

3.3.8 网格划分

切换到 Mesh 模块 Module: Mesh Model: Model-1 Object: Assembly Part: gangguan ，对 Part: gangguan 划分网格。

1. 设置网格参数

单击工具箱中的，设置钢管全局种子尺寸 (Approximate global size) 为 2，并单击 OK 按钮确认，如图 3-34 所示。然后单击工具箱中的，进行网格属性设置，弹出图 3-35 所示的对话框，单元形状选择四边形（Quad），网格划分技术选择自由网格（Free），算法选择进阶算法（Advancing front），同时勾选该选项下的复选框。

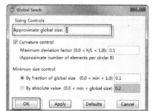

图 3-34 设置全局种子尺寸

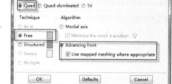

图 3-35 设置网格属性

2. 网格划分

设置完成后单击工具箱中的并按鼠标中键确认，完成钢管模型网格划分，如图 3-36 所示。

3. 定义单元类型

单击工具箱中的，根据窗口左下角的提示 Select the regions to be assigned element types Done ，定义全部单元类型，按图 3-37 所示定义 CAX4I 单元类型。

图 3-36 钢管网格模型

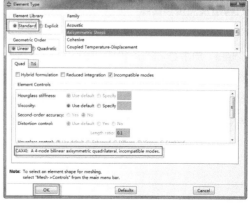

图 3-37 定义单元类型

3.3.9 创建并提交作业

切换到 Job 模块 Module: Job Model: Model-1 Step: Initial。

单击工具箱中的 ⬛，弹出图 3-38 所示的对话框，在对话框中命名为 suoguan，然后单击 Continue 按钮，弹出另一对话框，参数保持默认，直接单击 OK 按钮确认。

应用命令 Job → Submit: suoguan，提交作业。

应用命令 Job → Monitor:suoguan，可监控求解过程，直到位移达到设定位移量才求解完成。

应用命令 Job → Results:suoguan，自动切换到后处理模块，以查看求解结果。

图 3-38 创建作业

3.4 查看结果

切换到 Visualization 模块 Module: Visualization Model: E:/7.abaqus/suoguan.odb，查看分析结果。

1.查看分析结果

单击工具箱中的 ⬛，出现图 3-39 所示的分析结果图，此为位移到达给定值之后的结果，其应力标尺如图 3-40 所示。

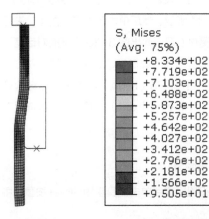

图 3-39 分析结果变形图   图 3-40 分析结果应力图

2.输出顶点位移曲线

应用命令 Tools → XY Date → Create，弹出图 3-41 所示的对话框，选择 ODB field output，单击 Continue 按钮，弹出图 3-42 所示的对话框，在对话框中依次选择图 3-42 所示内容，再切换到 Elements/Nodes 选项卡，如图 3-43 所示。根据窗口左下角提示 Select nodes for the display group individually Done，选择钢管端部任意一个顶点，按鼠标中键确认，如图 3-44 所示，再单击对话框中的 Plot 按钮输出位移曲线，如图 3-45 所示。

图 3-41 创建 XY 数据

图 3-42 设置 XY 输出参数

图 3-43 选择输出点

图 3-44 选择输出点

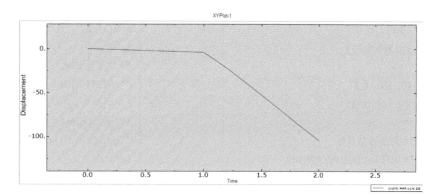
图 3-45 时间位移曲线

3.结果查询

单击工具栏中的 ⓘ，弹出图 3-46 所示的对话框，然后选择 Probe values，查询时间位移曲线上的值，得出钢管下降 94mm 后，钢管端部节点的位移为 103.67mm，即钢管端部缩小之后，变长值为 103.67-94=9.67mm。而经过实验测量后的值为 10mm，因此该分析结果的误差值为 |10-9.67|/10=3.3%，由分析结果知设计符合要求。

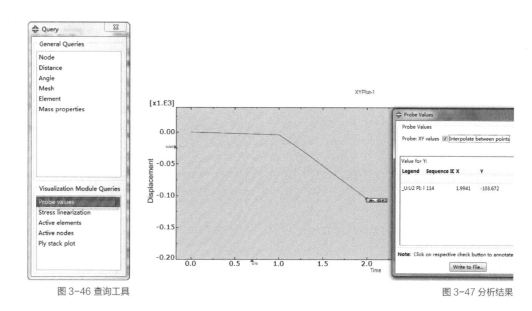

图 3-46 查询工具　　　　　　　　　　　　　　　图 3-47 分析结果

3.5 inp文件解释

打开工作目录下的 suoguan.inp,节选如下:

```
** 定义线弹性材料,名称为 Material-35,弹性模量为
210000,泊松比为 0.3
** MATERIALS
**
*Material, name=Material-35
*Elastic
210000., 0.3
**   塑性参数
*Plastic
  305.,   0.
 310.285, 0.034
……
 702.163, 0.27
 756.239, 0.335
**
** 定义接触属性
** INTERACTION PROPERTIES
**
*Surface Interaction, name=IntProp-1
1.,
*Friction, slip tolerance=0.005
 0.2,
*Surface Interaction, name=IntProp-2
1.,
*Friction
0.,
** 定义边界条件
** BOUNDARY CONDITIONS
**
** Name: BC-1 Type: Displacement/Rotation
*Boundary
Set-1, 1, 1
Set-1, 2, 2
Set-1, 6, 6
** 定义接触对
** INTERACTIONS
**
** Interaction: Int-1
*Contact Pair, interaction=IntProp-2, type=SURFACE TO SURFACE
s_Surf-1, yatou.m_Surf-1
** Interaction: Int-2
*Contact Pair, interaction=IntProp-2, type=SURFACE TO SURFACE
s_Surf-3, suoguanmo.m_Surf-3
** ----------------------------------------------------------------
```

3.6 小结和点评

缩孔工艺被广泛应用于管件接插、汽车油管、汽车拉杆、风管、空调管等连接部位的加工成型,实际加工过程中需提前确定钢管缩孔前下料长度。本讲通过静力接触分析,详细讲解部件和材料属性的建立、分析步和接触属性建立、网格划分、求解和后处理等,正确得到钢管缩孔的变形量,减少试验次数,节省开发时间,并节约材料。

点评:黄在伟　产品开发总监
深圳市银宝山新科技股份有限公司

第4讲 螺纹啮合接触分析

主讲人：龙逢兵

软件版本	分析目的
Abaqus 2017、HyperMesh V12.0	非线性接触分析螺纹可靠性

难度等级	知识要点
★★★☆☆	HyperMesh与Abaqus接口、接触收敛问题的调试和讨论、隐式动力分析步设置和关键字修改

4.1 概述说明

本讲以图4-1所示的六齿啮合的M14螺栓和螺母为例，采用隐式动力分析，详细讲解在HyperMesh V12.0的建模和前后处理，以及导出至Abaqus 2017进行求解的方法。

4.2 问题描述

图4-1所示为常用的GB/T196-2003普通M14螺纹联接组合：螺栓和螺母。螺母材料为45钢，螺栓材质为35CrMn，见表4-1。

工程实际中，螺栓的螺纹面与螺母的螺纹面受力接触，通常出现螺栓第一齿断裂和螺帽断落，经分析在螺母第一齿及螺帽根处会出现较大应力。

表4-1 螺栓和螺母材质属性

构件	材质	密度 t, mm⁻³	弹性模量 /GPa	泊松比	应力/MPa	塑性应变/mm
螺栓	35CrMn	7.87e-9	213	0.286	480	0
					500	0.00282
					580	0.012
					680	0.045
					850	0.11
					1000	0.3
螺母	45钢	7.85e-9	209	0.269	400	0
					420	0.00152
					500	0.0295
					630	0.056
					700	0.095
					760	0.25

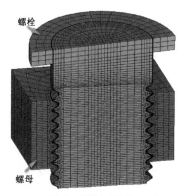

图4-1 螺栓和螺母有限元模型

○ 1．非线性问题包括几何非线性、边界条件非线性和材料非线性。
2．材质的应力-应变关系曲线是非线性的，属于材料非线性；分析中边界条件发生变化，就属于边界条件非线性；几何模型发生大位移大应变，属于几何非线性。

4.3 模型创建

4.3.1 导入几何

» **选择求解器模板**

打开 HyperMesh V12.0,应用命令 Load the Abaqus User Profile→Standard3D 模板,如图4-2所示。

» **导入几何部件**

应用命令 File→Import→Geometry,导入资源中本节几何文件 Thread.iges,其余选项按图4-3所示进行设置。

> ○ 此操作可一次性导入多个几何文件,包括Catia、UG、ProE等3D软件生成的中间格式几何文件均可。

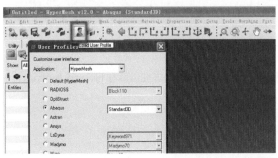
图 4-2 Standard3D 模板

图 4-3 导入几何

» **重命名模型**

如图 4-4 所示,分别在树目录的 lvl4 和 lvl5 组件上单击鼠标右键,重命名(Rename)lvl4 为 Nut,lvl5 为 Bolt,然后另存为 Thread。

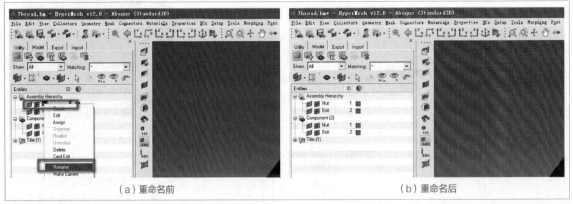

(a)重命名前　　　　　　　　　　　　　　(b)重命名后

图 4-4 重命名模型

4.3.2 网格划分

1.Nut组件网格划分

» **显示 Nut 组件和使它作为当前工作对象**

在树目录的 Nut 组件上单击鼠标右键,选择 Isolate Only 单独显示和 Make Current 使其为当前工作对象。

» **几何清理**

应用命令 Geom → Edge Edit → Toggle 或 Geom → Quick Edit → Toggle Edge，拓扑掉多余的边线，如图 4-5 所示。

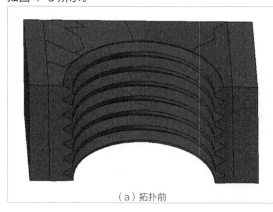 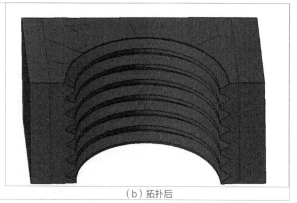

（a）拓扑前　　　　　　　　　　　　　　　　（b）拓扑后

图 4-5 几何清理

» **创建节点**

应用命令 Geom → Nodes → Extract Parametric，在 Nut 组件的上平面边线上创建 2 个节点（Node1 和 Node2），如图 4-6 所示。

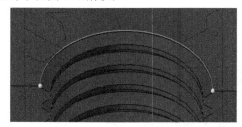 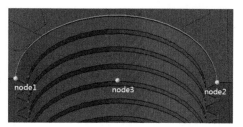

图 4-6 创建 2 个节点　　　　　　　　　　　图 4-7 创建中间节点

应用命令 Geom → Distance → Two Nodes，在 Node1 和 Node2 间建立中间 Node3，如图 4-7 所示。

» **建立切割圆线**

应用命令 Geom → Lines → Circle Center and Radius，在 XY 平面上建立中心点为 Node3，半径为 7.7mm 的圆，如图 4-8 所示。

○ 半径7.7mm视网格单元大小而定，但一定要大于x向Node2到Node3的距离7mm。

» **分割实体**

应用命令 Geom → Solid Edit → Trim With Lines → with sweep lines，沿上一步骤生成的切割圆线在 z 向贯穿切开此零件，此零件被分成两个体，如图 4-9 所示。

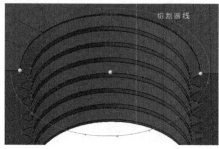 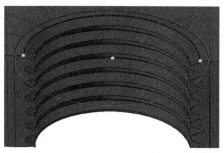

图 4-8 建立切割圆线　　　　　　　　　　　图 4-9 分割实体

» **创建中间节点**

应用命令 Geom → Nodes → Extract Parametric，在边线 line3 上创建中间 Node4，如图 4-10 所示。

» **分割内半齿面**

应用命令 Geom → Quick Edit → Split Surf-Line 和 Split Surf-Node，沿中心 Node4 分割 Nut 组件的对称面，如图 4-11 所示。

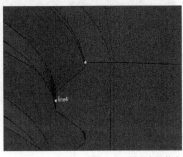
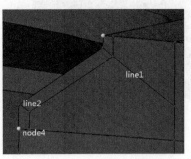

图 4-10 创建中间节点　　　　　图 4-11 分割内半齿面

○ 1. 由于螺纹齿形状相同，通常选用半颗齿形进行网格划分。
2. 为了保证后续单元质量，line1 和 line2 选择在角平分线上，其余 line 尽量与相对应边线平行。

» **2D 半齿网格生成**

应用命令 2D → Ruled，生成四边形网格，单元数量如图 4-12 所示。

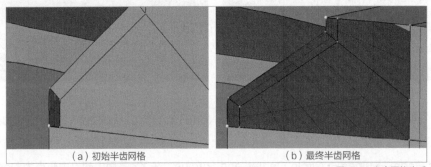

（a）初始半齿网格　　　　　（b）最终半齿网格

图 4-12 半齿网格生成

» **对称复制网格**

应用命令 Tool → Reflect，沿 z 向复制上一步骤生成的半齿网格，如图 4-13 所示。

○ 1. 选取上一步骤生成的网格，然后选择 duplicate。
2. 选取以上步骤生成的 Node 4 作为对称参考点。

» **移动复制网格**

应用命令 Tool → Translate，沿 N1 至 N2 方向复制上一步骤生成的网格 6 次，如图 4-14 所示。

○ 1. 因为此模型 6.5 个齿长，选择 duplicate 6 次，共生成 7 个齿长。
2. 在以下步骤中，将删除多余的半齿长网格。

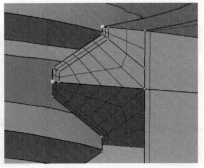

图 4-13 对称复制网格

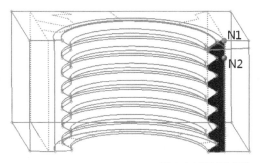

图 4-14 移动复制网格

» **删除半齿长网格**

应用命令 Tool → Delete，删除多余的半齿网格。

» **合并单元**

应用命令 Tool → Faces → Equivalence，合并以上生成容差在 0.01mm 范围内的网格，如图 4-15 所示。

» **对应网格生成**

重复以上操作步骤，生成对应网格的 6.5 个齿长网格，如图 4-16 所示。

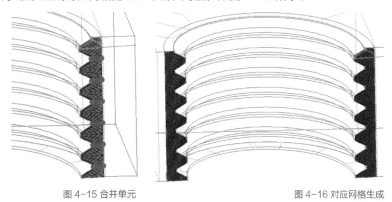

图 4-15 合并单元　　　　　　　　　　图 4-16 对应网格生成

» **3D 网格扫掠生成**

应用命令 3D → Soid Map → General，扫掠生成周向网格密度为 21 的 3D 六面体网格，此时将在树目录上自动创建 solidmap 组件，如图 4-17 所示。

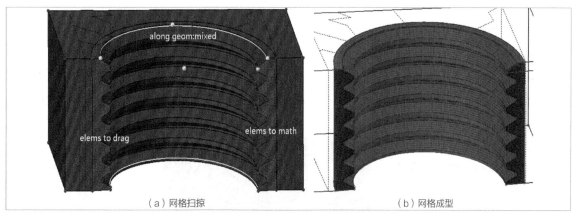

（a）网格扫掠　　　　　　　　　　（b）网格成型

图 4-17 3D 网格扫掠生成

» **2D 网格生成**

应用命令 2D → Ruled，选取刚生成实体单元边上的节点和对应的边缘线，同理两次生成图 4-18 所示的 2D 网格。

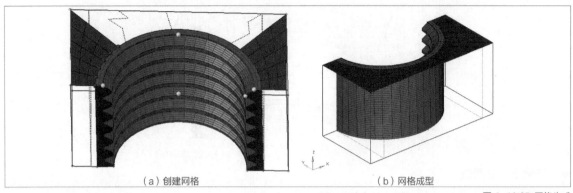

（a）创建网格　　　　　　　　　（b）网格成型

图 4-18 2D 网格生成

» **合并单元**

应用命令 Tool → Faces → Equivalence，再次合并上一步骤生成容差 0.01mm 范围内的 2D 网格。

» **抽取临时表面网格**

应用命令 Tool → Faces → Find Faces，抽取 solidmap 组件的表面网格，将在树目录上生成临时 ^faces 组件。

» **3D 网格生成**

应用命令 3D → Soid Map → General，沿上一步临时 ^faces 组件的面网格生成六面体网格，如图 4-19 所示。

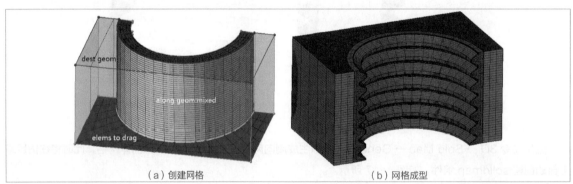

（a）创建网格　　　　　　　　　（b）网格成型

图 4-19 3D 网格生成

» **删除 2D 单元**

应用命令 Tool → Delete，删除 Nut 组件上生成的 2D 四边形网格。

» **调整单元组件**

应用命令 Tool → Organize → Move，将 solidmap 组件上的六面体网格移到 Nut 组件，如图 4-20 所示。

» **删除组件**

按住 Ctrl 键单击选中树目录的 solidmap 和 ^faces 组件，再单击鼠标右键选择 Delete 删除，此时只剩下 Nut 和 Bolt 组件，如图 4-21 所示。

图 4-20 调整单元组件　　　图 4-21 删除组件

» 网格检查

应用命令 Tool → Check Elems → 3D，检查六面体的 Aspect Ratio 和 Jacobian，如图 4-22 所示。

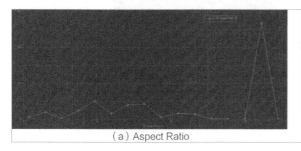

（a）Aspect Ratio　　　　　　　　　　　　（b）Jacobian

图 4-22 网格检查

○ 1.网格的质量在隐式动力求解中影响迭代的收敛。
2.网格的边长在显示动态求解中影响求解时间步长。
3.网格质量检查如果不合格，需修补提高网格质量。

2.Bdt组件网格划分

» 显示 Bolt 组件和使它作为当前工作对象

在树目录的 Bolt 组件上单击鼠标右键，选择 Isolate Only 单独显示和 Make Current 使其为当前工作对象。

» 建立切割圆线

应用命令 Geom → Lines → Circle Center and Radius，在 XY 平面上建立中心点为 Node3，半径为 5.4mm 的圆，如图 4-23 所示。

○ 1.Node3之前步骤已建立。
2.半径5.4mm视网格单元大小而定，但一定要小于外螺纹根部半径距离（可应用命令Geom→Distance→TwoNodes进行测量）。

» 分割实体

应用命令 Geom → Solid Edit → Trim With Plane/Surf → with surfs，沿螺帽底面切割，如图 4-24 所示。

图 4-23 建立切割圆线　　　　　　　　　　图 4-24 分割实体

应用命令 Geom → Solid Edit → Trim With Lines → with sweep lines，沿上一步骤生成的切割圆线在 z 向贯穿切开显示实体，此件被分成 4 个体，如图 4-25（a）所示。

同理，Bolt 组件被切割成 5 个体，如图 4-25（b）所示。

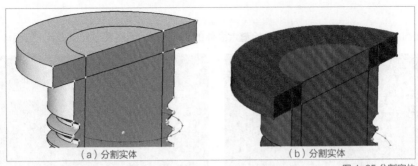

图 4-25 分割实体

» **显示单元**

单击树目录 Nut 组件中的 ▦,将显示 Nut 组件的所有单元。

» **分割外半齿面**

应用命令 Geom → Quick Edit → Split Surf-Line 和 Split Surf-Node,借助 Nut 组件的节点把 Bolt 组件的对称面分割成如图 4-26 所示。

> 1. 由于螺纹齿形状相同,通常选用半颗齿形进行网格划分。
> 2. 为了保证后续单元质量,line4 和 line5 选择在角平分线上,其余 line 尽量与相对应边线平行。

» **2D 半齿网格生成**

应用命令 2D → Ruled,生成四边形网格,单元数量如图 4-27 所示。

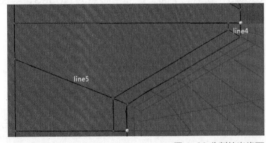

图 4-26 分割外半齿面

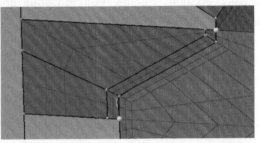

图 4-27 半齿网格生成

» **对称复制网格**

应用命令 Tool → Reflect,沿 z 向复制上一步骤生成的半齿网格,如图 4-28 所示。

> 选取上一步骤生成的网格,然后选择 duplicate。

» **移动复制网格**

应用命令 Tool → Translate,沿 z 向复制上一步骤生成的全齿网格 9 次。

> 1. 因为此模型 9.5 个齿长,选择 duplicate 9 次,共生成 10 个齿长。
> 2. 在以下步骤中,将删除多余的半齿长网格。

» **删除半齿长网格**

应用命令 Tool → Delete,删除多余的半齿网格,生成的 9.5 齿长网格如图 4-29 所示。

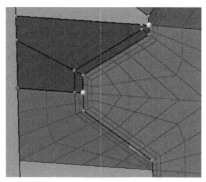
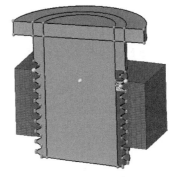

图 4-28 对称复制网格　　　　图 4-29 删除半齿长网格

» **合并单元**

应用命令 Tool→Faces→Equivalence，合并以上生成的容差在 0.01mm 范围内的网格，如图 4-30 所示。

» **对应网格生成**

重复以上操作步骤，生成对应网格的 9.5 个齿长网格，如图 4-31 所示。

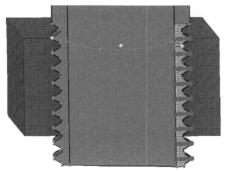
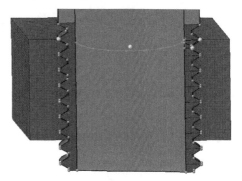

图 4-30 合并单元　　　　图 4-31 对应网格生成

» **3D 网格生成**

应用命令 3D→Soid Map→General，扫掠生成周向网格密度为 21 的 3D 六面体网格，如图 4-32 所示。

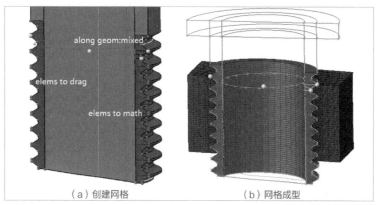

（a）创建网格　　　　（b）网格成型

图 4-32 3D 网格生成

○ 此时将在树目录上自动创建 solidmap 组件。

» **抽取临时表面网格**

应用命令 Tool→Faces→Find Faces，抽取上一步骤生成的实体网格的表面网格，将在树目录上生成

临时 ^faces 组件。

» **3D 网格生成**

应用命令 3D→Soid Map→End Only，沿上一步临时 ^faces 组件顶面网格生成六面体网格，如图 4-33 所示。

> 1.生成z向网格密度为15个单元的体网格。
> 2.线性偏差比选择8。

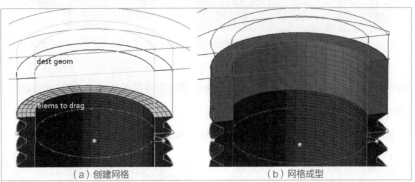

图 4-33 3D 网格生成

» **实体网格生成**

同理，抽临时表面和实体映射，生成图 4-34 所示的实体网格。

» **创建中间节点**

应用命令 Geom→Distance→Two Nodes，创建两节点的中间节点，如图 4-35 所示。

图 4-34 实体网格生成　　　　　图 4-35 创建中间节点

» **移动复制节点**

应用命令 Tool→Translate，沿 x 向和 y 向 2.5mm 复制中间节点，如图 4-36 所示。

» **切割实体面**

应用命令 Geom→Quick Edit→Split Surf-Line 和 Split Surf-Node，沿上一步骤生成的节点分割面如图 4-37 所示。

 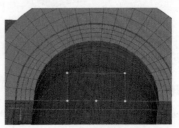

图 4-36 移动复制节点　　　　　图 4-37 切割实体面

» **2D 网格生成**

应用命令 2D → Ruled，生成四边形网格，单元数量如图 4-38 所示。

» **合并单元**

应用命令 Tool → Faces → Equivalence，合并以上容差在 0.01mm 范围内的所有网格。

» **抽取临时表面网格**

应用命令 Tool → Faces → Find Faces，抽取图 4-39 所示的实体网格的表面网格。

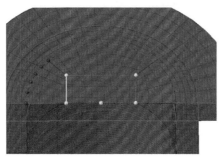 

图 4-38 2D 网格生成　　图 4-39 抽取表面网格

» **几何清理**

应用命令 Geom → Edge Edit → toggle 或 Geom → Quick Edit → Toggle Edge，拓扑掉多余的边线，如图 4-40 所示。

» **3D 网格生成**

应用命令 3D → Soid Map → General，沿上一步生成的临时 ^faces 组件的面网格生成六面体网格，如图 4-41 所示。

 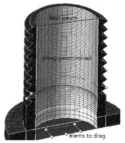

图 4-40 几何清理　　图 4-41 3D 网格生成

» **调整单元组件**

应用命令 Tool → Organize → Move，将 solidmap 组件上的六面体网格移到 Bolt 组件。

» **删除组件**

按住 Ctrl 键单击选中树目录的 solidmap 和 ^faces 组件，再单击鼠标右键选择 Delete 删除，此时只剩下 Nut 和 Bolt 组件，如图 4-42 所示。

» **刷新单元类型**

应用命令 1D/2D/3D → Elem Types → 2D&3D，选择全部单元刷新四边形单元为 S4R、六面体单元为 C3D8I，如图 4-43 所示。

 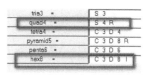

图 4-42 删除组件　　图 4-43 刷新单元类型

> 1.Bolt组件既有四边形单元又有六面体单元，而它们有多种类型，如S4,S4R和C3D8,C3D8I等。
> 2.此步为下一步删除单元和分析做准备。
> 3.对于Abaqus/Standard分析，注意保证关键部位的单元形状是规则的，建议尽量使用非协调单元（如C3D8I），既能避免线性完全积分单元的剪切闭锁现象，又能提高计算计算结果的精度。

» **删除 S4R 单元**

应用命令 Tool → Delete，删除以上建立的四边形单元 S4R，如图 4-44 所示。

> 删除方式选用By Config/quad4、Type/S4R，选取所有S4R单元删除。

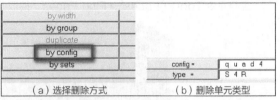

图 4-44 删除 S4R 单元

» **删除临时节点**

应用命令 Geom → Temp Nodes，删除全部临时节点，如图 4-45 所示。

» **重新排序**

应用命令 Tool → Renumber → All，全部重新排序节点和单元号，如图 4-46 所示。

图 4-45 删除临时节点

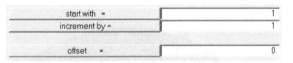

图 4-46 重新排序

» **网格检查**

应用命令 Tool → Check Elems → 3D，检查六面体的 Aspect Ratio 和 Jacobian。

4.3.3 创建集

为方便后续定义边界条件和载荷，创建节点集、单元集。

1.创建节点集

» **创建对称边界节点集 Set-Node-Sym-y**

应用命令 Analysis → Entity Sets → Create，命名 Set-Node-Sym-y，选取 y 向坐标为 0 的全部节点，如图 4-47 所示。

» **创建固定边界节点集 Set-Node-fix**

创建步骤同上，命名为 Set-Node-fix，选取 Nut 组件外部节点，如图 4-48 所示。

> 单击视图工具箱中的 ，俯视全局，然后按住Shift键单击选择需要的节点。

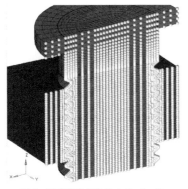
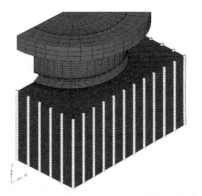

图 4-47 创建节点集 Set-Node-Sym-y　　　　图 4-48 创建节点集 Set-Node-fix

2.创建单元集

» **创建受力面单元集 Set-Elems**

先隐藏 Nut 组件。同上，命名为 Set-Elems，选取 Bolt 组件螺帽最外两圈单元，如图 4-49 所示。

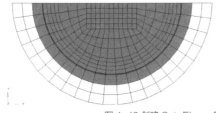

图 4-49 创建 Set-Elems 集　　　　　　　　图 4-50 创建材质属性

4.3.4 创建属性

1.创建螺母Nut材质45钢

单击工具箱中的材质属性，如图 4-50 所示。

» **命名**：对话框中 Mat Name 为 Material-45
» **类型**：对话框中 Type 为 MATERIAL
» **卡片信息**：对话框中 Card Image 为 ABAQUS_MATERIAL
» **弹塑性参数**：按表 4-1 填入相应数据

2.创建螺栓Bolt材质35CrMn

单击工具箱中的，如图 4-50 所示。

» **命名**：对话框中 Mat NAME 为 Material-35CrMn
» **类型**：对话框中 Type 为 MATERIAL
» **卡片信息**：对话框中 Card Image 为 ABAQUS_MATERIAL
» **弹塑性参数**：按表 4-1 填入相应数据

3.创建螺母Nut截面属性

单击工具箱中的截面属性,如图 4-51 所示

- » **命名**：对话框中 Prop Name 为 SolidSection-45
- » **类型**：对话框中 Type 为 SOLID SECTION
- » **卡片信息**：对话框中 Card Image 为 SOLIDSECTION
- » **材质**：选择材质 Material-45

4.创建螺栓Bolt截面属性

单击工具箱中的,如图 4-51 所示。

- » **命名**：对话框中 Prop Name 为 SolidSection-35CrMn
- » **类型**：对话框中 Type 为 SOLID SECTION
- » **卡片信息**：对话框中 Card Image 为 SOLIDSECTION
- » **材质**：选择材质 Material-35CrMn

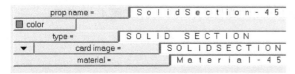
图 4-51 创建截面属性

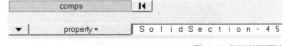
图 4-52 指派截面属性

5.指派螺母Nut截面属性

单击工具箱中的组件属性,选择 Assign,如图 4-52 所示。

- » **组件**：对话框中 Comps 选取 Nut 组件
- » **截面**：对话框中 Property 选取 SolidSection-45

6.指派螺栓Bolt截面属性

单击工具箱中的,选择 Assign,如图 4-52 所示

- » **组件**：对话框中 Comps 选取 Bolt 组件
- » **截面**：对话框中 Property 选取 SolidSection-35CrMn

4.3.5 创建接触

单击宏菜单中的 Utility,选择 Contact Manager。

1.创建主接触面

选择 Surface 选项卡,单击 New 按钮,弹出 Create New Surface 对话框；命名主接触面 Name: Sur_M1,类型 Type 为 Element Based,单击 Create 按钮。弹出 Element Based Surface,Name: Sur_M1 对话框,按图 4-53（b）所示选择 Define 选项卡,定义基于实体单元的表面 Define surface for:3D solid,gasket,创建 Bolt 组件的螺纹外表面为主接触面（红色部分）。

> ○ 主次接触面选择优先考虑材质的刚度,其次是网格的粗细,再其次是面积大小。

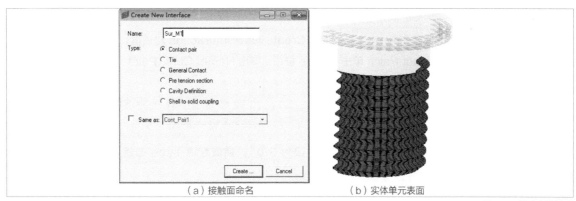

（a）接触面命名　　　　　　　（b）实体单元表面

图 4-53 创建主接触面

2.创建次接触面

同理，创建 Nut 组件内螺纹表面为次接触面，并命名为 Sur_S1，如图 4-54 所示。

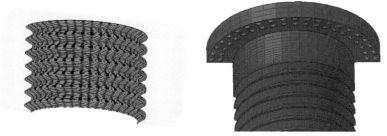

图 4-54 创建次接触面　　　　　　图 4-55 创建受力面

3.创建受力面

选择 Surface，单击 New 按钮，弹出 Create New Surface 对话框；命名受力面 Name: Sur_Elems，类型 Type 为 Element Based，单击 Create 按钮。弹出 Element Based Surface,Name: Sur_Elems 对话框，按图 4-55 所示选择 Define 选项卡，定义基于单元集的表面 Define surface for:element set，创建单元集 Set-Elems 的受压力面。

4.创建接触属性

选择 Surface Interaction 选项卡，单击 New 按钮，弹出 Create New Surface Interaction 对话框，命名接触属性 Name 为 Inter1。弹出 Surface Interaction，Name: Inter1 对话框，如图 4-56 所示。

» **Define 选项卡：勾选 Surface behavior 和 Friction 复选框**
» **Surface behavior 选项卡：Penalty 选为 Linear，其他保持默认设置**
» **Friction 选项卡：定义摩擦系数 Friction Coeff 为 0.15，其他保持默认设置**

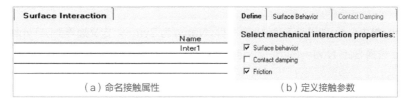

（a）命名接触属性　　　　　　　（b）定义接触参数

图 4-56 创建接触属性

5. 创建接触对

选择 Interface 选项卡，单击 New 按钮，弹出 Create New Interaction 对话框；命名接触对 Name 为 Cont_Pair1，Type 为 Contact Pair，单击 Create 按钮。弹出 Name: Cont_Pair1，Type: Contact Pair 对话框，如图 4-57 所示。

» **Define 选项卡：** 次接触面 Slave 为 Sur_S1，主接触面 Master 为 Sur_M1，接触属性 Interaction 为 Inter1

» **Parameter 选项卡：** 位置误差限度 Adjust 设为 0.01，离散方法 Type 选用 SURFACE-TO-SURFACE，接触状态跟踪方法为 Small sliding

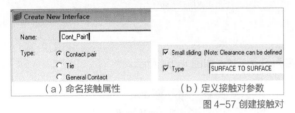

（a）命名接触属性　　　（b）定义接触对参数

图 4-57 创建接触对

○ 1.面对面离散（SURFACE-TO-SURFACE）计算的结果精度高于点对面（NODE-TO-SURFACE）离散，但计算代价较高。
2.当接触面间的相对滑动和转动较大时选用有限滑动，较小时选用小滑动。
3.有限滑动计算代价高于小滑动。

4.3.6 创建分析步

单击宏菜单中的 Utility 按钮，选择 Step Manager，单击 New 按钮，弹出 Create New Step 对话框；命名分析步 Name 为 Step-1，单击 Create 按钮，弹出 Load Step: Step-1 对话框，如图 4-58 所示。

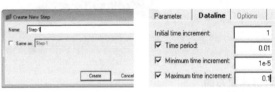

图 4-58 创建分析步名　　　图 4-59 创建分析类型

1. 创建分析参数

选择 Parameter，勾选 Name、Increment:2000、Nlgeom:no，单击 Update 按钮。

○ 本案例并非几何非线性，如将Nlgeom设为yes可能会增加收敛难度，增加计算成本。

2. 创建分析类型

选择 Analysis procedure，Analysis type 选择 Dynamic，分析步增量参数如图 4-59 所示，初始增量为 0.01，时间周期为 1，最小、最大增量分别为 1e-5 和 0.1，单击 Update 按钮。

○ Analysis procedure中Dataline的参数在此处并不起作用，需在inp文件中修改，具体见inp文件。

3. 创建位移边界

选择 Boundary 单击 New 按钮创建对称边界条件，Name 为 Sym-y；定义边界类型 Type:Default(disp)，边界集 Node sets 选择 Set-Node-Sym-y，定义 y 向对称边界自由度 2、4、6 为 0，如图 4-60（a）所示。

（a）创建对称边界　　　（b）创建固定边界

图 4-60 创建位移边界

同理定义固定边界条件，Name 为 fix；定义边界类型 Type:Default（disp），边界集选择 Set-Node-fix，定义固定边界自由度 1~6 为 0，如图 4-60（b）所示。

4.创建压强载荷

选择 Surface Loads 下的 DSLOAD 单击 New 按钮创建压强载荷，Name 为 Pressure。Define 选项卡中定义载荷类型 Type:Default（Pressure），受力面 Define Dsload On Surface 选择 Sur_Elems，标签 Label 选取 P，压强值为 50MPa。

选择 Parameter 选项卡，定义压强幅度曲线，勾选 Amplitude Curve，单击 Review/Edit Rest 弹出曲线编辑器 Curve Editor，再次单击 New 按钮给曲线 Name 为 Ampl-Smooth，按图 4-61（b）所示填入曲线参数后关闭；单击 Card Edit 按钮选取曲线平滑系数 SMOOTH 为 0.05。

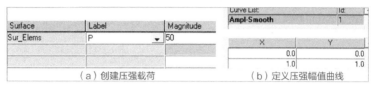

（a）创建压强载荷　　　　　（b）定义压强幅值曲线

图 4-61 创建压强载荷

> 建立压强幅度曲线避免载荷跳跃式的突然加载，有利于计算收敛。

5.创建结果输出

选择 Output Request，单击 New 按钮创建变量输出，Name 为 Output，如图 4-62 所示。

激活 Odb File 结果输出文件，其包括场变量输出和历史变量输出。

Output 选项卡：勾选场变量输出 Output: field、节点输出 Node Output、单元输出 Element Output、接触输出 Contact Output、输出名 Name: Output、输出频率 Frequency:5。

Node Output 选项卡：位移输出 Displacement-U。

Element Output 选项卡：应力 Stress-S、应变 Strain-E、塑性应变 Strain-PE、弹性应变 Strain-EE。

Contact Output 选项卡：接触压强 Contact-Cstress、相对切向滑移 Contact-Cdisp。

激活 Result File（.fil）结果输出文件，其文件为第三方软件提供结果查看，同上选择需要查看的结果内容。

激活 Data File（.dat）结果输出文件，其内容可用文本查看器查看，同上选择需要查看的结果内容。

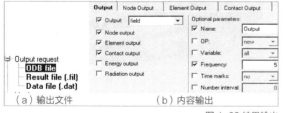

（a）输出文件　　　　（b）内容输出

> 其中 Frequency=5 的含义为每 5 个增量步输出一次场变量。

图 4-62 结果输出

4.3.7 重起数据输出

如果希望以后进行重启动分析，则需要生成重启动 .res 文件。激活 Restart Write，勾选 Restart Write、Overlay、Frequency: 5 并单击 Update 按钮刷新。

4.3.8 导出计算文件

单击工具箱中的 ，选择类型 File type: Abaqus、模板 Template:Standard3D、文件导出路径 File: E:\Exam\ Thread.inp，其他保持默认，如图 4-63 所示。

4.3.9 创建并提交作业

新建记事本填入图 4-64 所示的内容，把文本后缀 .txt 改成批处理文件后缀 .bat，将此文件放于 Abaqus 安装目录 D:\temp 中并双击它进行求解。

> 批处理文件中 E:\Exam 为求解文件所在目录，Thread 为求解文件名称，cpus=8 为用8个CPU进行求解。

图 4-63 导出计算文件   图 4-64 提交作业

4.4 查看结果

查看 E:\Exam 目录中的文件，将会发现文件数目比默认设置中多出 Thread.fil、Thread.res 两个文件，同时 Thread.dat 文件大小增加。

1. 运行状态

双击 E:\Exam 目录中的 Thread.sta 文件，查看求解收敛情况。如图 4-65 所示，可知每个增量步 INC 中的折减次数 ATT 都为 1，并且时间增量步长 INC OF TIME/LPF 呈递增趋势，这将大大节省计算时间。

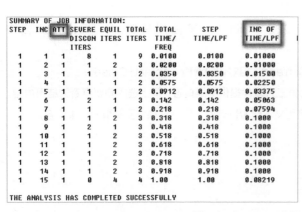

图 4-65 Thread.sta 文件   图 4-66 接触压力分布云图

> 1. 在16次迭代内获得收敛解，则结束当前增量步INC,进入下一增量步INC计算；如果两个连续的增量步INC都在5次迭代内收敛，则下一个增量步INC的步长INC OF TIME/LPF增大为当前步长INC OF TIME/LPF的150%，否则相同。
> 2. 在每16次迭代内没能获得收敛解，则折减次数ATT将增加1次，增量步长INC OF TIME/LPF减小为当前步长INC OF TIME/LPF的25%，当折减次数ATT超过5次就结束求解。

2. 接触压力

打开 HyperView V12.0,在菜单栏下 ![icon] 打开模型结果 Thread.odb 文件,单独显示螺母 Nut 组件,如图 4-66 所示,可知接触压力由第一齿到最后一齿呈现下降趋势,最大值发生在第一齿处。

> ○ HyperView V12.0 的操作与 HyperMesh V12.0 相似,在树目录的螺母 Nut 组件单击鼠标右键,选取 Isolate Only 单独显示。

3. 应力分布

利用 HyperView V12.0 查看 Mises 应力场分布 ,如图 4-67 所示,可知螺母最大应力发生第一齿根处,其值为 301.3MPa;螺栓最大应力发生螺帽根处,其值为 679.7MPa。

读者可单独显示与螺母接触的螺栓齿数单元,会发现最大应力也将发生在图 4-68 所示的第一齿根处。

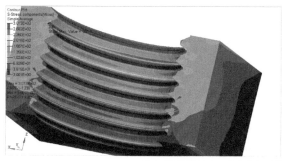
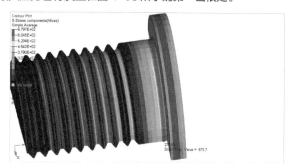

图 4-67 螺母 Mises 应力分布云图　　　　　　　　图 4-68 螺栓 Mises 应力分布云图

> ○ 在显示单元应力时需注意打开 ☑ Use corner data,Averaging method 选择 Simple,保持与 Abaqus 后处理应力插值方式一致。

4.5 讨论

1. 关于应力

当仔细观察螺栓螺帽处的应力时,会发现应力不连续,当改变它的显示方式为网格线模式 ![icon] 时,在应力不连续处有单元突变,如图 4-69 所示,此时需要细化单元,使它均匀过渡。

> ○ 网格密度、局部应力集中、后处理平均插值方式、门槛值设置等,均会对结果的连续性有影响,其中网格密度为最常见问题。

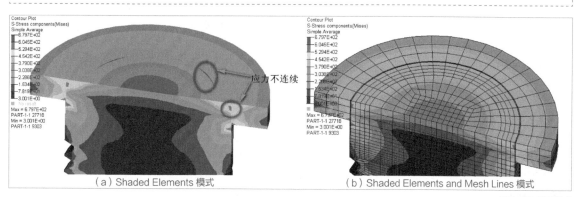

(a) Shaded Elements 模式　　　　　　　　(b) Shaded Elements and Mesh Lines 模式

图 4-69 显示模式

2. 关于收敛

此例定义了幅度曲线 Ampl-Smooth，读者可以删除此曲线再做求解，看看出现什么结果。

> ○ Abaqus 收敛性问题主要集中在网格疏密、单元类型、接触设置、增量步设置、加载过程等方面。

4.6 inp文件解释

打开工作目录下的 Thread.inp，节选如下：

```
** ABAQUS Input Deck Generated by HyperWorks Version :
12.0.0.85
** Generated using HyperWorks-Abaqus Template Version :
12.0
**
**   Template: ABAQUS/STANDARD 3D
** 定义节点
*NODE
       1, -6.294682838309, -0.015230674188,
39.885915560708
……
** 定义螺母单元
**HWCOLOR COMP      1   5
*ELEMENT,TYPE=C3D8I,ELSET=Nut
     1,  122,  115,  213,  212,  2308,  2309,
2310,
……
** 定义属性
**HM_comp_by_property "SolidSection-45"   11
*SOLID SECTION, ELSET=Nut, MATERIAL=Material-45
**HM_comp_by_property "SolidSection-35CrMn"   11
*SOLID SECTION, ELSET=Bolt, MATERIAL=Material-35CrMn
** 定义集
*NSET, NSET=Set-Node-Sym-y
      1,   2,   3,   4,   46,  48,  60,  64,
……
*ELSET, ELSET=Set-Elems
   26231, 26232, 26234, 26235, 26237, 26238,
 26240, 26241,
   ……
** 定义材质
*MATERIAL, NAME=Material-45
*DENSITY
7.8500E-09,0.0

*ELASTIC, TYPE = ISOTROPIC
209000.0 ,0.269  ,0.0
*PLASTIC
400.0  ,0.0   ,0.0
……
*MATERIAL, NAME=Material-35CrMn
*DENSITY
7.8700E-09,0.0
*ELASTIC, TYPE = ISOTROPIC
213000.0 ,0.286  ,0.0
*PLASTIC
480.0  ,0.0   ,0.0
……
** 定义接触属性
*SURFACE INTERACTION, NAME = Inter1
*SURFACE BEHAVIOR, PRESSURE-OVERCLOSURE = HARD,
PENALTY = LINEAR
0.0   ,0.0   ,1.0
*FRICTION
0.15  ,0.0   ,0.0   ,0.0
** 定义接触对
**HMNAME GROUPS       4 Cont_Pair1
*CONTACT PAIR, INTERACTION=Inter1, ADJUST=0.01,
TYPE=SURFACE TO SURFACE, SMALL SLIDING
** 定义主接触面
Sur_S1, Sur_M1
*SURFACE, NAME = Sur_M1, TYPE = ELEMENT
   21526, S3
   ……
   11593, S6
** 定义次接触面
*SURFACE, NAME = Sur_S1, TYPE = ELEMENT
     12, S3
   ……
```

```
** 定义受力面                                        ** 定义压强载荷
*SURFACE, NAME = Sur_Elems, TYPE = ELEMENT          **HWNAME LOADCOL      3 Pressure
Set-Elems,S3                                        **HWCOLOR LOADCOL     3    11
** 定义幅度                                          *BOUNDARY, AMPLITUDE = Ampl-Smooth
*AMPLITUDE, NAME =Ampl-Smooth, SMOOTH=0.05 ,        *DSLOAD, AMPLITUDE = Ampl-Smooth
DEFINITION = TABULAR                                Sur_Elems,P,50
0.0      ,0.0                                       ** 定义结果输出
1.0      ,1.0                                       ……
**HMNAME CURVE           1 Ampl-Smooth              *CONTACT PRINT
** 定义分析步                                        CSTRESS,
**HMNAME LOADSTEP        2 Step-1                   CDISP,
*STEP, INC =    2000, NAME = Step-1, NLGEOM = NO    CFN,
** 定义分析类型                                      *OUTPUT, FIELD, NAME = Output, FREQUENCY = 5
*DYNAMIC                                            ……
0.01,1,1e-5,                                        *CONTACT OUTPUT
** 定义位移边界                                      CSTRESS,
**HWNAME LOADCOL         1 Sym-y                    CDISP,
**HWCOLOR LOADCOL        1   11                     ** 定义重启数据输出
*BOUNDARY                                           *RESTART, WRITE, FREQUENCY =  5, OVERLAY
Set-Node-Sym-y,2, ,0.0                              *END STEP
……
```

4.7 小结和点评

本讲以螺纹连接的安全可靠性为分析对象,详细讲解了非线性隐式动力分析在 HyperWorks 中的设置、HyperWorks 和 Abaqus 接口、接触收敛的调试和讨论,以及关键字修改等;依次对工程实际中的螺纹面与螺母的螺纹面进行受力接触分析,以在设计中发现螺栓齿的断裂和螺帽断落风险。

点评:聂文武 结构分析工程师
潍柴动力上海研发中心计算分析所

第5讲 螺栓预紧接触分析

主讲人：罗元元

软件版本	分析目的
Abaqus 2016（Abaqus 2017）	对螺栓预紧的法兰进行非线性接触分析

难度等级	知识要点
★★★☆☆	复杂接触问题的建模方式、预紧力的加载、螺栓连接的紧固形式

5.1 概况说明

螺栓连接是工程中最常用的部件连接紧固方式之一，涉及多部件的复杂接触，本讲详细演示此类复杂接触问题的建模方法及螺栓载荷的施加方式。

本讲不关注螺栓和螺母的实际螺纹特征，螺纹处的应力应变不是本讲的重点，法兰、垫片、螺母接触面上的接触压力会更加重要，因此本例不对螺纹进行精确建模，螺栓与螺母的内表面之间采用绑定约束，同时在螺栓上建立预紧面，在预紧面上通过预紧力的相关设定来模拟螺栓紧固连接的行为。

5.2 问题描述

分析对象为螺栓压紧上下法兰的紧固连接结构，上下法兰中间有一个橡胶垫片，其建模考量有以下方面。

» 考虑到结构的对称性，仅取 1/4 模型进行分析以节约计算成本
» 垫片为橡胶，考虑其为不可压缩材料，采用 C3D8H 单元，其余部件采用 C3D8R
» 各接触面上采用库伦摩擦，与橡胶垫片的接触摩擦系数为 0.4，其余的接触摩擦系数为 0.1
» 因接触面不会出现大的滑移，选用小滑移

○ 小滑移不适用于通用接触定义，通用接触必须采用有限滑移。

5.3 螺栓预紧建模

5.3.1 创建部件、网格划分及装配

本例重点在于接触的建立，不详述具体建模过程，采用脚本文件完成部件创建、网格划分、材料建立和装配等步骤。

脚本的运行可通过使用命令行：Abaqus cae startup=ws_contact_flange.py，或者在 Abaqus/CAE 界面，从主菜单栏中选择：File → Run Script…选择相应目录下的 py 文件 ws_contact_flange.py。

脚本文件运行完毕后模型树及装配图如图 5-1 和图 5-2 所示。

○ 使用命令行运行脚本文件时，py文件需位于工作目录下或指定完整路径。

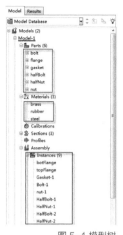

图 5-1 模型树

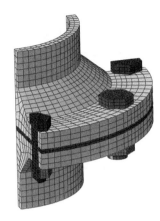

图 5-2 部件及装配图示

5.3.2 创建分析步

在环境栏 Module 后面选择 Step，进入 Step 模块。

单击工具箱中的 ⬥ （**Create Step**），在 Create Step 对话框中，Name 为 Tighten bolts，在 Initial 分析步之后插入 Static, General 分析步，单击 Continue 按钮；在 Edit Step 对话框的 Basic 标签页中，Nlgeom 设为 On；Incrementation 标签页中的初始增量 Initial 和最大增量 Maximum 分别设为 0.25 和 1，其他采用默认设置；单击对话框中的 OK 按钮完成分析步的创建。

5.3.3 创建绑定约束

螺栓与螺母之间的连接采用绑定约束定义，接触面的选择和定义通过自动查找接触对的方式来选择。

在环境栏 Module 后面选择 Interaction，进入 Interaction 模块。

单击工具箱中的 ⬥ （**Find Contact Pairs**），在 Find Contact Pairs 对话框中，Search domain 选择为 Instance，单击 Picked 后的箭头图标，选择 Viewport 中的 Bolts 和 Nuts 部件；单击 Find Contact Pairs 按钮，查找到接触对，如图 5-3 所示；选择 Type 下的所有单元格，单击鼠标右键选择 Edit Cells，在弹出的对话框中选择 Tie constraint，单击 OK 按钮即可切换成绑定约束。

图 5-3 定义绑定约束

5.3.4 创建接触属性

为方便后续为接触对指派接触属性，先创建接触属性。鼠标双击模型树的 Interaction Property 弹出 Create Interaction Property 对话框，进行如下设置。

» **命名接触属性为 Friction-0p1，选择 Type 为 Contact**

» **编辑接触的切向属性，Edit Contact Property → Mechanical → Tangential Behavior**

» **Friction Formulation 选择 Penalty，摩擦系数 Friction Coeff 设为 0.1**

» **编辑接触的法向属性，Edit Contact Property → Mechanical → Normal Behavior。约束增强方式选项 Constraint enforcement method 选择 Penalty**

» **重复上述步骤建立接触属性 Friction-0p4，摩擦系数设为 0.4**

○ 罚函数的约束增强方式有助于消除过约束问题，减小分析所需的迭代次数，提高求解效率。

5.3.5 创建接触

可采用接触对的方式建立接触，亦可通过通用接触的方式来建立接触。两种方法都适合此例的接触建立，详细操作如下。

1.接触对方法

单击工具箱中的 ▨（Find Contact Pairs），在 Find Contact Pairs 对话框中分离公差（Include Pairs Within separation tolerance）设为 0.001，单击 Find Contact Pairs 按钮，共查找到 20 对潜在的接触对；应用 Ctrl+H 组合键调用 Edit Visible Columns 对话框，显示主从面所在的部件名，如图 5-4 所示；据此删除 Bolts-Nuts 已定义为绑定约束的接触对。

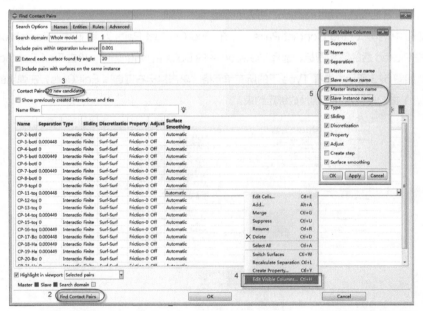

图 5-4 自动查找接触对

以 Slave Instance Name 顺序排列接触对，按住 Ctrl 键，同时复选 Property 栏对应 Gasket 部件的接触对，单击鼠标右键选择 Edit Cells，更改为接触属性 Friction-0p4，如图 5-5 所示。

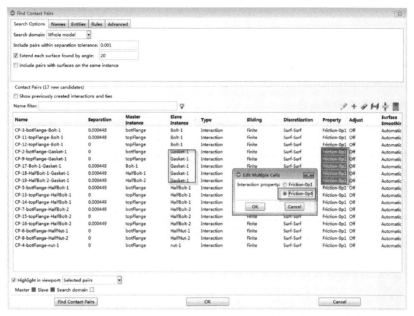

图 5-5 设置 Gasket 接触对属性

以 Separation 顺序排列接触对，按住 Ctrl 键，同时复选 Adjust 栏对应的接触对，单击鼠标右键选择 Edit Cells，定义接触调整公差 0.01，以保证所有平面接触的接触对在初始为接触状态，如图 5-6 所示。

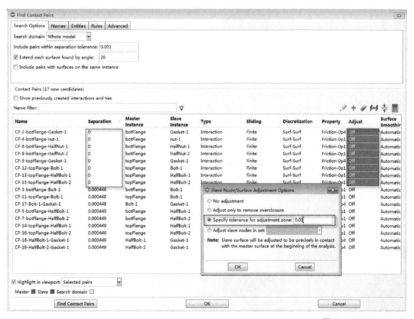

图 5-6 初始接触调整

按住 Ctrl 键，同时复选 Sliding 栏下的所有接触对单元格，单击鼠标右键选择 Edit Cells，更改滑移为 Small Sliding。单击 OK 按钮关闭对话框完成接触对的创建；在模型树 Interactions 和 Constraints 确认接触对及绑定约束的创建。

2. 通用接触方法

> **创建全局通用接触**

鼠标双击模型树的 Interaction，弹出 Create Interaction 对话框，Step 选择为 Initial，Type 选择为 General Contact(Standard)，单击 Continue 按钮，Global Property assignment 选择为 Friction-0p1，完成通用接触的建立。

> **定义细化通用接触所需的面集合**

转到模型树下的 Part，逐个展开部件，在 Part 层级定义 Surface，详细信息如图 5-7 所示。

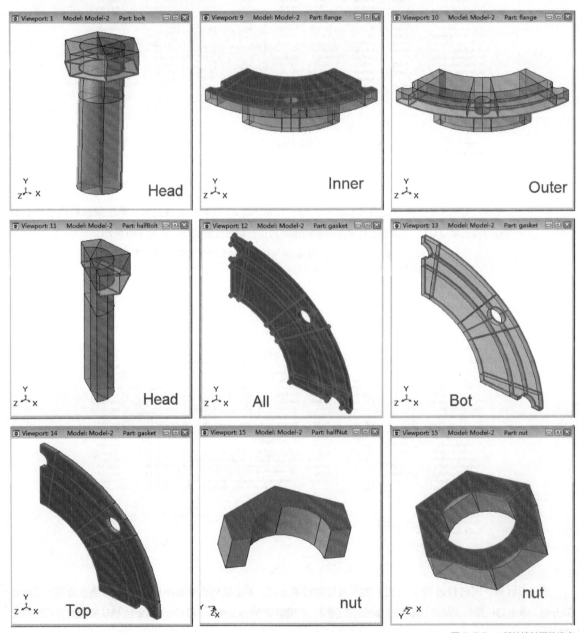

图 5-7 Part 部件接触面的定义

展开模型树的 Assembly → Surfaces，按快捷键 F2，以关键字 *nut 过滤显示面，复选所过滤的 3 个面集合，单击鼠标右键选择 Boolean 按钮，在弹出的对话框中选择 Union，命名为 allNuts；以同样方式过滤 *head，创建面集合 allHeads，如图 5-8 所示。

第5讲 螺栓预紧接触分析

图 5-8 创建面集合

» **定义初始接触调整**

单击模型树下 Contact Initialization → Create，命名为 adjust，在 Adjustments → Ignore initial openings greater than: → Specify value: 0.01。

鼠标双击模型树下 Interactions → Edit Interaction → Initialization assignments → Edit，如图 5-9 所示；单击 OK 按钮完成初始接触调整的细化设置。

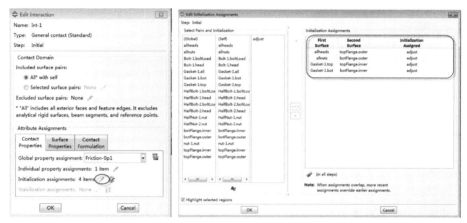

图 5-9 定义初始接触调整

» **细化接触对的接触属性设置**

在 Edit Interaction 对话框中，在 Individual property assignments 单击编辑，更改与 Gasket 相关的接触为接触属性 Friction-0p4，如图 5-10 所示。

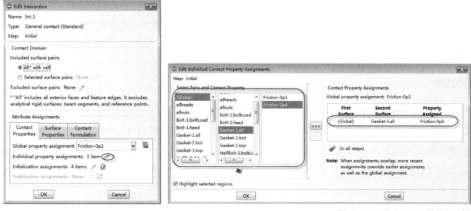

图 5-10 设定 Gasket 的接触属性

单击 OK 按钮完成通用接触的所有设置。

075

5.3.6 创建加载与边界

切换到 Load 模块。

1. 定义预紧力的加载

应用命令 Load → Create，单击工具箱中的 ⌨ (**Create Load**)，在弹出的 Great Load 对话框中，Step 选择为 Tighten bolts，Category 选择 Mechanical，Types for Selected Step 为 Bolt load，单击 Continue 按钮；在 Region Selection 对话框的 Name filter 中使用关键字 *bolt* 过滤选择预紧力的加载面，单击 Continue 按钮，选择预紧力加载的轴线，应用命令 View → Assembly Display Options → Datum，勾选 show datum coordinate axes，从装配图显示轴中选择预紧力加载的轴线，在弹出的 Edit Load 对话框中，Method 设为 Apply force，Magnitude 设为 200，单击 OK 按钮完成设置。具体设置如图 5-11 所示。

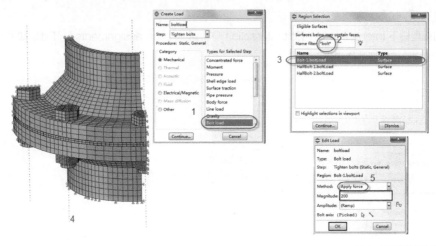

图 5-11 预紧力加载

重复以上步骤，为两个螺栓建立预紧力加载，因为是 1/2 模型，故幅值为 100。

> 1. 施加预紧力的方式有两种，分别为 Apply force 和 adjust length。若选择 Apply force 的方式，幅值代表预紧力的力值，预紧力通常可通过公式 $P_f = \dfrac{T}{Kd}$ 计算得到，其中 P_f 为螺栓预紧力，T 为螺栓扭矩，k 为扭矩系数，d 为螺栓标称直径。k 值与螺纹中径、螺纹升角、螺纹当量摩擦系数、螺母与被连接件支承面间的摩擦系数等有关。这些参数的取值都比较复杂。一般要通过有针对性的试验才能准确地计算出 k 值。若无法从信赖的文献中查得，可采用初步的计算公式，此处不做详述。
> 2. 预紧力加载面在不同的位置时对螺栓本身的分析是有较大影响的，但对螺栓以外的部件影响很小，此例中，关注的是螺栓连接的部件并非螺栓本身，因此不用考虑太多其位置影响。

2. 定义边界条件

应用命令 BC → Create，或单击工具箱中的 ⌨ (**Create BC**)，弹出 Creat BC 对话框，Name 定义为 Csymm-x，Step 选择 Tighten bolts，Type for selected step 选择 Displacement/Rotation，单击 Continue 按钮，选择已定义的节点集 Csymm-x，单击 Continue 按钮，勾选 U1，单击 OK 按钮完成 1/4 模型对称边界设置。同理，设置 Csymm-z，选择节点集 Csymm-z，约束 U3；设置 Bottom，选择节点集 Bottom，约束 U2；完成边界条件的设置。

5.3.7 创建并提交作业

切换到 Job 模块。

应用命令 Job → Create，创建名为 boltedFlange_1 的对应 Model-1 的分析作业。

应用命令 Job → Submit: boltedFlange_1，提交作业。

5.4 查看结果

切换到 Visualization（可视化后处理）模块。

1. 变形状况

如图 5-12 所示，在 Visualization 模块中，采用图示方式叠加显示变形前后的模型，查看部件的变形结果，从结果显示来看，并没发生大的变形，且部件之间的相对位移很小，适用于所做的小滑移假设。

2. 部件间接触状况

从模型树切换到结果树 Model → Results，展开 boltedFlange_1.odb → Instances，选择 Gasket-1，单击鼠标右键选择 Replace，在视窗中单独显示 Gasket 部件，从 Field Output 工具栏中选择变量 CPRESS，显示图 5-13 所示部件 Gasket 的接触压力结果，确认 Gasket 部件与法兰之间建立了足够牢固的接触，可达到良好的密封效果。同理，显示图 5-14 中 Bolts 和 Nuts 上的接触压力结果。

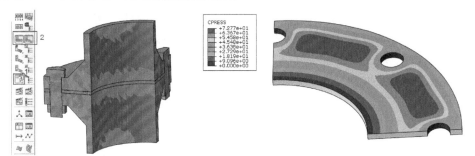

图 5-12 查看变形结果　　　　　　　　　　图 5-13 Gasket 接触压力

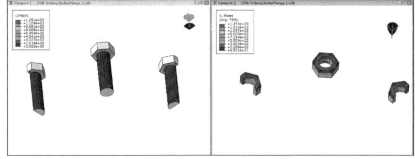

图 5-14 查看 Bolts 与 Nuts 接触压力

3. 法兰部件应力

在视窗中单独显示 topFlange 部件，Field Output 工具栏变量切换为 S，应用命令 Tools → View Cut → Manager 开启 View Cut Manager 对话框，可从不同截面观察法兰部件内部的应力结果，如图 5-15 所示。

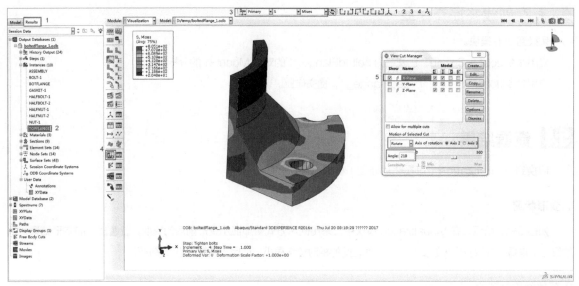

图 5-15 查看 topFlange 的应力结果

截面视图的选项可通过 View Cut Manager 对话框中的 Options 按钮来调整其显示方式，如渲染、边线显示、透明度等，以达到满意的视图效果，此处各选项不做详述。

4.Gasket 径向结果

在视窗中单独显示 Gasket 部件，再从 Results 树中选择 Path，单击鼠标右键创建选择 Node list，选择 Gasket 上径向节点如图 5-16 所示，单击 Done 按钮完成路径建立。从后处理工具栏中单击 Creat XY Plot 图标，选择 Path 依路径创建。在弹出的对话框中选择已建立的路径 Path-1，其余选项如图 5-16 所示，单击 Plot 按钮完成沿径向路径的接触压力曲线的绘制，其结果如图 5-17 所示。

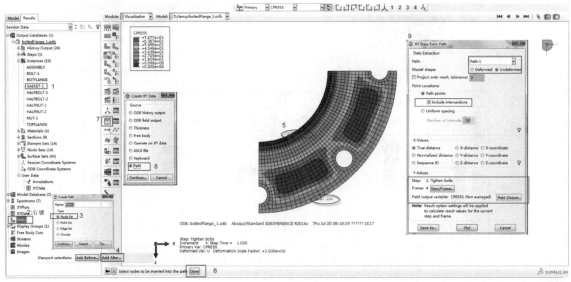

图 5-16 建立路径查看结果

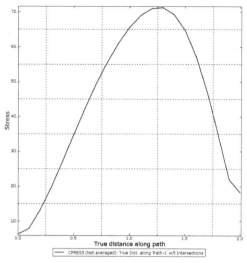

图 5-17 查看径向结果

5.5 inp文件解释

打开工作目录下的 boltedFlange_1，节选如下：

```
** 静力分析步
*Step, name="Tighten bolts", nlgeom=YES
*Static
0.25, 1., 1e-05, 1.
**
** BOUNDARY CONDITIONS
** 边界条件
** Name: Bottom Type: Displacement/Rotation
*Boundary
Bottom, 2, 2
** Name: Csymm-x Type: Displacement/Rotation
*Boundary
Csymm-x, 1, 1
** Name: Csymm-z Type: Displacement/Rotation
*Boundary
Csymm-z, 3, 3
**
** LOADS
** 预紧力载荷
** Name: Load-1   Type: Bolt load
*Cload
_Load-1_blrn_, 1, 200.
** Name: Load-2   Type: Bolt load
*Cload
_Load-2_blrn_, 1, 100.
** Name: Load-3   Type: Bolt load
*Cload
_Load-3_blrn_, 1, 100.
**
```

5.6 小结和点评

本讲以螺栓预紧力连接的法兰为分析目标，详细讲解了接触和预紧力的设置等复杂问题。螺栓连接是工程常用的部件连接方式，大多数情况并不关注螺栓和螺母的实际螺纹特征，而着眼于法兰、垫片、螺母接触面上的接触压力，以为螺栓选型、螺钉布置提供设计指导。

点评：陶明川　CAE 资深工程师

德尔福派克电气系统有限公司

第6讲 垫片密封接触分析

主讲人：武跃维

软件版本
Abaqus 2017

分析目的
螺栓预紧垫片的密封性（位移和应力）

难度等级
★★★☆☆

知识要点
材料非线性、螺栓力的加载、垫片单元的使用、垫片参数的设置

6.1 概述说明

垫片是一个广泛用于汽车、化工、动力机械、电子等各种领域的密封部件，其特点是不承担结构支撑，主要靠变形行为来保证密封介质的不外泄或不渗入。

图6-1为垫片的一些关键几何特性的描述。垫片单元由具有一定厚度的上下两个面组成（top face 和 bottom face）。利用 top face 和 bottom face 沿垫片厚度方向或者表面的法向（normal direction）的相对运动变化量来量化垫片单元的变形行为。横向剪切行为是利用 top face 和 bottom face 相对位置在与厚度方向上正交的平面上的投影变化来表征的。

垫片单元自由度的定义如图6-2所示，在积分点上，Abaqus 将厚度的方向定义为局部方向1，剪切应力位于局部1-2和1-3平面上，薄膜效应的应力位于局部的平面2-3上。方向2、3上其实在分析过程是不具有自由度的，在分析过程中 Abaqus 只考虑1方向上的自由度，激活方向2、3只是用于在后处理的时候输出相应的面内应力。

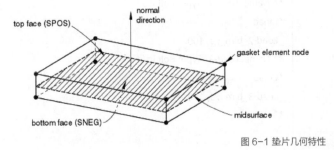 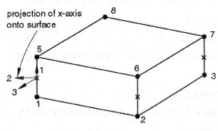

图6-1 垫片几何特性　　　　　　　　　图6-2 垫片自由度

> ○ 由于垫片变形行为的独特性，变形过程与垫片的密封效果有着直接的联系，所以传统的应力应变分析手法难以适用于垫片的变形行为，故 Abaqus 为此开发出了独特的材料非线性行为垫片单元。

6.2 问题描述

本讲以图6-3所示的简易化油器模型的垫片密封过程为例，详细讲解垫片密封模拟过程的要点和螺栓加载技巧，图6-3为一个化油器的简化模型，上下与垫片连接的端盖和腔体的材质为铝合金，螺栓为钢制螺栓，中间垫片为软质密封材料。

垫片通过螺栓传递的扭矩产生螺栓力，加载到密封垫片的部位产生密封应力，腔体、端盖和垫片构成一个稳定的密封体系，对应的单个螺栓力载荷为 8kN，其常用分析流程如果 6-4 所示。

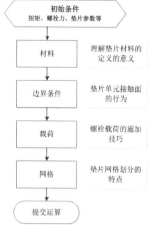

图 6-3 计算模型　　　　　　　　　　　　　　　　　　　　　图 6-4 分析流程

6.3 模型创建

6.3.1 导入几何

» **创建、保存模型**

打开 Abaqus/CAE，创建 Model Database: With Standard/Explicit Model，应用命令 File → Save as 保存模型为 gasket_seal.cae。

» **重命名模型**

如图 6-5 所示，在树目录的 Model-1 上单击鼠标右键，重命名（Rename）Model-1 为 Model-1_gasket。

» **导入装配体**

应用命令 File → Import: Assemble，导入几何装配体文件 gasket-seal.x_t。

○ 模型的导入几何单位为 mm，故本讲的单位体制为（mm、tone、N），即后续Property属性及后处理也都是mm、tone、N单位体系。

图 6-5 更改模型名称　　　图 6-6 导入装配体

6.3.2 创建属性

切换到 Property 模块，创建螺栓材料、腔体、端盖和垫片单元属性。

1.创建垫片的材料参数 Gasket

在 Abaqus 垫片材料属性行为中可以选择 3 种材料行为，分别为：Gasket Thickness Behavior、Gasket Transverse Shear Elasticity 和 Gasket Membrane Elasticity。由图 6-1 与图 6-2 的特性可以看到，垫片剪切应力与薄膜应力是一个导出的数值，不参与计算，所以垫片材料属性中的 3 种垫片属性行为的变形行为是由 thickness behavior 确定的，transverse shear elastic 和 membrane elastic 只用于相应的结果输出的参考量。通俗的讲，这3种作用方式是非关联的，但垫片材料属性必须定义 thickness behavior 参数。但某些密封状态下，垫片的变形行为并不是单纯的压缩状态，还受切应力及薄膜效应的影响，如图 6-7 垫片产生的弯曲情况及垫片接触面上有很大的摩擦力。

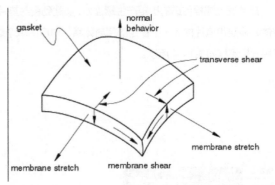

图 6-7 垫片的力学行为

如果某一种垫片的行为对以上 3 种方式有关联行为，则需要利用 user-defined material model 解决，但对于大多数的垫片分析，更关注厚度的变化行为，切应力与薄膜效应的情况使用得并不多。

> 通常垫片是由多层材料构成的，而且内部的结构可能存在孔洞、波形、增强、凸突（"bead"的音译，垫片行业中的约定说法）等形状。此类问题需要对垫片离散化，离散化的原理就是垫片的测试技术，垫片的测试数据一般是由压缩测试机完成的，当获得压缩测试机的数据后，可以将垫片单元认为是由一个实体或者壳单元构成的整体，而不必再去关注其内部结构。

某垫片应力位移行为曲线和数值表如图 6-8 所示。应用命令 Material → Create 或单击工具箱中的 （Create Material），弹出编辑材料（Creat Material）对话框。

» **命名：对话框中 Name 设为 Gasket**
» **选择 Other → Gasket → Gasket Thickness Behavior**，在图 6-9 和图 6-10 所示的对话框 Loading 选项卡中将图 6-8 数值表的加载过程的参数输入对话框，Pressure 对应压力、Closure 对应位移。在 Unloading 选项卡中将图 6-8 数值表的卸载过程的参数输入对话框，Pressure 对应压力、Closure 对应位移、Plastic Closure 对应塑性位移

> Closure 准确的意思为垫片上下两面（top face 和 bottom face）之间的闭合量，参见图 6-1，当有压力行为时，从力学角度理解，上下两个面之间会有闭合行为。

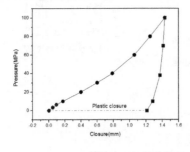

加载		卸载		
压力	位移	压力	位移	塑性位移
0		0	1.21	1.21
3.4	0.047	10	1.28	1.21
6.4	0.093	38	1.37	1.21
10	0.175	70	1.41	1.21
20	0.4	100	1.43	1.21
30	0.6			
40	0.79			
60	1.06			
80	1.25			
100	1.43			

图 6-8 垫片应力位移行为

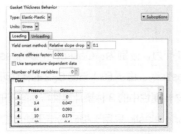

图 6-9 垫片加载数据输入　　图 6-10 垫片卸载数据输入

2.创建化油器腔体和端盖材料Al_alloy

应用命令 Material → Create 或单击工具箱中的 （Create Material），弹出编辑材料对话框。

» **命名**：对话框中 Name 设为 Al_alloy
» **机械参数**：对话框中应用 Mechanical → Elasticity → Elastic，定义弹性模量为 69000MPa，泊松比为 0.3，其余选择默认设置

3.螺栓材料Steel

应用命令 Material → Create 或单击工具箱中的 （Create Material），弹出编辑材料对话框。

» **命名**：对话框中 Name 设为 Steel
» **机械参数**：选择 Mechanical → Elasticity → Elastic，定义弹性模量为 210000MPa，泊松比为 0.3，其余选择默认设置

4.创建截面属性

应用命令 Section → Create 或单击工具箱中的 （Create Section），弹出 Create Section 对话框。

» **创建端盖和腔体截面属性**

在 Create Section 对话框中，命名(Name)为 Section-AL，选择 Solid: Homogeneous；单击 Continue 按钮，在 Edit Section 对话框中，选择材料为 Al_alloy，单击 OK 按钮。

» **创建螺栓截面属性**

在 Create Section 对话框中，Name 为 Section-steel，选择 Solid: Homogeneous；单击 Continue 按钮，在 Edit Section 对话框中，选择材料为 Steel，单击 OK 按钮。

» **创建垫片截面属性**

垫片在厚度方向的结构有时候会比较复杂，如汽车的垫片可能有几层金属甚至还会内衬橡胶，并且层与层之间的在没有压缩的时候，并不会完全贴合。内部增强层之间的空隙在 Abaqus 中定义为 Initial void，这个初始间隙一般只是用来计算热应变和蠕变应变的。也可以用于描述垫片内部的空隙。Initial gap 是指垫片的垫片闭合需要一定的压力才会开始的那个距离。图 6-11 为存在 Initial gap 的垫片在压力下材料闭合的行为曲线。

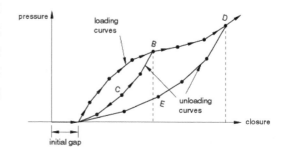

图 6-11 垫片存在空隙的压力位移变化行为

一个垫片属性中既可以包含 Initial void，又可以包含 Initial gap，图 6-12 为一个典型的既包含 Initial void 又包含 Initial gap 的垫片结构，如果在垫片中定义这两个参数，那么在垫片三维建模时候垫片厚度要包含这两个厚度值。

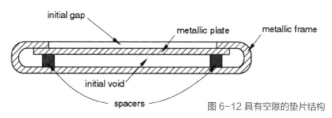

图 6-12 具有空隙的垫片结构

在 Create Section 对话框，命名（Name）为 Section-Gasket，选项 Other: Gasket；单击 Continue 按钮，在 Edit Section 对话框中，选择材料为 Material Gasket，单击 OK 按钮，其余为默认设置，如图 6-13 所示。

图 6-13 创建垫片截面属性

5.创建set合集

应用命令 Tools → Set → Creat 或单击左侧模型树中 Parts 下对应 Part 的选项中的 set 功能，弹出 Create Set 对话框。

» **创建腔体的 Set 合集 Set-cavity**

应用命令 Tools → Set → Creat 或单击左侧模型树中 Parts 下对应 cavity 的选项中的 set 功能，弹出 CreateSet 对话框。如图 6-14 所示，将 set 命名为 Cavity，单击 Continue 按钮，在显示框中框选腔体的模型，单击 Done 按钮，完成 Cavity 的创建。

» **创建端盖的 end_cap 合集 Set-end_cap**

按照 Cavity 的操作步骤，创建端盖的 set 合集 Set-end_cap。

» **创建法兰的 Bolt 合集 set-bolt**

按照 Cavity 的操作步骤，创建螺栓的 set 合集 Set-bolt。

» **创建垫片的 Gasket 合集 set-gasket**

按照 Cavity 的操作步骤，创建垫片的 Set 合集 Set-gasket。

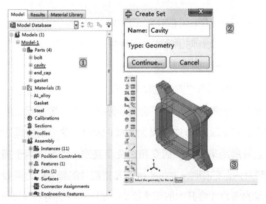

图 6-14 创建 Cavity 的 Set 合集

6.指派截面属性

应用命令 Assign → Section 或单击工具箱中的 ▤ᴸ（Assign Section）。

» **指派垫片的截面属性**

根据提示 ，将圆框中的对勾去掉，并单击展开 Sets；如图 6-15 所示，选择 Set-gasket，单击 Continue 按钮；弹出 Edit Section Assignment 对话框，选择 Section 为 Section-Gasket，单击 OK 按钮。

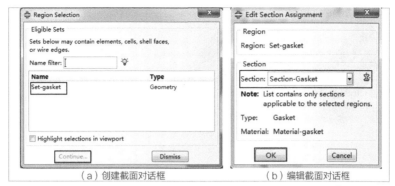

（a）创建截面对话框　　　　（b）编辑截面对话框

图6-15 指派截面属性

同上，按照上述步骤指派螺栓、腔体、端盖的截面属性，这里不再赘述。

6.3.3 网格划分

切换到 Mesh 模块。选择 Assemble 划分网格状态。同时单击模型树中的 Assemble，单击 Instances 展开子选项，如图6-16左图，单击bolt，同时按住Shift键全选至cavity，单击鼠标右键选择 Make Independent，如图6-16右图所示。

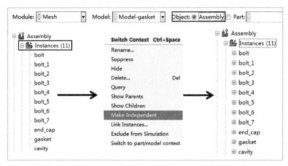

图 6-16 转为独立实体

1.切分螺栓实体

在默认状态下螺栓和法兰是不能划分 Hex 六面体网格的，如果需要对模型划分 Hex 网格则需要对模型进行切分处理，需应用工具箱中的 ，或应用命令 Partition Cell → Define Cutting Plane 命令。但是这个操作并不是必须的，采用 Tet 网格也是可以的，因为有些复杂结构的部件是很难进行切分 Hex 网格的。

单击工具箱中 ，右下角的箭头，选择子划分选项 ，将除螺栓以外的模型全部隐藏，将螺栓全部选中，单击 Done 按钮，然后选中一个螺栓头的内侧面，因为所有的螺栓都是共面的，如图 6-17 左图，单击 Creat Partition 按钮 。

对于普通的结构体，如此划分后已经完全可以满足 Hex 六面体网格的划分需求。但是对于螺栓，还需要给它划分一个内部载荷面。

单击工具箱中线条模式，再次单击 ，选择螺栓的螺柱部分，单击提示栏 Point & Normal 按钮选择划分方式 。

单击螺柱边缘的中点，依据提示，需要选择一条垂直于切分平面的边或者坐标轴作为切分方向 。选择螺栓柱面上的与螺栓轴平行的直线，作为划分的方向，单击 Create Partition 按钮。

 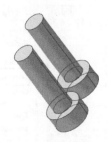 

图 6-17 螺栓实体切分

○ 由于螺栓的加载具有其特殊的加载方式，螺栓力的载荷需要加载到指定的螺栓内部截面上，所以螺栓必须要在其中间部位划分一个内部截面；"中间部位"应该理解为相对螺栓两头靠中间的部位，不一定必须在正中间，需要注意的是这个螺栓力载荷面及其面的周长上面不可以有接触行为，必须为自由状态。

2.切分端盖实体

端盖和腔体模型的切分主要用到 Use Datum Plane、Use Extrude/Sweep Edges 和 Use Extend Face 这 3 种划分技术，结合使用这 3 种技术将腔体和端盖切分后，可以切分出符合 Hex 网格划分要求的 Hex 的 Cell 块，其过程略微复杂。

以端盖为例，将其他部件隐藏，选择显示 end-cap 实体，单击 图标右下角的箭头，选择子划分选项 ，选择图 6-18 左图所示的平面作为切分的延伸面，切分模型后，如图 6-18 右图所示，有一部分已经为可以划分 Hex 网格的 Cell 体。

图 6-18 第 1 次实体切分

选择模型，单击 图标右下角的箭头，选择子划分选项 ，选择图 6-19 左图所示的曲线（正视状态下模型中最里面的圆角正方形的周长）作为切分的曲线，端盖厚度方向为切分方向，沿该方向向内切分，切分模型后如图 6-19 右图所示。

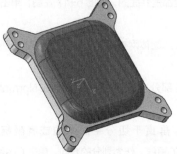 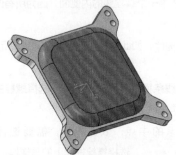

图 6-19 第 2 次实体切分

选择模型，单击图标右下角的箭头，选择子划分选项，选择图6-20左图所示的平面，顶盖的内表面作为切分的延伸面，切分模型后如图6-20右图所示，此时已经有3个部分变成了黄色，还剩一圈圆角的部分没有变成黄色。

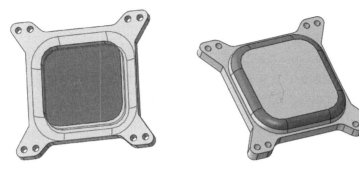

图6-20 第3次实体切分

单击图标右下角的箭头，选择利用中点创建基准面，选择模型中圆角方形的两条相平行的边的中点创建基准面。如图6-21左图所示，选择模型，单击图标右下角的箭头，选择子划分选项，利用已经创建好的基准面切分无法划分Hex的圆角的部分，切分后如图6-21右图所示，到此为止端盖模型已经全部切分完毕。

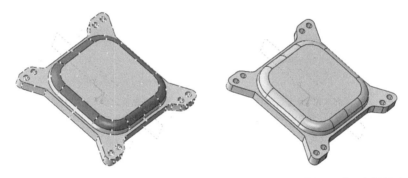

图6-21 第4次实体切分

按照上述思路可以对腔体的实体进行切分处理，不再赘述。

3. 定义种子

应用命令 Seed → Part 或单击工具箱中的（Seed Part），选择螺栓和垫片实体，设置全局种子尺寸（Approximate global size）为2；选择腔体和端盖，设置全局尺寸为4。

4. 网格划分

应用命令 Mesh → Part 或单击工具箱中的（Mesh Part），单击提示中Yes按钮，完成网格划分，如图6-22所示。

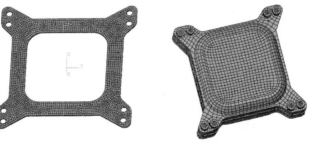

图6-22 划分网格

> 垫片区域如果是壳结构只能采用Swept技术划分网格；如果垫片区域是实体单元，可以采用多种扫掠方式，但是要确保扫掠的方向为垫片压缩的方向，即垫片top face的Normal direction。

5.定义单元类型

应用命令 Mesh → Element Types 或单击工具箱中的 ▦（Assign Element Types），根据提示框选择指定单元，定义类型腔体、螺栓、端盖为图 6-23 所示的 C3D8R 单元，定义类型垫片为 GK3D8。

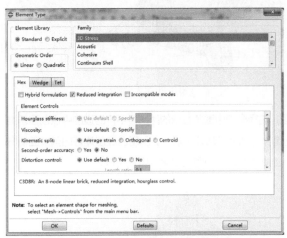 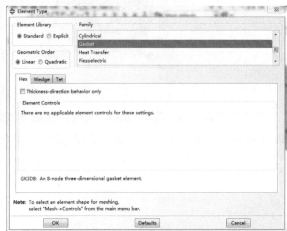

图 6-23 网格单元类型

> 1. 垫片网格划分时，厚度方向只需要1个网格就够了，有些有限元软件中要求必须为1个网格，Abaqus没有强制性规定。
> 2. 垫片单元只有平动的自由度，二维垫片单元只有方向1、2，三维垫片有方向1、2、3这3个自由度，如果勾选Thickness-direction behavior only复选框，那么就只剩下方向 1 的自由度。

6.3.4 创建分析步

切换到 Step 模块。

应用命令 Step → Create 或单击工具箱中的 ●▪（Create Step），弹出 Create Step 对话框；选择 Procedure Type 为 General: Static, General，输入分析步名称为 sealing，单击 Continue 按钮； Edit Step 对话框如图 6-24 所示，其余默认，单击 OK 按钮。垫片加载过程为材料线性的问题，所以不需要开启几何非线性。

重复上述步骤创建 lock 分析步。

> 垫片单元可以用于静力学、线性动力学、准静态分析，Abaqus 2017版本及之前的版本垫片单元是没有质量矩阵的，所以定义密度属性对于垫片单元来说没有意义，因此垫片单元无法进行温度传递，即用于瞬态热分析时不能传递热量。
> Abaqus 2018版本对垫片单元有了新的改进，可以进行热行为的模拟，即可以进行直接热力耦合分析了。

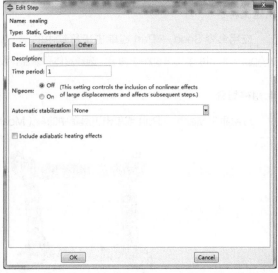

图 6-24 创建分析步

6.3.5 创建边界和载荷

切换到 Load 模块。

1. 创建螺栓的加载载荷

单击工具箱中的 创建螺栓载荷。在 Create Load 对话框，输入 Name: Load-1，选择 Step: sealing，选择载荷类目 Category: Mechanical，选择载荷类型为 Bolt load，单击 Continue 按钮。将 Creat surface 命名为 bolt-sur-1，选中图 6-17 右图中所有螺栓的螺栓力加载截面，单击 Done 按钮。选择螺栓的向内的方向为 Brown，螺栓的载荷方向为 Y 方向。在弹出的对话框中，Magnitude 输入 64000N，即 8 个螺栓总的螺栓力。

> 可以单独选择螺栓的螺栓力加载截面施加螺栓力，本讲中所有的螺栓力的截面是共面的，其螺栓的作用方向是一致的，可同时选择进行统一操作。

创建螺栓载荷加载步完成后，进入载荷管理器，选择 lock 分析步，单击 Edit 按钮，编辑载荷继承属性，如图 6-25 右图所示。

图 6-25 创建螺栓载荷

在图 6-25 右图所示的 Edit Load 对话框中，螺栓力的继承方式（Method）有 3 种：① Apply force 表示继承前一步的螺栓力，也可以修改为需要的螺栓力；② Adjust length 表示调整螺栓的长度，可以利用长度的调整来改变螺栓力；③ Fix at current length 表示固定当前的螺栓长度，这一步的意义在于，在进行耦合分析的时候，尤其是热力耦合的时候，螺栓力会随着螺栓的实际状况进行自动调整。

> 1. 指定螺栓的加载方向时除了使用坐标系还可以利用什么去加载呢？在某些情况下螺栓的轴向会与坐标系存在一定的固定角度，如锥面上的螺栓，在这样的情况下，使用坐标系方向加载螺栓的载荷方向是不合适的，可以利用基准创建螺杆的轴，用轴来指定加载方向。
> 2. Abaqus 2018 版本对螺栓力的加载做了较大的更新方式，不再需要进行截面划分，读者可自行了解。

2. 创建约束边界条件

单击工具箱中的 （Create Boundary Condition），弹出图 6-26 左图所示的创建边界（Create Boundary Condition）对话框，Name 为 Fix，边界类型为 Symmetry/Antisymmetry/Encastre，单击 Continue 按钮；选择法兰一端的上表面，单击 Done 按钮，选择 Encastre 作为约束边界，Encastre 为完全约束条件。单击 OK 按钮，完成定义。

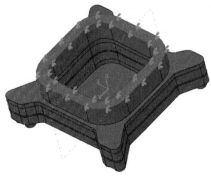

图 6-26 创建固定边界条件

○ 由于Abaqus中实体单元没有旋转自由度，所以也可以利用PINNED的约束条件来完成固定约束，且在梁单元或者参考点约束时，PINNED约束旋转自由度也是有效的。

6.3.6 创建接触属性

垫片接触面全部是平面接触，接触情况简单，故采用Abaqus中自动查找接触对的功能实现。

切换到Interaction模块，单击工具箱中的 查找接触对图标，单击Find Contact Pairs按钮，查找完成后双击Type列，将属性改为Tie。同时将图6-27右图中的Adjust属性由On改为Off。自动调整属性在默写情况下会引起零主单元，使计算无法进行。

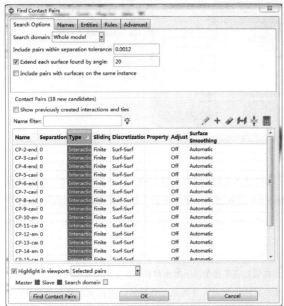 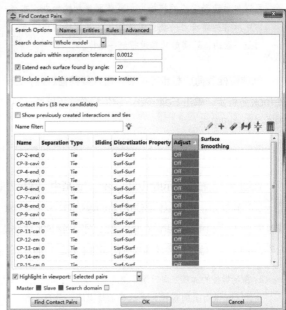

图 6-27 接触属性

○ 1. 三维垫片单元中如果勾选Thickness-direction behavior only时单元类型为GK3D8N，不可以采用基于面的Tie绑定约束，要采用Interaction中的绑定接触。
2. 垫片的接触关系只能定义在厚度方向的上下两个面上，垫片侧面不允许使用接触关系。

6.3.7 创建并提交作业

切换到Job模块。

应用命令Job → Create，创建名为sealing的对Model-gasket作业。

应用命令Job → Submit: sealing，提交作业。

应用命令Job → Monitor: sealing，监控求解过程。

应用命令Job → Results: sealing，自动切换到后处理模块，以查看求解结果。

6.4 查看结果

切换到 Visualization（可视化后处理）模块。

查看应力场和位移的分布如图 6-28 所示，从图中可以明显看到垫片的应力分布，螺栓部位相比较螺栓间隔间的应力要大一些；从图 6-29 的位移云图可以看到，在螺栓加载下垫片的位移的均匀的变化过程。因为垫片大部分情况下都是软质材料，所以从图 6-28 和图 6-29 中可以很清楚地看到垫片各个部位的应力及位移的变化情况。

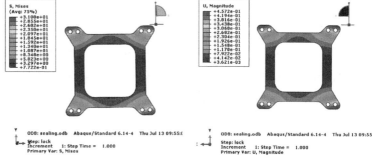

图 6-28 应力云图　　　　图 6-29 位移云图

6.5 inp文件解释

打开工作目录下的 sealing.inp，节选如下：

```
** 垫片材料性能
*Elastic
69000., 0.3
*Gasket Behavior, name=Gasket
*Gasket Thickness Behavior
 0.,   0.
 3.4, 0.047
 6.4, 0.093
 10., 0.175
 20., 0.4
 30., 0.6
 40., 0.79
 60., 1.06
 80., 1.25
100., 1.43
*Gasket Thickness Behavior, direction=UNLOADING
 0., 1.21, 1.21
 10., 1.28, 1.21
 38., 1.37, 1.21
 70., 1.41, 1.21
100., 1.43, 1.21
```

6.6 讨论

» 切分模型的目的是为获得特征几何，只有这样才能划分出六面体 Hex 单元

» 划分垫片单元建议采用六面体网格，对于复杂的垫片单元，可能要重新设置垫片的扫略方向，垫片单元的划分必须保证，垫片的扫略方向是沿厚度方向进行的

» 如勾选图 6-23 中 Thickness-direction behavior only 复选框，即使垫片材料属性中定义了切应力和薄膜效应属性，在结果中也不会输出切应力和薄膜应力

» 垫片单元可以定义蠕变、热膨胀系数等热相关的参数，但是垫片的单元没有温度的自由度，所以如果需要进行热力耦合分析，应该采用顺序偶合法分析。即将垫片单元转为实体单元做热传导计算，然后将热传导的计算结果带入给垫片单元，此外，Abaqus 2018 可以进行热力耦合计算

» 采用实体单元而不利用垫片单元进行分析，会有应力突变发生，如图 6-30 所示。故垫片单元可以很好地解决在某些情况下，由于腔体结构、法兰结构或者螺栓布置不当引起的密封失效

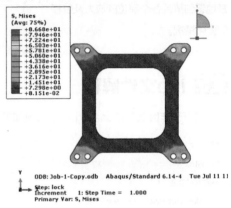

图 6-30 实体单元垫片应力云图

6.7 小结和点评

本讲以螺栓预紧垫片的密封性分析为目标，详细讲解了垫片材料非线性、垫片参数的设置及螺栓力的加载，体现了垫片单元的优势，并依此分析方法有效计算了分布于垫片各个位置的应力状态，对解决设备运行过程热胀冷缩造成的密封失效起到很大作用。

点评：刘笑天 CAE 分析组组长

长城汽车传动研究院电驱动设计部

第 **02** 部分

复材强度

第7讲 浅析Cohesive单元分析

主讲人：孔祥宏

软件版本	分析目的
Abaqus 6.14	采用Cohesive单元分析胶接结构的损伤演化

难度等级	知识要点
★★★☆☆	创建Cohesive单元、损伤演化定义、计算结果的讨论

7.1 概述说明

本讲通过一个简单的模型介绍了 Cohesive 单元的应用，对 Cohesive 单元的失效定义及其损伤演化过程进行详细说明，重点介绍 Displacement 类型的损伤演化定义及其应用。

本讲介绍了 Cohesive 单元及其材料力学性能的有限元仿真方法。通过调整 Cohesive 单元所用材料和截面的参数，根据计算结果解释各参数对 Cohesive 单元的影响。

Abaqus 提供了两种方法模拟胶接特性：

①使用 Cohesive 单元模拟胶接，通过定义材料属性和截面，给 Cohesive 单元赋 Cohesive 截面属性，以此模拟胶层；

②使用接触（Contact）模拟胶接，在有限元模型中需要在胶接的两个面之间创建接触，而接触特性选用 Cohesive Behavior。

第 2 种方法定义 Cohesive 特性可以在 Abaqus/CAE 的 Interaction 模块中完成，创建 Contact 之后可在 Edit Contact Property 对话框中 Mechanical 的子菜单选择 Cohesive Behavior 和 Damage，所需参数与第 1 种方法定义材料所用参数基本相同。本讲将采用第 1 种方法介绍 Cohesive 单元的应用。第 2 种方法属于接触的范畴，本讲不再详述。本讲所用材料为不锈钢和 EC3448 胶，材料属性如下：

- 不锈钢：E=198GPa，v=0.3；
- EC3448 胶：E=1GPa，v=0.3，G=385MPa，$[\sigma]$=6.8MPa，$[\tau]$=35MPa。

7.2 Cohesive单元失效分析

7.2.1 问题描述

两块金属板用胶接在一起，在法向拉力作用下将两块板分开，分析在对金属板加载过程中胶层的应力、应变的变化及失效过程。

金属板尺寸为 10mm×10mm×1mm，胶层厚度为 0.1mm。有限元模型如图 7-1 所示，上下两层体单元为金属，中间有一层厚度为 0 的 Cohesive 单元。

本例中单位系统为 mm、N、MPa。

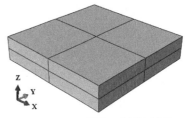

图 7-1 金属板胶接模型

7.2.2 线性刚度折减实例

1. 创建部件及划分网格

» 创建部件

在 Part 模块，单击工具箱中的 （Create Part），在 Create Part 对话框中，使用默认部件名 Part-1，Modeling Space 选择 3D，Type 选择 Deformable，在 Base Feature 区域选择 Shell、Planar，Approximate size 使用默认的 200，单击 Continue 按钮进入绘图模式。

单击工具箱中的 （Create Lines: Rectangle（4 Lines）），在提示区输入第 1 个点的坐标（0,0）后按 Enter 键，再输入第 2 个点的坐标（10,10）后按 Enter 键，再按 Esc 键或按鼠标中键，单击提示区的 Done 按钮或按鼠标中键完成。

» 划分网格

在环境栏 Module 后面选择 Mesh，进入 Mesh 模块。环境栏中 Object 选择 Part: Part-1。

单击工具箱中的 （Seed Part），在 Global Seeds 对话框中 Approximate global size 后面输入 5，单击 OK 按钮。

单击工具箱中的 （Mesh Part），单击提示区的 Yes 按钮或按鼠标中键，完成网格划分。

» 创建网格部件

应用命令 Mesh → Create Mesh Part，在提示区 Mesh part name 后面输入 Part-1M 后按 Enter 键完成网格部件创建，在视图区显示 Part-1M。

» 编辑网格部件

单击工具栏 Views 工具条中的 （Apply Iso View），在视图区显示等轴视图。

单击工具箱中的 （Edit Mesh），在 Edit Mesh 对话框中，Category 选择 Mesh，Method 选择 Offset (create solid layers)；在提示区将选择方法设为 by angle；在视图区 Part-1M 上单击选取单元，再按鼠标中键；在 Offset Mesh 对话框中 Offset direction 选择 Part-1M 上朝向 Z 轴正方侧面的颜色，Total thickness 和 Number of layers 都设为 1，勾选 Delete base shell elements 和 Create a set for new elements，在 Set/surface name or prefix 后面输入 Bottom，如图 7-2 所示，单击 OK 按钮。

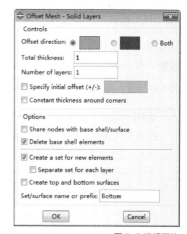

图 7-2 编辑网格

在 Part-1M 上单击朝向 Z 轴正方向的面，再按鼠标中键，在 Offset Mesh 对话框中，Total thickness 设为 0，勾选 Share nodes with base shell/surface 和 Create a set for new elements，在 Set/surface name or prefix 后面输入 Cohesive，单击 OK 按钮。

同样操作，再创建一层厚度为 1 的网格，并创建单元集合，命名为 Top。

> 第1、3层体单元厚度均为1mm，第2层单元厚度为0，这3层单元都是体单元。

» 选择单元类型

单击工具箱中的 ，单击提示区的 Sets 按钮，在 Region Selection 对话框中，按住 Ctrl 键选择 Bottom 和 Top，单击 Continue 按钮；在 Element Type 对话框中选择单元类型，可以使用默认的 C3D8R 单元，单击 OK 按钮；在 Region Selection 对话框中选择 Cohesive，单击 Continue 按钮，在 Element Type 对话框中选择 COH3D8 单元，如图 7-3 所示，单击 OK 按钮完成。

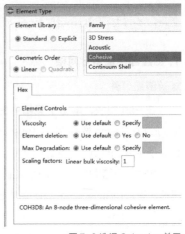

图 7-3 选择 Cohesive 单元

2. 创建材料并给部件赋材料属性

» 创建材料

在环境栏 Module 后面选择 Property，进入 Property 模块。

单击工具箱中的 ，在 Edit Material 对话框中，Name 后面输入 Mat-Steel；单击 Mechanical → Elasticity → Elastic，Type 选择 Isotropic；在 Data 区域依次输入材料参数 198e3、0.3，单击 OK 按钮完成。

单击工具箱中的 ，在 Edit Material 对话框中，Name 后面输入 Mat-EC3448；单击 Mechanical → Elasticity → Elastic，Type 选择 Traction；在 Data 区域依次输入材料参数 1000、385、385；单击 Mechanical → Damage for Traction Separation Laws → Quads Damage，在 Data 区域依次输入 6.8、35、35，如图 7-4(a) 所示；单击 Suboptions → Damage Evolution，在 Suboption Edit 对话框中，Type 选择 Displacement，Softening 选择 Linear，其他使用默认设置，在 Data 区域输入 0.001，如图 7-4(b) 所示，单击 OK 按钮；在 Edit Material 对话框单击 OK 按钮完成。

> 在图7-4（a）中，Quads Damage为二次名义应力准则，此外还有Quade、Maxe、Maxs等准则，分别为二次名义应变、最大应变、最大应力准则，详细可见Abaqus帮助文件Abaqus Analysis User's Guide的32.5.6。

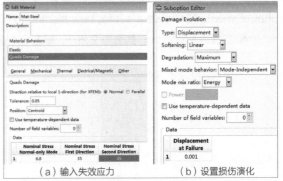

（a）输入失效应力　　（b）设置损伤演化

图 7-4 材料属性设置

> **创建截面**

单击工具箱中的 ![icon](Create Section)，在 Create Section 对话框中，Name 后面输入 Sect-Steel，Category 选择 Solid，Type 选择 Homogeneous，再单击 Continue 按钮；在 Edit Section 对话框的 Material 下拉列表中选择 Mat-Steel，单击 OK 按钮完成。

单击工具箱中的 ![icon](Create Section)，在 Create Section 对话框中，Name 后面输入 Sect-Cohesive，Category 选择 Other，Type 选择 Cohesive，单击 Continue 按钮；在 Edit Section 对话框的 Material 下拉列表中选择 Mat-EC3448，Response 选择 Traction Separation，Initial thickness 选择 Specify 并输入 0.1，如图 7-5 所示，单击 OK 按钮完成。

图 7-5 编辑 Cohesive 截面

> **给部件赋材料属性**

单击工具箱中的 ![icon](Assign Section)，单击提示区的 Sets 按钮，在 Region Selection 对话框中双击 Cohesive（或单击 Cohesive，再单击 Continue 按钮），在 Edit Section Assignment 对话框的 Section 下拉列表中选择 Sect-Cohesive，单击 OK 按钮。

按上述操作，给单元集合 Bottom、Top 赋 Sect-Steel 截面属性。

3. 装配

在环境栏 Module 后面选择 Assembly，进入 Assembly 模块。

单击工具箱中的 ![icon](Create Instance)，在 Create Instance 对话框中选择 Parts: Part-1M，单击 OK 按钮完成。

4. 创建参考点和刚体约束

在环境栏 Module 后面选择 Interaction，进入 Interaction 模块。

> **创建参考点**

单击工具箱中的 ![icon](Create Reference Point)，在 Part-1M-1 垂直于 Z 轴的上、下两个表面的中心处分别创建参考点，两个参考点及其坐标分别为 RP-1（5，5，2）、RP-2（5，5，0）。

应用命令 Tools → Set → Create 按钮，在 Create Set 对话框中 Name 后面输入 Set-RP1，Type 选择 Geometry，单击 Continue 按钮，在视图区选择 RP-1，按鼠标中键完成。

> **创建刚体约束**

单击工具区的 ![icon](Create Constraint)，在 Create Constraint 对话框中，Name 后面输入 Rigid-1，单击 Continue 按钮；在 Edit Constraint 对话框中，单击 Reference Point 区域 Point 后面的 ![icon](Edit 按钮)，在视图区选择 RP-1；在 Edit Constraint 对话框的 Region Type 下面单击 Body（elements），单击右侧的 ![icon]（Edit selection）；单击提示区的 Sets 按钮；在 Region Selection 对话框中双击 Part-1M-1.Top；回到 Edit Constraint 对话框，单击 OK 按钮完成。

按上述操作，使用 RP-2 和 Part-1M-1.Bottom 创建刚体约束 Rigid-2。

○ 创建刚体约束的目的是消除金属单元XY平面内的应力、应变对Cohesive单元应力、应变、位移的影响，确保Cohesive单元只在厚度方向受力。

5. 创建分析步、设置输出变量

» 创建分析步

在环境栏 Module 后面选择 Step，进入 Step 模块。

单击工具箱中的 ◆■（**Create Step**），在 Create Step 对话框中，在 Initial 分析步之后创建 Static,General 分析步，单击 Continue 按钮；在 Edit Step 对话框中，Basic 选项卡使用默认设置，Incrementation 选项卡设置如图 7-6 所示，单击 OK 按钮完成。

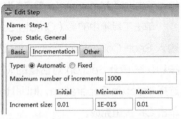

图 7-6 增量步设置

» 设置输出变量

单击工具箱中的 ▦（**Field Output Manager**），在 Field Output Requests Manager 对话框中，选中 F-Output-1，单击 Edit 按钮；在 Edit Field Output Request 对话框中，按图 7-7 所示设置，单击 OK 按钮完成。

图 7-7 场输出变量设置

单击工具箱中的 ▦（**History Output Manager**），在 History Output Requests Manager 对话框中选择 H-Output-1，单击 Edit 按钮；在 Edit History Output Request 对话框中设置输出集合 Set-RP1 的 U3、RF3 两个变量，输出频率同图 7-7 中 Frequency 的设置。

6. 创建边界条件及施加位移载荷

» 创建边界条件

在环境栏 Module 后面选择 Load，进入 Load 模块。

单击工具箱中的 ▙（**Create Boundary Condition**），在 Create Boundary Condition 对话框中，使用默认名称 BC-1，Step 选择 Initial，Category 选择 Mechanical，Types for Selected Step 选择 Symmetry 按钮，单击 Continue 按钮；单击提示区的 Geometry，在视图区选择 RP-2，按鼠标中键，在 Edit Boundary Condition 对话框中选择 ENCASTRE，单击 OK 按钮完成。

» 施加位移载荷

单击工具箱中的 ▙（**Create Boundary Condition**），在 Create Boundary Condition 对话框中，使用默认名称 BC-2，Step 选择 Step-1，Category 选择 Mechanical，Types for Selected Step 选择 Dsiplacement 按钮，单击 Continue 按钮；单击提示区的 Geometry，在视图区选择 RP-1，按鼠标中键，在 Edit Boundary Condition 对话框中选择勾选 U3，并在 U3 后面输入 0.002，单击 OK 按钮完成。

7.创建分析作业并提交分析

» 创建分析作业

在环境栏 Module 后面选择 Job，进入 Job 模块。

单击工具箱中的 ■（Job Manager），在 Job Manager 对话框中单击 Create 按钮；在 Create Job 对话框中，Name 后面输入 Job-Coh-1，Source 选择 Model-1，单击 Continue 按钮；在 Edit Job 对话框中单击 OK 按钮完成。

> ○ 在Edit Job对话框的Parallelization选项卡中可以设置多核并行计算。

» 提交分析

在 Job Manager 对话框中，选中 Job-Coh-1 分析作业，单击 Submit 按钮提交计算。

当 Job-Coh-1 的状态（Status）由 Running 变为 Completed 时，计算完成，单击 Results 按钮进入可视化后处理模块。

» 保存模型

单击工具栏的 File 工具条中的 ■（Save Model Database），在 Save Model Database As 对话框的 File Name 后面输入 Cohesive，单击 OK 按钮完成。

8.可视化后处理

» 绘制 RP-1 点的支反力 - 位移曲线

单击工具箱中的 ■（XY Data Manager），在打开的对话框中单击 Create 按钮；在 Create XY Data 对话框中选择 ODB history output，单击 Continue 按钮；在 History Output 对话框中，选择 RF3 对应的输出变量，单击 Save As 按钮；在 Save XY Data As 对话框中，Name 后面输入 F，Save Operation 选择 as is，单击 OK 按钮。按上述操作将 U3 对应的输出变量保存为 XY Data，并命名为 U。

在 XY Data Manager 对话框中，单击 Creat 按钮；在 Create XY Data 对话框中选择 Operate on XY data，单击 Continue 按钮；在 Operation on XY Data 对话框的表达式输入区输入 combine ("U", "F")，单击 Save As 按钮；在 Save XY Data As 对话框 Name 后面输入 F-U，单击 OK 按钮；关闭 Operation on XY Data 对话框；在 XY Data Manager 对话框中选择 F-U，单击 Plot 按钮，绘制的 F-U 曲线如图 7-8 所示。不必关掉 XY Data Manager 对话框，后面继续使用。

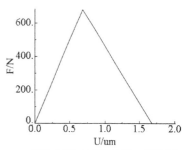

图 7-8 RP-1 点的支反力 - 位移曲线

> ○ 应用命令Result→History Output，可以直接打开History Output对话框。
> 应用命令Options→XY Options→Curve，可以对曲线样式进行设置。
> 在视图区双击曲线图的坐标轴，在Axis Options对话框中可以对各坐标轴的格式进行设置，如在Axes选项卡中，Placement选择Min Edge，则只绘制图的左边界或下边界。

» 绘制 Cohesive 单元的应力 - 应变曲线

单击工具箱中的 ■（Plot Contours on Deformed Shape），在视图区显示部件。

单击工具栏 Display Group 工具条中的 ■（Create Display Group），在打开的对话框中，Item 选择 Elements，Method 选择 Element sets，在对话框右侧选择 PART-1M-1.COHESIVE，单击对话框底部的 ■（Replace），在视图区显示 Cohesive 单元。

在 XY Data Manager 对话框中，单击 Creat 按钮；在 Create XY Data 对话框中选择 ODB field output，单击 Continue 按钮；在 XY Data from ODB Field Output 对话框中，Variables 选项卡 Position 下拉列表中选择

Centroid，在复选框中勾选 S33 和 E33；在 Elements/Nodes 选项卡中，Method 选择 Pick from Viewport，单击 Edit Selection 按钮；在视图区单击选取任意一个 Cohesive 单元，按鼠标中键；单击 XY Data from ODB Field Output 对话框的 Plot 按钮。

在 XY Data Manager 对话框中，选择名称中包含 E33 的一项 XY Data，单击 Rename 按钮，在 Rename XY Data 对话框中将其命名为 E；按上述操作，将名称中包含 S33 的一项 XY Data 重命名为 S。

与绘制图 7-8 中曲线的操作相同，绘制 S-E 曲线，即在 Operation on XY Data 对话框中绘制 combine ("E", "S")，如图 7-9 所示，将该 XY Data 保存为 S-E。

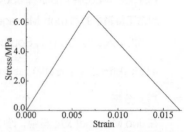

图 7-9 Cohesive 单元线性刚度折减的应力 – 应变曲线

» **绘制 Cohesive 单元的应力 – 位移、应变 – 位移曲线**

按上述操作，在 XY Data Manager 对话框中，利用已创建的 S、E、U 3 个 XY Data 数据，绘制 E-U、S-U 曲线，如图 7-10 所示。

> ○ Cohesive 单元上下相邻的金属单元在刚体约束作用下没有变形，因此 RP-1 点的位移也就是 Cohesive 单元厚度方向的变形量，因此图 7-10 中的两条曲线真实反映了 Cohesive 单元厚度变化时应力、应变的情况。

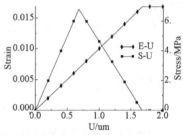

图 7-10 应力 – 位移、应变 – 位移曲线

» **观察 XY Data 中的数据**

在 XY Data Manager 对话框中，选择 E-U，单击 Edit 按钮，在 Edit XY Data 中可以查看 E-U 的数据，同样操作可以查看 S-U、F-U 的数据。从 E-U、S-U、F-U 中提取 4 个位移对应的数据见表 7-1。

表 7-1 XY Data 部分数据

U/mm	E	S/MPa	F/N
0	0	0	0
0.00068	0.0068	6.8	680
0.00168	0.0168	0	0
0.002	0.0168	0	0

结合 EC3448 胶的材料参数，观察表 7-1 中数据。胶层厚度 0.1mm（见图 7-5），胶层厚度方向弹性模量 E=1GPa，强度 $[\sigma]$=6.8MPa，因此只在法向载荷作用下，胶层开始失效时的应变由式（7-1）计算可得 0.0068。

$$\varepsilon_{f0} = [\sigma]/E \tag{7-1}$$

由于胶层的面积 A 为 100mm², 因此本讲中胶层的破坏载荷由式（7-2）计算可得 680N。

$$F_{f0} = [\sigma] \cdot A \tag{7-2}$$

由于胶层厚度 t 为 0.1mm，因此胶层开始失效时胶层上下两表面的相对位移由式（7-3）计算可得 0.00068mm。

$$U_{f0} = \varepsilon_{f0} \cdot t \tag{7-3}$$

由于胶层的失效位移$U_{\Delta f}$为0.001mm（见图7-4(b)），失效位移是指纯塑性变形的位移，不包括弹性变形的位移，即胶层开始发生破坏到最终断裂期间，胶层上下两表面的相对位移的增加量，也就是图7-10中S-U曲线最高点到右侧曲线与横轴交点之间的横轴投影距离。因此胶层断裂时的位移由式（7-4）计算可得0.00168mm。

$$U_f = U_{f0} + U_{\Delta f} \tag{7-4}$$

胶层失效应变由式（7-5）计算可得0.0168。

$$\varepsilon_f = \varepsilon_{f0} + \varepsilon_{\Delta f} = \varepsilon_{f0} + U_{\Delta f}/t \tag{7-5}$$

因此，当所用胶层材料的应力-应变数据已知时，即有图7-9所示的类似的数据时，可以在确定胶层厚度t后，根据式（7-6）求得图7-4（b）中所需的失效位移。

$$U_{\Delta f} = \varepsilon_{\Delta f} \cdot t \tag{7-6}$$

> ○ 读者可以改变胶层厚度、失效位移，重新计算，观察计算结果，加深对该部分的理解。

7.2.3 指数刚度折减实例

1. 修改材料损伤演化类型

在环境栏Module后面选择Property，进入Property模块。

单击工具箱中的 ■（**Material Manager**），在Material Manager对话框中选择Mat-EC3448，单击Edit按钮；在Edit Material对话框的Material Behaviors下面双击Damage Evolution；在Suboption Editor对话框中，Type仍然使用Displacement，Softening选择Exponential，其他使用默认设置，在Data区域依次输入0.001、5，单击OK按钮；单击Edit Material对话框的OK按钮完成。

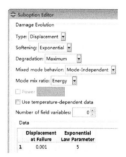

图7-11 修改损伤演化设置

2. 复制分析作业并提交分析

在环境栏Module后面选择Job，进入Job模块。

单击工具箱中的 ■（**Job Manager**），在Job Manager对话框中选择Job-Coh-1，单击Copy按钮；在Copy Job对话框中输入Job-Coh-2，单击OK按钮完成。

提交分析并保存模型。等待计算完成后进入Visualization模块进行可视化后处理。

3. 可视化后处理

按照前例的方法，绘制Cohesive单元厚度方向的应力-应变曲线，如图7-12所示。

> ○ 线性和指数损伤演进详情可参考Abaqus帮助文件Abaqus Analysis User's Guide的32.5.6。

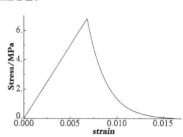

图7-12 Cohesive单元指数刚度折减的应力-应变（S-E）曲线

7.2.4 含有参数的inp文件的使用

读者在学习 Abaqus 软件时，通常会使用帮助文件中的实例，但是有些实例的 inp 文件中包含参数，无法应用命令 File→Import→Model 的方式导入。遇到这种情况，通常有两种处理方法。

» **直接运行 inp 文件**

在 Job 模块，单击工具区的 ![] (Job Manager)，在 Job Manager 对话框中单击 Create 按钮；在 Create Job 对话框中，Name 后面输入分析作业名称，Source 选择 Input file，单击 Input file 后面的 ![] (Select)；在 Select Input File 对话框中选择要运行的 inp 文件，单击 OK 按钮；单击 Create Job 对话框的 Continue 按钮；在 Edit Job 对话框中进行设置后单击 OK 按钮；在 Job Manager 对话框中选择刚创建的分析作业，单击 Submit 按钮，提交分析。

图 7-13 从 inp 文件创建分析作业

» **修改 inp 文件后导入**

如某 inp 文件开头定义了参数，后面使用了这些参数，inp 文件部分内容如下：

如果要将这样的 inp 文件导入 Abaqus，进行前处理研究，可将文件开头定义参数部分删掉，将后面使用参数的位置替换为参数的值，即将上面 inp 文件内容修改如下：

修改后的 inp 文件可以应用命令 File→Import→Model 导入 Abaqus。

Abaqus 帮助文件 Abaqus Example Problems Guide 的 1.4.7 中实例的 inp 文件可以通过上述修改方法修改后导入 Abaqus，可以学习该例中二维、三维 Cohesive 单元和 Cohesive 类型接触的应用。

7.3 inp文件解释

本讲第 2 个实例的 Job-Coh-2.inp 节选如下：

```
*Heading
** Job name: Job-Coh-2 Model name: Model-1
** Generated by: Abaqus/CAE 6.14-1
** 部件 Part-1M 的节点编号及其坐标、单元集合、单元
类型、所赋截面等
*Part, name=Part-1M
*Node
    ……
** 单元类型
*Element, type=COH3D8
……
** 创建单元集合
*Elset, elset=Bottom, generate
    ……
** 创建截面
** Section: Sect-Steel
*Solid Section, elset=Top, material=Mat-Steel
……
*End Part
** 装配
** ASSEMBLY
*Assembly, name=Assembly
** 使用部件 Part-1M 创建装配实例 Part-1M-1
*Instance, name=Part-1M-1, part=Part-1M
*End Instance
** 创建参考点 RP-1
*Node
    1,   5.,   5.,   2.
……
** 创建刚体约束
** Constraint: Rigid-1
*Rigid Body, ref node=_PickedSet23, elset=Part-1M-1.Top
……
*End Assembly

** 创建材料
** MATERIALS
*Material, name=Mat-EC3448
*Damage Initiation, criterion=QUADS
 6.8,35.,35.
*Damage Evolution, type=DISPLACEMENT,
softening=EXPONENTIAL
 0.001,5.
*Elastic, type=TRACTION
1000.,385.,385.
……
** 创建边界条件
** BOUNDARY CONDITIONS
** Name: BC-1 Type: Symmetry/Antisymmetry/Encastre
*Boundary
_PickedSet30, ENCASTRE
** 创建分析步 Step-1
** STEP: Step-1
*Step, name=Step-1, nlgeom=NO, inc=1000
*Static
0.01, 1., 1e-15, 0.01
** 设置输出变量
** OUTPUT REQUESTS
** 设置场输出变量
** FIELD OUTPUT: F-Output-1
*Output, field
*Element Output, directions=YES
E, S, SDEG
** 设置历史输出变量
** HISTORY OUTPUT: H-Output-1
*Output, history
*Node Output, nset=Set-RP1
RF3, U3
*End Step
```

7.4 小结和点评

本讲通过具体实例介绍了 Cohesive 单元的应用，对 Cohesive 单元的失效定义及其损伤演化过程，以及后处理做了详细说明，其中重点介绍了 Displacement 类型的损伤演化。本讲中 Cohesive 单元的损伤演化使用了 Displacement 类型的线性和指数折减方法，介绍了相关参数之间的关系。在 Abaqus 帮助文件 Abaqus Example Problems Guide 的 1.4.7 中介绍了 Cohesive 类型的接触及 Energy 类型的损伤演化，读者可延伸阅读学习。

点评：杜显赫 博士

清华大学 航天航空学院

第8讲 复合材料分析入门

主讲人：孔祥宏

软件版本	分析目的
Abaqus 6.14	复合材料层压板静力分析

难度等级	知识要点
★★★★☆	层压板的建模方法、定义复合材料属性、定义复合材料方向、逐层后处理方法

8.1 概述说明

本讲通过对复合材料含孔层压板进行静力分析，讲解了使用壳单元、连续壳单元、体单元模拟复合材料的方法，介绍复合材料层压板有限元前后处理的常用方法。

本讲所用复合材料为T700/BA9916，材料属性见表8-1。含孔层压板为长200mm、宽120mm的矩形板，压板中心有直径40mm的圆孔，层压板的铺层顺序为[0°/±45°/90°]$_s$，板的长度方向为0°方向，单层板厚度为0.125mm，层压板总厚度为1mm。

表8-1 T700/BA9916材料属性

E_1/GPa	E_2, E_3/GPa	v_{12}, v_{13}	v_{23}	G_{12}, G_{13}/GPa	G_{23}/GPa
114	8.61	0.3	0.45	4.16	3.0

含孔层压板的短边受到沿长度方向10N/mm的拉力，在Abaqus中建立层压板的四分之一模型，并进行静力分析。根据有限元模型采用单元的不同，可以分为以下4个方案：

① 壳模型、壳单元。
② 实体模型、连续壳单元、厚度方向划分一层单元。
③ 实体模型、体单元、厚度方向划分一层单元。
④ 实体模型、体单元、厚度方向划分多层单元。

本讲将对上面四种建模方案结合不同的赋材料属性和定义材料方向的方法，介绍复合材料层压板的静力分析方法。

8.2 复合材料层压板静力分析

本讲从一个壳部件开始，介绍复合材料层压板的建模方法，通过创建网格部件、网格编辑功能来创建实体网格部件，并应用于实体模型的复合材料层压板的静力分析。

8.2.1 问题描述

复合材料含孔层压板四分之一的壳部件几何模型如图 8-1 所示，层压板左边和下边分别施加 X 轴向和 Y 轴向的对称边界条件，右边施加沿 X 轴正方向的 10N/mm 的分布载荷。对于实体模型来说，左侧面、下侧面的节点分布施加 X 轴向和 Y 轴向的对称边界条件，右侧面施加沿 X 轴正方向的 10MPa 的载荷。通过这 4 种模型对比复合材料层压板的静力分析结果。

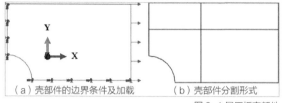

(a) 壳部件的边界条件及加载　　(b) 壳部件分割形式

图 8-1 层压板壳部件

○ 由于层压板的厚度为 1mm，因此体模型侧面上 10MPa 的载荷与壳模型边上 10N/mm 的载荷相对应。
本讲中单位系统为 mm、N、MPa。

8.2.2 复合材料层压板壳模型静力分析

1. 创建部件及划分网格

» **创建部件**

在 Part 模块，单击工具箱中的 ▤（Create Part），在 Create Part 对话框中，Name 后面输入 Part-S，Modeling Space 选择 3D，Type 选择 Deformable，在 Base Feature 区域选择 Shell、Planar，Approximate size 使用默认的 200，单击 Continue 按钮进入绘图模式。

单击工具箱中的 ▢（Create Lines: Rectangle(4 Lines)），在提示区输入第 1 个点的坐标(0,0)后按 Enter 键，再输入第 2 个点的坐标(100,60)后按 Enter 键，再按 Esc 键或按鼠标中键。

单击工具箱中的 ⊙（Create Circle: Center and Perimeter），在提示区输入圆心坐标（0,0）后按 Enter 键，再输入圆周上的一点（20,0）后按 Enter 键，再按 Esc 键。

单击工具箱中的 ⊢⊣（Auto-Trim），在绘图区修剪矩形的圆角，将多余的线修剪掉，得到图 8-1（a）所示的轮廓。单击提示箱中的 Done 按钮或按鼠标中键完成。

» **划分网格**

在环境栏 Module 后面选择 Mesh，进入 Mesh 模块。环境栏中 Object 选择 Part: Part-S。

单击工具箱中的 ▤（Partition Face: Sketch），在视图区选择部件右边的竖直边，进入绘图模式。

单击工具箱中的 ⌇（Offset Curves），在绘图区选择部件的上边，按鼠标中键，在提示区输入 20 并按 Enter 键，向 Y 轴负方向偏移（观察偏移方向，单击提示区的 Flip 可以改变偏移方向），单击提示区的 OK 按钮；再选择部件的右边，按鼠标中键，在提示区输入 60 并按 Enter 键，向 X 轴负方向偏移（观察偏移方向，单击提示区的 Flip 按钮可以改变偏移方向），单击提示区的 OK 按钮，再按 Esc 或按鼠标中键，在单击提示区的 Done 完成，部件分割后如图 8-1（b）所示。

单击工具箱中的 ▤（Seed Edges），按住 Shift 键，用鼠标在视图区选择圆弧边两侧的直边，松开 Shift 键，按鼠标中键，在 Local Seeds 对话框的 Basic 选项卡中，Method 选择 By size，Bias 选择 Single，Minimum size 后面输入 1，Maximum size 后面输入 4，确保视图区布种子的边上的箭头朝向圆弧边，否则单击 Flip bias 后面的 Select 按钮，在视图区选择需要改变偏置方向的边后按鼠标中键，单击对话框的 OK 按钮。在视图区选择圆弧边并按鼠标中键，在 Local Seeds 对话框中 Method 选择 By size，Bias 选择 None，Approximate element size 后面输入 1，单击 OK 按钮。其他边等间距布种子，间距为 4mm。

单击工具箱中的 ![] （Assign Mesh Controls），在视图区选择整个部件，按鼠标中键，在 Mesh Controls 对话框中，Element Shape 选择 Quad，Technique 选择 Free，如图 8-2（a）所示，单击 OK 按钮。

单击工具箱中的 ![] （Mesh Part），单击提示区的 Yes 按钮或按鼠标中键，完成网格划分。

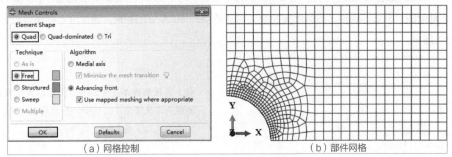

（a）网格控制　　　　　　　　（b）部件网格

图 8-2 部件网格划分

单击工具箱中的 ![] （Assign Element Type），在 Element Type 对话框中，依次选择 Standard、Linear、Shell，在 Quad 选项卡中勾选 Reduced integration，即选择 S4R 单元，单击 OK 按钮完成。

○ 读者可尝试使用 Mesh Controls 对话框中的其他网格划分技术划分网格。

2. 创建材料并给部件赋材料属性

» 创建材料

在环境栏 Module 后面选择 Property，进入 Property 模块。

单击工具箱中的 ![] （Create Material），在 Edit Material 对话框中，Name 后面输入 Mat-S；单击 Mechanical → Elasticity → Elastic，Type 选择 Lamina；在 Data 区域依次输入材料参数，如图 8-3（a）所示，单击 OK 按钮完成。按上述操作创建材料 Mat-C，材料类型为 Engineering Constants，如图 8-3（b）所示。

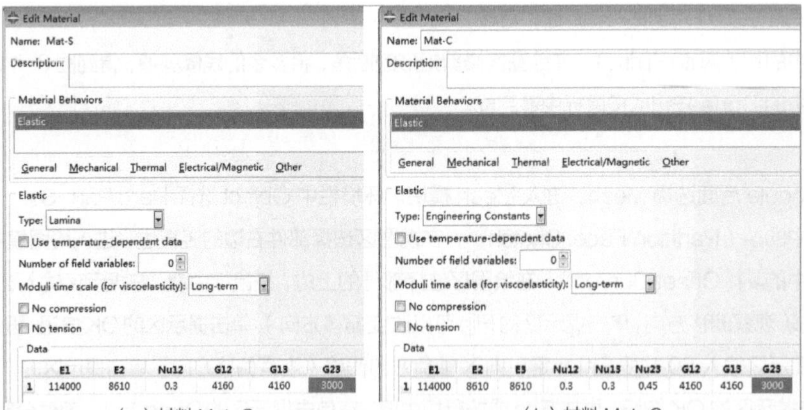

（a）材料 Mat-S　　　　　　　　（b）材料 Mat-C

图 8-3 创建材料

○ 材料 Mat-S 用于壳单元；材料 Mat-C 用于体单元。

» 复制模型

为了便于后面实例的操作，复制 Model-1。

在 Abaqus/CAE 左侧 Model 选项卡的模型树 Models 下面，在 Model-1 单击鼠标右键，在快捷菜单中单击 Copy Model，在 Copy Model 对话框的文本输入框中输入 Model-2，单击 OK 按钮。按上述操作，从 Model-1 复制为 Model-3。

Model-2 和 Model-3 将用于实体模型实例的讲解，下面操作仍使用 Model-1。

» 给部件赋材料属性

单击工具箱中的 ▄（Create Composite Layup），在 Create Composite Layup 对话框中，使用默认名称，Initial ply count 设为 4，Element Type 选择 Conventional Shell，如图 8-4（a）所示，单击 Continue 按钮。

在 Edit Composite Layup 对话框中，在 Plies 选项卡中勾选 Make calculated sections symmetric 复选框，双击 Region 或单击 Region 后再单击 Edit Region，在视图区选取模型后按鼠标中键。按上述操作，选择材料 Mat-S，设置各层厚度为 0.125，铺层角度值依次为 0、45、-45、90。在 Offset 选项卡中可以设置参考面的偏移；Shell Parametersx 选项卡中可以使用默认设置；在 Display 选项卡中可以设置铺层方向的显示方式，如果 Orientation Display 选择 Ply，在 Plies 选项卡中单击一个铺层，在视图区将显示该铺层的方向。单击 OK 按钮完成复合材料铺层的编辑。

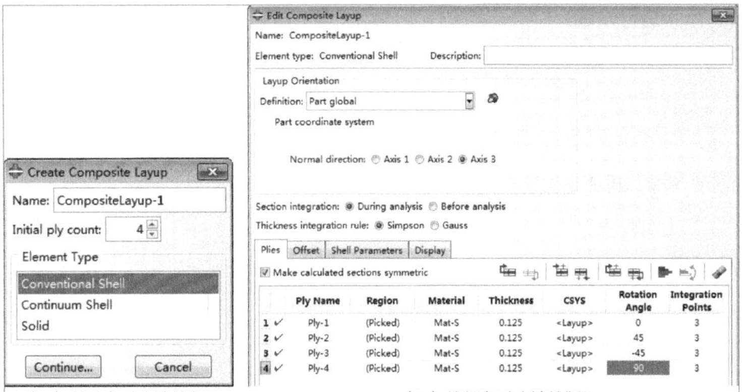

（a）创建复合材料铺层　　（b）编辑复合材料铺层

图 8-4 创建复合材料铺层

○ 本讲中铺层方向定义使用 Part global 坐标系，在后面实例中将会介绍使用 Coordinate system 和 Discrete 定义铺层方向。

» 查看铺层

单击工具栏的 ❶（Query information），在 Query 对话框中 Property Module Queries 区域中单击 Ply stack plot 按钮，在视图区单击部件，在新窗口中显示铺层如图 8-5 所示。单击提示区的 Ply Stack Plot Options 按钮或应用命令 View → Ply Stack Plot Options，在打开的对话框中可以对铺层显示进行设置。

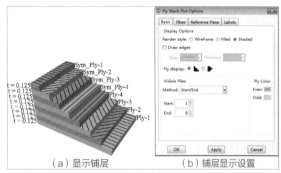

○ 在 Ply Stack Plot Options 对话框的 Reference Plane 选项卡中可以设置显示参考面，便于检查铺层设置，在 Labels 选项卡中可以设置字体颜色、字号等。

（a）显示铺层　　（b）铺层显示设置

图 8-5 查看铺层

3. 装配

在环境栏 Module 后面选择 Assembly，进入 Assembly 模块。

单击工具箱中的 ▄（Create Instance），在 Create Instance 对话框中选择 Parts: Part-S，单击 OK 按钮完成。

4. 创建分析步、设置输出变量

» 创建分析步

在环境栏 Module 后面选择 Step，进入 Step 模块。

单击工具箱中的 （Create Step），在 Create Step 对话框中，在 Initial 分析步之后插入 Static,General 分析步，单击 Continue 按钮；在 Edit Step 对话框中，使用默认设置，单击 OK 按钮完成。

» **设置输出变量**

单击工具箱中的 （Field Output Manager），在 Field Output Requests Manager 对话框中，选中 F-Output-1，单击 Edit 按钮；在 Edit Field Output Request 对话框中，按图 8-6（a）所示进行设置，单击 OK 按钮完成。单击 Field Output Requests Manager 对话框的 Create 按钮，单击 Create Field 对话框的 Continue 按钮，在 Edit Field Output Request 对话框中，按图 8-6(b) 所示进行设置，单击 OK 按钮完成。

（a）输出整个模型的位移　　　　（b）输出铺层的应力应变

图 8-6 场输出变量设置

○ 本讲不需要输出历史变量，因此不必设置，但也可删掉创建分析步后自动创建的历史变量。

5．创建边界条件及加载

» **创建边界条件**

在环境栏 Module 后面选择 Load，进入 Load 模块。

单击工具箱中的 （Create Boundary Condition），在 Create Boundary Condition 对话框中，Name 后面输入 BC-X，Step 选择 Initial，Category 选择 Mechanical，Types for Selected Step 选择 Symmetry，单击 Continue；在视图区选择部件左侧直边，按鼠标中键，在 Edit Boundary Condition 对话框中选择 XSYMM，单击 OK 按钮完成。

按上述操作，创建边界条件 BC-Y，为部件下边创建 YSYMM 边界条件。

边界条件和施加载荷情况如图 8-1（a）所示。

» **施加载荷**

单击工具箱中的 （Create Load），在 Create Load 对话框中，Name 使用默认的 Load-1，Step 选择 Step-1，Category 选择 Mechanical，Types for Selected Step 选择 Shell edge load，单击 Continue 按钮；在视图区选择部件右侧直边，按鼠标中键；在 Edit Load 对话框中，在 Magnitude 对话框中输入 -10，单击 OK 按钮完成。

6．创建分析作业并提交分析

» **创建分析作业**

在环境栏 Module 后面选择 Job，进入 Job 模块。

单击工具箱中的 （Job Manager），在 Job Manager 对话框中单击 Create 按钮；在 Create Job 对话框中，Name 后面输入 Job-Shell，Source 选择 Model-1，单击 Continue 按钮；在 Edit Job 对话框中单击 OK 按钮完成。

○ 在 Edit Job 对话框的 Parallelization 选项卡中可以设置多核并行计算。

» **提交分析**

在 Job Manager 对话框中，选中 Job-Shell 分析作业，单击 Submit 按钮提交计算。

当 Job-Shell 的状态（Status）由 Running 变为 Completed 时，计算完成，单击 Results 按钮进入可视化后

处理模块。

> **保存模型**

单击工具栏的 File 工具条中的 ■（Save Model Database），在 Save Model Database As 对话框的 File Name 后面输入 Laminate，单击 OK 按钮完成。

7.可视化后处理

> **显示云图**

长按工具箱中的 ■（Plot Contours on Deformed Shape），显示隐藏工具后单击 ■（Plot Contours on Undeformed Shape），在 Field Output 工具条中设置输出 S11。应用命令 Result → Section Points，打开 Section Points 对话框，如图 8-7 所示，选择一个铺层，单击 Apply 按钮，在视图区显示该铺层的云图。

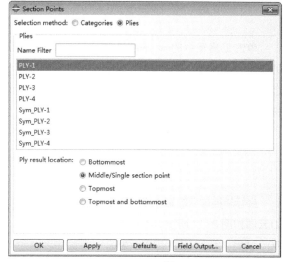

图 8-7 Section Point 对话框

单击工具箱中的 ■（Result Options），在 Result Options 对话框的 Computation 选项卡中拖动滑块可以设置 Averaging threshold 的值。前 4 层的 S11 应力如图 8-8 所示，图中 Averaging threshold 设为 100%。

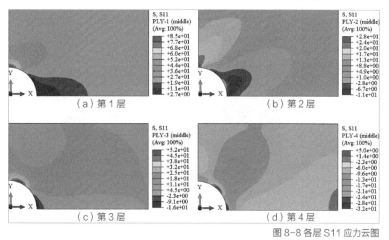

图 8-8 各层 S11 应力云图

> 读者可以使用Field Output工具条和Section Points输出各层的应力、应变云图。
> 默认输出的应力云图为各层的铺层方向坐标下的云图。
> 关于Averaging threshold的详细介绍可以参考用户手册Abaqus/CAE User's Guide的42.6.2。

第02部分 复材强度

» 云图坐标转换

在视图区显示第 4 层的 S11 应力。

单击工具箱中的 人（Create Coordinate System），打开的对话框如图 8-9 所示，使用默认设置，创建直角坐标系 CSYS-1，单击 Continue 按钮，在提示区输入原点坐标（0,0,0）并按 Enter 键，再输入 X 轴上的点（1,0,0）并按 Enter 键，再输入 XY 平面上的点 (0,1,0) 并按 Enter 键。

图 8-9 创建坐标系

单击工具箱中的 ▦（Result Options），在 Result Options 对话框的 Transformation 选项卡中，Transform Type 选择 User-specified，在 Coordinate System 区域中选择 CSYS-1，如图 8-10 所示，单击 Apply 按钮或 OK 按钮即可。

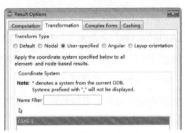

图 8-10 坐标转换设置

坐标转换前后的第 4 层的各应力云图如图 8-11 所示。第 4 层为 90° 铺层，原坐标系（即默认坐标系）为 90° 铺层的方向坐标，即方向 1 为部件坐标系的 Y 轴方向，方向 2 为部件坐标系的 X 轴负方向，新建的坐标系 CSYS-1 相当于原坐标系顺时针旋转 90°。因此，在数值上 S11 与 S22 应力值互换，S12 值变为原来的相反数。

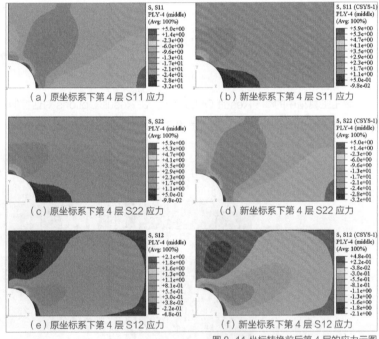

（a）原坐标系下第 4 层 S11 应力　　（b）新坐标系下第 4 层 S11 应力

（c）原坐标系下第 4 层 S22 应力　　（d）新坐标系下第 4 层 S22 应力

（e）原坐标系下第 4 层 S12 应力　　（f）新坐标系下第 4 层 S12 应力

图 8-11 坐标转换前后第 4 层的应力云图

» 显示整块层压板

单击工具箱中的 ▦（OBD Display Options），在 OBD Display Options 对话框的 Mirror/Pattern 选项卡中，Mirror planes 后面勾选 XZ 和 YZ，单击 Apply 按钮或 OK 按钮，在视图区显示整块层压板。

单击工具箱中的 ▦（Common Options），在 Common Plot Options 对话框的 Basic 选项卡中 Visible Edges 选择 No edges，单击 OK 按钮。整块层压板上第 2 层的 S12 应力云图如图 8-12 所示。

图 8-12 在整块层压板上第 2 层的 S12 显示云图

» 绘制孔边应力曲线

应用命令 Tools → Path → Create，打开 Create Path 对话框，使用默认名称 Path-1，Type 选择 Circular，单击 Continue 按钮；在 Edit Circular Path 对话框中 Circle Definition 选择 3 Points on arc，单击 ▶ 按钮，在视图区选择圆孔上的 3 个点，回到对话框，Number of segments 设为 31，End angle 设为 90，如图 8-13 所示，单击 OK 按钮完成。

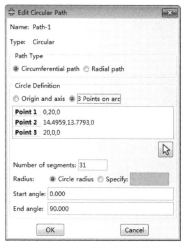

图 8-13 编辑圆形路径

单击工具箱中的 ⊞（**Create XY Data**），在 Create XY Data 对话框中，选择 Path，单击 Continue 按钮；XY Data from Path 对话框的设置如图 8-14（a）所示，单击 Field Output 按钮；在 Field Output 对话框中选择输出变量 S11，如图 8-14（b）所示，单击 Section Points 按钮；在 Section Points 对话框中，Selection method 选择 Plies，在 Plies 区域中选择 PLY-1，单击 OK 按钮；在 Field Output 对话框中单击 OK 按钮；在 XY Data from Path 对话框中单击 Plot 按钮，在视图区绘制第 1 层的 S11 应力沿孔边分布的曲线，如图 8-15 所示，曲线的起始点对应孔边上端点，终点对应孔边右端点。

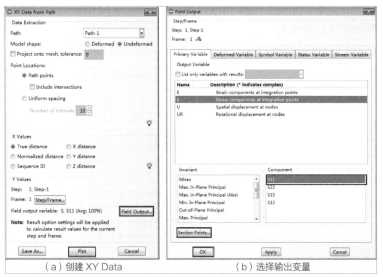

（a）创建 XY Data　　　　（b）选择输出变量

图 8-14 从路径创建 XY Data

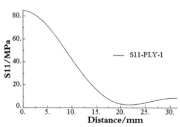

图 8-15 第一层孔边 S11 应力分布

在 XY Data from Path 对话框中单击 Save as 按钮；在 Save XY Data As 对话框中，使用默认名称 XYData-1，单击 OK 按钮，关闭 XY Data from Path 对话框。

应用命令 Report → XY，在 Report XY Data 对话框的 XY Data 选择卡中，选择 XYData-1；在 Setup 选择卡中，单击 Name 后面输入 D:/S11.txt，如图 8-16（a）所示，单击 OK 按钮。打开 D:/S11.txt，文件中的数据如图 8-16（b）所示。

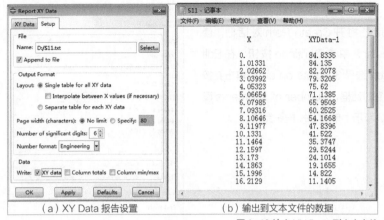

（a）XY Data 报告设置　　（b）输出到文本文件的数据

图 8-16 输出 XY Data 到文本文件

> 在视图区选点时，第1个点和第3个点最好是圆弧的两个端点，这样Start angle和End angle设置得较简单。
> 使用工具箱中的■（XY Data Manager）可以对XY Data重命名，应用命令Options→XY Options下的子菜单可以对曲线进行设置。双击绘图区的坐标等也可进行字体、字号等设置。

8.2.3 复合材料层压板单层连续壳单元模型静力分析

1. 创建网格部件、选择单元类型

> **创建网格部件**

打开前一实例创建的模型文件 Laminate.cae，在环境栏 Module 选择 Mesh，Model 选择 Model-2，Object 选择 Part: Part-S，在视图区显示模型 Model-2 中的部件 Part-S。

应用命令 Mesh → Create Mesh Parts，在提示区 Mesh part name 后面输入 Part-C1，按 Enter 键或单击提示区的 OK 按钮。视图区显示新创建的网格部件 Part-C1。

单击工具箱中的 ▓（Edit Mesh），在 Edit Mesh 对话框中 Category 选择 Mesh，Method 选择 Offset（create solid layers），如图 8-17（a）所示。在提示区选择 by angle，在视图区选择 Part-C1，按鼠标中键；在 Offset Mesh - Solid Layers 对话框中，Total thickness 后面输入 1，Number of layers 后面输入 1，勾选 Delete base shell elements，如图 8-17（b）所示，单击 OK 按钮完成。

（a）网格编辑　　（b）创建实体网格

图 8-17 编辑网格部件

> **选择单元类型**

单击工具箱中的 ▓（Assign Element Type），单击提示区的 Sets 按钮，在 Region Selection 对话框中，选择 Elem，单击 Continue 按钮；在 Element Type 对话框中，选择 Standard、Linear、Continuum Shell，即选择 SC8R 单元，单击 OK 按钮完成。

2. 给部件赋材料属性

» **创建坐标系**

在环境栏 Module 后面选择 Property，进入 Property 模块。在视图区显示 Part-C1。

单击工具箱中的 人（**Create Datum CSYS: 3 Points**），在 Create Datum CSYS 对话框中选择 Rectangular，使用默认名称，单击 Continue 按钮；在提示区输入原点坐标（0,0,0）并按 Enter 键，再输入 X 轴上一点（1,0,0）并按 Enter 键，再输入 XY 平面内一点（0,1,0）并按 Enter 键。按 Esc 键退出 Create Datum CSYS 对话框。

» **给部件赋材料属性**

单击工具箱中的 （**Create Composite Layup**），在 Create Composite Layup 对话框中，使用默认名称，Initial ply count 设为 4，Element Type 选择 Continuum Shell，单击 Continue 按钮。

在 Edit Composite Layup 对话框中，在 Layup Orientation 区域的 Definition 下拉列表中选择 Coordinate system，单击 按钮；在提示区单击 Datum CSYS List 按钮，在打开的对话框中选择 Datum csys-1，单击 OK 按钮；Edit Composite Layup 对话框的 Plies 选项卡中勾选 Make calculated sections symmetric，双击 Region，单击提示区的 Sets 按钮，在 Region Selection 对话框中选择 Elem 并单击 Continue 按钮；双击 Material，在 Select Material 对话框在选择 Mat-S 并单击 OK 按钮；双击 Element Relative Thickness，在 Thickness 对话框中 Specify value 后面输入 0.125 并单击 OK 按钮；Rotation Angle 依次为 0、45、-45、90，如图 8-18 所示；单击 OK 按钮完成复合材料铺层编辑。

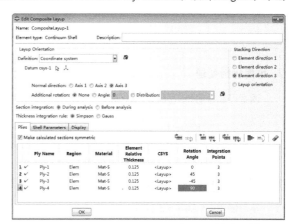

图 8-18 编辑复合材料铺层

○ 图8-18中Stacking Direction选择Element direction 3，对于本讲，部件Part-C1由壳网格偏移生成实体网格，偏移方向就是单元方向3；如果对实体几何模型划分网格后赋复合材料铺层，在不了解单元方向3的情况下，可以在Mesh模块使用工具区的(**Assign Stack Direction**)定义单元方向3。

3. 装配

在环境栏 Module 后面选择 Assembly，进入 Assembly 模块。

单击工具箱中的（**Create Instance**），在 Create Instance 对话框中选择 Parts: Part-C1，单击 OK 按钮完成。

4. 创建分析步并设置输出变量

在环境栏 Module 后面选择 Step，进入 Step 模块。

分析步及场输出变量设置与前一实例相同，此处不再赘述。

5. 创建边界条件及加载

» **创建边界条件**

在环境栏 Module 后面选择 Load，进入 Load 模块。

边界条件与前一实例相似，在 XY 平面视图中，部件左侧面节点创建 XSYMM 对称边界，下侧面节点创建 YSYMM 对称边界。

边界条件和施加载荷情况见图 8-1（a）。

» **施加载荷**

单击工具箱中的 ▙（Create Load），在 Create Load 对话框中，Name 使用默认的 Load-1，Step 选择 Step-1，Category 选择 Mechanical，Types for Selected Step 选择 Pressure，单击 Continue 按钮；在视图区选择部件右侧面，按鼠标中键；在 Edit Load 对话框中，在 Magnitude 对话框中输入 –10，单击 OK 按钮完成。

6. 创建分析作业并提交分析

» **创建分析作业**

在环境栏 Module 后面选择 Job，进入 Job 模块。

单击工具箱中的 ▙（Job Manager），在 Job Manager 对话框中单击 Create 按钮；在 Create Job 对话框中，Name 后面输入 Job-Shell-C，Source 选择 Model-2，单击 Continue 按钮；在 Edit Job 对话框中单击 OK 按钮完成。

» **提交分析**

在 Job Manager 对话框中，选中 Job-Shell-C 分析作业，单击 Submit 按钮提交计算。计算完成后，单击 Results 按钮进入可视化后处理模块。

» **保存模型**

单击工具栏的 File 工具栏中的 ▙（Save Model Database）保存模型。

7. 可视化后处理

读者可参考前一实例的可视化后处理方法查看本讲的分析结果。

8.2.4 复合材料层压板单层体单元模型静力分析

1. 选择单元类型

本讲使用前一实例的模型进行操作。

在环境栏 Module 后面选择 Mesh，进入 Mesh 模块。在视图区显示 Model-2 的 Part-C1。

单击工具箱中的 ▙（Assign Element Type），单击提示区的 Setsa 按钮，在 Region Selection 对话框中，选择 Elem，单击 Continue 按钮；在 Element Type 对话框中，选择 Standard、Linear、3D Stress，在 Hexx 选项卡中勾选 Reduced integration，即选择 C3D8R 单元，单击 OK 按钮完成。

2. 修改部件材料属性

在环境栏 Module 后面选择 Property，进入 Property 模块。在视图区显示 Model-2 的 Part-C1。

单击工具箱中的 ▙（Composite Layup Manager），在打开的对话框中选择 CompositeLayup-1 并单击 Delete 按钮，再单击 Create 按钮；在 Create Composite Layup 对话框中，使用默认名称，Initial ply count 设为 4，Element Type 选择 Solid，单击 Continue 按钮。

在 Edit Composite Layup 对话框中，在 Layup Orientation 区域的 Definition 下拉列表中选择 Discrete，单击其下的 ✎（Define）；打开的 Edit Discrete Orientation 对话框，如图 8-19 所示，Normal axis definition 选择 Surface/Faces，单击其下的 ▙，在视图区选择平行于 XY 平面的一个单元的面，按鼠标中键；Primary axis definition 选择 Edges，单击其下的 ▙，在视图区选择平行于 X 轴的一个单元的边，按鼠标中键，单击 Continue 按钮；Edit Composite Layup 对话框的 Plies 选项卡的设置与前一实例相同，只是材料使用 Mat-C。

图 8-19 编辑离散方向

> ○ 本讲使用 Discrete 方法定义铺层方向，对于空间曲面部件，使用该方法定义铺层方向十分方便。

3. 复制分析作业并提交分析

» **复制分析作业**

在环境栏 Module 后面选择 Job，进入 Job 模块。

单击工具箱中的 ▦（**Job Manager**），在 Job Manager 对话框中选中 Job-Shell-C，单击 Copy 按钮，在 Copy Job 对话框的 Copy Job-Shell-C to 下面输入 Job-Solid-1，单击 OK 按钮完成。

» **提交分析**

在 Job Manager 对话框中，选中 Job-Solid-1 分析作业，单击 Submit 按钮提交计算。计算完成后，单击 Results 按钮进入可视化后处理模块。

» **保存模型**

单击工具栏的 File 工具条中的 ▦（**Save Model Database**）保存模型。

4. 可视化后处理

读者可参考前面实例的可视化后处理方法查看本讲的分析结果。

8.2.5 复合材料层压板多层体单元模型静力分析

1. 创建网格部件、选择单元类型

» **创建网格部件**

打开第 1 个实例创建的模型文件 Laminate.cae，在环境栏 Module 选择 Mesh，Model 选择 Model-3，Object 选择 Part: Part-S，在视图区显示模型 Model-3 中的部件 Part-S。

应用命令 Mesh → Create Mesh Parts，在提示区 Mesh part name 后面输入 Part-C8，按 Enter 键或单击提示区的 OK 按钮。视图区显示新创建的网格部件 Part-C8。

单击工具箱中的 ✻（**Edit Mesh**），在 Edit Mesh 对话框中 Category 选择 Mesh，Method 选择 Offset (create solid layers)，在提示区选择 by angle，在视图区选择 Part-C8，按鼠标中键；在 Offset Mesh – Solid Layers 对话框中，Total thickness 后面输入 1，Number of layers 后面输入 8，勾选 Delete base shell elements、Create a set for new elements 和 Separate set for each layer，在 Set/surface name of Prefix 后面输入 Comp，

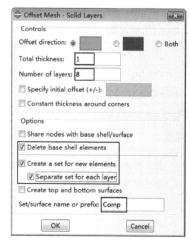

图 8-20 编辑网格部件

如图 8-20 所示，单击 OK 按钮完成。

» **选择单元类型**

单击工具箱中的 ![icon]（Assign Element Type），在提示区 Select the regions 后面的下拉列表中选择 individually，在视图区选择 Part-C8 的所有单元，按鼠标中键；在 Element Type 对话框中，选择 Standard、Linear、3D Stress，在 Hex 选项卡中勾选 Reduced integration，即选择 C3D8R 单元，单击 OK 按钮完成。

2. 给部件赋材料属性

在环境栏 Module 后面选择 Property，进入 Property 模块。在视图区显示 Model-3 的 Part-C8。

单击工具箱中的 ![icon]（Create Composite Layup），在 Create Composite Layup 对话框中，使用默认名称，Initial ply count 设为 8，Element Type 选择 Solid，单击 Continue 按钮。

在 Edit Composite Layup 对话框中，在 Layup Orientation 区域的 Definition 下拉列表中选择 Discrete，单击其下的 ![icon]（Define），定义方法同前一实例。在 Edit Composite Layup 对话框的 Plies 选项卡中的 Region 列，为每一个铺层选择一个单元集合，如图 8-21 所示；所有铺层的 Material 选择 Mat-C，Element Relative Thickness 设为 0.125；Rotation Angle 依次为 0、45、-45、90、90、-45、45、0，单击 OK 按钮完成。

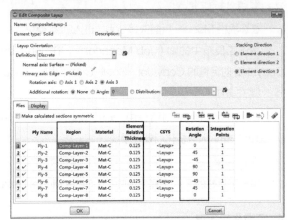

○ 图8-21中，在每一层对应的Region一格中双击，在提示区单击Sets按钮，在Region Selection对话框中双击要选的单元集合即可。

图 8-21 编辑复合材料铺层

3. 装配

在环境栏 Module 后面选择 Assembly，进入 Assembly 模块。

单击工具箱中的 ![icon]（Create Instance），在 Create Instance 对话框中选择 Parts: Part-C8，单击 OK 按钮完成。

4. 创建分析步、设置输出变量

在环境栏 Module 后面选择 Step，进入 Step 模块。分析步设置与前一实例相同，此处不再赘述。

单击工具箱中的 ![icon]（Field Output Manager），在 Field Output Requests Manager 对话框中，选中 F-Output-1，单击 Edit 按钮；在 Edit Field Output Request 对话框中，设置如图 8-22 所示，单击 OK 按钮完成。

○ 因为每层单元只有一个复合材料铺层，因此可以输出整个模型的场输出变量。读者也可采用前面实例使用的方法为复合材料铺层定义场变量。

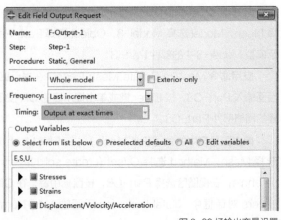

图 8-22 场输出变量设置

5. 创建边界条件及加载

与前一实例相同，此处不再赘述。

6. 创建分析作业并提交分析

» **创建分析作业**

在环境栏 Module 后面选择 Job，进入 Job 模块。

单击工具箱中的 ▦（Job Manager），在 Job Manager 对话框中单击 Create 按钮；在 Create Job 对话框中，Name 后面输入 Job-Solid-8，Source 选择 Model-3，单击 Continue 按钮；在 Edit Job 对话框中单击 OK 按钮完成。

» **提交分析**

在 Job Manager 对话框中，选中 Job-Solid-8 分析作业，单击 Submit 按钮提交计算。计算完成后，单击 Results 按钮进入可视化后处理模块。

» **保存模型**

单击工具栏的 File 工具条中的 ▦（Save Model Database）保存模型。

7. 可视化后处理

在 Visualization 模块进行可视化后处理。

长按工具区的 ▦（Plot Contours on Deformed Shape），显示隐藏工具后单击 ▦（Plot Contours on Undeformed Shape），在 Field Output 工具条中设置输出 S11。

单击工具栏 Display Group 工具条的 ▦（Create Display Group），在 Create Display Group 对话框中，Item 栏选择 Elements，Method 栏选择 Element sets，在对话框右侧显示所有可用的单元集合，选中其中一个，如 PART-C8-1.COMP-LAYER-1，单击对话框底部的 ▦（Replace），则在视图区显示第 1 层单元的应力云图，如图 8-23（a）所示，第 2 层单元的 S11 应力云图如图 8-23（b）所示。

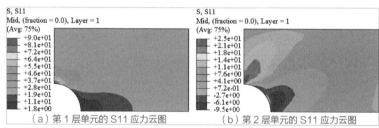

（a）第 1 层单元的 S11 应力云图　　（b）第 2 层单元的 S11 应力云图

图 8-23 第 1 层、第 2 层单元的 S11 应力云图

○ 由于每层单元只有一层复合材料铺层，因此在图 8-23 所示的两个图中都有 Layer=1，对于每一层单元只有 Layer=1。读者可以应用前面实例中介绍的后处理方法查看本讲的分析结果。此处不再赘述后处理方法。

8.3 inp 文件解释

本讲第 3 个实例的 Job-Solid-1.inp 节选如下：

```
*Heading
** Job name: Job-Solid-1 Model name: Model-2
** Generated by: Abaqus/CAE 6.14-1
*Preprint, echo=NO, model=NO, history=NO, contact=NO
** PARTS
** 部件 Part-C1
*Part, name=Part-C1
** 节点编号及坐标
*Node
……
 1000,   6.44491482,   20.1336689,          0.
……
```

```
** 单元类型
*Element, type=C3D8R
……
1000, 1112, 1091, 1089, 1111, 1736, 1715, 1713, 1735
……
** 单元集合 Elem
*Elset, elset=Elem, generate
 569, 1136,  1
** Section: CompositeLayup-1-1
** 定义复合材料铺层
*Solid Section, elset=CompositeLayup-1-1,
composite, orientation=Ori-1, stack direction=3,
layup=CompositeLayup-1, symmetric
0.125, 1, Mat-C, 0., Ply-1
……
*End Part
** ASSEMBLY
** 装配
*Assembly, name=Assembly
** 使用部件 Part-C1 创建装配实例 Part-C1-1
*Instance, name=Part-C1-1, part=Part-C1
*End Instance
*End Assembly
** MATERIALS
** 创建材料 Mat-C
*Material, name=Mat-C
*Elastic, type=ENGINEERING CONSTANTS
114000.,8610.,8610., 0.3, 0.3, 0.45,4160.,4160.
3000.,
```

```
** 创建材料 Mat-S
*Material, name=Mat-S
*Elastic, type=LAMINA
114000.,8610., 0.3,4160.,4160.,3000.
** BOUNDARY CONDITIONS
** 创建边界条件
** Name: BC-X Type: Symmetry/Antisymmetry/Encastre
*Boundary
_PickedSet4, XSYMM
……
** STEP: Step-1
** 创建分析步 Step-1
*Step, name=Step-1, nlgeom=NO
*Static
1., 1., 1e-05, 1.
** LOADS
** 创建载荷 Load-1
** Name: Load-1  Type: Pressure
*Dsload
_PickedSurf6, P,-10.
** OUTPUT REQUESTS
** 定义场输出变量 F-Output-1
*Restart, write, frequency=0
** FIELD OUTPUT: F-Output-1
*Output, field
*Node Output
U,
……
*End Step
```

8.4 小结和点评

本讲通过 4 个简单的实例介绍了对壳单元、连续壳单元、单层体单元、多层体单元赋复合材料铺层的方法，同时也介绍了定义铺层方向的方法。除实例中介绍的方法外，还可以通过创建复合材料截面的方式定义复合材料铺层，可以在 Property 模块中，单击工具箱中的 ☲（Create Section），在 Create Section 中创建 Solid, Composite 或 Shell, Composite，使用 ☲（Assign Section）给单元赋截面属性，使用 ☲（Assign Material Orientation）定义材料方向等。

点评：清华大学　曹鹏　博士后

青海大学　三江源学者

第9讲 复合材料层压板强度分析

主讲人：顾亦磊 孔祥宏

软件版本
Abaqus 6.14

分析目的
应用失效准则对含孔层压板的强度进行渐进损伤分析

难度等级
★★★★☆

知识要点
层压板的强度分析、材料失效应力设置、输出失效系数、渐进损伤分析

9.1 概述说明

本讲通过对复合材料含孔层压板的静力分析，讲解强度分析的方法，介绍 Tsai-Hill、Tsai-Wu、Hashin 等失效准则的应用，使用 Hashin 准则进行复合材料渐进损伤强度分析。

本讲渐进损伤强度分析所用复合材料为 T700/BA9916，含孔层压板为长 100 mm、宽 60 mm 的矩形板，板中央有直径为 10 mm 的圆孔，层压板的铺层顺序为 [0/45/-45/45/90/-45/0$_2$/-45/0$_2$/45/$\overline{90}$]$_S$，共 25 层，板的长度方向为 0° 铺层方向，单层板厚度为 0.15mm，层压板总厚度为 3.75mm。材料属性见表 9-1。

本讲分析计算含孔层压板沿长度方向的压缩强度，分析层压板的渐进损伤过程及失效模式。

表9-1 T700/BA9916材料属性

参数	值	强度	值
E_1/GPa	114	X_T/MPa	2688
E_2/GPa	8.61	X_C/MPa	1458
E_3/GPa	8.61	Y_T/MPa	69.5
v_{12}	0.3	Y_C/MPa	236
v_{13}	0.3	Z_T/MPa	55.5
v_{23}	0.45	Z_C/MPa	175
G_{12}/GPa	4.16	S_{XY}/MPa	136
G_{13}/GPa	4.16	S_{XZ}/MPa	136
G_{23}/GPa	3.0	S_{YZ}/MPa	95.6

○ 复合材料铺层顺序中S表示对称铺层，最后一个铺层$\overline{90}$表示在对称铺层中只有一层，即90° 铺层为对称中心，如[45° /$\overline{90}$°]$_S$展开为[45° /90° /45°]。

9.2 复合材料层压板强度分析

本讲通过两个实例介绍复合材料层压板的强度分析及渐进损伤过程。Abaqus 提供了 Azzi-Tsai-Hill、Tsia-Hill、Tsai-Wu 等强度理论在复合材料的失效分析方面的应用,也提供了 Hashin 失效准则在损伤评估和渐进损伤分析方面的应用。第 1 个实例介绍各种强度理论的失效判定;第 2 个实例使用 Hashin 失效准则进行层压板的渐进损伤强度分析。

9.2.1 问题描述

复合材料含孔层压板壳部件几何模型如图 9-1 所示,层压板左边固支,上、下边约束 Z 轴向位移自由度。右边中点与该边上的其他所有节点之间创建 Beam 类型的多点约束 (MPC),约束右边中点除 X 轴向位移自由度以外的其他 5 个自由度,在右边中点沿 X 轴负方向施加 1mm 的位移载荷。

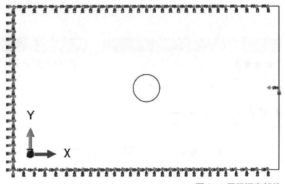

- 本讲中单位系统为 mm、N、MPa。

图 9-1 层压板壳部件

9.2.2 复合材料层压板失效分析

为了便于介绍失效分析及复合材料的 Section points 等,本讲使用的层压板的铺层顺序为 [0°/±45°/90°]。

1. 创建部件及划分网格

» 创建部件

在 Part 模块,单击工具箱中的 ![] (Create Part),在 Create Part 对话框中,Name 后面输入 Lam-S,Modeling Space 选择 3D,Type 选择 Deformable,在 Base Feature 区域选择 Shell、Planar,Approximate size 使用默认的 200,单击 Continue 按钮进入绘图模式。

单击工具箱中的 ![] (Create Lines: Rectangle (4 Lines)),在提示区输入第 1 个点的坐标 (0,0) 后按 Enter 键,再输入第 2 个点的坐标 (100,60) 后按 Enter 键,再按 Esc 键或按鼠标中键。

单击工具箱中的 ![] (Create Circle: Center and Perimeter),在提示区输入圆心坐标 (50,30) 后按 Enter 键,再输入圆周上的一点 (55,35) 后按 Enter 键,再按 Esc 键。

单击工具箱中的 ![] (Add dimension),在绘图区选择圆,再单击任意位置,在提示区输入 5 后按 Enter 键,将圆的半径改为 5mm。

单击提示区的 Done 按钮或按鼠标中键完成。

» 划分网格

在环境栏 Module 后面选择 Mesh,进入 Mesh 模块。环境栏中 Object 选择 Part: Lam-S。

单击工具箱中的 ![] (Partition Face: Sketch),在视图区选择部件右边的竖直边,进入绘图模式。

单击工具箱中的 ![] (Offset Curves),在绘图区选择部件的左边,按鼠标中键,在提示区输入 20 并按 Enter 键,向 X 轴正方向偏移(观察偏移方向,按提示区的 Flip 按钮可以改变偏移方向),单击提示区的 OK 按钮;再选择部件的右边,按鼠标中键,在提示区输入 20 并按 Enter 键,向 X 轴负方向偏移(观察偏移方向,单击提示区的 Flip 按钮可以改变偏移方向），单击提示区的 OK 按钮，再按 Esc 或按鼠标中键。

单击工具箱中的 ✱（Create Lines:Connected），在上一步偏移得到的两条竖直线和部件上、下边所围成的正方形内，绘制两条对角线，完成后退出绘图模式。分割后的部件如图 9-2 所示。

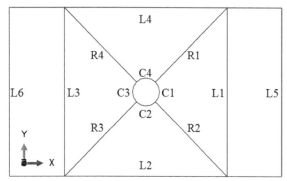

图 9-2 分割后的部件

单击工具箱中的 ⊞（Seed Edges），给各边布种子。图 9-2 中圆弧边 C1、C2、C3、C4 和直边 L1、L2、L3、L4、L5、L6 等间距地划分为 30 个单元；斜边 R1、R2、R3、R4 使用单向偏置划分为 35 个单元，如图 9-3 所示，Bias ratio 设为 10，偏置方向（箭头方向）指向圆心。剩余 4 条短边可以不布种子。

 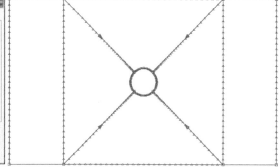

图 9-3 对斜边布种子

单击工具箱中的 ⊞（Assign Mesh Controls），在视图区选择整个部件，按鼠标中键，在 Mesh Controls 对话框中 Element Shape 选择 Quad，Technique 选择 Structured，单击 OK 按钮。

单击工具箱中的 ⊞（Mesh Part），单击提示区的 Yes 按钮或按鼠标中键，完成网格划分，如图 9-4 所示。

单击工具箱中的 ⊞（Assign Element Type），在 Element Type 对话框中，依次选择 Standard，Linear，Shell，在 Quad 选项卡中勾选 Reduced integration，即选择 S4R 单元，单击 OK 按钮完成。

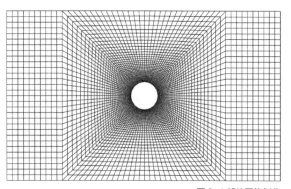

图 9-4 部件网格划分

2.创建材料并给部件赋材料属性

» **创建材料**

在环境栏 Module 后面选择 Property，进入 Property 模块。

单击工具箱中的 ✏（Create Material），在 Edit Material 对话框中，Name 后面输入 Mat-T700；单击 Mechanical → Elasticity → Elastic，Type 选择 Lamina；在 Data 区域依次输入材料参数；单击 Suboptions 按钮，在下拉列表中单击 Fail Stress，在 Suboption Edit 对话框中输入材料强度数据，如图 9-5 所示，单击 OK 按钮；单击 Edit Material 对话框中的 OK 按钮完成。

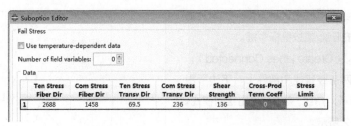

图 9-5 定义失效应力

» 创建截面

单击工具箱中的 ♎ (Create Section)，在 Create Section 对话框中，Name 后面输入 Sect-Lam，Category 选择 Shell，Type 选择 Composite，单击 Continue 按钮；在 Edit Section 对话框中的 Basic 选项卡中定义 4 层铺层，如图 9-6 所示，材料使用 Mat-T700，厚度为 0.15，铺层角度依次为 0、45、-45、90，积分点默认为 3，自定义铺层名称。

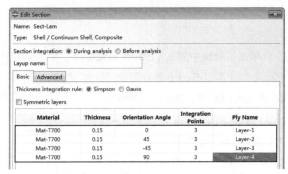

图 9-6 定义复合材料截面

○ 在图 9-5 中，Data 区域最后两项用 Tsai-Wu 张量强度准则，可以参考张少实、庄苗编著的《复合材料与粘弹性力学》（2007 年 7 月第 1 版）的第 41-43 页。

同时强烈建议读者阅读 Abaqus 帮助文件 Abaqus Analysis User's Guide 的 22.2.3 Plane stress orthotropic failure measures。

在图 9-6 中 Basic 选项卡选择 Simpson，各层的积分点为 3；如果选择 Gauss，则各层的积分点为 2。

» 给部件赋材料属性

单击工具箱中的 ♎ (Assign Section)，在视图区选择部件 Lam-S，按鼠标中键，在 Edit Section Assignment 对话框中，Section 选择 Sect-Lam，其他使用默认设置，单击 OK 按钮完成。

» 定义材料方向

单击工具箱中的 ♎ (Assign Material Orientation)，在视图区选择部件 Lam-S，按鼠标中键，单击提示区的 Use Default Orientation or Other Method，在 Edit Material Orientation 对话框中，Orientation 选择 Global，Normal Direction 选择 Axis 3，单击 OK 按钮完成。

» 查看铺层

单击工具栏的 ❶ (Query information)，在 Query 对话框中 Property Module Queries 区域中单击 Ply stack plot 按钮，在视图区单击部件，在新窗口中显示铺层。

3. 装配

在环境栏 Module 后面选择 Assembly，进入 Assembly 模块。

单击工具箱中的 ♎ (Create Instance)，在 Create Instance 对话框中选择 Parts: Lam-S，单击 OK 按钮完成。

4. 创建分析步、设置输出变量

» 创建分析步

在环境栏 Module 后面选择 Step，进入 Step 模块。

单击工具箱中的 ●═ (Create Step)，在 Create Step 对话框中，在 Initial 分析步之后插入 Static, General 分析步，单击 Continue 按钮；在 Edit Step 对话框中，Basic 选项卡使用默认设置，Incrementation 选项卡设置如图 9-7 所示，单击 OK 按钮完成。

图 9-7 增量步设置

» **设置输出变量**

单击工具箱中的 ▦ (Field Output Manager)，在 Field Output Requests Manager 对话框中，选中 F-Output-1，单击 Edit 按钮；在 Edit Field Output Request 对话框中，设置如图 9-8 所示，单击 OK 按钮完成。

图 9-8 场输出变量设置

应用命令 Tools → Set → Create，在 Create Set 对话框中 Name 后面输入 Nd-1，Type 选择 Node，单击 Continue 按钮，在视图区选择 Lam-S-1 右边中点位置的节点，按鼠标中键完成。

单击工具箱中的 ▦ (History Output Manager)，在 History Output Requests Manager 对话框中选择 H-Output-1，单击 Edit 按钮；在 Edit History Output Request 对话框中设置输出节点集合 Nd-1 的 U1、RF1 两个变量，如图 9-9 所示。

图 9-9 历史输出变量设置

> ○ 图 9-8 中底部 Specify 后面的 4 个数字分别为复合材料 4 个铺层中各铺层中部的积分点。即在图 9-6 中每个铺层有 3 个积分点，4 个铺层积分点的排列顺序为 (1,2,3)、(4,5,6)、(7,8,9)、(10,11,12)，因此 (2,5,8,11) 是各层中间积分点的编号。详细介绍可阅读 Abaqus 帮助文件 Abaqus Analysis User's Guide 中的 29.6.5。

5.创建MPC约束

在环境栏 Module 后面选择 Interaction，进入 Interaction 模块。

单击工具箱中的 ◁ (Create Constraint)，在 Create Constraint 对话框中使用默认名称，Type 选择 MPC Constraint，单击 Continue 按钮；单击提示区的 Sets 按钮，在 Region Selection 对话框中选择 Nd-1 并单击 Continue 按钮；在视图区选择 Lam-S-1 右边，按鼠标中键；在 Edit Constraint 对话框中，MPC Type 选择 Beam，单击 OK 按钮完成。

6. 创建边界条件及施加位移载荷

» **创建边界条件**

在环境栏 Module 后面选择 Load，进入 Load 模块。

单击工具箱中的 ┗ (Create Boundary Condition)，在 Create Boundary Condition 对话框中，Name 后面输入 BC-Left，Step 选择 Initial，Category 选择 Mechanical，Types for Selected Step 选择 Symmetry 按钮，单击 Continue 按钮；在视图区选择部件左边，按鼠标中键，在 Edit Boundary Condition 对话框中选择 ENCASTRE，单击 OK 按钮完成。

单击工具箱中的 ┗ (Create Boundary Condition)，在 Create Boundary Condition 对话框中，Name 后面输入 BC-Z，Step 选择 Initial，Category 选择 Mechanical，Types for Selected Step 选择 Dsiplacement 按钮，单击 Continue 按钮；在视图区选择部件上、下两边，按鼠标中键，在 Edit Boundary Condition 对话框中选择勾选 U3，单击 OK 按钮完成。

» **施加位移载荷**

单击工具箱中的 ┗ (Create Boundary Condition)，在 Create Boundary Condition 对话框中，Name 后面输入 BC-X，Step 选择 Step-1，Category 选择 Mechanical，Types for Selected Step 选择 Dsiplacement 按钮，单击 Continue 按钮；单击提示区的 Sets 按钮，在 Region Selection 对话框中选择 Nd-1 并单击 Continue 按钮；在 Edit Boundary Condition 对话框中选择勾选 U1、U2、U3、UR1、UR2、UR3，并在 U1 后面输入 -1，其他 5 个位移默认为 0，单击 OK 按钮完成。

7. 创建分析作业并提交分析

» **创建分析作业**

在环境栏 Module 后面选择 Job，进入 Job 模块。

单击工具箱中的 ▦ (Job Manager)，在 Job Manager 对话框中单击 Create 按钮；在 Create Job 对话框中，Name 后面输入 Job-Lam-1，Source 选择 Model-1，单击 Continue 按钮；在 Edit Job 对话框中单击 OK 按钮完成。

» **提交分析**

在 Job Manager 对话框中，选中 Job-Lam-1 分析作业，单击 Submit 按钮提交计算。

当 Job-Lam-1 的状态 (Status) 由 Running 变为 Completed 时，计算完成，单击 Results 按钮进入可视化后处理模块。

» **保存模型**

单击工具栏的 File 工具条中的 ▣ (Save Model Database)，在 Save Model Database As 对话框的 File Name 后面输入 Laminate-1，单击 OK 按钮完成。

8. 可视化后处理

» **显示云图**

长按工具区的 ┗ (Plot Contours on Deformed Shape)，显示隐藏工具后单击 ┗ (Plot Contours on Undeformed Shape)，在 Field Output 工具条中设置输出 TSAIW。应用命令 Result → Section Points，打开 Section Points 对话框，如图 9-10 所示，Selection method 选择 Plies，在 Plies 区域选择 LAYER-1，单击 Apply 按钮，在视图区显示该铺层的云图。

图 9-10 Section Points 对话框

○ 在图9-8中,虽然是输出整个模型的场变量,但是由于设置输出了(2,5,8,11)4个截面点的场变量,因此在图9-10中可以看到有4个铺层的场变量可以输出。

单击工具箱中的 (Contour Options),在 Contour Plot Options 对话框的 Basic 选项卡中设置 Contour Type 为 Banded,如图 9-11(a) 所示;在 Color & Style 选项卡中,在 Model Edges 选项卡中,设置 Edges Color 为黑色,如图 9-11(b) 所示;在 Spectrum 选项卡中设置超限颜色为白色,如图 9-11(c) 所示;在 Limits 选项卡中设置最小值为 1,如图 9-11(d) 所示。

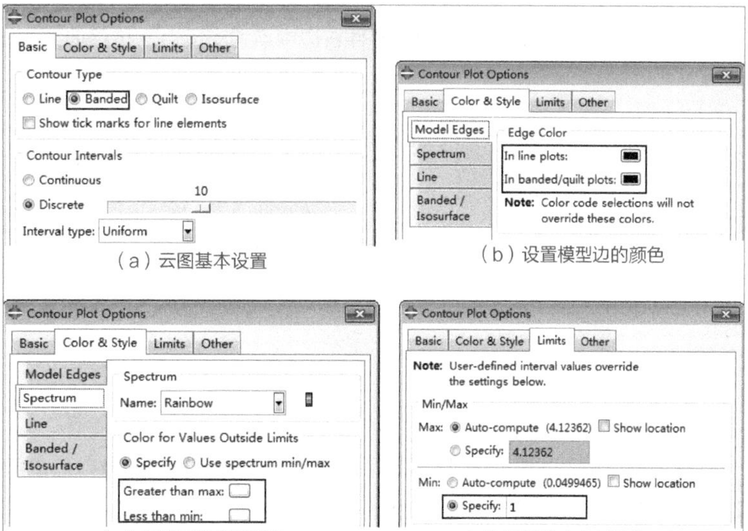

(a)云图基本设置
(b)设置模型边的颜色
(c)设置云图谱的颜色
(d)设置输出变量值的下限

图 9-11 设置云图输出样式

应用命令 Results → Step/Frame,在 Step/Frame 对话框中在 Frame 区域选择一个并单击 Apply 按钮,在视图区显示该 Frame 的云图,图 9-12 所示显示了 0.5s、0.6s、0.7s、0.8s 这 4 个时刻对应的第一层的 TSAIW 云图。

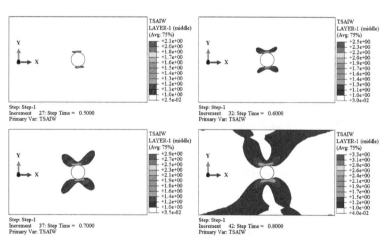

图 9-12 各时刻第一层的 TSAIW 云图

○ 该部分的设置便于截图和打印,使云图看上去更整洁。尤其设置下限为1,可以方便观察失效部分。
  由图9-12可以看出,由于孔边应力集中,孔边单元最先失效,随着载荷的增加,沿±45°向两边扩展。
  在本讲的场输出变量中,TSAIW为Tsai-Wu理论失效系数;TSAIH为Tsai-Hill理论失效系数;其他场变量参考Abaqus Analysis User's Guide的4.2.1中的Composite failure measures。当单元的TSAIW的值大于等1时,说明按照Tsai-Wu理论,该单元失效。

» 绘制位移 – 支反力曲线

单击工具箱中的▦（Create XY Data），在 Create XY Data 对话框中选择 ODB history output，单击 Continue 按钮；在 History Output 对话框的 Variables 选项卡中选择 ND-1 的 RF1 变量，单击 Save As 按钮；在 Save XY Data As 对话框中 Name 后面输入 RF1，单击 OK 按钮。按上述操作，将 ND-1 的 U1 变量另存为 U1。退出 History Output 对话框。

单击工具箱中的▦（Create XY Data），在 Create XY Data 对话框中选择 Operate on XY data，单击 Continue 按钮；在 Operate on XY Data 对话框中的表达式输入区输入 combine (-"U1", -"RF1")，单击 Plot Expression 按钮，绘制的部件右边中点的支反力 – 位移曲线如图 9-13 所示。

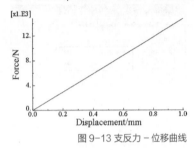

○ 由图 9-13 可以看出，在计算过程中，虽然按照各强度理论，层压板上有单元失效，但并未对失效单元进行刚度折减，因此输出的右边中点的支反力 RF1 与位移 U1 仍然是线性关系。
Abaqus 自带了 Hashin 失效准则，可以对复合材料进行强度分析并对失效单元进行刚度折减。

图 9-13 支反力 – 位移曲线

9.2.3 复合材料层压板渐进损伤强度分析

本讲使用前一实例的模型，对材料稍做修改，再对部件重新赋复合材料属性，使用 Abaqus 自带的 Hashin 准则进行复合材料渐进损伤强度分析。

含孔层压板的铺层顺序为：[0/45/-45/45/90/-45/0$_2$/-45/0$_2$/45/$\overline{90}$]$_s$。

层压板共有 25 层，在 Abaqus 中采用对称铺层时，可以创建 13 个初始铺层，第 13 层为 90°铺层，厚度为单层板厚度的一半，即 0.075mm。经过对称后，第 13 层与其对称铺层可以视为一个铺层，再加上其他 12 个铺层及其对称铺层，总共有 25 个铺层。

在 Abaqus/CAE 中打开本讲前一实例创建的 Laminate-1.cae 文件，将其另存为 Laminate-2.cae，并对 Laminate-2.cae 进行以下操作。

1. 修改材料、重新赋材料属性

» 修改材料

在环境栏 Module 后面选择 Property，进入 Property 模块。在视图区显示部件 Lam-S。

单击工具箱中的▦（Material Manager），在 Material Manager 对话框中选择 Mat-T700，单击 Edit 按钮；在 Edit Material 对话框中，在 Material Behaviors 区域中选择 Fail Stress，单击该区域右下角的✏（Delete Behavior），删除失效应力；单击 Mechanical → Damage for Fiber-Reinforced Composites → Hashin Damage，参照表 9-1，在 Data 区域依次输入 2688、1458、69.5、236、136、95.6，如图 9-14 所示；单击 Suboptions → Damage Evolution，在 Suboption Editor 对话框的 Data 区域依次输入 15、15、1、1，单击 OK 按钮；再单击 Suboptions → Damage Stabilization，在 Suboption Editor 对话框中依次输入 0.001、0.001、0.005、0.005，单击 OK 按钮；单击 Edit Material 对话框中的 OK 按钮完成。

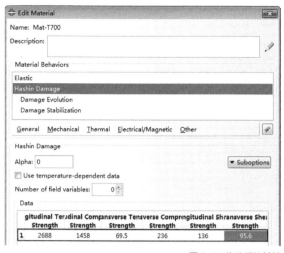

○ 本讲中设置Damage Evolution时所使用的断裂能是由作者根据同类材料数据所取的估计值。

图 9-14 修改后的材料

» 重新赋材料属性

单击工具箱中的 ![icon]（Section Assignment Manager），在打开的对话框中选择 Sect-Lam，单击 Delete 按钮，关闭对话框。

展开左侧模型树 Model-1→Parts→Lam-S→Orientation，在 GLOBAL 单击鼠标，单击 Delete 按钮，在弹出对话框中单击 Yes 按钮。

单击工具箱中的 ![icon]（Create Composite Layup），在打开的对话框中使用默认铺层名称，Initial ply count 后面输入 13，Element Type 选择 Conventional Shell，单击 Continue 按钮；在 Edit Composite Layup 对话框中，按图 9-15 所示的进行设置，在 Layup Orientation 区域，Definition 选择 Part global，Normal direction 选择 Axis 3；在 Plies 选项卡中，勾选 Make calculated sections symmetric；所有铺层的 Region 选择部件 Lam-S，Material 选择 Mat-T700；除第 13 层的厚度设为 0.075 外，其他铺层厚度均为 0.15；Rotation Angle 按照层压板的铺层顺序依次输入，单击 OK 按钮完成。

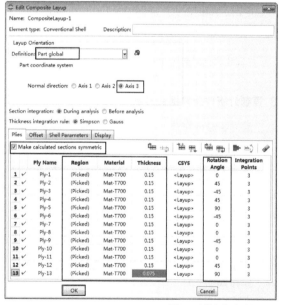

图 9-15 编辑复合材料铺层

2.修改输出变量

在环境栏 Module 后面选择 Step，进入 Step 模块。

单击工具箱中的 ![icon]（Step Manager），在 Edit Step 对话框的 Incrementation 标签页中，Maximum number of increments 修改为 1000，初始、最小、最大增量步依次改为 0.01、1E-15、0.01，单击 OK 按钮完成。

单击工具箱中的■（Field Output Manager），在打开的对话框中选择 F-Output-1，单击 Edit 按钮；在 Edit Field Output Request 对话框中设置复合材料铺层的的场输出变量如图 9-16 所示，输出 E、S、DAMAGEFT、DAMAGEFC、DAMAGEMT、DAMAGEMC、HSNFTCRT、HSNFCCRT、HSNMTCRT、HSNMCCRT，单击 OK 按钮完成。

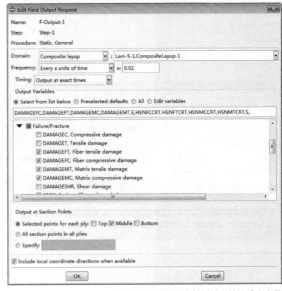

图 9-16 设置复合材料铺层的场输出变量

单击 Field Output Request Manager 对话框的 Create 按钮，Create Field 对话框中使用默认名称，Step 选择 Step-1，单击 Continue 按钮；在 Edit Field Output Request 对话框中，Domain 选择 Whole model，Frequency 设置同图 9-16，输出变量选择 U，单击 OK 按钮完成。

单击工具箱中的■（History Output Manager），在打开的对话框中选择 H-Output-1，单击 Edit 按钮；在 Edit History Output Request 对话框中，将 Frequency 后面 x 的数值改为 0.01，单击 OK 按钮完成。

> ○ 在 Edit Step 对话框的 Basic 选项卡中 Nlgeom 可以分别设为 Off 和 On，对比计算结果差异。本讲 Nlgeom 设置为 Off。

3.复制分析作业并提交分析

» **重命名分析作业**

在环境栏 Module 后面选择 Job，进入 Job 模块。

单击工具箱中的■（Job Manager），在 Job Manager 对话框中选择 Job-Lam-1，单击 Rename 按钮，在 Rename Job 对话框中将分析作业重命名为 Job-Lam-2，单击 OK 按钮完成。

» **提交分析**

在 Job Manager 对话框中，选中 Job-Lam-2 分析作业，单击 Submit 按钮提交计算。在计算完过按钮，可以单击 Results 按钮进入可视化后处理模块，查看当前的计算结果。

» **保存模型**

单击工具栏的 File 工具条中的■（Save Model Database）保存模型。

4.可视化后处理

» **显示云图**

长按工具箱中的■（Plot Contours on Deformed Shape），显示隐藏工具后单击■（Plot Contours on Undeformed Shape），在 Field Output 工具条中设置输出 HSNFCCRT。应用命令 Result → Section Points，打开 Section Points 对话框，Selection method 选择 Plies，在 Plies 区域选择 PLY-1，单击 OK

按钮，在视图区显示该铺层的云图。

单击工具箱中的 （Contour Options），在 Contour Plot Options 对话框的 Limits 标签页中设置最小值为 0.2。

应用命令 Results → Step/Frame，在 Step/Frame 对话框中在 Frame 区域选择一个并单击 Apply 按钮，在视图区显示该 Frame 的云图，即显示 0.4s、0.5s、0.6s、0.7s 这 4 个时刻对应的第一层的 HSNFCCRT 云图，如图 9-17 所示。

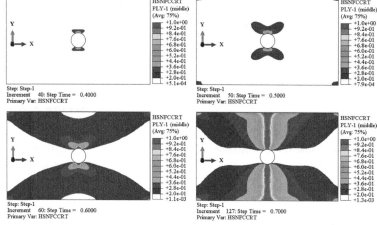

图 9-17 各时刻第一层的 HSNFCCRT 云图

读者可自行查看其他场输出变量的云图，此处不再详述。

» **绘制位移 - 支反力曲线**

操作同前一实例，将两个历史变量保存为 XY Data，并分别命名为 RF1、U1，绘制 -RF1 和 -U1 的关系曲线如图 9-18 所示。

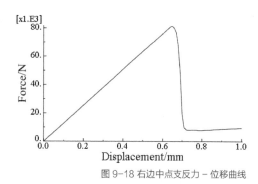

图 9-18 右边中点支反力 - 位移曲线

含孔层压板在压缩过程中，右边中点所受的最大支反力的绝对值为 81303.2N，约为 81.3kN，6 个试件的压缩强度实验数据为 81.51kN、84.11kN、83.17kN、81.79kN、83.47kN、81.23kN。

9.3 inp 文件解释

本讲第 2 个实例的 Job-Lam-2.inp 节选如下：

```
*Heading
** Job name: Job-Lam-2 Model name: Model-1
** Generated by: Abaqus/CAE 6.14-1
*Preprint, echo=NO, model=NO, history=NO, contact=NO
** PARTS
** 部件 Lam-S，包括节点编号及其坐标、单元编号及其
   节点编号
*Part, name=Lam-S
*Node
    1,    80.,    60.,    0.
    ……
*Element, type=S4R
 1,  1, 13, 463, 82
    ……
```

```
** 创建对称的复合材料铺层
** Section: CompositeLayup-1-1
*Shell Section, elset=CompositeLayup-1-1, composite,
layup=CompositeLayup-1, symmetric
0.15, 3, Mat-T700, 0., Ply-1
……
*End Part
** ASSEMBLY
** 装配
*Assembly, name=Assembly
** 由部件 Lam-S 创建装配实例 Lam-S-1
*Instance, name=Lam-S-1, part=Lam-S
*End Instance
** 创建节点集合 Nd-1
*Nset, nset=Nd-1, instance=Lam-S-1
 62,
** Constraint: Constraint-1
** 创建 BEAM 类型的 MPC 约束
*MPC
BEAM, _PickedSet23, Nd-1
*End Assembly
** MATERIALS
** 创建材料 Mat-T700
*Material, name=Mat-T700
*Damage Initiation, criterion=HASHIN
2688.,1458., 69.5, 236., 136., 95.6
*Damage Evolution, type=ENERGY
15.,15., 1., 1.
*Damage Stabilization
0.001,0.001,0.005,0.005
*Elastic, type=LAMINA
114000.,8610., 0.3,4160.,4160.,3000.
** BOUNDARY CONDITIONS

** 创建边界条件、位移载荷
** Name: BC-Left Type: Symmetry/Antisymmetry/Encastre
*Boundary
……
** STEP: Step-1
** 创建分析步 Step-1
*Step, name=Step-1, nlgeom=NO, inc=1000
*Static
0.01, 1., 1e-15, 0.01
** OUTPUT REQUESTS
** 设置输出变量
** FIELD OUTPUT: F-Output-2
** 输出整个模型的位移 U 场变量
*Output, field, time interval=0.02
*Node Output
U,
** FIELD OUTPUT: F-Output-1
** 输出各铺层的场变量
*Element Output, elset=Lam-S-1.CompositeLayup-1-1,
directions=YES
2, 5, 8, 11, 14, 17, 20, 23, 26, 29, 32, 35, 38, 41, 44, 47
DAMAGEFC, DAMAGEFT, DAMAGEMC, DAMAGEMT, E,
HSNFCCRT,
HSNFTCRT, HSNMCCRT, HSNMTCRT, S
……
** HISTORY OUTPUT: H-Output-1
** 输出节点集合 Nd-1 的 RF1、U1 历史变量
*Output, history, time interval=0.01
*Node Output, nset=Nd-1
RF1, U1
*End Step
```

9.4 小结和点评

本讲通过对复合材料含孔层压板的静力分析，详细讲解强度分析的方法，重点介绍了 Tsai-Hill、Tsai-Wu、Hashin 等失效准则的应用，以及 Hashin 准则的渐进损伤强度分析。在使用 Abaqus 自带的 Hashin 准则对复合材料含孔层压板进行有限元渐进损伤强度分析时，孔边一定范围内的网格疏密对计算结果影响较大。如果孔边单元较大，得到的破坏载荷值可能会偏小。

点评：程亮 博士
WELSIM 创始人

第10讲 USDFLD子程序复合材料强度分析

主讲人：顾亦磊 孔祥宏

软件版本
Abaqus 6.14、Intel Visual Fortran 2013、Visual Studio 2013

分析目的
使用USDFLD子程序分析复合材料层压板强度

难度等级
★★★★☆

知识要点
USDFLD用户子程序、最大应力理论、用户定义场设置

10.1 概述说明

本讲使用 USDFLD 用户子程序进行复合材料渐进损伤压缩强度分析，介绍了 USDFLD 用户子程序编写方法及在 Abaqus/CAE 中的设置。本讲使用最大应力强度理论作为复合材料层压板的失效准则，相应的 Fortran 程序简单易读，便于理解 USDFLD 子程序的工作原理。

本讲所用复合材料为 T700/BA9916，层压板试件长 140mm，宽 12mm，层压板的铺层顺序为 [0/45/-45/45/90/-45/0$_2$/-45/0$_2$/45/$\overline{90}$]$_S$，共 25 层，板的长度方向为 0° 铺层方向，单层板厚度为 0.15mm，层压板总厚度为 3.75mm。材料属性见表 10-1。

表10-1 T700/BA9916材料属性

参数	值	强度	值
E_1/GPa	114	X_T/MPa	2688
E_2/GPa	8.61	X_C/MPa	1458
E_3/GPa	8.61	Y_T/MPa	69.5
v_{12}	0.3	Y_C/MPa	236
v_{13}	0.3	Z_T/MPa	55.5
v_{23}	0.45	Z_C/MPa	175
G_{12}/GPa	4.16	S_{XY}/MPa	136
G_{13}/GPa	4.16	S_{XZ}/MPa	136
G_{23}/GPa	3.0	S_{YZ}/MPa	95.6

10.2 USDFLD用户子程序应用实例

在对层压板试件做压缩实验时，试件两端用玻璃纤维复合材料或金属板加厚，便于装夹，同时也增强试件两端的强度。在有限元计算时，可以适当减小模型长度尺寸，模型两端加宽以提高强度，并分析模型中部的失效过程。

本讲使用壳模型模拟复合材料层压板。层压板基本失效类型及折减系数见表 10-2。将表 10-2 中 3 种基本失效类型进行组合，可以得到其他失效形式。

表10-2 层压板基本失效类型及折减系数

失效类型	E_1	E_2	V_{12}	G_{12}	G_{13}	G_{23}
纤维拉压破坏	0.01	0.01	0.01	0.01	0.01	0.01
基体拉压破坏		0.01	0.01	0.01		0.01
面内剪切破坏				0.01		

10.2.1 问题描述

复合材料层压板壳部件几何模型如图 10-1 所示，层压板左边固支，右边中点与该边上的其他所有节点之间创建 Beam 类型的多点约束 (MPC)，约束右边中点除 X 轴向位移自由度以外的其他 5 个自由度，在右边中点沿 X 轴负方向施加 1mm 的位移载荷。

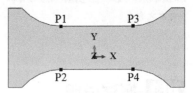

图 10-1 层压板壳部件

图 10-1 中 P1、P2、P3、P4 这 4 个点为中部直线段与两端圆弧段的连接点（切点）。

本讲中单位系统为 mm、N、MPa。

10.2.2 复合材料层压板失效分析

1. 创建部件及划分网格

» **创建部件**

在 Part 模块，单击工具箱中的 ▇（Create Part），在 Create Part 对话框中，Name 后面输入 Lam-S，Modeling Space 选择 3D，Type 选择 Deformable，在 Base Feature 区域选择 Shell、Planar，Approximate size 使用默认的 200，单击 Continue 按钮进入绘图模式。

单击工具箱中的 ▇（Create Lines: Connected），在提示区输入第 1 个点的坐标（0,0）后按 Enter 键，再输入第 2 个点的坐标（25,0）后按 Enter 键，再按 Esc 键或单击鼠标中键。

单击工具箱中的 ▇（Offset Curves），在视图区选择上一步绘制的直线，单击鼠标中键，在提示区输入 6 并按 Enter 键，单击提示区的 Flip 按钮，使偏移直线在原直线上方。按上述操作，使用偏移创建的直线再向上偏移 5 创建一条直线。3 条水平直线之间的间距依次为 6mm、5mm。

单击工具箱中的 ▇（Create Lines: Connected），在提示区输入第 1 个点的坐标（0,0）后按 Enter 键，再输入第 2 个点的坐标（0,11）后按 Enter 键，再按 Esc 键或单击鼠标中键。按上述操作，再以（25,6）、（25,25）为端点绘制直线，绘制完成如图 10-2(a) 所示。

单击工具箱中的 ▇（Create Fillet: Between 2 Curves），在提示区输入 15 并按 Enter 键，在视图区依次选择图 10-2(a) 中 L1、L2 所示的两条直线，完成后如图 10-2(b) 所示。

单击工具箱中的 ▇（Auto-Trim），在视图区依次单击图 10-2（b）中 L3、L4、L5 所示的曲线，修剪后如图 10-2(c) 所示。

长按工具箱中的 ▇（Translate），在展开的工具中单击 ▇（Mirror），单击提示区的 Copy 按钮，在视图区选择图 10-2(c) 中的 L7 作为镜像线，在视图区选择除 L6、L7 以外的其他曲线并按鼠标中键。

单击工具箱中的 ⚙（Create Lines: Connected），以（25,11）、（25,-11）为端点绘制直线。

再使用 ⚙（Mirror）工具，以图 10-2（c）中的 L6 为镜像线，使用除 L6、L7 以外的其他曲线创建镜像对称曲线。

单击工具箱中的 ⚙（Delete），在视图区删除图 10-2（c）中的 L6、L7 两条直线，完成后退出绘图模式，得到图 10-1 所示的壳部件。

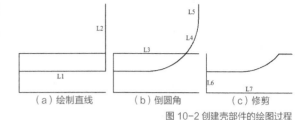

（a）绘制直线　　（b）倒圆角　　（c）修剪

图 10-2 创建壳部件的绘图过程

≫ 划分网格

在环境栏 Module 后面选择 Mesh，进入 Mesh 模块。环境栏中 Object 选择 Part: Lam-S。

长按工具箱中的 ⚙（Partition Face: Sketch），在展开的工具中单击 ⚙（Partition Face: Use Shortest Path Between 2 Points），在视图区选择图 10-1 所示 Lam-S 部件的 P1、P2 点，按鼠标中键，将部件分割为两个部分。按上述操作，使用 P3、P4 点分割部件右侧部分；使用两端竖直边的中点分割部件，分割完成后如图 10-3（a）所示。

单击工具箱中的 ⚙（Assign Mesh Controls），在视图区选择整个部件，按鼠标中键，在 Mesh Controls 对话框中，Element Shape 选择 Quad，Technique 选择 Structured，单击 OK 按钮。

单击工具箱中的 ⚙（Seed Part），在 Global Seeds 对话框中 Approximate global size 后面输入 1，单击 OK 按钮。

单击工具箱中的 ⚙（Mesh Part），单击提示区的 Yes 按钮或按鼠标中键，完成网格划分，如图 10-3(b) 所示。

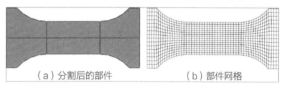

（a）分割后的部件　　（b）部件网格

图 10-3 分割部件及划分网格

单击工具箱中的 ⚙（Assign Element Type），在 Element Type 对话框中，选择依次选择 Standard、Linear、Shell 在 Quad 选项卡中勾选 Reduced integration，即选择 S4R 单元，单击 OK 按钮完成。

> 根据提示，可能需要对部件两端部分再次定义网格划分技术。

2.创建材料并给部件赋材料属性

≫ 创建材料

在环境栏 Module 后面选择 Property，进入 Property 模块。

单击工具箱中的 ⚙（Create Material），在 Edit Material 对话框中，Name 后面输入 Mat-T700；单击 General → Depvar，在 Dapvar 区域 Number of solution-dependent state Variables 后面输入 3；单击 General → User Defined Field；单击 Mechanical → Elasticity → Elastic，Type 选择 Lamina；Number of field variables 后面输入 3；在 Data 区域依次输入材料参数，如图 10-4 所示，单击 OK 按钮完成。

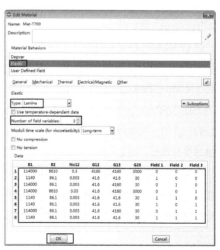

图 10-4 定义材料属性

○ 表10-2中3种基本失效类型经过组合可以得到图10-4中7种失效类型。因为场变量有3个，所以材料参数共有2^3种组合，即8种，但部分失效类型的材料参数相同。

» 给部件赋材料属性

单击工具箱中的 ■ （Create Composite Layup），在打开的对话框中 Name 使用默认名称，Initial ply count 后面输入 13，Element Type 选择 Conventional Shell，单击 Continue 按钮；在 Edit Composite Layup 对话框中，Layup Orientation 区域的 Definition 使用默认的 Part global，Normal direction 选择 Axis 3；在 Plies 选项卡中，勾选 Make calculated sections symmetric；Region 选择部件 Lam-S；Material 选择 Mat-T700；Thickness 一栏中第 1~12 层为 0.15，第 13 层为 0.075；Rotation Angle 一栏从上到下依次输入 0, 45, -45, 45, 90, -45, 0, 0, -45, 0, 0, 45, 90；单击 OK 按钮完成。

» USDFLD 用户子程序

用户子程序使用固定格式的 Fortran 语音编写，本讲中 USDFLD 子程序的 Fortran 程序文件为 Usdfld-Shell.for，其详细代码如下。

Fortran 代码中，字母 C 后面为注释部分，PARAMETER 以前部分及最后的 RETURN 和 END 是 USDFLD 子程序的固定格式，用户只需在第 2 个 DIMENSION 之后、RETURN 之前编写所需的代码。

本讲的 Usdfld-Shell.for 文件中，使用 PARAMETER 定义了 5 个表示材料强度的参数。STATEV 为状态变量，数组长度或变量个数由图 10-4 中的 Depvar 决定，可以作为场变量或历史变量输出，即 SDV（Solution Dependent State Variables），在 USDFLD 子程序中可以使用所需的数据对其进行更新。FIELD 为用户定义的场，在图 10-4 中定义了场的个数，场的值是为 0 或 1，默认为 0，在 USDFLD 子程序中要确定每一个增量步中场的值是使用默认的 0，还是根据需求设为 1，应避免前一增量步中场的值为 1，而后一增量步中场的值为默认的 0。

在 USDFLD 子程序中，使用 GETVRM( ) 子程序获取前一增量步的计算数据，可以是应力、应变等，如将 Usdfld-Shell.for 文件中的 GETVRM('S',……) 改

```fortran
      SUBROUTINE USDFLD(FIELD,STATEV,PNEWDT,DIRECT,T,CELENT,
     1 TIME,DTIME,CMNAME,ORNAME,NFIELD,NSTATV,NOEL,NPT,LAYER,
     2 KSPT,KSTEP,KINC,NDI,NSHR,COORD,JMAC,JMATYP,MATLAYO,LACCFLA)
C
      INCLUDE 'ABA_PARAM.INC'
C
      CHARACTER*80 CMNAME,ORNAME
      CHARACTER*3 FLGRAY(15)
      DIMENSION FIELD(NFIELD),STATEV(NSTATV),DIRECT(3,3),
     1 T(3,3),TIME(2)
      DIMENSION ARRAY(15),JARRAY(15),JMAC(*),JMATYP(*),COORD(*)
C STRENGTH PARAMETER
      PARAMETER(Xc=1458, Xt=2688, Yc=236, Yt=69.5, Sxy=136)
C GET STAVE VARIABLES
      SV1=STATEV(1)
      SV2=STATEV(2)
      SV3=STATEV(3)
C GET STRESS
      CALL GETVRM('S',ARRAY,JARRAY,FLGRAY,JRCD,JMAC,JMATYP,MATLAYO,
     1 LACCFLA)
      S11=ARRAY(1)
      S22=ARRAY(2)
      S12=ARRAY(4)
C STRENGTH CRITERION
      IF (SV1>0) THEN
          FIELD(1)=1
      ELSEIF (S11>=Xt .or. S11<=-Xc) THEN
          FIELD(1)=1
      ENDIF
      IF (SV2>0) THEN
          FIELD(2)=1
      ELSEIF (S22>=Yt .or. S22<=-Yc) THEN
          FIELD(2)=1
      ENDIF
      IF (SV3>0) THEN
          FIELD(3)=1
      ELSEIF (ABS(S12)>=Sxy) THEN
          FIELD(3)=1
      ENDIF
C Update state variables
      STATEV(1)=FIELD(1)
      STATEV(2)=FIELD(2)
      STATEV(3)=FIELD(3)
      RETURN
      END
```

为 GETVRM('E',……)，则可获取单元的应变。获取的数据传给变量 ARRAY。对于壳单元，应力有 S11、S22、S33、S12，依次对应 ARRAY(1)、ARRAY(2)、ARRAY(3)、ARRAY(4)，因为 S33 为 0，所以根据表 10-2 的基本失效类型，在 Usdfld-Shell.for 文件中只使用了应力 S11、S22 和 S12。

由于本讲使用了最大应力强度理论，所以在 Usdfld-Shell.for 文件中 STRENGTH CRITERION 部分的代码较简洁，便于读者理解。读者可以根据自己的计算需要选用合适的强度理论，编写成 Fortran 程序替换 Usdfld-Shell.for 文件中 STRENGTH CRITERION 部分。

3. 装配

在环境栏 Module 后面选择 Assembly，进入 Assembly 模块。

单击工具箱中的 （Create Instance），在 Create Instance 对话框中选择 Parts: Lam-S，单击 OK 按钮完成。

4. 创建分析步、设置输出变量

» 创建分析步

在环境栏 Module 后面选择 Step，进入 Step 模块。

单击工具箱中的 （Create Step），在 Create Step 对话框中，在 Initial 分析步之后插入 Static, General 分析步，单击 Continue 按钮；在 Edit Step 对话框中，Basic 选项卡中 Nlgeom 选择 On，其他使用默认设置；Incrementation 选项卡设置如图 10-5 所示，单击 OK 按钮完成。

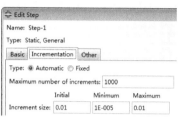

图 10-5 增量步设置

» 设置输出变量

单击工具箱中的 （Field Output Manager），在 Field Output Requests Manager 对话框中，选中 F-Output-1，单击 Edit 按钮；在 Edit Field Output Request 对话框中，设置如图 10-6 所示，单击 OK 按钮完成。

图 10-6 场输出变量设置

单击 Field Output Requests Manager 对话框的 Create 按钮；在 Create Field 对话框中使用默认设置，即为 Step-1 创建 F-Output-2，单击 Continue 按钮；在 Edit Field Output Request 对话框中，Domain 选择 Whole model，Frequency 设置如图 10-6 所示，Output Variables 选择 U，单击 OK 按钮完成。

单击工具栏的 Views 工具条中的 （Apply Front View），在视图区显示部件的前视图。

应用命令 Tools → Set → Create，在 Create Set 对话框中 Name 后面输入 Nd-1，Type 选择 Node，单击 Continue 按钮，在视图区选择 Lam-S-1 右边中点位置的节点，按鼠标中键完成。按上述操作，创建节点集合 Nds-R，选择右边除中点以外的所有节点；创建节点集合 Nds-L，选择左边所有节点。

单击工具箱中的 （History Output Manager），在 History Output Requests Manager 对话框中选择 H-Output-1，单击 Edit 按钮；在 Edit History Output Request 对话框中设置输出节点集合 Nd-1 的 U1、RF1 两个变量，如图 10-7 所示。

图 10-7 历史输出变量设置

5. 创建MPC约束

在环境栏 Module 后面选择 Interaction，进入 Interaction 模块。

单击工具箱中的 ◁（Create Constraint），在 Create Constraint 对话框中使用默认名称，Type 选择 MPC Constraint，单击 Continue 按钮；单击提示区的 Sets 按钮，在 Region Selection 对话框中选择 Nd-1 并单击 Continue 按钮；在 Region Selection 对话框中选择 Nds-R 并单击 Continue 按钮；在 Edit constraint 对话框中，MPC Type 选择 Beam，单击 OK 按钮完成。

6. 创建边界条件及施加位移载荷

» 创建边界条件

在环境栏 Module 后面选择 Load，进入 Load 模块。

单击工具箱中的 ┕（Create Boundary Condition），在 Create Boundary Condition 对话框中，Name 后面输入 BC-Left，Step 选择 Initial，Category 选择 Mechanical，Types for Selected Step 选择 Symmetry 按钮，单击 Continue 按钮；单击提示区的 Sets 按钮，在 Region Selection 对话框中选择 Nds-L，单击 Continue 按钮；在 Edit Boundary Condition 对话框中选择 ENCASTRE，单击 OK 按钮完成。

» 施加位移载荷

单击工具箱中的 ┕（Create Boundary Condition），在 Create Boundary Condition 对话框中，Name 后面输入 BC-X，Step 选择 Step-1，Category 选择 Mechanical，Types for Selected Step 选择 Dsiplacement 按钮，单击 Continue 按钮；单击提示区的 Sets 按钮，在 Region Selection 对话框中选择 Nd-1 并单击 Continue 按钮；在 Edit Boundary Condition 对话框中选择勾选 U1、U2、U3、UR1、UR2、UR3，并在 U1 后面输入 -0.6，其他 5 个位移默认为 0，单击 OK 按钮完成。

7. 创建分析作业并提交分析

» 创建分析作业

在环境栏 Module 后面选择 Job，进入 Job 模块。

单击工具箱中的 ▦（Job Manager），在 Job Manager 对话框中单击 Create 按钮；在 Create Job 对话框中，Name 后面输入 Job-Lam，Source 选择 Model-1，单击 Continue 按钮；在 Edit Job 对话框的 General 选项卡中，单击 User subroutine file 后面的 ☐（Select 按钮），在相应路径下找到并选择 Usdfld-Shell.for 文件；单击 Edit Job 对话框中的 OK 按钮完成。

» 提交分析

在 Job Manager 对话框中，选中 Job-Lam 分析作业，单击 Submit 按钮提交计算。

当 Job-Lam 的状态（Status）由 Running 变为 Completed 时，计算完成，单击 Results 按钮进入可视化后处理模块。

» 保存模型

单击工具栏的 File 工具条中的 ▦（Save Model Database），在 Save Model Database As 对话框的 File Name 后面输入 Laminate，单击 OK 按钮完成。

8. 可视化后处理

» 显示云图

长按工具箱中的 ┖（Plot Contours on Deformed Shape），显示隐藏工具后单击 ┖（Plot Contours on Undeformed Shape），在 Field Output 工具条中设置输出 FV1。应用命令 Result → Section Points，打开

Section Points 对话框，Selection method 选择 Plies，在 Plies 区域选择 PLY-1，单击 Apply 按钮，在视图区显示该铺层的云图。应用命令 Result → Step/Frame，在Step/Frame对话框中Frame区域选择任意一个增量步（或时刻），单击 Apply 按钮，在视图区显示该第一层铺层的纤维压缩失效过程，如图 10-8 所示。

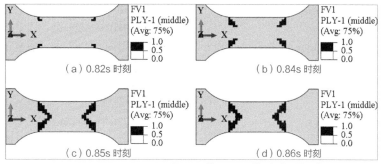

图 10-8 第一层 0° 铺层纤维压缩失效渐进损伤过程

由于在 Usdfld-Shell.for 文件中变量 STATEV 与 FIELD 的值相同，因此在可视化后处理时，SDV 与 FV 的云图相同。

○ 在静力分析中，时间没有物理意义，只是作为控制增量步和载荷增量的参数。在本讲中，位移载荷的加载过程与时间呈线性关系。图10-8中时刻的数值与X轴向位移载荷-0.6mm的乘积就是该时刻对应的位移载荷。

» 绘制位移 - 支反力曲线

单击工具箱中的 ![图标]（**Create XY Data**），在 Create XY Data 对话框中选择 ODB history output，单击 Continue 按钮；在 History Output 对话框的 Variables 选项卡中选择 ND-1 的 RF1 变量，单击 Save As 按钮；在 Save XY Data As 对话框中 Name 后面输入 RF1，单击 OK 按钮。按上述操作，将 ND-1 的 U1 变量另存为 U1。退出 History Output 对话框。

单击工具箱中的 ![图标]（**Create XY Data**），在 Create XY Data 对话框中选择 Operate on XY data，单击 Continue 按钮；在 Operate on XY Data 对话框中的表达式输入区输入 combine (-"U1", -"RF1")，单击 Plot Expression 按钮，绘制的部件右边中点的支反力 - 位移曲线如图 10-9 所示。

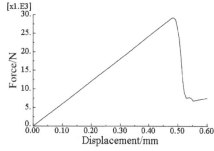

图 10-9 支反力 - 位移曲线

» 查看支反力数据

单击工具箱中的 ![图标]（**XY Data Manager**），在打开的对话框中 Data Source 选择 Current session，选择上一步创建的 XY Data（支反力 - 位移），单击 Rename 按钮，在 Rename XY Data 对话框中输入 F-U，单击 OK 按钮；在 XY Data Manager 对话框中选择 F-U，单击 Edit 按钮，可以找到支反力最大值为29224.6N，约为 29.22kN，对应的位移为 0.48mm。层压板试件的压缩强度实验数据为 30.36kN、28.92kN、27.39kN、28.47kN、28.59kN、29.28kN。

10.3 inp文件解释

本讲实例的 Job-Lam.inp 节选如下：

```
*Heading
** Job name: Job-Lam Model name: Model-1
** Generated by: Abaqus/CAE 6.14-1
*Preprint, echo=NO, model=NO, history=NO, contact=NO
** 部件、装配等略
** MATERIALS
** 创建材料 Mat-T700
*Material, name=Mat-T700
** 定义状态变量个数
*Depvar
   3,
** 定义层压板材料参数
*Elastic, dependencies=3, type=LAMINA
114000., 8610.,  0.3, 4160., 4160., 3000., , 0., 0., 0.
  1140., 86.1, 0.003, 41.6, 41.6, 30., , 1., 0., 0.
114000., 86.1, 0.003, 41.6, 4160., 30., , 0., 1., 0.
  1140., 86.1, 0.003, 41.6, 41.6, 30., , 1., 1., 0.
114000., 8610., 0.03, 41.6, 4160., 3000., , 0., 0., 1.
  1140., 86.1, 0.003, 41.6, 41.6, 30., , 1., 0., 1.
114000., 86.1, 0.003, 41.6, 4160., 30., , 0., 1., 1.
  1140., 86.1, 0.003, 41.6, 41.6, 30., , 1., 1., 1.
*User Defined Field
** 上面材料参数中后三位数字为用户定义场的值
** 边界条件、位移载荷等略
** STEP: Step-1
** 创建分析步等略
** OUTPUT REQUESTS
** 定义输出变量
*Restart, write, frequency=0
** FIELD OUTPUT: F-Output-2
** 场输出 F-Output-2 输出整个模型的位移 U
*Output, field
*Node Output
U,
** FIELD OUTPUT: F-Output-1
** 场输出 F-Output-1 输出复合材料铺层的应力、应变等
*Output, field, time interval=0.01
*Element Output, elset=Lam-S-1.CompositeLayup-1-1, directions=YES
2, 5, 8, 11, 14, 17, 20, 23, 26, 29, 32, 35, 38, 41, 44, 47
E, FV, S, SDV
*Element Output, elset=Lam-S-1.CompositeLayup-1-1, directions=YES
50, 53, 56, 59, 62, 65, 68, 71, 74, 77
E, FV, S, SDV
** 上面的数字 2, 5, ……, 50, 53 等表示各铺层厚度方向第 2 个积分点
** HISTORY OUTPUT: H-Output-1
** 历史输出 H-Output-1 输出节点集合 Nd-1 的支反力 RF1 和位移 U1
*Output, history, time interval=0.01
*Node Output, nset=Nd-1
RF1, U1
*End Step
```

10.4 小结和点评

复合材料的损伤评估一直是学术界研究的热点，也是工程界中所要面对的难题。面对 Abaqus 中数量有限的损伤评估准测，本讲使用 USDFLD 用户子程序对复合材料渐进损伤进行压缩强度分析，详细介绍了 USDFLD 用户子程序的编写方法及其在 Abaqus/CAE 中的设置。在使用 USDFLD 用户子程序时，需要在创建的材料中进行相应的设置，如定义状态变量、场等，在输出变量中可以输出 SDV 或 FV 作为对计算结果的分析参考；本讲使用最大应力强度理论作为复合材料层压板的失效准则，相应的 Fortran 程序简单易读，使读者便于理解 USDFLD 子程序的工作原理。

点评：汪昌盛 博士
上海理工大学 机械工程学院

第11讲 UMAT子程序复合材料强度分析

主讲人：孔祥森 孔祥宏

软件版本
Abaqus 6.14、Intel Visual Fortran 2013、Visual Studio 2013

难度等级
★★★★★

分析目的
使用UAMT子程序对复合材料单层板进行强度分析

知识要点
复合材料单层板、UMAT用户子程序、最大应变理论、刚度折减

11.1 概述说明

本讲使用 UMAT 用户子程序进行复合材料单层板的应力分析和渐进损伤压缩强度分析，介绍了 UMAT 用户子程序编写方法及在 Abaqus/CAE 中的设置。本讲使用最大应变强度理论作为复合材料单层板的失效准则，相应的 Fortran 程序简单易读，便于理解 UAMT 子程序的工作原理。

本讲通过两个实例介绍 UMAT 用户子程序在复合材料单层板的应力分析和强度分析中的应用。在实例一中，对一个简单的复合材料单层板进行应力分析，UMAT 子程序主要计算应力，不进行强度分析，本讲用于验证 UMAT 子程序的计算精度。在实例二中，对复合材料单层板进行渐进损伤强度分析，UMAT 子程序用于应力计算、强度分析和刚度折减。

本讲所用复合材料为 T700/BA9916，材料属性见表 11-1。

表11-1 T700/BA9916材料属性

参数	值	强度	值
E_1/GPa	114	X_T/MPa	2688
E_2/GPa	8.61	X_C/MPa	1458
E_3/GPa	8.61	Y_T/MPa	69.5
v_{12}	0.3	Y_C/MPa	236
v_{13}	0.3	Z_T/MPa	55.5
v_{23}	0.45	Z_C/MPa	175
G_{12}/GPa	4.16	S_{XY}/MPa	136
G_{13}/GPa	4.16	S_{XZ}/MPa	136
G_{23}/GPa	3.0	S_{YZ}/MPa	95.6

11.2 实例一：UMAT用户子程序应力分析

在使用 UMAT 用户子程序进行高级应用之前，应该先了解 UMAT 子程序，熟悉 UMAT 子程序的工作原理，了解 UMAT 中的参数、变量的含义。为了便于读者快速了解和使用 UMAT，本实例通过复合材料单层板的应力分析来介绍一个简单的 UMAT 子程序。

读者可将本实例中的单层板替换为层压板，进行对比分析。

11.2.1 问题描述

复合材料单层板几何尺寸为 15mm×10mm×0.15mm，纤维方向为 45°，单层板的3D实体模型如图 11-1 所示，X 轴方向为 0°方向，左侧面施加 X 轴向对称边界条件，下侧面施加 Y 轴向对称边界条件，垂直于 Z 轴且 Z=0 的平面施加 Z 轴向对称边界条件，右侧面施加 100MPa 的拉力。

本讲中单位系统为 mm、N、MPa。

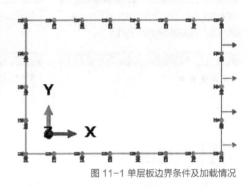

图 11-1 单层板边界条件及加载情况

11.2.2 UMAT用户子程序

本讲使用的 UMAT 用户子程序 UMAT-Stress.for 的全部代码如下，字母 C 及 "!" 后面为注释内容。

```
1       SUBROUTINE UMAT(STRESS,STATEV,DDSDDE,SSE,SPD,SCD,
2      1   RPL,DDSDDT,DRPLDE,DRPLDT,
3      2   STRAN,DSTRAN,TIME,DTIME,TEMP,DTEMP,PREDEF,DPRED,CMNAME,
4      3   NDI,NSHR,NTENS,NSTATV,PROPS,NPROPS,COORDS,DROT,PNEWDT,
5      4   CELENT,DFGRD0,DFGRD1,NOEL,NPT,LAYER,KSPT,JSTEP,KINC)
6   C
7       INCLUDE 'ABA_PARAM.INC'
8   C
9       CHARACTER*80 CMNAME
10      DIMENSION STRESS(NTENS),STATEV(NSTATV),
11     1   DDSDDE(NTENS,NTENS),DDSDDT(NTENS),DRPLDE(NTENS),
12     2   STRAN(NTENS),DSTRAN(NTENS),TIME(2),PREDEF(1),DPRED(1),
13     3   PROPS(NPROPS),COORDS(3),DROT(3,3),DFGRD0(3,3),DFGRD1(3,3),
14     4   JSTEP(4)
15
16      DIMENSION EG(6),XNU(3,3),STRAND(6),C(6,6),STRESS0(6)
17  C****************************
18  C   EG.....E1,E2,E3,G12,G13,G23
19  C   XNU.....NU12,NU21,NU13,NU31,NU23,NU32
20  C   STRAND.....STRAINT AT THE END OF THE INCREMENT
21  C   C.....6X6 STIFFNESS MATRIX
22  C   STRESS0.....STRESS AT THE BEGINNING OF THE INCREMENT
23  C****************************
24  C   INITIALIZE XNU & C MATRIX
25      XNU=0
26      C=0
27  C   GET THE MATERIAL PROPERTIES—ENGINEERING CONSTANTS
28      EG(1) = PROPS(1)    !E1,YOUNG'S MODULUS IN DIRECTION 1
29      EG(2) = PROPS(2)    !E2,YOUNG'S MODULUS IN DIRECTION 2
30      EG(3) = EG(2)       !E3,YOUNG'S MODULUS IN DIRECTION 3
31      XNU(1,2) = PROPS(3) !POISON'S RATIO POI_12
32      XNU(2,1) = XNU(1,2)*EG(2)/EG(1) !POISON'S RATIO POI_21
33      XNU(1,3) = XNU(1,2) !POISON'S RATIO POI_13
34      XNU(3,1) = XNU(1,3)*EG(3)/EG(1) !POISON'S RATIO POI_31
35      XNU(2,3) = PROPS(4) !POISON'S RATIO POI_23
36      XNU(3,2) = XNU(2,3)*EG(3)/EG(2) !POISON'S RATIO POI_32
37      EG(4) = PROPS(5)    !G12,SHEAR MODULUS IN 12 PLANE
38      EG(5) = EG(4)       !G13,SHEAR MODULUS IN 13 PLANE
39      EG(6) = PROPS(6)    !G23,SHEAR MODULUS IN 23 PLANE
40  C****************************
41  C   FILL THE 6X6 STIFFNESS MATRIX C(6,6)
42      RNU = 1/(1-XNU(1,2)*XNU(2,1)-XNU(1,3)*XNU(3,1)-
43     1   XNU(3,2)*XNU(2,3)-2*XNU(1,2)*XNU(2,1)*XNU(3,2))
44  C   STIFFNESS MATRIX C(6,6)
45      C(1,1) = EG(1)*(1-XNU(2,3)*XNU(3,2))*RNU
46      C(2,2) = EG(2)*(1-XNU(1,3)*XNU(3,1))*RNU
47      C(3,3) = EG(3)*(1-XNU(1,2)*XNU(2,1))*RNU
48      C(4,4) = EG(4)
49      C(5,5) = EG(5)
50      C(6,6) = EG(6)
51      C(1,2) = EG(1)*(XNU(2,1)+XNU(3,1)*XNU(2,3))*RNU
52      C(2,1) = C(1,2)
53      C(1,3) = EG(1)*(XNU(3,1)+XNU(2,1)*XNU(3,2))*RNU
54      C(3,1) = C(1,3)
55      C(2,3) = EG(2)*(XNU(3,2)+XNU(1,2)*XNU(3,1))*RNU
56      C(3,2) = C(2,3)
57  C****************************
58  C   CALCULATE STRAIN
59      DO I = 1, 6
60         STRAND(I) = STRAN(I)+DSTRAN(I)
61      ENDDO
62  C   CALCULATE STRESS
63      DO I = 1, 6
64         STRESS0(I) = STRESS(I)
65         STRESS(I) = 0
66         DO J = 1, 6
67            STRESS(I) = STRESS(I)+C(I,J)*STRAND(J)
68         ENDDO
69      ENDDO
70  C   CALCULATE SSE
71      DO I = 1, 6
72         SSE = SSE+0.5*(STRESS0(I)+STRESS(I))*DSTRAN(I)
73      ENDDO
74  C****************************
75  C   UPDATE DDSDDE
76      DO I = 1, 6
77         DO J = 1, 6
78            DDSDDE(I,J) = C(I,J)
79         ENDDO
80      ENDDO
81      RETURN
82      END
```

第 1~14 行及第 81、82 行为 UMAT 子程序固定格式，其中，第 1~5 行括号内的变量为 UMAT 子程序中可以使用的变量，第 10~14 行定义各变量数组的维数和长度。部分主要变量的含义见表 11-2。

表11-2 UMAT部分变量名及其含义

STRESS	增量步开始时的应力（S11, S22, ...）用增量步结束时的应力计算结果对其更新
STATEV(NSTATV)	状态变量（状态变量个数），如果在材料中定义了状态变量，则在UMAT中需要对其更新
STRAN	增量步开始时的应变（E11, E22, ...）
DSTRAN	当前增量步的应变增量（ΔE11, ΔE22, ...）
NDI, NSHR, NTENS	应力、应变的个数，NDI为正应力或正应变的个数，NSHR为剪应力或剪应变的个数，NTENS=NDI+NSHR
PROPS, NPROPS	材料参数、材料参数的个数
DDSDDE	雅克比矩阵，即$\partial \Delta\sigma/\Delta\varepsilon$
SSE, SPD, SCD	特定的弹性应变能、塑性耗散、蠕变耗散，只对能量输出有影响，对其他计算结果无影响，在UMAT中需要对其更新
CELENT	单元特征长度

第15~80行为用户自己编写的固定格式的Fortran程序，用于计算刚度矩阵、应力、应变能、雅克比矩阵。由于本讲中没有使用状态变量，因此不需要更新STATEV，只需要更新STRESS、DDSDDE和SSE即可。

第16行定义了5个数组，其中EG、STRAND、STRESS0为一维数组，XNU、C为二维数组。第18~22行为注释部分，EG存放材料的3个弹性模量和3个剪切模量；STRAND存放当前增量步结束时的应变（E_{11}, E_{22}, ...）；STRESS0存放增量步开始时的应力（S_{11}, S_{22}, ...）；XNU为3×3的二维矩阵，存放泊松比ν_{12}、ν_{21}、ν_{13}、ν_{31}、ν_{23}、ν_{32}；C为6×6的刚度矩阵。

第25、26行初始化二维数组XNU、C，使其每个元素都为0。

第28~39行，读取材料常数，计算泊松比。泊松比的计算公式如下。

$$\frac{\nu_{ij}}{E_i} = \frac{\nu_{ji}}{E_j} \Rightarrow \nu_{ij} = \frac{\nu_{ji} \cdot E_i}{E_j} \tag{11-1}$$

第42~56行，计算刚度矩阵。刚度矩阵的计算公式如下。

$$\begin{cases} C_{11} = E_1 \cdot (1-\nu_{23} \cdot \nu_{32}) \cdot \gamma \\ C_{22} = E_2 \cdot (1-\nu_{13} \cdot \nu_{31}) \cdot \gamma \\ C_{33} = E_3 \cdot (1-\nu_{12} \cdot \nu_{21}) \cdot \gamma \\ C_{44} = G_{12} \\ C_{55} = G_{13} \\ C_{66} = G_{23} \\ C_{12} = E_1 \cdot (\nu_{21}+\nu_{31} \cdot \nu_{23}) \cdot \gamma = E_2 \cdot (\nu_{12}+\nu_{13} \cdot \nu_{32}) \cdot \gamma \\ C_{13} = E_1 \cdot (\nu_{31}+\nu_{21} \cdot \nu_{32}) \cdot \gamma = E_3 \cdot (\nu_{13}+\nu_{12} \cdot \nu_{23}) \cdot \gamma \\ C_{23} = E_2 \cdot (\nu_{32}+\nu_{12} \cdot \nu_{31}) \cdot \gamma = E_3 \cdot (\nu_{23}+\nu_{21} \cdot \nu_{13}) \cdot \gamma \\ C_{21} = C_{12} \\ C_{31} = C_{13} \\ C_{32} = C_{23} \end{cases} \tag{11-2}$$

$$\gamma = \frac{1}{1-\nu_{12} \cdot \nu_{21} - \nu_{13} \cdot \nu_{31} - \nu_{23} \cdot \nu_{32} - 2 \cdot \nu_{13} \cdot \nu_{21} \cdot \nu_{32}}$$

对于本讲所用材料，由于 $E_2=E_3$、$G_{12}=G_{13}$、$\nu_{12}=\nu_{13}$，所以 $\nu_{21}=\nu_{31}$、$\nu_{23}=\nu_{32}$，可以将式（11-2）化简后在 UMAT 中计算刚度矩阵。本讲为保证 UMAT-Stress.for 的可读性，刚度矩阵的计算没有化简，直接按照式（11-2）编写。

第 59~61 行，计算当前增量步的应变，计算公式如式（11-3），式中上标表示增量步序号。

$$\varepsilon^{i+1} = \varepsilon^i + \Delta\varepsilon^{i+1} \tag{11-3}$$

第 63~69 行，将当前分析步开始时的应力 STRESS 的值赋给 STRESS0，然后计算当前增量步的应力并赋给 STRESS，当前增量步的应力计算如式（11-4），式中上标表示增量步序号，应力 σ^i 和应变 ε^i 为列向量。

$$\sigma^i = C \cdot \varepsilon^i \tag{11-4}$$

第 71~73 行，计算应变能，如式（11-5）所示，式中上标表示增量步序号；下标表示应力、应变增量的分量序号，其中下标为 1、2、3 表示正应力、正应变增量，4、5、6 表示剪应力、剪应变增量。

$$E^{i+1} = E^i + \sum_{j=1}^{6} 0.5 \cdot (\sigma_j^i + \sigma_j^{i+1}) \cdot \Delta\varepsilon_j^{i+1} \tag{11-5}$$

第 76~80 行为更新雅克比矩阵。由于刚度矩阵没变化，应力与应变的关系如式（11-4）所示，所以应力增量与应变增量的关系如式（11-6）所示，雅克比矩阵就等于刚度矩阵。

$$\Delta\sigma^i = C \cdot \Delta\varepsilon^i \tag{11-6}$$

$$\frac{\partial \Delta\sigma^i}{\partial \Delta\varepsilon^i} = C$$

第 76~80 行可简写为一行，如下所示：
DDSDDE（1:6,1:6）= C（1:6,1:6）或 DDSDDE = C

○ UMAT 中的剪应变为工程剪应变。

11.2.3 复合材料单层板应力分析

1.创建部件及划分网格

>> 创建部件

在 Part 模块，单击工具箱中的 ▣（Create Part），在 Create Part 对话框中，Name 后面输入 Lam-C，Modeling Space 选择 3D，Type 选择 Deformable，在 Base Feature 区域选择 Solid、Extrusion，Approximate size 使用默认的 200，单击 Continue 按钮进入绘图模式。

单击工具箱中的 ▣（Create Lines: Rectangle（4 Lines）），在提示区输入第 1 个点的坐标（0,0）后按 Enter 键，再输入第 2 个点的坐标（15,10）后按 Enter 键，再按 Esc 键或单击鼠标中键。单击提示区的 Done 按钮或鼠标中键，在 Edit Base Extrusion 对话框 Depth 后面输入 0.15，单击 OK 按钮完成。

» 划分网格

在环境栏 Module 后面选择 Mesh，进入 Mesh 模块。环境栏中 Object 选择 Part: Lam-C。

单击工具箱中的 （Seed Part），在 Global Seeds 对话框中 Approximate global size 后面输入 0.5，单击 OK 按钮。

单击工具箱中的 （Mesh Part），单击提示区的 Yes 按钮或鼠标中键，完成网格划分，如图 11-2 所示，板的厚度方向只划分为 1 层单元。

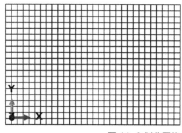

图 11-2 划分网格

单击工具箱中的 （Assign Element Type），在 Element Type 对话框中，依次选择 Standard、Linear、3D Stress，在 Hex 选项卡中勾选 Reduced integration，在 Element Controls 区域 Hourglass control 选择 Enhanced，即选择 C3D8R 单元，单击 OK 按钮完成。

单击工具箱中的 （Assign Stack Direction），在视图区选择部件平行于 XY 平面的面，单击鼠标中键或提示区的 Yes 按钮完成。

2.创建材料并给部件赋材料属性

» 创建材料

在环境栏 Module 后面选择 Property，进入 Property 模块。

单击工具箱中的 （Create Material），在 Edit Material 按钮对话框中，Name 后面输入 UMat-T700；单击 General → User Material，在 User Material 区域中 Data 区域的 Mechanical Constants 一栏依次输入 114000，8610，0.3，0.45，4160，3000，单击 OK 按钮完成。

单击工具箱中的 （Create Material），在 Edit Material 按钮对话框中，Name 后面输入 Mat-T700；单击 Mechanical → Elasticity → Elastic，在 Elastic 区域中 Type 选择 Engineering Constants，在 Data 区域输入从左到右依次输入 114000，8610，8610，0.3，0.3，0.45，4160，4160，3000，单击 OK 按钮完成。

材料 UMat-T700 用于 UMAT 用户子程序，Mat-T700 用于做对比分析。

> ○ 输入数据时，每输入完一行后按Enter键，光标会自动移到下一行。也可以通过右键快捷菜单添加或删除一行。本讲UMAT子程序较简单，不需要使用状态变量，因此在材料UMat-T700中没有定义Depvar。

» 给部件赋材料属性

单击工具箱中的 （Create Composite Layup），在打开的对话框中 Name 使用默认名称，Initial ply count 后面输入 1，Element Type 选择 Solid，单击 Continue 按钮；在 Edit Composite Layup 对话框中，Layup Orientation 区域的 Definition 选择 Coordinate system，单击 Definition 下一行的 （Create Datum CSYS）。

在 Create Datum CSYS 对话框中使用默认名称 Datum csys-1，类型选择 Rectangular，单击 Continue 按钮，在提示区输入原点坐标（0,0,0）后按 Enter 键，再输入（1,0,0）后按 Enter 键，最后输入（0,1,0）后按 Enter 键，单击 Create Datum CSYS 对话框的 Cancel 按钮。

在 Edit Composite Layup 对话框中单击 （Select CSYS），在视图区选择刚创建的 Datum csys-1，Stacking Direction 选择 Element direction 3，Rotation axis 选择 Axis 3。

在 Plies 选项卡中，双击 Region，在视图区选择部件后单击鼠标中键；在 Material 单击鼠标右键，在快捷菜单中单击 Edit Material，在 Select Material 对话框中选择 UMat-T700，单击 OK 按钮；在 Element Relative Thickness 单击鼠标右键，在快捷菜单中单击 Edit Thickness，在 Thickness 对话框中 Specify Value 后面输入 1

后单击 OK 按钮；在 Rotation Angle 一栏输入 45；Integration Points 使用默认的 1，单击 OK 按钮完成。

○ 在定义复合材料铺层时，视图区部件上会显示铺层方向，在 Edit Composite Layup 对话框中的 Display 选项卡中可以设置所需显示的方向，在视图区部件上白色箭头及字母 S 表示 Stacking Direction。

3. 装配

在环境栏 Module 后面选择 Assembly，进入 Assembly 模块。

单击工具箱中的 ，在 Create Instance 对话框中选择 Parts: Lam-C，单击 OK 按钮完成。

4. 创建分析步、设置输出变量

» 创建分析步

在环境栏 Module 后面选择 Step，进入 Step 模块。

单击工具箱中的 ，在 Create Step 对话框中，在 Initial 分析步之后插入 Static, General 分析步，单击 Continue 按钮；在 Edit Step 对话框中使用默认设置，单击 OK 按钮完成。

» 设置输出变量

单击工具箱中的 ，在 Field Output Requests Manager 对话框中，选中 F-Output-1，单击 Edit 按钮；在 Edit Field Output Request 对话框中，设置如图 11-3 所示，输出整个模型最后一个增量步的 S、E、U，单击 OK 按钮完成。

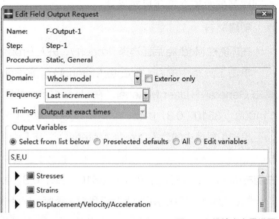

图 11-3 场输出变量设置

单击工具箱中的 ，在 History Output Requests Manager 对话框中，选中 H-Output-1，单击 Edit 按钮；在 Edit History Output Request 对话框中，设置输出整个模型的内能和应变能，即 ALLIE 和 ALLSE，单击 OK 按钮完成。

5. 创建边界条件及施加载荷

边界条件及加载情况如图 11-1 所示。

» 创建边界条件

在环境栏 Module 后面选择 Load，进入 Load 模块。

单击工具箱中的 ，在 Create Boundary Condition 对话框中，Name 后面输入 BC-X，Step 选择 Initial，Category 选择 Mechanical，Types for Selected Step 选择 Symmetry，单击 Continue 按钮；在视图区选择装配实例 Lam-C-1 左侧端面，即垂直于 X 轴且 X=0 的侧面，按鼠标中键或提示区的 Done 按钮，在 Edit Boundary Condition 对话框中选择 XSYMM，单击 OK 按钮完成。

按上述操作，选择 Lam-C-1 按钮的下侧端面，即垂直于 Y 轴且 Y=0 的侧面，创建边界条件 BC-Y，边界类型为 YSYMM；选择 Lam-C-1 垂直于 Z 轴且 Z=0 的侧面，创建边界条件 BC-Z，边界类型为 ZSYMM。

» **施加载荷**

单击工具箱中的 ▫（Create Load），在 Create Load 对话框中，Name 使用默认的 Load-1，Step 选择 Step-1，Category 选择 Mechanical，Types for Selected Step 选择 Pressure，单击 Continue 按钮；在视图区选择 Lam-C-1 的右侧端面，即垂直于 X 轴且 X=15 的侧面，按鼠标中键，在 Edit Load 对话框中 Magnitude 后面输入 -100，单击 OK 按钮完成。

6.创建分析作业并提交分析

» **创建分析作业**

在环境栏 Module 后面选择 Job，进入 Job 模块。

单击工具箱中的 ▫（Job Manager），在 Job Manager 对话框中单击 Create 按钮；在 Create Job 对话框中，Name 后面输入 Job-Lam-Stress-Umat，Source 选择 Model-1，单击 Continue 按钮；在 Edit Job 对话框的 General 选项卡中，单击 User subroutine file 后面的 ▫（Select），在相应路径下找到并选择 UMAT-Stress.for 文件；单击 Edit Job 对话框中的 OK 按钮完成。

» **提交分析**

在 Job Manager 对话框中，选中 Job-Lam-Stress-Umat 分析作业，单击 Submit 按钮提交计算。

当 Job-Lam-Stress-Umat 的状态（Status）由 Running 变为 Completed 时，计算完成，单击 Results 按钮进入可视化后处理模块。

» **保存模型**

单击工具栏的 File 工具条中的 ▫（Save Model Database），在 Save Model Database As 对话框的 File Name 后面输入 Laminate-Umat，单击 OK 按钮完成。

7.修改材料

在环境栏 Module 后面选择 Property，进入 Property 模块。

单击工具箱中的 ▫（Composite Layup Manager），在打开的对话框中选择 CompositeLayup-1，单击 Edit 按钮；在 Edit Composite Layup 对话框的 Plies 选项卡中，在 Material 单击鼠标右键，单击快捷菜单中的 Edit Material；在 Select Material 对话框中选择 Mat-T700，单击 OK 按钮；在 Edit Composite Layup 对话框中单击 OK 按钮完成。

8.再次创建分析作业并提交分析

» **创建分析作业**

在环境栏 Module 后面选择 Job，进入 Job 模块。

单击工具箱中的 ▫（Job Manager），在 Job Manager 对话框中单击 Create 按钮；在 Create Job 对话框中，Name 后面输入 Job-Lam-Stress，Source 选择 Model-1，单击 Continue 按钮；在 Edit Job 对话框使用默认设置，单击 OK 按钮完成。

» **提交分析**

在 Job Manager 对话框中，选中 Job-Lam-Stress 分析作业，单击 Submit 按钮提交计算。

当 Job-Lam-Stress 的状态（Status）由 Running 变为 Completed 时，计算完成，单击 Results 按钮进入

可视化后处理模块。

» **保存模型**

单击工具栏的 File 工具条中的 ■（Save Model Database）保存模型。

9.可视化后处理

» **显示云图**

在视图区显示 Job-Lam-Stress-Umat.odb。

长按工具箱中的 ■（Plot Contours on Deformed Shape），显示隐藏工具后单击 ■（Plot Contours on Undeformed Shape），在 Field Output 工具条中设置输出 S11。应用命令 Result → Section Points，打开 Section Points 对话框，Selection method 选择 Plies，在 Plies 区域选择 PLY-1，单击 Apply 按钮，在视图区显示该铺层的 S11 应力云图。

按上述操作，可以显示各铺层的各应力分离的云图。

Job-Lam-Stress-Umat.odb 和 Job-Lam-Stress.odb 的各应力分量的云图如图 11-4 所示。

○ 读者在阅读Abaqus帮助文件Abaqus Example Problems Guide中 1.4.6 Failure of blunt notched fiber metal laminates一例的 exa_fml_ortho_damage_umat.f 文件时注意SSE的计算公式。

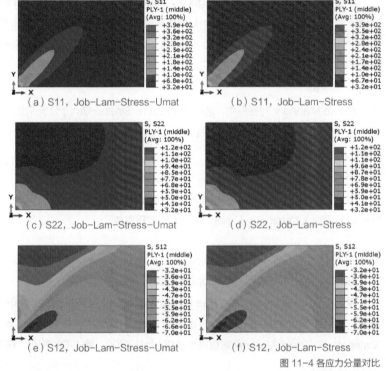

图 11-4 各应力分量对比

» **输出应变能**

在视图区显示 Job-Lam-Stress-Umat.odb。

单击工具箱中的 ■（XY Data Manager），在打开的对话框中单击 Create 按钮；在 Create XY Data 对话框中选择 ODB history output，单击 Continue 按钮；在 History Output 对话框中选择 ALLSE，单击 Save As 按钮；在 Save XY Data As 对话框中 Name 使用默认的 XYData-1，单击 OK 按钮；在 XY Data Manager 对话框中选择 XYData-1，单击 Edit 按钮；在 Edit XY Data 对话框中可以看到应变能数据，分析结束时整个模型的应变能为 9.671。

按上述操作，观察 Job-Lam-Stress.odb 中整个模型的应变能数据，同样为 9.673。

通过对比，验证了 UMAT-Stress.for 中第 72 行 SSE 计算的准确性。

○ 应用命令Result→History Output，可以直接打开History Output对话框。

11.2.4 应用UMAT子程序应力分析小结

本实例所介绍的应力分析是 UMAT 用户子程序最简单的应用，读者在了解 UMAT 子程序的基础上，可以结合相应的强度理论、刚度折减方法对 UMAT 子程序中的刚度矩阵、雅克比矩阵进行计算和更新，从而达到刚度折减和渐进损伤强度分析的目的。

11.2.5 inp文件

本实例中 Job-Lam-Stress-Umat.inp 节选如下：

```
*Heading
** Job name: Job-Lam-Stress-Umat Model name: Model-1
** Generated by: Abaqus/CAE 6.14-1
*Preprint, echo=NO, model=NO, history=NO, contact=NO
**
** PARTS
** 部件 Lam-C-1 的节点、单元数据
*Part, name=Lam-C
*Node
    1,    15.,    10.,    0.15
……节点编号及坐标
*Element, type=C3D8R
 1, 64, 65, 23, 22, 43, 44, 2, 1
……单元编号及节点编号
*Orientation, name=Ori-1
     1., 0., 0., 0., 1., 0.
3, 0.
** Section: CompositeLayup-1-1
** 定义复合材料铺层
*Solid Section, elset=CompositeLayup-1-1, composite, orientation=Ori-1, controls=EC-1, stack direction=3, layup=CompositeLayup-1
1, 1, UMat-T700, 0., Ply-1
*End Part
**
** ASSEMBLY
*Assembly, name=Assembly
** 使用部件 Lam-C 创建装配实例 Lam-C-1
*Instance, name=Lam-C-1, part=Lam-C
*End Instance
*End Assembly
** ELEMENT CONTROLS
** 单元控制，使用沙漏控制
*Section Controls, name=EC-1, hourglass=ENHANCED
1., 1., 1.
**
** MATERIALS
** 使用工程常数创建材料 Mat-T700
*Material, name=Mat-T700
*Elastic, type=ENGINEERING CONSTANTS
114000.,8610.,8610., 0.3, 0.3, 0.45,4160.,4160.
3000.,
** 使用用户材料创建材料 UMat-T700
*Material, name=UMat-T700
*User Material, constants=6
114000.,8610., 0.3, 0.45,4160.,3000.
**
** BOUNDARY CONDITIONS
** 创建对称边界条件 BC-X，BC-Y 和 BC-Z 略
** Name: BC-X Type: Symmetry/Antisymmetry/Encastre
*Boundary
_PickedSet4, XSYMM
** ----------------------------------------
** STEP: Step-1
** 创建分析步 Step-1
*Step, name=Step-1, nlgeom=NO
*Static
1., 1., 1e-05, 1.
**
** LOADS
** 在 Step-1 创建 Pressure 类型的载荷
** Name: Load-1   Type: Pressure
*Dsload
_PickedSurf6, P,-100.
**
** OUTPUT REQUESTS
** 设置输出变量
*Restart, write, frequency=0
**
** FIELD OUTPUT: F-Output-1
```

```
** 场输出变量 U、E、S
*Output, field, frequency=99999
*Node Output
U,
*Element Output, directions=YES
E, S
**
** HISTORY OUTPUT: H-Output-1
** 设置历史输出变量
*Output, history
*Energy Output
ALLIE, ALLSE
*End Step
```

11.3 实例二：UMAT用户子程序渐进损伤强度分析

实例二在实例一使用的 UMAT 子程序的基础上，通过增加失效判定，对 UMAT 子程序中的刚度矩阵进行折减，达到渐进损伤强度分析的目的。为了使本讲的 UMAT 子程序简单易读，本讲对复合材料单层板进行纤维方向的拉伸强度分析，仅考虑纤维方向拉伸破坏。

实例二使用实例一的模型，并稍做修改，用于本实例的强度分析。

11.3.1 问题描述

复合材料单层板的 3D 实体模型的几何尺寸及边界条件同实例一的模型。将右侧面 100MPa 的拉力替换为 X 轴正方向 0.4mm 的位移载荷。

本讲中单位系统为 mm、N、MPa。

11.3.2 UMAT用户子程序

本讲使用的 UMAT 用户子程序 UMAT-Strength.for 的全部代码如下，字母 C 及 "!" 之后为注释内容。

```
1       SUBROUTINE UMAT(STRESS,STATEV,DDSDDE,SSE,SPD,SCD,
2      1 RPL,DDSDDT,DRPLDE,DRPLDT,
3      2
       STRAN,DSTRAN,TIME,DTIME,TEMP,DTEMP,PREDEF,DPRED,CMNAME,
4      3
       NDI,NSHR,NTENS,NSTATV,PROPS,NPROPS,COORDS,DROT,PNEWDT,
5      4
       CELENT,DFGRD0,DFGRD1,NOEL,NPT,LAYER,KSPT,JSTEP,KINC)
6    C
7       INCLUDE 'ABA_PARAM.INC'
8    C
9       CHARACTER*80 CMNAME
10      DIMENSION STRESS(NTENS),STATEV(NSTATV),
11     1 DDSDDE(NTENS,NTENS),DDSDDT(NTENS),DRPLDE(NTENS),
12     2
       STRAN(NTENS),DSTRAN(NTENS),TIME(2),PREDEF(1),DPRED(1),
13     3
       PROPS(NPROPS),COORDS(3),DROT(3,3),DFGRD0(3,3),DFGRD1(3,3),
14     4 JSTEP(4)
15
16      DIMENSION STRESS0(6),STRAND(6),C(6,6),CD(6,6),DCDE(6,6)
17      PARAMETER (ALPHA = 1000.0, LAMBDA = 0.0, DMAX = 0.9999,
       DRND = 3)
18   C***************************
19   C    STRESS0.....STRESS AT THE BEGINNING OF THE INCREMENT
20   C    STRAND.....STRAIN AT THE END OF THE INCREMENT
21   C    C.....6X6 STIFFNESS MATRIX
22   C    CD.....6X6 DAMAGED STIFFNESS MATRIX
23   C    DCDE......D CD/D E
24   C    STATEV(1).....DAMAGE VARIABLE D
25   C***************************
26   C    GET THE MATERIAL PROPERTIES
27      E1 = PROPS(1)         !E1,YOUNG'S MODULUS IN DIRECTION 1
28      E2 = PROPS(2)         !E2 = E3,YOUNG'S MODULUS IN
       DIRECTION 2 & 3
29      XNU12 = PROPS(3)      !POISON'S RATIO POI_12,XNU13 =
       XNU12
30      XNU21 = XNU12*E2/E1   !POISON'S RATIO POI_21,XNU31 =
       XNU21
31      XNU23 = PROPS(4)      !POISON'S RATIO POI_23,XNU32 =
       XNU23
32      G12 = PROPS(5)        !G12 = G13,SHEAR MODULUS IN 12 & 13
       PLANE
33      G23 = PROPS(6)        !G23,SHEAR MODULUS IN 23 PLANE
34      STH = PROPS(7)        !FAILURE STRESS IN 1 DIRECTION IN
       TENSION
35   C***************************
36   C    STIFFNESS MATRIX C(6,6)
37      RNU = 1/(1-2*XNU12*XNU21-XNU23**2-2*XNU12*XNU21*XNU23)
38      C = 0
39      C(1,1) = E1*(1-XNU23**2)*RNU
40      C(2,2) = E2*(1-XNU12*XNU21)*RNU
41      C(3,3) = C(2,2)
42      C(4,4) = G12
43      C(5,5) = G12
44      C(6,6) = G23
45      C(1,2) = E1*(XNU21+XNU21*XNU23)*RNU
46      C(2,1) = C(1,2)
47      C(1,3) = C(1,2)
48      C(3,1) = C(1,2)
49      C(2,3) = E2*(XNU23+XNU12*XNU21)*RNU
50      C(3,2) = C(2,3)
51   C    CALCULATE THE STRAIN AT THE END OF THE INCREMENT
52      DO I = 1, 6
53         STRAND(I) = STRAN(I) + DSTRAN(I)
54      ENDDO
55   C***************************
56   C    CALCULATE THE FAILURE COEFFICIENT
57      STRANF = STH/E1
58      IF (STRAND(1) > 0) THEN
59         F = STRAND(1)/STRANF
60      ELSE
61         F = 0
62      ENDIF
63   C    CALCULATE D,DAMAGE VARIABLE
64      D = STATEV(1)
65      DDDE = 0
66      IF (F>1) THEN
67         DV = 1 -EXP(ALPHA*(1-F))
68         IF (DV > D) THEN
69            D = D*LAMBDA/(LAMBDA+1)+DV/(LAMBDA+1)
70            DDDE = ALPHA*(1-DV)/STRANF/(1+LAMBDA)
71            D = ANINT(D*10**DRND)/10**DRND
72            DDDE = ANINT(DDDE*10**DRND)/10**DRND
73         ENDIF
74         IF (D>DMAX) THEN
75            D=DMAX
76         ENDIF
```

```
77        ENDIF
78        STATEV(1) = D  !UPDATE D
79   C    DAMAGED STIFFNESS MATRIX CD(6,6)
80        CD = C
81        CD(1,1) = (1-D)*C(1,1)
82        CD(1,2) = (1-D)*C(1,2)
83        CD(1,3) = CD(1,2)
84        CD(2,1) = CD(1,2)
85        CD(3,1) = CD(1,2)
86        CD(4,4) = (1-D)*C(4,4)
87        CD(5,5) = (1-D)*C(5,5)
88   C****************************
89   C    CALCULATE STRESS
90        DO I = 1, 6
91          STRESS0(I) = STRESS(I)
92          STRESS(I) = 0.0
93          DO J = 1, 6
94            STRESS(I) = STRESS(I)+CD(I,J)*STRAND(J)
95          ENDDO
96        ENDDO C   CALCULATE SSE,ELASTIC STRAIN ENERGY
97        DO I = 1, NTENS
98          SSE = SSE+0.5*(STRESS0(I)+STRESS(I))*DSTRAN(I)
99        ENDDO
100  C****************************
101  C    UPDATE THE JACOBIAN
102       DCDE=0
103       DCDE(1,1) = -DDDE*CD(1,1)
104       DCDE(1,2) = -DDDE*CD(1,2)
105       DCDE(1,3) = DCDE(1,2)
106       DCDE(2,1) = DCDE(1,2)
107       DCDE(3,1) = DCDE(1,2)
108       DCDE(4,4) = -DDDE*CD(4,4)
109       DCDE(5,5) = -DDDE*CD(5,5)
110       DDSDDE = CD
111       DO I = 1,6
112         DO J = 1,6
113           ATEMP = DCDE(I,J)*STRAND(J)
114         ENDDO
115         DDSDDE(I,1) = DDSDDE(I,1)+ATEMP
116       ENDDO
117       RETURN
118       END
```

第 1~15 行及第 118、119 行为 UMAT 子程序固定格式,第 16~117 行为本程序的主体部分。

第 16 行定义了 5 个数组,其含义见第 18~25 行之间的注释部分。由于本讲仅考虑纤维方向拉伸破坏,且使用最大应变强度理论,所以 DCDE 为折减后的刚度矩阵 C_d 对纤维方向正应变 ε_1 的偏导矩阵,即矩阵 C_d 中所以元素分别对 ε_1 求偏导。

本实例只使用一个状态变量 STATEV(1)记录单元纤维方向拉伸破坏的破坏变量 d。

第 17 行定义了 4 个常数参数,其中 ALPHA(即 σ)、LAMBDA(即 λ)用于计算破坏变量 d,DMAX(即 d_{max})为破坏变量 d 的最大值,DRND(即 d_r)为破坏变量 d 保留小数的位数。

第 27~34 行,读取材料参数。其中,第 34 行 STH 为材料纤维方向的拉伸强度。

第 37~50 行,计算材料无损伤时的刚度矩阵 C。

第 52~54 行,计算当前增量步结束时的应变 $\varepsilon = [\varepsilon_1, \varepsilon_2, \varepsilon_3, \gamma_{12}, \gamma_{13}, \gamma_{23}]$,其中剪应变为工程剪应变。

第 57~62 行,使用最大应变强度理论计算纤维方向拉伸失效系数 f。纤维方向的拉伸失效应变 ε_0 及失效系数 f 的计算公式如下:

$$\begin{cases} \varepsilon_0 = \dfrac{S_1^T}{E_1} \\ f = \dfrac{\varepsilon_1}{\varepsilon_0}, (\varepsilon_1 > 0) \end{cases} \tag{11-7}$$

式中,S_1^T 为材料纤维方向拉伸强度;E_1 为材料纤维方向弹性模量;ε_1 为当前分析步结束时纤维方向的拉伸正应变。

第 64~78 行,计算破坏变量 D(即 d)和破坏系数对应变的偏导数(导数)DDDE(即 $\partial d / \partial \varepsilon$)。破坏变量计算公式如下:

$$\begin{cases} d_V = 1 - e^{\alpha(1-f)}, (f > 1) \\ d_{i+1} = \dfrac{\lambda d_i}{1+\lambda} + \dfrac{d_V}{1+\lambda}, (d_V > d_i) \end{cases} \tag{11-8}$$

式中,d_V 为当前增量步结束时的破坏变量;d_i 为前一增量步结束时(或当前增量步开始时)的破坏变量;d_{i+1} 为当前增量步结束时的破坏变量。

由于仅考虑纤维方向拉伸破坏,式(11-7)中失效系数 f 仅为 ε_1 的函数,破坏变量 d 仅为 f 的函数,因此 DDDE 可以写为:

$$\frac{\partial d}{\partial \varepsilon} = \frac{\mathrm{d}d}{\mathrm{d}\varepsilon_1} = \frac{\alpha \cdot (1-d_V)}{\varepsilon_0 \cdot (1+\lambda)} \tag{11-9}$$

式（11-9）中的 d 对应式（11-8）中的 d_{i+1}。如果 d 为 ε 的函数，则 $\partial d/\partial \boldsymbol{\varepsilon}$ 为一个向量，即 $(\partial d/\partial \varepsilon_1, \partial d/\partial \varepsilon_2, \partial d/\partial \varepsilon_3, ...)$。

第 71、72 行，按照参数 DRND 的值对 D 和 DDDE 保留指定的小数位数。由于使用状态变量 STATEV(1) 保存破坏变量，因此要用式（11-8）中的 d_{i+1} 对 STATEV(1) 进行更新。

第 80~87 行，计算破坏后的刚度矩阵 C_d，由于仅考虑纤维方向拉伸破坏，因此刚度折减如式 (11-10) 所示。

$$C_d = \begin{bmatrix} (1-d)C_{11} & (1-d)C_{12} & (1-d)C_{13} & & & \\ (1-d)C_{21} & C_{22} & C_{23} & & & \\ (1-d)C_{31} & C_{32} & C_{33} & & & \\ & & & (1-d)C_{44} & & \\ & & & & (1-d)C_{55} & \\ & & & & & C_{66} \end{bmatrix} \quad (11\text{-}10)$$

第 90~100 行，计算应力 STRESS 和应变能 SSE。

第 103~110 行，计算 DCDE，即 $\partial c_d/\partial \varepsilon$，本实例，实际上只计算 $\partial c_d/\partial \varepsilon_1$。

第 111~117 行，计算雅克比矩阵。雅克比矩阵的基本计算公式如下：

$$\begin{aligned} \sigma &= \boldsymbol{C}_d \varepsilon \\ \frac{\partial \sigma}{\partial \varepsilon} &= \boldsymbol{C}_d + \frac{\partial \boldsymbol{C}_d}{\partial \varepsilon} \\ \boldsymbol{J} &= \frac{\partial \Delta \sigma}{\partial \Delta \varepsilon} = \frac{\partial \sigma}{\partial \varepsilon} \end{aligned} \quad (11\text{-}11)$$

式中，J 为 NTENS 阶方阵，其中 J_{ij} 可表示为：

$$J_{ij} = \frac{\partial \Delta \sigma_i}{\partial \Delta \varepsilon_j} \quad (11\text{-}12)$$

在式（11-11）中，

$$\frac{\partial \boldsymbol{C}_d}{\partial \varepsilon} \varepsilon = \left[\frac{\partial \boldsymbol{C}_d}{\partial \varepsilon_1} \varepsilon, \frac{\partial \boldsymbol{C}_d}{\partial \varepsilon_2} \varepsilon, \frac{\partial \boldsymbol{C}_d}{\partial \varepsilon_3} \varepsilon, ... \right] \quad (11\text{-}13)$$

式中，$\partial c_d/\partial \varepsilon_i \cdot \varepsilon$（$i=1,2,$）为一个列向量，该向量各元素分别加到雅克比矩阵 J 的第 i 列的相应元素上。

11.3.3 复合材料单层板强度分析

1. 修改材料及复合材料铺层

» 修改材料

打开本讲实例一创建的 Laminate-Umat.cae。

在环境栏 Module 后面选择 Property，进入 Property 模块。

单击工具箱中的 ▦（Material Manager），在 Material Manager 对话框中选择 UMat-T700，单击 Edit 按钮；在 Edit Material 对话框中单击 General→Depvar，在 Number of solution-dependent state variable 后面输入 1；

单击 Material Behaviors 区域的 User Material，勾选 Use unsymmetric material stiffness matirx，在 Data 区域 Mechanical Constants 一栏的最后添加 2688，即材料纤维方向的拉伸强度 2688MPa；单击 OK 按钮完成。

» **修改复合材料铺层**

单击工具箱中的（Composite Layup Manager），在打开的对话框中选择 CompositeLayup-1，单击 Edit 按钮 在 Plies 选项卡中，将 Ply-1 的 Material 改为 UMat-T700，Rotation Angle 改为 0，单击 OK 按钮完成。

2. 创建参考点和约束

» **创建参考点**

在环境栏 Module 后面选择 Interaction，进入 Interaction 模块。

单击工具箱中的 ⨯ᴾ（Create Reference Point），在提示区输入（15,5,0.075），按 Enter 键完成，再单击工具箱中的 ⨯ᴾ 退出创建参考点。

» **创建集合**

应用命令 Tools → Set → Manager，在 Set Manager 对话框中单击 Create 按钮；在 Create Set 对话框中 Name 后面输入 Set-RP，Type 选择 Geometry，单击 Continue 按钮；在视图区选择 RP-1，按鼠标中键完成。

再单击 Set Manager 对话框中单击 Create 按钮；在 Create Set 对话框中，在 Name 后面输入 Set-Nds，Type 选择 Node，单击 Continue 按钮；在视图区选择部件右侧面（垂直于 X 轴且 X=15 的侧面）上的所有节点，按鼠标中键完成。

> ○ 选择一个面上的所有节点时，可以在提示区将选择方法设为 by angle。

» **创建约束**

单击工具箱中的 ◁（Create Constraint），在打开的对话框中，Name 使用默认名称，Type 选择 Equation，单击 Continue 按钮；Edit Constraint 对话框的设置如图 11-5 所示，单击 OK 按钮完成。

图 11-5 设置约束

3. 修改分析步、输出变量

» **修改分析步**

在环境栏 Module 后面选择 Step，进入 Step 模块。

单击工具箱中的（Step Manager），在 Step Manager 对话框中选择 Step-1，单击 Edit 按钮；在 Edit Step 对话框的 Basic 选项卡中，Nlgeom 选择 On；在 Incrementation 选项卡的设置如图 11-6 所示，单击 OK 按钮完成。

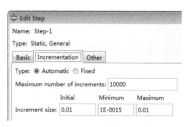

图 11-6 增量步设置

第02部分 复材强度

» 修改输出变量

单击工具箱中的 ■（Field Output Manager），在 Field Output Requests Manager 对话框中，选中 F-Output-1，单击 Edit 按钮；在 Edit Field Output Request 对话框中，设置如图 11-7 所示，单击 OK 按钮完成。

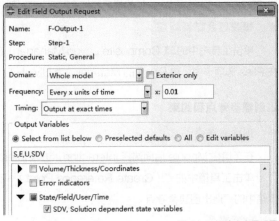

图 11-7 场输出变量设置

单击工具箱中的 ■（History Output Manager），在 History Output Requests Manager 对话框中，选中 H-Output-1，单击 Edit 按钮；在 Edit History Output Request 对话框中，设置如图 11-8 所示，单击 OK 按钮完成。

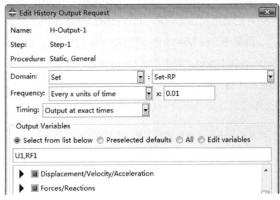

图 11-8 历史输出变量设置

4. 修改载荷

» 删除旧载荷

在环境栏 Module 后面选择 Load，进入 Load 模块。

单击工具箱中的 ■（Load Manager），在 Load Manager 对话框中选择 Load-1，单击 Delete 按钮，单击提示框中的 Yes 按钮，关闭 Load Manager 对话框。

> ○ 可以在模型树Loads中选择Load-1，按Delete键删除。

» 施加位移载荷

单击工具箱中的 ■（Create Boundary Condition），在打开的对话框中，Name 后面输入 U1，Step 按钮选择 Step-1，Category 选择 Mechanical，Types for Selected Step 选择 Displacement/Rotation，单击 Continue 按钮；在视图区选择 RP-1；在 Edit Boundary Condition 对话框中勾选 U1，并在其后输入 0.4，单击 OK 按钮完成。

5. 创建分析作业并提交分析

» 创建分析作业

在环境栏 Module 后面选择 Job，进入 Job 模块。

单击工具箱中的 ■（Job Manager），在 Job Manager 对话框中单击 Create 按钮；在 Create Job 对话框中，Name 后面输入 Job-Lam-Strength-Umat，Source 选择 Model-1，单击 Continue 按钮；在 Edit Job 对话框的 General 选项卡中，单击 User subroutine file 后面的 ■（Select 按钮），在相应路径下找到并选择 UMAT-Strength.for 文件；单击 Edit Job 对话框中的 OK 按钮完成。

» **提交分析**

在 Job Manager 对话框中，选中 Job-Lam-Strength-Umat 分析作业，单击 Submit 按钮提交计算。

当 Job-Lam-Strength-Umat 的状态（Status）由 Running 变为 Completed 时，计算完成，单击 Results 按钮进入可视化后处理模块。

» **保存模型**

单击工具栏的 File 工具条中的 ■（Save Model Database）保存模型。

6. 可视化后处理

在可视化后处理模块（Visualization）进行以下操作。在视图区显示 Job-Lam-Strength-Umat.odb。

» **使用历史输出变量绘制 XY 曲线**

单击工具箱中的 ■（XY Data Manager），在 XY Data Manager 对话框单击 Create 按钮；在 Create XY Data 对话框中选择 ODB history output，单击 Continue 按钮；在 History Output 对话框的 Variables 标签页中，选择 RF1，单击 Save As 按钮，在 Save XY Data As 对话框中 Name 后面输入 F，单击 OK 按钮；在 History Output 对话框的 Variables 选项卡中选择 U1，单击 Save As 按钮，保存为 U；关闭 History Output 对话框。

在 XY Data Manager 对话框中单击 Create 按钮；在 Create XY Data 对话框中选择 Operate on XY data，单击 Continue 按钮；在 Operate on XY Data 对话框中表达式输入区输入 combine ("U","F")，单击 Save As 按钮，保存为 F-U，关闭 Operate on XY Data 对话框。

Operate on XY Data 对话框中选择 F-U，单击 Plot 按钮，在视图区绘制 RP-1 点的支反力 - 位移曲线，如图 11-9 所示，支反力最大值为 3954.9N，理论上最大值近似为 4032N。

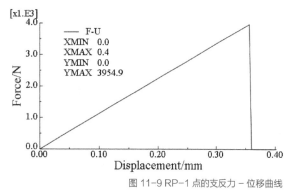

图 11-9 RP-1 点的支反力 - 位移曲线

» **使用场输出变量绘制 XY 曲线**

在视图区显示部件。

在 XY Data Manager 对话框中单击 Create 按钮；在 Create XY Data 对话框中选择 ODB field output，单击 Continue 按钮；在 XY Data from ODB Field Output 对话框的 Variables 选项卡中，Position 使用默认的 Integration Point，在输出变量复选列表中选择 LE11、S11；在 Elements/Nodes 选项卡中，Method 使用默认的 Pick from Viewport，单击 Edit Selection 按钮，提示区的选择方式设为 individually，在视图区选择部件中部任意一个单元，按鼠标中键；在 XY Data from ODB Field Output 对话框单击 Save 按钮后关闭对话框。

采用与创建 F-U 曲线相同的操作，在 XY Data Manager 对话框中利用新创建的名称中包含 LE11 和 S11 的两组，以 LE11 为横坐标，S11 为纵坐标，创建 S-E 曲线，如图 11-10 所示，应力 S11 最大值为 2674MPa，理论上最大值近似为 2688MPa。

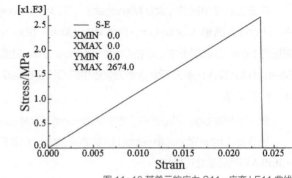

图 11-10 某单元的应力 S11- 应变 LE11 曲线

» **显示云图**

单击工具箱中的 （Plot Contours on Deformed Shape），在 Field Output 工具条中设置输出应力、应变、位移等，可以观察各输出变量的云图。

11.3.4 应用UMAT子程序强度分析小结

本实例使用最大应变强度理论，便于计算失效系数 f，使用简单的指数形式定义破坏变量 d 与失效系数 f 的关系，使用破坏变量 d 对刚度矩阵 C 进行折减，得到折减后的刚度矩阵 C_d，使用 C_d 计算雅克比矩阵也比较简单。读者在掌握失效判定、刚度折减、计算雅克比矩阵的相关理论和方法后，可以应用其他强度理论进行相关分析计算。

对比 UMAT 与 USDFLD 子程序在复合材料强度分析中的应用可知，使用 UMAT 时，在 UMAT 子程序中直接对刚度矩阵进行折减，使用 USDFLD 时，通过材料参数（弹性模量、剪切模量、泊松比）的折减和场变量实现强度分析。因此，可以根据材料参数与刚度矩阵的关系，参考 USDFLD 中对材料参数的折减，在 UMAT 中对刚度矩阵进行相应的折减。

11.3.5 inp文件解释

本实例中 Job-Lam-Strength-Umat.inp 与实例一中 Job-Lam-Stress-Umat.inp 的内容基本相同，仅材料、分析步、输出变量部分略有差异，此处不再对本实例的 inp 文件进行详解。

11.4 小结和点评

本讲针对复合材料单层板的强度，采用 UMAT 用户子程序进行应力分析和渐进损伤压缩分析，详细介绍了 UMAT 用户子程序编写方法及其在 Abaqus/CAE 中的设置。本讲使用最大应变强度理论作为复合材料单层板的失效准则，其相应的 Fortran 程序简单易读，便于理解 UAMT 子程序的工作原理。

点评：刘明建　经理
vivo 维沃移动通信有限公司开发三部

第12讲 VUMAT子程序复合材料冲击损伤分析

主讲人：孔祥森 孔祥宏

软件版本
Abaqus 6.14、Intel Visual Fortran 2013、Visual Studio 2013

分析目的
使用VUMAT子程序对复合材料层压板进行冲击损伤分析

难度等级
★★★★★

知识要点
复合材料层压板、显式动力学分析、Tsai-Wu张量强度理论、失效单元删除

12.1 概述说明

本讲使用VUMAT用户子程序对复合材料层压板的冲击损伤进行了分析，介绍了VUMAT用户子程序编写方法及在Abaqus中对单元和材料的相应设置。

本讲通过复合材料层压板冲击损伤的例子介绍了VUMAT用户子程序的应用，结合Tsai-Wu张量强度理论、状态变量、单元删除控制，实现层压板的冲击损伤分析。本讲所用复合材料为T700/BA9916，材料密度为1780kg/m³，材料属性见表12-1。

表12-1 T700/BA9916材料属性

参数	值	强度	值
E_1/GPa	114	X_T/MPa	2688
E_2/GPa	8.61	X_C/MPa	1458
E_3/GPa	8.61	Y_T/MPa	69.5
v_{12}	0.3	Y_C/MPa	236
v_{13}	0.3	Z_T/MPa	55.5
v_{23}	0.45	Z_C/MPa	175
G_{12}/GPa	4.16	S_{XY}/MPa	136
G_{13}/GPa	4.16	S_{XZ}/MPa	136
G_{23}/GPa	3.0	S_{YZ}/MPa	95.6

12.2 复合材料层压板冲击损伤分析

本讲使用VUMAT用户子程序和显式动力学分析步（Dynamic, Explicit）对复合材料层压板进行冲击损伤分析，使用Tsai-Wu张量强度理论对单元进行失效判定，在分析过程中删除失效单元。

12.2.1 问题描述

复合材料层压板几何尺寸为200mm×200mm×3mm，单层板厚度为0.15mm，铺层顺序为[0°/±45°/90°]₅，共20层，材料属性见表12-1。层压板四边固支，质量为1kg、冲头直径为10mm的物体以5m/s的初速度冲击层压板中心。

对层压板的四分之一创建3D实体有限元模型，每一个铺层创建一层单元，层压板的有限元模型及边界条件如图12-1所示，X轴方向为0°方向；上侧面与右侧面的节点施加PINNED边界条件，由于面内节点都简支，即相当于该面固支约束；左侧面的节点施加XSYMM边界条件，即X轴向对称约束；下侧面的节点施加YSYMM边界条件，即Y轴向对称约束。

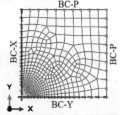

图12-1 单层板边界条件及加载情况

本讲中单位系统为：mm、N、t、s、MPa。

12.2.2 VUMAT用户子程序

本讲使用的VUMAT用户子程序VUMAT-Tsai-Wu.for的全部代码如下，字母C及"!"之后为注释内容。

```fortran
1    subroutine vumat(
2  C Read only (unmodifiable)variables -
3    nblock, ndir, nshr, nstatev, nfieldv, nprops, lanneal,
4    stepTime, totalTime, dt, cmname, coordMp, charLength,
5    props, density, strainInc, relSpinInc,
6    tempOld, stretchOld, defgradOld, fieldOld,
7    stressOld, stateOld, enerInternOld, enerInelasOld,
8    tempNew, stretchNew, defgradNew, fieldNew,
9  C Write only (modifiable) variables -
10   stressNew, stateNew, enerInternNew, enerInelasNew )
11   C
12      include 'vaba_param.inc'
13   C
14      dimension props(nprops), density(nblock), coordMp(nblock,*),
15      charLength(nblock), strainInc(nblock,ndir+nshr),tempOld(nblock),
16      relSpinInc(nblock,nshr), stretchOld(nblock,ndir+nshr),
17      defgradOld(nblock,ndir+nshr+nshr),fieldOld(nblock,nfieldv),
18      stressOld(nblock,ndir+nshr),stateOld(nblock,nstatev),
19      enerInternOld(nblock),enerInelasOld(nblock), tempNew(nblock),
20      stretchNew(nblock,ndir+nshr),defgradNew(nblock,ndir+nshr+nshr),
21      fieldNew(nblock,nfieldv),
22      stressNew(nblock,ndir+nshr), stateNew(nblock,nstatev),
23      enerInternNew(nblock), enerInelasNew(nblock)
24   C
25      character*80 cmname
26   C
27      DIMENSION C(6,6),STH(6,2),strainNew(6),SN(6)
28
29   C GET THE MATERIAL PROPERTIES
30      E1  = PROPS(1)     !E1,YOUNG'S MODULUS IN DIRECTION 1
31      E2  = PROPS(2)     !E2=E3,YOUNG'S MODULUS IN DIRECTION 2 & 3
32      XNU12 = PROPS(3)   !POISON'S RATIO POI_12,XNU13=XNU12
33      XNU23 = PROPS(4)   !POISON'S RATIO POI_23,XNU32=XNU23
34      G12   = PROPS(5)   !G12=G13,SHEAR MODULUS IN 12 & 13 PLANE
35      G23   = PROPS(6)   !G23,SHEAR MODULUS IN 23 PLANE
36      XNU21 = XNU12*E2/E1 !POISON'S RATIO POI_21,XNU31=XNU21
37   C GET THE FAILURE PROPERTIES
38      STH=0
39      STH(1,1) = PROPS(7)  !FAILURE STRESS IN 1 DIRECTION IN TENSION
40      STH(1,2) = PROPS(8)  !FAILURE STRESS IN 1 DIRECTION IN COMPRESSION
41      STH(2,1) = PROPS(9)  !FAILURE STRESS IN 2 DIRECTION IN TENSION
42      STH(2,2) = PROPS(10) !FAILURE STRESS IN 2 DIRECTION IN COMPRESSION
43      STH(3,1) = PROPS(11) !FAILURE STRESS IN 3 DIRECTION IN TENSION
44      STH(3,2) = PROPS(12) !FAILURE STRESS IN 3 DIRECTION IN COMPRESSION
45      STH(4,1) = PROPS(13) !FAILURE STRESS IN SHEAR IN 1-2 PLANE
46      STH(5,1) = PROPS(14) !FAILURE STRESS IN SHEAR IN 2-3 PLANE
47      STH(6,1) = STH(4,1)  !FAILURE STRESS IN SHEAR IN 1-3 PLANE
48   C****************************
49   C Tsai-Wu Coefficients
50      F1=1/STH(1,1)-1/STH(1,2)
51      F2=1/STH(2,1)-1/STH(2,2)
52      F3=1/STH(3,1)-1/STH(3,2)
53      F11=1/(STH(1,1)*STH(1,2))
54      F22=1/(STH(2,1)*STH(2,2))
55      F33=1/(STH(3,1)*STH(3,2))
56      F44=1/STH(4,1)**2
57      F55=1/STH(5,1)**2
58      F66=1/STH(6,1)**2
59      F12=-(F11*F22)**0.5
60      F23=-(F22*F33)**0.5
61      F13=-(F11*F33)**0.5
62   C****************************
63   C   STIFFNESS MATRIX C(6,6)
64      C = 0
65      RNU = 1/(1-2*XNU12*XNU21-XNU23**2-2*XNU12*XNU21*XNU23)
66      C(1,1) = E1*(1-XNU23**2)*RNU
67      C(2,2) = E2*(1-XNU12*XNU21)*RNU
68      C(1,2) = E1*(XNU21+XNU21*XNU23)*RNU
69      C(2,3) = E2*(XNU23+XNU12*XNU21)*RNU
70      C(4,4) = G12
71      C(5,5) = G23
72      C(6,6) = G12
73      C(2,1) = C(1,2)
74      C(1,3) = C(1,2)
75      C(3,1) = C(1,2)
76      C(3,3) = C(2,2)
77      C(3,2) = C(2,3)
78   C****************************
79      do 100 k = 1,nblock
80        do i = 1,6
81          if (i<4) then
82            strainNew(i)=stateOld(k,i)+strainInc(k,i)
83          else
84            strainNew(i)=stateOld(k,i)+2*strainInc(k,i)
85          endif
86          stateNew(k,i)=strainNew(i)
87        enddo
88        do i=1,6
89          stressNew(k,i)=0
90          do j = 1,6
91            stressNew(k,i)=stressNew(k,i)+C(i,j)*strainNew(j)
92          enddo
93          SN(i)=stressNew(k,i)
94        enddo
95        FTW=F1*SN(1)+F2*SN(2)+F3*SN(3)+F11*SN(1)**2+F22*SN(2)**2+
96     1  F33*SN(3)**2+F44*SN(4)**2+F55*SN(5)**2+F66*SN(6)**2+
97     2  F12*SN(1)*SN(2)+F23*SN(2)*SN(3)+F13*SN(1)*SN(3)
98        stateNew(k,7)=FTW
99        if (FTW<1)then
100         stateNew(k,8)=1
101       else
102         stateNew(k,8)=0
103       endif
104  100  continue
105      return
106      end
```

第1~26行及第104~106行为VUMAT子程序固定格式,其中,第3~10行为VUMAT子程序中可以使用的变量,第14~23行定义各变量数组的维数和长度。部分主要变量的含义见表12-2。

表12-2 VUMAT部分变量名及其含义

变量	含义
props	用户材料参数,在材料中定义的User Material的数据
strainInc	当前增量步中应变增量,其中剪应变为张量应变,每个材料点的应变增量为($\Delta\varepsilon_1, \Delta\varepsilon_2, \Delta\varepsilon_3, \Delta\varepsilon_{12}, \Delta\varepsilon_{23}, \Delta\varepsilon_{13}$)
stressOld	前一增量步结束时或当前增量步开始时的应力,每个材料点的应力为($\sigma^i_1, \sigma^i_2, \sigma^i_3, \sigma^i_{12}, \sigma^i_{23}, \sigma^i_{13}$)
stateOld	前一增量步结束时或当前增量步开始时的状态变量
stressNew	当前增量步结束时的应力,每个材料点的应力为($\sigma^{i+1}_1, \sigma^{i+1}_2, \sigma^{i+1}_3, \sigma^{i+1}_{12}, \sigma^{i+1}_{23}, \sigma^{i+1}_{13}$)
stateNew	当前增量步结束时的状态变量

第27~103行为用户自己编写的固定格式的Fortran程序,用于计算Tsai-Wu准则的系数、刚度矩阵、应变、应力、Tsai-Wu失效系数,更新状态变量。

第27行定义了4个数组,其中C、STH为二维数组,strainNew、SN为长度为6的一维数组。C为6×6的刚度矩阵;STH为6×2的矩阵,用于存储材料各方向拉、压、剪强度数据;strainNew用于存储当前增量步结束时的应变,其中剪应变为工程应变,即应变各分量为($\varepsilon_1, \varepsilon_2, \varepsilon_3, \gamma_{12}, \gamma_{23}, \gamma_{13}$);SN用于存储当前增量步结束时的应力,等同于stressNew,仅为了方便Tsai-Wu失效系数的计算。

第30~47行,读取材料常数。

第50~61行,计算Tsai-Wu准则的各项系数。Tsai-Wu准则失效系数F_{TW}的计算如式(12-1)所示。

$$F_{TW} = f_1\sigma_1 + f_2\sigma_2 + f_3\sigma_3 + f_{11}\sigma_1^2 + f_{22}\sigma_2^2 + f_{33}\sigma_3^2 + \\ 2f_{12}\sigma_1\sigma_2 + 2f_{23}\sigma_2\sigma_3 + 2f_{13}\sigma_3\sigma_1 + f_{44}\sigma_4^2 + f_{55}\sigma_5^2 + f_{66}\sigma_6^2 \tag{12-1}$$

式中,各项系数计算如式(12-2)所示。

$$f_1 = \frac{1}{X_T} - \frac{1}{X_C}; \quad f_2 = \frac{1}{Y_T} - \frac{1}{Y_C}; \quad f_3 = \frac{1}{Z_T} - \frac{1}{Z_C};$$

$$f_{11} = \frac{1}{X_T X_C}; \quad f_{22} = \frac{1}{Y_T Y_C}; \quad f_{33} = \frac{1}{Z_T Z_C};$$

$$f_{44} = \frac{1}{S_{23}^2}; \quad f_{55} = \frac{1}{S_{31}^2}; \quad f_{66} = \frac{1}{S_{12}^2};$$

$$f_{12} = \frac{-1}{2\sqrt{X_T X_C Y_T Y_C}} = \frac{-1}{2}\sqrt{f_{11}f_{22}};$$

$$f_{23} = \frac{-1}{2\sqrt{Y_T Y_C Z_T Z_C}} = \frac{-1}{2}\sqrt{f_{22}f_{33}};$$

$$f_{13} = \frac{-1}{2\sqrt{Z_T Z_C X_T X_C}} = \frac{-1}{2}\sqrt{f_{11}f_{33}} \tag{12-2}$$

由于式(12-1)中f_{12}、f_{23}、f_{13}项前面有系数2,在式(12-2)中f_{12}、f_{23}、f_{13}的计算中有系数1/2,为了使程序简洁,在VUMAT-Tsai-Wu.for中用$F_{12}=2f_{12}$、$F_{12}=2f_{12}$、$F_{12}=2f_{12}$做替换。

第64~77行,计算刚度矩阵。

第80~87行,计算当前增量步结束时的应变,使用应变值更新状态变量。

第88~94行，计算当前增量步结束时的应力。

第95~98行，计算Tsai-Wu准则失效系数F_{TW}，并使用F_{TW}的值更新状态变量stateNew(k,7)。

第99~103行，判断单元是否失效，如果没有失效（$F_{TW}<1$），则更新stateNew(k,8)的值为1，否则更新stateNew（k,8）的值为0。使用stateNew(k,8)的值作为单元删除与否的状态（STATUS）的值。如果单元的STATUS的值为1，则单元为可用状态（active）；STATUS的值为0，则单元为不可用状态，即根据单元类型的设置可以删除该单元。

12.2.3 层压板冲击损伤分析过程详解

1. 创建部件及划分网格

» **创建部件**

在Part模块，单击工具箱中的 ▙（Create Part），在Create Part对话框中，Name后面输入Lam-S，Modeling Space选择3D，Type选择Deformable，在Base Feature区域选择Shell、Planar，Approximate size使用默认的200，单击Continue按钮进入绘图模式。

单击工具箱中的 ▢（Create Lines: Rectangle(4 Lines)），在提示区输入第1个点的坐标(0,0)后按Enter键，再输入第2个点的坐标（100,100）后按Enter键，再按Esc键或按鼠标中键。单击提示区的Done按钮或按鼠标中键完成。

单击工具箱中的 ▙（Create Part），在Create Part对话框中，Name后面输入Punch，Modeling Space选择3D，Type选择Analytical rigid，在Base Feature区域选择Revolved shell，Approximate size使用默认的200，单击Continue按钮进入绘图模式。

单击工具箱中的 ⌒（Create Arc: Center and 2 Endpoints），在提示区输入圆心坐标（0,0）并按Enter键，再输入(5,0)并按Enter键，最后输入（0,-5）并按Enter键，单击鼠标中键两次，退出绘图模式。

» **划分网格**

在环境栏Module后面选择Mesh，进入Mesh模块。环境栏中Object选择Part: Lam-S。

单击工具箱中的 ▙（Partition Face: Sketch），在视图区单击部件Lam-S的右边，进入绘图模式。

单击工具箱中的 ⊙（Create Circle: Center and Perimeter），以部件Lam-S的左下角为圆心，分别绘制半径为5mm和7mm的圆，绘完后退出绘图模式，部件Lam-S的左下角分割出一个扇形和一个环形区域，如图12-2所示。

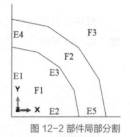

图12-2 部件局部分割

单击工具箱中的 ▙（Seed Edges），在视图区选择部件Lam-S左下角的扇形的3条边和环形的两端短边（即图12-2中边E1、E2、E3、E4、E5），按鼠标中键；在Local Seeds对话框的Basic选项卡中，Method选择By size，Bias选择None，Approximate element size设为0.5，单击OK按钮完成。

按上述操作，对部件Lam-S的上边和右边（即右上角的两边）布种子，单元尺寸为10。

单击工具箱中的 ▙（Assign Mesh Controls），在视图区选择图12-2所示的F1、F3区域，按鼠标中键；在Mesh Controls对话框中Element Shape选择Quad，Technique选择Free，单击OK按钮完成。

按上述操作，将图12-2中F2区域的网格控制设为Quad、Structured。

单击工具箱中的 ▙（Mesh Part），单击提示区的Yes按钮或按鼠标中键，完成网格划分。

» **创建并编辑网格部件**

使用部件 Lam-S 的网格创建网格部件 Lam-C。应用命令 Mesh → Create Mesh Part，在提示区输入 Lam-C 后按 Enter 键，在视图区显示部件 Lam-C。

单击工具箱中的 （Edit Mesh），Edit Mesh 对话框的设置如图 12-3（a）所示；提示区的选择方式设为 by angle，在视图区单击部件 Lam-C，按鼠标中键；在 Offset Mesh 对话框中的设置如图 12-3（b）所示，单击 OK 按钮完成。

（a）Edit Mesh 对话框设置　　（b）Offset Mesh 对话框设置

图 12-3 编辑网格部件

» **设置单元类型**

单击工具箱中的 （Assign Element Type），提示区的选择方式设为 individually，在视图区选择部件 Lam-C 的所有单元，按鼠标中键；在 Element Type 对话框中，Element Library 选择 Explicit，Geometric Order 选择 Linear，Family 选择 3D Stress，在 Hex 区域勾选 Reduced integration；在 Element Controls 区域中 Hourglass control 选择 Relax stiffness，Element deletion 选择 Yes，单击 OK 按钮完成。

2. 创建材料并给部件赋材料属性

» **创建材料**

在环境栏 Module 后面选择 Property，进入 Property 模块。

单击工具箱中的 （Create Material），在 Edit Material 对话框中，Name 后面输入 Mat-T700；单击 General → Density，在 Data 区域 Mass Density 下面输入 1.78e-9；单击 General → Depvar，在 Depvar 区域两个参数均设为 8；单击 General → User Material，在 User Material 区域中 Data 区域的 Mechanical Constants 一栏依次输入 114000，8610，0.3，0.45，4160，3000，2688，1458，69.5，236，55.5，175，136，95.6，单击 OK 按钮完成。

○ 本讲中使用的密度单位为 t/mm³。设置 Depvar 时，第 1 个参数 8 表示有 8 个状态变量，第 2 个参数 8 表示使用第 8 个参数控制单元删除。

» **创建截面属性**

单击工具箱中的 （Create Section），创建截面属性 Sect-T700，设置如图 12-4 所示。

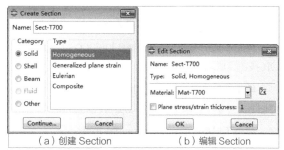

（a）创建 Section　　（b）编辑 Section

图 12-4 创建和编辑截面属性

» **给部件赋材料属性**

在视图区显示部件 Lam-C。

单击工具箱中的 （Assign Section），在视图区选择部件 Lam-C 的所有单元，按鼠标中键，在 Edit

Section Assignment 对话框中 Section 选择 Sect-T700，单击 OK 按钮完成。

» 定义铺层方向

单击工具箱中的 (Create Datum CSYS: 3 Points)，在 Create Datum CSYS 对话框中使用默认名称，坐标系类型选择 Rectangular，单击 Continue 按钮，在提示区输入原点(0,0,0)并按 Enter 键，输入 X 轴上一点 (1,0,0) 并按 Enter 键，再输入 XY 平面上一点 (0,1,0) 并按 Enter 键完成。

单击 Display Group 工具条的 (Create Display Group)，在打开的对话框中 Item 栏选择 Sets，在对话框右侧显示所有的集合，按住 Ctrl 键，选取集合名称末位数字为 1、5、9、13、17 的单元集合（即 C-Layer-1 等），单击对话框底部的 (Replace)，在视图区显示 5 层单元。

单击工具箱中的 (Assign Material Orientation)，在视图区选择所有单元，按鼠标中键，单击提示区的 Datum CSYS List，在打开的对话框中选择 Datum csys-1，单击 OK 按钮，在打开 Edit Material Orientation 对话框中进行设置，如图 12-5 所示，单击 OK 按钮完成。

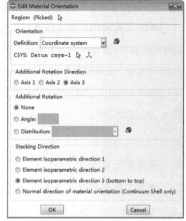

图 12-5 设置材料方向

按上述操作，使用 (Create Display Group) 工具在视图区显示集合名称末位数字为 2、6、10、14、18 的单元集合。使用 (Assign Material Orientation) 工具对视图区的所有单元设置材料方向，在图 12-5 所示的 Edit Material Orientation 对话框中 Additional Rotation 选择 Angle 并在其后输入 45，单击 OK 按钮完成。

按上述操作，将集合名称末位数字为 3、7、11、15、19 的单元集合的单元的材料方向设为 -45，将集合名称末位数字为 4、8、12、16、30 的单元集合的单元的材料方向设为 90。

» 设置部件 Punch 的惯性属性

在视图区显示部件 Punch。

应用命令 Tools → Reference Point，在提示区输入参考点坐标 (0,0,0) 并按 Enter 键。

应用命令 Special → Inertia → Create，在 Create Inertia 对话框中使用默认名称，类型选择 Point mass/inertia，单击 Continue 按钮；在视图区选择上一步创建的参考点 RP，按鼠标中键，在 Edit Inertia 对话框的 Magnitude 选项卡中，Mass 选择 Isotropic 并在其后输入 1e-3，Rotary Inertia 区域的 I11、I22、I33 后面都输入 0，单击 OK 按钮完成。

3. 装配

在环境栏 Module 后面选择 Assembly，进入 Assembly 模块。

单击工具箱中的 (Create Instance)，在 Create Instance 对话框中选择 Parts: Lam-C 和 Punch，单击 OK 按钮完成。

单击工具箱中的 (Rotate Instance)，在视图区选择 Punch-1，按鼠标中键，在提示区输入旋转轴起始点 (0,0,0) 并按 Enter 键，再输入终点 (1,0,0) 并按 Enter 键，输入旋转角度 90 并按 Enter 键，按鼠标中键完成。

单击工具箱中的 (Translate Instance)，在视图区选择 Punch-1，按鼠标中键，在提示区输入偏移起始点 (0,0,0) 并按 Enter 键，再输入终点 (0,0,8.01) 并按 Enter 键，按鼠标中键完成。

4. 定义接触

» 创建集合及表面

在环境栏 Module 后面选择 Interaction，进入 Interaction 模块。

在 Selection 工具条中长按 ▭（Use Rectangular Drag Shape），在展开的工具中单击 ⊙（Use Circular Drag Shape）。单击 Views 工具条的 ⌙（Apply Front View），单击 View Options 工具条的 ⊟（Turn Perspective Off）。

应用命令 Tools → Set → Manager，在 Set Manager 对话框中单击 Create 按钮；在 Create Set 对话框中 Name 后面输入 Set-Nds，Type 选择 Node，单击 Continue 按钮；在视图区选择图 12-6 所示的节点，按鼠标中键完成。

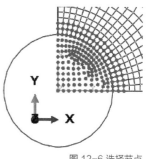

图 12-6 选择节点

在 Set Manager 对话框中单击 Create 按钮；在 Create Set 对话框中 Name 后面输入 Set-RP，Type 选择 Geometry，单击 Continue 按钮；在视图区选择 Punch-1 球心处的 RP，按鼠标中键完成。

单击菜单栏 Tools → Surface → Create，在 Create Surface 对话框中使用默认名称，Type 选择 Geometry，单击 Continue 按钮；在视图区选择 Punch-1 的球面，根据球面外表面的颜色在提示区单击相应的 Brown 或 Purple。

> ○ 使用圆形拖选节点时，以 Punch-1 的球心为圆心，拖选半径略大于5即可。

» 定义接触

单击工具箱中的 ￼（Create Interaction Property），在打开的对话框中使用默认名称，选择 Contact，单击 Continue 按钮；在 Edit Contact Property 对话框中，可以单击 Mechanical 及其下拉菜单，设置所需的接触属性。本讲不设置任何接触属性，直接在 Edit Contact Property 对话框单击 OK 按钮完成。

单击工具箱中的 ￼（Create Interaction），在打开的对话框中使用默认名称，Step 选择 Initial，接触类型选择 Surface-to-surface contact (Explicit)，单击 Continue 按钮；单击提示区的 Surfaces 按钮，在 Region Selection 对话框中选择 Surf-1，单击 Continue 按钮；单击提示区的 Node Region 按钮，在 Region Selection 对话框中选择 Set-Nds，单击 Continue 按钮；在 Edit Interaction 对话框中 Contact interaction property 选择 IntProp-1，单击 OK 按钮完成。

5. 创建分析步、设置输出变量

» 创建分析步

在环境栏 Module 后面选择 Step，进入 Step 模块。

单击工具箱中的 ￼（Create Step），在 Create Step 对话框中，在 Initial 分析步后面插入 Dynamic, Explicit 分析步，单击 Continue 按钮；在 Edit Step 对话框的 Basic 选项卡中 Time period 后面输入 0.002，Nlgeom 选择 On，单击 OK 按钮完成。

» 设置输出变量

单击工具箱中的 ￼（Field Output Manager），在 Field Output Requests Manager 对话框中，选中 F-Output-1，单击 Edit 按钮；在 Edit Field Output Request 对话框中，设置如图 12-7（a）所示，输出整个模型的 S、E、U、SDV、STATUS，单击按钮 OK 完成。

单击工具箱中的 ￼（History Output Manager），在 History Output Requests Manager 对话框中，选中 H-Output-1，单击 Edit 按钮；在 Edit History Output Request 对话框中，设置如图 12-7(b) 所示，输出 Set-RP 的 U3，V3，A3，单击 OK 按钮完成。

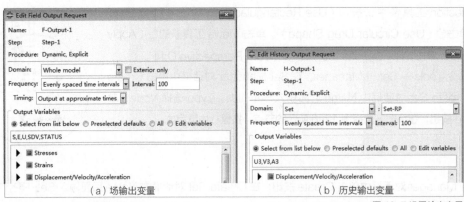

(a) 场输出变量　　　　　　　　　　(b) 历史输出变量

图 12-7 设置输出变量

6. 创建边界条件及定义初速度

» **创建边界条件**

在环境栏 Module 后面选择 Load，进入 Load 模块。

单击工具箱中的 ⌨ (Create Boundary Condition)，在 Create Boundary Condition 对话框中，Name 后面输入 BC-X，Step 选择 Initial，Category 选择 Mechanical，Types for Selected Step 选择 Symmetry，单击 Continue 按钮；在视图区选择装配实例 Lam-C-1 左侧端面，即垂直于 X 轴且 X=0 的侧面，单击鼠标中键或提示区的 Done 按钮，在 Edit Boundary Condition 对话框中选择 XSYMM，单击 OK 按钮完成。

按上述操作，选择 Lam-C-1 的下侧端面，即垂直于 Y 轴且 Y=0 的侧面，创建边界条件 BC-Y，边界类型为 YSYMM；选择 Lam-C-1 的右侧端面和上侧端面，创建边界条件 BC-P，边界类型为 PINNED。最终 Lam-C-1 的边界条件如图 12-1 所示。

单击工具箱中的 ⌨ (Create Boundary Condition)，在 Create Boundary Condition 对话框中，Name 后面输入 BC-RP，Step 选择 Initial，Category 选择 Mechanical，Types for Selected Step 选择 Displacement/Rotation，单击 Continue 按钮；单击提示区的 Sets 按钮，在 Region Selection 对话框中选择 Set-RP，单击 Continue 按钮；在 Edit Boundary Condition 对话框中勾选除 U3 外的其他 5 个位移自由度，单击 OK 按钮完成。

» **定义初速度**

单击工具箱中的 ⌨ (Create Predefined Field)，在打开的对话框中使用默认名称，Step 选择 Initial，Category 选择 Mechanical，类型选择 Velocity，单击 Continue 按钮；单击提示区的 Sets 按钮，在 Region Selection 对话框中选择 Set-RP，单击 Continue 按钮；在 Edit Predefined Field 对话框中 V3 后面输入 -5000，单击 OK 按钮完成。

7. 创建分析作业并提交分析

» **创建分析作业**

在环境栏 Module 后面选择 Job，进入 Job 模块。

单击工具箱中的 ⌨ (Job Manager)，在 Job Manager 对话框中单击 Create 按钮；在 Create Job 对话框中，Name 后面输入 Job-Lam-Impact-Vumat，Source 选择 Model-1，单击 Continue 按钮；在 Edit Job 对话框的 General 选项卡中，单击 User subroutine file 后面的 ⌨ (Select)，在相应路径下找到并选择 VUMAT-Tsai-Wu.for 文件；单击 Edit Job 对话框中的 OK 按钮完成。

» **提交分析**

在 Job Manager 对话框中，选中 Job-Lam-Impact-Vumat 分析作业，单击 Submit 按钮提交计算。

当 Job-Lam-Impact-Vumat 的状态（Status）由 Running 变为 Completed 时，计算完成，单击 Results 按钮进入可视化后处理模块。

» **保存模型**

单击工具栏的 File 工具条中的 ■（Save Model Database），在 Save Model Database As 对话框的 File Name 后面输入 Laminate-Impact-Vumat，单击 OK 按钮完成。

8.可视化后处理

» **显示冲击损伤过程**

在视图区显示 Job-Lam-Impact-Vumat.odb。

单击 Display Group 工具条的 （Create Display Group），在打开的对话框中 Item 栏选择 Part instances，在右侧列表中选择 LAM-C-1，单击对话框底部的 （Replace），在视图区仅显示 LAM-C-1。

长按工具箱中的 （Plot Contours on Deformed Shape），在 Field Output 工具条中设置输出需要查看的场变量。

应用命令 Result → Step/Frame，打开 Step/Frame 对话框，在 Frame 列表中选择任何一个，单击 Apply 按钮，可以显示该时刻对应的云图。LAM-C-1 受冲击部分各时刻的冲击损伤及单元删除情况如图 12-8 所示。

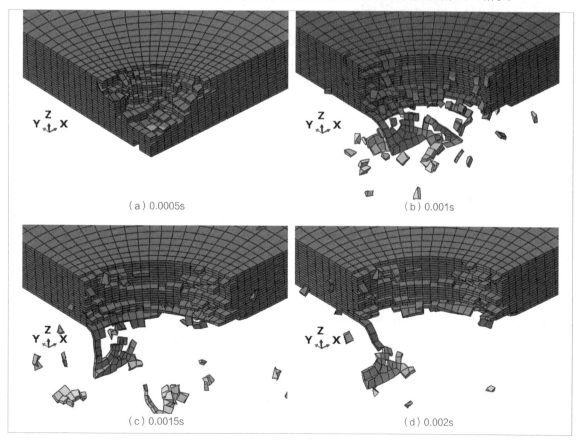

图 12-8 各时刻单元删除情况

» 查看历史输出变量

单击工具箱中的 (XY Data Manager)，在打开的对话框中单击 Create 按钮；在 Create XY Data 对话框中选择 ODB history output，单击 Continue 按钮；在 History Output 对话框的 Variables 选项卡中选择 SET-RP 的 A3，单击 Save As 按钮，在 Save XY Data As 对话框中 Name 后面输入 A3，单击 OK 按钮；按上述操作，将 History Output 对话框的 Variables 选项卡中 SET-RP 的 U3、V3 保存为 U3、V3。

在 XY Data Manager 对话框中选择上一步保存的 A3、U3、V3，单击 Plot 按钮，在视图区绘制 3 条曲线，如图 12-9 所示。

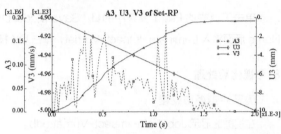

图 12-9 冲头参考点的 A3、U3、V3 时程曲线

应用命令 Options → XY Options → Curve，在 Curve Option 对话框中设置 3 条曲线的颜色、线型、符号等。应用命令 Options → XY Options → Axis，在 Axis Options 对话框中可以设置各坐标轴的格式，也可在视图区双击坐标轴打开对话框。

12.3 VUMAT 子程序讨论

本讲使用 VUMAT 用户子程序实现了单元损伤判断和失效单元删除操作。VUMAT 与 UMAT 中的应变增量各分量的顺序及剪应变分量不同，刚度矩阵 C 中的元素 C_{55}、C_{66} 与材料剪切模量 G_{13}、G_{23} 的关系不同。VUMAT 中使用张量剪应变增量，在求解应力时要将张量剪应变乘以 2 得到工程剪应变；UMAT 中使用工程剪应变，因此在计算 SSE 时要注意公式的选用。

读者在了解 VUMAT 工作原理的基础上，可以通过合适的强度理论、刚度折减方法对刚度矩阵或材料力学参数进行折减，以达到渐进损伤、分析破坏类型的目的。

12.4 inp 文件解释

本讲中 Job-Lam-Impact-Vumat.inp 节选如下：

```
*Heading
** Job name: Job-Lam-Impact-Vumat Model name: Model-1
** Generated by: Abaqus/CAE 6.14-1
*Preprint, echo=NO, model=NO, history=NO, contact=NO
**
** PARTS
** 部件 Lam-C 的节点、单元及单元集合
*Part, name=Lam-C
*Node
   815,      0.,     7.,     0.
……节点编号及坐标
*Element, type=C3D8R
 759, 831, 832, 964, 972, 1645, 1646, 1778, 1786
……单元编号及单元所属节点编号
*Elset, elset=C-Layer-1, generate
 759,  1516,    1
……单元集合
*End Part
** ASSEMBLY
** 装配
*Assembly, name=Assembly
** 使用部件 Lam-C 创建 Lam-C-1 装配实例
```

```
*Instance, name=Lam-C-1, part=Lam-C
*End Instance
*End Assembly
** MATERIALS
** 创建材料 Mat-T700
*Material, name=Mat-T700
*Density
 1.78e-09,
*Depvar, delete=8
    8,
*User Material, constants=14
114000.,8610., 0.3, 0.45,4160.,3000.,2688.,1458.
 69.5, 236., 55.5, 175., 136., 95.6
**
** INTERACTION PROPERTIES
** 创建接触属性
*Surface Interaction, name=IntProp-1
**
** BOUNDARY CONDITIONS
** 创建边界条件
** Name: BC-X Type: Symmetry/Antisymmetry/Encastre
*Boundary
_PickedSet35, XSYMM
** 其他边界条件略
** PREDEFINED FIELDS
** 使用预定义场定义初速度
** Name: Predefined Field-1   Type: Velocity
*Initial Conditions, type=VELOCITY
Set-RP, 1, 0.
Set-RP, 2, 0.
Set-RP, 3,-5000.
**----------------------------------------------------------------
** STEP: Step-1
** 设置分析步 Step-1
*Step, name=Step-1, nlgeom=YES
*Dynamic, Explicit
, 0.002
*Bulk Viscosity
0.06, 1.2
** INTERACTIONS
** 创建接触
** Interaction: Int-1
*Contact Pair, interaction=IntProp-1, mechanical constraint=KINEMATIC, cpset=Int-1
Punch-1.Surf-1, Set-Nds_CNS_
**
** OUTPUT REQUESTS
** 设置输出变量
*Restart, write, number interval=1, time marks=NO
**
** FIELD OUTPUT: F-Output-1
** 设置场输出变量
*Output, field, number interval=100
*Node Output
U,
*Element Output, directions=YES
E, S, SDV, STATUS
**
** HISTORY OUTPUT: H-Output-1
** 设置历史输出变量
*Output, history, time interval=2e-05
*Node Output, nset=Set-RP
A3, U3, V3
*End Step
```

12.5 小结和点评

本讲使用 VUMAT 用户子程序对复合材料层压板的冲击损伤进行分析，详细介绍了 VUMAT 用户子程序编写方法，及其在 Abaqus 中对单元和材料的相应设置，并结合 Tsai-Wu 张量强度理论、状态变量、单元删除控制，实现对层压板的冲击损伤分析。

点评：谭景磊 主管工程师
GE 航空工程部

第 03 部分

跌落碰撞

第13讲 电子连接器跌落分析

主讲人：唐晓楠

软件版本	分析目的
Abaqus 2017	电子连接器塑件的显式动力学跌落分析

难度等级	知识要点
★★★☆☆	率相关材料、动力学显式求解、质量缩放

13.1 概述说明

本讲以图 13-1 所示的某电子产品内存插槽连接器的跌落为例，采用动力学显式求解，详细讲解跌落分析。

图 13-1 模型几何

图 13-1 所示为某电子产品内存插槽的电子连接器。其在运输或者使用过程中存在跌落的可能，从而不可避免地受到冲击载荷。在工程应用中，该组件由一个塑料材质的电子连接器和上百个金属材质的上下排端子组成。在本例中，仅研究该塑料材料的电子连接器从 1m 高度，以一定角度跌落至地面时的行为表现，以此来评价其是否具有能够承受这种冲击载荷的能力。本例将采用 Abaqus/Explicit 来模拟分析该种载荷。

该电子连接器选用 PA 料，该材料密度为 1.56×10^{-9} tonne/mm^3，泊松比为 0.4，杨氏模量为 8281.2MPa，其应力应变参数见表 13-1。

表13-1 PA单轴拉伸应力应变

应力/MPa	塑性应变	应变率/s⁻¹	应力/MPa	塑性应变	应变率/s⁻¹
40.61456	0	0	48.9682644	0	0.2
55.30594267	0.00029556	0	66.40591901	0.000324754	0.2
72.62262259	0.000759305	0	83.98039288	0.000742863	0.2
89.24805497	0.001549148	0	101.3970818	0.001368903	0.2
101.5150099	0.002502529	0	118.4739422	0.002559639	0.2
109.2576977	0.003358709	0	134.0793516	0.004675782	0.2
120.0568811	0.005168233	0	140.8756134	0.005924186	0.2
128.632303	0.007773473	0	146.8379909	0.007584968	0.2
133.0262396	0.010344314	0	151.6460866	0.009816979	0.2
133.9033651	0.019009935	0	154.8257345	0.012665252	0.2
41.70420947	0	0.02	56.314	0	2
57.53987993	0.000196421	0.02	78.052	0.000362987	2
73.6492553	0.000526313	0.02	97.9966	0.000804855	2
88.9105568	0.001060103	0.02	117.041	0.001459018	2
99.28949838	0.001592293	0.02	135.546	0.002369872	2
114.1819802	0.002771545	0.02	153.288	0.003855401	2
128.0894575	0.004634224	0.02	168.914	0.006113188	2
139.2593084	0.007429878	0.02	175.467	0.007311274	2
146.0639164	0.011924055	0.02	181.113	0.008741383	2
146.2896571	0.016524047	0.02	185.959	0.009979736	2

13.2 导入模型

13.2.1 创建、保存模型

打开 Abaqus/CAE，在开始会话窗口应用命令 Create Model Database: With Standard/Explicit Model 创建模型，应用命令 File → Save as 将模型保存为 connector_drop.cae。

13.2.2 重命名模型

如图 13-2 所示，在树目录的 Model-1 单击鼠标右键，选择重命名（Rename），将 Model-1 重命名为 Model-1_C-T。

13.2.3 导入连接器几何部件

在树目录单击鼠标右键，Parts → Import，或应用命令 File → Import: Part，导入随书几何文件 connector.stp，其余按默认选项即可，如图 13-3 所示。

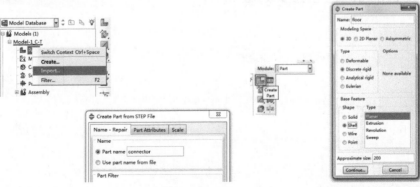

图 13-2 重命名 Model-1　　图 13-3 导入几何　　图 13-4 创建地面离散刚体

13.2.4 创建地面几何部件

连接器尺寸为 71.1mm×5.95mm×14.6mm，地面刚体尺寸需足够大以避免连接器变形跌出地面边界，本讲中地面刚体为 200mm×200mm。

在 Module（模块）中选择 Part 功能模块 Module: Part Model: Model-1_C-T Part: connector 。单击 Creat Part，或在树目录单击鼠标右键 Parts → Create，创建一个三维的离散刚体的壳表面，命名为 floor，如图 13-4 所示。应用命令 Add → line → Rectangle 或者单击工具箱中的 ▭（Create Lines Rectangle < 4lines >），在提示区 Pick a starting corner for the rectangle--or enter X,Y: 中输入矩形的起始直角坐标（100,-100）和矩形的对角坐标（-100,100），绘制一个 200mm×200mm 的正方形作为刚体轮廓。

应用命令 Tools → Reference Point，在提示区输入参考点坐标（0,0,0），在地面刚体中心创建参考点。

○ Abaqus中物理量没有量纲，用户在使用过程中需自己统一单位。本讲中使用国际单位SI（mm）。

13.2.5 创建几何集

为方便后续指派材料属性，先创建几何集。

创建连接器几何集 Set-connector。

应用命令 Tools → Set → Create，或从树目录单击鼠标右键 Sets → Create，弹出 Create Set 对话框，命名 Set-connector，类型 Geometry，单击 Continue 按钮，根据提示区提示，选择连接器部件的几何。

创建地面几何集 Set-floor 的方法同上，命名 Set-floor，根据提示，框选地面全部几何。

13.3 赋予截面属性

切换到 Property 功能模块 Module: Property Model: Model-1_C-T Part: connector 。

13.3.1 创建连接器材料PA

应用命令 Material → Create 或单击工具箱中的 ▦（Create Material），按图 13-5 所示设置 PA 材料参数，密度为 1.56e-9；杨氏模量为 8281.2；泊松比为 0.4，以及表 13-1 中的塑性应力应变（随书资源中备有数据表）。

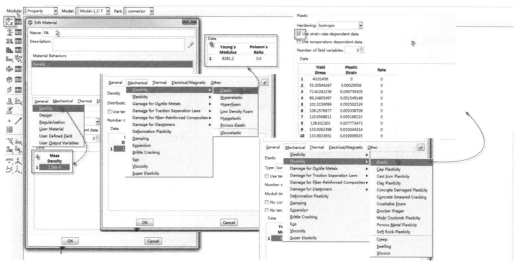

图 13-5 PA 材料参数设置

> 1. 采用Dynamic Explicit求解，必须定义材料密度和模量。
> 2. 输入应变率相关数据时，一定要输入应变率为0时的应力应变数据，否则分析会提示错误：THE STATIC YIELD STRESS MUST BE DEFINED FIRST，并终止。

13.3.2 创建截面属性

如图 13-6 所示，应用命令 Section → Create，或单击 （Create Section），创建名为 Section-PA 的截面属性。选择 Solid: Homogeneous 选项；单击 Continue 按钮，在 Edit Section 对话框中，选择材料 PA，单击 OK 按钮。

图 13-6 创建连接器截面属性

图 13-7 赋予连接器截面属性

13.3.3 赋予截面属性

如图 13-7 所示，应用命令 Assign → Section，或单击工具箱中的 （Assign Section），根据提示区提示，选择连接器几何集合 set-connector，弹出赋予截面属性对话框，选择截面属性 Section-PA，单击 OK 按钮，完成连接器截面属性指定。

13.4 划分网格

切换到 Mesh 功能模块 ，对 Part: connector 和 Part: floor 划分网格。

13.4.1 Part: connector网格划分

1.设置连接器网格控制参数

从默认颜色可知连接器为棕色，即不能直接划分网格。由于连接器部件较为复杂，需多次切分才可划分默认 Hex 网格（六面体单元），本讲中模型直接应用命令 （Assign Mesh Controls），定义单元形状为 Tet（四面体单元），并采用默认算法，按图 13-8 所示网格控制参数进行设置。设置完毕后部件颜色由棕色变为粉色，可直接对其划分网格。

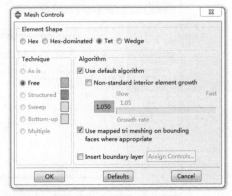

图 13-8 网格控制参数设置图

2.定义种子

应用命令 Seed → Part，或单击工具箱中的 ▉（Seed Part），设置全局种子尺寸（Approximate global size）为 0.50。

3.网格划分

应用命令 Mesh → Part 或单击工具箱中的 ▉（Mesh Part），单击提示 ⇐⊠ OK to mesh the part? Yes No 中的 Yes 按钮，进行网格划分。

4.定义单元类型

应用命令 Mesh → Element Types 或单击工具箱中的 ▉（Assign Element Types），根据提示框选全部单元，定义类型为图 13-9 所示的 10 节点 C3D10M 单元。

图 13-9 Part: connector 单元类型

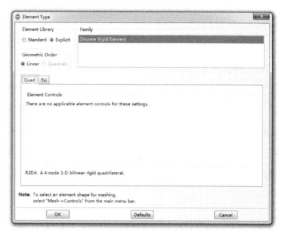

图 13-10 Part：floor 单元类型

> 对于结构复杂的部件可以使用诸如Hypermesh、ANSA等专业前处理软件进行网格划分后，直接导入网格模型。

13.4.2 Part：floor网格划分

切换 Part 为 floor Module: Mesh Model: Model-1_C-T Object: Assembly Part: floor，采用与 Part：connector 类似的方式对 Part：floor 进行网格划分。

在网格控制（Mesh Controls）对话框设置单元形状为 Quad-dominated，网格技术为 Free，算法为 Advancing front。

设置全局网格种子尺寸（Approximate global size）为 8，应用 Mesh Part 命令完成网格划分。

定义 floor 部件单元类型为图 13-10 所示的 3D 四节点线性刚性四边形。

> 离散刚体必须划分网格，解析刚体则不需要。

13.4.3 检查网格质量

如图 13-11 所示，应用命令 Mesh → Verify，或者单击工具箱中的 ▉（Verify Mesh）校验网格质量。网格质量校验重点考虑以下两个部分来评价网格是否符合要求：①利用 Analysis Checks 查看有警告或者错误的单元；②利用 Size Metrics 查看小于指定的稳定时间增量步的单元，以便于评价在后期分析步中是否需要进行质量缩放，以及用怎样的质量缩放。

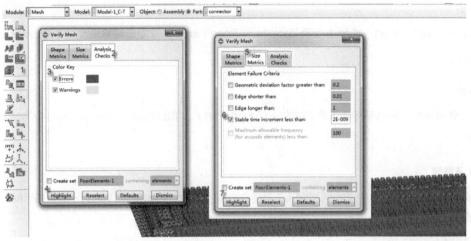

图 13-11 检查网格质量

如图 13-12 所示，connector 部件网格质量校验结果显示：最小时间稳定时间增量步为 7.08e-010，稳定时间增量步小于 2e-09 的单元数有 1332 个，占单元数的 0.79% 左右，符合后续分析步中质量放大单元数占比要求。Connector 单元中没有错误单元，但警告单元多达 11623 个，占比 6.9%，警告单元较多的原因是局部区域肉厚较薄（0.25mm）且双侧加胶至 0.31mm，因变化量达 20% 未对其进行处理，而种子尺寸设置为 0.5mm，会在突变区域产生狭长尖锐四面体单元。鉴于模型中网格数量已达 168415 个，即便局部区域减小种子尺寸也会产生大量的网格，且可能减小稳定时间增量步，本讲将暂且使用当前网格，根据分析结果判断是否有必要重新生成网格并计算。

```
Part: connector
 Tet elements:  168415
   Stable time increment < 2e-09:  1332 (0.790903%)
   Average stable time increment:  1.64e-008, Smallest stable time increment:  7.08e-010
   Number of elements :  168415,  Analysis errors:  0 (0%),  Analysis warnings:  11623 (6.9014%)
```

图 13-12 网格质量校验结果

> 一旦有错误的单元，则无法进行后续分析；存在警告单元时，可进行后续分析，但可能因网格畸变导致收敛问题或者数值奇异。

13.5 定义装配关系

切换到 Assembly 功能模块 Module: Assembly Model: Model-1_C-T Step: Initial 。

如图 13-13 所示，应用命令 Instance → Create，或单击工具箱中的 （Create Instance），导入 Parts：connector，Parts：floor，使部件实例化（由于在装配之前划分网格，此步骤不必选择实例类型）。

应用命令 Instance → Translate，或者单击工具箱中的 （Translate Instance），在提示区单击实例（instance），弹出实例选择（instances select）对话框，在列表中选择实例 floor-1 作为将要移动的实例，单击 done 按钮，在提示区中输入移动向量的起始坐标(0,0,0)和终点坐标(0,0,4.91)来调整零部件的位置关系。

装配后的位置关系如图 13-14 所示，即电子连接器底面与地面刚体平行，两者相距 0.01mm，此时部件 floor 参考点坐标为（0,100,4.91），部件 connector 底面四点坐标分别为 （-35.55,2.51,4.9）、（-35.55,-2.74,4.9）、（35.55,2.51,4.9）、（35.55,-2.74,4.9），可应用命令 Tools → Query，或者单击工具箱中的 （Query information），在弹出的对话框查询（Query）中选择通用查询（General Queries）→ Point/Node 查询。

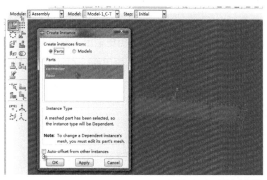 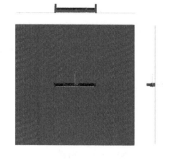

图 13-13 部件实例化　　　　图 13-14 装配关系三视图

13.6 设置分析步

切换到 Step 模块。

13.6.1 创建分析步

应用命令 Step → Create，或单击工具箱中的 ➡（**Create Step**），弹出 Create Step 对话框；选择 Procedure Type 为 General: Dynamic, Explicit，单击 Continue 按钮；Edit Step 对话框，如图 13-15 所示，在 Basic 选项卡设置时间（Time Period）为 0.002，在 Mass scaling 选项卡，定义质量放大。采用指定最小时间增量步长的方式，小于最小步长的自动缩放到指定步长。

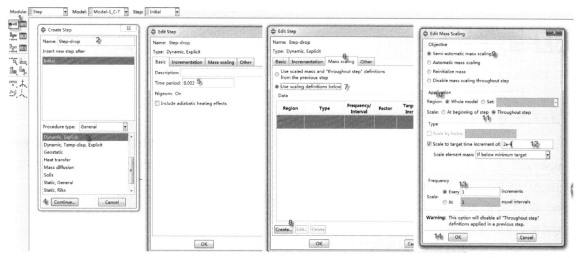

图 13-15 定义分析步

13.6.2 定义场输出

应用命令 Output → Field Output Request → Manager，或单击创建场输出工具箱右侧的场输出管理工具箱 ▦（**Field Output Manager**），查看默认输出。

13.6.3 定义历史输出

应用命令 Output → History Output Request → Manager，或单击创建历史输出工具箱右侧的历史输出管理工具箱（History Output Manager），查看默认输出。如图 13-16 所示，应用命令 Output → History Output Request → Create，或单击工具箱（Create History Output），命名为 H-Output-DMASS，单击 Continue 按钮，在弹出对话框中展开 State/Field/User/Time 选项，勾选 DMASS；展开 Energy → ALLEN, All energy totals 选项，勾选 ALLMW，单击 OK 按钮完成历史输出定义。

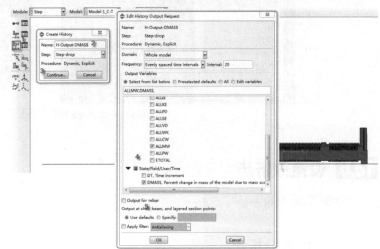

图 13-16 定义历史输出

○ 创建分析步时，为节省计算成本使用了质量缩放技术，Abaqus 自动进行质量缩放，来保证指定的最小时间增量。可在历史输出中设置输出 DMASS 以查看由于质量缩放导致的质量变化在整个模型中的占比，以此判断质量缩放设置是否合理。

13.7 定义相互作用

切换到 Interaction 模块 Module: Interaction Model: Model-1_C-T Step: Step-drop。

13.7.1 定义接触属性

如图 13-17 所示，应用命令 Interaction → Property → Create，或者单击工具箱中的（Create Interaction Property），定义相互作用类型为接触，单击 Continue 按钮；弹出 Edit Contact Property 对话框，接触切线行为（Tangential Behavior）设置如下：摩擦方程为罚函数，摩擦系数为 0.2；法线行为（Normal Behavior）设置如下：压力-过盈量为硬接触，并勾选允许接触后分离。

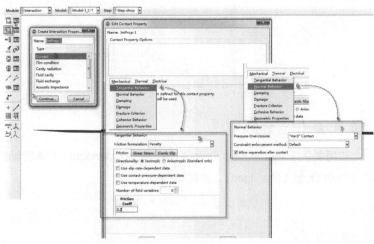

图 13-17 定义接触属性

13.7.2 定义接触

如图 13-18 所示，应用命令 Interaction → Create，或者单击工具箱中的 ■（**Create Interaction**），弹出相互作用对话框，命名为 Int-c_f，相互作用类型为显示通用接触（General contact（Explicit）），单击 Continue 按钮；弹出 Edit Interaction 对话框，全局属性赋予(Global property assignment)选择接触属性 IntProp-1，单击 OK 按钮，完成接触定义。

图 13-18 定义接触

13.8 定义边界条件

切换到 Load 模块 Module: Load Model: Model-1_C-T Step: Initial 。

13.8.1 定义约束边界条件

应用命令 BC → Create，或者单击工具箱中的 ■（**Create Boundary Condition**），弹出图 13-19 所示的创建边界条件对话框，命名为 BC-fixed，边界条件类别为机械（Mechanical），类型为位移/旋转（Displacement/Rotation），单击 Continue 按钮；按鼠标中键或单击提示栏中的 Done 按钮，选择参考点 RP，弹出 Edit Boundary Condition 对话框，勾选 U1、U2、U3、UR1、UR2、UR3 六个自由度，单击 OK 按钮，完成边界条件约束。

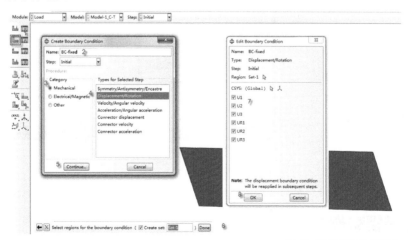

图 13-19 定义约束边界条件

13.8.2 定义初速度

应用命令 Predefined Field → Create，或者单击工具箱中的 ▣（Create Predefined Field），弹出图 13-20 所示的创建预定义场对话框，命名为 Predefined Field-velocity，预定义场类别为机械（Mechanical），类型为速度（Velocity），单击 Continue 按钮；按鼠标中键或单击提示栏 Done 按钮，选择连接器几何集合 connector-1.Set-connector，在弹出的 Edit Predefined Field 对话框 V3 中输入 4427，单击 OK 按钮，完成初速度定义。

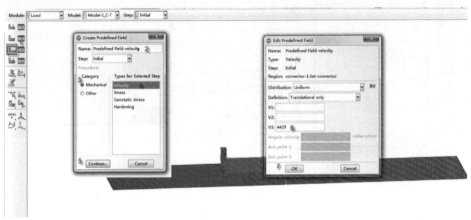

图 13-20 定义连接器初速度

> 1. 连接器几何集是在 Part 功能模块中创建的，在边界条件功能模块中应用时集合名在原始名称前添加实例名，由 Set-connector 变为 connector-1.Set-connector。
> 2. 连接器从 1m 高处跌落，落至地面的一瞬间其速度 $V_{垂直地面}$ 为 $\sqrt{2gh} = \sqrt{2 \times 9800 \times 1000} = 4427\,\text{mm/s}^2$。

13.8.3 定义重力场

应用命令 Load → Create，或者单击工具箱中的 ▣（Create Load），弹出图 13-21 所示的创建预载荷对话框，命名为 Load-gravity，预定义场类别为机械（Mechanical），类型为重力（Gravity），单击 Continue 按钮；在弹出的 Edit Load 对话框 Component 3 处输入 9800，单击 OK 按钮，完成重力场定义。

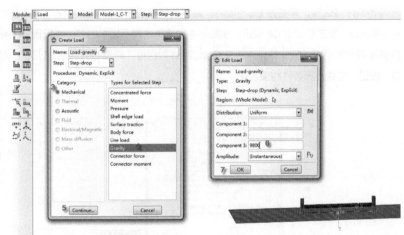

图 13-21 定义重力场

13.9 创建并提交作业

切换到 Job 模块。

应用命令 Job → Create，创建名为 Job-1_C-T 的对 Model-1_C-T 的作业。

应用命令 Job→Submit: Model-1_C-T，提交作业。
应用命令 Job→Monitor: Model-1_C-T，监控求解过程，可知经 609600 次增量步，完成求解。
应用命令 Job→Results: Model-1_C-T，自动切换到后处理模块，以查看求解结果。

13.10 查看结果

切换至可视化后处理 Visualization 模块 Module: Visualization Model: E:/Temp/201707abaqus0drop/Job-1_C-T.odb 。

查看定义质量缩放在整个模型中的占比，应用命令 Result→History Output，或者单击工具箱中的 （Create XY data）在弹出创建 XY 数据对话框中选择来源为 ODB history output，在弹出历史输出对话框中选择 percent change in mass: DMASS for Whole Model 选项，单击 Plot 按钮。质量缩放在整个模型中的占比如图 13-22 所示。以类似的方式创建 ETOTAL、ALLAE、ALLVD、ALLSE、ALLIE- 时间的 XY 图（如图 13-23 所示），以便于查看能量结果。

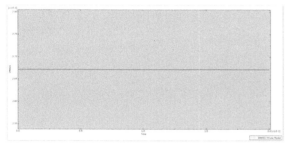

图 13-22 MASS Whole Model 图   图 13-23 能量输出图

在整个跌落过程中输出较多帧应变云图，此处不一一列举，仅展示出现峰值应变帧（$t=0.0002s$）的对数应变云图（见图 13-24）和塑性应变云图（见图 13-25）。

 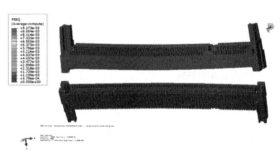

图 13-24 $t=0.0002s$ 对数应变云图   图 13-25 $t=0.0002s$ 塑性应变云图

在整个跌落过程中输出较多帧位移云图，此处仅展示前 3 帧的位移云，如图 13-26 所示。选取部件上 3 个点（N:1367、N:7302、N:20829）查看其在垂直地面方向（Z 方向）的速度和加速度在时间历程上的变化情况，如图 13-27 所示。

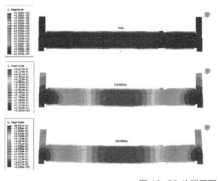 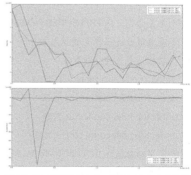

图 13-26 位移云图   图 13-27 点的垂直速度、垂直加速度时程曲线

13.11 讨论

图 13-21 结果显示质量缩放单元在整个分析过程中其占比小于 1%，质量缩放不会明显增加整个模型的质量和降低分析的精度。从图 13-22 能量输出图结果来看，总能量近似为常数，与应变能（ALLSE）、动能（ALLIE）等真实能量对比，伪应变能（ALLAE）、阻尼耗散能（ALLVD）和通过质量缩放的外部作用（ALLWM）等伪能是微不足道的。以此可以判断本讲中的跌落分析的准确性。

同时，模拟开始时，电子连接器做自由落体运动，整个模型中只有动能。连接器与地面接触时，碰撞开始，电子连接器发生变形，将动能转换为内能。模型在整个过程中的动能是先降低再增大随后降低的趋势，当时间足够长时，动能会最终降为 0；而应变能则是先增大随后降低的趋势。

应用不同时间点应变云图来检验电子连接器跌落情况下的安全性，特别是电子连接器落点区域的应变情况，以此来判断其局部区域是否损坏。

13.12 inp文件解释

打开工作目录下的 Job-1_C-T.inp，节选如下：

```
** 定义材料 MATERIALS
*Material, name=PA
** 密度
*Density
1.56e-09,
** 弹性模量和泊松比
*Elastic
8281.2, 0.4
** 真实应力、真实塑性应变和应变率
*Plastic, rate=0.
40.6146,0.
55.3059, 0.00029556
……
** 定义边界条件 BOUNDARY CONDITIONS
** 固定刚性地面 Name: BC-fixed Type: Displacement/Rotation
*Boundary
Set-1, 1, 1
……
** 定义预定义场 PREDEFINED FIELDS
** 定义电子连接器初始速度 Name: Predefined Field-velocity  Type: Velocity
** 初始边界条件，速度
*Initial Conditions, type=VELOCITY
connector-1.Set-connector, 1, 0.
connector-1.Set-connector, 2, 0.
connector-1.Set-connector, 3, 4427.
** 定义接触属性 INTERACTION PROPERTIES
*Surface Interaction, name=IntProp-1
```

```
*Friction
 0.2,
*Surface Behavior, pressure-overclosure=HARD
** INTERACTIONS
** 定义通用接触 Interaction: Int-c_f
*Contact, op=NEW
*Contact Inclusions, ALL EXTERIOR
*Contact Property Assignment
 , , IntProp-1
** 创建动力学显示分析步 STEP: Step-drop
*Step, name=Step-drop, nlgeom=YES
*Dynamic, Explicit
, 0.002
*Bulk Viscosity
0.06, 1.2
** 定义质量缩放 Mass Scaling: Semi-Automatic
** Whole Model
** 在等间隔的增量上计算质量缩放
*Variable Mass Scaling, dt=2e-09, type=below min, frequency=1
** 定义输出 OUTPUT REQUESTS
*Restart, write, number interval=1, time marks=NO
** FIELD OUTPUT: F-Output-1
*Output, field, variable=PRESELECT
** 定义历史输出变量 HISTORY OUTPUT: H-Output-DMASS
*Output, history, time interval=0.0001
*Energy Output
ALLMW,
*Incrementation Output
DMASS,
** HISTORY OUTPUT: H-Output-1
*Output, history, variable=PRESELECT, time interval=0.0001
*End Step
```

13.13 小结和点评

连接器在运输或使用时经常发生跌落，不可避免地会受到冲击，基于此跌落考虑，本讲针对电子连接器的塑件进行跌落分析，详细讲解了材料定义、网格划分、分析步创建、接触定义和质量加速等，其中重点讲解了随应变率变化的应力-应变曲线的设置，并且评价是否具有足够的承受冲击载荷的能力。此跌落分析能够为电子产品的设计提供重要帮助。

点评：欧相麟 技术经理

金发科技股份有限公司

第14讲 金属管高速碰撞分析

主讲人：江丙云

软件版本	分析目的
Abaqus 2017	动力显式求解高速碰撞后的金属管应力、应变和变形

难度等级	知识要点
★★★☆☆	刚体约束、通用接触、初始场和边界条件、显式求解、质量加速、单元删除

14.1 问题描述

如果金属管一端突然断裂，失去受力则会高速旋转，撞击到相邻的金属管路，引发不小的灾难，故需对两管撞击时的应力、应变及变形加以提前预测，本讲采用 Abaqus/Explicit 对金属管之间的高速碰撞进行有限元分析。

本讲分析对象为图 14-1 所示的两条金属管，其管直径为 6.5mm，厚度为 0.4mm，长度为 50mm。假设固定管的两端被完全固定，撞击管一端位移自由度被约束，其可绕旋转轴进行旋转，而另一端完全自由。本讲假设结构和载荷对称，仅分析对称平面一侧的模型。

○ 如果两条管路相互不垂直，则不可简化为对称模型。

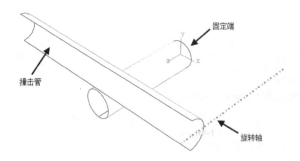

图 14-1 几何模型

14.2 显式求解

14.2.1 定义材料和截面属性

打开本讲文件 pipeWhip_pre.cae，其中已包含网格信息和装配信息。切换到 Property 模块，两个线管的材料为钢，材料使用弹塑性模型。

1. 定义材料属性

应用命令 Material → Create 或单击工具箱中的 ✎ （Create Material），弹出 Edit Material 对话框，修改 Name：Steel。

» 应用 Mechanical → Elacsticity，输入弹性模量 Young's Modulus 为 206000MPa，泊松比 Poission's Ratio 为 0.3

» 应用 Mechanical → Plastic，输入屈服应力 Yield Stress 为 310MPa，塑性应变 Plastic Strain 为 0

» 应用 General → Density，输入密度 Mass Density 为 7.85E-9t/mm³

○ 因Abaqus显式求解器主要求解动力平衡情况（即需要考虑惯性影响），故需定义材料的密度值，且注意单位制的统一。

2. 定义截面属性

应用命令 Section → Create 或单击工具箱中的 ♦（Create Section），弹出 Create Section 对话框，Category 选择 Shell，Type 选择 Homogeneous，单击 Continue 按钮。弹出 Edit Section 对话框，设置如图 14-2 所示。

○ 为使结果精确，厚向积分点（Thickness intergration points）需大于等于5，且为奇数。

图 14-2 设置截面属性

3. 分配截面属性

应用命令 Assign → Section 或单击工具箱中的 ♦（Assign Section），选中视图中的管，单击提示栏中 Done 按钮，将截面属性赋予部件。切换部件，按相同操作将截面属性赋予另一根管。

14.2.2 定义刚体约束

双击模型树中的 ⫷ Constraints，弹出 Create Constraint 对话框，Type 选择 Rigid body，单击 Continue 按钮。弹出 Edit Constraint 对话框，选中 Tie（nodes），单击图 14-3（a）中标号为1的 ▸，选中图 14-3（b）所示的绑定边区域，单击提示栏中 Done 按钮，单击图 14-3（a）中标号为2的 ▸，选中参考点 RP-1，单击提示栏中 Done 按钮，在 Edit Constraint 对话框中单击 OK 按钮，完成刚体约束。

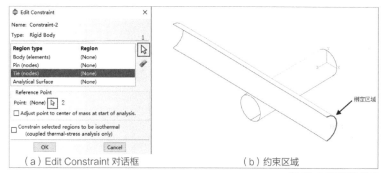

（a）Edit Constraint 对话框　　　　（b）约束区域

图 14-3 定义刚体约束

○ 1. 为使此处Rigid body的管边界点的平移自由度和旋转自由度均有效，Region type选用Tie类型。
　2. 当然也可用Coupling耦合约束。
　3. Rigid body约束经常也用在热冲压成形中，对可变形体的模具进行单元约束，使其既具有温度自由度，又不发生变形。

14.2.3 定义分析步和输出变量

1. 定义分析步

切换到 Step 模块，应用命令 Step→Create 或单击工具箱中的 ■（Create Step），弹出 Create Step 对话框，选择 Dynamic，Explicit 分析步类型，单击 Continue 按钮，弹出 Edit Step 对话框，修改 Time period 为 0.0005，其余选项保持默认，单击 OK 按钮。

> 1. 动力显式分析的 Time period 具有真实物理意义，可按照碰撞持续的时间加以设置。
> 2. 几何装配状态为碰撞发生的前一时刻，这样可节省碰撞前的空程所消耗的求解时间，跌落分析亦如此。

2. 修改场变量输出

应用命令 Output→Field Output Requests→Manager，弹出 Field Output Requests Manager 对话框，选中 F-Output-1，单击 Edit 按钮，弹出 Edit Field Output Request 对话框，修改 Interval: 15。

3. 修改历史变量输出

应用命令 Output→History Output Requests→Manager，弹出 History Output Requests Manager 对话框，选中 H-Output-1，单击 Edit 按钮，弹出 Edit History Output Requests 对话框，修改 Interval：100。

> 输出频率用于控制结果文件ODB的大小，以节省硬盘空间，用于控制显式求解的历史Frequency的常用选项有
> 1. Every n time increments 用于定义n次增量迭代输出1次数据。
> 2. Evenly spaced time intervals 用于定义均匀间隔的总输出数，默认为200。
> 3. Every x units of time 用于定义每x时间间隔输出1次数据。

应用命令 Output→History Output Requests→Create 或单击 ■（Create History Output），弹出 Create History 对话框，单击 Continue 按钮，弹出 Edit History Output Request 对话框，按图 14-4 对参考点集进行输出设置。

> 1. RF1、RF2、RF3为反作用力变量，RM1、RM2、RM3为反作用力矩变量。
> 2. 壳单元默认仅输出上、下面的场值和历史值，如输出其他层的值，需指定积分点，如图14-4中Specify:1,3,5（厚度方向共5个积分点），即输出上、中和下面的值。

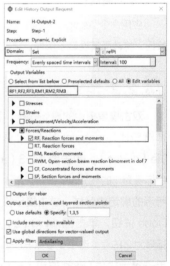

图 14-4 设置历史场输出

14.2.4 定义接触

1. 定义接触属性

切换到 Interaction 模块，应用命令 Interaction→Property→Interaction Property 命令，弹出 Create

Interaction Property 对话框，Name 改为 IntProp-f0_2，Type 选中 Contact。单击 Continue 按钮，弹出 Edit Contact Property 对话框，应用 Mechanical → Tangential Behavior，修改 Friction formulation 为 Penalty，按图 14-5 所示设置摩擦系数为 0.2。

> ○ 接触属性分切向行为和正向行为，正向行为不定义则默认为硬"Hard"接触。

2. 定义相互作用

应用命令 Interaction → Create 或单击工具箱中的 ▦（**Create Interaction**），Name 改为 Int-All，Step 选择 Step-1，接触类型选择 General contact（Explicit）。单击 Continue 按钮，弹出 Edit Interaction 对话框，选择 All* with self，如图 14-6 所示，单击 OK 按钮完成通用接触的定义。

图 14-5 定义接触属性

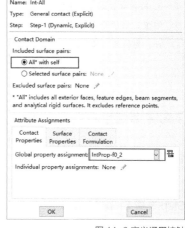
图 14-6 定义通用接触

14.2.5 定义初始条件

切换到 Load 模块。

> ○ 旋转轴通过参考点且平行于 Z 方向，因此通过两点定义旋转轴，即轴上的两点都与参考点有相同的 X 轴、Y 轴坐标，两点的相对 Z 值确定了轴的方向。

1. 查询点坐标

单击工具箱中的 ❶（**Query**），选择 Point/Node，选中图 14-7 中的两点，单击 Done 按钮，在提示栏中出现两点的坐标（25., 6.932, 21.75）和（25., 6.932, 25.）。

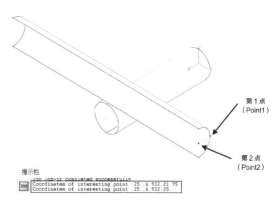
图 14-7 查询点坐标

2. 定义预定义场

应用命令 Predefined Field → Create 或单击工具箱中的 ┗ (Create Predefined Field)，Step 中选择 Initial，Category 中选 Mechanical，Types for Selected Step 中选 Velocity，单击 Continue 按钮。选择撞击管作为施加角速度的区域。在弹出的 Edit Predefined Field 对话框中，按图 14-8 进行设置。

> 1. 此处角速度用 rad/s，旋转方向遵循旋转轴右手螺旋定则。
> 2. point 1 和 point 2 两点的坐标，可从提示栏中直接复制，而无需手工输入。
> 3. 碰撞和跌落分析中的速度条件，都需在初始场中定义，即仅约束初始步的值，后续分析步随求解而改变；如把速度条件加载到分析步则为强制条件，为已知的目标值。

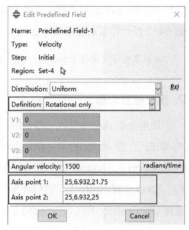

图 14-8 定义预定义场

14.2.6 定义边界条件

1. 创建对称约束条件

应用命令 BC → Create 或单击工具箱中的 ┗ (Create BC)，弹出 Create Boundary Condition 对话框，Step 选择 Step-1，修改 Name 为 BC-1_ZSYMM，Category 选择 Mechanical，Types for Selected Step 选择 Symmetry/Antisymmetry/Encastre。单击 Continue 按钮，选择图 14-9 所示的 ZSYMM 边。单击 Done 按钮，弹出 Edit Boundary Condition 对话框，选择 ZSYMM（U3=UR1=UR2=0），单击 OK 按钮。

2. 创建固定约束

应用命令 BC → Create 或单击工具箱中的 ┗ (Create BC)，弹出 Create Boundary Condition 对话框，Step 选择 Step-1，修改 Name 为 BC-2_ENCASTRE，Category 选择 Mechanical，Types for Selected Step 选择 Symmetry/Antisymmetry/Encastre。单击 Continue 按钮，选择图 14-9 所示的 ENCASTRE 边。单击 Done 按钮，弹出 Edit Boundary Condition 对话框，选择 ENCASTRE（U1=U2=U3=UR1=UR2=UR3=0），单击 OK 按钮。

3. 创建 Pin 约束

应用命令 BC → Create 或单击工具箱中的 ┗ (Create BC)，弹出 Create Boundary Condition 对话框，Step 选择 Step-1，修改 Name 为 BC-3_PINNED，Category 选择 Mechanical，Types for Selected Step 选择 Symmetry/Antisymmetry/Encastre。单击 Continue 按钮，选择如图 14-9 所示的 PINNED 约束边。单击 Done 按钮，弹出 Edit Boundary Condition 对话框，选择 PINNED（U1=U2=U3 =0），单击 OK 按钮。

> Pin 约束常用于导正孔、导正销的约束等。

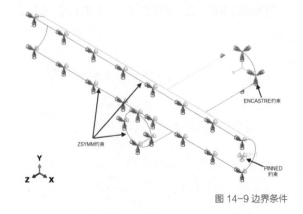

图 14-9 边界条件

14.2.7 提交作业查看结果

1. 提交作业

将文件保存为 pipeWhip_1_complete.cae，切换到 Job 模块，应用命令 Job → Manager 或单击工具箱中的 ，弹出 Job Manager 对话框，选中 Job-1_Original，单击 Submit 按钮。

2. 查看结果

计算结束后，单击 Job Manager 对话框中 Result，切换到 Visualization 模块，查看结果。

» **变形图**

应用工具栏 Part instances（Color Code Dialog）工具使部件呈现不同颜色。应用 ，弹出 Common Options 对话框，在 Basic 选项卡下，设置 Visible Edges 栏下 Feature edges，可隐藏网格线。单击工具箱中的 可显示图 14-10 的变形图。

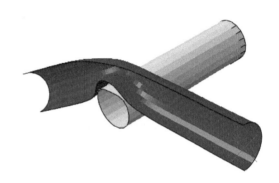

图 14-10 撞击管变形图

» **云图**

单击工具箱中的 ，查看撞击管的变形过程。单击工具箱中的 命令，显示云图。应用工具栏命令，Primary S Mises 切换出不同的场结果。撞击管的应力云图与塑性变形云图如图 14-11 所示。

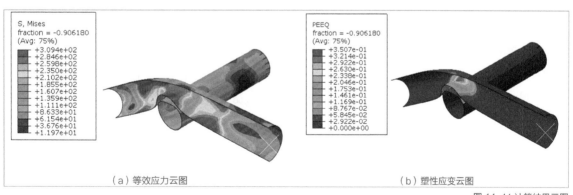

（a）等效应力云图　　　　　　　　　　（b）塑性应变云图

图 14-11 计算结果云图

» **动内能曲线**

单击工具箱中的 ，弹出 Create XY Data 对话框，选择 ODB history output，单击 Continue 按钮。弹出 History Output 对话框，选中 Internal energy：ALLAE for Whole Model（内能），Kinetic energy：ALLIE for Whole Model（动能）及 Artificial strain energy：ALLAE for Whole Model（伪应变能）。单击 Plot 按钮，绘制曲线如 14-12（a）所示，由此可知，刚碰上时动能非常大，当碰撞开始，动能逐渐转换为内能。

结果树目录 XYData（3）下，单击鼠标右键分别重命名伪应变能和内能为 ALLAE、ALLIE。单击工具箱中的 ▥（Create XY Data），弹出 Create XY Data 对话框，选择 Operate on XY Data，单击 Continue 按钮，弹出 Operate on XY Data 对话框，双击选择曲线名以编辑表达式"ALLAE"/"ALLAE"*100，单击 Plot Expression 按钮，绘制图 14-12（b）伪应变能内能百分比，由图可知其比值小于 10%，基本可接受其分析结果。

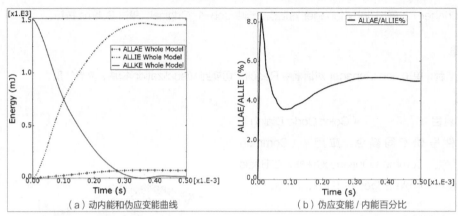

（a）动内能和伪应变能曲线　　（b）伪应变能/内能百分比

图 14-12 动内能曲线图

> 1. 应用命令 Options→XY Options→Curves，弹出 Curves Options 对话框。可通过该对话框修改曲线线型、颜色等。
> 2. 图标的纵横轴字体、大小等可类似 Excel 通过双击进行编辑。

» 参考点反力图

单击工具箱中的 ▥（Create XY Data），弹出 Create XY Data 对话框，选择 ODB history output，单击 Continue 按钮。弹出 History Output 对话框，选中 Reaction force: RF1 PI: rootAssembly Node 1 in NSET REFPT, Reaction force: RF2 PI: rootAssembly Node 1 in NSET REFPT 及 Reaction force: RF3 PI: rootAssembly Node 1 in NSET REFPT，单击 Plot 按钮，绘制出图 14-13 所示的参考点的反力曲线图。

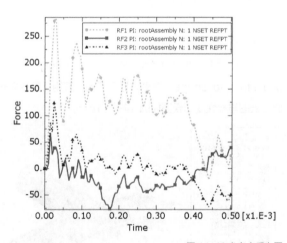

图 14-13 参考点反力图

14.2.8 inp 文件解释

打开工作目录下的 Job-1_Original.inp，节选如下：

```
** 定义旋转角速度初始场
** Name: Predefined Field-1   Type: Velocity
*Initial Conditions, type=ROTATING VELOCITY
Set-4, 1500., 0., 0., 0.,
25., 6.932, 21.75, 25., 6.932, 25.,
**------------------------------------------------
```

```
** 定义动力显式分析步，几何非线性
** STEP: Step-1
*Step, name=Step-1, nlgeom=YES
*Dynamic, Explicit
, 0.0005
*Bulk Viscosity
```

```
0.06, 1.2                                    ** 定义场输出
**                                           *Output, field, variable=PRESELECT, number interval=15
** INTERACTIONS                              ** 定义历史输出
** 定义通用接触                               ** HISTORY OUTPUT: H-Output-2
** Interaction: Int-All                      * Output, history, time interval=5e-06
*Contact, op=NEW                             *Node Output, nset=refPt
*Contact Inclusions, ALL EXTERIOR            RF1, RF2, RF3, RM1, RM2, RM3
*Contact Property Assignment                 ** HISTORY OUTPUT: H-Output-1
, , IntProp-f0_2                             *Output, history, variable=PRESELECT, time interval=5e-06
**                                           *End Step
** FIELD OUTPUT: F-Output-1
```

14.3 质量加速

14.3.1 复制模型

继续上步操作或打开文件 pipeWhip_1_complete.cae。模型树中，在 Model-1_Original 单击鼠标右键，单击 Copy Model 按钮，弹出 Copy Model 对话框，如图 14-14 所示，将 Name 修改为 Model-2_Addmass。

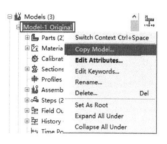 

图 14-14 复制模型

14.3.2 修改分析步设置

切换到 Step 模块 Module: Step Model: Model-2_Addmass Step: Initial。

应用命令 Step → Manager 或单击工具箱中的 ▣（**Step Manager**），弹出 Step Manager 对话框，选中 Step-1，单击 Edit 按钮，弹出 Edit Step 对话框，切换到 Mass scaling 选项卡下，选择 Use scaling definitions below，单击 Create 按钮，如图 14-15（a）所示，弹出 Edit Mass Scaling 对话框，如图 14-15（b）所示设置质量缩放的时间增量目标为 2E-007。

○ 质量缩放的目标时间增量，参考原始模型的求解时间增量步加以调整。

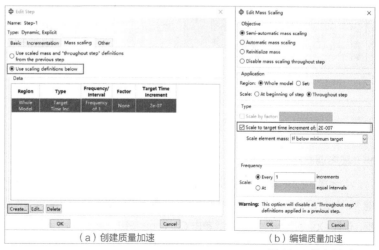

（a）创建质量加速　　（b）编辑质量加速

图 14-15 修改分析步设置

14.3.3 提交作业

切换到 Job 模块，应用命令 Job → Create 或单击工具箱中的 ■（**Create Job**），弹出 Create Job 对话框，修改 Name：Job-2_Addmass，选择 Model-2_Addmass，单击 Continue 按钮，弹出 Edit Job 对话框，默认选项，单击 OK 按钮。应用命令 Job → Manager 或单击工具箱中的 ■（**Job Manager**），弹出 Job Manager 对话框，选中 Job-2_Addmass，单击 Submit 按钮。将文件保存为 pipeWhip_2_complete.cae。

> ○ 质量加速可加快模型的求解，本案例的计算时间非常短，质量加速效果不明显。

14.3.4 查看结果

计算结束后，Job Manager 对话框选中 Job-2_Addmass，单击 Result 按钮，切换到 Visualization 模块，查看结果。

» **变形图**

将图 14-16 所示的质量加速变形图与图 14-10 进行对比可知，质量加速的变形结果明显增大，偏离真实值，说明质量缩放比例设置得太大。

图 14-16 质量加速后的撞击管变形图

» **云图**

由图 14-17 的质量加速应变图和图 14-11 相比，可知质量加速的应变结果明显增大，偏离真实值，这也说明质量缩放比例设置太大了。

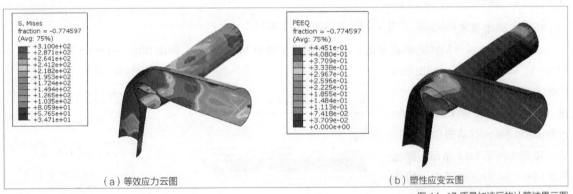

（a）等效应力云图　　　　　　　　（b）塑性应变云图

图 14-17 质量加速后的计算结果云图

» **动内能曲线**

参考第 14.2.7 节内容绘制动内能曲线和伪应变能曲线，如图 14-18（a）所示，分别保存为 ALLAE（伪应变能）、ALLKE（动能）和 ALLIE（内能）。单击工具箱中的（Create XY Data）命令，弹出 Create XY Data 对话框，选择 Operate on XY Data，单击 Continue 按钮，弹出 Operate on XY Data 对话框，输入表达式"ALLAE"/"ALLIE"*100，单击 Plot Expression 按钮，绘制图 14-18（b）曲线，由图可知，伪应变能/内能百分比基本在 10% 以内，质量缩放合适。

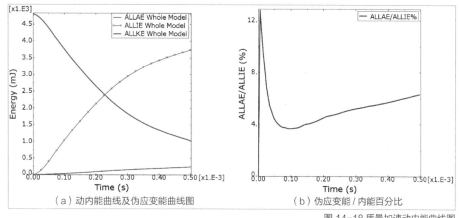

图 14-18 质量加速动内能曲线图

○ 质量加速会改变动内能计算结果,所以质量加速会使应力、应变等计算结果产生一定的误差,可通过对比伪应变能/内能百分比是否合适,以确定分析的可靠性。

» 参考点反力

质量加速的结果图 14-19 比原始模型结果图 14-13 大了许多,这也是由于质量加速设置不恰当所致,故设置图 14-15 的质量缩放的目标时间增量时,需参考原始模型的求解时间增量步。

○ 质量缩放对惯性效应具有同样的影响,过多的质量缩放将导致非真实的解,如果质量缩放用于完全的动态条件下,总质量的变化应该尽量小(小于1%)。

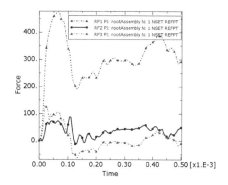

图 14-19 参考点反力图

14.3.5 inp文件解释

打开工作目录下的 Job-2_Addmass.inp,节选如下:

```
** 质量缩放
** Mass Scaling: Semi-Automatic
**           Whole Model
*Variable Mass Scaling, dt=2e-07, type=below min, frequency=1
**
```

14.4 单元删除

14.4.1 复制模型

打开文件 pipeWhip_2_compete.cae 或继续上步操作。模型树中,在 Model-1_Origina 单击鼠标右键,单击 Copy Model 按钮,弹出 Copy Model 对话框,将 Name 修改为 Model-3_Damage。

14.4.2 修改材料属性

切换到 Property 模块 Module: Property Model: Model-3_Damage Part: pipe-impacting。

应用命令 Material → Edit → Steel，弹出 Edit Material 对话框，应用命令 Mechanial → Damage for Ductile Metal → Ductile Damage，编辑对话框如图 14-20（a）所示，对话框中选择 Suboptions → Damage Evolution，弹出 Suboption Editor 对话框，如图 14-20（b）所示设置。

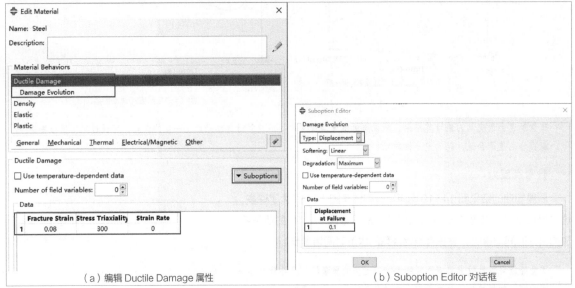

（a）编辑 Ductile Damage 属性　　　　　　（b）Suboption Editor 对话框

图 14-20 修改材料属性

○ 读者可视具体情况，对材料失效属性参数进行调整，一般 Displacement at Failure 值为断裂位置单元长度的 1/3。

14.4.3 修改场输出

切换到 Step 模块 Module: Step Model: Model-3_Damage Step: Initial。

应用命令 Output → Field Output Requests → Manager，弹出 Field Output Requests Manager 对话框，选中 F-Output-1，单击 Edit 按钮，弹出 Edit Field Output Requests 对话框，添加图 14-21 所示的 STATUS 场变量，以删除失效单元。

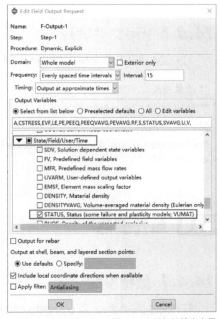

图 14-21 添加场输出变量

14.4.4 修改网格属性

切换到 Mesh 模块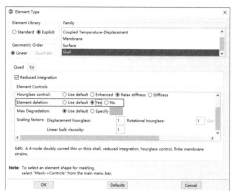

单击工具箱中的 （Assign Element Type），选中视图中的撞击管部件。单击提示栏中 Done 按钮或按鼠标中键确定，弹出 Element Type 对话框，在 Element Controls 栏中选择 Element deletion：Yes，如图 14-22 所示。

图 14-22 修改单元类型

14.4.5 提交作业

切换到 Job 模块，应用命令 Job → Create 或单击工具箱中的 （**Create Job**），弹出 Create Job 对话框，修改 Name：Job-3_Damage，选择 Model-3_Damage，单击 Continue 按钮，弹出 Edit Job 对话框，按默认选项，单击 OK 按钮。应用命令 Job → Manager 或单击工具箱中的 （**Job Manager**），弹出 Job Manager 对话框，选中 Job-3_Damage，单击 Submit 按钮。保存文件为 pipeWhip_final.cae。

14.4.6 分析结果

计算结束后，在 Job Manager 对话框选中 Job-3_Damage，单击 Result 按钮，切换到 Visualization 模块查看结果。结果查看详细操作参考 14.2.7 节相关内容。

» **变形图**

质量加速后的撞击管变形图如图 14-23 所示。

图 14-23 质量加速后的撞击管变形图

» **云图**

质量加速后的计算结果云图如图 14-24 所示。

（a）等效应力云图　　　　　　　（b）塑性应变云图

图 14-24 质量加速后的计算结果云图

» **动内能曲线及伪应变能曲线**

动内能曲线及伪应变能曲线如图 14-25 所示。

○ 添加单元失效属性之后，对动内能数值影响不大，与图14-13相比，对反作用力略有影响。

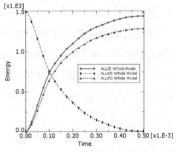

图 14-25 动内能曲线及伪应变能曲线图

» **参考点反作用力**

参考点反力图如图 14-26 所示。

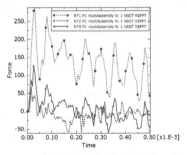

图 14-26 参考点反力图

14.4.7 inp文件解释

打开工作目录下的 Job-3_Damage.inp，节选如下：

```
** 单元控制                                          0.08,300., 0.
** ** ELEMENT CONTROLS                              *Damage Evolution, type=DISPLACEMENT
*Section Controls, name=EC-1, ELEMENT DELETION=YES,  0.1,
hourglass=RELAX STIFFNESS                           *Density
1., 1., 1.                                          7.85e-09,
*Section Controls, name=EC-2, hourglass=RELAX STIFFNESS  *Elastic
1., 1., 1.                                          206000., 0.3
** 材料定义                                          *Plastic
*Material, name=Steel                               310.,0.
*Damage Initiation, criterion=DUCTILE               **
```

14.5 小结和点评

本讲采用动力显式求解高速碰撞引起的金属管应力、应变和变形，不仅介绍了显示动力学的分析设置，还详细讲解了刚体约束、通用接触、初始场、边界条件，以及质量加速和单元删除等，能够为碰撞或跌落分析提供较为直接的参考。其中的注意事项能够使读者举一反三，脱离本讲案例进一步处理工作中的实际工程问题。

点评：杨良波 技术经理

金发科技有限公司 车用材料事业本部

第 04 部分

焊接仿真

第15讲 铝合金TIG焊接分析

主讲人：树西

软件版本	分析目的
Abaqus2017、VisualStudi 2013、Intel Visual Fortran 2013	铝合金TIG焊接过程中的温度场、应力场和变形

难度等级	知识要点
★★★★☆	材料和几何非线性、热-力耦合分析步的定义、热源和移动路径的子程序定义

15.1 问题描述

图 15-1 所示为 2 块尺寸为 100mm×50mm×3mm 拼接的铝合金平板，采用 TIG 焊接方法，I 形坡口。焊接热输入为 640J，焊接速度为 5mm/s。

采用瞬态求解，详细讲解热-力耦合操作过程。

图 15-1 熔焊分析模型

15.2 问题分析和求解

15.2.1 创建部件

打开 Abaqus/CAE 的启动界面，单击 Creat Model Database 按钮，选择 With Standard/Explicit Model 分析模块，随即进入 Part 功能模块。进入模块后，用户可在该模块中创建熔焊焊接模型。

1. 创建三维模型

单击工具箱中的 ┗（Creat Part），弹出 Creat Part 对话框，在 Name 栏中输入 Al6063，Approximate size 设置为 0.4。

单击工具箱中的 Creat Lines，依次输入坐标(-0.05,0.05)，(0.05,0.05)，(0.05,-0.05)，(-0.05,-0.05)，(-0.05,0.05)，按 Enter 键完成操作；生成二维几何模型；按鼠标中键，再单击 Done 按钮，弹出 Edit Base Extrusion 对话框，在 Depth 栏中输入 0.003，如图 15-2 所示；单击 OK 按钮，完成创建部件，如图 15-3 所示。

第15讲 铝合金TIG焊接分析

图 15-2 Edit Base Extrusion 对话框

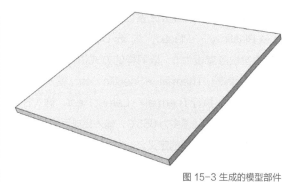

图 15-3 生成的模型部件

2．创建焊缝

应用命令 Tools → Partion，弹出 Creat Partion 对话框，首先对面进行分割，单击 Face → Sketch，如图 15-4 所示，选择用草图的方式对面进行分割，然后选择模型的上表面，按鼠标中键，再选择上表面上的一条边，进入草图模式，单击工具箱中的 ✎（Creat Lines），对面进行分割，分割线与 X 轴平行，如图 15-5 所示；单击鼠标中键，完成对面的分割。

图 15-4 Creat Partion 对话框

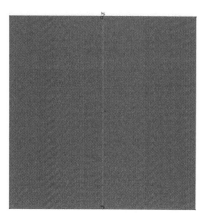

图 15-5 分割线

单击 Cell → Extrude/Sweep edges，选择用扫掠的方式对平板进行分割，如图 15-6 所示，选择模型上表面中间分割面的线，按鼠标中键，再单击 Extrude Along Direction 按钮，选择扫掠方向，即模型厚度方向，箭头方向为扫掠方向，如箭头方向与扫掠方向相反，单击 Flip 按钮 Flip，使箭头方向相反，按 OK 按钮再单击鼠标中键，完成对平板的分割，如图 15-1 所示。

> 1．本讲使用的单位制为 m、N、kg 和 Pa。
> 2．本讲为平板焊接简化模型，分割产生的中缝即为焊缝，不采用生死单元，左右两块平板与焊缝都为同种材料。
> 3．快捷键：Ctrl+Alt+鼠标左键为旋转模型，Ctrl+Alt+鼠标中键为平移模型 Ctrl+Alt+鼠标右键为缩放模型。

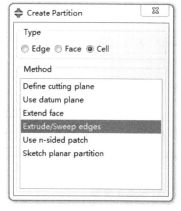

图 15-6 Creat Partion 对话框

15.2.2 定义材料属性

在环境栏的 Module（模块）列表中选择 Property（特性）功能模块，设置平板的材料性质。

单击工具箱中的 ⌕（Creat Material），弹出 Edit Material 对话框。在 Name 栏输入 Al6063；在 Material Behaviors 栏内执行 General → Density 输入密度为 2700kg/m^3（假设材料密度不随温度变化）；执行 Mechanical → Elasticity → Elastic，勾选 Use temperature-dependent data，使用与温度相关的数据，输

入随温度变化的杨氏模量,泊松比设为定值0.33,材料属性见表15-1;执行Mechanical→Plasticity→Plastic,勾选Use temperature-dependent data,输入数据,其中塑性应变设为0;以同样的方式执行Mechanical→Expansion、Thermal→Conductivity、Thermal→Specific Heat,输入随温度变化的线膨胀系数、热导率、比热材料参数;执行Thermal→Latent Heat,输入潜热为$3.9×10^5$J/Kg,固相线温度为615℃,液相线温度为655℃;输入完成后的材料属性如图15-7所示,单击OK按钮,完成对材料属性的定义。

图15-7 Edit Material 对话框

表15-1 材料属性表

温度/℃	杨氏模量/GPa	屈服应力/MPa	热膨胀系数/℃	热导率/W·m⁻¹·℃	比热/J·kg⁻¹·℃
20	66.7	250	$2.23×10^{-5}$	119	900
100	60.8	225	$2.28×10^{-5}$	121	921
200	54.4	190	$2.47×10^{-5}$	126	1005
300	43.1	133	$2.55×10^{-5}$	130	1047
400	—	20.8	$2.67×10^{-5}$	138	1089
500	30	8.6	$2.70×10^{-5}$	—	—
2000	—	—	—	145	1129

15.2.3 定义截面属性

1. 创建截面属性

单击工具箱中的 (Creat Section),弹出Creat Section对话框,在Name栏输入Al6063为截面名称,选择Category:Solid和Type:Homogeneous,单击Continue按钮,弹出Edit Section对话框,在Material栏选择Al6063,其余选项采用默认值,单击OK按钮,完成截面的创建操作。

2. 分配截面属性

单击工具箱中的 (Assign Section),在视图区中全选整个模型,单击鼠标中键,弹出Edit Section Assignment对话框,在Section栏选择Al6063,单击OK按钮,单击Done按钮,完成截面特性的分配操作。

15.2.4 装配部件

在环境栏的Module列表中选择Assembly功能模块,单击工具箱中的 (Instance Part),弹出Creat Instance对话框,默认的选项为Al6063,单击OK按钮,完成装配部件。

15.2.5 设置分析步

在环境栏的 Module 列表中选择 Step 功能模块,该实例需要设置分析步和场变量输出要求。

1. 创建加热分析步

单击工具箱中的 (Creat Step),弹出 Creat Step 对话框,在 Name 后面输入 Heating,在 Procedure type 后面选择 General→Coupled temp-displacement,单击 Continue 按钮,弹出 Edit Step 对话框,在 Time period 后面输入 20,代表焊接时间为 20s,打开几何非线性,即 Nlgeom 选择 On,其他采用默认值,Basic 选项卡的设置如图 15-8 所示;切换到 Incrementation 选项卡,在 Maximum number of increments 后面输入 10000,防止增量步过少导致计算中断,初始分析步设为 0.001,最小分析步设为 1×10^{-8},最大分析步设为 1,在 Max, allowable temperature change per increment 后面输入 200,如图 15-9 所示。单击 OK 按钮,完成加热步的设置。

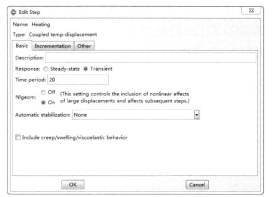

图 15-8 Edit Step 对话框 Basic 选项卡

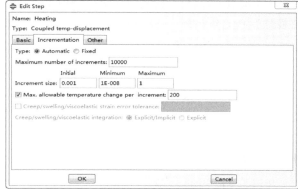

图 15-9 Edit Step 对话框 Incrementation 选项卡

2. 创建冷却分析步

单击工具箱中的 (Creat Step),弹出 Creat Step 对话框,在 Name 后面输入 Cooling,单击 Continue 按钮,弹出 Edit Step 对话框,在 Time period 后面输入 60,代表冷却时间为 60s,切换到 Incrementation 选项卡,其设置与加热步设置一样,参考图 15-9 即可,单击 OK 按钮,完成冷却步的设置。

3. 设置场输出

单击工具箱中的 (Field Output Manager),弹出 Field Output Requests Manager 对话框,单击 Edit 按钮,弹出 Edit Field Output Request 对话框,修改里面的场输出变量:删除原有的场输出,输入 NT,S,U,如图 15-10 所示,减小计算量,提高效率。

图 15-10 Edit Field Output Request 对话框

15.2.6 定义接触

在环境栏的 Module 列表中选择 Interaction 功能模块。

1. 设置对流换热

单击工具箱中的 (Creat Interaction)，弹出 Creat Interaction 对话框，在 Name 后面输入 Int-film, Step 后面选择 Heating 分析步，Types for Selected Step 下面选择 Surface film condition，单击 Continue 按钮，在视图区中全选整个模型，按鼠标中键，弹出 Edit Interaction 对话框，在 Film coefficient 后面输入 20，在 Sink temperature 后面输入 20，单击 OK 按钮，完成对流换热的设置。

2. 设置辐射换热

单击工具箱中的 (Creat Interaction)，弹出 Creat Interaction 对话框，在 Name 后面输入 Int-radiation, Step 后面选择 Heating 分析步，Types for Selected Step 下面选择 Surface radiation，单击 Continue 按钮，在视图区中全选整个模型，按鼠标中键，弹出 Edit Interaction 对话框，在 Emissivity 后面输入 0.85，在 Ambient temperature 后面输入 20，其余保持不变，单击 OK 按钮，完成辐射换热的设置。

15.2.7 定义载荷和边界条件

在环境栏的 Module 列表中选择 Load 功能模块。

1. 定义热源载荷

单击工具箱中的 (Creat Load)，弹出 Creat Load 对话框，在 Name 栏中输入 TIG-dual-ellipsoid, Step 列表内选择 Heating, Category 选择 Thermal，在 Types for Selected Step 栏内选择 Body heat flux, 单击 Countinue 按钮。在视图区中选择整个模型，按鼠标中键，弹出 Edit Load 对话框，在 Distribution 列表内选择 User-defined，在 Magnitude 后面输入 1，单击 OK 按钮，完成载荷的定义。单击工具箱中的 (Load Manager)，弹出 Load Manager 对话框，单击 Cooling 下面的 Propagated，再单击 Deactivate 按钮，此时 Propagated 会变为 Inactive，这个操作的目的是在冷却步抑制热源。

2. 定义边界条件

单击工具箱中的 (Creat Boundary Condition)，弹出 Creat Boundary Condition 对话框，在 Name 栏中输入 BC-corners，单击 Countinue 按钮，选择 4 个角的高度方向上的短边，按鼠标中键，弹出 Edit Boundary Condition 对话框，选中 U1、U2、U3 前面的复选框，单击 OK 按钮，完成边界条件的定义。

3. 使用预定义场来定义初始温度

单击工具箱中的 (Creat Predefined Field)，弹出 Creat Predefined Field 对话框。在 Step 列表内选择 Initial, Category 选择 Other，在 Types for Selected Step 栏内选择 Temperature，单击 Countinue 按钮。在视图区中选择整个模型，按鼠标中键，弹出 Edit Predefined Field 对话框，在 Magnitude 后面输入 20，单击 OK 按钮，完成初始温度的定义。

15.2.8 划分网格

在环境栏的 Module 列表中选择 Mesh 功能模块，在环境栏的 Object 选项中选中 Part，对部件进行划分网格。

1. 设置种子数量

单击工具箱中的 （Seed Part），弹出 Global Seeds 对话框，在 Approximate global size 栏中输入 0.001，其余保持默认值，单击 OK 按钮。

2. 设置网格属性

单击工具箱中的 （Assign Mesh Controls），在视图区中选择整个模型，按鼠标中键，弹出 Mesh Controls 对话框，在 Element Shape 中选择 Hex，采用 Structured 结构网格技术，单击 OK 按钮，完成控制网格划分选项的设置，如图 15-11 所示。

图 15-11 Mesh Controls 对话框   图 15-12 Element Type 对话框

3. 划分网格

单击工具箱中的 （Mesh Part），单击提示区中的 Yes 按钮，完成网格的划分。

单击工具箱中的 （Assign Element Type），在视图区中选择整个模型，按鼠标中键，弹出 Element Type 对话框，在 Family 栏中选择 Coupled Temperature-Displacement，其余保持默认值，如图 15-12 所示，单击 OK 按钮，单击鼠标中键。

单击工具箱中的 （Verify Mesh），在视图区中选择整个模型，按鼠标中键，弹出 Verify Mesh 对话框，单击 Highlight 按钮，下面的信息区中显示网格数量为 30000，没有错误和警告。

15.2.9 提交分析作业

1. 创建作业

在环境栏的 Module 列表中选择 Job 功能模块，单击工具箱中的 （Creat Job），弹出 Creat Job 对话框，在 Name 后面输入 Al6063-TIG，单击 Continue 按钮，弹出 Edit Job 对话框，单击 General 选项卡，单击最下面的 （User subroutine file），选择子程序路径，并选中子程序，即 Al6063-dual-ellipsoid.for 文件，其余保持不变，单击 OK 按钮。

2. 提交作业

单击工具箱中的 （Job Manager）（Creat Job 工具右边），弹出 Job Manager 对话框，单击 Submit 按钮

提交作业，再单击 Monitor 按钮，弹出 Al6063-TIG Monitor 对话框，运行完毕，在消息栏显示 Completed。最后单击 Write Input 按钮，至此，作业分析完毕。

15.2.10 后处理

计算结束后，单击 Results 按钮，Abaqus/CAE 进入 Visualization（可视化）模块，工具箱中的 ■（Plot Undeformed Shape）被激活。

1. 云图分析

在 Filed Output 工具栏的下拉列表中选择 NT11，左侧工具箱中的 ■（Plot Contours on deformed Shape）被激活。单击工具箱中的 ■（Animate: Time History），出现温度场动态图，如图 15-13 所示。同理，在 Field Output 工具栏的下拉列表中选择 S、U 分别可以看到应力场云图和变形云图。

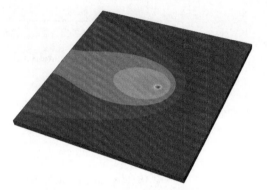

图 15-13 温度分布云图

2. 曲线提取

单击工具箱中的 ■（Creat XY Data），弹出 Creat XY Data 对话框，选择 ODB Field Output，单击 Continue 按钮，弹出 XY Data from ODB Field Output 对话框，在 Position 下拉列表中选择 Unique Nodal，在 Click checkboxes or edit the identifiers shown next to Edit below 栏中选中 NT11: Nodal temperature 前面的复选框，如图 15-14 所示；切换到 Elements/Nodes 选项卡，单击 Edit Selection 按钮，选择模型上的一个节点，按鼠标中键，Elements/Nodes 选项卡中显示 1 Nodes selected，单击 Plot 按钮，出现这点的热循环曲线，如图 15-15 所示。应力场与变形场的场输出曲线提取方式与温度场的提取方式相似，不同点在于在 Click checkboxes or edit the identifiers shown next to Edit below 栏中选中的不是 NT11 而是 S 或者 U。

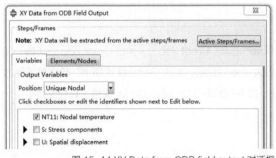

图 15-14 XY Data from ODB field output 对话框

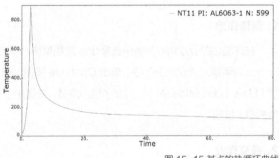

图 15-15 某点的热循环曲线

应用命令 Tools → Path → Creat，弹出 Creat Path 对话框，在 Name 栏中输入 Displacement，单击 Continue 按钮，弹出 Edit Node List Path 对话框，单击 Add After 按钮，在模型上选择一条由节点组成的路径，按鼠标中键，完成选择，弹出 Edit Node List Path 对话框，单击 OK 按钮，完成路径的选择。

单击工具箱中的 ■（Creat XY Data），弹出 Creat XY Data 对话框，选择 Path，单击 Continue 按钮，弹出

XY Data from Path 对话框，在 Path 下拉列表中选择 Displacement，单击 Step/Frame 按钮，选中冷却的最后一个增量步，单击 OK 按钮，单击 Field Output 按钮，弹出 Field Output 对话框，选择 S-S11，单击 OK 按钮，单击 XY Data from Path 对话框中的 Plot 按钮，显示出所选路径的场输出变量，如图 15-16 所示。同理可以输出其他场变量沿某一路径的曲线图。

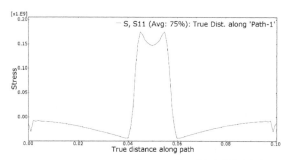

图 15-16 某一路径上的纵向应力分布

- 在显示云图的时候单击工具箱中的 ▓ (Common Options)，弹出 Common Plot Options 对话框，在 Visible Edges 栏中选择 Free edges，单击 OK 按钮，可以不显示模型的网格边框。

15.3 子程序

子程序里面定义了热源参数及行走路径，具体参数请参见子程序注解，字母 C 为注释内容、$ 为换行符。

```
1       SUBROUTINE DFLUX(FLUX,SOL,JSTEP,JINC,TIME,NOEL,NPT,COORDS,JLTYP,
2      $                 TEMP,PRESS,SNAME)
3
4       INCLUDE 'ABA_PARAM.INC'
5
6       DIMENSION COORDS(3),FLUX(2),TIME(2)
7       CHARACTER*80 SNAME
8
9     C  wu,焊接电压
10    C  wi,焊接电流
11    C  effi,焊接效率系数
12    C  q,电弧有效热功率W
13    C  v,焊接速度m/s
14    C  q,电弧有效热功率W
15       wu=16
16       wi=80
17       effi=0.5
18       v=0.005
19       q=wu*wi*effi
20       d=v*TIME(2)
21
22       x=COORDS(1)
23       y=COORDS(2)
24       z=COORDS(3)
25
26    C  从坐标x0,y0,z0开始，沿着z方向移动
27       x0=-0.05
28       y0=0
29       z0=0.003
30
31    C  a1,a2,b,c为双椭球的形状参数
32       a1=0.002
33       a2=0.003
34       b=0.002
35       c=0.003
36
37    C  f1为热源分配系数
38       f1=1.0
39       PI=3.1415926
40
41       heat1=6.0*sqrt(3.0)*q/(a1*b*c*PI*sqrt(PI))*f1
42       heat2=6.0*sqrt(3.0)*q/(a2*b*c*PI*sqrt(PI))*(2.0-f1)
43
44       shape1=exp(-3.0*(x-x0-d)**2/(a1)**2-3.0*(y-y0)**2/b**2
45      $            -3.0*(z-z0)**2/c**2)
46       shape2=exp(-3.0*(x-x0-d)**2/(a2)**2-3.0*(y-y0)**2/b**2
47      $            -3.0*(z-z0)**2/c**2)
48
49    C  JLTYP=1,表示为体热源
50       JLTYP=1
51       IF(x .GE. (x0+d)) THEN
52          FLUX(1)=heat1*shape1
53       ELSE
54          FLUX(1)=heat2*shape2
55       ENDIF
56       RETURN
57       END
```

15.4 inp 文件

打开工作目录下的 Al6063-TIG.inp，节选如下：

```
** 定义加热分析步，名称为 Heating
** STEP: Heating
**
*Step, name=Heating, nlgeom=YES, inc=10000
*Coupled Temperature-displacement, creep=none,
deltmx=200.
0.001, 20., 1e-10, 1.
** 定义热源载荷，加载用户子程序热源
** LOADS
**
```

```
** Name: Load-1   Type: Body heat flux
*Dflux
Set-2, BFNU, 1.
**
** INTERACTIONS
**
** 定义接触，设置对流换热系数和辐射换热系数
** Interaction: Int-film
*Sfilm
Surf-1, F, 20., 20.
** Interaction: Int-radiation
```

```
*Sradiate
Surf-2, R, 20., 0.85
**
** OUTPUT REQUESTS
**
*Restart, write, frequency=0
** 定义输出变量
** FIELD OUTPUT: F-Output-1
**
*Output, field
*Node Output
NT, U
*Element Output, directions=YES
S,
**
** HISTORY OUTPUT: H-Output-1
**
*Output, history, variable=PRESELECT
*End Step
**_____
** 定义冷却分析步，名称为 Cooling
** STEP: Cooling
**
*Step, name=Cooling, nlgeom=YES, inc=10000
*Coupled Temperature-displacement, creep=none,
deltmx=200.
0.001, 60., 1e-08, 1.
**
** LOADS
**
** Name: Load-1   Type: Body heat flux
*Dflux, op=NEW
**
** OUTPUT REQUESTS
**
*Restart, write, frequency=0
** 定义输出变量
** FIELD OUTPUT: F-Output-1
**
*Output, field
*Node Output
NT, U
*Element Output, directions=YES
S,
**
** HISTORY OUTPUT: H-Output-1
**
*Output, history, variable=PRESELECT
*End Step
```

15.5 小结和点评

焊接技术在工业生产中占有重要地位，很多结构件的失效大多位于焊接接头部位。高速列车等长期工作于疲劳状态，焊接接头应力集中部位很容易产生疲劳裂纹，而航空航天中所用的零件对焊接变形的要求很高，工艺参数不合适很容易导致零件报废。采用数值分析技术分析焊接过程温度场、应力场及变形的分布，对减小残余应力，提升接头性能，优化焊接工艺，减小变形具有重大意义。

点评：万龙 董事长
哈尔滨万洲焊接技术有限公司

第 16 讲 激光填丝钎焊分析

主讲人：树西

软件版本
Abaqus 2017、Visual Studio 2013、Intel Visual Fortran 2013

分析目的
激光填丝钎焊过程中温度场分析

难度等级
★★★★★

知识要点
生死单元、热传导分析、热源和移动路径的子程序定义

16.1 问题描述

图 16-1 所示的模型为两块 0.1m×0.032m×0.001m 的钢板，卷边后用激光填丝钎焊的方式进行连接。模型尺寸详见下图。

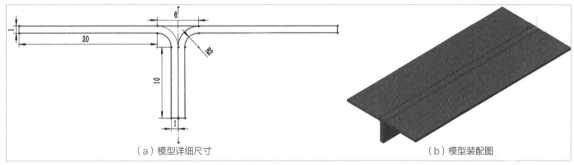

(a) 模型详细尺寸 　　　　　　　　　　(b) 模型装配图

图 16-1 激光钎焊温度场分析模型

> 1. 本例使用的单位制为 m、N、kg 和 Pa。
> 2. 本讲为激光钎焊简化模型，假设钎料完全填充焊缝，钎焊层高度与母材表面一致，采用 Python 语言实现生死单元。

16.2 问题分析和求解

16.2.1 创建部件

打开 Abaqus/CAE 的启动界面，单击 Creat Model Database 按钮，选择 With Standard/Explicit Model 分析模块，随即进入 Part 功能模块。进入模块后，用户可在该模块中创建激光填丝钎焊接模型。

单击工具箱中的 ⬜（Creat Part），弹出 Creat Part 对话框，在 Name 栏中输入 Brazing。首先建立整体模型，即母材和钎料不分开，然后再利用分割操作将钎料部位与母材分开，建立好的激光填丝钎焊模型如图 16-1 所示。

16.2.2 定义材料属性

在环境栏的 Module 列表中选择 Property 功能模块，设置母材和钎料的材料性质。

单击工具箱中的 （Creat Material），弹出 Edit Material 对话框。分别建立 $CuSi_3$ 和钢板两种材料，假设 $CuSi_3$ 和钢板的密度不随温度变化，分别为 8400kg/mm³ 和 7600kg/mm³，材料热传导和比热参数见表16-1。

表16-1 材料属性表

温度/℃	$CuSi_3$		钢板	
	热导率/W·m⁻¹·℃⁻¹	比热/J·kg⁻¹·℃⁻¹	热导率/W·m⁻¹·℃⁻¹	比热/J·kg⁻¹·℃⁻¹
20	46.80	379	50	460
100	—	—	49	465
200	48.54	390	—	—
250	—	—	47	480
350	50.11	411	—	—
500	52.67	439	40	575
650	54.10	463	—	—
750	—	—	27	625
800	57.90	478	—	—
1000	58.81	490	30	675
1500	—	—	35	650

16.2.3 定义截面属性

1. 创建截面属性

单击工具箱中的 （Creat Section），弹出 Creat Section 对话框，在 Name 栏输入 $CuSi_3$ 为截面名称，选择 Category: Solid 和 Type: Homogeneous，单击 Continue 按钮，弹出 Edit Section 对话框，在 Material 栏选择 $CuSi_3$，其余选项采用默认值，单击 OK 按钮，完成截面的创建操作。以相同的方式创建钢的截面属性。

2. 分配截面属性

单击工具箱中的 （Assign Section），在视图区中选择模型中间的钎料，按鼠标中键，弹出 Edit Section Assignment 对话框，在 Section 栏选择 $CuSi_3$，单击 OK 按钮，单击 Done 按钮，完成 $CuSi_3$ 截面特性的分配操作。以相同的方式分配钢母材的截面属性。

16.2.4 装配部件

在环境栏的 Module 列表中选择 Assembly 功能模块，单击工具箱中的 （Instance Part），弹出 Creat Instance 对话框，默认的选项为 Brazing，在 Instance Type 栏目中选择 Independent，单击 OK 按钮，完成装配部件，装配好的部件如图 16-1（b）所示，坐标原点在模型一端，母材及钎料平面为 XZ 平面，焊接方向沿 Z 轴负向，Y 轴正向垂直母材平面向上。

单击工具箱中的 ■（Creat Display Group），弹出 Creat Display Group 对话框，在 Item 栏目中选择 Cells，此时对话框消失，在视图区中选择钎料部分，按鼠标中键，对话框出现，在下方的布尔操作中单击 Replace 按钮，此时视图区中只显示 $CuSi_3$ 钎料。应用命令 Tools → Set → Create，弹出 Creat Set 对话框，在 Name 栏中输入 Set-Brazing，其余保持不变，单击 Continue 按钮，在视图区中全选钎料部分，按鼠标中键，完成 Set 的创建。单击工具箱中的 ●（Replace All），将模型全部显示。

> 必须在Assembly模块设置Set-Brazing，在Part模块设置则无效。

16.2.5 划分网格

在环境栏的 Module 列表中选择 Mesh 功能模块，在环境栏的 Object 选项中选中 Assembly，对装配件进行划分网格。

1. 设置种子数量

单击工具箱中的 ■（Seed Part），弹出 Global Seeds 对话框，在 Approximate global size 栏中输入 0.001，其余保持默认值，单击 OK 按钮。

2. 设置网格参数

单击工具箱中的 ■（Assign Mesh Controls），在视图区中选择母材部分，按鼠标中键，弹出 Mesh Controls 对话框，在 Element Shape 中选择 Hex-dominated，采用 Sweep 网格技术，其余保持不变，单击 OK 按钮，完成控制网格划分选项的设置，如图 16-2 所示。

单击工具箱中的 ■（Assign Mesh Controls）在视图区中选择钎料部分，按鼠标中键，弹出 Mesh Controls 对话框，在 Element Shape 中选择 Hex-dominated，采用 Sweep 网格技术，在 Algorithm 中选择 Medial axis，即采用中性轴算法，单击 OK 按钮，完成控制钎料部分网格划分选项的设置，如图 16-3 所示。

图 16-2 进阶算法

图 16-3 中性轴算法

3. 划分网格

长按工具箱中的 ■（Mesh Part Instance），在出现的按钮中选择 ■（Mesh Region），对模型部分区域进行网格划分，首先选中钎料部分，按鼠标中键，对其进行网格划分，然后以同样的方式对两块钢板进行网格划分。划分完网格之后查看网格标号，应用命令 View → Assemble Display Options，弹出 Assemble Display Options 对话框，单击 Mesh 选项卡，勾选最下面的 Show element labels 前面的复选框，单击 OK 按钮。在视图区中查看钎料区域的最小单元标号、最大单元标号及每道单元数目，笔者所做的模型中最小单元编号为 1，最大单元标号为 800，每道单元数为 8，即一共分为 100 道。

4. 设置单元类型

单击工具箱中的 ■（Assign Element Type），在视图区中选择整个模型，按鼠标中键，弹出 Element Type

对话框，在 Family 栏中选择 Heat Transfer，其余保持默认值，如图 16-4 所示，单击 OK 按钮，按鼠标中键，完成单元类型的指派。

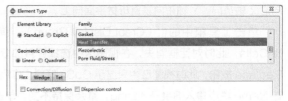

图 16-4 Element Type 对话框

5. 检查网格

单击工具箱中的 ![icon]（Verify Mesh），在视图区中选择整个模型，按鼠标中键，弹出 Verify Mesh 对话框，单击 Highlight 按钮，下面的信息区中显示网格数量为 7200，没有错误网格。

16.2.6 利用Python语言实现生死单元

Python 代码及解释如下：

```
#================== 第 一 部 分 ========================
1  from abaqus import *
2  from abaqusConstants import *
3  from caeModules import *
#------ 模型单位制 m-s-kg------
#------ 参数输入 ------
#【焊接单元说明】
4  maxnum=800     # 焊接单元最大编号
5  minnum=1       # 焊接单元最小编号
6  cnum=8         # 每层单元数
7  zcnum=(maxnum-minnum+1)/cnum  # 总层数
8  alltime=5.0    # 焊接总时间
9  dt=alltime/zcnum   # 每个分析步时间
#【循环生成分析步】
10 mdb.models['Model-1'].HeatTransferStep(name='Step-1',
11       previous='Initial', timePeriod=1e-8, maxNumInc=1500, initialInc=1e-8,
12       minInc=1e-8, maxInc=1e-8,deltmx=1000.0)
13 for j in range(zcnum):
14     stepname1='Step-'+str(j+1)
15     stepnuma2='Step-'+str(j+2)
16     mdb.models['Model-1'].HeatTransferStep(name=stepnuma2,
17       previous=stepname1, timePeriod=dt, maxNumInc=10000, initialInc=dt/10.0,
18       minInc=dt*1e-15, maxInc=dt,deltmx=1500.0)

#================== 第 二 部 分
========================
#【实现单元生死】
19 positionnum=35
20  mdb.models['Model-1'].keywordBlock.setValues(edited = 0)
21 import job
22 mdb.models['Model-1'].keywordBlock.synchVersions(storeNodesAndElements=False)
23  mdb.models['Model-1'].keywordBlock.insert(positionnum, """
24 *MODEL CHANGE, TYPE=ELEMENT, REMOVE
25 Set-Brazing""")
26 lab1=minnum
27 for j in range(zcnum):
28     data=range(cnum)
28 for i in range(cnum):
30     data[i]=lab1+i
31 initialstr="""*MODEL CHANGE, TYPE=ELEMENT, ADD"""
32 for i in range(cnum):
33     if i%4==3:
34 initialstr=initialstr+'Brazing-1.'+str(data[i])+',\n'
35     else:
36 initialstr=initialstr+'Brazing-1.'+str(data[i])+', '
37     import job
38 mdb.models['Model-1'].keywordBlock.synchVersions(storeNodesAndElements=False)
39     mdb.models['Model-1'].keywordBlock.insert(positionnum+10+j*10, initialstr)
40     lab1=lab1+cnum
```

实现生死单元的操作方法如下。

修改 Python 代码的第一部分参数，即修改单元编号、焊接时间、分析步参数等。单击信息区/命令行接口区域中的 Kernel Command Line Interface 选项卡 >>>，切换到命令行输入，将第一部分代码复制到命令行，单击 Enter 键，实现分析步的创建。

打开 PythonReader.exe，浏览 abaqus.rpy 文件（使用方法参见曹金凤主编的《Python 语言在 Abaqus 中的应用》一书）。应用命令 Model → Edit Keywords → Model-1，弹出 Edit Keywords 对话框，将鼠标指针移动到 Step-1 分析步时间参数后面，单击 Add After 按钮，输入 *modelchange，如图 16-5 所示。然后将鼠标指针移动到 Step-2 分析步时间参数后面，操作步骤同 Step-1 一样，输入 *modelchange，单击 OK 按钮，退出 Edit Keywords 对话框。此时 PythonReader 软件窗口中最后 4 行出现与在 Edit Keywords 对话框里面的操作所对应的 Python 代码，查看 insert 括号里面的第 1 个数字，笔者的模型中为 35 和 45 这两个数字，如图 16-6 所示。应用命令 Model → Edit Keywords → Model-1，弹出 Edit Keywords 对话框，单击下方 Discard All Edits 按钮，取消之前的操作，单击 OK 按钮，退出 Edit Keywords 对话框。

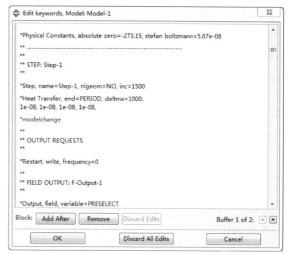

图 16-5 Edit Keywords 对话框

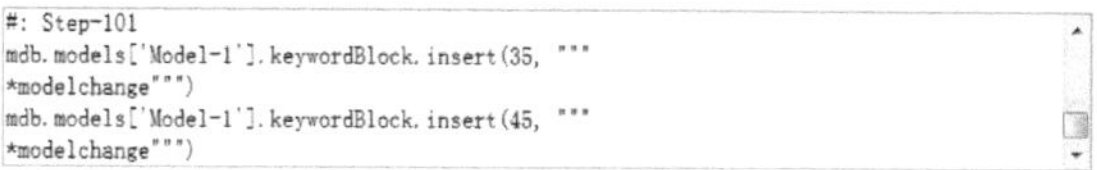

图 16-6 PythonReader 软件窗口

修改 Python 代码的第二部分参数，修改 positionnum 的数值等于之前查看的第 1 个数字 35，将查看的第 2 个数字与第 1 个数字的差值填入第二部分代码的倒数第 2 行 insert 的括号里面，即 positionnum+10+j*10，然后将第二部分代码复制到命令行，按 Enter 键，实现单元生死。

> 1. 创建的 Instance 名称和 Set 名称要与代码里面的名称一致，否则会出错。
> 2. Python 代码复制时最后要保留 2 行空行，可以用 Enter 键来实现。
> 3. Python 代码最好先复制到文本文档，在英文输入法进行修改，然后复制进命令行。
> 4. 如果不使用 HeatTransferStep 分析步，可以将代码里的 HeatTransferStep 替换掉，如需要热力耦合，将所有的 HeatTransferStep 替换成 CoupledTempDisplacementStep。
> 5. 有时保存文件不是在 Abaqus 设定的目录下，可能找不到 abaqus.rpy 文件，这时可以将模型保存一下，关掉 Abaqus 软件，再打开 CAE 文件，此时在此文件夹下就会生成 abaqus.rpy 文件。
> 6. 第一部分代码复制进去之后不要关闭软件再复制第二部分代码，否则会出错。

16.2.7 定义接触

在环境栏的 Module 列表中选择 Interaction 功能模块。

1. 设置对流换热

单击工具箱中的 ![icon]（Creat Interaction），弹出 Creat Interaction 对话框，在 Name 后面输入 Int-film，Step 后面选择 Step-2 分析步，Types for Selected Step 下面选择 Surface film condition，单击 Continue 按钮，在视图区中全选整个模型，按鼠标中键，弹出 Edit Interaction 对话框，在 Film coefficient 后面输入 20，在 Sink temperature 后面输入 20，单击 OK 按钮，完成对流换热的设置。

2. 设置辐射换热

单击工具箱中的 ![icon]（Creat Interaction），弹出 Creat Interaction 对话框，在 Name 后面输入 Int-radiation，Step 后面选择 Heating 分析步，Types for Selected Step 下面选择 Surface radiation，单击 Continue 按钮，在视图区中全选整个模型，按鼠标中键，弹出 Edit Interaction 对话框，在 Emissivity 后面输入 0.85，在 Ambient temperature 后面输入 20，其余保持不变，单击 OK 按钮，完成辐射换热的设置。

16.2.8 定义载荷

在环境栏的 Module 列表中选择 Load 功能模块。

1. 定义热源载荷

单击工具箱中的 ![icon]（Creat Load），弹出 Creat Load 对话框，在 Name 栏中输入 Load-Brazing，Step 列表内选择 Step-2，Category 选择 Thermal，在 Types for Selected Step 栏内选择 Body heat flux，单击 Countinue 按钮，在视图区中选择整个模型，按鼠标中键，弹出 Edit Load 对话框，在 Distribution 列表内选择 User-defined，在 Magnitude 后面输入 1，单击 OK 按钮，完成载荷的定义。

2. 使用预定义场来定义初始温度

单击工具箱中的 ![icon]（Creat Predefined Field），弹出 Creat Predefined Field 对话框。在 Step 列表内选择 Initial，Category 选择 Other，在 Types for Selected Step 栏内选择 Temperature，单击 Countinue 按钮，在视图区中选择整个模型，按鼠标中键，弹出 Edit Predefined Field 对话框，在 Magnitude 后面输入 20，单击 OK 按钮，完成初始温度的定义。

16.2.9 提交分析作业

1. 创建作业

在环境栏的 Module 列表中选择 Job 功能模块，单击工具箱中的 ![icon]（Creat Job），弹出 Creat Job 对话框，在 Name 后面输入 Brazing-ellipsoid，单击 Continue 按钮，弹出 Edit Job 对话框，单击 General 选项卡，单击最下面的 ![icon]（User subroutine file），选择子程序路径，并选中子程序，即 Brazing-ellipsoid.for 文件，其余保持不变，单击 OK 按钮。

2. 提交作业

单击工具箱中的 ![icon]（Job Manager）（Creat Job 工具右边），弹出 Job Manager 对话框，单击 Submit 按钮提交作业，在弹出的提示框中单击 Yes 按钮，再单击 Monitor 按钮，弹出 Brazing-ellipsoid Monitor 对话框，运行完毕，在消息栏显示 Completed。最后单击 Write Input 按钮，至此作业分析完毕。

○ 在Edit Job对话框里，Memory可以分配内存使用；Parallelization选项卡中可设置并行计算和GPU加速，以加快计算速度。

16.2.10 后处理

计算结束后，单击Results按钮，Abaqus/CAE进入Visualization模块，工具箱中的 ▙（Plot Undeformed Shape）被激活。

在Filed Output工具栏的下拉列表中选择NT11，左侧工具箱中的 ▙（Plot Contours on deformed Shape）被激活。单击工具箱中的 ▙（Animate：Time History），出现温度场动态图，如图16-7所示。有关曲线提取等操作详见第15讲。

图 16-7 温度分布云图

16.3 子程序

子程序里面定义了热源参数和行走路径，具体参数请参见子程序注解，字母C为注释内容、$ 为换行符。

```
      SUBROUTINE DFLUX(FLUX,SOL,KSTEP,KINC,TIME,NOEL,NPT,COORDS,JLTYP,
     $                 TEMP,PRESS,SNAME)
      INCLUDE 'ABA_PARAM.INC'
      DIMENSION COORDS(3),FLUX(2),TIME(2)
      CHARACTER*80 SNAME
C
C     Q,热源有效热功率W
C     v,焊接速度m/s
C     d,当前时刻焊接斑点中心跟焊接初始位置的距离
      Q=1000
      v=0.02
      d=v*TIME(2)
C
      x=COORDS(1)
      y=COORDS(2)
      z=COORDS(3)
C
C     从坐标x0,y0,z0开始，沿着z负方向移动
      x0=0
      y0=0
      z0=0.1
C
C     a,b,c为椭球的半轴
      a=0.0025
      b=0.004
      c=0.002
      PI=3.1415
C
      heat0=6*sqrt(3.0)*Q/(a*b*c*PI*sqrt(PI))
      shape0=exp(-3*(x-x0)**2/b**2-3*(y-y0)**2/c**2-3*(z-z0+d)**2/a**2)
C
C     JLTYP=1,表示为体热源
      JLTYP=1
      FLUX(1)=heat0*shape0
      RETURN
      END
```

16.4 inp文件解释

打开工作目录下的Brazing-ellipsoid.inp，节选如下：

```
** STEP: Step-1
**
*Step, name=Step-1, nlgeom=NO, inc=1500
*Heat Transfer, end=PERIOD, deltmx=1000.
1e-08, 1e-08, 1e-08, 1e-08,
** 杀死所有焊缝单元
*MODEL CHANGE, TYPE=ELEMENT, REMOVE
Set-Brazing
**
** OUTPUT REQUESTS
```

```
**
*Restart, write, frequency=0
**
** FIELD OUTPUT: F-Output-1
**
*Output, field, variable=PRESELECT
*Output, history, frequency=0
*End Step
**----------------------------------------------------------
**
** STEP: Step-2
**
*Step, name=Step-2, nlgeom=NO, inc=10000
*Heat Transfer, end=PERIOD, deltmx=1500.
0.005, 0.05, 5e-17, 0.05,
** 激活第一道焊缝单元
*MODEL CHANGE, TYPE=ELEMENT, ADD
Brazing-1.1, Brazing-1.2, Brazing-1.3, Brazing-1.4,
Brazing-1.5, Brazing-1.6, Brazing-1.7, Brazing-1.8,
**
** LOADS
**
** Name: Load-Brazing   Type: Body heat flux
*Dflux
Set-6, BFNU, 1.
**
** INTERACTIONS
**
** Interaction: Int-film
*Sfilm
Surf-1, F, 20., 20.
** Interaction: Int-radiation
*Sradiate
Surf-2, R, 20., 0.85
**
** OUTPUT REQUESTS
**
*Restart, write, frequency=0
**
** FIELD OUTPUT: F-Output-1
**
*Output, field, variable=PRESELECT
*Output, history, frequency=0
*End Step
**----------------------------------------------------------
**
** STEP: Step-3
**
*Step, name=Step-3, nlgeom=NO, inc=10000
*Heat Transfer, end=PERIOD, deltmx=1500.
0.005, 0.05, 5e-17, 0.05,
** 激活第二道焊缝单元
*MODEL CHANGE, TYPE=ELEMENT, ADD
Brazing-1.9, Brazing-1.10, Brazing-1.11, Brazing-1.12,
Brazing-1.13, Brazing-1.14, Brazing-1.15, Brazing-1.16,
**
** OUTPUT REQUESTS
**
*Restart, write, frequency=0
**
** FIELD OUTPUT: F-Output-1
**
*Output, field, variable=PRESELECT
*Output, history, frequency=0
*End Step
***End Step
```

16.5 小结和点评

钎焊技术在汽车工业中应用较多，钎焊工艺不合适，则容易导致母材的变形较大，这就要求钎焊过程中应严格控制热输入，但热输入较小也会导致钎料熔化不完全；通过试验摸索工艺参数会造成很大的浪费，而利用有限元分析技术，可减小试验次数，对降低成本、缩短研发周期具有较大的积极作用。

点评：万龙 董事长
哈尔滨万洲焊接技术有限公司

第17讲 温度诱导氢扩散分析

主讲人：树西

软件版本	分析目的
Abaqus 2017、Visual Studi 2013、Intel Visual Fortran 2013	分析焊缝中氢原子在温度诱导作用下的分布

难度等级	知识要点
★★★★★	顺序耦合、Soret效应、质量分布

17.1 问题描述

图17-1所示的模型为两块100mm×30mm×5mm的钢板，坡口角度为60°，焊接后焊缝余高1mm。

图17-1 焊接模型

> 本讲使用的单位制为mm。

17.2 问题分析和求解

首先进行传热分析（参考第16讲），模型名称为welding，分析结果为Job-welding.odb。传热分析计算完成之后复制焊接模型，并命名为mass-diffusion。热传导和氢扩散计算过程中所需的材料参数分别见表17-1、表17-2，其中密度为0.0078g/mm³，假设母材和焊缝的kappa_s均为3.92，对应的Concentration为0。

表17-1 焊接计算过程所需材料属性

温度/℃	母材		焊缝	
	热导率/W·mm⁻¹·℃⁻¹	比热/J·g⁻¹·℃⁻¹	热导率/W·mm⁻¹·℃⁻¹	比热/J·g⁻¹·℃⁻¹
20	0.0390	0.445	0.0141	0.438
200	0.0389	0.517	0.0171	0.473
400	0.0360	0.592	0.0206	0.508
600	0.0317	0.723	—	—
800	0.0378	0.812	0.0251	0.585

续表

温度/℃	母材		焊缝	
1000	0.0309	0.658	0.0282	0.638
1200	—	—	0.0312	0.673
1300	0.0365	0.721	—	—
1400	—	—	0.0302	—

表17-2 扩散氢计算过程所需材料属性

温度/℃	母材			焊缝		
	扩散系数/mm²·s⁻¹	浓度/g·L⁻¹	溶解度/g	扩散系数/mm²·s⁻¹	浓度/g·L⁻¹	溶解度/g
0	0.00785674	0	—	1.62×10^{-7}	0	24.9
25	0.0334289	0	—	1.29×10^{-6}	0	34.6
50	—	—	0.178188	—	—	—
100	0.76506	0	0.688842	0.00012391	0	71.7
200	7.92165	0	4.36782	0.0057235	0	132
300	23.7067	0	14.5379	0.0694021	0	196.4
400	40.5306	0	33.8515	0.40096	0	259.7
450	48.2372	0	47.32	0.803461	0	290.1

将模型切换到复制的 mass-diffusion 模型，以下全部对 mass-diffusion 模型进行操作。

17.2.1 定义材料属性

在环境栏的 Module 列表中选择 Property 功能模块，设置母材和焊缝的材料属性。

单击工具箱中的 ▦（Material Manager），弹出 Material Manager 对话框。将母材和焊缝传热分析过程定义的属性全部删掉，新建扩散所需的材料属性，扩散系数及溶解度等参数定义是在 Other → mass diffusion 中定义，扩散法则选用 General，如图 17-2 所示。由于定义界面属性及指派已定义好，此模块中无需定义。

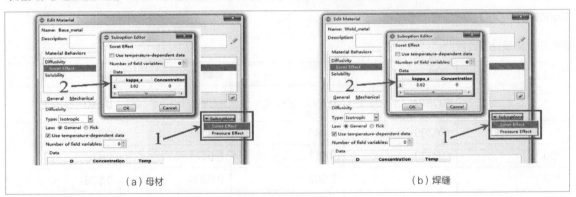

（a）母材　　　　　　　　　　（b）焊缝

图 17-2 Edit Material 对话框

17.2.2 定义分析步

在环境栏的 Module 列表中选择 Step 功能模块，对分析步进行设置。

将传热分析过程定义的分析步删掉，重新定义与传热分析过程对应的质量扩散的分析步，分析步类型为 Mass diffusion。分析步时间、初始增量步、最大和最小增量步等均不变，如图 17-3 所示。

（a）分析步管理器　　　　（b）焊接分析步设置　　　　（c）冷却分析步设置

图 17-3 Edit Step 对话框

17.2.3 定义载荷

在环境栏的 Module 列表中选择 Load 功能模块。

1. 定义边界条件

单击工具箱中的 （Creat Boundary Condition），弹出 Creat Boundary Condition 对话框，在 Name 栏中输入 BC-side-concentration，Step 列表内选择 Welding，Category 选择 Other，在 Types for Selected Step 栏内选择 Mass concentration，单击 Countinue 按钮，选择模型平行于焊缝的两个侧面（按住 Shift 键可进行多选），按鼠标中键，弹出 Edit Boundary Condition 对话框，在 Magnitude 后面输入 10，单击 OK 按钮，完成边界氢浓度的定义。以相同的方式定义焊缝的氢浓度为 300。定义好的边界条件如图 17-4 所示。

（a）母材两侧氢浓度　　（b）焊缝氢浓度

图 17-4 初始氢浓度定义

2. 使用预定义场载入温度结果

单击工具箱中的 （Creat Predefined Field），弹出 Creat Predefined Field 对话框。在 Step 列表内选择 Welding，Category 选择 Other，在 Types forSelected Step 栏内选择 Temperature，单击 Countinue 按钮，在视图区中选择整个模型，按鼠标中键，弹出 Edit Predefined Field 对话框，在 Distribution 列表内选择第二项，即 From results oroutput database file，单击 File name 栏右边的选择文件按钮 ，弹出 Select Results or Output Database File 对话框，找到焊接过程的计算结果并选中，即 Job-welding.odb，单击 OK 按钮，完成初始温度场的导入。

17.2.4 划分网格

在环境栏的 Module 列表中选择 Mesh 功能模块，在环境栏的 Object 选项中选中 Part，对部件进行划分网格。

由于网格之前已划分好，这里只需修改其单元类型即可。单击工具箱中的 （Assign Element Type），在视图区中选择整个模型,按鼠标中键,弹出 Element Type 对话框,在 Family 栏中选择 Heat Transfer,其余保持默认值,单击 OK 按钮,按鼠标中键,完成单元类型的修改。

17.2.5 提交分析作业

1. 创建作业

在环境栏的 Module 列表中选择 Job 功能模块,单击工具箱中的 ■ (Creat Job),弹出 Creat Job 对话框,在 Name 后面输入 Job-mass_diffusion,选择 mass_diffusion 模型,单击 Continue 按钮,弹出 Edit Job 对话框,单击 OK 按钮完成作业的创建。此操作只默认单核计算,如需多核计算,可在 Edit Job 对话框里面单击 Parallelization 选项卡,勾选 Use multiple processors 前面的复选框,在后面输入自己想要的并行计算数目,单击 OK 按钮即可。

2. 提交作业

单击工具箱中的 ■ (Job Manager),弹出 Job Manager 对话框,单击 Submit 按钮提交作业,再单击 Monitor 按钮,弹出 Job-mass_diffusion Monitor 对话框。运行完毕后,在消息栏显示 Completed,至此作业分析完毕。

17.2.6 后处理

当分析完毕后,单击 Results 按钮,Abaqus/CAE 进入 Visualization 模块,工具箱中的 ■ (Plot Undeformed Shape)被激活。

在 Filed Output 工具栏的下拉列表中选择 NNC11,左侧工具箱中的 ■ (Plot Contours on deformed Shape)被激活。单击工具箱中的 ■ (Animate: Time History),出现氢浓度动态图,如图 17-5 所示。

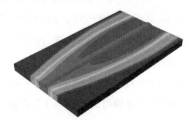

图 17-5 节点氢浓度分布云图

17.3 子程序

子程序里面定义了热源参数和行走路径,具体参数请参见子程序注解,字母 C 为注释内容、$ 为换行符。

```
1       SUBROUTINE DFLUX(FLUX,SOL,KSTEP,KINC,TIME,NOEL,NPT,COORDS,JLTYP,
2      1            TEMP,PRESS,SNAME)
3    C
4       INCLUDE 'ABA_PARAM.INC'
5       DIMENSION COORDS(3),FLUX(2),TIME(2)
6       CHARACTER*80 SNAME
7    C
8    C   Q,热源有效热功率W
9    C   v,焊接速度mm/s
10   C   d,当前时刻焊接斑点中心跟焊接初始位置的距离
11       Q=2000
12       v=5
13       d=v*TIME(1)
14   C
15       x=COORDS(1)
16       y=COORDS(2)
17       z=COORDS(3)
18
19   C   从坐标x0,y0,z0开始,沿着z轴正方向移动
20       x0=0
21       y0=6
22       z0=0
23   C
24   C   a,b,c为椭球的半轴
25       a=6
26       b=4
27       c=8
28       PI=3.1415
29   C
30       heat0=6*sqrt(3.0)*Q/(a*b*c*PI*sqrt(PI))
31       shape0=exp(-3*(x-x0)**2/a**2-3*(y-y0)**2/b**2-3*(z-z0-d)**2/c**2)
32   C   JLTYP=1,表示为体热源
33       JLTYP=1
34       FLUX(1)=heat0*shape0
35       RETURN
36       END
```

17.4 inp文件解释

打开工作目录下的 Job-mass_diffusion.inp，节选如下：

```
** STEP: Welding
**
*Step, name=Welding, nlgeom=NO, inc=10000
*Mass Diffusion, end=PERIOD, dcmax=1000.
0.01, 20., 1e-08, 1.,
** 设置焊缝及边界初始氢浓度
** BOUNDARY CONDITIONS
**
** Name: BC-side-concentration Type: Mass concentration
*Boundary
Set-4, 11, 11, 10.
** Name: BC-weld-concentration Type: Mass concentration
*Boundary
Set-5, 11, 11, 300.
** 导入焊接过程温度场结果
** PREDEFINED FIELDS
**
** Name: Predefined Field-1   Type: Temperature
*Temperature, file=E:\temp\ABAQUS_Temp\mass_diffusion\Job-welding.odb
** 设置场变量输出
** OUTPUT REQUESTS
**
*Restart, write, frequency=0
**
** FIELD OUTPUT: F-Output-1
**
*Output, field, variable=PRESELECT
**
** HISTORY OUTPUT: H-Output-1
**
*Output, history, variable=PRESELECT
*End Step
** ----------------------------------------------------------------
**
** STEP: Cooling
**
*Step, name=Cooling, nlgeom=NO, inc=10000
*Mass Diffusion, end=PERIOD, dcmax=1000.
0.1, 600., 1e-08, 10.,
**
** OUTPUT REQUESTS
**
*Restart, write, frequency=0
**
** FIELD OUTPUT: F-Output-1
**
*Output, field, variable=PRESELECT
**
** HISTORY OUTPUT: H-Output-1
**
*Output, history, variable=PRESELECT
*End Step
```

17.5 小结和点评

材料中的氢原子一般来说具有较大的危害作用，极易导致材料的氢致开裂和氢鼓泡等现象。氢在材料中的扩散和聚集不仅与温度有关，还与材料内部组织和应力等因素有关。本讲分析了温度对氢扩散的作用，概述了焊接－扩散的顺序耦合过程，对后续计算组织和应力诱导氢扩散具有较大的借鉴意义。

点评：万龙　董事长

哈尔滨万洲焊接技术有限公司

第 **05** 部分

薄板成形

第18讲 汽车S轨冲压成形和失效分析

主讲人：王雯 江丙云

软件版本	分析目的
Abaqus 2017	采用隐式和显式求解S轨的冲压成形性能和失效

难度等级	知识要点
★★★★☆	冲压成形边界条件设置、显式求解和隐式求解、FLD曲线设置和结果判读、失效定义和单元删除

18.1 概述说明

汽车钣金产品丰富多样，对冲压成形技术的要求不断提升，汽车冲压模具也呈现高效化、精密化、长寿命发展趋势，产品的质量、冲压工艺水平成为衡量企业技术能力的重要标志。

冲压成形的有限元分析作为冲压模具的高效专业辅助设计手段，能够为模具的成功设计和生产提供非常大的帮助，如钣金毛坯尺寸、材料流动、机构运动、模具结构等引起的成形性能变化。本讲以 NUMISHEET "96 标准考题 S 形轨的成形性能为分析对象，详细讲解在 Abaqus 中的隐式和显式求解方法，以及其 FLD 失效判断。

18.2 S轨冲压成形：隐式算法

18.2.1 网格编辑

打开资源中本节 cae 文件中的 S-rail-pre.cae 文件，其中已有凹模和板料的网格模型，如图 18-1 和图 18-2 所示，读者仅需偏置压边圈和凸模网格模型。

图 18-1 凹模网格模型

图 18-2 板料网格模型

切换到 Mesh 模块，利用凹模的网格模型，偏置压边圈和凸模的模型。

> 单击工具箱中的，可以切换模型为线框显示，应用工具栏 Sets 命令，可以使不同集合显示不同颜色。

1. 压边圈模型

» **偏置 Binder 层**

应用命令 Mesh→Edit 或单击工具箱中的 ✎（Edit Mesh），弹出 Edit Mesh 对话框，如图 18-3 所示，选择 Mesh：Offset（create shell layers）。设置提示栏中选择单元面的方法为 by angle:1.0，选中图 18-4 所示的网格区域，单击 Done 按钮或按鼠标中键确定。

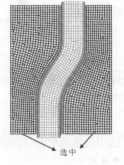

图 18-3 Edit Mesh 对话框　　图 18-4 选中的网格区域

弹出 Offset Mesh-Shell Layers 对话框，设置参数如图 18-5 所示，将压边圈偏置 1mm。

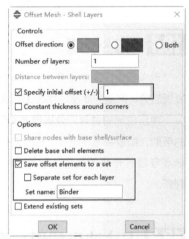

○ 将压边圈偏置 1mm 后，装配中可以不用调整压边圈的位置。

图 18-5 Offset Mesh-Shell Layers 对话框设置

» **复制 Die 部分**

在树目录中 Part 下的 Die 单击鼠标右键，单击 Copy 按钮，如图 18-6 所示。Part Copy 对话框的设置如图 18-7 所示。

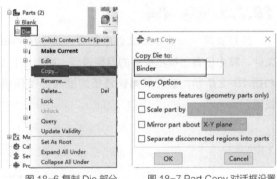

图 18-6 复制 Die 部分　　图 18-7 Part Copy 对话框设置

» **删除 Binder 部件中多余的网格**

切换到 Mesh 模块 Module: Mesh Model: S-rail Object: ○Assembly ●Part: Binder，其中 Part 设置为 Binder，应用命令 Mesh→Edit 或单击工具箱中的 ✎（Edit Mesh），弹出 Edit Mesh 对话框，如图 18-8（a）所示进行设置。在下方提示栏中勾选 Select the elements to be deleted Done ☑Delete associated unreferenced nodes 并单击 Sets 按钮，在弹出的 Region Selection 对话框中选择 Ele_Die 集，如图 18-8（b）所示，单击 Continue 按钮，删除 Ele_Die 单元集和相关节点，如图 18-9 所示。

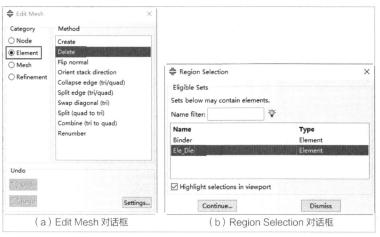

（a）Edit Mesh 对话框　　　　（b）Region Selection 对话框

图 18-8 删除多余网格　　　　图 18-9 删除多余网格后的 Binder 部件

» **删除 Die 部件中多余的网格**

切换到 Die 部件 Module: Mesh Model: S-rail Object: ○ Assembly ● Part: Die，应用命令 Mesh → Edit 或单击工具箱中的 （Edit Mesh），弹出 Edit Mesh 对话框，设置如图 18-8（a）所示，勾选设置提示栏 Select the elements to be deleted Done ☑Delete associated unreferenced nodes。在下方提示栏中设置并单击 Sets 按钮，在弹出的 Region Selection 对话框中选择 Binder 集，如图 18-10 所示，单击 Continue 按钮，删除 Binder 单元集和相关节点，如图 18-11 所示。

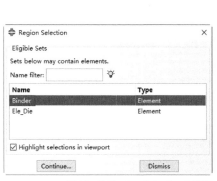
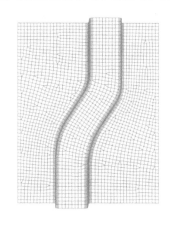

图 18-10 Region Selection 对话框　　　图 18-11 删除多余网格后的 Die 部件

> 在删除多余单元时，勾选Delete associated unreferenced nodes，将节点一起删去。亦可单击工具箱中的 （Edit Mesh），
> 应用Node：Delete删除多余的节点。

2. 制作凸模模型

» **偏置 Punch 层**

应用命令 Mesh → Edit 或单击工具箱中的 （Edit Mesh），弹出 Edit Mesh 对话框，如图 18-3 所示，选择 Mesh：Offset（create shell layers），下方提示栏设置为 Select the element faces from which the offset mesh will be generated individually Done，选中图 18-12（a）所示的模型，然后修改下方提示栏为 Select the element faces from which the offset mesh will be generated by angle 1.0 Done，按住 Ctrl 键取消两边平面的选择，如图 18-12（b）所示。单击 Done 按钮，设置 Offset Mesh-Shell Layers 对话框，如图 18-12（c）所示。

第05部分 薄板成形

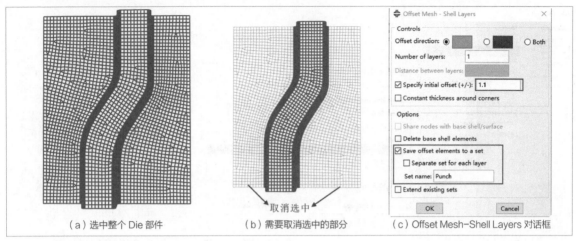

（a）选中整个 Die 部件　（b）需要取消选中的部分　（c）Offset Mesh-Shell Layers 对话框

图 18-12 偏置 Punch 网格

- 在冲压分析中，一般Punch和Die模型的间隙为1.1倍料厚。

» **复制 Punch 部件**

在树目录 Part 下的 Die 单击鼠标右键，单击 Copy，如图 18-13 所示。设置 Part Copy 对话框如图 18-14 所示。

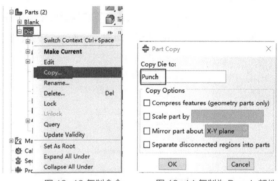

图 18-13 复制命令　　图 18-14 复制为 Punch 部件

» **删除 Punch 部件的多余网格**

切换到 Mesh 模块中的 Module: Mesh Model: S-rail Object: ○Assembly ●Part: Punch，应用命令 Mesh → Edit 或单击工具箱中的 （Edit Mesh），弹出 Edit Mesh 对话框，选择 Element: Delete，在下方提示栏中勾选设置 Select the elements to be deleted Done □Delete associated unreferenced nodes，并单击 Sets 按钮，在弹出的 Region Selection 对话框中选择 Ele_Die 集，如图 18-15 所示，单击 Continue 按钮，删除 Ele_Die 单元集和相关节点。

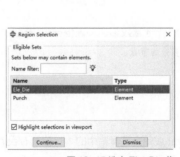 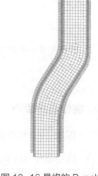

图 18-15 选中 Ele_Die 集　　图 18-16 最终的 Punch 部件

» **删除 Die 部件中多余的网格**

切换到 Die 部件 Module: Mesh Model: S-rail Object: ○Assembly ●Part: Die，应用命令 Mesh → Edit 或单击工具箱中的 （Edit Mesh）命令，弹出 Edit Mesh 对话框，选择 Element: Delete，在提示栏中设置

并单击 Sets 按钮，在弹出的 Region Selection 对话框中选择 Punch 集，如图 18-17 所示，单击 Continue 按钮，删除 Punch 集。保存文件。

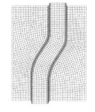

图 18-17 选中 Punch 集　图 18-18 最终的 Die 部件

18.2.2 装配模型

打开随书资源中本节 cae 文件中的 S-rail-ele.cae 文件或接着上面的步骤继续操作。

> S-rail-ele.cae 文件是备齐 4 个网格模型的文件，而 S-rail-ass.cae 文件是模型装配完毕的文件。

切换到 Assembly 模块 , 单击工具箱中的 (Create Instance)，弹出 Create Instance 对话框，选中所有部件，单击 OK 按钮，如图 18-19 所示。将 4 个部件进行装配，如图 18-20 所示。

> 模型的位置需要根据实际情况进行调整。板料模型取实际模型的中性层面。应用工具栏 ，可以使不同部件显示不同颜色。

图 18-19 Create Instance 对话框

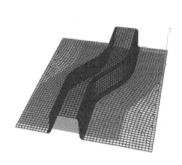

图 18-20 初始装配

1. 调整板料的位置

单击工具箱中的 (Translate Instance)，在下方提示栏中单击 Instances 按钮，弹出 Instance Selection 对话框，选择 Blank-1，如图 18-21 所示，单击 OK 按钮，在下方提示栏中设置 ，按鼠标中键，然后在下方设置 ，按鼠标中键，单击 OK 按钮 ，即将板料沿 -Z 方向偏移 0.5mm。

图 18-21 选择 Blank-1 部件

2. 调整凸模的位置

» 查询需要偏置的距离

单击工具箱中的 (Remove Selected)，设置提示栏 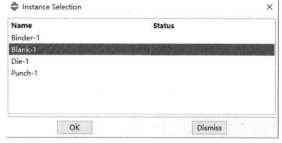，选中凹模和压边圈模型，

单击 Done 按钮。应用工具箱中的 ⓘ（Query），弹出 Query 对话框，选择 Distance，如图 18-22（a）所示。根据提示栏选图 18-22（b）中 A、B 两点，可查询凸模顶面与板料的距离为 39.4mm。

> 1. 凸模的偏移距离与初始装配时的位置和料厚有关，需保证偏移后的凸模在板料下方。
> 2. 如使用冲压专用软件 Dynaform、Autoform 和 Pam-stamp 等，则具有自动调整装配位置的功能。

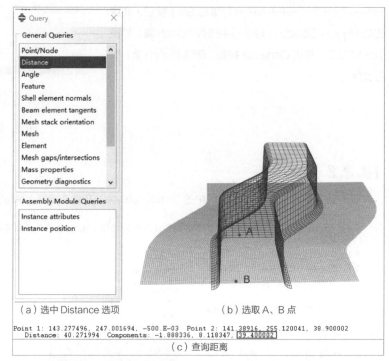

(a) 选中 Distance 选项　　(b) 选取 A、B 点

(c) 查询距离

图 18-22 板料到凸模上顶面的距离

» 偏置凸模

单击工具箱 ▲（Translate Instance），在下方提示栏中单击 Instances 按钮，弹出 Instance Selection 对话框，选择 Punch-1，如图 18-23 所示，单击 OK 按钮，在提示栏中设置 Select a start point for the translation vector--or enter X,Y,Z: 0,0,0,0，按鼠标中键，然后在提示栏中设置 Select an end point for the translation vector--or enter X,Y,Z: 0,0,0,-39.9，按鼠标中键，单击 OK 按钮 Position of instance: OK，将板料沿 -Z 方向偏移 39.9mm。

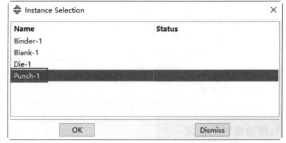

图 18-23 选中 Punch-1 部件

至此，模型装配完毕，如图 18-24 所示，保存文件。

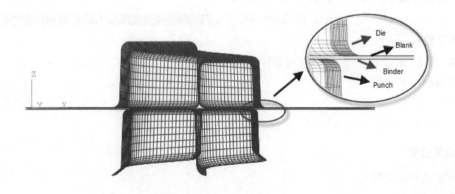

图 18-24 装配完毕的模型

18.2.3 创建参考点和面集

打开随书资源中本节文件中的 S-rail-ass.cae 文件或接着上一步继续。检查部件类型，除了板料是变形体之外，其他都是离散刚体。在模型树 Parts 下的各个部件单击鼠标右键，然后在菜单中单击选择 Edit 查看属性，如图 18-25 和图 18-26 所示。

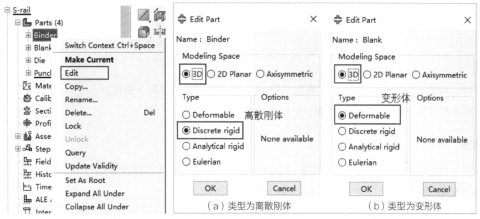

（a）类型为离散刚体　　　　　（b）类型为变形体

图 18-25 查询 Parts 类型　　　　图 18-26 不同类型的 Part

○ 偏置网格模型可以保证部件属性不变，如偏置出的 Punch 部件和 Binder 部件都为离散刚体。

1. 创建参考点

由于离散刚体分析需要参考点，所以需要对离散刚体创建参考点。切换到 Part 模块，，应用命令 Tools→Reference Point，如图 18-27（a）所示，单击部件中一点，如图 18-27（b）所示。

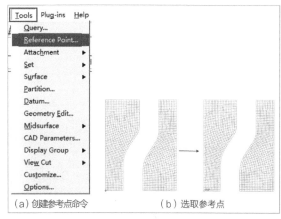

（a）创建参考点命令　　　（b）选取参考点

图 18-27 创建参考点

在模型树中刚刚创建的参考点上单击鼠标右键，单击选择 Rename，如图 18-28（a）所示，弹出 Rename Feacture 对话框，修改名称 RP_binder，如图 18-28（b），单击 OK 按钮。

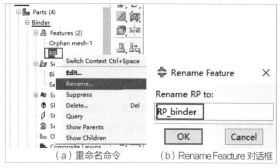

（a）重命名命令　　　（b）Rename Feature 对话框

图 18-28 参考点重命名

应用命令 Tools → Set → Create，如图 18-29（a）所示，弹出 Create Set 对话框，设置如图 18-29（b）所示，单击 Continue 按钮，选中参考点 RP_binder，单击下方提示栏中的 Done 按钮，将参考点放入 Set-1_binder 集中。

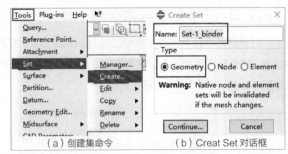

（a）创建集命令　　（b）Creat Set 对话框

图 18-29 创建参考点集

类似地，创建 Punch 的参考点，命名为 RP_punch；创建参考点集，命名为 Set-1_punch；创建 Die 的参考点；命名为 RP_die；创建参考点集，命名为 Set-1_die。

2. 创建面集

本讲中，需要定义的面集有凸模、凹模、压边圈与板料接触的面，以及板料的上下面。

» **凸模与板料接触的面**

应用命令 Tools → Surface → Create，如图 18-30（a）所示，弹出 Create Surface 对话框，命名为 Surf-1_punch，如图 18-30（b）所示，修改下方提示栏 Select the regions for the surface by angle Done，选中 Punch 的外表面，单击 Done 按钮，在下方提示栏中单击 Purple 按钮 Choose a side for the shell or internal faces: Brown Purple Flip a surface 。

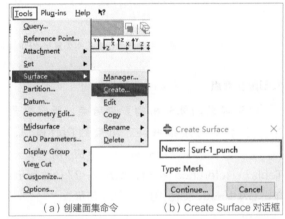

（a）创建面集命令　　（b）Create Surface 对话框

图 18-30 创建面集

» **凹模与板料接触的面**

切换到 Die 部件中，应用命令 Tools → Surface → Create，弹出 Create Surface 对话框，命名为 Surf-1_Die，选中 Die 的内表面，单击 Done 按钮，下方提示栏中单击 Brown 按钮 Choose a side for the shell or internal faces: Brown Purple Flip a surface 。

» **压边圈与板料接触的面**

切换到 Binder 部件中，应用命令 Tools → Surface → Create，弹出 Create Surface 对话框，命名为 Surf-1_Binder，选中 Binder 表面，单击 Done 按钮，下方提示栏中单击 Purple 按钮 Choose a side for the shell or internal faces: Brown Purple Flip a surface 。

» **板料上下表面**

切换到 Blank 部件中，应用命令 Tools → Surface → Create，弹出 Create Surface 对话框，命名为 Surf-1_blank_Z+，选中 Blank 表面，单击 Done 按钮，下方提示栏中单击 Purple 按钮 Choose a side for the shell or internal faces: Brown Purple Flip a surface 。

应用命令 Tools → Surface → Create，弹出 Create Surface 对话框，命名为 Surf-1_blank_Z-，选中 Blank 表面，单击 Done 按钮，下方提示栏中单击 Brown Choose a side for the shell or internal faces: Brown Purple Flip a surface 。

保存文件。

> 1. 读者可以不创建参考点集和面集，直接在视图中选，但这样比较麻烦且容易出现误操作，故在本讲中，选用了建立参考点集和面集的方式。
> 2. Purple面和Brown面根据接触的实际情况选择。

18.2.4 创建属性

打开随书资源中本节文件 S-rail-ref.cae，或接上步继续操作。

1. 创建材料属性

切换到 Property 模块 Module: Property Model: S-rail Part: Blank 。应用命令 Material → Create 或单击工具箱中的（Create Material），弹出 Edit Material 对话框。

» **命名：** 对话框中 Name 为 DSQK

» **弹性属性：** 对话框中 Mechanical → Elasticity → Elastic，定义弹性模量 207000MPa，泊松比为 0.28，如图 18-31（a）所示

» **塑性属性：** 对话框中 Mechanical → Plasticity → Plastic，将附件中 Load curve.xlsx 中的数据复制到对话框中，如图 18-31（b）所示

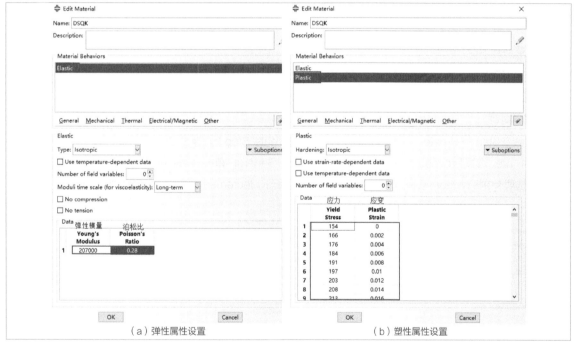

（a）弹性属性设置　　　　　　（b）塑性属性设置

图 18-31 Edit Material 对话框设置

2. 创建截面属性

应用命令 Section → Create，或单击工具箱中的（Create Section），弹出 Create Section 对话框。设置如图 18-32（a）所示，单击 Continue 按钮，弹出 Edit Section 对话框，设置如图 18-32（b）所示。

(a) Create Section 对话框设置　　(b) Edit Section 对话框设置

图 18-32 截面属性设置

3. 截面属性赋予板料

应用命令 Assign → Section，或单击工具箱中的 ■（**Assign Section**）。

根据下方提示栏 Select the regions to be assigned a section individually （□Create set）Done，选中板料部件，单击 Done 按钮。弹出 Edit Section Assignment 对话框，单击 OK 按钮，将截面属性赋给 Blank 部件。

> ○ 离散刚体不需要定义材料参数和设置截面属性。本讲中，只需设置板料的材料属性和截面属性。

18.2.5 定义分析步

打开随书资源中本节文件中的 S-rail-Mat.cae 文件，或接上步继续操作。

切换到 Step 模块 Module: Step ▼ Model: S-rail ▼ Step: Initial ▼ 。

» 设置分析步

应用命令 Step → Create，或单击工具箱中的 ■（**Create Step**），弹出 Create Step 对话框；修改 Name 为 Step-1_pre，选择 Procedure Type 为 General:Static, General，单击 Continue 按钮；弹出 Edit Step 对话框，在 Basic 选项卡中将 Nlgeom 切换到 On，如图 18-33（a）所示，Incrementation 选项卡设置如图 18-33（b）所示。

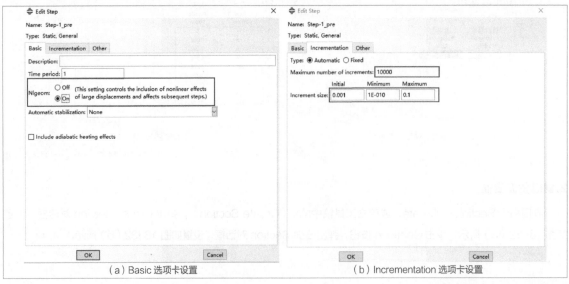

(a) Basic 选项卡设置　　(b) Incrementation 选项卡设置

图 18-33 Edit Step 对话框设置

应用命令 Step → Create，或单击工具箱中的 （Create Step），弹出 Create Step 对话框；修改 Name 为 Step-2_Forming，选择 Procedure Type 为 General:Static, General，单击 Continue 按钮；Edit Step 对话框在 Incrementation 选项卡中的设置如图 18-34 所示。

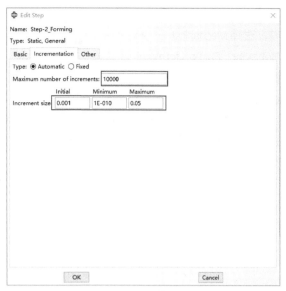

> 1. Step-1_pre 为准备步，加压边力，平稳建立各部件接触关系，将初始步调小，方便收敛。Step-2_Forming 进行冲压成形。如果一开始进行冲压步，计算会不收敛。
> 2. Step-1_pre 中设置非线性后，Step-2_Forming 则继承了 Step-1_pre 中的非线性特性。

图 18-34 Step-2_Forming 的 Incrementation 选项卡设置

» **设置场输出**

应用命令 Output → Field Output requests → Create，弹出 Create Field 对话框，Step 选择 Step-1_pre，单击 Continue 按钮，弹出 Edit Field Output Requests 对话框，设置如图 18-35（a）。

应用命令 Output → History Output requests → Create，弹出 Create History 对话框，Step 选择 Step-1_pre，单击 Continue 按钮，弹出 Edit History Output Request 对话框，设置如图 18-35（b）。

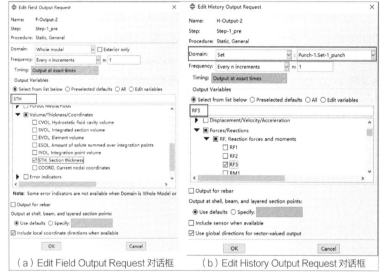

(a) Edit Field Output Request 对话框　　(b) Edit History Output Request 对话框

图 18-35 隐式计算设置场输出

> 1. 可以在图 18-35（a）的方框中直接填写 STH，也可在下方框中勾选 STH。
> 2. STH 场输出是厚度输出，RF3 历史场输出是 Punch 的 z 向力输出。

18.2.6 定义接触

打开随书资源中本节文件中的 S-rail-Step.cae 文件，或接上步继续操作。
切换到 Interaction 模块 Module: Interaction Model: S-rail Step: Initial。

» **设置接触属性**

应用命令 Interaction → Property → Create 或单击工具箱中的 （Create Interaction Property）命令，弹出 Create Interaction Property 对话框，修改名为 IntProp-1_f0125，Type 选择 Contact，单击 Continue 按钮。

弹出 Edit Contact Property 对话框，选择 Mechanical → Tangential Behavior，Friction formulation 选择 Penalty。设置 Friction Coeff 值为 0.125。选择 Mechanical → Normal Behavior，Pressure-Overclosure 选择 Exponential，其余设置如图 18-36（b）所示。

> 本讲中为了使模型收敛，使用了软接触定义，即 Exponential。

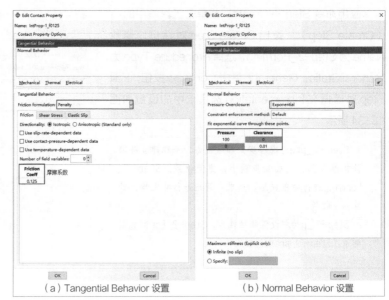

（a）Tangential Behavior 设置　　（b）Normal Behavior 设置

图 18-36 Edit Contact Property 对话框设置

» **定义 Die 和 Blank 的接触**

应用命令 Interaction → Create 或单击工具箱中的 ▣（Create Interaction），弹出 Create Interaction 对话框。修改 Name 为 Int-1_die-blank，Step 切换为 Initial，Types for Selected Step 中选择 Surface-to-surface contact，如图 18-37 所示，单击 Continue 按钮。

图 18-37 Create Interaction 对话框

单击提示栏 ，弹出 Region Selection 对话框，选择 Die-1.Surf_Die，如图 18-38（a）所示，单击 Continue 按钮。提示栏中选择 Surface Choose the slave type: Surface Node Region，弹出 Region Selection 对话框，选择 Blank-1.Surf-1_blank_Z+，如图 18-38（b）所示，单击 Continue 按钮。

> 在初始步定义接触，在分析步中继承接触定义。

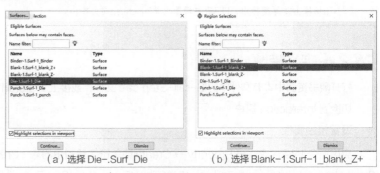

（a）选择 Die-.Surf_Die　　（b）选择 Blank-1.Surf-1_blank_Z+

图 18-38 Region Selection 对话框

弹出 Edit Interaction 对话框，对话框设置如图 18-39（a）所示。

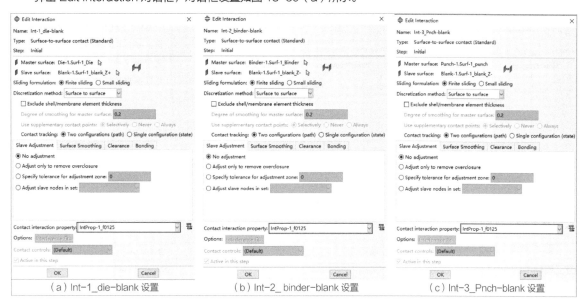

（a）Int-1_die-blank 设置　　（b）Int-2_binder-blank 设置　　（c）Int-3_Pnch-blank 设置

图 18-39 Edit Interaction 对话框

» **定义 Binder 和 Blank 的接触**

应用命令 Interaction → Create 或单击工具箱中的 （Create Interaction），弹出 Create Interaction 对话框。修改 Name 为 Int-2_binder-blank，Types for Selected Step 中选择 Surface-to-surface contact（Standard），单击 Continue 按钮。弹出 Region Selection 对话框，选择 Binder-1.Surf-1_Binder，单击 Continue 按钮。下方提示栏中选择 Surface，选择 Blank-1.Surf-1_blank_Z-，单击 Continue 按钮。弹出 Edit Interaction 对话框，对话框设置如图 18-39（b）所示。

» **定义 Punch 和 Blank 的接触**

应用命令 Interaction → Create 或单击工具箱中的 （Create Interaction），弹出 Create Interaction 对话框。修改 Name 为 Int-3_Pnch-blank，Types for Selected Step 中选择 Surface-to-surface contact（Standard），单击 Continue 按钮。弹出 Region Selection 对话框，选择 Punch-1.Surf-1_punch，单击 Continue 按钮。下方提示栏中选择 Surface，选择 Blank-1.Surf-1_blank_Z-。单击 Continue 按钮。弹出 Edit Interaction 对话框，对话框设置如图 18-39（c）所示。

○ 刚体只能作为接触对的主面。

18.2.7 定义载荷和边界条件

打开随书资源中本节的 S-rail-Int.cae 文件，或接上步继续操作。

切换到 Load 模块。

1.创建幅值曲线

应用命令 Tools → Amplitude → Create，弹出 Create Amplitude 对话框，修改名字为 Amp-1_Force，Type 选择 Smooth step，单击 Continue 按钮。弹出 Edit Amplitude 对话框，设置如图 18-40（a）所示。

应用命令 Tools → Amplitude → Create，弹出 Create Amplitude 对话框，命名为 Amp-2_Move，Type 选择 Smooth step，单击 Continue 按钮。弹出 Edit Amplitude 对话框，设置如图 18-40（b）所示。

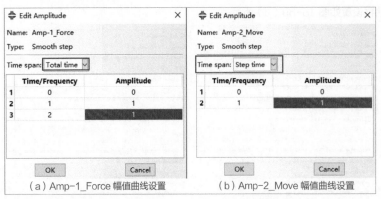

(a) Amp-1_Force 幅值曲线设置　　(b) Amp-2_Move 幅值曲线设置

图 18-40 Edit Amplitude 对话框设置

○ 应用命令 Plug-ins →Tools→Amplitude Plotter，弹出 Amplitude Plotter 对话框，选中幅值曲线，单击 Polt 按钮，可以画出该幅值曲线图。

2. 创建载荷

应用命令 Load→Create 或单击工具箱中的 ┗（Create Load），弹出 Create Load 对话框，设置如图 18-41 所示，单击 Continue 按钮。弹出 Region Selection 对话框，选择 Binder-1.Set-1_binder，单击 Continue 按钮。弹出 Edit Load 对话框，设置如图 18-42 所示。

○ 压边力的大小要适度，不然有可能不收敛。

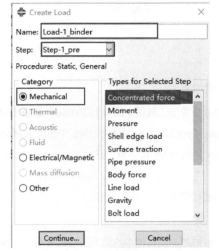

图 18-41 Create Load 对话框设置

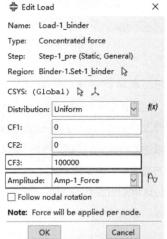

图 18-42 Edit Load 对话框设置

3. 创建边界条件

» 创建 Punch 边界条件

应用命令 BC→Create 或单击工具箱中的 ┗（Create Boundary Condition），弹出 Create Boundary Condition 对话框，选择 Symmety/Antisymmetry/Encastre，其余设置如图 18-43 所示，单击 Continue 按钮。弹出 Region Selection 对话框，选择 Punch-1.Set-1_punch，单击 Continue 按钮，弹出 Edit Boundary Condition 对话框，选择 ENCASTRE(U1=U2=U3=UR1=UR2=UR3)。

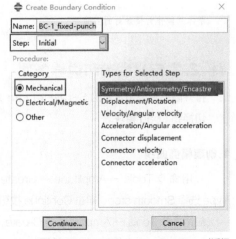

图 18-43 Create Boundary Condition 对话框

» **创建 Binder 边界条件**

应用命令 BC→Create 或单击工具箱中的 （Create Boundary Condition），弹出 Create Boundary Condition 对话框，选择 Displacement/Rotation，其余设置如图 18-44 所示，单击 Continue 按钮。弹出 Region Selection 对话框，选择 Binder-1.Set-1_binder，单击 Continue 按钮，弹出 Edit Boundary Condition 对话框，勾选 U1、U2、UR1、UR2、UR3，如图 18-45 所示，即仅余 U3 自由度。

图 18-44 Create Boundary Condition 对话框　　图 18-45 Edit Boundary Condition 对话框

» **创建 Die 边界条件**

应用命令 BC→Create 或单击工具箱中的 （Create Boundary Condition），弹出 Create Boundary Condition 对话框，设置如图 18-46（a）所示，单击 Continue 按钮。弹出 Region Selection 对话框，选择 Die-1.Set-1_die，单击 Continue 按钮，弹出 Edit Boundary Condition 对话框，全部勾选，如图 18-46（b）所示。

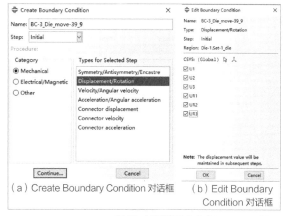

（a）Create Boundary Condition 对话框　　（b）Edit Boundary Condition 对话框

图 18-46 定义 BC-3_Die_move_39_9

» **修改 Die 边界条件**

应用命令 BC→Manager 或单击工具箱中的 （Boundary Condition Manager），弹出 Boundary Condition Manager 对话框，双击 BC-3_Die_move_39_9 的最后一项，弹出 Edit Boundary Condition 对话框，修改如图 18-47（b）所示。

保存文件。

（a）双击修改　　（b）Edit Boundary Condition 对话框设置

图 18-47 修改 BC-3_Die_move_39_9

○ 本讲中，Die 的移动距离通过上下模之间距离及合模间隙计算得到。

18.2.8 提交运算

打开随书资源中本节中的 S-rail-Load.cae 文件，或接上步操作。

切换到 Job 模块。

» **创建 Job**

应用命令 Job→Create 或单击工具箱中的 ■（**Create Job**），弹出 Create Job 对话框，命名为 Job-S-rail-forming-stdd，单击 Continue 按钮。弹出 Edit Job 对话框，单击 Parallelization 选项卡，勾选 Use multiple processors，设置为 3。如图 18-48（b）所示，单击 OK 按钮。将文件保存为 S-rail_Forming_STD.cae。

» **提交 Job**

应用命令 Job→Manager，弹出 Job Manager 对话框，如图 18-48（a）所示，单击 Submit 按钮，提交作业。

（a）Job Manager 对话框　　　　　　（b）Edit Job 对话框

图 18-48 提交作业设置

> 在 Parallelization 选项卡设置并行计算，Use multiple processors 为使用多个 CPU 计算，Use GPGPU acceleration 是使用 GPU 加速。Parallelization 选项卡设置具体情况视计算机情况而定。

18.2.9 结果分析

单击图 18-48（a）中 Result 按钮进入 Visualization 模块，查看计算结果。

1. 应力分布

切换场输出为 Primary、S、Mises，单击工具箱中的 ■（**Plot Contours on Deformed Shape**），查看应力分布云图，单击工具箱中的 ■（**Common Options**），在 Visible Edges 框下选择 Feather edges，隐藏网格线，如图 18-49 所示。

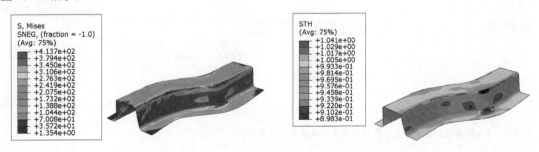

图 18-49 应力分布云图　　　　　　图 18-50 厚度分布云图

2. 厚度分布

切换场输出 Primary STH，单击工具箱中的 （Plot Contours on Deformed Shape），查看厚度分布云图，如图 18-50 所示。

3. Punch 力

单击工具箱中的 （XY Data），弹出 Create XY Data 对话框，Source 框中选择 ODB history output，单击 Continue 按钮，弹出 History Output 对话框，在 Variables 选项卡下选择 Reaction force: RF3，如图 18-51 (a) 所示，单击 Plot 按钮，画出 Punch 力曲线，如图 18-51 (b) 所示。

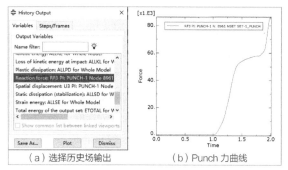

(a) 选择历史场输出　　(b) Punch 力曲线

图 18-51 输出 Punch 的 z 向力曲线

18.2.10 隐式求解 inp 文件解释

打开工作目录下的 Job-S-rail-forming-stdd.inp，节选如下：

```
** INTERACTION PROPERTIES
** 定义接触属性
*Surface Interaction, name=IntProp-1_f0125
1.,
*Friction, slip tolerance=0.005
 0.125,
** 软接触
*Surface Behavior, pressure-overclosure=EXPONENTIAL
0.01, 100.
**-----------------------------------------
** 定义静力分析步：第 1 个分析步先加载压边力，第 2 个分析步加载冲头位移
** STEP: Step-1_pre
*Step, name=Step-1_pre, nlgeom=YES, inc=10000
*Static
0.001, 1., 1e-10, 0.1
** LOADS
** Name: Load-1   Type: Concentrated force
*Cload, amplitude=Amp-1_Force
Binder-1.Set-1_binder, 3, 100000.
** 场输出定义
** FIELD OUTPUT: F-Output-2
*Output, field
```

```
** 厚度输出（STH），此输出不是默认选项，需定义。
*Element Output, directions=YES
STH,
** 历史输出定义
** HISTORY OUTPUT: H-Output-2
*Output, history
**Z 方向的节点集 nset 反作用力
*Node Output, nset=Punch-1.Set-1_punch
RF3,
**-----------------------------------------
** 成形分析步
** STEP: Step-2_Forming
*Step, name=Step-2_Forming, nlgeom=YES, inc=10000
*Static
0.001, 1., 1e-10, 0.05
** 定义边界条件
** BOUNDARY CONDITIONS
** 位移边界引入幅值曲线 Amp-2_Move
** Name: BC-3_Die_move-39_9 Type: Displacement/Rotation
*Boundary, amplitude=Amp-2_Move
Die-1.Set-1_die, 3, 3,-39.9
*End Step
```

18.3 S轨冲压成形：显式算法

打开随书资源中本节文件中的 S-rail_Forming_STD.cae 文件，或者接 18.2.7 小节操作。

18.3.1 修改材料参数

1. 定义密度参数

切换到 Property 模块，应用命令 Material → Manager 或单击工具箱中的 图标（Material Manager）。弹出 Material Manager 对话框，单击 Edit 按钮，弹出 Edit Material 对话框，子菜单中选择 General → Density，在 Mass Density 框中输入密度值 7.85E-9，单击 OK 按钮，如图 18-52 所示。

> 隐式分析不需要密度参数，但是显式分析需要密度参数。

图 18-52 Material Manager 对话框设置

2. 为Binder部件创建质量点

切换到 Binder 部件，Module: Property，Model: S-rail，Part: Binder。

应用命令 Special → Inertia → Create，弹出 Create Interia 对话框，Type 选择 Point Mass/Inertia，单击 Continue 按钮，单击提示栏中 Set 按钮，弹出 Region Selection 对话框，选择 Set-1_binder 单击 Continue 按钮，弹出 Edit Inertia 对话框，设置如图 18-53 所示，单击 OK 按钮。

> 显式分析如果不定义边界条件，则需要质量参数，本讲中Punch和Die部件定义了边界条件、板料定义密度参数，可以当作定义质量；Binder的自由度没有被完全确定，故需加质量点，否则无法计算。

图 18-53 Edit Inertia 对话框设置

18.3.2 修改分析步

1. 替换分析步

切换到 Step 模块 Module: Step，Model: S-rail，Step: Initial，应用命令 Step → Manager 或单击工具箱中的 图标

（Step Manager），弹出 Step Manager 对话框，选中 Step-1_pre 步，单击 Delete 按钮，弹出警告框，单击 Yes 按钮，删除 Step-1_pre 步，如图 18-54 所示。

(a) 删除 Step-1_pre　　　　(b) 替换 Step-2_Forming

图 18-54 Step Manager 对话框

选中 Step-2_Forming 步，单击 Replace 按钮，弹出 Replace Step 对话框。选中 Dynamic, Explicit 步，单击 Continue 按钮，弹出 Edit Step 对话框，在 Basic 选项卡中，修改 Time period 为 0.01，Nlgeom 切换到 On，如图 18-55 所示，单击 OK 按钮。

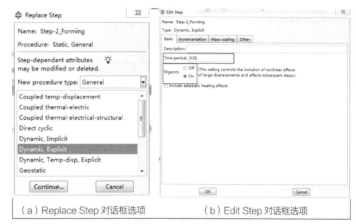

(a) Replace Step 对话框选项　　(b) Edit Step 对话框选项

图 18-55 替换 Step-2-Forming 步设置

成功将 Static, General 分析步替换成 Dynamic, Explicit 步，如图 18-56 所示。

图 18-56 替换好的 Step-2-Forming 步

2. 创建场输出

为了输出厚度和凸模力的结果，需要创建场输出。

应用命令 Output → Field Output Requests → Create 或单击工具箱中的 ![icon]（**Create Field**），弹出 Create Field 对话框，单击 Continue 按钮，弹出 Edit Field Output Requests 对话框，设置如图 18-57 所示。

> ○ 如果将分析步全部删除，重新定义，就需要重新定义边界条件。在本讲中，采取替换分析步的方式，这样后续只需进行部分修改即可。

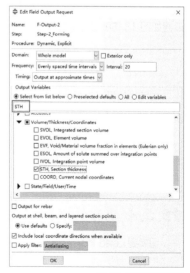

图 18-57 设置场输出

18.3.3 修改接触定义

1.定义压边圈的面集

切换到 Part 模块 Module: Part Model: S-rail Part: Binder ，应用命令 Tools → Surface → Create，弹出 Create Surface 对话框，修改 Name 为 Surf-1_binder_left，单击 Continue 按钮，选择 Binder 的一个半面，在下方提示栏中选择 Purple，应用命令 Tools → Surface → Create，按钮弹出 Create Surface 对话框，修改 Name 为 Surf-1_binder_right，单击 Continue 按钮，选择 Binder 的另一个半面，在下方提示栏中选择 Purple。

2.修改接触属性

切换到 Interaction 模块下。应用命令 Interaction → Property → Manager 或单击工具箱中的 ▦（Interaction Property Manager），弹出 Interaction Property Manager 对话框，选中 IntProp-1_f0125，单击 Edit 按钮，选中 Normal Behavior，单击对话框中 ✗ 图标，删除 Normal Behavior。

3.定义接触

应用命令 Interaction → Manager 或单击工具箱中的 ▦（Interaction Manager），弹出 Interaction Manager 对话框，选中 Int-2_binder-blank，单击 Delete 按钮。

应用命令 Interaction → Create 或单击应用工具箱中的 ▦（Create Interaction），弹出 Create Interaction 对话框，设置如图 18-58（a）所示，单击 Continue 按钮，单击提示栏中 Surfaces 按钮，弹出 Region Selection 对话框，选择 Binder-1.Surf-1_binder_left，单击 Continue 按钮，选择提示栏中 Surface 按钮，弹出 Region Selection 对话框，选择 Blank-1.Surf-1_blank_Z-。单击 Continue 按钮，弹出 Edit Interaction 对话框，设置如图 18-58（b）所示。

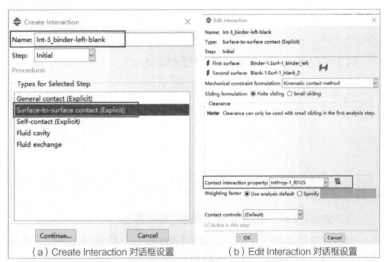

（a）Create Interaction 对话框设置　　（b）Edit Interaction 对话框设置

图 18-58 定义 Int-3_binder-left-blank 接触

按同样的操作创建 Int-4_binder-right-blank，主面选择 Binder-1.Surf-1_binder_right，从面选择 Blank-1.Surf-1_blank_Z-。

> ○ 由于显式算法中，不能有不连续的面接触，所以本讲将 Int-2_binder-blank 删除，将压边圈的两个面分别与板料接触。

18.3.4 修改载荷和边界条件

切换到 Load 模块 Module: Load Model: S-rail Step: Step-forming 。

1.修改幅值曲线

应用命令 Tools → Amplitude → Manager，弹出 Amplitude Manager 对话框，选中 Amp-2_Move，单击 Edit 按钮，弹出 Edit Amplitude 对话框，修改设置如图 18-59 所示。

图 18-59 Edit Amplitude 对话框设置

2.添加载荷

应用命令 Load → Create 或单击工具箱中的 ![] (Create Load)，弹出 Create Load 对话框，如图 18-60（a）所示，Name 写 Load-1_binder，Types for Selected Step 选择 Concentrated force，单击 Continue 按钮。在下方提示栏中单击 Sets...，在弹出的 Region Selected 对话框中选择 Binder-1.Set-1_binder。弹出 Edit Load 对话框，设置如图 18-60（b）所示。

> 由于删除了 Step-1_pre 步，在 Step-1_pre 步创建的 Load-1_binder 也一起被删除了，所以要重新添加载荷。

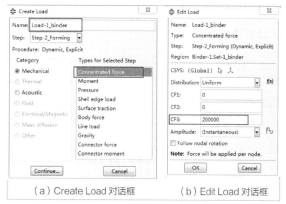

（a）Create Load 对话框　　（b）Edit Load 对话框

图 18-60 创建 Load-1_binder 载荷

18.3.5 提交作业

切换到 Job 模块。

应用命令 Job → Create 或单击工具箱中的 ![] (Create Job)，弹出 Create Job 对话框，命名为 Job-S-rail-forming-exe，单击 Continue 按钮。弹出 Edit Job 对话框，单击 OK 按钮。将文件保存为 S-rail_Forming_EXE.cae。

应用命令 Job → Manager，弹出 Job Manager 对话框，单击 Submit 按钮，提交作业。

> 本讲中显式计算中不能使用多 CPU 计算。

18.3.6 结果分析

应用命令 Job → Manager，弹出 Job Manager 对话框，选择 Job-S-rail-forming-exe，单击 Result 按钮，查看计算结果。

1.查看厚度

单击工具箱中的 ![] (Replace Selected)，提示栏选择 Select entities to replace: Part instances Done Undo Redo 在视图中选择 Blank 模型，单击 Done 按钮，只显示板料模型。单击工具箱中的 ![] (Plot Contours on Deformed Shape) 显示

云图。应用 Primary STH 查看厚度云图。单击工具箱中的 ■（Common Options），弹出 Common Plot Options 对话框，在 Visible Edges 框中选择 Feature edges，单击 OK 按钮，隐藏网格线显示云图。厚度云图如图 18-61（a）所示。

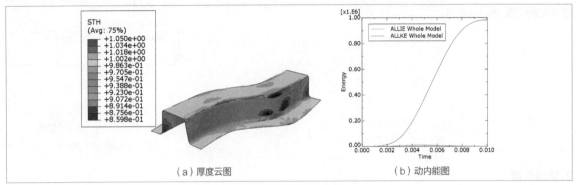

（a）厚度云图　　　（b）动内能图

图 18-61 显式计算结果

2.查看动内能情况

应用命令 Tools → XY Data → Create 或单击工具箱中的 ■（Create XY Data），弹出 Create XY Data 对话框，选择 Source：ODB history output，单击 Continue 按钮。弹出 History Output 对话框，在 Variables 选项卡选择 Internal energy：ALLIE for Whole Model（内能）和 Kinetic energy：ALLKE for Whole Model（动能）。单击 Plot 按钮，显示动内能图，如图 18-61（b）所示。

○ 在显式分析中，如果动能与内能的比值小于5%，即可认为是准静态分析。

18.3.7 显式求解inp文件解释

打开工作目录下的 Job-S-rail-forming-exe.inp，节选如下：

```
** 显式求解步定义
** STEP: Step-2_Forming
*Step, name=Step-2_Forming, nlgeom=YES
*Dynamic, Explicit
, 0.01
*Bulk Viscosity
0.06, 1.2
```

18.3.8 时间加速

打开 S-rail_Forming_EXE.cae 文件或接着 18.3.4 小节操作。

1.修改分析步

切换到 Step 模块。应用命令 Step → Manager 或单击工具箱中的 ■（Step Manager），弹出 Step Manager 对话框，选中 Step-2_Forming，单击 Edit 按钮，弹出 Edit Step 对话框，修改 Time period 为 0.005，如图 18-62 所示，单击 OK 按钮。

2. 修改幅值曲线

切换到 Load 模块，应用命令 Tools → Amplitude → Manager，弹出 Amplitude Manager 对话框，选中 Amp-2_Move，单击 Edit 按钮，弹出 Edit Amplitude 对话框，设置如图 18-63 所示。

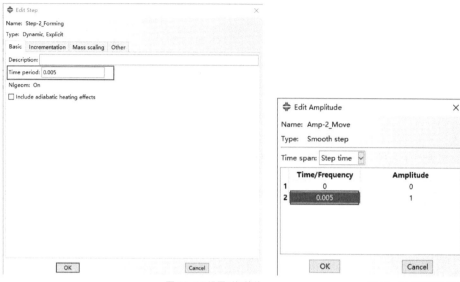

图 18-62 设置时间缩放　　　　　图 18-63 调整幅值曲线

3. 提交计算

切换到 Job 模块，应用命令 Job → Create 或单击工具箱中的 ■（Create Job），弹出 Create Job 对话框，命名为 Job-S-rail-forming-exe-time，单击 Continue 按钮。弹出 Edit Job 对话框，单击 OK 按钮。将文件保存为 S-rail_Forming_EXE_time.cae。

应用命令 Job → Manager，弹出 Job Manager 对话框，单击 Submit 按钮，提交作业。

4. 结果分析

应用命令 Job → Manager，弹出 Job Manager 对话框，选中 Job-S-rail-forming-exe-time，单击 Result 按钮查看计算结果。结果查看方式与 18.2.9 小节相同。计算结果如图 18-64 所示。

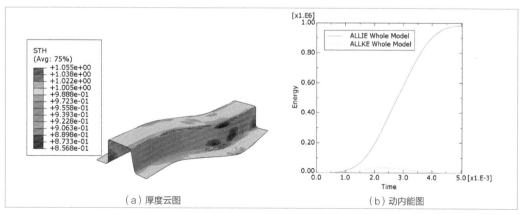

（a）厚度云图　　　　　　　　（b）动内能图

图 18-64 时间加速后的计算结果

5. 时间加速inp文件解释

打开工作目录下的 Job-S-rail-forming-exe-time.inp，节选如下：

```
** 通过幅值曲线和分析步时间配合，加速位移不变的冲头速度
** STEP: Step-2_Forming
** 分析步时间定义
*Step, name=Step-2_Forming, nlgeom=YES
*Dynamic, Explicit
, 0.005
*Bulk Viscosity
0.06, 1.2
** 幅值定义
*Amplitude, name=Amp-1_Force, time=TOTAL TIME, definition=SMOOTH STEP
     0.,      0.,      1.,      1.,      2.,      1.
*Amplitude, name=Amp-2_Move, definition=SMOOTH STEP
     0.,      0.,    0.005,     1.
```

18.3.9 质量加速

打开 S-rail_Forming_EXE.cae 文件或者接着 18.3.4 小节操作。

1. 创建板料的单元集

切换到 Part 模块，选择 Blank 部件。应用命令 Tools → Set → Create，弹出 Create Set 对话框，修改 Name：Set-1_blank，Type 选择 Element，单击 Continue 按钮，框选选中所有板料单元，单击 Done 按钮。

2. 修改分析步

切换到 Step 模块，应用命令 Step → Manager 或单击工具箱中的 ▦ (Step Manager)。弹出 Step Manager 对话框，选中 Step-2_Forming，单击 Edit 按钮，弹出 Edit Step 对话框，切换到 Mass scaling 选项卡下，选择 Use scaling definitions below，如图 18-65 (a) 所示。单击 Create 按钮，弹出 Edit Mass Scaling 对话框，对话框设置如图 18-65 (b) 所示。

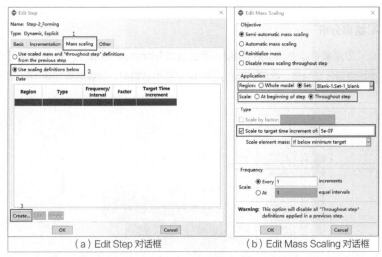

(a) Edit Step 对话框　　(b) Edit Mass Scaling 对话框

图 18-65 设置质量缩放

○ 设置质量加速集合时，Region 选为单元集。

3. 提交计算

应用命令 Job → Create 或单击工具箱中的 ■（**Create Job**），弹出 Create Job 对话框，命名为 Job-S-rail-forming-exe-mass，单击 Continue 按钮。弹出 Edit Job 对话框，单击 OK 按钮。将文件保存为 S-rail_Forming_EXE_mass.cae。

应用命令 Job → Manager，弹出 Job Manager 对话框，单击 Submit 按钮，提交作业。

4. 结果分析

应用命令 Job → Manager，弹出 Job Manager 对话框，选中 Job-S-rail-forming-exe-mass，单击 Result 按钮查看计算结果。结果查看方式与 18.2.9 小节相同。计算结果如图 18-66 所示。

○ 本讲中，质量加速和时间加速后算出的结果与未加速时的结果基本一致，但是加速后的求解时间是未加速时的一半。

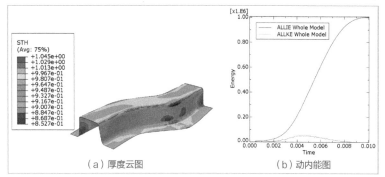

（a）厚度云图　　（b）动内能图

图 18-66 质量加速后的计算结果

5. 质量加速inp解释

打开工作目录下的 Job-S-rail-forming-exe-mass.inp，节选如下：

```
*Step, name=Step-2_Forming, nlgeom=YES
*Dynamic, Explicit
, 0.01
*Bulk Viscosity
0.06, 1.2
** 质量缩放：半自动
** Mass Scaling: Semi-Automatic
**Blank-1.Set-1_blank 的质量缩放频率
*Variable Mass Scaling, elset=Blank-1.Set-1_blank, dt=5e-07, type=below min, frequency=1
```

18.4 冲压成形：结果判读

18.4.1 动内能比

打开 Job-S-rail-forming-exe.odb 文件。切换到 Visualization 模块，对计算结果进行后处理。根据 18.3.6 节的内容，显示动内能曲线。应用命令 Tools → XY Data → Create 或单击工具箱中的 ■（**Create XY Data**），弹出 Create XY Data 对话框，选择 Operateon XY data，单击 Continue 按钮，弹出 Operateon XY Data 对话框，设置如图 18-67 所示，_temp_3 是动能的 Name，_temp_2 是内能的 Name，单击 Plot Expression 按钮，显示动内能比值图，如图 18-68 所示。

图 18-67 Operate on XY Data 对话框设置

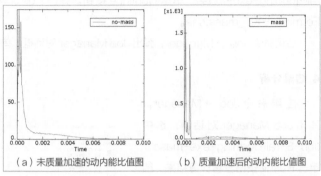

(a) 未质量加速的动内能比值图　(b) 质量加速后的动内能比值图

图 18-68 动内能比值图

○ 初始时，接触关系还未完全建立，刚进行冲压时，部件之间的冲击比较大，所以初始时的动内能也比较大。

18.4.2 减薄率

切换到 Visualization 模块，对计算结果进行后处理。单击工具箱中的 （Replace Selected），提示栏选择 Select entities to replace: Part instances，在视图中选择 Blank 模型，单击 Done 按钮，只显示板料模型。单击工具箱中的 （Plot Contours on Deformed Shape）显示云图。应用命令 Tools → Field Output → Create From Fields，弹出 Create Field Output 对话框，设置如图 18-69（a）所示，单击 Apply 按钮。应用命令 Result → Step/Frame，弹出 Step/Frame 对话框，选择 Session Step，如图 18-69（b）所示，单击 Apply 按钮。减薄率云图如图 18-69（c）所示。

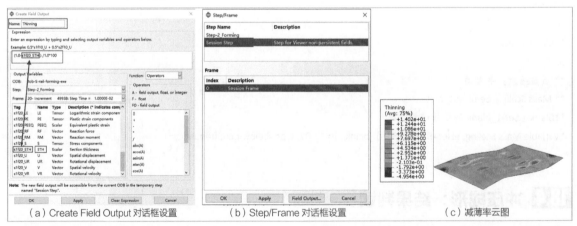

(a) Create Field Output 对话框设置　　(b) Step/Frame 对话框设置　　　(c) 减薄率云图

图 18-69 Job-S-rail-forming-exe 结果的减薄率

18.4.3 FLD 成形极限

1. 在材料属性中添加 FLD 曲线

打开 S-rail-Forming-EXE-mass.cae 文件。切换到 Property 模块，应用命令 Material → Manager，弹出 Material Manager 对话框，选中 DSQK，单击 Edit 按钮，弹出 Edit Material 对话框，应用命令

Mechanical → Damage for Ductile Metals → FLD Damage,如图 18-70（a）所示,将 FLC_curve.xlsx 的点值输入对话框中,如图 18-70（b）所示,单击 OK 按钮。

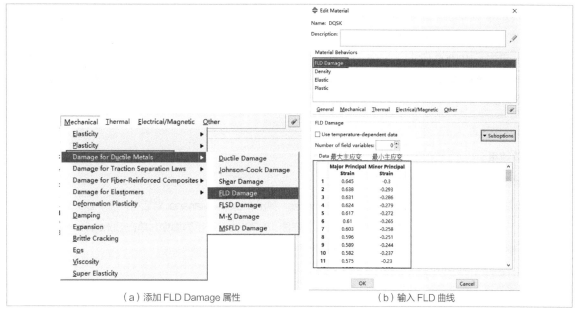

（a）添加 FLD Damage 属性　　　　　（b）输入 FLD 曲线

图 18-70 添加 FLD Damage 材料参数

○ FLD 曲线的数值点可根据实验来确定。

2.设置场输出

切换到 Step 模块,应用命令 Output → Field Output → Create 或单击工具箱中的 ,弹出 Create Field 对话框,单击 Continue 按钮,弹出 Edit Field Output Request 对话框,在 Output Variables 框下选择 Failure/Fracture → DMICRT,如图 18-71 所示,单击 OK 按钮。

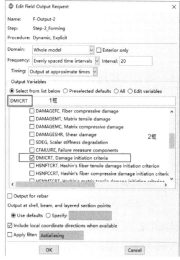

图 18-71 设置场输出 DMICRT

3.提交作业

应用命令 Job → Create 或单击工具箱中的 ,弹出 Create Job 对话框,命名为 Job-S-rail-forming-exe-mass-FLD,单击 Continue 按钮。弹出 Edit Job 对话框,单击 OK 按钮。将文件保存为 S-rail_Forming_EXE_mass_FLD.cae。

应用命令 Job → Manager,弹出 Job Manager 对话框,单击 Submit 按钮,提交作业。

4. 结果分析

在 Job Manager 对话框中选中 Job-S-rail-forming-exe-mass-FLD，单击 Result 按钮，查看计算结果。单击工具箱中的 （Plot Contours on Deformed Shape）显示云图。应用 Primary FLDCRT，查看成形极限云图。单击工具箱中的 （Common Options），弹出 Common Plot Options 对话框，在 Visible Edges 框中选择 Feature edges，单击 OK 按钮，隐藏网格线显示云图。成形极限云图如图 18-72 所示。

图 18-72 成形极限云图

5. 单元删除效果

» 设置材料

切换到 Property 模块，应用命令 Material → Manager，弹出 Material Manager 对话框，选中 DSQK，单击 Edit 按钮，弹出 Edit Material 对话框，选中 FLD Damage，在图 18-70（b）所示界面中，单击 Suboptions → Damage Evolution，弹出 Suboption Editor 对话框，设置如图 18-73 所示。

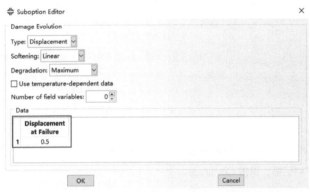

图 18-73 Suboption Editor 对话框设置

图 18-74 修改网格类型

» 设置场输出

应用命令 Output → Field Output Requests → Manager，弹出 Field Output Requests Manager 对话框，选中 F-Output-1，单击 Edit 按钮，弹出 Edit Field Output Requests 对话框，添加 STATUS 场变量。

> 如果不设置 STATUS 场变量输出，则在后处理中失效单元不被删除，即无裂缝效果。

» 设置单元

切换到 Mesh 模块 Module: Mesh Model: S-rail_Forming_EXE-mass-FLC Object: ○ Assembly ● Part: Blank，应用命令 Mesh → Element Type 或单击工具箱中的 （Assign Element Type），根据提示栏 Select the regions to be assigned element types individually Done，框选中所有板料单元，单击 Done 按钮，弹出 Element Type 对话框，Quad 框中选中 Elementdeletion: Yes。如图 18-74 所示。

> 本例中，摩擦系数为 0.125，并不会有失效单元的效果，在此小节，修改了摩擦系数为 0.3。

» 提交作业

应用命令 Job → Create 或单击工具箱中的 （Create Job），弹出 Create Job 对话框，命名为 Job-S-rail-forming-exe-FLC-de，单击 Continue 按钮。弹出 Edit Job 对话框，单击 OK 按钮。将文件保存为 S-rail_Forming_EXE_FLC_de.cae。

应用命令 Job → Manager，弹出 Job Manager 对话框，单击 Submit 按钮，提交作业。

» 查看结果

在 Job Manager 对话框中选中 Job-S-rail-forming-exe-FLC-de,单击 Result 按钮,查看计算结果。单击工具箱中的 显示云图。应用 Primary FLDCRT,查看成形极限云图。单击工具箱中的 ,弹出 Common Plot Options 对话框,在 Visible Edges 框中选择 Feature edges,单击 OK 按钮,隐藏网格线显示云图。成形极限云图如图 18-75 所示。

图 18-75 成形极限云图

18.4.4 结果判读 inp 文件解释

打开工作目录下的 Job-S-rail-forming-exe-FLC-de.inp,节选如下:

```
** 材料定义
** MATERIALS
*Material, name=DQSK
** 失效判断准则 FLD 定义
*Damage Initiation, criterion=FLD
 0.645, -0.3
 0.346,  0.
 ……
 0.463, 0.393
 0.463, 0.4
*Damage Evolution, type=DISPLACEMENT
 0.5,
** 密度
*Density
 7.85e-09,
** 弹性模量和泊松比
*Elastic
 207000., 0.28
** 真实塑性应变和真实应力
*Plastic
 154.,  0.
 ……
```

```
 444.,  0.5
** 场输出定义
** *Output, field, number interval=30
*Node Output
A, RF, U, V
** 单元场输出定义,失效判断 DMICRT、单元删除 STATUS、厚度 STH 等
*Element Output, directions=YES
DMICRT, LE, PE, PEEQ, PEEQVAVG, PEVAVG, S, STATUS, STH, SVAVG
** 接触场输出
*Contact Output
CSTRESS,
** 历史输出定义
** HISTORY OUTPUT: H-Output-2_die
** 节点集 Die-1.Set-1_die Z方向的反作用力和位移输出要求
*Output, history, frequency=1
*Node Output, nset=Die-1.Set-1_die
RF3, U3
**
```

18.5 小结和点评

本讲采用静力隐式和动力显式算法分别对 NUMISHEET'96 标准考题 S 形轨的冲压成形过程进行了仿真分析,详细讲解了网格划分、边界设置、材料定义、质量和时间缩放等操作步骤,特别针对钣金的结果判读方法、FLD 定义和单元删除等冲压成形结果分析的关键点做了特别说明,所述冲压成形仿真所获得的结果,能够为模具设计和优化提供清晰的指导。

点评:鲍益东 副教授

南京航空航天大学 机电学院

第19讲 高强度钢板热冲压成形分析

主讲人：贺斌

软件版本	分析目的
Abaqus 2017	热-力耦合模拟高强度钢板热冲压成形过程

难度等级	知识要点
★★★★☆	温度相关的非线性材料、热-力耦合分析，热接触与换热系数

19.1 问题描述

图 19-1（a）为热冲压成形的汽车 B 柱零件，为节省计算时间，本例只截取 B 柱"大头段"进行热冲压成形分析，研究钢板的高温变形过程及其温度场和厚度的变化。图 19-1（b）为 B 柱"大头段"热冲压成形的有限元网格模型。上模（punch）、下模（die）、压料板（binder）均为实体单元，板料（blank）为壳单元。上模、下模和压料板均约束为刚体，板料为变形体。板料厚度为 1.6mm。

本讲网格模型来自第三方软件，分析时可直接对网格进行相关设置。板料在截断处假设没有自由度限制。涉及的换热系数均设为常数。B 柱零件上的装配孔通过激光切割加工，热冲压成形分析时不考虑冲孔。

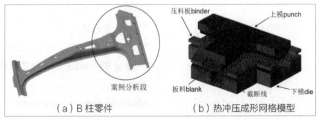

（a）B 柱零件　　（b）热冲压成形网格模型

图 19-1 B 柱"大头段"热冲压成形网格模型

19.2 模型设置

19.2.1 打开模型

双击打开 hot-stamping.cae 文件，从图 19-2（a）所示的目录树中可查看已建立的 4 个部件的网格模型，图 19-2（b）~图 19-2（e）分别对应上模（punch）、下模（die）、压料板（binder）和板料（blank）的网格模型。

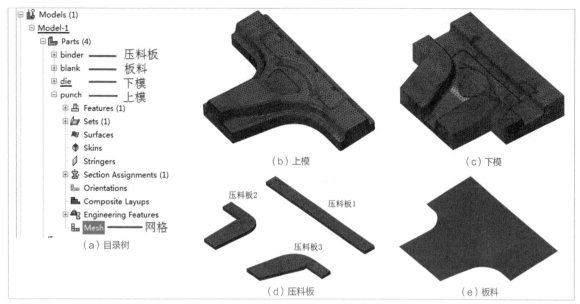

图 19-2 各部件及其网格模型

19.2.2 定义属性

在环境栏切换 Module 到 Property。

1. 定义材料

» 定义板料材料

单击工具箱中的，弹出 Edit Material 对话框，输入 Name 为 HSS。

单击 General → Density，定义 Mass Density 为 7.8e-9 t/mm³。

单击 Mechanical → Elasticity → Elastic，勾选 Use temperature-dependent data，读者可从附件中找到 HSS 材料参数 .xlsx 文件，拷贝 Young's Modulus-Poisson's Ratio-Temp 数据到 Data 区域。

单击 Mechanical → Plasticity → Plastic，勾选 Use temperature-dependent data，拷贝 Yield Stress-Plastic Strain-Temp 数据到 Data 区域。

单击 Thermal → Conductivity，勾选 Use temperature-dependent data，拷贝 Conductivity-Temp 数据到 Data 区域。

单击 Thermal → Specific Heat，勾选 Use temperature-dependent data，拷贝 Specific Heat-Temp 数据到 Data 区域。

单击 Mechanical → Expansion，定义 Expansion Coeff alpha 为 1.3e-5 /℃。单击 OK 按钮完成。

» 定义模具材料

同理，创建 Name 为 TOOL 的材料，Mass Density 为 7.9e-9 t/mm³；Young's Modulus 为 210000MPa，Poisson's Ratio 为 0.275；Yield Stress 为 990 MPa，Plastic Strain 为 0；Specific Heat 为 4.5e8 mJ/(t·℃)；Conductivity-Temp 数据从附件 TOOL 材料参数 .xlsx 中拷贝。单击 OK 按钮完成。

> 1. Abaqus中没有单位概念，建模时要注意单位的统一，本讲采用mm单位制，其中Mass Density、Young's Modulus、Yield Stress、Conductivity、Specific Heat、Thermal Conductance、Film Coeff等主要参数的单位分别为t/mm³、MPa、MPa、mW/(mm·℃)、mJ/(t·℃)、mW/(mm²·℃)、mW/(mm²·℃)。

> 2. 与冷冲压不同，热冲压中板料遵循的是高温下的流动应力-应变及传热规律，与变形相关的参数，如杨氏模量、泊松比、应力-应变，以及与传热相关的参数，如热导率、比热，都表现为温度相关的非线性。
> 3. 为提高计算效率，本讲将模拟时间缩小了20倍，材料参数中与时间相关的热导率相应增大了20倍。
> 4. 本讲的材料参数和换热系数均来自文献，仅供读者参考。解决实际工程问题时，各参数应通过查询数据库或试验获得。

2. 定义截面

单击工具箱中的 创建名为 blank 的 Shell：Homogeneous 类型截面，单击 Continue 按钮，Shell thickness 设为 1.6 mm，Material 选择 HSS，如图 19-3 所示，其余选项为默认。同理，创建名为 tool 的 Solid：Homogeneous 类型截面，Material 选择 TOOL。

3. 指派截面

环境栏显示部件 Part 为 blank（ ）以便选择。在提示栏 选择 individually，其他选项为默认。框选板料模型，单击 Done 按钮，弹出 Edit Section Assignment 对话框，如图 19-4 所示。Section 选择 blank，Shell Offset：Definition 选择 Middle surface，单击 OK 按钮，板料模型的颜色发生变化，表示第 2 步中定义的板料属性成功指派到板料模型。同理，在环境栏依次显示部件 binder、die、punch，将 Section：tool 属性分别指派给这 3 个部件。

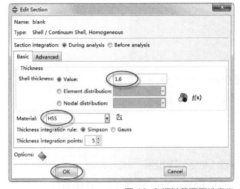
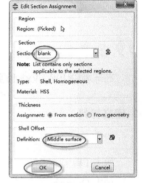

图 19-3 板料截面属性定义　　　图 19-4 指派板料截面

> 指派板料属性时，Shell Offset：Definition需要根据模型的装配位置选择。当板料壳体距上模、下模的距离均超过半个板料厚度时，可以指派属性到板料的中性面（Middle surface），本讲中表示具有1.6mm厚度的板料中性层。

19.2.3 创建装配

在环境栏切换 Module 到 Assembly 。单击工具箱中的 ，弹出 Create Instance 对话框，如图 19-5 所示，Create instances from 默认为 Parts，全选 4 个 Part，Instance type 选择 Dependent (mesh on part)，单击 OK 按钮完成。

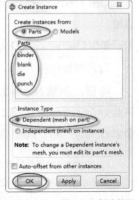

图 19-5 创建装配

19.2.4 创建分析步

在环境栏切换 Module 到 Step。

1. 分析步

单击工具箱中的 ，弹出 Create Step 对话框，创建分析步 closure，Procedure Type 选择 General: Dynamic, Temp-disp, Explicit，单击 Continue 按钮，弹出 Edit Step 对话框，如图 19-6 所示。Time period 设为 0.0135，Nlgeom 选择 On，其余选项为默认，单击 OK 按钮完成。同理，创建分析步 form，Procedure Type 仍选择 General: Dynamic, Temp-disp, Explicit，Time period 设为 0.05。

图 19-6 创建 closure 分析步

> 1.工程实际中，热冲压成形还包括淬火过程，时长为8～12s，但动力显式算法并不适合计算淬火过程，尤其是复杂模型，计算效率极低。因此，对于小型实验模具，经简化后可以模拟热冲压成形淬火的整个过程，但对于复杂模具，建议使用动力显式算法分析热冲压成形过程，使用heat transfer分析淬火过程。
> 2.热冲压成形过程可以采用Abaqus的动力显式算法进行准静态模拟，关键在于与温度相关的材料参数和边界条件的设置。本例采用缩短分析时间的方法，显著提高了求解效率，且能量分析结果表明，加载速率提高20倍后板料产生的动态效应并不明显。

2. 场变量

单击工具箱中的 ，修改默认场变量，Step 选择 closure，单击 Continue 按钮，弹出 Edit Field Output Request 对话框，如图 19-7 所示。Frequency 选择 Evenly spaced time intervals，interval 设为 50，Output Variables 选择方式为 Select from list below，分别在 Stresses、Strains、Displacement/Velocity/Acceleration、Thermal 和 Volume/Thickness/Coordinates 中选择 S、PEEQ、U、NT 和 STH 作为输出项。

3. 历史变量

应用命令 Tool→Set→Create，输入 Name 为 blank，Type 选择 Element，单击 Continue 按钮，框选板料，单击 Done 按钮完成 Set 创建。单击工具箱中的 ，修改默认历史变量，Step 选择 closure，单击 Continue 按钮，弹出 Edit History Output Request 对话框，如图 19-8 所示，Domain 选择 Set→blank，Frequency 选择 Evenly spaced time intervals，Interval 设为 100，在 Energy 中选择 ALLIE 和 ALLKE 作为输出项，单击 OK 按钮。

图 19-7 场变量输出

图 19-8 历史变量输出

19.2.5 创建相互作用

在环境栏切换 Module 到 Interaction `Module: Interaction  Model: Model-1  Step: Initial`。

过程介绍：热冲压成形过程同时包括热传导、热对流和热辐射 3 种换热形式。板料为热源，板料的热量分别传递到上模、下模和压料板，同时高温板料和周围空气会产生对流换热，还伴有热辐射，而传递到模具的热量被模具内冷却水道中流动的水流带走。

1.相互作用属性

单击工具箱中的 ，弹出 Create Interaction Property 对话框，定义 IHTC（板料与上模、下模及压料板的换热系数），Type 选择 Contact 按钮，单击 Continue 按钮，弹出 Edit Contact Property 对话框，单击 Mechanical → Tangential Behavior，Friction formulation 选择 Penalty，Friction Coeff 设为 0.35，其他选项为默认；单击 Thermal → Thermal Conductance，勾选 Use only clearance-dependency data，Clearance Dependency 选项卡变亮，如图 19-9 所示，在表格第 1 行第 1 列处输入 40，第 2 行第 2 列输入 1，其他为默认，单击 OK 按钮完成。

图 19-9 接触属性设置

同理，定义 CHTC（模具与冷却水的对流换热系数），Type 选择 Film condition，薄膜系数 Film Coeff 设为 200，其他默认。定义 AHTC（板料与周围空气的对流换热系数），Type 依然选择 Film condition，Film Coeff 设为 2，其他默认。

> ○ 本讲中与时间相关的换热系数（IHTC、CHTC、AHTC）均放大了 20 倍。

2.热接触及换热关系

热接触及换热关系共设置 11 项，分别为：上模和板料接触、下模和板料接触、压料板 1、2、3 和板料接触、上模和下模的水道散热、板料两个表面与空气的换热、板料两个表面的热辐射。

» **上模和板料的接触**

①单击工具箱中的 ，弹出 Create Interaction 对话框，输入 Name 为 punch-blank（上模和板料的接触关系），Type 选择 Surface-to-surface contact (Explicit)，Step 选择 Initial，单击 Continue 按钮。在提示栏设置选取方式为 by angle，角度设为 40，勾选 Create surface，命名为 punch `Select regions for the first surface  by angle  40  ☑ Create surface: punch  Done`。

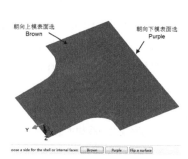

图 19-10 上模 punch 接触主面选取　　图 19-11 部件特征视图显隐设置　　图 19-12 板料朝向上模的工作表面选取

②开始选取上模 punch 的工作表面作为接触主面，首先单击工具箱中的 ，弹出 Create Display Group 对话框，如图 19-11 所示，Item 选择 Part/Model instances，Method 选择 Instances names，Instance 选择 punch-1，然后单击 （Replace）按钮，单击右上角 关闭对话框。此时，视图区仅显示上模 punch，鼠标单击选取上模工作表面（如局部位置未能选取，则按着 Shift 键多次选择直至选取到全部工作表面），单击 Done 按钮完成选取，如图 19-10 所示。

③在提示栏单击 Surface 按钮 ，选取板料 blank 朝向上模的工作表面作为接触从面。同理，通过工具箱中的 功能，使视图区仅显示板料 blank，鼠标单击选取板料，勾选 Create surface，命名为 blank-punch，单击 Done 按钮，如图 19-12 所示。Abaqus 中用两种颜色区分壳体的两个面，这里选择朝向上模的工作表面，即单击 Brown。

④完成步骤③后弹出 Edit Interaction 对话框，如图 19-13 所示。Mechanical constraint formulation 选择 Penalty contact method，Sliding formulation 选择 Finite sliding，Contact interaction property 选择前面创建的 IHTC 属性，Weighting factor 选择 Specify，然后输入 1.0，单击 OK 按钮完成上模 punch 和板料的接触属性设置。

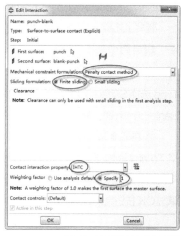

图 19-13 接触相互作用设置

» **下模和板料的接触**

重复上述 4 个步骤，创建名为 die-blank 的相互作用关系，此时主面为下模的工作表面，从面为显示 Purple 方向的板料表面，其他设置均相同。

» **压料板 1、2、3 和板料的接触（压料板编号见图 19-2（d））**

使用 Surface-to-surface contact (Explicit) 要求接触面必须连续，因此 3 个离散的压料板需要分别设置和板料的接触关系。同样地，重复前面的 4 个步骤，分别创建名为 binder1-blank、binder2-blank、binder3-blank 的热接触关系，主面都为压料板表面，从面为显示 Brown 方向的板料表面，其他设置均相同。

» **上、下模的冷却水道换热**

①单击工具箱中的 ，弹出 Create Interaction 对话框，输入 Name 为 punch cooling（上模冷却水道换热），Step 选择 closure，Type 选择 Surface film condition，单击 Continue 按钮。在提示栏设置选取方式为 by angle，角度设置为 60，勾选 Create surface，命名为 punch cooling 。

②开始选取上模 punch 的冷却水道表面，使用前述工具箱中的 功能，使视图区仅显示上模 punch，按着 Shift 键依

次选取上模内部的冷却水道表面,单击 Done 按钮完成,如图 19-14 所示。

③ 如图 19-15 所示,Definition 选择 Property Reference,Film interaction property 选择前面创建的 CHTC 属性,Sink definition 选择 Uniform,Sink temperature 设为 20,Sink amplitude 按默认选项,单击 OK 按钮完成上模冷却水道换热设置。

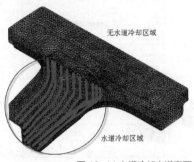

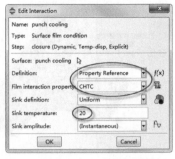

图 19-14 上模冷却水道表面

图 19-15 冷却水道对流换热定义

执行相同步骤,完成下模冷却水道换热设置。

» 板料两个表面与空气的换热

① 单击工具箱中的 ,输入 Name 为 blank-air1,Step 选择 closure,Type 选择 Surface film condition,单击 Continue 按钮。单击提示栏右侧的 Surfaces...,弹出 Region Selection 对话框,选择 blank-punch 面,单击 Continue 按钮。

② 完成步骤①后弹出 Edit Interaction 对话框,Film interaction property 选择前面创建的 AHTC 属性,其他设置与"上、下模的冷却水道换热"中步骤③相同,最后单击 OK 按钮完成 blank-punch 面与空气的换热设置。

重复上述步骤,完成板料 blank-die 面与空气的换热设置。

» 板料两个表面的热辐射

① 单击工具箱中的,输入 Name 为 blank-rad1,Step 选择 closure,Type 选择 Surface radiation,单击 Continue 按钮。单击提示栏的 Surfaces...,选择 blank-punch 面,单击 Continue 按钮。

② 在 Edit Interaction 对话框中,如图 19-16 所示,Radiation type 选择 To ambient,Emissivity distribution 选择 Uniform,Emissivity 输入 0.7,Ambient temperature 输入 20,Ambient temperature amplitude 按默认选项,单击 OK 按钮完成 blank-punch 面的热辐射设置。

图 19-16 板料热辐射定义

重复上述步骤,完成板料 blank-die 面的热辐射设置。

计算热辐射需要设置 Stefan-Boltzmann 常数。应用命令 Model → Edit Attributes → Model-1,弹出 Edit Model Attributes 对话框,如图 19-17 所示,勾选 Absolute zero temperature 和 Stefan-Boltzmann constant,设置 Absolute zero temperature 为 -273.15,Stefan-Boltzmann constant 为 1.134E-009。

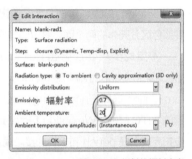

图 19-17 绝对零度和 Stefan-Boltzmann 常数设置

至此，11项相互作用关系设置均已完成，如图19-18所示。

> 1. 接触属性设置时主从面的常用规则为：①从面应该是网格划分更精细的表面；②如果网格密度比较接近，则选择材料刚度较大的平面作为主面，较软的表面作为从面；③如果两个接触物体有一个为刚体，则刚体表面一定是主面。
> 2. 接触属性设置时，如果接触对中有刚体，一般用Penalty contact method，如果接触对是弹性体，优先选Kinematic contact method。
> 3. Stefan-Boltzmann常数和时间相关，同样要放大20倍。

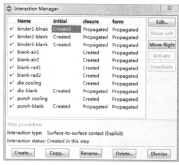

图19-18 11项相互作用关系

3.刚体

» 创建参考点

单击工具箱中的 ，直接用鼠标单击选取上模、压料板和下模上的任意节点，分别定义为参考点RP-1、RP-2、RP-3。在目录树选择Assembly→Features找到RP-1、RP-2、RP-3，依次Rename为punch、binder、die，并分别创建名为punch、binder、die的set。

» 创建刚体

单击工具箱中的 ，输入Name为punch，Type选择Rigid Body，单击Continue按钮，弹出Edit Constraint对话框，如图19-19所示。首先，单击Point右侧的蓝色箭头，单击提示栏右侧的 ，在Region Selection对话框中选择punch。其次，使用前述工具栏 功能，使视图区仅显示上模punch，在Region type选择Body（elements），单击右侧蓝色箭头，提示栏中选取方式选择individually，勾选Create set，命名为punch-1.Set-1，框选整个punch模型，单击Done按钮，勾选Adjust point to center of mass at start of analysis，单击OK按钮，完成上模punch的刚体约束设置。

重复相同步骤，完成压料板binder和下模die的刚体约束设置。

图19-19 定义刚体约束

> 与板料相比，模具网格数量巨大，本讲重点考察温度场变化，对模具应力场变化没有要求，因此分别将上模、压料板、下模约束为刚体，后处理中将无法查看三者的应力、应变等数据。

19.2.6 创建载荷

在环境栏切换Module到Load 。

1.幅值曲线

在目录树找到Amplitude，单击鼠标右键，选择Create，弹出Create Amplitude对话框，输入Name为smooth-closure，Type选择Smooth step，单击Continue按钮，弹出Edit Amplitude对话框，在Time/Frequency列输入0和0.0135，在Amplitude列输入0和1，单击OK按钮完成幅值定义，如图19-20所示。同理，创建名为smooth-form的Amplitude，在Time/Frequency列输入0和0.05，在Amplitude列输入0和1。

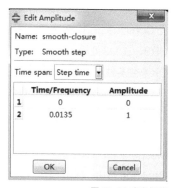

图19-20 定义幅值

2. 边界条件

» **下模固定约束**

单击工具箱中的 ![icon]，弹出 Create Boundary Condition 对话框，输入 Name 为 die fix，Step 选择 initial，Category 选择 Mechanical，Type 选择 Symmetry/Antisymmetry/Encastre，单击 Continue 按钮。单击提示栏右侧的 [Sets...]，在 Region Selection 对话框中选择 die，单击 Continue 按钮，选择 ENCASTRE（U1=U2=U3=UR1=UR2=UR3=0），单击 OK 按钮完成下模固定约束。

» **压料板位移**

同理，创建 closure 条件，Step 选择 closure，Category 选择 Mechanical，Type 选择 Displacement/Rotation，单击 Continue 按钮。单击提示栏右侧的 [Sets...]，选择 binder，单击 Continue 按钮，弹出图 19-21 所示的对话框，勾选 U1、U2、U3、UR1、UR2、UR3，在 U3 处输入 27，表示压料板向 Z 轴正向移动 27mm；Amplitude 选择前面创建的 smooth-closure，单击 OK 按钮完成压料板压边过程约束。

压料板压边过程在 closure 分析步采用位移约束，而在 form 分析步则要施加压边力载荷，因此，closure 边界在 form 分析步应做修正。单击工具箱中 ![icon] 右侧按钮 ![icon]，弹出 Boundary Condition Manager 对话框，如图 19-22 所示，编辑 closure 的 form 分析步，在弹出的 Edit Boundary Condition 对话框中，不勾选 U3，其他不变，单击 OK 按钮，form 分析步由 Propagated 变为 Modified。此时，压料板在 form 分析步中，Z 方向没有约束，可自由平移。

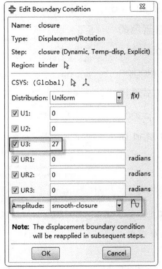

图 19-21 定义压料板位移

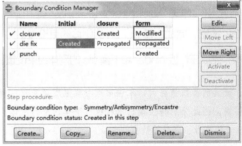

图 19-22 修正位移约束

» **上模冲压位移**

同理，创建 punch 条件，Step 选择 form，Category 选择 Mechanical，Type 选择 Displacement/Rotation，单击 Continue 按钮。单击提示栏右侧的 [Sets...]，选择 punch，单击 Continue 按钮，勾选 U1、U2、U3、UR1、UR2、UR3，在 U3 处输入 101，表示上模向 Z 轴正向移动 101mm；Amplitude 选择前面创建的 smooth-form，单击 OK 按钮完成上模冲压位移约束。

3. 施加载荷

单击工具箱中的 ![icon]，弹出 Create Load 对话框，输入 Name 为 closure，Step 选择 form，Category 选择 Mechanical，Type 选择 Concentrated force，单击 Continue 按钮。单击提示栏右侧的 [Sets...]，选择 binder，单击 Continue 按钮，弹出 Edit Load 对话框，如图 19-23 所示，在 CF1 和 CF2 处输入 0，CF3 处输入 25000，表示

压料板在 Z 轴正向施加 25kN 的压边力，其他默认，单击 OK 按钮。

4.初始温度条件

> **板料初始温度**

单击工具箱中的 ，弹出 Create Predefined Field 对话框，输入 Name 为 blank，Step 选择 initial，Category 选择 Other，Type 选择 Temperature，单击 Continue 按钮。单击提示栏的 Mesh ，在新提示栏中选取方式选择 individually ，勾选 Create set，命名为 blank-node，使用工具箱中的 功能，使视图区仅显示板料 blank，框选整个板料模型，单击 Done 按钮完成选取。在 Edit Predefined Field 对话框中，如图 19-24 所示，Magnitude 设为 800，表示板料初始温度为均匀的 800℃，其他默认，单击 OK 按钮。

图 19-23 定义压边力载荷

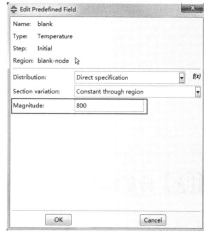

图 19-24 定义板料初始温度

> **其他 3 个部件的初始温度**

同理，重复上述步骤，定义上模、压料板和下模的初始温度为 20℃，Predefined Field 命名为 tool。

19.2.7 定义网格属性

在环境栏切换 Module 到 Mesh，Object 选择 Part，显示部件 Part 为 blank ，单击工具箱中的 ，提示栏选取方式选择 individually ，框选整个板料模型，单击 Done 按钮，弹出 Element Type 对话框，如图 19-25 所示，Element Library 选择 Explicit，Family 选择 Coupled Temperature-Displacement，其他默认，单击 OK 按钮。同理，依次在环境栏显示 Part 为 binder、punch 和 die，定义各部件网格属性。

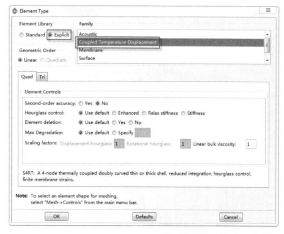

图 19-25 定义板料网格属性

19.2.8 创建并提交作业

在环境栏切换 Module 到 Job 。单击工具箱中的 ，弹出 Create Job

对话框，修改 Name 为 hotstamping，单击 Continue 按钮，弹出 Edit Job 对话框，如图 19-26 所示，在 Parallelization 选项卡勾选 Use multiple processors 并输入 4，可实现多核并行计算，其他默认，单击 OK 按钮。单击工具箱中 右侧按钮，弹出 Job Manager 对话框，单击 Submit 按钮提交作业，单击 Monitor 按钮监控求解过程，完成计算后，单击 Results 按钮自动切换到后处理模块查看结果。

图 19-26 创建作业

19.3 分析结果

19.3.1 温度场

在工具栏选择 NT11，单击工具箱中的，分别查看上模、下模、压料板的温度场，选择 NT13，查看板料的温度场，如图 19-27 所示。冲压结束后，上模、下模和压料板的最高温度分别为 104.3 ℃、123.2 ℃、140.3 ℃，板料温度在 527~749 ℃，呈现为边缘温度低，中部温度高。

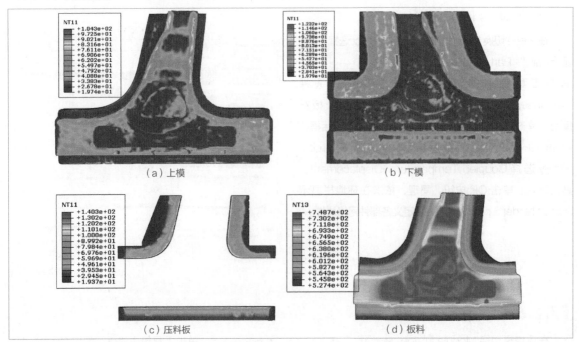

（a）上模　　　　　　　　　（b）下模

（c）压料板　　　　　　　　（d）板料

图 19-27 各部件温度场分布

19.3.2 厚度分布

在工具栏选择 STH，单击工具箱中的 仅显示板料，查看板料厚度分布，如图 19-28 所示。通常，板料减薄超过 30% 即认为发生破裂。本讲中由于设置了压边力载荷，在零件深度方向发生了显著的拉延，图中黑色区域减薄超过 30%，发生破裂，而个别圆角较小的位置发生了起皱现象，即板料厚度超过 1.6mm。

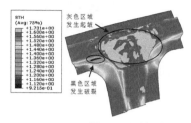

图 19-28 板料厚度分布

19.3.3 应力和应变

如图 19-29 所示，在工具栏选择 S → Mises，查看板料应力分布，应力集中主要发生在侧壁及弯曲过渡位置，但应力强度仍在抗拉极限以内，不会发生断裂；在工具栏选择 PEEQ，最大等效塑性应变发生在破裂区域，侧壁的应变大于其他位置，与厚度分布相呼应。

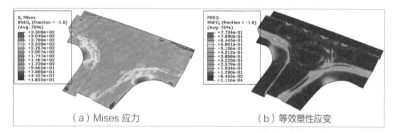

（a）Mises 应力　　（b）等效塑性应变

图 19-29 板料应力-应变分布

19.3.4 能量分析

热冲压成形过程近似可看作准静态过程，而显式求解算法是一种动态求解过程。当求解动力平衡的状态时，非平衡力以应力波的形式在相邻的单元之间传播。由于最小稳定时间增量一般是非常小的值，导致大多数问题需要大量的时间增量步，因此必须人为地改变加载速率或设置质量放大，从而提高模拟效率。然而，如果分析的速度增加到一个临界点，使得惯性影响占主导地位时，就会产生较大的局部变形，所得结果与准静态相比存在很大的差异。评估模拟是否产生了正确的准静态响应，最具有普遍意义的方式是研究模型中的各种能量。

无论是冷冲压还是热冲压，如果模拟是准静态的，那么外力所做的功是几乎等于系统内部的能量。除非有黏弹性材料或者使用了材料阻尼，否则黏性耗散能量一般很小。由于在模型中板料的速度很小，所以在准静态过程中，其惯性力可以忽略不计，动能很小。在大多数过程中，板料的动能应为内能的 5%~10%。需要注意 Abaqus/Explicit 报告的是整体的能量平衡，它包括了任何含有质量的刚体的动能，而评价时我们只对变形体感兴趣，因此当评价能量平衡时我们应在 Etotal 中扣除刚体的动能。

单击工具箱中的，选择 ODB history output，单击 Continue 按钮，同时选择 Internal energy 与 Kinetic energy 单击 Plot 按钮，显示板料的内能和动能曲线（图 19-30（a））；单击工具箱中的，选择 Operate on XY data，单击 Continue 按钮，输入 ALLKE/ALLIE，单击 Plot Expression 按钮，显示动能和内能的比值曲线（图 19-30（b））。

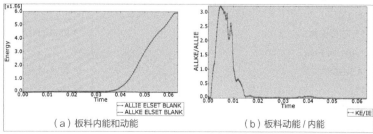

（a）板料内能和动能　　（b）板料动能/内能

图 19-30 板料能量分析

在整个冲压成形过程中板料内能逐渐增加，0.04s 时板料发生较大变形，由变形产生的内能开始快速增加。动能在 0.01s 附近呈现较大的波动，是因为此时压料板刚开始和板料接触，板料瞬间产生了动态效应。但从整体看，动能仍然比内能小两个数量级且在成形过程中，动能所占比例在 5% 以下。压边时之所以动能明显大于内能是因为板料处于无约束状态，且整个压边过程中板料几乎没有变形。综上所述，本讲可近似看作准静态过程。由于本讲中未设置断裂准则，因此板料局部减薄超过 30% 时，网格仍没有出现撕裂或删除。实际应用时，还需根据生产工艺对边界条件进行调整，直到板料的减薄都在 30% 以内，且不发生大面积的起皱现象，分析结果才可以进一步指导实践。

19.4 inp文件解释

打开工作目录下的 hotstamping.inp，节选如下：

```
** 定义幅值关系
*Amplitude, name=smooth-closure, definition=SMOOTH STEP
      0.,       0.,    0.0135,      1.
*Amplitude, name=smooth-form, definition=SMOOTH STEP
      0.,       0.,      0.05,      1.
……
** 定义模具材料属性
*Material, name=TOOL
** 定义温度相关的热导率
*Conductivity
860., 0.
856.,100.
844.,200.
830.,300.
812.,400.
734.,600.
580.,800.
** 定义密度
*Density
 7.9e-09,
** 定义弹性
*Elastic
210000., 0.275
** 定义塑性
*Plastic
990.,0.
** 定义比热
*Specific Heat
 4.5e+08,
**
** 定义 3 个接触属性
** INTERACTION PROPERTIES
**
*Film Property, name=AHTC
 2.
*Film Property, name=CHTC
 200.
*Surface Interaction, name=IHTC
** 定义摩擦系数
*Friction
 0.35,
** 定义间隙相关的换热系数
*Gap Conductance
 40.,0.
 0.,1.
**
** PHYSICAL CONSTANTS
**
** 定义绝对零度和 stefan boltzmann 常数
*Physical Constants, absolute zero=-273.15, stefan boltzmann=1.134e-09
**
** BOUNDARY CONDITIONS
**
** 定义下模的固定边界
** Name: die fix Type: Symmetry/Antisymmetry/Encastre
*Boundary
die, ENCASTRE
**
** PREDEFINED FIELDS
**
** 定义板料和模具初始温度
** Name: blank   Type: Temperature
*Initial Conditions, type=TEMPERATURE
blank-node, 800., 800., 800., 800., 800.
```

```
** Name: tool   Type: Temperature
*Initial Conditions, type=TEMPERATURE
"whole tool", 20., 20., 20., 20., 20.
**-----------------------------------------------------------
**
** 定义压边分析步
** STEP: closure
**
*Step, name=closure, nlgeom=YES
*Dynamic Temperature-displacement, Explicit
, 0.0135
*Bulk Viscosity
0.06, 1.2
**
** BOUNDARY CONDITIONS
**
** 定义压料板位移
** Name: closure Type: Displacement/Rotation
*Boundary, amplitude=smooth-closure
binder, 1, 1
binder, 2, 2
binder, 3, 3, 27.
binder, 4, 4
binder, 5, 5
binder, 6, 6
**
** 定义 11 组 Interactions
** INTERACTIONS
**
** Interaction: binder1-blank
*Contact Pair, interaction=IHTC, mechanical
constraint=PENALTY, weight=1., cpset=binder1-blank
binder1, blank-punch
** Interaction: binder2-blank
*Contact Pair, interaction=IHTC, mechanical
constraint=PENALTY, weight=1., cpset=binder2-blank
binder2, blank-punch
** Interaction: binder3-blank
*Contact Pair, interaction=IHTC, mechanical
constraint=PENALTY, weight=1., cpset=binder3-blank
binder3, blank-punch
** Interaction: die-blank
*Contact Pair, interaction=IHTC, mechanical
constraint=PENALTY, weight=1., cpset=die-blank
die, blank-die
** Interaction: punch-blank
*Contact Pair, interaction=IHTC, mechanical
constraint=PENALTY, weight=1., cpset=punch-blank
punch, blank-punch
** Interaction: blank-air1
*Sfilm
blank-punch, F, 20., AHTC
** Interaction: blank-air2
*Sfilm
blank-die, F, 20., AHTC
** Interaction: blank-rad1
*Sradiate
blank-punch, R, 20., 0.7
** Interaction: blank-rad2
*Sradiate
blank-die, R, 20., 0.7
** Interaction: die cooling
*Sfilm
"die cooling", F, 20., CHTC
** Interaction: punch cooling
*Sfilm
"punch cooling", F, 20., CHTC
**
** 定义场变量和历史变量输出
** OUTPUT REQUESTS
**
*Restart, write, number interval=1, time marks=NO
**
** FIELD OUTPUT: F-Output-1
**
*Output, field, number interval=50
*Node Output
NT, U
*Element Output, directions=YES
PEEQ, S, STH
**
** HISTORY OUTPUT: H-Output-1
**
*Output, history, time interval=0.000135
*Energy Output, elset=blank
ALLIE, ALLKE
*End Step
**-----------------------------------------------------------
```

```
**
** 定义成形分析步
** STEP: form
**
*Step, name=form, nlgeom=YES
*Dynamic Temperature-displacement, Explicit
, 0.05
*Bulk Viscosity
0.06, 1.2
**
** BOUNDARY CONDITIONS
**
** Name: closure Type: Displacement/Rotation
*Boundary, op=NEW
binder, 1, 1
binder, 2, 2
binder, 4, 4
binder, 5, 5
binder, 6, 6
** Name: die fix Type: Symmetry/Antisymmetry/Encastre
*Boundary, op=NEW
die, ENCASTRE
** 定义上模位移
** Name: punch Type: Displacement/Rotation
*Boundary, op=NEW, amplitude=smooth-form
punch, 1, 1
punch, 2, 2
punch, 3, 3, 101.
punch, 4, 4
punch, 5, 5
punch, 6, 6
**
** LOADS
**
** 定义压边力
** Name: closure  Type: Concentrated force
*Cload
binder, 3, 25000.
**
** OUTPUT REQUESTS
**
*Restart, write, number interval=1, time marks=NO
**
** FIELD OUTPUT: F-Output-1
**
*Output, field, number interval=50
*Node Output
NT, U
*Element Output, directions=YES
PEEQ, S, STH
**
** HISTORY OUTPUT: H-Output-1
**
*Output, history, time interval=0.0005
*Energy Output, elset=blank
ALLIE, ALLKE
*End Step
```

19.5 小结和点评

本讲以汽车 B 柱的高强钢板为对象，采用热力耦合分析其热冲成形过程，详细讲解了高温材料非线性、热-力耦合分析步、热接触和换热系数的定义方法，并获得 B 柱"大头段"高强钢板的温度场和厚度变化、成形后应力应变等结果，通过这些结果可以评判该钢板的热成形性能，大大节约了试模时间及资源。另外，该分析结果保存的内应力可作为后续碰撞分析的输入，提高了后续分析的精度。

点评：李娟 CAE 主任工程师

浙江吉利控股集团有限公司

第 **06** 部分

体积成型

第20讲 线束压接成型分析

主讲人：姚伟

软件版本	分析目的
Abaqus 2017	采用动力隐式分析模拟多芯线束压接成型

难度等级	知识要点
★★★☆☆	隐式动力学分析、准静态分析、收敛调试、自动稳定控制

20.1 概述说明

在现代化的汽车生产工艺流程中，会用到数千个采用压接工艺的连接器。在压接连接工艺中，多股线束被机械连接在线束终端上并提供稳定的电连接，在压接过程中折叠进线束的端子终端部分通常被称为 grip。

图 20-1 所示是建立的压接工艺有限元模型，grip 的厚度是 0.36mm，顶端有 60°的倒角打薄工艺，此工艺的目的是当压接时 grip 两侧的"翅膀"会更加容易被上模挤压而卷曲在线束上。线束由 7 根芯线组成，每股直径是 0.31mm。

> 压接时金属卷边部分会发生屈曲，且压接过程接触状态复杂，即使加入稳定控制设置，采用静力学隐式分析也很难收敛。故本讲采用选择动力学隐式分析（准静态分析）。

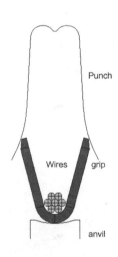

图 20-1 有限元模型示意图

本讲为节省计算成本，采用平面应力单元简化为平面模型分析，压接金属套管采用 CPS4I 单元，线束采用 CPS4 单元，上模（punch）和下模（anvil）定义为离散刚体。

20.2 动力隐式分析

在本节中，将会完成对有限元模型的定义，并运行一个准静态的动力隐式求解。分析中包含定义接触、边界条件和作业提交。

20.2.1 打开模型

打开 Abaqus/CAE，应用命令 File → Open 打开本节预处理模型 crimp_pre_2017.cae，查看导入的部件、材料及装配信息。

○ 为了帮助收敛，在初始模型 crimp_pre_2017.cae 中的材料性质中已经预定义了 damping 阻尼系数（刚度阻尼系数 Beta=0.0002,其余为0）。

20.2.2 创建分析步

本讲将建立两个分析步，在第 1 个分析步中执行压接操作，在第 2 个分析步中执行回弹分析，上模移动到初始位置。

1.创建分析步

在模型树目录中，应用命令 Steps → Create 或单击工具箱中的 ●■（Create Step），弹出 Create Step 对话框；选择 Procedure Type 为 General: Dynamic, Implicit，单击 Continue 按钮；

图 20-2 所示的 Basic 选项卡中，切换 Nlgeom 为 On 打开几何非线性，Time period 设置为 0.2，Application 选择 Quasi-static（准静态分析类型）；切换 Incrementation 选项卡，设置最大增量步数 Maximum number of increments:1000，初始时间增量步长 Initial increment size:0.01，最大时间增量步 Maximum increment size:0.2，单击 OK 按钮完成设置；

重复上述操作创建第 2 个分析步，分析时间为 0.01，初始时间增量为 0.001，最大时间增量步为 0.01。

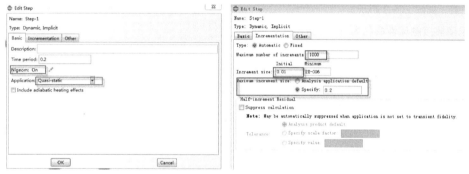

图 20-2 创建分析步

2.定义场输出及历史输出

应用命令 Output → Field Output Request → Manager，或单击创建场输出工具箱右侧的场输出管理工具箱 ▦（Field Output Manager），查看默认输出。

应用命令 Output → History Output Request → Manager，或单击创建历史输出工具箱右侧的历史输出管理工具箱 ▦（History Output Manager），查看默认输出。特别查看针对 whole model 的 energy 历史输出变量 ALLEN → ALLIE&ALLKE。

同时，新建针对节点集合 punch-1.refPt 的历史输出变量 U2、RF2，即输出节点集的 y 向位移和反作用力。

20.2.3 定义相互作用

1.定义接触属性

本讲中不同部件之间的摩擦系数不同，需要定义多个摩擦属性，详述如下：

第06部分 体积成型

- 芯线之间的摩擦系数为 0.15
- 压接金属套管和芯线之间的摩擦系数为 0.15
- 压接金属套管和下模之间的摩擦系数为 0.3
- 压接金属套管和上模之间的摩擦系数为 0.3
- 压接金属套管卷边之间为无摩擦接触

应用命令 Interaction → Property → Create，或者单击工具箱中的 ，定义相互作用类型为接触，单击 Continue 按钮；弹出 Edit Contact Property 对话框，在接触属性编辑窗口中，Name: Wire，选择 Mechanical → Tangential Behavior → Friction formulation:Penalty，Friction Coeff:0.15，单击 OK 按钮完成设置。

重复上述操作，建立接触属性 grip-int 和 global，摩擦系数分别为 0.3 和 0.15，且增加剪切应力极限值设置，如图 20-3 所示。

创建无摩擦接触属性命名为 gripself，摩擦系数为 0。

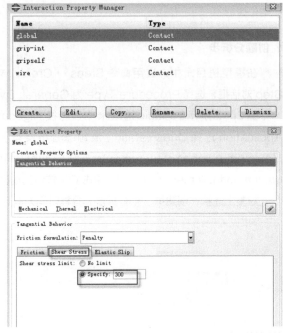

图 20-3 定义接触属性

2.定义接触

在模型树中，双击 Interaction → Create Interaction →选择分析步为 Initial，选择类型为 General contact (Standard)，单击 Continue 按钮；选项卡 Global property assignment 选择 global 作为全局属性定义；单击 Individual property assignments 选项编辑标签 来为不同的部件接触指定不同的接触对属性。

接触定义如图 20-4 所示。

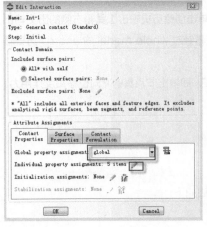 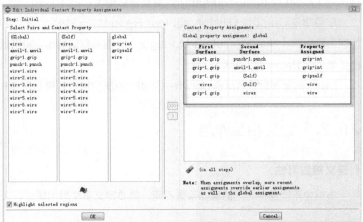

图 20-4 定义接触

> 1. 表面集合在预处理中已定义：grip-1.grip是压接金属套管grip的全部外侧表面；wires是全部的芯线的外侧表面；punch-1.punch是上模punch的表面；anvil-1.anvil是下模anvil的表面。
> 2. 每一个接触对都需要定义两个接触面和一个接触属性。

20.2.4 定义边界条件

本讲中上模 Punch 动作为向下移动，行程为 7.163mm，完成压接，然后回到初始位置。下模 anvil 在整个分析过程中保持不动。

在模型树中，应用命令 BC → Create Boundary Condition，将边界条件命名为 punch，选择分析步 Step-1，选择 Mechanical 和 Displacement/Rotation 作为类型，单击 Continue 按钮；冲子的参考点集合是被预定义的，在提示区域内，单击 Sets 来打开 Region Selection 对话框；在可用的节点集合中，选择 punch-1.refPt 作为应用边界条件的区域；设置 U1 和 UR3 为 0，设置 U2 为 -7.163；单击 OK 按钮完成上模的边界条件设置。选中分析步 Step-2 下的 Progagated 栏，单击 Edit 按钮，修改 punch 位移值为 0，Punch 将回到原来的位置。

重复上述步骤，为下模 anvil 创建位固定约束的边界条件，命名边界条件为 anvil 并选择 anvil-1.refPt 作为节点集合来施加边界条件，并约束所有的自由度；单击 OK 按钮完成下模的边界条件设置。

> 在模型树中，要修改冲头的位移至原点，只需展开BCs→punch→States，选择下面的分析步Step-2，并双击打开Step-2设置位移为0即可，修改之后可以发现Step-2后面的括号中显示Modified。

20.2.5 创建并提交作业

应用命令 Job → Create，创建名为 crimp-2d 的对 Model dynamic 的作业。

应用命令 Job → Submit: crimp-2d，提交作业。

应用命令 Job → Monitor: crimp-2d，监控求解过程如图 20-5 所示。

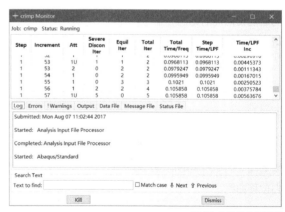

图 20-5 监视分析进程

应用命令 Job → Results: crimp-2d，自动切换到后处理模块，以查看求解结果。

20.2.6 查看结果

当分析结束后，切换至可视化后处理 Visualization 模块。在可视化模块中打开由此作业创建的结果数据文件；或在作业名称上单击鼠标右键，选择 Results 切换。

在 Field output Dialog 中选中 S:Mises 查看应力分布状况，应用命令 Viewport →

Create 创建多个显示窗口并采用 tile vertically 并排分布方式查看不同时刻的变形和应力状况，如图 20-6 所示，分别显示了 t=0.126s 卷边初变形、0.16s 卷边开始折叠、0.2s 压接完成时，以及回弹后的部件变形状态和应力分布状况。芯线的压接变形的好坏对导电性能影响特别大。

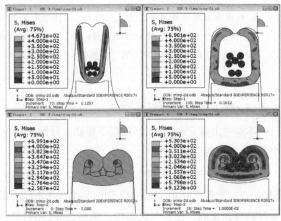

图 20-6 应力分布

> 1. 切换工具栏中 Primary ✓ S ✓ Mises ✓ ，可查看Mises应力云图结果。
> 2. 单击工具箱中的 ▦（Common Options），弹出Common Plot Options对话框，选择Visible Edges: Feature edges，单击OK按钮，可隐藏网格线。
> 3. 应用 ▦ 或 ⏮ ◀ ▶ ⏭ 工具可以查看每一帧云图。

应用命令 Result→History Output，或者单击工具箱中的 ▦（Create XY data），弹出创建 XY 数据对话框，选择来源为 ODB history output，在弹出历史输出对话框中选择 ALLIE（内能）和 ALLKE（动能）变量输出，单击 Plot 按钮。如图 20-7 所示，与 ALLIE 相比，ALLKE 占比非常小，通常情况下，当动能占内能的比例小于 5% 时，可视作准静态分析。

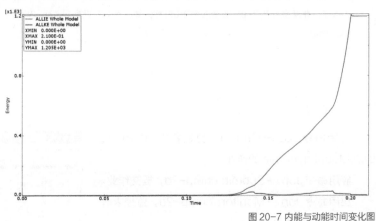

图 20-7 内能与动能时间变化图

同时，输出场变量 RF2 和 U2，并合并（Combine）曲线，绘制图 20-8 所示的压接过程中的力位移曲线。

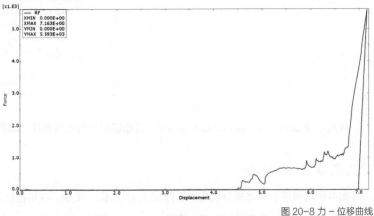

图 20-8 力-位移曲线

20.2.7 讨论

实际上，裸露的铜线表面会被一层薄薄的氧化铜所覆盖，原因是暴露在空气中的铜会缓慢与氧气发生反应生成氧化铜，氧化铜的导电性很差，附着在铜的表面会阻碍导电，造成铜的电阻值偏大。

如在一些大电流的连接器的应用中，压接成型工艺应用广泛，由于电流很大，氧化铜造成的接触电阻值差异会严重影响产品的温升性能，也就是会使产品在压接处过热。压接成形的目标是使得每根芯线都产生较大的压缩变形，于是在每根铜线表面产生明显的表面应变以打破这种氧化物层，使铜体裸露，保证接触表面上是未氧化的铜，这样 grip 与芯线之间的接触电阻才小。

20.2.8 inp 文件解释

打开工作目录下的 Job-dynamic.inp，节选如下：

```
** 材料属性
** MATERIALS
*Material, name=copper
*Damping, beta=0.0002
*Density
 0.0085,
*Elastic
17800., 0.34
*Plastic
 210., 0.
10000.,20.
*Material, name=grip
……
** 接触属性
** INTERACTION PROPERTIES
*Surface Interaction, name=global
1.,
*Friction, slip tolerance=0.005, taumax=300.
 0.15,
……
*Surface Interaction, name=wire
1.,
*Friction, slip tolerance=0.005
 0.15,
** 接触对定义
** INTERACTIONS
** 通用接触定义
** Interaction: Int-1
*Contact
*Contact Inclusions, ALL EXTERIOR
*Contact Property Assignment
 , , global
```

```
grip-1.grip , punch-1.punch , grip-int
grip-1.grip , anvil-1.anvil , grip-int
grip-1.grip , , gripself
wires , , wire
grip-1.grip , wires , wire
*Surface Property Assignment, property=GEOMETRIC CORRECTION
……
**--------------------------------------------------
** 分析步1，非线性几何
** STEP: Step-1
** 准静态分析
*Step, name=Step-1, nlgeom=YES, inc=1000
*Dynamic,application=QUASI-STATIC,initial=NO
0.01,0.2,2e-06
** 边界条件
** BOUNDARY CONDITIONS
** 位移边界
** Name: anvil Type: Displacement/Rotation
*Boundary
anvil-1.refPt, 1, 1
anvil-1.refPt, 2, 2
anvil-1.refPt, 6, 6
** Name: punch Type: Displacement/Rotation
……
*Restart, write, frequency=0
** 场输出要求
** FIELD OUTPUT: F-Output-1
**
*Output, field, variable=PRESELECT, frequency=1
** 历史输出要求，输出内能和动能
** HISTORY OUTPUT: H-Output-2
```

```
**
*Output, history, frequency=1
*Energy Output
ALLIE, ALLKE
** 历史输出要求，输出压接力
** HISTORY OUTPUT: H-Output-1
**
*Node Output, nset=punch-1.refPt
```

```
RF2, U2
*End Step
**----------------------------------------
** 分析步 2，非线性几何
** STEP: Step-2
**
......
*End Step
```

20.3 静力隐式分析

下面将尝试通过调整稳定阻尼因子，使用静力稳态方法来进行分析。

20.3.1 定义分析步

替换隐式动态分析为稳态分析：

复制分析模型 dynamic，并命名为 static。

替换第 1 个分析步，在模型树 Step-1 单击鼠标右键，选择 Replace。

在 Replace step 对话框中，选择 Static General，单击 Continue 按钮继续。

在 Basic 选项卡中，将 Nlgeom 选择为 On，Time period 按钮设为 0.2，Automatic stabilization 选择为 Specify dissipated energy fraction，接受默认稳定阻尼因子设置。

在 Incrementation 选项卡中，将 Maximum number of increments 设置为 1000，initial time Increment size 设置为 0.01，单击 OK 按钮完成设置。

同上，将 step-2 重新设置为 general static，将 Time period 设为 0.01，Initial time increment size 设置为 0.001。

20.3.2 提交任务

在模型树中，双击 Jobs 创建新的任务并且命名为 crimp-2d-static，在任务名称单击鼠标右键选择 submit。

任务名称单击鼠标右键选择 Monitor 查看计算约进程。发现计算约收敛到分析步的 40% 时计算终止，对应于压接工艺中线材即将开始受力的时刻，如图 20-9 所示。

> ○ 我们总是认为在几何上，模型的间隙为0，在有限元模型上也应该是0，但是由于数学上的近似和离散，这是不必要的，实际上，这会导致计算的发散。

图 20-9 冲头下行 40% 左右时终止计算

回顾一下边界条件，在这个分析中，除了接触属性，芯线的 6 个自由度都没有受到约束。在静态分析中，自由的刚体位移通常会导致计算无法收敛。

20.3.3 inp 文件解释

```
**
** STEP: Step-1
** 默认稳定阻尼因子
*Step, name=Step-1, nlgeom=YES, inc=1000
*Static, stabilize=0.0002, allsdtol=0.05, continue=NO
0.01, 0.2, 1e-12, 0.2
```

20.3.4 调整稳定阻尼因子

为了解决芯线没有受到约束这个问题，需要为线材添加一定的约束，如添加弱弹簧来给芯线一个初始的约束。或者还有另外一种方法来增加收敛性，即调整稳定阻尼因子。

图 20-10 所示为静态分析中，改变稳定阻尼因子为 5，可以收敛到压接分析步的 80% 左右。

图 20-10 调整稳定阻尼因子时计算到约 80%

20.3.5 inp文件解释

```
**
** STEP: Step-1
** 默认稳定阻尼因子
*Step, name=Step-1, nlgeom=YES, inc=1000
*Static, stabilize=5, allsdtol=0.05, continue=NO
0.01, 0.2, 1e-12, 0.2
```

○ inp文件中修改了：*Static, stabilize=5。

20.4 小结和点评

本讲通过动态和静态两种方式对线束的压接过程进行分析，详细讲解了分析步、接触属性、阻尼因子等设置，通过对比发现，对于此模型的收敛问题，使用静态分析并不适合，而准静态分析能够对静态分析进行补充。本讲分析内容能够为线束终端的电传设计提供重要的指导意义。

点评：唐礼冬 课长
富士康科技集团 工程分析

第21讲 圆盘锻压成型分析

主讲人：江丙云

软件版本	分析目的
Abaqus 2017	静力隐式求解不同接触条件的锻压成型

难度等级	知识要点
★★★☆☆	刚体设置、接触对、接触属性、自适应网格

21.1 问题描述

锻压是利用锻压机械的锤头、砧块、冲头或通过模具对坯料施加压力，使之产生塑性变形，从而获得所需形状和尺寸的制件的成型加工方法。在锻压中，坯料整体发生明显的塑性变形，有较大量的塑性流动，需通过有限元方法预测坯料尺寸、塑性流动性能和锻压力等。

图 21-1 所示为圆盘锻压成型的轴对称几何模型，材料为钢的圆盘厚度为 0.03175 m、半径为 0.08m。圆盘材料为钢，选用弹塑性材料本构，凹模定义为刚体，钢板底部和对称面采用对称约束，凹模沿 -Y 方向移动 -0.02223m。

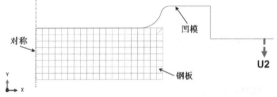

图 21-1 几何模型

> 1. 轴对称建模，能够节约大量的求解时间。
> 2. 对称轴位置必须是经过原点（0, 0, 0）的Y轴。

21.2 无摩擦圆盘锻压成型分析

打开文件 forging_pre.cae，该模型已包含圆盘和凹模的轴对称几何模型、圆盘的材料属性、分析步和历史场输出、边界条件和网格等，本节着重讲解不同接触方式对分析结果的影响。

21.2.1 查看模型

1. 查看Part

在树目录单击鼠标右键 Parts → Blank，单击 Query，则可在信息栏内得知钢板 Blank 的 Part 属性为轴对称（Axisymmetric）可变形体（Deformable）。

同理，得知凹模的 Part 属性为轴对称（Axisymmetric）解析刚体（Analytical rigid）。同时，在树目录选择 Parts → rigidDie → Features → RP，可知其定义有参考点。

> 1. 解析刚体的几何必须在Abaqus/CAE中创建，从外部导入的中间格式几何则不能转换为解析刚体。
> 2. 刚体必须定义参考点，以表征刚体的所有自由度。

2. 查看材料属性

在树目录单击鼠标右键 Materials → plastic，单击 Edit 按钮，则可查看其弹性模量为 200000000000 Pa，泊松比为 0.3；其屈服应力和塑性应变点为（700000000，0）、（2998900000、9.9965）。

3. 查看截面属性

在树目录单击鼠标右键 Sections → blank，单击 Edit 按钮，则可知钢板模型的截面类型为 Solid，Homogeneous。

4. 查看装配

扩展树目录 Assembly → Sets(3) 或应用命令 Tools → Set → Manager，则知其分别定义了 axis、bottom 和 refPt 几何集。

> 不同集也可通过树目录选中并单击鼠标右键进行布尔运算。

5. 查看分析步

在树目录单击鼠标右键 Steps → Step-1，单击 Edit 按钮，则可知其分析步类型为 Static, General，几何非线性为 On，初始增量尺寸为 0.01。

6. 查查看历史输出要求

在树目录单击鼠标右键 History Output Requests → H-Output-2，单击 Edit 按钮，则知其自定义输出要求为对集 refPt 的 RF2 和 U2 进行输出。

7. 查看边界条件

扩展树目录 BCs(3) 或应用命令 BC → Manager，可知 BC-1 定义了旋转轴 axis 集的 XSYMM 边界，BC-2 定义了钢板底面 bottom 集的 YSYMM 边界，BC-3 定义了 refPt 的 U2 方向位移 -0.02223m。

> 因模型为轴对称，BC-1 的轴边界重复定义，可删除。

8. 查看单元类型

切换到 Mesh 模块，应用命令 Mesh → Element Type，选择单元进行查询可知其单元类型为 CAX4，即 4 节点双线性轴对称四边形。

9. 检查单元

切换到 Mesh 模块，应用命令 Mesh → Verify，选中 blank 实例，Highlight 高亮 Analysis Checks，则在信息栏中得知单元数 161，错误和警告单元均为 0。

21.2.2 Node-to-surface离散化接触

1. 修改模型

将图 21-3 所示的 Die 模型的两个直角倒圆角，以易于材料流动。

» 展开模型树 Part→rigidDie→Features，在 2D Analytic rigid shell-1 单击鼠标右键，单击 Edit 按钮，弹出 Edit Feature 对话框，单击图 21-2 中 ✎（Edit）按钮，进入草图，如图 21-3 所示

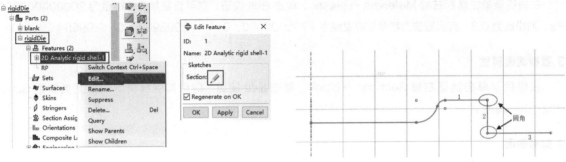

图 21-2 修改特征　　　　　　　　　　　　　图 21-3 需要修改的 Die 模型

» 应用命令 Add→Fillet 或单击工具箱中的 ⌒（Creat Fillet: Between 2 Curves）

» 在提示栏输入倒角半径 0.005m Fillet radius: 0.005，按鼠标中键确定

» 依次选择途中 1、2 曲线和 2、3 曲线，按鼠标中键确定，单击提示栏中 Done 按钮

» 单击 Edit Feature 对话框的 OK 按钮。修改后的 Die 几何如图 21-4（b）所示

○ 多数情况下，Done命令可用鼠标中键快捷确认。

2. 创建面集

切换到 Assenmbly 模块 Module: Assembly Model: rigidDie Step: Initial 。

» 创建 Die 面集

应用命令 Tools→Surface→Create，弹出 Create Surface 对话框，修改名字为 rigidDie，如图 21-4(a)所示，单击 Continue 按钮。选中 Die，单击提示栏中 Done 按钮，如图 21-4（b）所示，选择 Die 朝向 blank 一面（即选择提示栏中的品红色 Magenta）。

○ Abaqus/CAE中颜色起到重要作用，便于识别网格特征、材料截面、面的法向等。

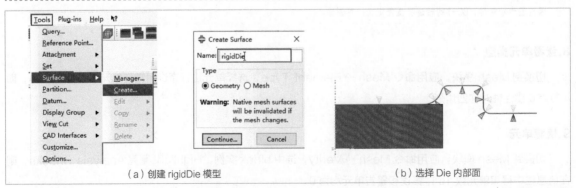

（a）创建 rigidDie 模型　　　　　　　　　　（b）选择 Die 内部面

图 21-4 创建 Die 面集

» 创建 blank 面集

应用命令 Tools → Surface → Create，弹出 Create Surface 对话框，修改名字为 blank，单击 Continue 按钮。选中 blank 部件和 rigidDie 接触的边（图 21-4（b）中 blank 部件顶边和右边）。

○ 本例对象为轴对称模型，选取的图 21-4（b）中的边即代表了整体模型的面。

3.设置ALE自适应网格

切换到 Step 模块，应用命令 Other → ALE Adaptive Mesh Domain → Edit → Step-1，弹出 Edit ALE Adaptive Mesh Domain 对话框，如图 21-5 所示，单击 ▷ 按钮，选中视图中 blank 部件，按鼠标中键确定，单击 Edit ALE Adaptive Mesh Domain 对话框中的 OK 按钮。

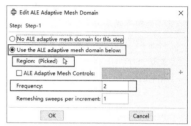

图 21-5 设置网格自适应

○ 在非线性大变形仿真中，为避免严重的单元畸变导致计算中断，可使用网格自适应算法改善网格的扭曲程度。本讲中使用该方法减小模型右上角网格的扭曲程度。

4.创建接触

切换到 Interaction 模块 Module: Interaction Model: rigidDie Step: Step-1 。

应用命令 Interaction → Property → Create 或单击工具箱 （**Create Interaction Property**），弹出 Create Interaction Property 对话框，修改 Name: NoFric，Type: Contact，如图 21-6（a）所示。单击 Continue 按钮，弹出 Edit Contact Property 对话框，应用命令 Mechanical → Tangential Behavior，设置如图 21-6（b）所示的切向属性为 Frictionless，即摩擦系数为 0 的无摩擦。

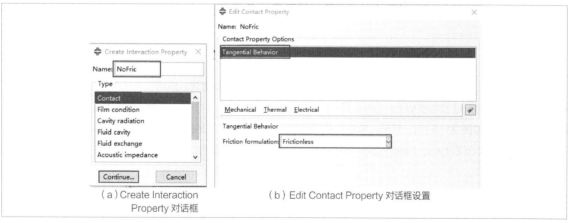

（a）Create Interaction Property 对话框　　（b）Edit Contact Property 对话框设置

图 21-6 创建 Nofric 接触属性

5.创建Node-to-surface接触对

应用命令 Interaction → Create 或单击工具箱中的 （**Create Interaction**），弹出 Create Interaction 对话框，设置如图 21-7（a）所示。单击 Continue 按钮，提示栏中选择 Surface，弹出 Region Selection 对话框，选

择 rigidDie 集，单击 Continue 按钮，选择 Surface，选择 blank 集，弹出 Edit Interaction 对话框，如图 21-7（b）所示，设置离散化方法 Discretization Method 为 Node to surface。

- Node-to-surface接触中选择从面类型时，在能选择面的情况下不选择节点。由于板料变形非常大，所以本讲选择有限滑移Finite sliding，而不是小滑移Small sliding。

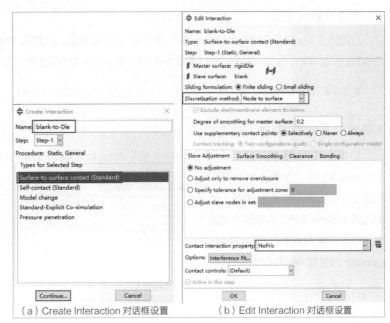

(a) Create Interaction 对话框设置　　(b) Edit Interaction 对话框设置

图 21-7 创建 Node-to-surface 接触对

6.提交作业

切换到 Job 模块，应用工具箱中的 ■（Create Job），弹出 Create Job 对话框，修改 Name：rigidDie，单击 Continue 按钮，应用工具箱中的 ■（Job Manager），弹出 Job Manager对话框，如图21-8所示，单击 Submit 按钮，提交作业。

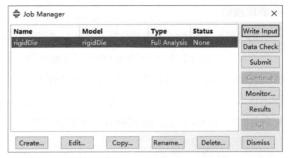

图 21-8 Job Manager 对话框

7.查看结果

单击 Job Manager 对话框中的 Result 按钮，切换到 Visualization 模块，应用工具箱中的 ■（Plot Contours on Deformed Shape）查看变形图。切换工具栏中 ■Primary ■ S ■ Mises ■，可查看不同场输出的计算结果云图，查看 PEEQ 云图如图 21-9（a）所示，单击工具箱中的 ■（Common Options），弹出 Common Plot Options 对话框，选择 Visible Edges：Feature edges，单击 OK 按钮，隐藏网格线，可更清楚地观察应变分布状况，如图 21-9（b）所示。

应用命令 View→ODB Display Options，采用 Sweep/Extrude 选项卡中的扫掠模型选项显示出完整模型。单击工具箱中的 ■（Replace），隐藏 Die 模型，可以方便地查看 CPRESS 云图，如图 21-9（c）所示。

单击工具箱中的 ■（Create XY Data），弹出 Create XY Data 对话框，选择 ODB history output，单击 Continue 按钮，弹出 History Output 对话框，选择 Reaction force: RF2 PI: RIGIDDIE-1 Node 1in NSET REFPT。单击 Plot 按钮绘制图 21-9(d)所示的 Y 方向反作用力曲线。在 History Output 对话框单击 Save as 按钮，弹出 Save XY Data as 对话框，修改 Name: Node-to-surface，单击 OK 按钮保存曲线。

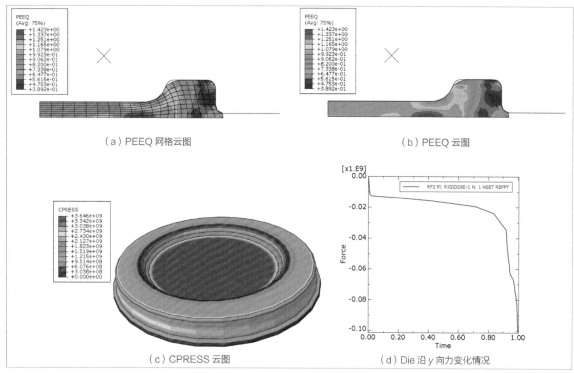

(a) PEEQ 网格云图　　　　　(b) PEEQ 云图

(c) CPRESS 云图　　　　　(d) Die 沿 y 向力变化情况

图 21-9 Node-to-surface 接触的计算结果

1. 切换工具栏中的 Primary　S　Mises，可查看不同场输出的结果。
2. 应用工具箱中的 ▦（Common Options）命令，弹出 Common Plot Options 对话框，选择 Visible Edges: Feature edges，单击 OK 按钮，可隐藏网格线。
3. 应用 ▶ 或 ◀◀ ◀ ▶ ▶▶ 工具可以查看每一帧云图。
4. 如果读者有兴趣，可以计算不应用网格自适应的结果，与图 21-9（a）所示结果进行对比，可发现图 21-9（a）所示右上角区域的网格较优。

8. inp 文件解释

打开工作目录下的 rigidDie.inp，节选如下：

```
** 材料属性
** ** MATERIALS
*Material, name=plastic
*Elastic
2e+11, 0.3
*Plastic
    7e+08,    0.
2.9989e+09, 9.9965
** 接触属性
** INTERACTION PROPERTIES
*Surface Interaction, name=NoFric
1.,
*Friction
```

```
0.,
** 边界条件
** BOUNDARY CONDITIONS
** Name: BC-1 Type: Symmetry/Antisymmetry/Encastre
*Boundary
axis, XSYMM
** Name: BC-2 Type: Symmetry/Antisymmetry/Encastre
*Boundary
bottom, YSYMM
** Name: BC-3 Type: Displacement/Rotation
*Boundary
refPt, 1, 1
refPt, 2, 2
```

```
refPt, 6, 6                                            0.01, 1., 1e-05, 0.1
** 接触对定义                                          ** 位移边界
** INTERACTIONS                                        ** Name: BC-3 Type: Displacement/Rotation
** Interaction: Int-1                                  *Boundary
*Contact Pair, interaction=NoFric, adjust=0.0          refPt, 2, 2,-0.02223
blank, rigidDie-1.rigid                                *Adaptive Mesh, elset=_PickedSet15, frequency=2, op=NEW
**----------------------------------------------       ** 历史输出要求
** 分析步，非线性几何                                  *Output, history
** STEP: Step-1                                        *Node Output, nset=refPt
*Step, name=Step-1, nlgeom=YES, inc=200                RF2, U2
*Static                                                *End Step
```

21.2.3 Surface-to-surface离散化接触

1. 复制模型

在树目录中 rigidDie 单击鼠标右键，单击 Copy Model 按钮，弹出 Copy Model 对话框，命名为 rigidDie-s2s，如图 21-10 所示。

2. 修改接触对

切换到 Interaction 模块  ，应用命令 Interaction → Manager，弹出 Interaction Manager 对话框，选中 blank-to-Die，单击 Edit 按钮，弹出 Edit Interaction 对话框，修改如图 21-11 所示。

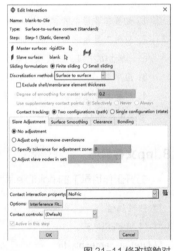

图 21-10 复制模型　　　　图 21-11 修改接触对

3. 修改分析步

切换到 Step 模块，应用命令 Step → Manager，弹出 Manager Step 对话框，选中 Step-1，单击 Edit 按钮，弹出 Edit Step 对话框，切换到 Other 选项卡，选择 Matrix storage: Unsymmetric，如图 21-12 所示。

图 21-12 修改分析步求解器

应用命令 Other → ALE Adaptive Meth Domain → Edit → Step-1，弹出 Edit ALE Adaptive Mesh Domain 对话框，修改 Frenquency：5。

○ 1. Matrix storage为Use solver default选项时，摩擦系数小于0.2时默认使用对称矩阵symmetric。
2. 网格自适应的参数初始可依据默认，观察结果后应随着模型及工况的变化做适当的调整来改善结果。

4.提交作业

切换到 Job 模块，单击工具箱中的 ┇（Create Job），弹出 Create Job 对话框，修改 Name：rigidDie-s2s，单击 Continue 按钮，工具箱中的 ▦（Job Manager）命令，弹出 Job Manager 对话框，单击 Submit 按钮，提交作业，保存文件。

5.结果对比

单击工具箱中的 ▦（Create XY Data），弹出 Create XY Data 对话框，选择 ODB history output，单击 Continue 按钮，弹出 History Output 对话框，选择 Reaction force: RF2 PI: RIGIDDIE-1 Node 1in NSET REFPT，单击 Save as 按钮，弹出 Save XY Data as 对话框，修改 Name: Surface-to-surface，单击 OK 按钮。展开模型树中 XYData 标签，选中保存过的 Surface-to-surface 和 Node-to-surface，如图 21-13（a）所示，在 Plot 单击鼠标右键，绘制出的曲线如图 21-13(b)所示，由图可知两种离散化接触方法获得的结果没有明显的差异。

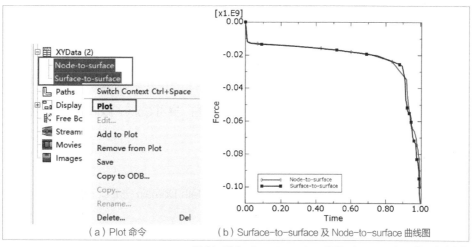

（a）Plot 命令　　　（b）Surface-to-surface 及 Node-to-surface 曲线图

图 21-13 Surface-to-surface 和 Node-to-surface 沿 y 向力变化

单击工具箱中的 ▦（Plot Contours on Deformed Shape）查看变形图，Surface-to-surface 接触的 PEEQ 云图如图 21-14 所示，从云图可以发现 Surface-to-surface 接触比 Node-to-surface 接触的渗透量较小。

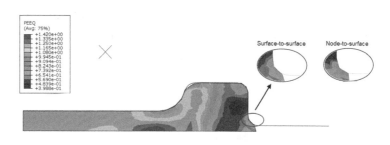

图 21-14 Surface-to-surface 接触的 PEEQ 云图

○ 因Surface-to-surface接触离散通常涉及更多的节点约束，每次迭代Node-to-surface比Surface-to-surface的接触离散求解更快；但有限滑移finite-sliding的Surface-to-surface接触离散化更容易收敛，这是由于Surface-to-surface接触离散具有更多的连续滑动行为。

6. inp文件解释

打开工作目录下的 rigidDie-s2s.inp，节选如下：

```
** 接触对定义，SURFACE TO SURFACE 离散化
** Interaction: Int-1
*Contact Pair, interaction=NoFric, type=SURFACE TO SURFACE
blank, rigidDie-1.rigid
**----------------------------------------------------------
** 分析步，unsymm 定义
** STEP: Step-1
*Step, name=Step-1, nlgeom=YES, inc=200, unsymm=YES
*Static
0.01, 1., 1e-05, 0.1
**
```

21.3 有摩擦圆盘锻压分析

本节着重分析不同摩擦模型对分析结果的影响。

21.3.1 罚摩擦(摩擦系数0.1)

1. 复制模型

在树目录中 rigidDie 单击鼠标右键，单击 Copy Model 按钮，弹出 Copy Model 对话框，命名为 rigidDie-fric。

2. 调整网格自适应参数

切换到 Step 模块，应用命令 Other → ALE Adaptive Meth Domain → Edit → Step-1，弹出 Edit ALE Adaptive Mesh Domain 对话框，修改 Frequency：10。

3. 创建接触属性

切换到 Interaction 模块。应用命令 Interaction → Property → Create 或单击工具箱中的 ■ (Create Interaction Property)，弹出 Create Interaction Property 对话框，修改 Name: Friction，Type: Contact。单击 Continue 按钮，弹出 Edit Contact Property 对话框，应用 Mechanical → Tangential Behavior，设置如图 21-15 所示。

4. 修改接触对

切换到 Interaction 模块 Module: Interaction Model: rigidDie-s2s Step: Step-1 ，应用命令 Interaction → Manager，弹出 Interaction Manager 对话框，选中 blank-to-Die，单击 Edit 按钮，弹出 Edit Interaction 对话框，如图 21-16 所示修改接触对所使用的接触属性。

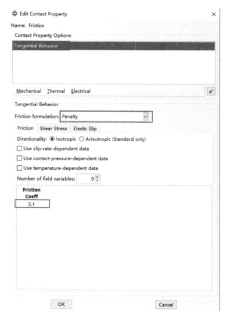
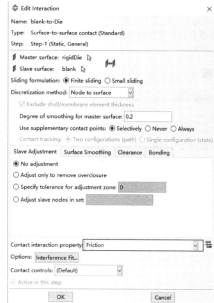

图 21-15 编辑罚摩擦接触属性　　　　图 21-16 编辑罚摩擦接触属性的接触对

5. 提交作业

切换到 Job 模块，单击工具箱中的 ▉（Create Job），弹出 Create Job 对话框，修改 Name：rigidDie-friction，单击 Continue 按钮，单击工具箱中的 ▉（Job Manager），弹出 Job Manager 对话框，单击 Submit，提交作业。

> ○ 可通过.dat文件查询总计算时间，以及计算过程中占用的内存空间。

6. 查看结果

切换到 Visualization 模块，单击工具箱中的 ▉（Plot Contours on Deformed Shape）查看变形图。切换工具栏中 ▉ Primary ▉ PEEQ ▉，可查看等效塑性应变 PEEQ 场云图，如图 21-17（a）所示；应用命令 Plot → Contours → On Undeformed Shape 或单击工具箱中的 ▉（Plot Contours on Undeformed Shape），切换场输出 ▉ Primary ▉ CSHEAR1 ▉，查看表面节点的摩擦剪切应力 CSHEAR1 场云图，如图 21-17（b）所示。

单击工具箱中的 ▉（Create XY Data），弹出 Create XY Data 对话框，选择 ODB history output，单击 Continue 按钮，弹出 History Output 对话框，选择 Reaction force：RF2 PI：RIGIDDIE-1 Node 1in NSET REFPT，单击 Save as 按钮，弹出 Save XY Data as 对话框，修改 Name：rigidDie-fric，单击 OK 按钮。

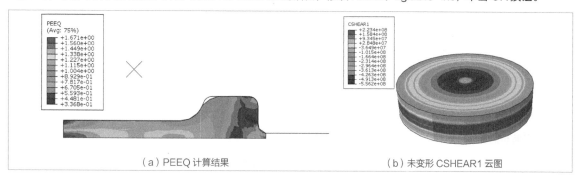

（a）PEEQ 计算结果　　　　（b）未变形 CSHEAR1 云图

图 21-17 有摩擦计算结果

> ○ 图21-17（a）PEEQ云图中的最大值不在接触面，这是由于接触表面有切向摩擦，板料从接触表面流动较难，而板料底部流动较为容易，所以板料最大塑性应变在底部。

7. inp文件解释

打开工作目录下的 rigidDie-friction.inp，节选如下：

```
** 接触属性
** INTERACTION PROPERTIES
*Surface Interaction, name=Friction
1.,
*Friction, slip tolerance=0.005
 0.1,
**
```

21.3.2 拉格朗日摩擦（摩擦系数0.1）

1. 复制模型

在树目录 rigidDie-fric 单击鼠标右键，单击 Copy Model 按钮，弹出 Copy Model 对话框，命名为 rigidDie-lagr。

2. 编辑接触属性

切换到 Interaction 模块，应用命令 Interaction → Property → Manager 或单击工具箱中的 ▥（Interaction Property Manager），弹出 Interaction Property Manager 对话框，选中 Friction，单击 Edit 按钮，弹出 Edit Contact Property 对话框，修改选项 Friction formulation: Lagrange Multiplier（Standard only），如图 21-18 所示，单击 OK 按钮。

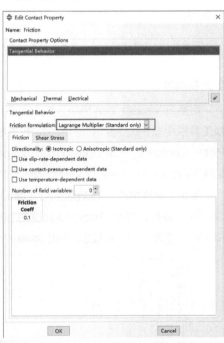

图 21-18 修改拉格朗日算法

3. 修改接触对定义

展开模型树中 rigidDie-lagr 模型，双击 ▥ Contact Controls，弹出 Create Contact Controls 对话框，修改 Name: stabilize，选择 Type: Abaqus/Standard contact controls，单击 Continue 按钮，弹出 Edit Contact Controls

对话框,切换到 Stablization 选项卡,选择 Automatic stabilization,Factor: 1,如图 21-19(a)所示,单击 OK 按钮。

应用命令 Interaction → Manager,弹出 Interaction Manager 对话框,选中 blank-to-Die,单击 Edit 按钮,弹出 Edit Interaction 对话框,对话框设置 Contact controls: stabilize,如图 21-19(b)所示,单击 OK 按钮。

- 修改分析步求解器设置,可添加接触控制,以使模型收敛。

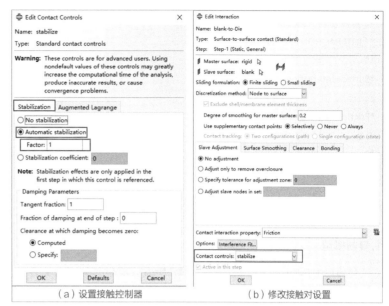

(a)设置接触控制器　　(b)修改接触对设置

图 21-19 修改接触对定义

4.修改分析步

切换到 Step 模块,应用命令 Step → Manager,弹出 Manager Step 对话框,选中 Step-1,单击 Edit 按钮,弹出 Edit Step 对话框,切换到 Other 选项卡,选择 Matrix storage: Unsymmetric。

切换到 Step 模块,应用命令 Other → ALE Adaptive Meth Domain → Edit → Step-1,弹出 Edit ALE Adaptive Mesh Domain 对话框,修改 Frequency: 20。

5.提交作业

切换到 Job 模块,单击工具箱中的 ⬛(Create Job),弹出 Create Job 对话框,修改 Name: rigidDie-lagr,单击 Continue 按钮,单击工具箱中的 ⬛(Job Manager),弹出 Job Manager 对话框,单击 Submit 按钮,提交作业。

- 拉格朗日算法需要非对称求解器,但是拉格朗日算法与罚函数算法计算时间相差无几,消耗的电脑资源也相近。

6.结果分析

单击工具箱中的 ⬛(Create XY Data),弹出 Create XY Data 对话框,选择 ODB history output,单击 Continue 按钮,弹出 History Output 对话框,选择 Reaction force: RF2 PI: RIGIDDIE-1 Node 1in NSET REFPT,单击 Save as 按钮,弹出 Save XY Data as 对话框,修改 Name: rigidDie-lagr,单击 OK 按钮。罚函数的计算结果与拉格朗日函数计算结果对比如图 21-20 所示。

- 拉格朗日算法得出的反力由于使用接触控制而比罚函数计算得到的反力稍微高一点,但是两种算法占用的资源及计算消耗的时间并没有明显差别。

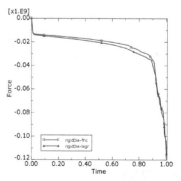

图 21-20 不同接触算法计算反力图

7.inp文件解释

打开工作目录下的 rigidDie-lagr.inp,节选如下:

```
** 接触属性，lagrange
** INTERACTION PROPERTIES
**
*Surface Interaction, name=Friction
1.,
*Friction, lagrange
 0.1,
**
```

21.3.3 罚摩擦（摩擦系数0.35）

1. 复制模型

在树目录 rigidDie-fric 单击鼠标右键，单击 Copy Model 按钮，弹出 Copy Model 对话框，命名为 rigidDie-mu35。

2. 修改网格自适应

切换到 Step 模块，应用命令 Other → ALE Adaptive Mesh Domain → Edit → Step-1，弹出 Edit ALE Adaptive Mesh Domain 对话框，设置如图 21-21 所示。

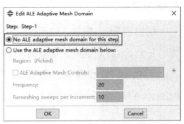

图 21-21 修改网格自适应

3. 修改接触属性

切换到 Interaction 模块。应用命令 Interaction → Property → Manager 或单击工具箱中的 （Interaction Property Manager），弹出 Interaction Property Manager 对话框，选中 Friction，单击 Edit 按钮，弹出 Edit Contact Property 对话框，修改 Friction Coeff 为 0.35，单击 OK 按钮。

> ○ 摩擦系数较高时，选用非对称矩阵。无论哪种情况，在 $\mu > 0.2$ 时，Abaqus/Standard 自动使用非对称求解矩阵。

4. 提交作业

切换到 Job 模块，单击工具箱中的 （Create Job），弹出 Create Job 对话框，修改 Name：rigidDie-mu35，单击 Continue 按钮，单击工具箱中的 （Job Manager），弹出 Job Manager 对话框，单击 Submit 按钮，提交作业。

> ○ 通过查看.dat文件，摩擦系数较高时，计算的时间较长。

5. 不用非对称矩阵求解

》 复制模型

在树目录 rigidDie-mu35 单击鼠标右键，单击 Copy Model，弹出 Copy Model 对话框，命名为 rigidDie-mu35-SYMM。

» 修改分析步

切换到 Step 模块。应用命令 Step→Manager，弹出 Manager Step 对话框，选中 Step-1，单击 Edit 按钮，弹出 Edit Step 对话框，切换到 Other 选项卡，选择 Matrix storage：Symmetric，单击 OK 按钮。

» 创建作业求解

切换到 Job 模块，单击工具箱中的 ■（Create Job），弹出 Create Job 对话框，修改 Name：rigidDie-mu35-SYMM，单击 Continue 按钮，单击工具箱中的 ■（Job Manager），弹出 Job Manager 对话框，单击 Submit 按钮，提交作业。

○ 本讲模型较小，所以使用对称求解和非对称求解消耗的资源可以忽略不计。

6.结果对比

操作参考本讲 21.2.2 小节第 7 点内容，采用参考点 Y 方向反力对比 2 种计算结果，如图 21-22 所示。由图可知上述两种设置方法计算结果一致。

○ 单击工具箱中的 ■（Creat Viewport），创建新视图窗口，可以通过 ■■■ 等命令，选择窗口排列方式。

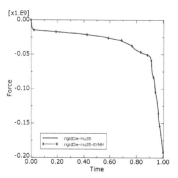

图 21-22 不同求解器设置反力图

7.inp文件解释

打开工作目录下的 rigidDie-mu35.inp，节选如下：

```
** 分析步，unsymm
** STEP: Step-1
*Step, name=Step-1, nlgeom=YES, inc=200, unsymm=YES
*Static
0.01, 1., 1e-05, 0.1
**
```

打开工作目录下的 rigidDie-mu35-SYMM.inp，节选如下：

```
** 不使用 unsymm
*Step, name=Step-1, nlgeom=YES, inc=200, unsymm=NO
```

21.3.4 Surface-to-surface摩擦接触

1.复制模型

在树目录 rigidDie-fric 单击鼠标右键，单击 Copy Model，弹出 Copy Model 对话框，命名为 rigidDie-fric-s2s。

2.修改接触定义

切换到 Interaction 模块，应用命令 Interaction→Manager，弹出 Interaction Manager 对话框，选中 blank-to-Die,单击 Edit 按钮,弹出 Edit Interaction 对话框,在对话框中修改 Discretization method:Surface to surface。

○ 应用surface to surface接触方式分析时,接触算法只考虑罚函数算法,拉格朗日算法不适用。

3.提交作业

切换到 Job 模块,单击工具箱中的 ,弹出 Create Job 对话框,修改 Name:rigidDie-fric-s2s,单击 Continue 按钮,单击工具箱中的 ,弹出 Job Manager 对话框,单击 Submit 按钮,提交作业。

4.分析结果

操作参考本讲 21.2.2 小节第 7 点内容,rigidDie-fric-s2s 计算结果如图 21-23 所示。图 21-23(b)可看出,有摩擦系数的锻压力比图 21-9(d)所示的无摩擦的锻压力较大。

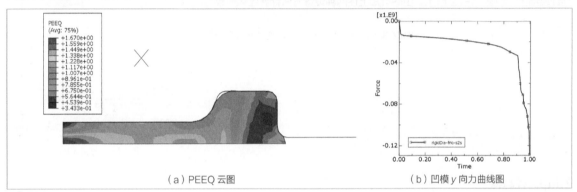

(a)PEEQ 云图

(b)凹模 y 向力曲线图

图 21-23 rigidDie-fric-s2s 计算结果

5.inp文件解释

打开工作目录下的 rigidDie-fric-s2s.inp,节选如下:

```
** 接触属性,摩擦系数为 0.1
** INTERACTION PROPERTIES
**
*Surface Interaction, name=Friction
1.,
*Friction, slip tolerance=0.005
 0.1,
```

```
** 接触对,SURFACE TO SURFACE
** INTERACTIONS
** Interaction: Int-1
*Contact Pair, interaction=Friction, type=SURFACE TO SURFACE
blank, rigidDie-1.rigid
```

21.4 小结和点评

本讲采用静力隐式求解不同接触条件的锻压成型,详细讲解了刚体模型、无摩擦、罚函数摩擦、拉格朗日摩擦、Node-to-surface 和 Surface-to-surface 接触离散、网格自适应等。此分析能够对锻压成型的毛坯、材料流动和锻压力进行提前预测,指导板料和锻模的设计。

点评:祁宙 新事业部经理

上海毓恬冠佳汽车零部件有限公司

第 07 部分

循环载荷

第22讲 法兰循环载荷塑性硬化分析

主讲人：姜叶洁 刘向征

软件版本	分析目的
Abaqus 2017	考虑硬化的法兰温度循环载荷

难度等级	知识要点
★★★☆☆	循环载荷，等向、随动和混合硬化，以及等向和线性随动硬化模型的拟合

22.1 问题描述

本讲以图 22-1 所示的管道系统的法兰接头为对象，采用 3 种不同的金属塑性（等向、随动、等向 - 随动混合）硬化模型对其进行温度循环载荷分析，详细讲解材料塑性硬化模型的建立和后处理曲线的绘制。

图 22-1 法兰连接的三维几何模型示意　　图 22-2 法兰连接几何尺寸（单位：m）

法兰接头几何尺寸如图 22-2 所示，其内孔直径 0.06m，壁厚 0.02m，由于分析中连接区域有局部效应，连接两侧均保留长 0.1m 的管道。

○ 此螺栓连接结构虽不完全是轴对称模型，为节约分析时间依然采用轴对称单元。

22.2 检查预备模型

22.2.1 打开模型

打开 Abaqus/CAE 2017，创建 Model Database: With Standard/Explicit Model，应用命令 File → Open 打开模型 flange_pre.cae，应用命令 File → Save as 另存为 flange_finish.cae。

22.2.2 查看部件

从环境栏的 Module 列表中切换至 Part 模块,并通过切换 Part 列表查看关于 X 镜像的 botFlange 和 topFlange 两个轴对称几何部件。

22.2.3 查看属性

从环境栏的 Module 列表中切换至 Property 模块。

1.查看材料参数

单击工具箱中的(Material Manager)或从树目录 Materials → steel 单击鼠标右键进入 Edit Material(材料编辑)对话框,如图 22-3 所示。Elastic 项的杨氏模量 Young's Modulus 为 210000000000Pa,泊松比 Poisson's Ratio 为 0.3,Expansion 项的线膨胀系数 Expansion Coeff 为 2E-005。

> ○ 材料和模型的单位需保持统一,如长度单位m对应弹性模量Pa,长度单位mm对应弹性模量MPa。

图 22-3 材料属性

2.查看截面属性

单击工具箱中的(Section Manager)或从树目录 Sections → Section-1 单击鼠标右键 Edit 进入 Edit Section(截面编辑)对话框,查看其类型 Type 为 Solid、Homogeneous,且调用已有材料 steel。

> ○ 1.轴对称模型的截面属性类型是Solid,而不是Shell。
> 2.材料参数不是直接赋在部件或单元上,需经截面属性定义。

通过默认颜色,可知两个部件均被正确赋予截面属性。

22.2.4 查看装配

从环境栏的 Module 列表中切换至 Assembly 模块,查看已装配和定位完整的 botFlange 和 topFlange 实例。

> ○ 几何模型在Part模块为部件,导入Assembly模块则称其为实例,只有实例才可用于求解。

对树目录 Assembly → Instances 下的 botFlange 和 topFlange 实例通过单击鼠标右键选择 Query 进行查询,从信息区的查询结果可知其装配方式为 Independent,即网格需在装配级划分。

从树目录 Assembly → Features 可知有 2 处 edge 切分和 1 处 face 切分,便于后续划分网格和定义边界。

从树目录 Assembly → Sets 可知有 5 处几何集,便于后续边界定义的选择。

从树目录 Assembly → Surfaces 可知有 3 处面集,便于后续接触定义的选择。

22.2.5 查看分析步

从环境栏的 Module 列表切换至 Step 模块。

单击工具箱中的 Step Manager 或从树目录 Steps 查看已创建的 deadLoad、heat1、cool1、heat2、cool2、heat3、cool3、heat4、cool4 共 9 个分析步，均启用几何大变形。此 9 个分析步用于后续 4 次温度循环载荷的定义。

> ○ Abaqus/CAE 会自动创建一个初始分析步，用于初始场定义、边界和接触等设置，但一般不用于载荷定义。

单击工具箱中的 Field Output Manager 和 History Output Manager，分别查看输出定义，均为默认设置。

22.2.6 查看接触

从环境栏的 Module 列表切换至 Interaction 模块。

1. 查看接触对

单击工具箱中的 Interaction Manager 或从树目录 Interactions 查看已创建的接触对 Int-1，其主从面选的分别是面集 botFlange 和 topFlange。离散方法 Discretization method 设置的是 Node to surface（点到面）。

2. 查看接触属性

上述接触对 Int-1 所调用的接触属性，可通过单击工具箱中的 Interaction Property Manager 或从树目录 Interaction Properties 查看 friction，其法向设置为硬接触，且切向摩擦系数被定义为 0.1。

> ○ Abaqus 接触面之间具有法向和切向定义。对于切向，常用的摩擦模型为库伦摩擦，即使用摩擦系数来表征接触面之间的摩擦特性；对于法向，接触压力和间隙的默认关系是"硬接触"，即接触面之间传递的接触压力大小不受限制，当接触压力为零或负值接触面分离，此外，Abaqus 还提供多种"软接触"，包括指数模型、表格模型、线性模型等。

22.2.7 查看约束

保持环境栏的 Module 列表为 Interaction 模块。

单击工具箱中的 Constraint Manager 或从树目录 Constraints 查看如图 22-4 所示的 2 个方程式 Equation 约束 tie bolt 1 和 tie bolt 2，其表示集 topBolt 和 botBolt 的自由度 DOF 1 和 2 均被等效约束。

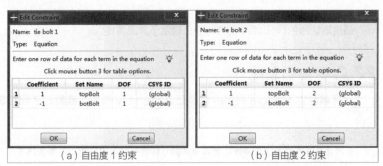

图 22-4 Equation 约束管理

22.2.8 查看载荷、边界和初始场

从环境栏的 Module 列表切换至 Load 模块。

1. 查看载荷

单击工具箱中的 **Load Manager** 或从树目录 Loads 查看已定义的载荷 Load-1，其仅在 deadLoad 分析步对面集 press 施加 -4.9735e7MPa 的压强。

> 1. 压强值为正负表示施力方向，正为压面向内，负为拉面向外。
> 2. 预施加轴向载荷表示接头系统的其他部件对法兰作用。
> 3. 压强直接定义在几何上，网格重划也不受影响。

2. 查看边界

单击工具箱中的 **Boundary Condition Manager** 或从树目录 BCs 查看已定义的边界条件 fixRB 和 fixTops。

边界 fixRB 仅在 deadLoad 分析步对 fix 点约束 U2 自由度，便于收敛。边界 fixTops 是从分析步 heat1 开始约束集 tops 的 V2 自由度，这是考虑法兰在轴向不会产生变形，所以两端轴向位移被限制住。

3. 查看初始场

单击工具箱中的 **Predefined Field Manager** 或从树目录 Predefined Fields 查看已定义的温度场 Field-1，其从 deadLoad 分析步开始创建初始20℃温度场，后续8个分析步中分别修改温度场，实现4次25℃→350℃的升温和350℃→25℃的降温。

22.2.9 查看网格

从环境栏的 Module 列表切换至 Mesh 模块。通过工具箱中的 ▦（Show Native Mesh）实现网格的显示和隐藏，可查看图 22-5 所示的切分面和网格。

通过工具箱中的 ▦（Verify Mesh）检查法兰网格质量，通过下方信息提示栏可知法兰共计划分为 72 个 CAX4I 单元（4节点双线性轴对称非协调单元），这是较粗的网格，但对于演示材料塑性硬化模型已然足够。

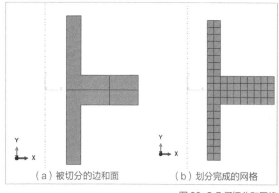

（a）被切分的边和面　　（b）划分完成的网格

图 22-5 几何切分和网格

22.3 等向硬化分析

22.3.1 导入塑性数据 Data Set

在模型树目录（Model Tree）中双击 Calibration，在弹出的 Create Calibration 对话框的 Name 中输入 steel，单击 OK 按钮，如图 22-6 所示。

将模型材料目录上的 Calibration 项目展开，并且将 steel 项展开，双击 Data Sets，在弹出的 Create Data Set 对话框中单击 Import Data Set 按钮，如图 22-7 所示；在 Read Data From Text File 对话框中单击 ▦，之后选择材料的真实应力-应变数据文件 w_inelast_plastic_data.txt，且在此对话框中将 strain

值的读取设置为第 2 列，stress 值的读取设置为第 1 列，Data Set Form 选取为 True（真实应力），如图 22-8 所示，单击 OK 按钮结束，导入的数据点如图 22-9 所示。

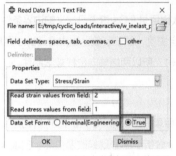

图 22-6 创建并命名 Calibration

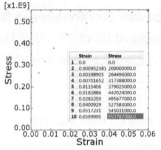

图 22-7 导入材料的应力应变数据

图 22-8 应力应变数据导入的设置   图 22-9 应力应变数据的显示

○ 由于引伸计的限制，一般拉伸样条测试得到的是工程应力-工程应变，需先转化为真实应力-真实应变曲线，才能用于有限元分析的材料定义。

22.3.2 各向同性硬化数据拟合

将 Model Tree 的 Calibration → Steel 项目展开，双击 Behaviors 选项，之后选择 Elastic Plastic Isotropic 项，弹出的 Edit Behavior 对话框中的 Data Set 选取为上一步建立的 Data Set-1，Yield Point 框中输入 9.5e-4，200e6，如图 22-10 所示。Plastic points 右侧的滑动条在 min 与 max 之间拖动调整数据点的疏密，此处拉到最大值。Poisson's ratio 填入 0.3，最下侧的 Material 选取为 steel，单击 OK 按钮。通过以上操作，拟合的塑性各向同性硬化数据如图 22-11 所示，且拟合的材料数据被自动替换到材料属性中。

切换到 Property 模块下，应用 Material → Manager，对 steel 材料进行编辑，则可查看被替换后杨氏模量、泊松比和各向同性塑性硬化数据，一定要删除塑性数据中最后一行重复数据。

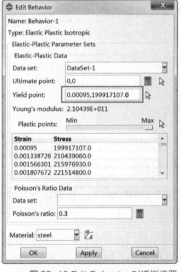

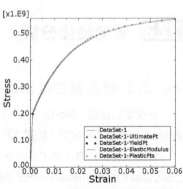

图 22-10 Edit Behavior 对话框设置   图 22-11 材料塑性数据拟合

22.3.3 提交作业

保存模型,并且切换到 Job 模块。

单击工具箱中的 **Job Manager** 查看已创建的作业 flange_iso。

单击工具箱中的 **Job Manager** 或应用命令 Job → Submit: flange_iso,提交作业。

单击工具箱中的 **Job Manager** 或应用命令 Job → Monitor: flange_iso,监控求解过程。

待求解结束,单击工具箱中的 **Job Manager** 或应用命令 Job → Results: flange_iso,切换到后处理模块,查看分析结果。

22.3.4 查看结果

切换至可视化后处理 Visualization 模块。

1. 等效塑性应变

查看等效塑性应变 [Primary PEEQ],并设定变形放大系数为 20,云图上限为 1.6e-2,如图 22-12 所示。

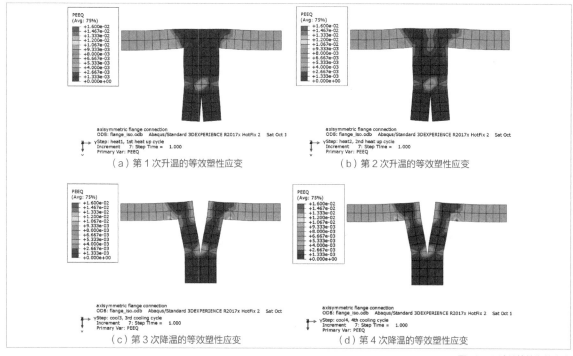

(a) 第 1 次升温的等效塑性应变　　(b) 第 2 次升温的等效塑性应变

(c) 第 3 次降温的等效塑性应变　　(d) 第 4 次降温的等效塑性应变

图 22-12 法兰等效塑性应变

> 放大系数和云图最大值设定方法如下。
> 1. 单击后处理工具箱中的 ▥(Common Options),在弹出的对话框的 Basic 选项卡中 Deformation scale factor 下选择 Uniform,Value 设置为 20。
> 2. 单击后处理工具箱中的 ▥(Contour Options),在弹出的对话框的 Limits 选项卡中设置 Max 值为 1.6e-2。

2. 应力应变曲线

对图 22-12(d)所示的最大等效塑性应变单元绘制应力应变曲线。

在结果模型树上,双击 XYData,在弹出来的对话框中选择 ODB field output 选项并单击 Continue 按钮,如图 22-13 所示;在弹出的 XY Data from ODB Field Output 对话框 Variables 选项卡中选中 LE22、S22 两项,取

值位置选择为 Integration Point，如图 22-14 所示；切换到当前对话框 Elements/Nodes 选项卡，单击 Edit Selection，通过鼠标来选择 PEEQ 值最大的单元（单元号 19），单击 Save 按钮保存数据。

> 为避免混淆，单击鼠标右键删除结果树目录XYData（9）下积分点1、3和4的相关值数据。

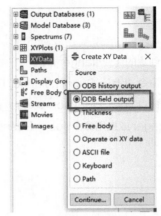
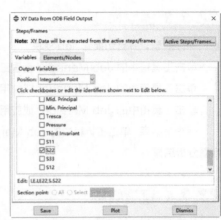

图 22-13 创建 XYData   图 22-14 勾选 LE22 和 S22

双击结果树目录的 XYData，在弹出对话框选择 Operate on XY data 项，Operate on XY Data 对话框如图 22-15 所示，单击操作符 combine(X,X)，并双击 LE22 和 S22，将其添加至表达式中，最后 Expression 表达式为 combine ("LE:LE22 PI: TOPFLANGE-1 E: 19 IP: 2", "S:S22 PI: TOPFLANGE-1 E: 19 IP: 2")。单击 Plot Expression 按钮绘制出应力应变曲线，如图 22-16 所示。

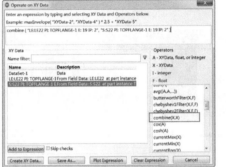
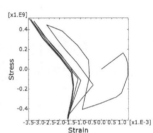

图 22-15 Combine(X,X) 表达式   图 22-16 最大等效塑性应变单元的轴向应力应变曲线

在结果树目录单击鼠标右键选择 Copy，复制图 22-16 数据多次，并加以删减编辑，可绘制出图 22-17 所示的曲线，图中第 4 次升温和第 4 次降温应力应变路径并没有较大区别，没有表征出加工硬化的特征，故等向塑性硬化模型不适用于多次循环载荷分析。

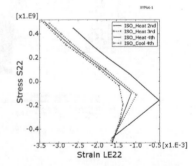

图 22-17 循环载荷下最大等效塑性应变单元的轴向应力应变曲线

22.3.5 inp关键字解释

节选 flange_iso.inp 文件中主要关键字并做简要解释。

```
** 方程式约束
** Constraint: tie bolt 1
```

```
*Equation
2
topBolt, 1, 1.
botBolt, 1,-1.
** 材料参数
*Material, name=steel
*Elastic
2.10439e+11, 0.3
*Expansion
2e-05,
*Plastic
1.99917e+08,       0.
2.10439e+08, 0.000338726
............
5.48249e+08, 0.0520733
5.53787e+08, 0.0573679
```

22.4 随动硬化分析

22.4.1 参数提取

线性随动硬化模型（Linear Kinematic Model）是简单的采用硬化模量（Hardening Modulus）来定义硬化效应的模型，其通过2个点加以定义，第1个点为材料屈服点，第2个点为材料硬化结束时的最高点，如图22-18所示。

> 材料模型中输入的是塑性应变，需将总应变中弹性应变减去。

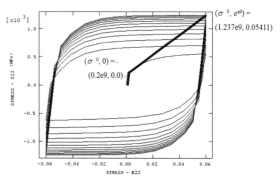

图 22-18 循环载荷应力应变曲线和随动硬化参数

22.4.2 复制模型

如图 22-19 所示，对树目录 flange_iso 模型单击鼠标右键进行复制，并命名新模型为 flange_kin。

图 22-19 复制 flange_iso 模型到 flange_kin

22.4.3 修改硬化模型

在 flange_kin 模型中,如图 22-20 所示,删除各向同性硬化参数 Yield Stress 和 Plastic Strain 数据,并将 Hardering 模型改为 Kinematic。填入 steel 的随动硬化模型参数:(200000000,0)和(1237000000,0.05411)。

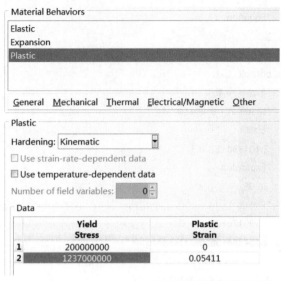

图 22-20 随动硬化的参数输入

22.4.4 提交作业

保存模型,并切换到 Job 模块。

应用命令 Job → Create,创建名为 flange_kin 作业。

应用命令 Job → Submit: flange_kin,提交作业。

应用命令 Job → Monitor: flange_kin,监控求解过程。

求解结束,应用命令 Job → Results: flange_kin,切换到后处理。

22.4.5 查看结果

切换至后处理可视化 Visualization 模块。

1. 等效塑性应变

查看等效塑性应变,并设定变形放大系数为 20,云图上限为 1.6e-2,如图 22-21 所示。

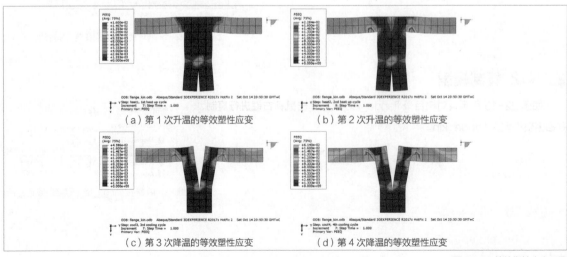

图 22-21 等效塑性应变云图

2. 应力应变曲线

对图 22-21（d）的最大等效塑性应变单元（ID：19）绘制应力应变曲线，如图 22-22 所示。

在结果树目录单击鼠标右键选择 Copy，复制图 22-22 数据多次，并加以删减编辑，绘制出图 22-23，受塑性硬化的影响，图中第 4 次升温和第 4 次降温应力应变路径完全不一致。

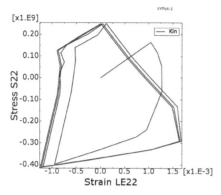

图 22-22 最大等效塑性应变单元的轴向应力应变曲线

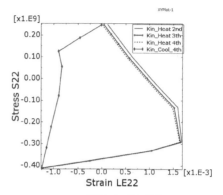

图 22-23 循环载荷下最大等效塑性应变单元的轴向应力应变曲线

22.4.6 inp关键字

节选 flange_kin.inp 文件中主要关键字并做简要解释，如下：

```
** 随动硬化材料参数
*Material, name=steel
*Elastic
2.10439e+11, 0.3
*Expansion
2e-05,
*Plastic, hardening=KINEMATIC
  2e+08,   0.
1.237e+09, 0.05411
**
```

22.5 混合硬化分析

各向同性硬化模型描述的是屈服面的扩张，随动硬化模型描述的是屈服面的移动，而混合硬化模型既包含屈服面的扩张又包含屈服面位置的改变，故各向同性硬化模型和运动硬化塑性模型并不能够完整表达材料的塑性行为。

非线性的混合硬化模型参数提取相对复杂，请参考 Abaqus 2017 在线用户向导手册 Abaqus → Materials → Inelastic Mechanical Properties → Metal plasticity → Models for metals subjected to cyclic loading → Hardening。

22.5.1 复制模型

对树目录 flange_iso 模型单击鼠标右键进行复制，并命名新模型为 flange_comb。

22.5.2 修改硬化模型

在 flange_comb 模型中对 steel 材料进行更改，删除各向同性硬化的 Yield Stress 和 Plastic Strain 参数，并将 Hardering 模型改为 Comb。

如图 22-24 所示，填入 steel 的混合硬化模型参数：Initial Yield Stress =200E6 Pa，C1=25500E6 Pa，γ1=81。在 Suboptions 中选择 Cyclic Hardening 选项，新弹出来的 Suboption Editor 对话框勾选 Use parameters，输入 Equiv Stress = 200E6 Pa，Q-infinity = 800E6 Pa，Hardening Param b = 0.94。

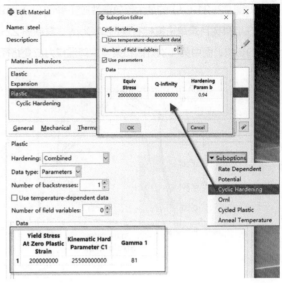

图 22-24 混合硬化模型的参数输入

22.5.3 提交作业

保存模型，并切换到 Job 模块。

应用命令 Job → Create，创建名为 flange_comb 作业。

应用命令 Job → Submit: flange_comb，提交作业。

应用命令 Job → Monitor: flange_comb，监控求解过程，并求解结束。

应用命令 Job → Results: flange_comb，切换到后处理，查看求解结果。

22.5.4 查看结果

切换至后处理可视化 Visualization 模块。

1. 等效塑性应变

查看等效塑性应变，并设定变形放大系数为 20、云图上限为 1.6e-2，如图 22-25 所示。

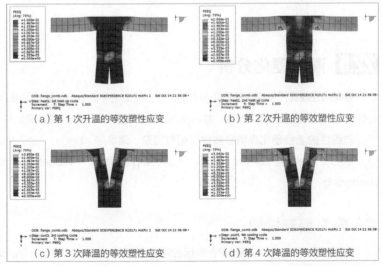

(a) 第 1 次升温的等效塑性应变　　(b) 第 2 次升温的等效塑性应变

(c) 第 3 次降温的等效塑性应变　　(d) 第 4 次降温的等效塑性应变

图 22-25 等效塑性应变云图

2.应力应变曲线

对图 22-25（d）的最大等效塑性应变单元（ID：19）绘制应力应变曲线，得到图 22-26。

在结果树目录单击鼠标右键，选择 Copy，复制图 22-26 中的数据多次，并加以删减编辑，绘制出图 22-27，受塑性硬化的影响，图中第 4 次升温和第 4 次降温应力应变路径完全不一致。与图 22-23 的随动硬化结果相比，图 22-27 中第 2~4 次升温的混合硬化模型更为合理。

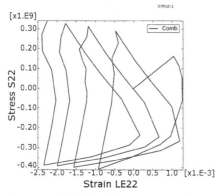

图 22-26 最大等效塑性应变单元的轴向应力应变曲线

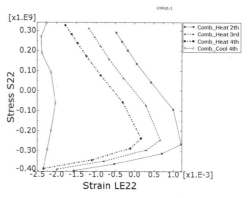

图 22-27 最大等效塑性应变单元的轴向应力应变曲线

22.5.5 inp关键字解释

节选 flange_Comb.inp 文件中主要关键字并做简要解释，如下：

```
** 混合硬化材料参数
*Material, name=steel
*Elastic
 2.10439e+11, 0.3
*Expansion
 2e-05,
*Plastic, hardening=COMBINED, datatype=PARAMETERS, number backstresses=1
 2e+08, 2.55e+10,   81.
*Cyclic Hardening, parameters
 2e+08, 8e+08, 0.94
**
```

22.6 小结和点评

本讲通过对法兰接头的循环温度载荷分析，通过对等向、随动和混合 3 种硬化模型参数的拟合和结果差异性对比，详细讲解材料塑性硬化模型的建立和后处理曲线的绘制。其中建模采用的方程式 Equation 通过约束自由度，能够快速建立螺栓联接，还常用于复材 RVE 微观模型的周期边界。

点评：陈昌萍 博士生导师
厦门海洋职业技术学院 校长

第 08 部分

联合仿真

第23讲 水箱注塑成型和结构强度联合分析

主讲人：江丙云

软件版本	分析目的
Moldflow 2018（可选）、Abaqus 2017、Helius 2018	联合仿真分析注塑成型的散热器水箱的结构强度

难度等级	知识要点
★★★★☆	模流分析结果解读、模流玻纤张量映射、各向异性非线性材料、强度分析和失效判断

23.1 概述说明

塑件易于成型，且具有高性能和低成本的优点，其作为结构件替代传统金属材料已成为趋势。但目前对于塑件结构性能的有限元分析，其分析结果极不合理，这是由于在注塑成型中玻纤排向等直接影响了成型塑件的材料性能。Autodesk Helius 提供了制造仿真与结构仿真之间的连接桥梁，可以将塑件的纤维方向、残余应变和熔接面降低系数等从 Moldflow 映射到结构有限元 Abaqus/ANSYS/Nastran 中，并定义了精确的线性或非线性材料模型和渐进失效参数。

本讲以注塑的散热器水箱的结构强度分析为例，讲解更精确、更合理的注塑和结构联合分析方法：如图 23-1 所示，先应用 Moldflow 对塑件进行注塑成型模拟，获得成型后塑件的玻纤排布、残余应力和各所示向异性的材料性能等，经 Helius 导入或映射至 Abaqus 结构模型，进行精准化的结构分析。

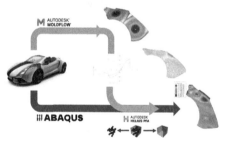

图 23-1 注塑 - 结构联合仿真分析流程

23.2 问题描述

本讲以图 23-2 所示的散热器水箱的强度为目标，采用 Moldflow-Helius-Abaqus 联合仿真分析，把 Moldflow 注塑成型分析结果（玻纤排向和残余应力）导入 Abaqus 结构模型，同时经 Helius 拟合塑件的各向异性非线性材料和失效模型，以实现精准化结构分析。

图 23-2 所示散热器水箱由 EXTRON 3019 HS PP-GF30 玻璃纤维增强复合材料注塑成型，散热器水箱模型已使用注塑成型软件 Moldflow 运行填充 + 保压分析，获取填充零件的玻纤取向。

图 23-2 散热器水箱几何模型

23.3 Moldflow模流分析（可选）

使用 Moldflow 2018 打开配套文件 Moldflow.mpi，已调入 radiatortank.sdy 模流模型，其采用单浇口进行"填充+保压"的注射成型，模流分析结果如图 23-3 所示。

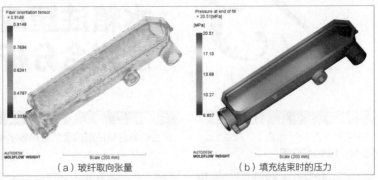

（a）玻纤取向张量　　　（b）填充结束时的压力

图 23-3 模流分析结果

23.4 Abaqus结构模型创建

本节在 Abaqus/CAE 2017 中完成水箱结构模型的设置。

23.4.1 打开模型

启动 Abaqus/CAE 2017，应用命令 File → Open 打开随书文件中的 Radiatortank_pre.cae，应用命令 File → Save as 另存为 Radiatortank_finish.cae 至工作文件夹。

23.4.2 创建材料

切换到 Property 环境模块。

应用命令 Material → Create，创建名为 Plastic 的新材料，全部默认，单击 OK 按钮完成材料创建。

> 此时材料定义只需要一个名称，完善的材料参数将从 Moldflow 引入。

23.4.3 创建截面

继续在 Property 环境模块。

1. 创建截面

应用命令 Section → Create，如图 23-4（a）所示，创建名为 Section-1 的 Solid：Homogeneous 截面属性，单击 Continue 按钮，在弹出的 Edit Section 对话框中，选择 Plastic 作为截面材料，单击 OK 按钮完成设置。

（a）创建截面　　　（b）编辑截面

图 23-4 创建和编辑截面属性

2. 指派截面

应用命令 Assign → Section，如图 23-5 所示，单击提示栏 Sets 按钮指派几何集 Set-1，即完成对散热器水箱的截面赋值。

图 23-5 截面指派

23.4.4 创建分析步

本模型已装配完成，故跳过 Assembly 环境模块，切换到 Step 环境模块。

应用命令 Step → Create，弹出 Create Step 对话框，选择默认的 Static，General（静力通用）分析类型，单击 Continue 按钮，在 Edit Step 对话框的 Incrementation 选项卡中将初始 Initial 和最大 Maximum 增量尺寸设置为 0.01，如图 23-6 所示，单击 OK 按钮完成设置。

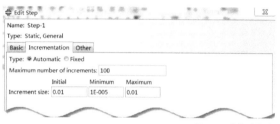

图 23-6 编辑分析步

23.4.5 定义场变量输出

继续在 Step 环境模块。

应用命令 Output → Field Output Requests → Manager，对 F-Output-1 进行编辑（Edit），在弹出的图 23-7 所示的 Edit Field Output Request 对话框中，勾选状态变量 SDV，能够输出自定义状态到结果文件 ODB 中。

> 1. 检查 Helius 生成的结果，需设置状态相关变量（SDV）输出。
> 2. 如要减小 .odb 文件的大小，则需去除非所需变量的勾选。

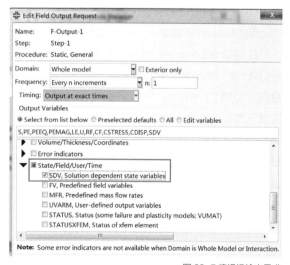

图 23-7 编辑场输出需求

23.4.6 创建边界条件

本模型仅有 1 个零件，不用设置相互作用，故跳过 Interaction 模块，直接切换到 Load 环境模块，定义边界以便在压力载荷期间约束水箱。

应用命令 BC → Create，在图 23-8（a）所示的对话框中选择 Mechanical：Displacement/Rotation，以定义 6 个自由度边界，单击 Continue 按钮，在视图窗口选择图 23-8（b）所示的 6 个面，然后单击提示栏 Done 按钮或按鼠标中键完成面的选择，然后在弹出的 Edit Boundary Condition 对话框中勾选 U1、U2 和 U3 自由度，即完成所选面的 x、y 和 z 向的约束定义。

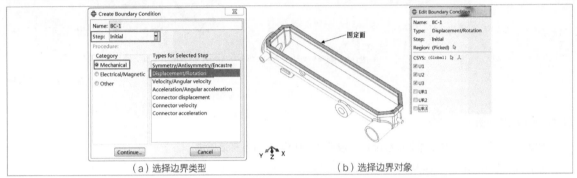

(a) 选择边界类型　　　(b) 选择边界对象

图 23-8 水箱表面边界约束

同理，完成图 23-9 所示的 4 个进出水口的表面 U1、U2 和 U3 自由度约束。

> 1. 按住Shift键进行增加选择，按住Ctrl键进行去除选择。
> 2. 可通过工具栏的过滤选项功能完成对face的过滤，实现仅能选择面。

图 23-9 水箱进出口边界约束

23.4.7 施加载荷

保持在 Load 环境模块。将对水箱内部施加 1.50 MPa 的压强。

应用命令 Load → Create，在图 23-10（a）所示的对话框中创建名为 Press 的载荷，载荷类型选择 Mechanical：Pressure，单击 Continue 按钮，如图 23-10（b）所示，通过提示栏 by angle：20.00 选择水箱的受力内表面，单击 Done 按钮或鼠标中键，完成面的选择，在弹出的 Edit Load 对话框设置压力为 1.5MPa，单击 OK 按钮完成载荷施加。

(a) 选择载荷类型　　　(b) 选择载荷施加对象

图 23-10 施加压力载荷

○ 通过by angle可快速选择和面相接的其他面。

23.4.8 生成inp文件

本例模型的网格已被划好，直接切换到 Job 环境模块，写出 Abaqus 的求解文件 inp。

应用命令 Job→Create，创建名为 radiatortank 的作业，单击 Continue 按钮，并单击 OK 按钮，接受默认参数。

应用命令 Job → Write Input → radiatortank，文件 radiatortank.inp 即写到工作文件夹内。

应用命令 File → Save，保存模型。

○ 工作文件夹默认安装为C:\temp，可通过命令File→Set Work Directory查询或设置工作文件夹。

23.4.9 inp文件解释

使用文本编辑器从工作文件中打开 radiatortank.inp，节选如下：

```
** 材料定义，仅有材料名，无参数
** MATERIALS
*Material, name=Plastic
** 边界约束 1, 2 和 3 自由度
** BOUNDARY CONDITIONS
** Name: BC-1 Type: Displacement/Rotation
*Boundary
_PickedSet21, 1, 1
_PickedSet21, 2, 2
_PickedSet21, 3, 3
** 分析步定义
** STEP: Step-1
** 几何非线性关闭
*Step, name=Step-1, nlgeom=NO
*Static
0.01, 1., 1e-05, 0.01
```

```
** 载荷定义
** LOADS
** Name: Press   Type: Pressure
*Dsload
_PickedSurf23, P, 1.5
……
** FIELD OUTPUT: F-Output-1
** 场输出定义
*Output, field
*Node Output
CF, RF, U
** 状态变量 SDV 输出
*Element Output, directions=YES
LE, PE, PEEQ, PEMAG, S, SDV
……
*End Step
```

○ 文本编辑器推荐使用Notepad++，其为免费版。

23.5 Helius映射

下面采用 Helius 完成 Moldflow 结果对 Abaqus.inp 的映射。

23.5.1 模型配对

从开始→所有程序打开 Autodesk Advanced Material Exchange（AME）。

应用命令 Start & Learn → Part Mapping，在弹出的 Part Mapping 对话框中 Choose Study 选择 radiatortank.sdy，Choose Structure 选择 radiatortank.inp，并如图 23-11 所示选择其单位为 Millimeter（毫米）。

单击 OK 按钮,完成模型导入,Helius AME 会对 Moldflow 和 Abaqus 模型进行自动中心对齐,如图 23-12 所示。

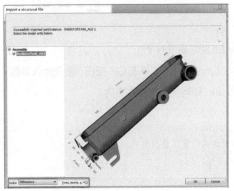

图 23-11 选择结构模型和设置单位

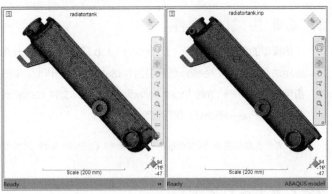

图 23-12 导入的 Moldflow 和 Abaqus 模型

> 1. Moldflow和Abaqus的网格节点无需一致,映射是通过积分点的空间插值完成的。
> 2. 可通过菜单Geometry的Interactive Alignment命令,查看或手工修改对齐模型。

23.5.2 映射预览

将纤维方向从 Moldflow 模型映射到 Abaqus 结构模型之前,可预先评估其映射效果。

应用命令 Home → Mapping Suitability Plot 或单击工具箱中的 ,生成映射匹配性能图,其能提供有关 Moldflow 结果映射到结构模型状况的指示。从图 23-13 的映射匹配性能图中,可知大多数模型显示为绿色,这表示网格细化程度足以映射结果。

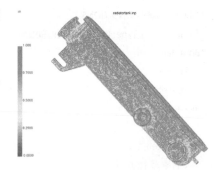

图 23-13 匹配性能图

在菜单阈值图 Threshold Plot 下拖动阈值标尺上的箭头来标识可能需要结构网格细化的区域。将阈值最大值 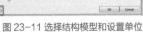 拖动到 0.1,图 23-14 显示大部分可能有问题的区域位于水箱边缘和水箱开口周围,此处是纤维取向迅速变化的位置。

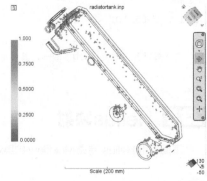

图 23-14 映射阈值

单击关闭阈值图返回到主页选项卡。

> 若要捕获纤维取向张量的这种迅速变化,需要更为精细的网格,由于不关注水箱边缘或开口处的结构,本例不需进一步优化网格。

23.5.3 映射结果

经检查后,可将纤维取向映射到结构模型。应用命令 Home → Map Results 或单击工具箱中的 🔧,等待并完成映射,玻纤取向张量的映射结果如图 23-15 所示。

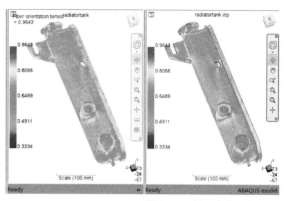

图 23-15 玻纤取向张量映射结果

23.5.4 输出修改的inp

将带有映射结果的 inp 输出,以进行后续求解。

应用命令 Material → Select Environment,如图 23-16 所示,选择应变率为 0.01 的环境应用工况。

应用命令 Home → Settings 或单击工具箱中的 🔧,如图 23-17 所示切换到 Rupture 选项卡,勾选 Enable Rupture 复选框,即求解过程中考虑材料失效,单击确定按钮完成设置选项。

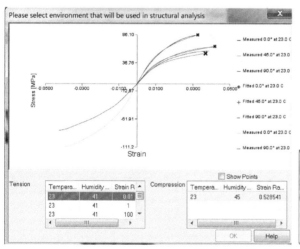

图 23-16 应用环境选择

图 23-17 启用断裂

应用命令 Home → Export to Structural Package 或单击工具箱中的 🔧,选择工作文件夹 C:\temp,输出 radiatortank_ame。输出完成后,可在工作文件夹查看到 radiatortank_ame.inp、radiatortank_ame.hin 和 radiatortank_ame.sif 3 个文件。

> 文件.inp 是具有已修改的材料定义的输入文件,文件.hin(Helius 输入文件)控制损伤演化准则,文件.sif(结构界面文件)包含映射的纤维取向和 Ramberg-Osgood 材料信息。

保存项目为 AME,则项目相关文件被存储到同一个文件夹内。

23.5.5 查看修改后的inp

使用文本编辑器从工作文件中打开 radiatortank_ame.inp，节选如下，由关键字可知零件材料被替换为子程序材料 CA-MATERIAL-1，其所含有的各向异性信息被密封在 radiatortank_ame.sif 中。

```
**用户子程序材料
**MATERIALS
*Material, name=CA-MATERIAL-1
*Depvar
21
*User Material, constants=0
*Density
1.1274e-09,
```

23.6 提交修改材料的inp

准备 radiatortank_ame.inp、radiatortank_ame.hin 和 radiatortank_ame.sif 这 3 个文件，并放于 Abaqus 工作文件夹 C:\temp 内。以下采取两种方式提交求解。

23.6.1 Abaqus Job管理器提交

启动 Abaqus/CAE，切换到 Job 环境模块。应用命令 Job → Create 打开 Create Job 对话框，在图 23-18 所示的对话框中 Source 选择 Input file 类型，引入 radiatortank_ame.inp 文件进行提交。

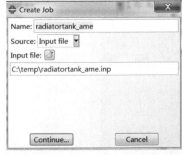

> 映射过程不需要Helius license，但求解过程中，后台调用Helius进行材料处理时，将检查Helius license。读者可发邮件至CAETube@caetube.com申请试用。

图 23-18 Job 管理器提交 inp

23.6.2 Command命令提交

从**开始→所有程序**打开 Helius 文件夹中 Command Shell 2018 程序快捷图标，如图 23-19 所示使用命令 cd /d C:\temp 切换到包含 .inp、.hin 和 .sif 文件的工作目录，并输入以下命令提交 .inp 模型。

```
abq2017hf2 job=radiatortank_ame cpus=4
```

> 1. 文件.inp、.hin 和 .sif 必须拥有相同的名称。
> 2. abq2017hf2为笔者所用Abaqus的版本，大家可根据自己Abaqus的版本进行更改。

图 23-19 Command 命令提交 inp

23.7 查看结果

查看特定状态变量场以分析散热器水箱结构性能,特别是 SDV9(基体切线弹性模量)、SDV13(失效指数)和 SDV1(断裂状态)。

在 Abaqus/CAE 或 Abaqus/Viewer 中通过命令 File → Open 打开 radiatortank_ame.odb,切换到后处理 Visualization 可视化模块。选择 Plot → Contours → On Undeformed Shape 以未变形状态显示云图。

> 1. SDV的具体含义可查看工作目录中的radiatortank_ame.mct文件。
> 2. 也可以Deformed Shape状态显示,只是变形非常大,不易查看断裂位置。

23.7.1 SDV9

应用命令 Result → Field Output 从输出变量列表中选择 SDV9,如图 23-20(a)所示,SDV9 表示基体材料的切线弹性模量。同时,应用命令 Tools → XY Date → Create → ODB field output 输出单元 33122 的积分点上 SDV9 变化,如图 23-20(b)所示,分析过程中材料逐渐软化。

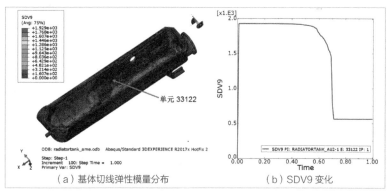

(a)基体切线弹性模量分布　　(b)SDV9 变化

图 23-20 基体弹性模量

> 图23-20(b)中的横坐标Time在本讲静力分析中并不具备实际的物理意义。

23.7.2 SDV13

按 23.7.1 中方法,图 23-21 中输出基材的失效指数云图和单元 33122 积分点的失效指数变化,因超过数值 1 表征单元失效,故单元 33122 处基材约在 0.78 时刻断裂。

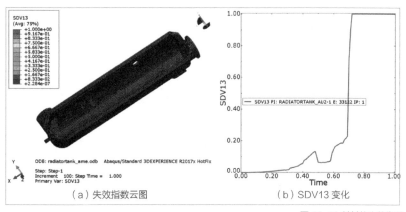

(a)失效指数云图　　(b)SDV13 变化

图 23-21 基材的失效指数

307

23.7.3 SDV1

按23.7.1中方法,图23-22中输出单元断裂状态云图和单元33122状态变化。SDV1表示复合材料的断裂状态,当值为1时表示没有断裂,值为2时表示积分点已断裂。

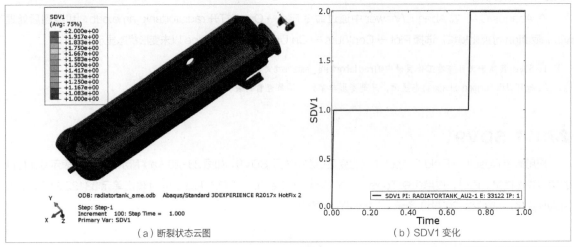

图23-22 复材的断裂状态

> ○ 如在图23-7中的场输出要求中勾选Status变量,则分析结果中断裂单元会被删除。

23.8 小结和点评

本讲以注塑成型的散热器水箱的结构强度分析为例,详细讲解Moldflow-Helius-Abaqus联合仿真方法,其中重点讲解了Helius的模型配对、映射预览和结果映射等,以此能够获得更精确、更合理的塑件结构强度。本方法所采用的Helius提供了制造仿真与结构仿真之间的连接桥梁,可以将塑件的纤维方向、残余应变和熔接线强度的降低系数等属性从Moldflow映射到结构有限元Abaqus/ANSYS/Nastran中,并经Helius自动定义精确的线性或非线性材料模型和渐进失效参数,为塑件轻量化设计提供了快捷有力的工具。

点评:李建 Moldflow产品技术经理

欧特克软件(中国)有限公司

第24讲 水壶吹塑成型和结构强度联合分析

主讲人：王雯 江丙云

软件版本	分析目的
Abaqus 2017	联合分析吹塑工艺对结构强度的影响

难度等级	知识要点
★★★★☆	吹塑成型、厚度映射、稳态和瞬态求解

24.1 问题描述

在生产过程中，产品制造工艺对产品最终结构强度的影响不可忽视。本讲以塑料瓶为例介绍吹塑-结构强度联合分析过程。

图24-1所示为吹塑模型，包含吹塑管和吹塑模具，吹塑管内为流体腔，应用吹塑、合模两步完成吹塑过程。图24-2所示为结构强度分析模型，保持塑料瓶在压头中间位置，瓶头固定，上下压头同时挤压瓶身，完成结构强度分析。

图24-1 吹塑模型

图24-2 结构强度分析模型

○ 本讲吹塑分析结束后，将吹塑结束后的厚度场映射到结构强度分析中塑料瓶的模型，以此实现联合分析。

24.2 吹塑成型

打开本讲附带文件 BlowMolding_pre.cae 文件，文件包含吹塑成型分析所需部件，并且已装配完成，如图24-1所示。

24.2.1 创建材料

切换到 Property 模块 Module: Property Model: Model-1_blowmolding Part: Tube 。

1. 创建材料属性

单击工具箱中的 ☒（Create Material），弹出 Edit Material 对话框，修改 Name：PET。

选择 General → Density，Mass Density（密度）中输入 9.4E-010，单位为 t/mm³

选择 Machanical→Elasticity→Elastic，Young's Modulus（弹性模量）中输入 10MPa，Poisson's Ratio（泊松比）中输入 0.3。

选择 Machanical→Plasticity→Plastic，输入表 24-1 中数值。

表24-1 吹塑中塑件的塑性应变-屈服应力数据

Yield Stress / MPa	Plastic Strain
2	0
5	0.5
20	1

2. 创建截面属性

单击工具箱中的 ![]（Create Section），修改 Name：Tube，Category 中选择 Shell，Type 中选 Homogeneous。单击 Continue 按钮。弹出 Edit Secion 对话框，修改 Shell thickness：Value：2.5，修改 Material：PET，单击 OK 按钮。

3. 分配截面属性

单击工具箱中的 ![]（Assign Section），单击提示栏中 Sets 按钮，弹出 Region Selection 对话框，选择 Set-1，单击 Continue 按钮，弹出 Edit Section Assignment 对话框。单击 OK 按钮，弹出 Region Selection 对话框，选择 Set-4，单击 Continue 按钮，弹出 Edit Section Assignment 对话框。单击 OK 按钮，完成分配截面属性工作。

○ 模具部件被设置为刚体，无需赋值材料。

24.2.2 创建分析步

切换到 Step 模块。

单击工具箱中的 ![]（Create Step），弹出 Create Step 对话框，修改 Name：Push，选择 Dynamic，Explicit 分析类型，单击 Continue 按钮。弹出 Edit Step 对话框，修改 Time Period：0.14，如图 24-3 所示。切换到 Mass scaling 选项卡下，勾选 Use scaling definitions below，单击下方的 Create 按钮，弹出 Edit Mass Scaling 对话框，设置如图 24-4 所示，单击 OK 按钮。

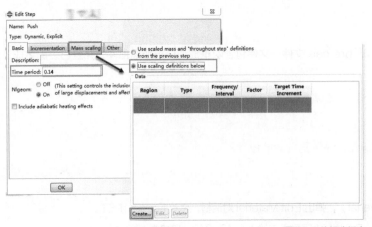

图 24-3 编辑分析步

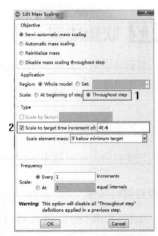

图 24-4 编辑质量加速

单击工具箱中的 ⬛（Create Step），弹出 Create Step 对话框，修改 Name：Blow，选择 Dynamic，Explicit 分析类型，单击 Continue 按钮。弹出 Edit Step 对话框，修改 Time period：0.5。

24.2.3 创建厚度场输出

保持 Step 模块，单击工具箱中的 ⬛（Create Field Output），弹出 Create Field 对话框，设置 Step：Push，单击 Continue 按钮。弹出 Edit Field Output Request 对话框，设置如图 24-5 所示。

> 进行结构强度分析时，需映射厚度场，厚度场不是默认输出，需读者自行定义。

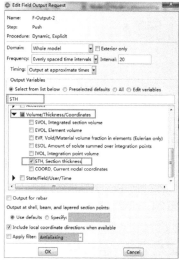

图 24-5 设置厚度场输出

24.2.4 创建相互作用属性

1.创建摩擦接触属性

切换到 Interaction 模块，单击工具箱中的 ⬛（Create Interaction Property），弹出 Create Interaction Property 对话框，修改 Name：Friction，Type 选择 Contact。弹出 Edit Contact Property 对话框，应用 Mechanical→Tangential Behavior，修改 Friction formulation：Penalty，Friction Coeff 输入 0.4，如图 24-6 所示。

图 24-6 设置摩擦接触属性

2.创建流体腔属性

单击工具箱中的 ⬛（Create Interaction Property），弹出 Create Interaction Property 对话框，修改 Name：FCavity，Type 选择 Fluid cavity，单击 Continue 按钮。弹出 Edit Interaction Property 对话框，设置如图 24-7 所示。

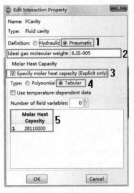 

图 24-7 创建流体腔属性　　图 24-8 创建热交换属性

> 定义流体腔属性可以包含单一液体或一种理想气体。在流体腔属性为理想气体时，必须定义 Heat Capacity，可以以列表形式或多项式形式定义。

3. 创建热交换属性

单击工具箱中的 （Create Interaction Property），弹出 Create Interaction Property 对话框，修改 Name：FExchange，Type 选择 Fluid exchange，单击 Continue 按钮。弹出 Edit Interaction Property 对话框，设置如图 24-8 所示。

24.2.5 定义相互作用

1. 创建流体腔相互作用

保持 Interaction 模块。单击工具箱中的 （Create Interaction），弹出 Create Interaction 对话框，修改 Name：FluidCavity，Types for Selected Step 选择 Fluid cavity，单击 Continue 按钮。单击提示栏中 Sets 按钮，弹出 Region Selection 对话框，选择 Set-1_RP-Fluid，单击 Continue 按钮，弹出 Region Selection 对话框，选择 Tube-1.Interior，单击 Continue 按钮，弹出 Edit Interaction 对话框，设置如图 24-9 所示，单击 OK 按钮。

> 定义流体腔属性时，需定义独立参考点。

 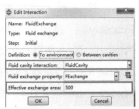

图 24-9 创建流体腔相互作用　　图 24-10 创建热交换相互作用

2. 创建热交换相互作用

单击工具箱中的（Create Interaction），弹出 Create Interaction 对话框，修改 Name：FluidExchange，Types for Selected Step 选择 Fluid exchange，单击 Continue 按钮，弹出 Edit Interaction 对话框，设置如图 24-10 所示。

3. 创建摩擦相互作用

单击工具箱中（Create Interaction），弹出 Create Interaction 对话框，修改 Name：friction，Types for Selected Step 选择 General contact（Explicit），单击 Continue 按钮，弹出 Edit Interaction 对话框，单击图中标号为 2 的，弹出 Edit Included Pairs 对话框，设置如图 24-11 所示。

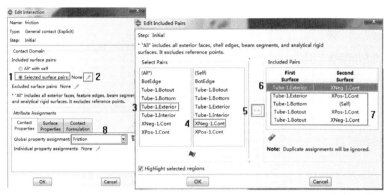

图 24-11 设置摩擦相互作用

4.设置大气常数和绝对零度

应用命令 Model → Edit Attributes → Model-1_blowmolding，弹出 Edit Model Attributes 对话框，设置对话框如图 24-12 所示。

> ○ 定义流体腔相互作用时，必须要定义大气常数和绝对零度。

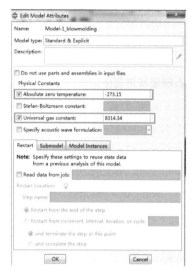

图 24-12 设置大气常数和绝对零度

24.2.6 创建边界条件

1.创建塑料模具的边界条件

切换到 Load 模块，单击工具箱中的 ▙（Create Boundary Condition），弹出 Create Boundary Condition 对话框，修改 Name：Xneg，Step 切换成 Initial，Category 选择 Mechanical，Types for Selected Step 选择 Displacement/Rotation，如图 24-13 所示，单击 Continue 按钮。单击提示栏中 Sets 按钮，弹出 Region Selection 对话框，选择 XNeg-1.Set-1-RP-XNeg，单击 Continue 按钮，弹出 Edit Boundary Condition 对话框，勾选 U1、U2、U3、UR1、UR2 和 UR3，如图 24-14 所示，单击 OK 按钮。

图 24-13 创建模具边界条件　图 24-14 编辑模具边界条件

单击工具箱中的 ■（Boundary Condition Manager），弹出 Boundary Condition Manager 对话框，双击图 24-15 中 1 位置，弹出 Edit Boundary Condition 对话框，修改 U1：8，幅值曲线选择 Amp-1，如图 24-16 所示。

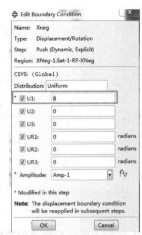

图 24-15 Boundary Condition Manager 对话框　　图 24-16 修改边界条件

按同样的方法创建 Xpos 边界约束，修改 Name：Xpos，选择 Displacement/Rotation 类型，XPos-1.Set-1-RP-XPos 为约束对象，双击图 24-15 中 2 位置，弹出的 Edit Boundary Condition 对话框中，修改 U1 为 -8。

2. 创建吹塑管体边界约束

单击工具箱中的 ■（Create Boundary Condition），弹出 Create Boundary Condition 对话框，修改 Name：BC-4-SET-1，Step 切换成 Initial，Category 选择 Mechanical，Types for Selected Step 选择 Velocity/Angular velocity，如图 24-17 所示，单击 Continue 按钮，单击提示栏中 Sets 按钮，弹出 Region Selection 对话框，选择 Tube-1.Set-1，单击 Continue 按钮，弹出 Edit Boundary Condition 对话框，勾选 V3，如图 24-18 所示，单击 OK 按钮。

图 24-17 创建吹塑管体边界条件　　图 24-18 编辑吹塑管体边界条件

单击工具箱中的 ■（Boundary Condition Manager），弹出 Boundary Condition Manager 对话框，选中图 24-15 中 3 位置，单击 Deactivate 按钮。

按同样的方法创建 BC-SYMMX，约束区域选择 Tube-1.SymmX 集，约束条件勾选 V1、VR2、VR3，并在 Blow 步取消激活。

按同样的方法创建 BC-SYMMY，约束区域选择 Tube-1.SymmY 集，约束条件勾选 V2、VR1、VR3，并在 Blow 步取消激活。

3. 创建吹塑管底端边界条件

单击工具箱中的 ■（Create Boundary Condition），弹出 Create Boundary Condition 对话框，修改 Name：BC-bot，Step 切换为 Blow，Category 选择 Mechanical，Types for Selected Step 选择 Velocity/Angular velocity，单击 Continue 按钮，单击提示栏中 Sets 按钮，弹出 Region Selection 对话框，选择 Tube-1.YSymBot 集，单击 Continue 按钮，弹出 Edit Boundary Condition 对话框，勾选 V2、VR1、VR3，单击 OK 按钮。

4.创建吹塑管顶端边界条件

单击工具箱中的 ┗（**Create Boundary Condition**），弹出 Create Boundary Condition 对话框，修改 Name: Top-BC，Step 切换成 Initial，Category 选择 Mechanical，Types for Selected Step 选择 Displacement/Rotation，单击 Continue 按钮，单击提示栏中 Sets 按钮，弹出 Region Selection 对话框，选择 Tube-1.TopBC，单击 Continue 按钮，弹出 Edit Boundary Condition 对话框，勾选 U1、U2、UR1、UR2、UR3，单击 OK 按钮。

24.2.7 提交作业

切换到 Job 模块，单击工具箱中的 ♦（**Create Job**），弹出 Create Job 对话框，修改 Name: BlowMolding，单击 Continue 按钮，弹出 Edit Job 对话框，按对话框中默认设置，单击 OK 按钮。

单击工具箱中的 ▦（**Job Manager**），弹出 Job Manager 对话框，选中 BlowMolding，单击 Submit 按钮，提交作业，保存文件。

24.2.8 查看结果

计算完成后，单击工具箱中的 ▦（**Job Manager**），弹出 Job Manager 对话框，选中 BlowMolding，单击 Result 按钮，切换到 Visualization 模块，查看结果。

1.查看厚度结果

单击工具箱中的 ▦（**Plot Contours on Deformed Shape**），可以查看结果云图，切换场输出 Primary、STH，可以查看厚度场结果云图，如图 24-19 所示。

> ○ 单击工具箱中的 ▦（**Replace Selected**），可以只显示塑料瓶模型；单击工具箱中的 ▦，可以查看每一帧的结果。

图 24-19 厚度云图

2.输出厚度结果

» **创建显示组**

应用命令 Tools → Display Group → Create，弹出 Create Display Group 对话框，Item 中选 Nodes，Method 中选 Pick from viewport，单击 Edit Selection 按钮，框选塑料瓶模型按鼠标中键确定，单击 Create Display Group 对话框中 Save Selection As 按钮，保存节点集为 Thickness 显示组，如图 24-20 所示。

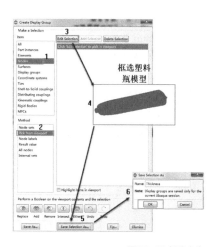

图 24-20 创建点集

» 输出显示组的厚度场

应用工具栏中 ❶（Query），弹出 Query 对话框，选择 Probe values，弹出 Probe values 对话框，如图 24-21 所示进行设置，单击 Write to Files 按钮，将塑料瓶的厚度场信息写到 STH.rpt 文件。

> ○ 强度分析时需映射厚度信息，输出 STH.rpt 文件后，需将文件进一步处理，提取出变化后的坐标和每点的厚度值，制成 csv 文件。

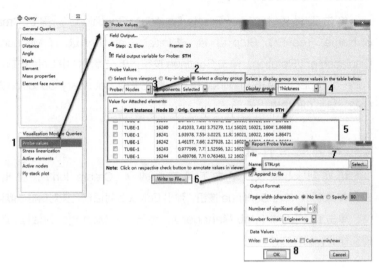

图 24-21 写出厚度

24.2.9 inp关键字解释

节选 BlowMolding.inp 文件中主要关键字，并做简要解释。

```
** BOUNDARY CONDITIONS
** 创建边界条件
** Name: BC-4-SET-1 Type: Velocity/Angular velocity
*Boundary, type=VELOCITY
Tube-1.Set-1, 3, 3
** Name: BC-SYMMX Type: Velocity/Angular velocity
*Boundary, type=VELOCITY
Tube-1.SymmX, 1, 1
Tube-1.SymmX, 5, 5
Tube-1.SymmX, 6, 6
** Name: BC-SYMMY Type: Velocity/Angular velocity
** 速度边界
*Boundary, type=VELOCITY
Tube-1.SymmY, 2, 2
Tube-1.SymmY, 4, 4
Tube-1.SymmY, 6, 6
** Name: TOP-BC Type: Displacement/Rotation
*Boundary
Tube-1.TopBC, 1, 1
Tube-1.TopBC, 2, 2
Tube-1.TopBC, 4, 4
Tube-1.TopBC, 5, 5
Tube-1.TopBC, 6, 6
** Name: Xneg Type: Displacement/Rotation
```

```
*Boundary
XPos-1.Set-1-RP-XPos, 1, 1
XPos-1.Set-1-RP-XPos, 2, 2
XPos-1.Set-1-RP-XPos, 3, 3
XPos-1.Set-1-RP-XPos, 4, 4
XPos-1.Set-1-RP-XPos, 5, 5
XPos-1.Set-1-RP-XPos, 6, 6
** Name: Xpos Type: Displacement/Rotation
*Boundary
XPos-1.Set-1-RP-XPos, 1, 1
XPos-1.Set-1-RP-XPos, 2, 2
XPos-1.Set-1-RP-XPos, 3, 3
XPos-1.Set-1-RP-XPos, 4, 4
XPos-1.Set-1-RP-XPos, 5, 5
XPos-1.Set-1-RP-XPos, 6, 6
** **_____
** STEP: Push
** 创建分析步 Push，打开几何非线性
*Step, name=Push, nlgeom=YES
*Dynamic, Explicit
, 0.14
*Bulk Viscosity
0.06, 1.2
** Mass Scaling: Semi-Automatic 质量加速
```

```
**                Whole Model
*Variable Mass Scaling, dt=4e-06, type=below min,
frequency=1
……
*End Step
** STEP: Blow
```

```
** 创建分析步 Blow，打开几何非线性
*Step, name=Blow, nlgeom=YES
*Dynamic, Explicit
, 0.5
……
*End Step
```

24.3 强度分析

打开随书资源中本节文件 Squeeze_pre.cae，另存为 Squeeze_finish.cae。该模型中已包含部件模型，并且已进行过装配，如图 24-2 所示。还需读者定义材料属性、接触属性、边界约束等。

24.3.1 创建材料

1. 创建材料属性

» **创建塑料材料属性**

切换到 Property 模块。

单击工具箱中的 ☰（**Create Material**），弹出 Edit Material 对话框，修改 Name：HDPE。

应用 General → Density，Mass Density（密度）中输入 8.76E-010，单位为 t/mm³。

应用 Mechanical → Elasticity → Elastic，Young's Modulus（弹性模量）中输入 903.114MPa，Poisson's Ratio（泊松比）中输入 0.39。

> 吹塑时塑料的属性和吹塑后的材料属性由于温度不同会有所区别。

应用 Mechanical → Plasticity → Plastic，输入表 24-2 中数值。

表24-2 成型后的塑件塑性应变-屈服应力

Yield Stress / MPa	Plastic Strain
8.618	0
13.064	0.007
16.787	0.025
18.476	0.044
20.337	0.081
24.543	0.28
26.887	0.59

» **创建压头材料属性**

单击工具箱中的 ☰（**Create Material**），弹出 Edit Material 对话框，修改 Name：Plate。

应用 General → Density，Mass Density（密度）中输入 1.01E-006，单位为 t/mm³。

应用 Machanical → Elasticity → Elastic，Young's Modulus（弹性模量）中输入 1000000MPa，Poisson's

Ratio（泊松比）中输入 0.35。

2.创建解析场

应用命令 Tools → Analytical Field → Create，弹出 Create Analytical Field 对话框，修改 Name：STH，Type 选择 Mapped field，单击 Continue 按钮。弹出 Edit Mapped Field 对话框，单击，弹出 Read Data from ASCII File 对话框，单击，选择本节随书文件中的 STH.csv。可将文件中内容导入图24-22（b）中A框中。

> 1. STH.csv文件可由上节中输出的STH.rpt文件编辑得到。
> 2. 若不能导入csv文件，可直接将文件中内容复制到图24-22（a）中A框中。

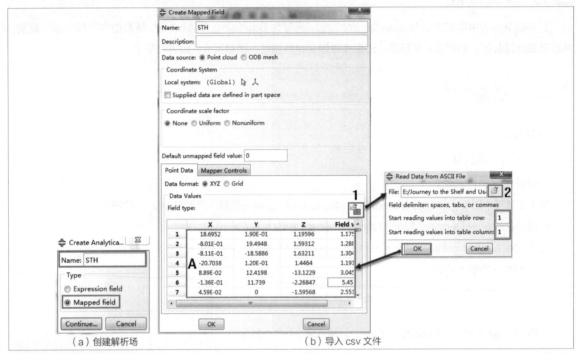

（a）创建解析场　　　　　　　（b）导入 csv 文件

图 24-22 定义 STH 解析场

3.创建截面属性

» 创建塑料截面属性

单击工具箱中的（Create Section），修改 Name：STHMapped，Category 中选择 Shell，Type 中选 Homogeneous，单击 Continue 按钮。弹出 Edit Secion 对话框，修改如图 24-23 所示。

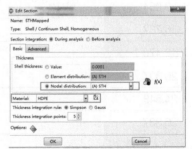

图 24-23 创建塑料截面属性

» 创建压头截面属性

单击工具箱中的（Create Section），修改 Name：Rigid，Category 中选择 Solid，Type 中选 Homogeneous，单击 Continue 按钮。弹出 Edit Secion 对话框，选择 Material：Plate，单击 OK 按钮。

4. 分配截面属性

» 分配塑料截面属性

切换到 Bottle 部件 Module: Property, Model: Squeeze, Part: Bottle。

单击工具箱中的 ⋶（Assign Section），单击提示栏中 Sets 按钮，弹出 Region Selection 对话框，选择 All，单击 Continue 按钮，弹出 Edit Section Assignment 对话框，Section 选择 STHMapped，单击 OK 按钮。

» 分配压头截面属性

切换到 Sphere 部件 Module: Property, Model: Squeeze, Part: Sphere。

单击工具箱中的 ⋶（Assign Section），单击提示栏中 Sets 钮按，弹出 Region Selection 对话框，选择 All，单击 Continue 按钮，弹出 Edit Section Assignment 对话框，Section 选择 Rigid，单击 OK 按钮。

24.3.2 创建分析步

切换到 Step 模块。

单击工具箱中的 ⊷（Create Step），弹出 Create Step 对话框，修改 Name: Load，选择 Static，General 分析类型，单击 Continue 按钮。弹出 Edit Step 对话框，在 Basic 选项卡下，切换 Nlgeom: On，切换到 Incrementation 选项卡下，修改如图 24-24 所示。

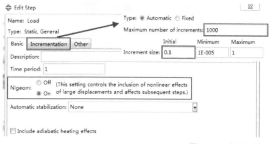

○ 为保证完成计算，定义初始步长为 0.1，最大增量步数为 1000。

图 24-24 编辑分析步

24.3.3 创建相互作用

1. 创建接触属性

切换到 Interaction 模块，单击工具箱中的 ⋶（Create Interaction Property），弹出 Create Interaction Property 对话框，修改 Name: Friction，Type 选择 Contact。弹出 Edit Contact Property 对话框，应用 Mechanical → Tangential Behavior，修改 Friction formulation: Penalty，Friction Coeff 输入 0.3，如图 24-25（a）所示。

单击工具箱中的 ⋶（Create Interaction），弹出 Create Interaction 对话框，修改 Name: friction，Types for Selected Step 选择 General contact（Standard），单击 Continue 按钮，弹出 Edit Interaction 对话框，设置如图 24-25（b）所示，单击 OK 按钮。

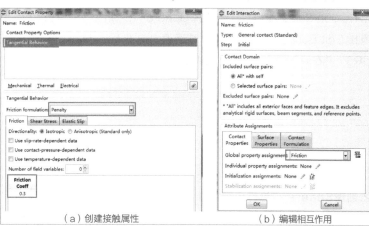

（a）创建接触属性　　（b）编辑相互作用

图 24-25 定义接触属性

2. 创建刚体约束

单击工具箱中的 ◁（**Create Constraint**），弹出 Create Constraint 对话框，修改 Name：Sphere-1，Type 选择 Rigid body，单击 Continue 按钮。弹出 Edit Constraint 对话框，如图 24-26 所示，选中 Body（elements），单击标号 2 处的 ▷，单击提示栏中的 Sets 按钮，弹出 Region Selection 对话框，选择 Sphere-1.All，单击 Continue 按钮。弹出 Edit Constraint 对话框，单击标号 3 处的 ▷，单击提示栏中 Sets 按钮，弹出 Region Selection 对话框，选择 Sphere-1. RefPoint，单击 Continue 按钮。单击 Edit Constraint 对话框中的 OK 按钮，完成 Sphere-1 的刚体定义，如图 24-27 所示。

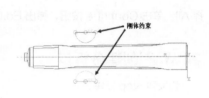

图 24-26 编辑刚体约束　　　　　图 24-27 刚体约束部分

单击工具箱中的 ◁（**Create Constraint**），弹出 Create Constraint 对话框，修改 Name：Sphere-2，Type 选择 Rigid body。单击 Continue 按钮。弹出 Edit Constraint 对话框，选中 Body（elements），单击标号 2 处的 ▷，单击提示栏中 Sets 按钮，弹出 Region Selection 对话框，选择 Sphere-2.All，单击 Continue 按钮。弹出 Edit Constraint 对话框，单击标号 3 处的 ▷，单击提示栏中 Sets 按钮，弹出 Region Selection 对话框，选择 Sphere-2.RefPoint，单击 Continue 按钮。单击 Edit Constraint 对话框中的 OK 按钮，完成 Sphere-2 的刚体定义。

24.3.4 创建边界条件

1. 创建Sphere-1部件边界条件

切换到 Load 模块，单击工具箱中的 ▙（**Create Boundary Condition**），弹出 Create Boundary Condition 对话框，修改 Name：Sphere-1，Step 切换成 Load，Category 选择 Mechanical，Types for Selected Step 选择 Displacement/Rotation，单击 Continue 按钮，单击提示栏中 Sets 按钮，弹出 Region Selection 对话框，选择 Sphere-1.RefPoint，单击 Continue 按钮，弹出 Edit Boundary Condition 对话框，勾选 U1、U2、U3、UR1、UR2 和 UR3，并在 U1 框内输入 -18，如图 24-28 所示，单击 OK 按钮。

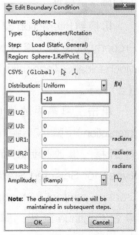

图 24-28 编辑边界条件对话框

2. 创建Sphere-2部件边界条件

单击工具箱中的 ▙（**Create Boundary Condition**），弹出 Create Boundary Condition 对话框，修改 Name：Sphere-2，Step 切换成 Load，Category 选择 Mechanical，Types for Selected Step 选择

Displacement/Rotation，单击 Continue 按钮，单击提示栏中 Sets 按钮，弹出 Region Selection 对话框，选择 Sphere-2.RefPoint，单击 Continue 按钮，弹出 Edit Boundary Condition 对话框，勾选 U1，框内输入 18，单击 OK 按钮。

3.创建塑料瓶边界条件

单击工具箱中的 （Create Boundary Condition），弹出 Create Boundary Condition 对话框，修改 Name：FixBottle，Step 切换成 Initial，Category 选择 Mechanical，Types for Selected Step 选择 Symmetry/Antisymmetry/Encastre，单击 Continue 按钮，单击提示栏中 Sets 按钮，弹出 Region Selection 对话框，选择 Fix，单击 Continue 按钮，弹出 Edit Boundary Condition 对话框，选择 ENCASTRE（U1=U2=U3=UR1=UR2=UR3=0），单击 OK 按钮。

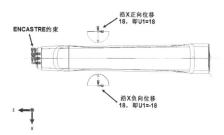

图 24-29 边界条件约束

边界和约束设置完成后，如图 24-29 所示。

24.3.5 提交作业

切换到 Job 模块。

单击工具箱中的 （Create Job），弹出 Create Job 对话框，修改 Name：Squeeze，单击 Continue 按钮，弹出 Edit Job 对话框，对话框中按默认设置，单击 OK 按钮。

单击工具箱中的 （Job Manager），弹出 Job Manager 对话框，选中 Squeeze，单击 Submit 按钮，提交作业。

24.3.6 查看结果

计算完成后，单击工具箱中的 （Job Manager），弹出 Job Manager 对话框，选中 Squeeze，单击 Result 按钮，切换到 Visualization 模块，查看结果。

1.查看应力结果

单击工具箱中的 （Plot Contours on Deformed Shape），可以查看结果云图，默认为等效应力云图，如图 24-30 所示。

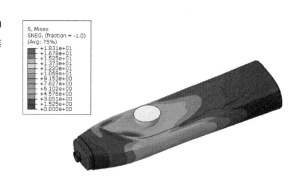

图 24-30 应力结果

2.输出力-位移曲线

单击工具箱中的 （Create XY Data），弹出 Create XY Data 对话框，选择 ODB field output，单击 Continue 按钮。弹出 XY Data from ODB Field Output 对话框，选择 Position：Unique Nodal，勾选 RF1 和 U1。切换 Elements/Nodes 选项卡，设置如图 24-31 所示，单击 Save 按钮，弹出 Save XYData 对话框，单击 OK 按钮。

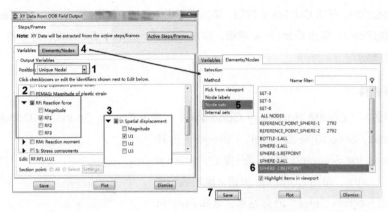

图 24-31 保存 RF1 和 U1 的场输出

单击工具箱中的 (Create XY Data)，弹出 Create XY Data 对话框，选择 Operate on XY data，单击 Continue 按钮。弹出 Operate on XY Data 对话框，输入图 24-32 中 1 框中表达式。单击 Save As 按钮，弹出 Save XY Data As 对话框，修改 Name：RF1-U1，单击 OK 按钮。

> 图24-32中表达式中的C2值可双击C1得到，B2值可双击B1得到。

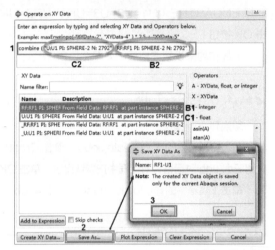

图 24-32 保存力－位移曲线

在模型树中展开 XYData，在 RF1-U1 单击鼠标右键，弹出的菜单栏中单击 Plot 按钮，得到力－位移曲线，如图 24-33 所示。

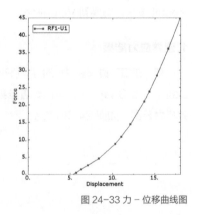

图 24-33 力－位移曲线图

24.3.7 inp关键字

节选 Squeeze.inp 文件中主要关键字并做简要解释，如下：

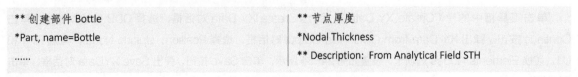

```
1, 2.51378
2, 2.49608
……
9203, 1.52673
** 创建截面 STHMapped，使用材料 HDPE，厚度为节点
厚度，赋给部件 Bottle
** Section: STHMapped
*Shell Section, elset=All, material=HDPE, nodal thickness
1., 5
*End Part
** MATERIALS
** 创建材料 HDPE，密度 8.76e-10t/mm³，弹性模量
903.114MPa，泊松比 0.39 及塑性曲线
*Material, name=HDPE
*Density
8.76e-10,
*Elastic
903.114, 0.39
*Plastic
```

```
8.618,   0.
13.064, 0.007
16.787, 0.025
18.476, 0.044
20.337, 0.081
24.543, 0.28
26.887, 0.59
*Material, name=Plate
……
**----------------------------------------------------------
** STEP: Load
** 创建分析步 Load
*Step, name=Load, nlgeom=YES, inc=1000
*Static
0.1, 1., 1e-05, 1.
**
……
*End Step
```

24.4 讨论

修改 24.3.1 小节中的 STHMapped 截面属性 Shell thickness：Value：0.5。计算均厚情况下 Bottle 部件的刚度分析情况。

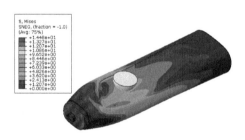
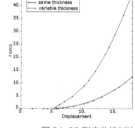

图 24-34 均厚情况下应力云图　　图 24-35 刚度曲线对比

从图 24-34 和图 24-35 可以看出，厚度不同对整体结构刚度影响是比较大的。

○ 在计算均厚情况下的部件刚度时，设置面对面接触代替全局接触，以使计算收敛。

24.5 小结和点评

本节以水壶为例进行吹塑成型和结构强度联合分析，首先详细介绍了吹塑成型分析过程，然后重点介绍了将吹塑成型分析后的厚度结果映射到结构强度分析的塑料瓶模型中，以此实现吹塑成型工艺与结构强度的联合分析，为联合分析提供了一个很好的案例。

点评：鲍益东 副教授

南京航空航天大学 机电学院

第 09 部分

CEL仿真

第25讲 橡胶密封圈CEL大变形分析

主讲人：树西

软件版本	分析目的
Abaqus 2017	橡胶大变形分析

难度等级	知识要点
★★★★☆	欧拉-拉格朗日耦合分析、超弹性

25.1 问题描述

图 25-1 所示为橡胶材料与模具的装配关系，圆形的为橡胶材料，上面的长条为压板，下面的 U 形材料为模具，分析过程中将压板和模具约束成刚体。具体尺寸如图 25-1 所示，其中橡胶和模具的厚度均为 2mm，该分析使用 mm 单位制。

采用 CEL 法，详细讲解橡胶大变形分析操作过程。

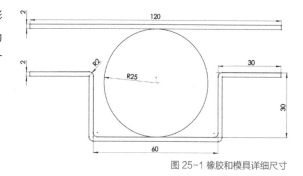

图 25-1 橡胶和模具详细尺寸

25.2 问题分析和求解

25.2.1 创建部件

打开 Abaqus/CAE 的启动界面，单击选择 Creat Model Database 按钮，选择 With Standard/Explicit Model 分析模块，随即进入 Part 功能模块。进入模块后，用户可在该模块中创建分析模型。

1.创建模具及压板模型

单击工具箱中的 （Creat Part），弹出 Creat Part 对话框，在 Name 栏中输入 Base，其他为默认值，如图 25-2（a）所示。单击 Continue 按钮，绘制模具草图，绘制结束后单击鼠标中键，输入拉伸长度为 2，单击 OK 按钮，完成模具的创建。以相同的方法创建压板 Push。

2.创建橡皮圈模型

单击工具箱中的 （Creat Part），弹出 Creat Part 对话框，在 Name 栏中输入 Euler，Type 栏中选择

Euler，其余保持默认，如图 25-2（b）所示。欧拉体为 60mm×54mm×2mm 的长方体，接下来的步骤与创建 Base 和 Push 部件一样，完成欧拉体的创建。

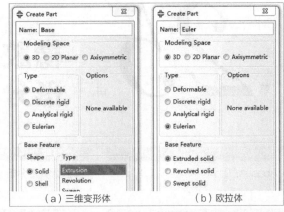

（a）三维变形体　　（b）欧拉体

图 25-2 Creat Part 对话框

应用命令 Tools → Partion，弹出 Creat Partion，对话框，对欧拉体分割，单击 Face → Sketch，如图 25-3 所示。选择用草图的方式对面进行分割，然后选择欧拉体的 60mm×54mm 平面，按鼠标中键。再选择该面上的一条边，进入草图模式，单击工具箱中的 ⊙（Creat Circle），在该平面中心画一个直径为 50mm 的圆，圆心与矩形中心重合，将面进行分割，分割线如图 25-4 所示，按鼠标中键，完成对面的分割。

 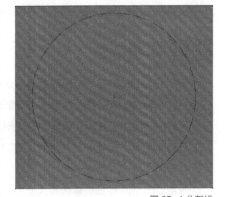

图 25-3 Creat Partion 对话框　　　　图 25-4 分割线

在 Create Partition 对话框中，单击 Cell → Extrude/Sweep edges，选择用扫掠的方式对平板进行分割，如图 25-5 所示，选择模型上表面分割面的圆，按鼠标中键，再单击 Extrude Along Direction 按钮，选择扫掠方向，即模型厚度方向，箭头方向为扫掠方向，如箭头方向与扫掠方向相反，单击 Flip 按钮，使箭头方向相反，单击 OK 按钮再按鼠标中键，完成对欧拉体的分割，如图 25-6 所示。

 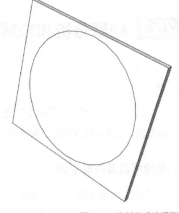

图 25-5 Creat Partion 对话框　　　　图 25-6 分割完成的模型

> 1. 欧拉分析过程中，网格是固定的，材料在网格内部运动，使得在大变形分析过程中避免了网格畸变，提高了收敛性。
> 2. 创建的欧拉体要包括整个变形材料可能填充的区域，本讲在欧拉体中分割出来的圆形是橡胶材料初始填充区域，其他区域没有材料。随着变形的过程，橡胶材料只能在设定的欧拉域（本讲即为 Euler 部件内）中填充，故设置欧拉域时要充分考虑材料的变形填充。

25.2.2 定义材料属性

在环境栏的 Module 列表中选择 Property 功能模块，设置平板的材料性质。

1.创建钢材材料

单击工具箱中的 （Creat Material），弹出 Edit Material 对话框。在 Name 栏输入 Steel，即模具和压板为钢材；在 Material Behaviors 栏内执行 General → Density 输入密度 $7.8×10^{-9}$ t/mm³；执行 Mechanical → Elasticity → Elastic，输入杨氏模量 210000MPa，泊松比为 0.33，单击 OK 按钮，完成对 Steel 材料属性的定义。

2.创建Rubber材料

创建 Rubber 材料，密度为 $1.2×10^{-9}$ t/mm³；执行 Mechanical → Elasticity → Hyperelastic，Strain energy potential 下拉框中选择 Mooney-Rivlin，选中 Input source 后面 Coefficients 前面的单选框，Data 下面 C10、C01、D1 的数值分别为 8、2、0，如图 25-7 所示，单击 OK 按钮，完成对橡胶材料属性的定义。材料参数见表 25-1。

表25-1 材料属性表

钢材		
密度/t·mm⁻³	杨氏模量/GPa	泊松比
$7.8×10^{-9}$	210	0.3
橡胶材料		
密度/t·mm⁻³	超弹性	
$1.2×10^{-9}$	C10	C01	D1
	8	2	0

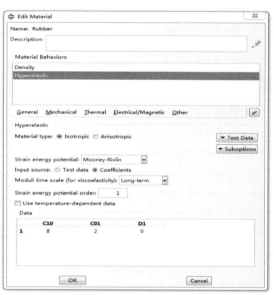

图 25-7 Edit Material 对话框

25.2.3 定义截面属性

1.创建Steel_Base截面属性

单击工具箱中的 （Creat Section），弹出 Creat Section 对话框，在 Name 栏输入 Steel_Base，选择 Category：Solid 和 Type：Homogeneous，单击 Continue 按钮，弹出 Edit Section 对话框，在 Material 栏选择 Steel，其余选项采用默认值，单击 OK 按钮，完成变形体截面的创建操作。

2.创建Rubber_Euler截面属性

单击工具箱中的 （Creat Section），弹出 Creat Section 对话框，在 Name 栏输入 Rubber_Euler，选择

Category: Solid 和 Type: Eulerian，单击 Continue 按钮，弹出 Edit Section 对话框，在 Base Material 下拉框中选择 Rubber 材料，Instance Name 中自动出现 rubber-1，单击 OK 按钮，完成欧拉体截面的创建操作。

3. 分配截面属性

单击工具箱中的 ⬛（Assign Section），分别对 Base、Push 和 Euler 部件赋予截面属性，具体操作步骤参见之前实例。

25.2.4 装配部件

在环境栏的 Module 列表中选择 Assembly 功能模块，单击工具箱中的 ⬛（Instance Part），弹出 Creat Instance 对话框，选择 3 个部件，单击 OK 按钮，调整各部件相对位置，使欧拉体中的圆处于 Push 和 Base 之间，如图 25-8 所示，完成装配部件。模型中的坐标系在图 25-8 中表示为：X 轴为水平方向，Y 轴为竖直方向，Z 轴垂直纸面。

图 25-8 装配图

25.2.5 设置分析步

在环境栏的 Module 列表中选择 Step 功能模块。单击工具箱中的 ⬛（Creat Step），弹出 Creat Step 对话框，在 Name 后面输入 Pushing，在 Procedure type 后面选择 General → Dynamic, Explicit，单击 Continue 按钮，弹出 Edit Step 对话框，在 Time period 后面输入 0.05，几何非线性默认为 On，其他采用默认值，单击 OK 按钮，完成分析步的设置，如图 25-9 所示。

图 25-9 Step Manager 对话框

25.2.6 定义接触

1. 创建参考点

在环境栏的 Module 列表中选择 Interaction 功能模块。长按 Creat Datum Point: Enter Coordinates ⬛，选择第 3 个 Creat Datum Point: Midway Between 2 Points ⬛，选取 2 点的中点，此处选取 Push 上表面的中心点，选择对角的 2 个点，会自动在上表面的中心处出现一个黄色的小圆圈，如图 25-10（a）所示。以同样的方式选择 Base 下表面的中心点，如图 25-10（b）所示。

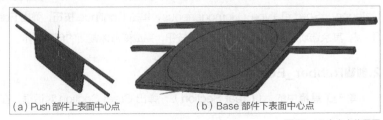

（a）Push 部件上表面中心点　　　（b）Base 部件下表面中心点

图 25-10 中心点位置图

单击工具箱中的（Creat Referance Point），分别选择之前创建的 Push 上表面和 Base 下表面的中心点为 RP-1 和 RP-2。

2.定义刚体

单击工具箱中的（Creat Constraint），弹出 Creat Constraint 对话框，在 Name 后面输入 Constraint-Push，Type 下面选择 Rigid body，单击 Continue 按钮，弹出 Edit Constraint 对话框，在 Region type 下面选择 Body（elements），单击右边的箭头。在视图区中选择压板 Push 部件，按鼠标中键，返回 Edit Constraint 对话框，单击 Referance Point 下面的箭头，选择 Push 上表面的中心点 RP-1，单击 OK 按钮，完成压板 Push 的刚体约束。以同样的方式将模具 Base 也约束成刚体，参考点为 RP-2。

3.创建相互作用属性

单击工具箱中的（Creat Interaction Property），弹出 Creat Interaction Property 对话框，直接单击 Continue 按钮，弹出 Edit Contact Property 对话框，单击 Mechanical → Tangential Behavior，在 Friction formulation 下拉列表中选择 Penalty，在 Friction Coeff 下方输入 0.1，表明使用罚函数摩擦准则，摩擦系数为 0.1。执行 Mechanical → Normal Behavior，Pressure-Overclosure 下拉框中默认为 Hard Contact，表示法向方向采用硬接触，单击 OK 按钮，完成接触属性的设置。

4.创建相互作用

单击工具箱中的（Creat Interaction），弹出 Creat Interaction 对话框，在 Name 后面输入 Int-General，Step 后面默认为 Pushing 分析步，Types for Selected Step 下面默认为 General contact（Explicit），单击 Continue 按钮，弹出 Edit Interaction 对话框，在 Global property assignment 的下拉框中选择 IntProp-1，如图 25-11 所示，单击 OK 按钮，完成接触的设置。

图 25-11 Edit Interaction 对话框

图 25-12 Edit Predefined Field 对话框

25.2.7 定义边界条件

在环境栏的 Module 列表中选择 Load 功能模块。

1.使用预定义场来定义橡胶材料区域

进入 Load 功能模块，单击工具箱中的（Creat Predefined Field），弹出 Creat Predefined Field 对话框。在 Step 列表内选择 Initial，Category 选择 Other，在 Types for Selected Step 栏内选择 Material assignment，单击 Countinue 按钮，在视图区中选择欧拉体，自动弹出 Edit Predefined Field 对话框，双击 Region 下面的方框，对话框消失。在视图区中选择圆形区域，即橡胶材料区域，选好之后，圆形区域会变成品红色，选好之后按鼠标中键，在 Euler-1.rubber-1 下方将 0 改成 1，单击 Enter 键，Void 下面的 1 自动变成 0，如图 25-12 所示，单击 OK 按钮，完成橡胶材料初始填充区域的定义。

2.定义边界条件

单击工具箱中的 ┗ （Creat Boundary Condition），弹出 Creat Boundary Condition 对话框，在 Name 栏中输入 BC-Base，Step 列表内选择 Initial，Category 选择 Mechanical，在 Types for Selected Step 栏内选择 Displacement/Rotation，单击 Countinue 按钮，选择 RP-2 参考点，按鼠标中键，弹出 Edit Boundary Condition 对话框，选中 U1、U2、U3、UR1、UR2、UR3 前面的复选框，即对 Base 进行完全约束，单击 OK 按钮。

以同样的方式对 RP-1 进行约束，在 Initial 分析步中约束 6 个自由度，打开 Boundary Condition Manager 对话框，双击 BC-Push 约束在 Pushing 分析步下面的 Propagated。弹出 Edit Boundary Condition 对话框，将 U2 后面的数值改成 -16，表明压板 Push 在这一分析步中下移 16mm，单击 Amplitude 右边的 Creat Amplitude 按钮 ꜛ。弹出 Creat Amplitude 对话框，直接单击 Countinue 按钮，弹出 Edit Amplitude 对话框，Time/Frequency 和 Amplitude 下面分别输入 0、0.05 和 0、1，如图 25-13 所示，单击 OK 按钮，完成幅值曲线的设置。返回到 Edit Boundary Condition 对话框，在 Amplitude 后面的下拉框中选择 Amp-1，单击 OK 按钮，完成压板移动的定义。

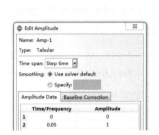
图 25-13 Edit Amplitude 对话框

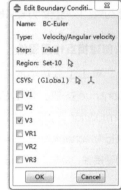
图 25-14 Edit Boundary Condition 对话框

单击工具箱中的 ┗ （Creat Boundary Condition），弹出 Creat Boundary Condition 对话框，在 Name 栏中输入 BC-Euler，单击 Countinue 按钮，Step 列表内选择 Initial，Category 选择 Mechanical，在 Types for Selected Step 栏内选择 Velocity/Angular velocity，单击 Countinue 按钮。选择欧拉体平行于 xOy 平面的 2 个侧面（每个侧面由两个部分组成，中间的一个圆形及外围区域），按鼠标中键，勾选 V3 前面的复选框，如图 25-14 所示，使得材料在 Z 方向的速度为 0，其余保持默认，单击 OK 按钮，完成欧拉体的约束。此约束的目的是约束的材料只能在模具内部流动，不能流出。

25.2.8 划分网格

在环境栏的 Module 列表中选择 Mesh 功能模块，在环境栏的 Object 选项中选中 Part，对部件进行划分网格。

1.Push 部件进行划分网格

在 Part 后面的下拉框中选择 Push 部件。

单击工具箱中的 ┗ （Seed Part），弹出 Global Seeds 对话框，在 Approximate global size 栏中输入 1，其余保持默认值，单击 OK 按钮。

单击工具箱中的 ┗ （Mesh Part），单击提示区中的 Yes 按钮，完成网格的划分。单击工具箱中的 ┗ （Assign Element Type），在视图区中选择整个 Push 部件，按鼠标中键，弹出 Element Type 对话框，在 Family 栏中默认为 3D Stress，其余保持默认值，单击 OK 按钮，按鼠标中键。

以同样的方式对 Base 部件进行划分网格，并设置 Base 的单元类型与 Push 的单元类型一样。

2.Euler 部件进行划分网格

在 Part 后面的下拉框中选择 Euler 部件。单击工具箱中的 ┗ （Seed Part），弹出 Global Seeds 对话框，在

Approximate global size 栏中输入 2，其余保持默认值，单击 OK 按钮。

单击工具箱中的 ![icon]（Seed Edges），在视图区中选择欧拉体厚度方向的 4 条线，按鼠标中键，弹出 Local Seeds 对话框，选中 By number 前面的单选框，在 Number of elements 后面输入 6，其余保持默认值，单击 OK 按钮。

单击工具箱中的 ![icon]（Assign Mesh Controls），在视图区中选择整个 Euler 模型，按鼠标中键，弹出 Mesh Controls 对话框，在 Element Shape 中选择 Hex，采用 Sweep 扫掠网格技术及 Advancing front 进阶算法，如图 25-15 所示，单击 OK 按钮，完成控制网格划分选项的设置。

单击工具箱中的 ![icon]（Mesh Part），单击提示区中的 Yes 按钮，完成网格的划分。

单击工具箱中的 ![icon]（Assign Element Type），在视图区中选择整个 Euler 部件，按鼠标中键，弹出 Element Type 对话框，在 Family 栏中默认为 Eulerian，其余保持默认值，单击 OK 按钮，按鼠标中键，完成网格的单元类型设置。

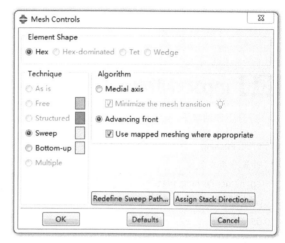

图 25-15 Mesh Controls 对话框

单击工具箱中的 ![icon]（Verify Mesh），分别对 3 个部件进行检查，在视图区中选择整个模型，按鼠标中键，弹出 Verify Mesh 对话框，单击 Highlight，下面的信息区中显示没有错误，没有警告。

> 如果厚度方向网格数量较少，则有可能橡胶材料会穿透压板或者模具。

25.2.9 提交分析作业

（1）在环境栏的 Module 列表中选择 Job 功能模块，单击工具箱中的 ![icon]（Creat Job），弹出 Creat Job 对话框，在 Name 后面输入 Job-CEL，单击 Continue 按钮，弹出 Edit Job 对话框，保持默认不变（本讲使用单核计算，如需并行计算，只需在 Parallelization 选项卡里设置），单击 OK 按钮。

（2）单击工具箱中的 ![icon]（Job Manager）（Creat Job 工具右边），弹出 Job Manager 对话框，单击 Submit 按钮提交作业，再单击 Monitor 按钮，弹出 Job-CEL Monitor 对话框。运行完毕后，在消息栏显示 Completed，最后单击 Write Input 按钮。至此，作业分析完毕。

25.2.10 后处理

当分析完毕后，单击 Results 按钮，Abaqus/CAE 进入 Visualization 模块，工具区中的 ![icon]（Plot Undeformed Shape）被激活。

单击左侧工具箱中的 ![icon]（Plot Contours on Deformed Shape）。单击工具箱中的 ![icon]（View Cut Manager），弹出 View Cut Manager 对话框，选中 EVF_VOID 前面的复选框，如图 25-16 所示，此时只显示材料填充区域的云图，此时橡胶材料从一开始的圆形被压缩成类似于矩形的形状，如图 25-17 所示。

图 25-16 View Cut Manager 对话框图

图 25-17 变形结果云图

25.3 inp文件解释

打开工作目录下的 Job-CEL.inp，节选如下：

```
** STEP: Pushing
** 设置分析步参数
*Step, name=Pushing, nlgeom=YES
*Dynamic, Explicit
, 0.05
*Bulk Viscosity
0.06, 1.2
** 设置边界条件
** BOUNDARY CONDITIONS
**
** Name: BC-Push Type: Displacement/Rotation
*Boundary, amplitude=Amp-1
Set-12, 1, 1
Set-12, 2, 2,-16.
Set-12, 3, 3
Set-12, 4, 4
Set-12, 5, 5
Set-12, 6, 6
** 设置接触
** INTERACTIONS
**
** Interaction: Int-General
*Contact, op=NEW
*Contact Inclusions, ALL EXTERIOR
*Contact Property Assignment
 , , IntProp-1
** 设置场输出
** OUTPUT REQUESTS
**
*Restart, write, number interval=1, time marks=NO
**
** FIELD OUTPUT: F-Output-1
**
*Output, field, variable=PRESELECT
**
** HISTORY OUTPUT: H-Output-1
**
*Output, history, variable=PRESELECT
*End Step**
```

25.4 小结和点评

橡胶密封圈广泛应用于密封结构中，橡胶圈材料的选择、形状的设计及受力大小对其密封性能有较大的影响，实际压缩过程中很难通过试验观测其受力变形行为。通过有限元计算可分析橡胶圈受力变形过程，对产品的设计及优化具有较大帮助，可大大缩短研发周期，节约成本。

点评：万龙 董事长

哈尔滨万洲焊接技术有限公司

第26讲 洗衣机滚筒CEL旋转分析

主讲人：王雯

软件版本	分析目的
Abaqus 2017	CEL显式求解洗衣机滚筒旋转搅动的水形态

难度等级	知识要点
★★★★☆	欧拉部件创建、流体参数定义和赋值、场变量设置和后处理

26.1 问题描述

本讲以图 26-1 所示的洗衣机滚筒为例，采用耦合欧拉-拉格朗日（CEL）方法求解滚筒的旋转过程，详细讲解应用 CEL 法进行流-固耦合分析的过程，模拟洗衣机滚筒中的水在洗衣机搅动过程中的形态变化。

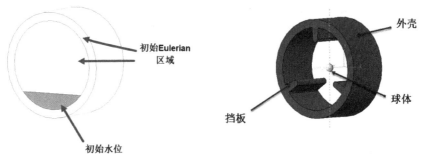

图 26-1 Eulerian 模型　　　　　　图 26-2 Lagrangian 模型

图 26-1 所示部分定义为 Eulerian 类型，使用 EOS 材料模型中的 Us-Up 方法定义初始水位区域的材料模型。其余的初始 Eulerian 区域不定义材料属性。图 26-2 所示 Lagrangian 区域模型中，洗衣机的外壳定义为刚体，在其参考点施加旋转速度为其边界条件。球体模拟在洗衣机中的衣物模型，其密度大于水密度。

26.2 CEL分析建模

打开本节随书文件 CEL_Washing.cae。该 cae 文件中已有 Lagrangian 区域装配模型，及分析步定义。还需读者进行创建 Eulerian 区域模型、定义边界条件和创建相互作用等。

26.2.1 创建Eulerian部件模型

1. 创建Eulerian部件

切换到 Part 模块,单击工具箱中的 或应用命令 Part → Create,弹出 Create Part 对话框设置,如图 26-3 所示。单击 Continue 按钮,进入草图绘制模块。

> ○ Eulerian区域的几何模型是水可能流过的区域。

图 26-3 创建 Eulerian 部件

2. 绘制Eulerian区域草图

单击工具箱中 ,弹出 Select Sketch 对话框,选择 Sketch-1,单击 OK 按钮。显示图 26-4(a)所示图形。单击工具箱中的 删除外圆内部图形,如图 26-4(b)所示。单击提示栏中⊠,退出删除命令,单击提示栏中 Done 按钮完成草图绘制,弹出 Edit Base Extrusion 对话框,修改 Depth: 0.25。

> ○ Eulerian区域需大于Largrangian接触Eulerian材料的表面区域。

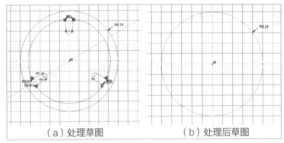

(a)处理草图　　(b)处理后草图

图 26-4 绘制草图

3. 划分筒内区域

> » **创建筒内区域草图**

单击工具箱中的 ,选中 Eulerian 部件的一侧端面,单击提示栏中 Done 按钮,选择该圆面的边,进入草图编辑模块。单击工具箱中的 ,在提示栏中输入(0,0)点,按鼠标中键确定,提示栏中输入(0,0.21)。单击提示栏中⊠退出创建圆命令,单击提示栏中 Done 按钮完成草图绘制,如图 26-5 中圆 1。

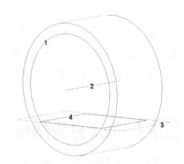

图 26-5 Eulerian 部件模型

> » **创建筒轴**

长按工具箱中的 ,在弹出的命令栏中选择 ,单击柱面,创建该部件的轴线,如图 26-5 中轴 2。单击提示栏中⊠退出命令。

> » **切分区域**

长按工具箱中的 ,在弹出的命令栏中选择 ![](Partition Cell:

Extrude/Sweep Edges），选择图 26-5 中圆 1，单击提示栏中 Done 按钮，选择提示栏中 Extrude Along Direction，选择图 26-5 中轴 2，单击提示栏中 OK 按钮，单击提示栏中 Create Partition，切分出筒内部区域。单击提示栏中⊠退出命令。

4.切分出水面区域

单击工具箱中的 （Create Datum Plane: Offset From Principal Plane），选择提示栏中 XZ Plane。提示栏中修改 Offset：-0.133，如图 26-5 中平面 3。

长按工具箱中的 （Partition Cell: Extrude/Sweep Edges），在弹出的命令栏中选择 （Partition Cell: Use Datum Plane），选择内部圆柱，单击 Done 按钮，选择创建的平面，单击 Create Partition，单击 Done 按钮，如图 26-5 所示。

> 赋予Eulerian材料的区域不需与Eulerian区域模型一致。

5.创建集

» **创建 Eulerian 区域集**

应用命令 Tools→Set→Create，修改 Name：Eulerian-all，单击 Continue 按钮，选中视图中所有 Eulerian 部件，单击 Done 按钮。

» **创建 Eulerian 区域端面集**

应用命令 Tools→Set→Create，修改 Name: Eulerian-BC，单击 Continue 按钮，选中视图中部件的两个端面，如图 26-6 所示，单击 Done 按钮。

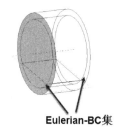

图 26-6 Eulerian-BC 集区域

26.2.2 创建Eulerian区域的材料属性

1.创建材料属性

切换到 Property 模块。

单击工具箱中的 （Create Material），弹出 Edit Material 对话框，如图 26-7 所示，修改 Name: Water。

应用 General→Density，设置 Mass Density 为 1000kg/m³。

应用 Mechanical→Eos，设置 Type: Us-Up，c0 设置 1483m/s，其余保持默认状态。

应用 Mechanical→Viscosity，设置 Dynamic Viscossity 为 0.001kg/ms。

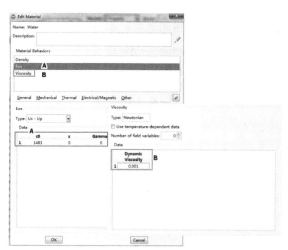

图 26-7 材料属性面板

- 定义流体材料时，需定义Eos（Equation of state，状态方程）、Viscosity（黏度）材料属性。在显式分析中，需定义Density（密度）材料属性。

2. 创建截面属性

单击工具箱中的 （Create Section），弹出 Create Section 对话框，Category 选择 Solid，Type 选择 Eulerian，单击 Continue 按钮，弹出 Edit Section 对话框，Base Material 选择 Water，如图 26-8 所示，单击 OK 按钮。

- 在后续定义Eulerian区域的初始水位的过程中需要用到Instance Name。

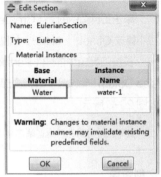

图 26-8 Edit Section 对话框

3. 分配截面属性

单击工具箱中的 （Assign Section），弹出 Edit Section Assignment 对话框，单击 OK 按钮。将欧拉材料属性赋予 Eulerian 部件。

- Eulerian区域的材料分配必须包含所有所需的材料属性。

26.2.3 划分网格

切换到 Mesh 模块 Module: Mesh，Model: CEL_Washing-Oringin，Object: Assembly Part: Eulerian。单击工具箱中的 （Seed Part），弹出 Global Seeds 对话框，修改 Approximate global size：0.01，单击对话框中 OK 按钮，布置全局种子，单击提示栏中 Done 按钮。

单击工具箱中的 ，选中视图中 Eulerian 部件，单击提示栏中 Done 按钮，弹出 Element Type 对话框，设置如图 26-9 所示。

- Eulerian部件只有一种网格类型，即EC3D8R。

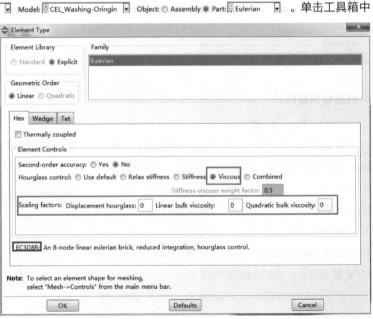

图 26-9 单元属性设置

单击工具箱中的 ，单击提示栏中 Yes 按钮，划分网格如图 26-10 所示。

> 单元越密可以得到流体形态的细节，但是，由于单元尺寸小，限制了时间增量，且每个时间增量中都需计算大量单元，分析需要消耗更多的计算机资源。

图 26-10 网格模型

26.2.4 装配模型

切换到 Assembly 模块 Module: Assembly Model: CEL_Washing-Oringin Step: Initial 。

单击工具箱中的 ，弹出 Create Instance 对话框，选中 Eulerian，单击 OK 按钮。装配 Eulerian 部件，如图 26-11 所示。

图 26-11 模型装配图

26.2.5 设置场输出

切换到 Step 模块 Module: Step Model: CEL_Washing-Oringin Step: Step-1_Explicit-1s 。

1. 设置 EVF 输出变量

单击工具箱中的 ，弹出 Create Field 对话框，修改 Name：Eulerian-80-EVF，单击 Continue 按钮。弹出 Edit Field Output Request 对话框，设置如图 26-12 所示。

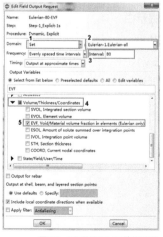

图 26-12 设置 EVF 输出变量

图 26-13 设置 V 和 SVAVG 输出变量

> 1. 设置输出场时应避免输出与Eulerian单元无关的数值。设置EVF场输出量，可以得到Eulerian区域中材料的位置。EVF不是默认场输出量，需读者自行定义。
> 2. 输出帧数与Lagrangian计算点相同。

2.设置V和SVAVG输出变量

单击工具箱中的 ![icon]（Create Field Output），弹出 Create Field 对话框，修改 Name：Eulerian-40-V-SVAVG，单击 Continue 按钮。弹出 Edit Field Output Request 对话框，设置如图 26-13 所示。

> 在CEL分析中选择SVAVG场输出而不是S场输出。

26.2.6 定义载荷和边界条件

切换到 Load 模块 Module: Load Model: CEL_Washing-Oringin Step: Step-1_Explicit-1s。

1.添加重力场

单击工具箱中的 ![icon]（Create Load），弹出 Create Load 对话框，设置 Name：gravity，Type for Selected Step 中选择 Gravity，单击 Continue 按钮。弹出 Edit Load 对话框，添加重力场的设置如图 26-14 所示。

> 载荷与边界条件同样适用于具有材料属性的Eulerian单元，当单元无材料属性时，该条件对其无影响。

图 26-14 设置重力场

2.设置外壳的边界条件

单击工具箱中的 ![icon]（Create Boundary Condition），弹出 Create Boundary Condition 对话框，修改 Name：Rotation，Type for Selected Step 中选择 Velocity/Angular velocity，单击 Continue 按钮。选择提示栏中 Sets 按钮，弹出 Region Selection 对话框，选中 tub-1.Set-1_tub，单击 Continue 按钮。弹出 Edit Boundary Condition 对话框，勾选 V1、V2、V3、VR1、VR2、VR3 前的复选框，设置 VR3 为 6.3，其余默认，如图 26-15 所示。

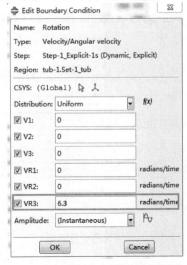

图 26-15 设置外壳边界条件

3.设置Eulerian区域边界条件

单击工具箱中的 ╚（**Create Boundary Condition**），弹出 Create Boundary Condition 对话框，修改 Name：tubEnds，Type for Selected Step 中选择 Velocity/Angular velocity。单击 Continue 按钮。选择提示栏中 Sets 按钮，弹出 Region Selection 对话框，选中 Eulerian-1.Eulerian-BC，单击 Continue 按钮，弹出 Edit Boundary Condition 对话框，设置如图 26-16 所示。

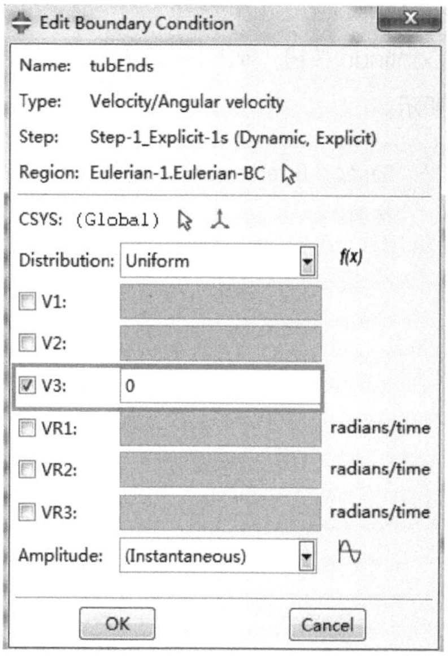

图 26-16 设置 Eulerian 单元边界条件

4.设置预定义场

单击工具箱中的 ╚（**Create Predefined Field**），弹出 Create Predefined Field 对话框，如图 26-17 所示。修改 Name：initial-Water，切换 Step：Initial，选择 Other：Material assignment，单击 Continue 按钮。选中 Eulerian 部件，弹出 Edit Predefined Field 对话框。双击图中 A 框，选择图 26-18 中水体部分，B 框设置为 1，单击 OK 按钮。

> 如果Eulerian区域与赋予Eulerian材料的区域不一致，应用命令Tool→Discrete Field→Volume Fraction Tool可以方便地定义预定义场。

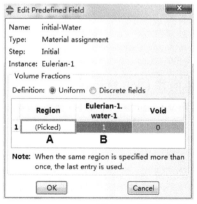

图 26-17 设置预定义场

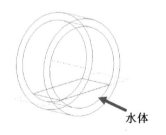

图 26-18 预定义场区域

26.2.7 定义相互作用

切换到 Interaction 模块，单击工具箱中的 ╚（**Create Interaction Property**），弹出 Create Interaction Property 对话框，修改 Name：Frictionless，Type 选择 Contact。弹出 Edit Contact Property 对话框，

应用 Mechanical → Tangential Behavior，设置 Friction formulation：Frictionless，单击 OK 按钮。

单击工具箱中的 🔲（Create Interaction），弹出 Create Interaction 对话框，修改 Name：generalContact，Type for Selected Step 选择 General contact（Explicit），单击 Continue 按钮，弹出 Edit Interaction 对话框，设置如图 26-19 所示。

> ○ General Interaction定义包含Lagrangian单元与Eulerian单元的接触。

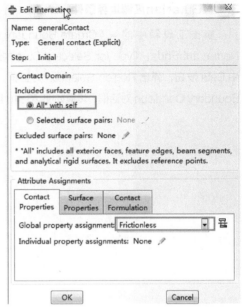

图 26-19 定义相互作用

26.2.8 提交作业

切换到 Job 模块。

单击工具箱中的 ♦（Create Job），弹出 Create Job 对话框，修改 Name：CEL_Washing，单击 Continue 按钮，弹出 Edit Job 对话框，对话框中按默认设置，单击 OK 按钮。

单击工具箱中的 ▦（Job Manager），弹出 Job Manager 对话框，选中 CEL_Washing，单击 Submit 按钮，提交作业。

26.3 CEL分析处理

计算完成后，单击工具箱中的 ▦（Job Manager），弹出 Job Manager 对话框，选中 CEL_Washing，单击 Result 按钮，切换到 Visualization 模块，查看结果。

26.3.1 查看水形态

1. 显示EVF_VOID结果云图

工具栏中切换输出场为 Primary　EVF_VOID，单击工具箱中的 ▨（Plot Contours on Deformed Shape），显示结果云图如图 26-20 所示。

> ○ 单击工具箱中的 ▦（Common Options），弹出Common Plot Options对话框，选择Feature edges可隐藏网格线。

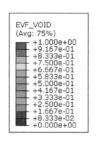

图 26-20 EVF_VOID 结果云图

2.只显示带有材料的单元

单击工具箱中的 ■（View Cut Manager），弹出 View Cut Manager 对话框，勾选 EVF_VOID 前的复选框，如图 26-21 所示，只显示有材料属性的单元，如图 26-22 所示。

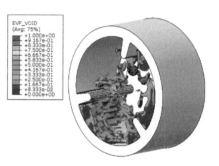

图 26-21 View Cut Manager 对话框　　图 26-22 隐藏单元后的 EVF_VOID 云图

> 1. EVF_ASSEMBLY_WATER_1_WATER_1结果：数值为1是指单元满材料，数值为0是指空单元，即无材料单元。
> 2. EVF_VOID结果：数值为0是指单元满材料，数值为1是指空单元，即无材料单元。
> 3. View Cut Manager对话框中Value值代表了显示EVF_VOID值不超过0.5的单元。

3.改善显示结果

单击工具箱中的 ■（Reault Options），弹出 Result Options 对话框，Computation 选项卡下拖动图 26-23 中标识 1 的滑动条，单击 OK 按钮，结果云图如图 26-24 所示。

> 单击工具箱中的 ■（Common Options），在 Common Plot Options对话框中Other选项卡下Transluceney标签下，勾选Apply transluceney，拖动滑动条可将部件设置为透明状。

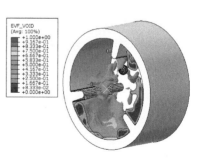

图 26-23 Result Options 对话框　　图 26-24 改善后的云图

26.3.2 动画显示运动过程

单击工具箱中的 ■（Animate：Time History），可显示在外壳转动过程中水流动的形态，如图 26-25 所示。

> 1. 单击工具箱中的 ■（Frame Seelector）可查看运动过程中每一帧的形态。
> 2. 应用命令 Tools→Display Group→Create，将 BULL-1 和 TUB-1 创建为 Lagrangian 集，将 WATER-1 创建为 Eulerian 集。应用命令 Tools→Display Group→Manager，在 ODB Display Group Manager 对话框中锁定 Lagrangian 集，即可仅将水单元设置为透明状。

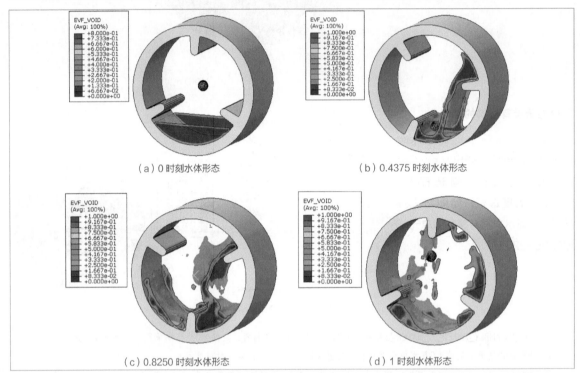

（a）0 时刻水体形态　　　　　　　（b）0.4375 时刻水体形态

（c）0.8250 时刻水体形态　　　　　（d）1 时刻水体形态

图 26-25 动画显示过程

26.4 小结和点评

本讲以洗衣机中的水体为研究对象，采用 CEL 方法对洗衣机滚筒中的水体在洗衣机搅动过程中的流动形态进行分析，并详细讲解了 CEL 方法的建模和分析过程。CEL 模型同时包含欧拉网格和拉格朗日网格，可模拟两者之间的相互作用。欧拉区域内的材料可以自由流动，并且网格不发生变化，有效避免了因网格畸变而导致计算出错的情况，因此在流固耦合分析中，尤其是存在材料大变形或者流体流动的情况下，CEL 方法能发挥其独特作用。

点评：龙旦风 博士　美的中央空调先行研究中心

李岩 CAE 经理　青岛海尔模具有限公司

第 10 部分

热流固耦合

第27讲 氧传感器热应力分析

主讲人：张 鹏

软件版本	分析目的
Abaqus 2017	采用热-机耦合分析氧传感器的温升/热应力

难度等级	知识要点
★★★★☆	热-机顺序耦合、稳态和瞬态求解

27.1 概述说明

本讲以图27-1所示的汽车氧传感器为例，分别采用稳态/瞬态求解，详细讲解了多物理场的热-机顺序耦合。顺序耦合分析的操作步骤主要分为两个步骤，分别为温度场求解和应力场求解。温度场的求解分别采用稳态和瞬态求解，应力场基于求解出的温度场调用对应的材料性能求解。

27.2 问题描述

图27-1所示为汽车氧传感结构示意图。氧传感器主要由金属外壳、保护罩、滑石块、陶瓷体、六角基座和锆片组成。工程实际使用中，将六角基座旋转到汽车尾气排放管上即可，保护罩顶部接触的尾气温度约为950℃，要求分析950℃下的氧传感器稳态、瞬态温度场，在950℃稳定温度场和10g重力场下的应力分布。

由于在装配过程中滑石块与六角基座和锆片、陶瓷体与六角基座和锆片均为过盈配合，故在顺序耦合过程中温度场分析采用Contact热接触方式，应力场分析则采用Tie约束方式，并将3个滑石块处理成一个整体。

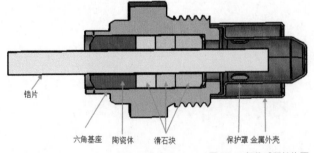

图27-1 氧传感器结构图

> 1. 工程中通常用第三方软件进行有限元分析的前后处理工作，本讲也采用此方法。
> 2. 本讲在处理过盈配合时未采用网格共节点方式，主要考虑了不同材料之间的热接触传导性能的不一致。

27.3 模型创建

27.3.1 导入网格

» **创建、保存模型**

打开 Abaqus/CAE，创建 Model Database: With Standard/Explicit Model。

27.3.2 导入网格

应用命令 File → Import: Model，或在树目录单击鼠标左键选择 Models → Import，将文件类型改为 .inp，如图 27-2 所示，导入随书资源中本节网格模型文件 T-Element.inp，并将 Model_1 删除，应用命令 File → Save as 保存模型为 OxygenSensor_T.cae。

○ 由于网格的导入会作为一个部件，且缺少几何，会导致后续的属性定义困难，因此建议在第三方软件中定义好部件属性并建立相应的单元集，导入Abaqus/CAE。

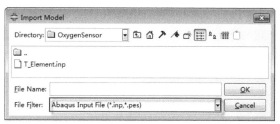

图 27-2 导入网格模型

27.3.3 定义网格类型

切换到 Mesh 模块 Module: Mesh Model: T_Element Object: Assembly ● Part: PART-1，对 PART1 定义网格类型。

应用命令 Mesh → Element Types 或单击工具箱中的 （Assign Element Types），单击提示框右边的 Sets 按钮，按住 Ctrl 键，选择 Cover_1、Cover_2 和 Cover_3，定义单元类型为图 27-3(a) 所示的 DS3，接着选择剩余的单元集定义其单元类型为 DC3D4，如图 27-3 所示。

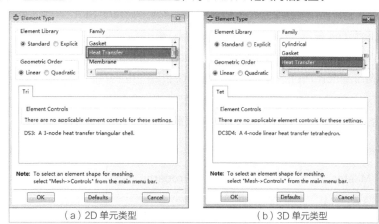

（a）2D 单元类型　　（b）3D 单元类型

图 27-3 网格类型

○ 1. 第三方软件通常不能支持所有单元类型，建议实际工程项目中在Abaqus/CAE中定义网格类型。
2. 创建集合时，注意集合名字的易识性，以便于后期使用。Abaqus/CAE提供了 ☑ Highlight selections in viewport 功能，便于识别对应区域。

27.3.4 创建装配

切换到 Assembly 模块。

应用命令 Instance → Create，或单击工具箱中的 ■（Create Instance），默认 Parts 选择 T-E，单击 OK 按钮完成创建实例。

27.3.5 创建分析步

切换到 Step 模块。

应用命令 Step → Create，或单击工具箱中的 ●■（Create Step），弹出 Create Step 对话框；选择 Procedure Type 为 General: Heat transfer，单击 Continue 按钮；Edit Step 对话框如图 27-4 所示，在 Basic 选项卡设置 Response 为 Steady-state，在 Incrementation 选项卡，定义初始增量为 0.1，其余默认，单击 OK 按钮。

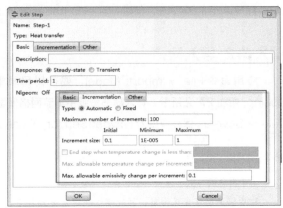

图 27-4 编辑传热分析步

27.3.6 创建热接触

切换到 Interaction 模块。

» 创建部件之间的热接触

应用命令 Interaction → Create 或单击工具箱中的 ■（Create Interaction），弹出 Create Interaction 对话框；选择 Type 为 Surface to surface contact(Standard)，单击 Continue 按钮；单击提示框右边的 Surfaces 按钮，选择主面为 Tie_1_M，单击 Continue 按钮，单击提示框上的 Surface 按钮，选择从面为 Tie_1_S，单击 Continue 按钮，Edit Interaction 对话框如图 27-5 所示，默认设置即可。单击 ■（Create Interaction Property）按钮，弹出 Create Interaction Property 对话框，输入创建属性名 Tie_1，选择 Type 为 Contact，单击 Continue 按钮，应用命令 Thermal → Thermal Conductance，弹出编辑表格，表格设置如图 27-6 所示。其他接触对设置见表 27-1 所示。

表 27-1 接触对设置

Master	Slaver	Property
Tie_1_M	Tie_1_S	Tie_1
Tie_2_M	Tie_2_S	Tie_2
Tie_3_M	Tie_3_S	Tie_2
Tie_4_M	Tie_4_S	Tie_3
Tie_5_M	Tie_5_S	Tie_3

表 27-2 对流散热系数表

Material	Film Coefficient
钢铁	20
锆片	1
氧化铝	0.5
滑石块	0.5

第27讲 氧传感器热应力分析

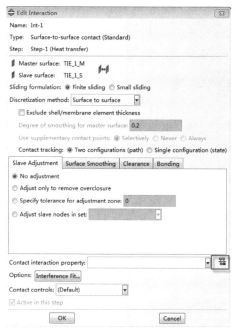

图 27-5 分析步接触对设置图

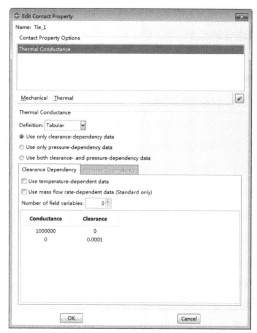

图 27-6 接触传热性能设置

» **创建部件的对流散热**

应用命令 Interaction → Create 或单击工具箱中的 ■（**Create Interaction**），弹出 Create Interaction 对话框，如图 27-7 所示；选择 Type 为 Surface film condition，单击 Continue 按钮；单击提示框上的 Surface 按钮，选择 Film_1，单击 Continue 按钮；弹出 Edit Interaction 对话框如图 27-8 所示，输入相应的系数，具体见表 27-2。

图 27-7 分析步接触对设置图　　　图 27-8 接触传热性能设置

○ 热传递有热传导、热对流、热辐射3种方式，本讲只考虑了前两种方式。热辐射传热方式可以在Interaction模块中定义表面辐射（Surface Radiation）模拟氧传感器热辐射传热方式。

27.3.7 创建边界和载荷

切换到 Load 模块。

» **预定义初始（环境）温度场**

应用命令 Predefined Field → Create，或单击工具箱中的 ■（**Create Predefined Field**），弹出图 27-9（a）所示的对话框。

创建类型为 Other: Temperature 的 Predefined Field-Temp 预定义场，单击 Continue 按钮，将提示区切换为 individually ，框选整个模型，单击 Done 按

钮。在弹出的图 27-9（b）所示的编辑预定义场对话框中，定义初始温度值 Magnitude 为 25℃，单击 OK 按钮，完成定义。

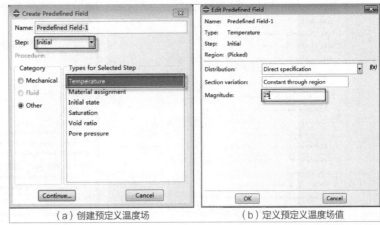

图 27-9 预定义温度场

» **定义边界温度**

应用命令 BC → Create，或单击工具箱中的（Create Boundary Condition），弹出图 27-10 所示的对话框，依次选择 Other → Temperature，单击 Continue 按钮，框选所有网格确认，弹出如图 27-11 所示的对话框，选择平均分布类型，输入相应的温度值。

图 27-10 分析步接触对设置　　图 27-11 接触传热性能设置

27.3.8 创建并提交作业

切换到 Job 模块。

应用命令 Job → Create，创建名为 Heat_1 的对 T_Element 作业。

应用命令 Job → Submit: Heat_1，提交作业。

应用命令 Job → Monitor: Heat_1，监控求解过程，可知经 6 次增量步，完成求解。

27.3.9 瞬态温度场分析

切换到 Step 模块。修改原分析步为瞬态分析类型，并设置最大单位温升，如图 27-12 所示，并对 Cover_1 和 Cover_2 连接点创建温度历程输出，如图 27-13 所示。

图 27-12 瞬态分析步设置　　图 27-13 检测点温度历程

27.3.10 创建并提交作业

切换到 Job 模块。

应用命令 Job → Create，创建名为 Heat_2 的对 T_Element 作业。

应用命令 Job → Submit: Heat_2，提交作业。

应用命令 Job → Monitor:Heat_2，监控求解过程，可知经 6 次增量步，完成求解。

27.3.11 应力场分析

» **修改分析类型**

切换到 Step 模块。替换原有分析步类型为 Static，General，设置分析步起始量为 0.1。

» **建立 Tie 约束**

切换到 Interaction 模块。删除所有接触对和对流散热设置。应用命令 Constraint → Create，或单击工具箱中的 （Creat Constraint），弹出 Creat Constraint 对话框，选择 Tye 为 Tie，单击 Continue 按钮；单击提示框上的 Surface 按钮，选择主面 Tie_1_M，单击 Continue 按钮，单击提示框上的 Surface 按钮，选择从面 Tie_1_S，依次设置好其他接触对。

» **边界约束**

切换到 Load 模块。删除约束 BC 中的温度边界，建立位移约束。应用命令 BC → Create，或单击工具箱中的 （Create Boundary Condition），弹出图 27-14 所示的对话框，设置如图 27-14 所示，单击 Continue 按钮，单击提示框上的 Sets 按钮，选择 Constraints 集合集，单击 Continue 按钮，弹出图 27-15 所示的对话框，选择 ENCASTRE 对螺纹区域进行全约束。

图 27-14 创建边界约束

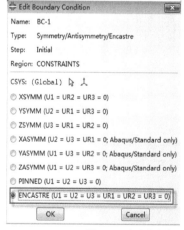

图 27-15 定义约束类型

» **修改初始（环境）温度场到全局**

应用命令 Predefined Field → Manager，或单击工具箱中的 （Predefined Field Manager），弹出预定义场管理框，单击 Edit 按钮，弹出环境温度场编辑框，如图 27-16 所示，选择从结果导入方式，此处导入第一步稳态计算结果，其余设置如图 27-16 所示。

图 27-16 定义预定义温度场值

27.3.12 创建并提交作业

切换到 Job 模块。

应用命令 Job → Create，创建名为 Stress_1 的对 T_Element 作业。

应用命令 Job → Submit: Stress_1，提交作业。

应用命令 Job → Monitor:Stress_1，监控求解过程。

应用命令 Job → Results: Stress _1，自动切换到后处理模块，以查看求解温度场结果；Stress_1 表示查看求解应力场结果，Heat_2 表示查看瞬态温度场求解结果。

27.4 查看结果

切换到可视化后处理 Visualization 模块。

查看温度场 [Primary] [NT11] 分布，如图 27-17 所示，可知稳态下锆片后端端子位的温度约为 80℃；而从应力场 [Primary] [S] [Mises] 分布，图 27-18 可以看出氧传感器的每个部件应力值均较小，能够达到使用要求；从图 27-19 可以知道瞬态 1s 时，锆片后端端子受到前段高温尾气影响较小；通过 (Creat XY Data) 创建检测点温度时间历程，曲线如图 27-20 所示，从图 27-20 中可以看出监测点温度开始时上升较快，而后逐渐减慢。

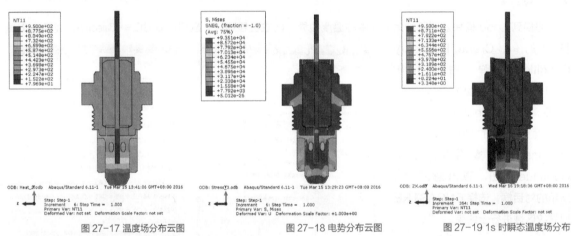

图 27-17 温度场分布云图　　图 27-18 电势分布云图　　图 27-19 1s 时瞬态温度场分布

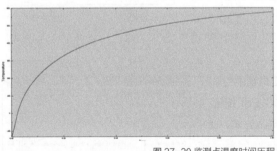

图 27-20 监测点温度时间历程

> ○ 本模型针对尾气温度加载做了简化，针对具体工程实例，若结果要求精确，可采用流-热-机耦合分析。

27.5 inp文件解释

打开工作目录下的相关文件，节选如下：

```
**Heat_1.inp
** 热接触属性定义
*Surface Interaction, name=TIE_1
1.,
*Gap Conductance
 1e+07,   0.
   0., 0.0001
……
** 预定义温度场
*Initial Conditions, type=TEMPERATURE
_PICKEDSET27, 25., 25., 25., 25.
** 热接触定义
*Contact Pair, interaction=TIE_1
TIE_1_S, TIE_1_M
……
** 稳定传热分析步定义
*Step, name=Step-1
*Heat Transfer, steady state, deltmx=0.
0.1, 1., 1e-05, 1.,
** 温度边界定义
*Boundary
_PICKEDSET28, 11, 11, 950.
** 对流散热定义
*Sfilm
FILM_1, F, 25., 0.5
……
*End Step
```

```
**Heat_S.inp
** 瞬态温度场分析步定义
*Step, name=Step-1, inc=300000
*Heat Transfer, end=PERIOD, deltmx=10.
1., 1., 1e-05, 1.,
……
*End Step

**Stress_1.inp
** 定义 Tie 约束
*Tie, name=TIE_1-1, adjust=yes
TIE_1_S, TIE_1_M
……
** 预定义温度场定义
*Initial Conditions, type=TEMPERATURE, file=C:/Windows/
system32/heat3.odb, step=1, inc=1
** 应力场分析步定义
*Step, name=Step-1, nlgeom=YES
*Static
0.1, 1., 1e-05, 1.
** 边界约束
*Boundary
_PICKEDSET26, ENCASTRE
** 重力加载
*Dload
, GRAV, 98., 1., 0., 0.
……
*End Step
```

27.6 小结和点评

本讲以汽车氧传感器热应力为分析目标，详细讲解了热应力顺序耦合分析流程。工程实际中氧传感器需关注锆片后端的温度，防止温度过高导致失效无法检测，同时需关注螺纹处的应力，防止疲劳失效。本讲采用瞬态温度场来检测锆片后端温度场较为合理，能够为氧传感器定型提供技术支持，应力场计算也为后续疲劳计算提供了基础。

点评：胡明 教授
浙江理工大学

第28讲 汽车刹车片热力耦合分析

主讲人：陈东

软件版本	分析目的
Abaqus 2017	分析车辆减速中刹车片摩擦引起的生热过程

难度等级	知识要点
★★★★☆	热传、机械性能，表面对流条件，辐射边界条件，热力场完全耦合

28.1 概述说明

盘式制动器是在旋转的钢轮盘上压一组复合材料制动片：制动片与刹车盘之间的摩擦消耗了运动中车辆的动能，从而让车辆减速。摩擦过程中生成的热会对刹车片的材料性能和刹车性能产生很大的影响。本节以图28-1所示的典型的通风盘式制动器模型为例，（包括钢轮盘两侧的两块制动片）分析刹车过程中的热应力，为刹车盘的改进设计及事故的预防提供技术依据。

分析中使用 Abaqus/Standard 研究在额定旋转速度为 250rad/s 的盘式制动器的热应力行为。刚性的制动盘和可变形体的制动盘都包含在分析中，然后将稳态旋转分析的结果（用 Abaqus/Standard 进行）导入 Abaqus/Explicit，并且施加恒定的制动压力，测量制动盘的总旋转量直到静止。

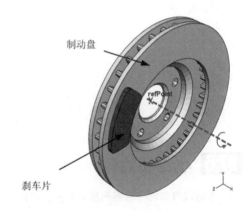

图 28-1 盘式制动器

28.2 刚性模型

28.2.1 打开模型

打开随书文件 discBrake_2017_pre.cae。所有的零件和模型装配在一个名为 explicit 的模型中，可以在模型树中查看模型，如图28-2所示。装配 Instances (38) 主要由两类实例组成：一类叫 full-disc，另一类叫 rib。rib 沿着制动盘圆周分布，并使用 Tie 约束将两片分离的制动盘相连接，这种建模方式可以获得较高的网格质量并且减少单元数量。

在 Abaqus/Explicit 中，所有的零件的网格都使用耦合温度位移单元（C3D8RT），作为近似处理，刚体约束已经被预定义在整个制动盘上，制动盘当作刚体来处理可以节约计算时间，并且可以保证一定的精度。本讲旨在帮助读者加深对刹车片的摩擦生热和温度分布的理解。

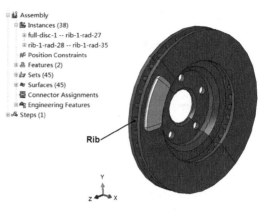

图 28-2 盘式制动器

28.2.2 定义材料属性

制动盘的材料为钢，外径为 304.8mm，内径为 190.5mm，厚度为 7.9mm，材料性能见表 28-1；刹车片为加强的树脂复合材料，材料性能见表 28-2。

用表 28-1 中的材料性质定义制动盘（rotor）材料属性，命名为 steel，设置热膨胀系数参考温度为摄氏度。

用表 28-2 中的材料性质定义刹车片（pad）材料属性，命名为 liner，描述信息填写为 thermal composite。其中，杨氏模量和热膨胀系数为温度相关的参数。

表 28-1 钢的一些性能参数

密度/g·m^{-3}	杨氏模量/N·mm^{-2}	泊松比	热膨胀系数/K^{-1}	热导率/(W/m)·K^{-1}	比热/(J/kg)·K^{-1}
7.890	209000	0.3	1.1E-5	48	4.52E+2

表 28-2 树脂复合材料的一些性能参数

密度/g·m^{-3}	杨氏模量/N·mm^{-2}	泊松比	热膨胀系数/K^{-1}	热导率/(W/m)·K^{-1}	比热/(J/kg)·K^{-1}	温度/°C
1.550	2200	0.25	1E-5	0.9	1.2E+3	20
1.550	1300	0.25	1E-5	0.9	1.2E+3	100
1.550	530	0.25	3E-5	0.9	1.2E+3	200
1.550	320	0.25	3E-5	0.9	1.2E+3	300

> 材料参数定义如下：密度为 General → Density；定义杨氏模量和泊松比为 Mechanical → Elastictiy → Elastic；热膨胀系数为 Mechanical → Expansion，同时定义参考温度为 20℃；热导率为 Thermal→Conductivity；比热容为 Thermal→Specific Heat。

28.2.3 定义截面属性

定义一个实体的均质截面并命名为 liner，使用材料 liner；定义另外一个实体的均质截面并命名为 rotor，使用的材料是 steel；将截面属性 rotor 赋予给零件 full-disc 和 rib；将截面属性 liner 赋予给零件 lining。

28.2.4 定义分析步

在这个分析中将会使用到两个动态的温度位移耦合分析步。第1个分析步分析将刹车片按压到制动盘上，第2个分析步分析制动盘在250rad/s的固定转速下旋转60°，如图28-3所示。

建立第1个分析步时，在创建分析步界面Create Step对话框中，在选项中选择Dynamic, Temp-disp,Explicit(动态+温度位移耦合+显式算法)。

在分析步编辑窗口，输入描述 press the pad against the disc，定义这个分析步的时间为1E-3秒。

再创建另外一个动态+温度位移耦合分析步2。编辑分析步2，输入描述为 rotate the disc by 60 degrees，定义这个分析步的时间为 π/750s。

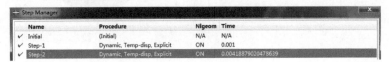

○ 由于旋转方式是在250rad/s的固定转速下旋转60°，所以这个分析步的时间为0.00418879s。

图 28-3 分析步定义

28.2.5 定义温度加载

暴露在空气中的制动盘的外表面会发生对流和辐射，制动盘表面的对流换热系数为0.1(J/S)·℃$^{-1}$，发射率为0.6。在第1个分析步中模型的热沉温度会线性加载到20℃，并且在第2个分析步中保持这个值。

1. 创建幅值曲线

需要创建一个幅值曲线定义热沉温度和时间的关系，在模型树目录中双击Amplitudes。

在创建幅值曲线的 Create Amplitude 对话框中，命名幅值曲线为 Ramp，类型选择为 Tabular，单击 Continue 按钮，以继续下一步操作。

在出现的幅值编辑器中，接受分析步的时间 (Step time) 作为时间跨度，并输入幅值数据如图28-4所示。

单击 OK 按钮退出幅值编辑器。

○ 此幅值定义有助于计算收敛，也将与负载定义一起使用，以在第1个分析步中线性地加载负荷。

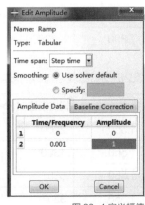

图 28-4 定义幅值

2. 创建表面对流

在装配中已经预定义制动盘的所有外表面集合并命名为 film，这个表面集合将被用来定义表面热工况。

在模型树目录中，双击打开 Interactions，并在 Create Interaction 对话框中，命名为 Convection，如图 28-5 (a) 所示，在第1个分析步 (Step-1) 下选择类型为表面薄膜条件 Surface film condition，并单击 Continue 按钮。单击选择 Surface，在 Region Selection 对话框出现时选择已定义的面集 film。选择高亮显示 (Highlight selections in viewport) 以查看选择，单击 Continue 按钮。

在 Edit interaction 对话框中，在 Film coefficient 中输入 0.1，Sink temperature 设置为 20，Sink amplitude 选择 Ramp，如图 28-5 (b) 所示。

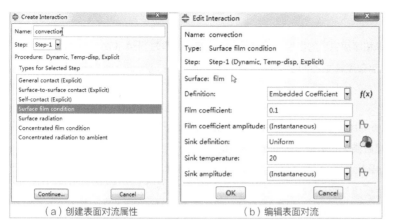

(a) 创建表面对流属性　　　　　(b) 编辑表面对流

图 28-5 定义表面对流

> 默认情况下，热沉温度将延续到第2个分析步，并保持恒定值为20℃。

3.创建表面辐射

在制动盘表面定义一个辐射边界条件。

在模型树目录中，双击打开 Interactions，在 Create Interaction 对话框中，命名为 radiation，在第1个分析步(Step-1)下选择 Surface radiation 类型，单击 Continue 按钮。单击选择 Surface，在 Region Selection 对话框出现时选择已定义的面集 film。

在 Edit interaction 对话框中，选择 To ambient 为辐射类型，输入发射率特征值（Emissivity）为 0.6，环境温度（Ambient temperature）为 20，Ambient temperature amplitude amplitude 选择 Ramp，如图 28-6 所示。

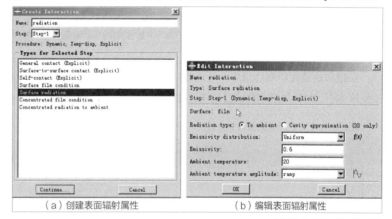

(a) 创建表面辐射属性　　　　　(b) 编辑表面辐射属性

图 28-6 表面辐射属性定义

4.定义绝对零度

定义绝对零温度和 Stefan-Boltzmann 常数，这是考虑辐射边界所必需的条件。

在模型树目录中，选择 explicit 模型，并单击鼠标右键，在弹出的对话框中选择 Edit Attributes，在 Edit Model Attributes 对话框中，在 Physical Constant 中设置绝对零度为 -273.15℃，Stefan-Boltzmann 常数为 5.67E-11（mW/mm^2）·K^{-4}。

> 斯特藩-玻尔兹曼定律（Stefan-Boltzmann Law），又称斯特藩定律，是热力学中的一个著名定律，其内容为：一个黑体表面单位面积在单位时间内辐射出的总能量（称为物体的辐射度或能量通量密度）j 与黑体本身的热力学温度 T（又称绝对温度）的四次方成正比。

28.2.6 定义接触条件

热-机械交互界面会考虑间隙热导率和摩擦生热的影响，假设恒定间隙的热导率为 5E4（mJ/s·mm^{-2}）/℃，摩擦系数会随温度变化，并且摩擦生成的热在接触面之间均匀分布。

1. 创建接触属性

在模型树目录中，双击 Interaction Properties，在 Create Interaction Property 对话框中，定义名称为 Int Prop-fric，选择 Contact 作为接触类型，单击 Continue 按钮以继续下一步操作，如图 28-7（a）所示。

在接触类型编辑对话框的选项中选择 Mechanical → Tangential Behavior。在 Tangential Behavior 目录下，选择 Penalty 来定义摩擦类型，勾选 Use temperature-dependent data，在 Tabular 中输入对应温度下的摩擦系数，如图 28-7（b）所示。

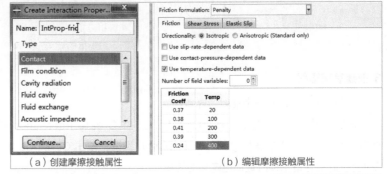

（a）创建摩擦接触属性　　　　（b）编辑摩擦接触属性

图 28-7 摩擦接触属性定义

在接触属性编辑对话框中，从选项中选择 Thermal → Thermal Conductance，在 Thermal conductance 区域，勾选 Use only pressure-dependency data，并输入与接触压力相关的热导率参数的函数，如图 28-8（a）所示。

在接触属性编辑对话框中，从选项中选择 Thermal → Heat Generation，在 Heat Generation 区域，接受摩擦引起的耗散能率和从面的表面转换热率的默认设置，如图 28-8（b）所示，单击 OK 按钮完成设置。

> 默认设置含义为所有摩擦的能量消耗作为热量，均匀分布在制动盘和刹车片上。

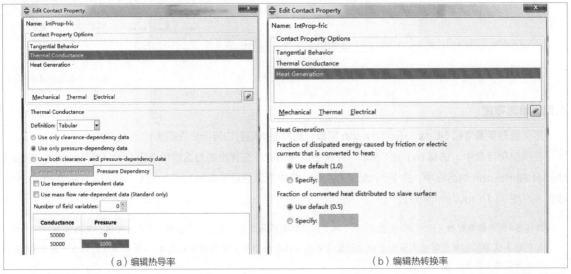

（a）编辑热导率　　　　（b）编辑热转换率

图 28-8 接触属性定义

2.创建通用接触

在模型树目录中,双击打开 Interactions,在 Create Interaction 对话框中,命名为 Int-interaction contact,选择 Step-1 作为分析步,对应的分析类型选择 General contact (Explicit),单击 Continue 按钮,材料属性选择为 fric,如图 28-9 所示,单击 OK 按钮。

图 28-9 定义接触

28.2.7 定义载荷和边界条件

刹车片固定在制动盘的非轴向方向并且以均布式载荷反作用施加在刹车片表面,制动盘以恒定转速旋转 60°。

预定义的表面和节点集合将被用来定义上述的载荷和边界条件,表面 lining-1.load 和 lining-2.load 用来定义施加在刹车片上的压力,节点集合 lining-1.fix 和 lining-2.fix 用来定义施加在刹车片上的边界条件。节点集合 refPoint 中包括刚性制动盘的参考点,被用来定义制动盘上的边界条件。

1.压力载荷

定义施加在刹车片上的压力,其值为 10MPa。幅值曲线 Ramp 被用来定义第 1 个分析步的线性压力。

在树目录中,双击 Loads,Abaqus/CAE 会切换到载荷模块,Create Load 对话框中命名载荷为 Pressure-1,选择分析步为 Step-1,类型选择 Mechanical → Pressure,单击 Continue 按钮。在载荷编辑器里,指定载荷为 10MPa,幅值曲线为 Ramp,如图 28-10 所示,并单击 OK 按钮。

(a)创建压力属性　　　(b)编辑压力属性

图 28-10 压力载荷定义

> ○ 默认情况下,负载会延续到Step-2,并保持相同的大小,即10MPa。

在另一个刹车片上施加压力,由于存在相同的压力施加在每一个刹车片上,可以复制上述压力载荷 Pressure-1,然后编辑并选择面 linging-2.load 施加该压力。

2.位移边界

在一个刹车片上定义位移边界条件约束它的制动盘的非轴向位移,注意制动盘的轴向是全局坐标系的 X

方向。

在模型树目录中，双击 BCs，打开 Create Boundary Condition 对话框。命名边界条件为 fix-pad-1，选择分析步为 Step-1，类型选择 Mechanical → Displacement/Rotation，单击 Continue 按钮。从 Region Select 对话框中选择节点集合 lining-1.fix，边界条件编辑对话框中勾选 U2 和 U3 且都设为 0，如图 28-11 所示，单击 OK 按钮退出边界条件编辑。

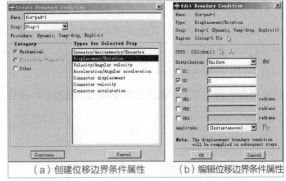

（a）创建位移边界条件属性　　（b）编辑位移边界条件属性

图 28-11 位移边界条件定义

创建位移边界条件约束其他刹车片的制动盘的非轴向位移，因为每个刹车片的边界条件是一样的。拷贝上述边界条件（fix-pad-1），并重命名为 fix-pad-2，重新定义并选择节点集合 lining-2.fix 来应用上述边界条件。

3. 旋转速度

定义旋转速度的边界条件并且命名为 rotate，如图 28-12（a）所示，类型选择为 Velocity/Angular velocity，约束刚体参考点在 Step-1 的所有自由度。

○ 默认情况下，边界条件会延续到 Step-2。

修改上述边界条件（rotate），在第 2 个分析步（Step-2）指定的制动盘的旋转速度。

在模型树中，展开边界条件 rotate 的所有分支，如图 28-12（b）所示，双击 Step-2 (Propagated) 打开边界条件编辑对话框，VR1 设为 250，单击 OK 按钮保存设定。

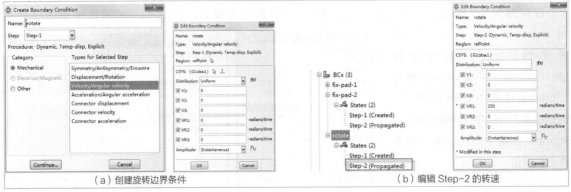

（a）创建旋转边界条件　　　　　　　　　　　　（b）编辑 Step-2 的转速

图 28-12 旋转边界条件定义

○ 模型树中的边界条件 rotate 从 Step-2 (Propagated) 变更为 Step-2 (Modified)，表明边界条件在 Step-2 中已经被重新修改过了。

28.2.8 定义初始温度场

将初始温度 20℃ 定义到整个模型上，包括制动盘和刹车垫。

在模型树中，双击打开 Predefined Fields，在 Create Predefined Field 对话框中，命名为 predefined field initial temp，分析步选择 Initial，类型选择 Other → Temperature，单击 Continue 按钮。在 Region Selection 对话框中，选择 set → all。在预定义对话框中输入 20，如图 28-13 所示，单击 OK 按钮。

（a）创建温度场边界条件　（b）编辑温度场边界条件

图 28-13 预定义温度场定义

28.2.9 创建并提交分析

在模型树中双击 Jobs 创建一个 Job，命名为 Job-explicit，模型选择为 explicit，保存模型并提交计算，计算过程中可以查看进度，如图 28-14 所示。

- 在 Job-explicit 单击鼠标右键选择 Submit，提交计算，在计算过程中，可以选择 Monitor 来查看计算进度。

图 28-14 创建 Job

28.2.10 结果后处理

分析完成后，使用以下操作过程查看结果。

在模型树中，在工作目录中的 explicit 上单击鼠标右键并选择 Results，在可视化模块打开结果文件 explicit.odb。

旋转 60°之后的温度梯度（NT11）如图 28-15 所示，从图 28-15 中可以发现温度最高的区域是刹车片下的区域，热量会同时传导到了刹车片扫过的路径上的区域。

- 为了仅显示制动盘，单击 Display Group→Create Display Group→Part Instances，选择 lining-1 和 lining-2 并选择下方的 Remove。

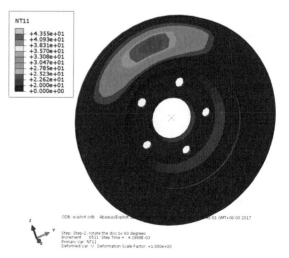

图 28-15 制动盘上的温度分布

绘制能量通过摩擦效应转换成热耗散的曲线。在结果树目录中，展开 History Output 下面的输出数据库 explicit.odb。

双击 Frictional dissipation: ALLFD for Whole Model。在制动过程中，摩擦耗散的历史显示 XY 曲线图，如图 28-16 所示。

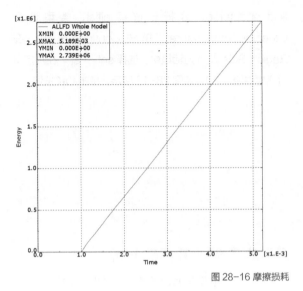

图 28-16 摩擦损耗

28.2.11 inp文件解释

```
** 材料属性
** MATERIALS
**
** thermal composite
*Material, name=liner
*Conductivity
 0.9,
*Density
 1.55e-09,
*Elastic
 2200., 0.25,  20.
 1300., 0.25, 100.
  530., 0.25, 200.
  320., 0.25, 300.
*Expansion, zero=20.
 1e-05, 20.
 3e-05,200.
*Specific Heat
 1.2e+09,
*Material, name=steel
......
** 接触属性
** INTERACTION PROPERTIES
**
*Surface Interaction, name=fric
*Friction
 0.37, , , 20.
 0.38, , ,100.
 0.41, , ,200.
 0.39, , ,300.
 0.24, , ,400.
*Gap Conductance, pressure
 50000.,   0.
 50000.,1000.
*Gap Heat Generation
 1., 0.5
**
** PHYSICAL CONSTANTS
** 定义绝对零度和 Stefan-Boltzmann 常数
*Physical Constants, absolute zero=-273.15, stefan boltzmann=5.67e-11
**
** PREDEFINED FIELDS
**
** Name: initial temp   Type: Temperature
*Initial Conditions, type=TEMPERATURE
all, 20.
** ----------------------------------------------------------------
** 分析步，非线性几何
** STEP: Step-1
**
*Step, name=Step-1, nlgeom=YES
```

```
press the pad against the disc                    **
……                                                *Step, name=Step-2, nlgeom=YES
*End Step                                         rotate the disc by 60 degrees
**---------------------------------------         ……
**                                                *End Step
** STEP: Step-2
```

28.3 可变形模型

在下面的讲解中,将使用可变形的制动盘模型进行刹车系统制动分析,并与28.2节的结果进行比对。为此需要去除制动盘的刚体约束并重新提交计算。

28.3.1 移除刚体约束

重新编辑刚体约束,只有制动盘上的一圈节点包含在刚体约束中,如图28-17(a)所示,制动盘的其他区域可变形。减少的刚体约束被用来传输扭矩到制动盘上。还需要增加一个额外的边界条件来约束制动盘表面的轴向位移,如图28-17(b)所示。

复制模型explicit并命名为explicit_deformable。

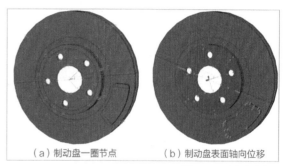

(a)制动盘一圈节点　　(b)制动盘表面轴向位移

图 28-17 预定义的节点

- 右击模型explicit并选择copy model。

在模型树中,展开Constraints并双击rigid,在约束编辑对话框中选择Body (elements) 作为类型,单击 来清除区域,选择Pin (nodes) 作为类型并单击 按钮,单击Sets按钮,并选择预设的节点集合inner,单击OK按钮来保存设置。

选择节点集合full-disc-1.toWheel来约束图28-17(b)所示的轴向位移,实际上盘式制动器是安装在车轮托架上的,如图28-18所示,车轮托架会约束制动盘盘面的轴线变形(即节点集合full-disc-1.toWheel)。

- 由于本讲中研究的简化模型不包括车轮托架,所以定义的轴向边界条件近似于车轮托架的作用。

在模型树中,单击BCs,在Create Boundary Condition对话框中,命名边界条件为fix-disc-axial。选择Step-1作为分析步,选择Mechanical → Displacement/Rotation作为类型,单击Continue按钮。在边界条件编辑对话框中,选择U1并设置值为0,单击OK按钮并退出。

- 默认情况下,边界条件将延续到第2个分析步(Step-2)。

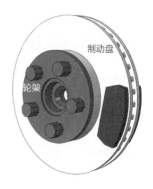

图 28-18 轮架结构示意图

28.3.2 创建分析任务

在模型树中双击 Jobs 创建一个 Job，命名为 explicit_deform，模型为 explicit_deformable，保存模型并提交计算，计算过程中可以查看进度。

> 在 Job-explicit 单击鼠标右键选择 Submit 提交计算，在计算过程中，可以选择 Monitor 来查看计算进度。

28.3.3 后处理

分析完成后，使用以下操作过程查看结果。

在模型树中，在工作目录中的 explicit_deform 上单击鼠标右键并选择 Results，在可视化模块打开结果文件 explicit_deform.odb。

1. 温度场

旋转 60°之后的温度梯度（NT11）如图 28-19 所示，使用场输出工具栏选择输出变量 NT11 作为主要输出变量，图中温度最高的区域是与刹车片接触的区域。

将制动盘为刚体和可变形体两种情况的温度分布结果（如图 28-15 和图 28-19）进行对比，发现结果是比较接近的。

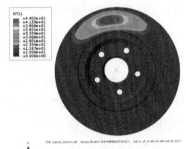

图 28-19 可变形制动盘温度分布

2. 位移和应力

在刹车系统制动分析中，使用刚体约束是一种非常高效获得摩擦机械效应的方法，不仅模型简单，计算时间也相对较短。当然，变形体的解决方案也提供了针对这类问题的解决思路，是一个重要的方案补充。制动盘的变形和应力分析如图 28-20 和图 28-21 所示。

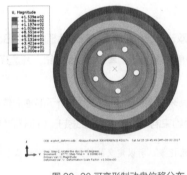

图 28-20 可变形制动盘位移分布

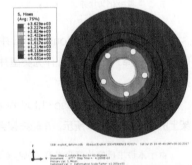

图 28-21 可变形制动盘应力分布

28.3.4 inp 文件解释

```
** BOUNDARY CONDITIONS
** 约束车轮托架轴向位移
** Name: fix-disc-axial Type: Displacement/Rotation
*Boundary
full-disc-1.toWheel, 1, 1
```

28.4 顺序导入模型

使用 Abaqus/Standard 对制动盘从旋转状态到稳定的过程进行分析,并将模型导入 Abaqus/Explicit。在导入模型并建立动态平衡后,作用在刹车片上的压力一直存在,直到制动盘停止运动。

28.4.1 Abaqus/Standard分析(稳态分析)

1.复制模型

复制模型 explicit_deformable 并命名为 standard。修改 disc 和 rib 的单元类型(切换到网格模块),如图 28-22 所示,使用 Standard 单元类型,将控制类型设置为 Enhanced 并切换为二阶精度。

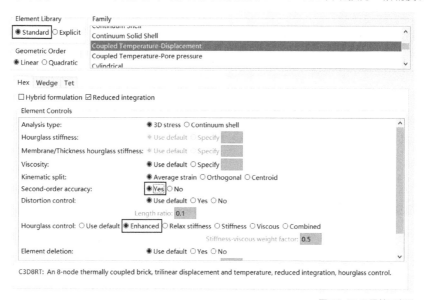

图 28-22 设置单元类型

2.删除边界、接触和分析步

在模型树中,抑制 Instance 部件 lining-1 和 lining-2,并删除边界条件 Pressure-1 和 Pressure-2;删除接触 Contact;删除 fix-pad-1 和 fix-pad-2 边界条件;删除分析步 Step-2。

3.修改对流和辐射

修改 Convection 和 Radiation 边界条件,分别对 Sink 与 Ambient 使用默认的幅值。

4.替换分析步

用隐式替换显式耦合温度位移步骤(类型选择 Coupled temp-displacement)。设置相应类型为 Steady-state 并且切换到 Nlgeom。同时,应用命令 Output→Restart Requests,频率设置为1,间隔为0。

5.创建旋转速度

在模型树中,双击 Loads,命名载荷为 rotation,选择 Step-1 作为分析步,类型选择 Rotational body force。选择名称为 rotor 的制动盘作为负载应用的区域。旋转轴指定原点为第1点的坐标,(1,0,0)为第2点的坐标。设定角速度为 250rad/s。

6.作业和后处理

创建一个名为 standard 的计算,并将其提交分析。计算完成后,在可视化 Visualization 模块中对结果进行评估。制动盘应力分布如图 28-23 所示。

图 28-23 离心载荷下的制动盘应力分布

28.4.2 Abaqus/Standard分析inp文件解释

```
** 分析步,非线性几何
** STEP: Step-1
** 稳态分析
*Step, name=Step-1, nlgeom=YES
*Coupled Temperature-displacement, creep=none, steady state
1., 1., 1e-05, 1.
```

28.4.3 Abaqus/Explicit分析(导入稳态分析)

1.拷贝模型

拷贝命名为 explicit_deformable 的模型并命名为 explicit_import。

2.修改分析步

打开分析步 Step-1,时间步长设置为 0.0005s,输入分析步描述为 establish dynamic equilibrium。打开分析步 Step-2,时间步长设置为 0.05s,输入分析步描述为 decelerate the disc。

同时,对集合 refPoint 创建一个历史输出 VR1。

3.修改对流和辐射

修改 Convection 和 Radiation 边界条件,分别对低温和环境温度使用默认的幅值,以保持导入模型状态的连续性。

4.修改接触

打开 Interaction Manager,移动 Contact 到 Step-2。

5.更改边界

打开 Load Manager,移动载荷 Pressure-1 和 Pressure-2 到 Step-2 并选择默认的幅值 (Amplitude);更改边界条件 BC-fixpad-1 和 BC-fixpad-2,在 Step-1 约束 U1、U2、U3,在 Step-2 中释放 U1。

更改边界条件 Rotate,在 Step-1 设置 VR1 为 250,在 Step-2 中释放 VR1,其他设置不变。

6.定义初始状态

在制动盘上定义初始状态。

在模型树中,双击 Predefined Fields,在 Create Predefined Field 对话框中,选择分析步 Initial,选择类型为 Other → Initial state,选择制动盘和 rib 作为初始状态中应用的实体。在 Edit Predefined Field 对话框中,输入名称为 standard,以从 Abaqus/Standard 中导入最后一个分析步最后一个增量步的结果。

> 1. 必须先运行standard分析,保证工作目录文件夹中有standard.odb文件。
> 2. 为方便选择目标区域,可以在模型树中抑制部件lining-1和lining-2。

7.抑制预定义场

抑制预定义场 initial temp,因为制动盘的初始温度场是被导入的所以不能预定义;定义刹车片的初始温度为 20℃(使用节点 lining-1.all 和 lining-2.all)。

8.创建初始速度

将初始转速定义在制动盘上和刚性参考点上,与导入的边界条件状态保持连续性。

在模型树中,双击 Predefined Fields,在创建预定义场的 Create Predefined Field 对话框中,选择分析步,选择 Mechanical → Velocity 类型,对名称为 rotor 的集合定义初始条件,即在预定义场中 Definition 选择 Rotational only,设置角度为 250rad/s。旋转轴指定原点为第 1 点的坐标,指定(1,0,0)为第 2 点的坐标。

对名称为 refPoint 的集合重复上述定义。

9.编辑关键字

编辑模型关键字以监测制动盘的角速度(在刚性参考点上监控),并指定角速度小于 1 时分析停止。

应用命令 Model → Edit Keywords → Explicit_import,在关键字编辑对话框中,定位到 *Contact Property Assignment(在接近 inputfile 文本最后的位置,单击下拉箭头打开第二页),将光标放在这个文本处,然后单击 Add After 按钮,在新的文本中输入以下内容,如图 28-24 所示。

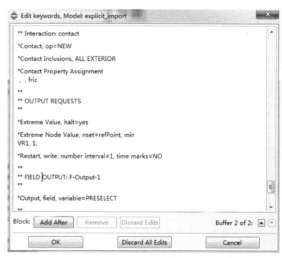

图 28-24 在文本中增加语句

*Extreme Value, halt=yes
*Extreme Node Value, nset=refPoint, min
VR1, 1.

10.创建作业

在 Job 中创建一个名 explicit_import 的计算,并提交分析。工作完成后,在可视化 Visualization 模块中对结果进行评估。

- 此Job只能用单核计算，多核计算会报错。

11. 查看结果

» **应力分布**

查看导入的结果，第1个分析步结束后的应力分布，如图28-25所示。

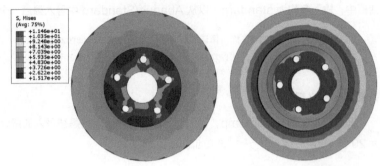

图 28-25 达到平衡时最后一个增量步的应力分布

» **温度分布**

查看制动盘在第2个减速分析步结束时的温度分布，如图28-26所示。

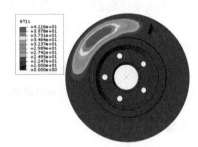

图 28-26 减速分析步结束时的温度分布

» **能量曲线**

输出摩擦耗散、内能和动能的结果曲线，如图28-27所示。

» **速度曲线**

输出第2个分析步中参考点的旋转速度，如图28-28所示。

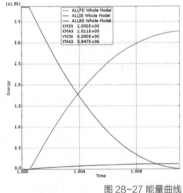

图 28-27 能量曲线

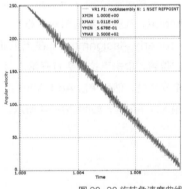

图 28-28 旋转角速度曲线

保存曲线，并对其进行积分，以便绘制出制动盘在静止之前的旋转角度图。旋转角度分布图如图28-29所示，测定曲线中的最后一个数据点，以确定总旋转角度。

- 应用命令Operate on XY Data→Integrate()，把光标放在括号中，并在Name selection中双击前一步保存的旋转速度分布图，再单击Plot Expression按钮完成积分操作。

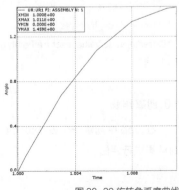

图 28-29 旋转角弧度曲线

同样在上述窗口中，如图 28-30 所示对数据进行操作，将角度从弧度转换为度数，制动盘静止前的总旋转角度约为 83°，如图 28-31 所示。

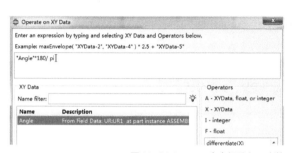

图 28-30 Abaqus 命令行弧度→度数

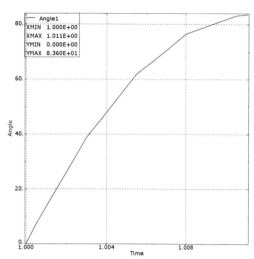

图 28-31 旋转角度度数曲线

28.4.4 Abaqus/Explicit分析 inp文件解释

```
** 导入稳态分析结果场
** PREDEFINED FIELDS
**
** Name: initVelocity-refPt   Type: Velocity
*Initial Conditions, type=ROTATING VELOCITY
refPoint, 250., 0., 0., 0.,
0., 0., 0., 1., 0., 0.,
** Name: initVelocity-rotor   Type: Velocity
*Initial Conditions, type=ROTATING VELOCITY
rotor, 250., 0., 0., 0.,
0., 0., 0., 1., 0., 0.,
** Name: initial temp-lining-1   Type: Temperature
*Initial Conditions, type=TEMPERATURE
lining-1.all, 20.
** Name: initial temp-lining-2   Type: Temperature
*Initial Conditions, type=TEMPERATURE
lining-2.all, 20.
……
```

28.5 小结和点评

盘式制动器摩擦过程中生成的热会对刹车片的制动性能产生很大的影响。本讲采用 3 种分析方法对典型的通风盘式制动器的制动过程进行热力耦合分析，详细讲解了热传、机械性能、表面对流条件、辐射边界条件和热力场耦合的设置，分析结果的热应力能够为刹车盘的改进设计及事故的预防提供很好的技术依据。

点评：陈昌萍 博士生导师校长
厦门海洋职业技术学院

第29讲 汽车防抱死系统流固耦合分析

主讲人：江丙云

软件版本	分析目的
Abaqus 2016	球阀在油压下的受力状态、液压油在球阀内部的流动行为

难度等级	知识要点
★★★★★	流固耦合、幅值曲线定义、协同分析

29.1 概述说明

本讲所述模型为汽车防抱死系统（Antilock Brake System，ABS）的关键组件——球阀。顾名思义，球阀就是利用球体的移动或者转动的方法来使开关闭合与打开，从而达到控制流体流量的弹簧阀。球阀在工作中会根据流体的压力来改变开合的状态，当压力过大时，球阀会自动打开，当过载的压力全部释放完毕时，球阀便会自动闭合。

在这个模型中，流体场为二维模型，但 Abaqus/CAE 只支持三维求解。因此，本讲的处理方法是，在三维模型中建立对应的对称面，从而对二维模型进行模拟。

本讲使用 Abaqus/Standard 运行结构分析，Abaqus/CFD 运行流体分析。整个模型的设置与模拟会在 Abaqus/CAE 中进行。

> 由于Abaqus 2017的CFD模块被移至3D Experience平台上，故本讲采用最后一个具有CFD模块的Abaqus版本，即Abaqus 2016。

29.2 问题描述

汽车防抱死系统的球阀组件是利用油压与弹簧间的受力关系来工作的，当油压较大时，弹簧会被压短，液体内部过载的油压将会得到释放，随着压力的减小，弹簧逐渐恢复至初始状态，此时球阀便会自动闭合。

应用命令 File → Open，打开名称为 brake_pre.cae 的模型文件，另存为 brake_finish.cae。在模型树中的 Models 单击鼠标右键，打开模型列表，可知已有两个模型分别为 fluid 和 solid。

29.2.1 结构部分

在 Abaqus/Standard 的结构分析中，单元模型设置为 C3D8R，边界条件选择为平面应变。防抱死系统的结构模型如图 29-1 所示。

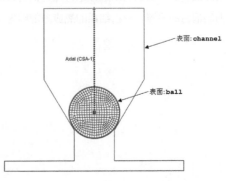

图 29-1 防抱死系统结构示意图

29.2.2 流体部分

本讲中的流体模型如图 29-2 所示，模型使用的是六面体流体单元 FC3D8，流体为具有一定稠度的油，因此模型被设置为不可压缩的牛顿流体。油的密度为 980kg/m³，黏度为 0.5Pa.s，并且被认为初始状态为静止，即初始的速度设置为 0。根据流体输入端的压力条件，流体的流动状态设为湍流，湍流模型选择标准单一方程下的 Spalart-Allmaras 模型。

> 1. 为了模拟二维模型，在厚度方向上的单元数量只有一个，并且在前表面与后表面施加了对称条件。
> 2. 本讲施加的网格为粗化网格，如果需要更加细腻的结果，读者可以独立操作再次将网格细化。

在此设置下，Abaqus/CFD 会调用对不可压缩流体的瞬态的湍流模型进行分析，此分析的自动时间增量控制是基于固定的 Courant-Freidrichs-Lewy（CFL）条件。在流体的输入端，施加一个周期为 0.01s 的正弦压力曲线（如图 29-3 所示），输出端为正常大气压强。输入端的压力脉冲通过定义 Amplitude 来实现。

当球阀移动或者变形时，流体网格也会随之移动和变形。当流固耦合界面定义完成后，网格的联合运动会自动激活，并且 Abaqus/CFD 会调用任意的拉格朗日 - 欧拉算法来完成网格的运动计算。在网格自行运行的同时，需要添加一定的边界条件。

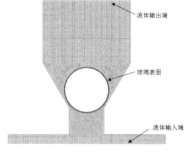

图 29-2 流体模型示意图　　图 29-3 流体输入端压强曲线

> 1. 为了简化计算，在耦合模型中，并没考虑由吸力引发的流体气穴现象，或者球阀的重力作用。
> 2. 在模型中，为了使流体在FSI耦合对算法中连续，在球阀的边缘处对流体表面进行一定的近似处理。近似处理所添加的空隙可能会对流场的运动起到一定的影响，但对于整个流体的动态结果的计算（本讲模拟的主要结果）影响并不大。对于一些其他模型，这种近似处理可能会对结果有较大的影响，所以此方法并不建议推广使用。

29.3 流体模型处理

29.3.1 定义材料属性

在模型树中展开 fluid，双击 Materials 新建材料，在打开的 Edit Material 对话框中，将材料名称设置为 oil。

在 Material Behaviors 选项框中，选择 General → Density，将 Mass Density 设置为 980kg/m³，如图 29-4（a）所示；选择 Mechanical → Viscosity，将 Dynamic Viscosity 设置为 0.5Pa.s，如图 29-4（b）所示，单击 OK 按钮完成设置。

（a）定义密度　　（b）定义黏度

图 29-4 定义流体材料属性

29.3.2 定义流体截面

1.创建截面

在模型树中，双击Sections创建新的截面属性，在Name中将其命名为oil，Type选择为Homogeneous，单击Continue按钮继续，如图29-5（a）所示。

在Edit Section对话框中，选择Material为oil，单击OK按钮完成设置，如图29-5（b）所示。

（a）创建截面　　　　（b）编辑截面

图29-5 定义流体截面属性

2.指派截面

定义完截面属性后，需要对流体施加截面属性，依次展开模型树中的Parts→oil，双击Section Assignments。

在底部提示区单击Sets按钮，在打开的Region Selection对话框中选择fluid作为截面属性施加对象，单击Continue按钮继续，如图29-6（a）所示。在Edit Section Assignment对话框中选择Section为oil，单击OK按钮完成设置，如图29-6（b）所示。

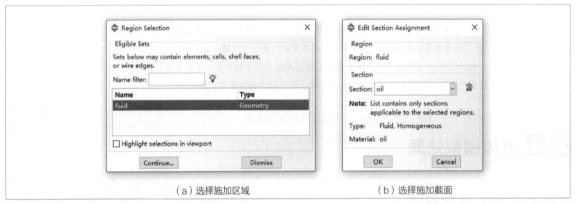

（a）选择施加区域　　　　（b）选择施加截面

图29-6 施加截面属性

29.3.3 创建分析步

本讲中需要添加一个不可压缩流体湍流分析步，在模型树中双击Steps打开Create Step对话框，接受默认设置并单击Continue按钮继续，如图29-7（a）所示。

在Basic选项卡中，在Description中输入Flow around a ball valve，Time period中输入0.02。在Incrementation选项卡中，将Initial time increment设置为0.0001，Maximum CFL number中的0.45为CFL固定值，接受默认值。在Solvers选项卡中，接受默认设置；在Turbulence选项卡中，将Spalart-Allmaras选中，单击OK按钮完成设置，如图29-7（b）~图29-7（d）所示。

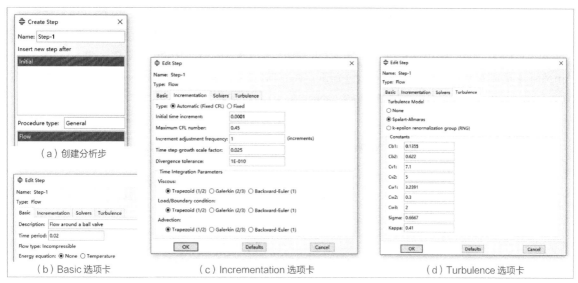

图 29-7 定义湍流分析步

29.3.4 定义输出变量

在模型树中，展开 Field Output Requests，其中 F-Output-1 为创建分析步时自动创建的输出需求。双击 F-Out-1，在打开的 Edit Field Output Request 对话框中，勾选以下值：U、V、PRESSURE、DIV、TURBNU 和 VORTICITY。接受默认的输出频率，单击 OK 按钮完成设置，如图 29-8 所示。

图 29-8 定义输出变量

29.3.5 创建流体边界条件

1. 创建流体进口参数

在模型树中双击 BCs，在打开的 Create Boundary Condition 对话框中，将边界条件的名称改为 inlet，选择分析步为 Step-1，Category 选择 Fluid，Type 选择 Fluid inlet/outlet，单击 Continue 按钮继续。选择 Set 集为 INLET，单击 Continue 按钮继续，如图 29-9 所示。

图 29-9 定义流体输入面

在打开的 Edit Boundary Condition 对话框中，选择 Momentum 选项卡，勾选 specify 并选择 Pressure，将值设置为 10^4，单击 f 按钮，为压强创建一个正弦函数。在 Create Amplitude 对话框中，将

Type 选择为 Periodic，如图 29-10（a）所示，单击 Continue 按钮继续。在 Edit Amplitude 对话框中，将 Circular frequency 值设为 2*pi/0.01，Starting time 设为 0，Initial amplitude 设为 0，常数 A 和 B 分别设置为 0 和 1，如图 29-10（b）所示，单击 OK 按钮完成设置。在 Edit Boundary Condition 对话框中，Amplitude 选择 Amp-1，如图 29-10（c）所示，单击 OK 按钮完成设置。在 Turbulence 选项卡中，勾选 Kinematic eddy viscosity，并输入 2.5e-3，如图 29-10（d）所示。

> 1. 此处 2.5e-3 等于 $5\,v/\rho$。
> 2. 如果设置周期函数困难，可在 Excel 中把幅值数据点罗列出来，再拷贝到 Abaqus 的 Tabular 幅值中。

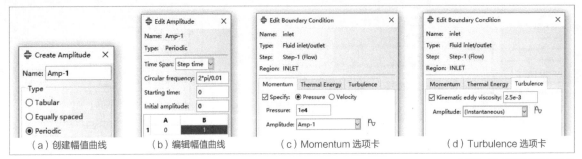

（a）创建幅值曲线　　　（b）编辑幅值曲线　　　（c）Momentum 选项卡　　　（d）Turbulence 选项卡

图 29-10 定义流体输入变量

2. 创建流体出口参数

继续双击 BCs，创建 outlet 边界条件。在 Create Boundary Condition 对话框中，将名称命名为 outlet，Step 选择为 Step-1，Category 选择为 Fluid，Types 选择为 Fluid inlet/outlet。在 Region Selection 对话框中，选择 OUTLET，单击 Continue 按钮继续。在 Edit Boundary Condition 对话框中，选择 Momentum 选项卡，选中 Specify→Pressure，将 Pressure 设置为 0，单击 OK 按钮完成设置，如图 29-11 所示。

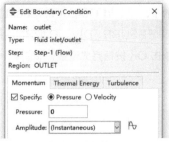

图 29-11 定义流体输出变量

双击模型树中的 BCs，继续创建流体的墙边界条件。在 Create Boundary Condition 对话框中，将边界名称命名为 noslip，选择 Step-1 并且将 Category 选择为 Fluid，Type 选择为 Fluid wall condition，如图 29-12（a）所示。在 Region Selection 对话框中选择 CASING，如图 29-12（b）所示，单击 Continue 按钮继续。在 Edit Boundary Condition 对话框中，将 Condition 选择为 No slip，单击 OK 按钮完成设置，如图 29-12（c）所示。

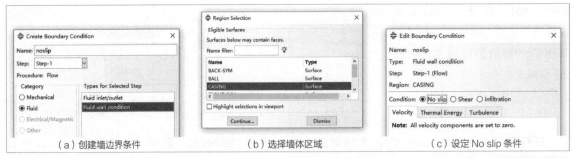

（a）创建墙边界条件　　　（b）选择墙体区域　　　（c）设定 No slip 条件

图 29-12 创建墙边界条件

29.3.6 创建网格边界条件

1.创建边缘网格边界条件

双击模型树中的 BCs，为网格运动添加边界条件。在 Create Boundary Condition 对话框中，在 Name 中输入 perimeter-mesh，将 Category 选择为 Mechanical，边界类型 Type 选择为 Displacement/Rotation，如图 29-13（a）所示，单击 Continue 按钮继续。在 Region Selection 对话框中，选择 PERIMETER，勾选 Highlight selections in veiwport 选项来查看选中的区域，如图 29-13（b）所示，单击 Continue 按钮继续。在 Edit Boundary Condition 对话框中，选中 U1、U2 并且将其值设为 0，其余选项按默认设置，单击 OK 按钮完成设置，如图 29-13（c）所示。

（a）创建边缘网格边界条件　　　　（b）选择网格区域　　　　（c）设定 U1、U2 的值

图 29-13 固体边界网格条件

2.创建对称网格边界条件

双击模型树中的 BCs，建立边界条件固定厚度方向上的网格移动。在 Create Boundary Condition 对话框中，在 Name 中输入 front-symm-mesh，选择 Category 为 Mechanical，Type 选择为 Displacement/Rotation，单击 Continue 按钮继续。在 Region Selection 对话框中，选择 FRONT-SYM，单击 Continue 按钮继续，如图 29-14（a）所示。在 Edit Boundary Condition 对话框中，勾选 U3 并且将其值设为 0，单击 OK 按钮完成设置，如图 29-14（b）所示。以此类推，完成 BACK 面的网格边界条件设置，如图 29-15 所示。

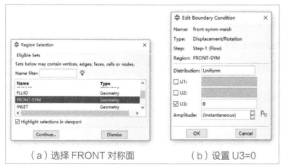

（a）选择 FRONT 对称面　　（b）设置 U3=0

图 29-14 固定 FRONT 厚度方向网格运动

（a）选择 BACK 对称面　　（b）设置 U3=0

图 29-15 固定 BACK 厚度方向网格运动

29.3.7 定义初始流场

在模型树中，双击 Predefined Fields，打开 Create Predefined Field 对话框。将流场名称设置为 Initial turbulence 并且选择分析步为 Initial。将 Category 选择为 Fluid，Type 选择为 Fluid turbulence，如图 29-16（a）所示。将 Kinematic eddy viscosity 设置为 2.5e-3，单击 OK 按钮完成设置，如图 29-16（b）所示。

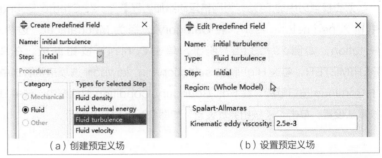

（a）创建预定义场　　　　　（b）设置预定义场

图 29-16 定义初始流场

29.3.8 定义流固耦合接触

在模型树中，双击 Interactions 打开 Create Interaction 对话框，将名称设置为 fsi，分析步选择为 Step-1，Type 接受默认的 Fluid-Structure Co-simulation boundary，如图 29-17（a）所示，单击 Continue 按钮继续。在 Region Selection 对话框中，选择 BALL，单击 Continue 按钮，如图 29-17（b）所示。在 Edit Interaction 对话框中查看建立的接触，单击 OK 按钮完成设置，如图 29-17（c）。

（a）创建流固耦合边界　　　　（b）选择耦合边界　　　　（c）设置流固耦合

图 29-17 定义流固耦合接触面

29.3.9 添加网格控制

为了控制网格在变形过程中的大小，使其不会因发生严重畸变影响到求解，对其变形刚度与收敛条件进行相应的设置。在模型树中的 fluid 单击鼠标右键，选择 Edit Keywords，如图 29-18（a）所示。

在打开的 Edit keywords, Model Fluid 对话框中，找到图 29-18（b）所示的语句行，加入如下语句：

```
*Controls, Type=FSI
,,,,2., 1e-10
```

单击 OK 按钮完成设置，如图 29-18（b）所示。通过添加网格控制，将网格变形控制得更加平滑并且消除了可能的负空间。

| （a）编辑关键字 | （b）编辑内容 |

图 29-18 添加关键字

29.4 定义流固耦合接触

在模型树中展开结构模型 solid，在 Interactions 单击鼠标右键。在打开的 Create Interaction 对话框中，将名称设置为 fsi，Step 选择为 Coupled，Type 选择为 Fluid Structure Co-simulation boundary，如图 29-19（a）所示，单击 Continue 按钮继续。在 Region Selection 对话框中，选择 BALL，如图 29-19（b）所示，单击 OK 按钮完成设置，如图 29-19（c）所示。

| （a）创建流固耦合边界 | （b）选择耦合边界 | （c）设置流固耦合 |

图 29-19 定义流固耦合接触面

29.5 创建协同分析

在模型树中，展开 Analysis，双击 Co-executions 创建一个名称为 brake 的协同分析。在打开的 Edit Co-execution 对话框中，选择 fluid 为第 1 个模型，Solid 为第 2 个模型。单击 OK 按钮完成设置，如图 29-20 所示。在模型树中创建的进程名称上单击鼠标右键，单击 Submit 按钮将协同分析提交求解。可以单击鼠标右键选择 Monitor 实时查看求解进程。

图 29-20 创建协同分析

29.6 查看求解结果

当任务名称显示（completed）时，展开 Jobs，单击鼠标右键 brake-fluid → Results 查看流体求解结果，单击鼠标右键 brake-solid → Results 查看结构求解结果。

在可视化界面上端 Model 选项框中选择显示 brake-solid，单击工具箱中的 查看球阀的应力分布，如图 29-21 所示。应用命令 Options → Common，在打开的 Common Plot Options 对话框中，将 Visible Edges 选择为 Feature edges，单击 OK 按钮完成设置。

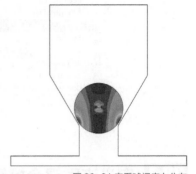

图 29-21 查看球阀应力分布

单击工具箱中的 (Create XY Data)，选择 ODB history output，单击 Continue 按钮继续。在 history output 对话框中，选择 Spatial displacement U2 PI:BALL-1 Node 6 in NSET MONITOR，如图 29-22 所示，单击 Plot 按钮，查看位移输出，如图 29-23 所示。

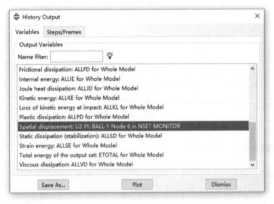

图 29-22 History Output 对话框

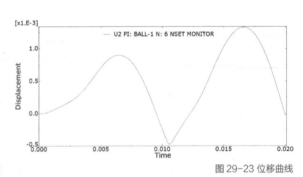

图 29-23 位移曲线

在 Model 中选择 brake-fluid 查看流体计算结果。单击工具箱中的 ，在工具栏区将输出变量设置为 V，查看流场的速度分布，如图 29-24（a）所示。在工具栏区将输出变量设置为 PRESSURE，查看流场的压力分布，如图 29-24（b）所示。

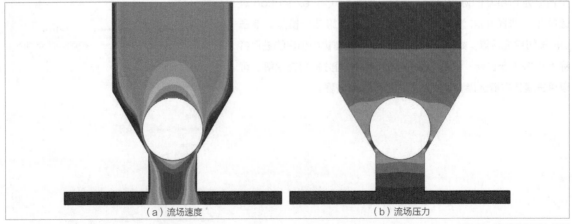

（a）流场速度　　　　　　　　　　（b）流场压力

图 29-24 速度和压力云图

应用命令 Options → Contour，在打开的 Contour Plot Options 中将 Contour Type 选择为 Line，单击 OK 按钮，查看速度与压力分布线图，如图 29-25 所示。

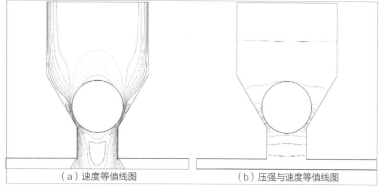

(a) 速度等值线图　　(b) 压强与速度等值线图

图 29-25 速度和压强线图

通过结果可以发现，当流体的输入端压强增大时，球阀向打开的方向运动，流体也随之向输入端移动。最后，球阀会呈现完全打开的状态，此时压力达到峰值水平。在球阀闭合阶段，位移曲线会有略微不同，因为在定义过程中应将流体定义为不可压缩并且具有一定张力。

29.7 修改压强再次求解（可选）

如果读者感兴趣的话，可以将流体输入端的压强增大，再次查看求解结果如何变化。在模型树中，展开 BCs，双击 inlet，将输入压强改变为 10^5Pa。

在模型树中，展开 Analysis，双击 Co-execution 新建协同分析任务，将名称命名为 base。选择 fluid 为第 1 个模型，solid 为第 2 个模型，单击 OK 按钮完成设置。将任务再次提交求解，查看结果，如图 29-26 所示。

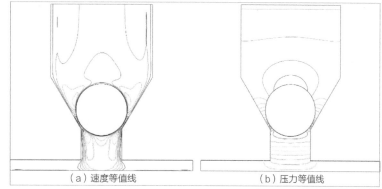

(a) 速度等值线　　(b) 压力等值线

图 29-26 10^5Pa 下的流场速度和压力等值线

读者仍可以进一步提高压强，如设置为 10^6Pa，但此时需要设置 Rayleigh 质量阻尼系数，将 α_R 设置为 1000，可以保证 FSI 求解过程的稳定性。并且，单进程计算时间可能较长，有条件的读者可以设置多线程进行求解计算。

29.8 小结和点评

本讲针对汽车防抱死系统（ABS）的关键组件——球阀进行流固耦合分析，详细介绍了流体模型和固体模型的前处理设置、流固耦合接触面的定义、协同仿真和后处理等，通过分析可精确对流体流量进行设计。本讲能够为发动机热管理、电子散热、水泵旋转等流固耦合问题提供绝佳参考。

点评：刘敏 CAE 资深主管
上海捷能汽车技术有限公司

第 11 部分

参数优化

第30讲 连接器正向力参数化分析

主讲人:罗元元

软件版本
Abaqus 2016(Abaqus 2017)

分析目的
Python脚本参数化研究不同材料、厚度的结构刚度和塑变

难度等级
★★★★☆

知识要点
电子连接器、正向力和塑变、参数化模板、Python语言

30.1 概述说明

对基本结构相似、仅有个别设计点参数变异的模型,逐个进行建模、执行、结果收集是一件枯燥烦琐的事情。幸好,重复的、有序的工作总是可以通过机器语言实现自动执行。本讲将通过一个简单端子的静力分析案例,详细讲解如何通过一个可以用以定义不同变量的参数化输入的模板和一个能够自动完成建模、执行和结果收集的脚本文件来完成参数化案例研究。

30.2 参数化分析实例

30.2.1 分析流程

本讲中将采用3种不同的材料,分别是磷青铜(C5191R-H)、镍铜(C7025-TM02)及不锈钢(SUS301-1/2H),来评估结构的性能,同时材料板材厚度亦为变化参数,对应材料值不同厚度为0.3mm/0.25mm/0.2mm。下面将通过一个参数化研究脚本来自动建模执行及完成正向力和塑性变形量的结果收集。

Abaqus的参数化研究的标准操作流程(SOP)如图30-1所示。

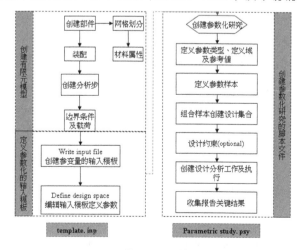

图30-1 参数输入模板及脚本文件创建流程

30.2.2 问题描述

本讲采用一个简单的悬臂端子，参数变量为材料类型及板材厚度。

参数变量包括：磷青铜（C5191R-H），板材厚度 0.30mm；镍铜（C7025-TM02），板材厚度 0.25mm；不锈钢（SUS301-1/2H），板材厚度 0.20mm。

关键结果为：评估不同材料不同厚度的结构刚度（K值）及塑性变形状况。

○ 图30-1所示为操作流程示意图，创建有限元参数化定义的输入模板与创建脚本文件的顺序可依个人偏好来定。

30.2.3 创建部件、网格划分及装配

》 创建部件

在Part模块，单击工具箱中的 （Create Part）创建零件，Name 后面输入 Contact，Modeling Space 选择 3D，Type 选择 Deformable，在 Base Feature 区域选择 Shell、Extrusion，Approximate size 后面输入 20，单击 Continue 按钮进入绘图模式，创建草图，如图30-2所示。

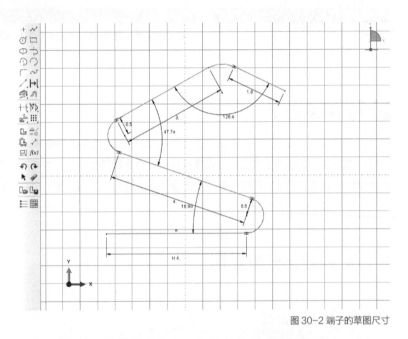

图30-2 端子的草图尺寸

单击 Done 按钮完成草图，拉伸深度为2，完成创建零件 Contact。

选择模型树 Model-1 → Parts → Contact → Sets，双击建立几何集合 Set-Fix，选择图30-3所示区域建立几何集合；选择模型树 Model-1 → Parts → Contact → Surface，选择顶端圆弧面建立面集合 Surf-Con，Shell 的 Side 选择 Purple 面。

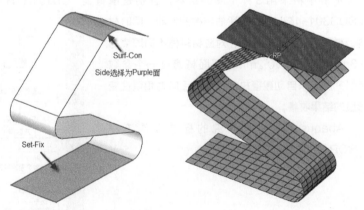

图30-3 创建几何集合及面集合   图30-4 完整装配图

在Part模块，再单击工具箱中的 （Create Part）创建零件，Name 后面输入 Rigid，Modeling Space 选择 3D，Type 选择 Analytical rigid，在 Base Feature 区域选择 Extruded Shell，Approximate size 后面输入 20，单击 Continue 按钮进入绘图模式。在草图中创建一条简单直线，尺寸为 3.0mm，单击 Done 按钮完成草图，拉伸

深度为 2，完成创建零件 Rigid。

应用命令 Tools → Reference Point，选择 rigid 任意一点定义为参考点 RP；单击模型树 Model-1 → Parts → Rigid → Sets，双击建立集合，name 为 Set-1，单击 Continue 按钮选择参考点，创建参考点的集合。

» **划分网格**

切换到 Mesh 模块。环境栏中 Object 选择 Part: Contact。

单击工具箱中的 ▙（Seed Part），Global size 为 0.3，其余保持默认选项，单击工具箱中的 ▙（Seed Edge），选择端子的三条圆弧边，在 Local Seeds 对话框中 Method 选择 By size，Element size 为 0.16，Bias 选择 None，单击提示区的 Apply 按钮或按鼠标中键。

单击工具箱中的 ▙（Mesh Part），单击提示区的 Yes 按钮或按鼠标中键，完成网格划分。

网格类型保持为默认的 S4R。

» **装配**

切换到 Assembly 模块。

单击工具箱中的 ▙（Create Instance），在 Create Instance 对话框中选择 Parts: Contact、Rigid，单击 OK 按钮完成。

单击工具箱中的 ▙（Translate Instance），选择移动 Rigid 到 Contact 最高圆弧点，完成装配，如图 30-4 所示。

> ○ 在布种子时，Global size 控制全局适合的疏密程度，再采用 Local sizing 对局部加密或疏开，可有效简化网格划分过程。

30.2.4 创建部件材料属性

» **创建材料**

切换到 Property 模块。

单击工具箱中的 ▙（Create Material），在 Edit Material 对话框中的 Name 后面输入 C5191R-H，单击 OK 按钮。

> ○ 此处只需创建一个材料名即可，因在本例中材料为参数变量，材料本构数据若采用 CAE 输入材料数据将会比较烦琐，使用 inp 文件编辑定义材料的处理方式会更有效率且可修改性和可持续性。

新建文本文件，命名为 Mat_Ax1.inp，存储在 Abaqus 的工作目录下，内容如下：

```
***------------------------
*MATERIAL,NAME=C5191R-H
*ELASTIC,TYPE=ISOTROPIC
11200.0, 0.32
*PLASTIC,HARDENING=ISOTROPIC
**61.0,0
**65.0,0.07
58.0,0
63.6,0.09
*Density
9.00e-10,
***------------------------
*MATERIAL,NAME=C7025-TM02-N1
*ELASTIC,TYPE=ISOTROPIC
13350.0, 0.3
*PLASTIC,HARDENING=ISOTROPIC
65.6,0
73.9,0.13
*Density
9.00e-10,
***------------------------
*MATERIAL,NAME=SUS301-3/4H-N1
*ELASTIC,TYPE=ISOTROPIC
19700, 0.29
```

*PLASTIC,HARDENING=ISOTROPIC 76,0 115,0.05	*Density 8.08e-10,

○ 本讲中材料的单位系统为SI制。本讲中将会使用关键字*Include的方式引用Mat_Ax1.inp。

» 创建截面属性

单击工具箱中的 ⬚（Create Section），在 Create Section 对话框中，Category 选择 Shell，Type 选择 Homogeneous，单击 Continue 按钮；在 Edit Section 对话框中，Shell thickness:value 定义为 0.2，Material 后面选择材料 C5191R-H，单击 OK 按钮完成。

» 给部件赋材料属性

单击工具箱中的 ⬚（Assign Section），在视图区选择部件 Contact，单击提示区的 Done 按钮或按鼠标中键，在 Edit Section Assignment 对话框中，Section 选择 Section-1，Shell Offset → Definition 选择 Top surface，单击 OK 按钮完成。

30.2.5 创建分析步，边界条件及加载

1.创建分析步

在环境栏 Module 后面选择 Step，进入 Step 模块。

单击工具箱中的 ⬚（Create Step），在 Create Step 对话框中，在 Initial 分析步之后插入 Static, General 分析步，单击 Continue 按钮；在 Edit Step 对话框中，Basic 选项卡中 Nlgeom 设为 On；Incrementation 选项卡中初始增量(Initial)和最大增量(Maximum)分别设为 0.01 和 0.05，其他采用默认设置；单击对话框的 OK 按钮完成建立 Step-1。同理建立 Step-2。

2.设置输出变量

单击工具箱中的 ⬚（Edit Field Output Requets），设定场变量输出如图 30-5 所示。

单击工具箱中的 ⬚（Edit History Output Requets），在 History Output Request 对话框中，选中 H-Output-1，单击 Edit 按钮；在 Edit History Output Request 对话框中，设置如图 30-6 所示，单击 OK 按钮完成。

图 30-5 场变量输出设置

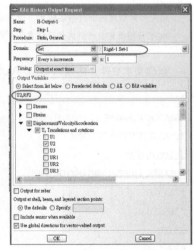

图 30-6 历史输出变量设置

3.创建边界条件

切换到 Load 模块。

单击工具箱中的 ▭（Create Boundary Condition），在 Create Boundary Condition 对话框中，Name 为 Fix_Con，Step 选择 Initial，Category 选择 Mechanical，Types for Selected Step 选择 Symmetry 按钮，单击 Continue 按钮；在提示区单击 Sets 按钮，在 Region Selection 对话框中选择 Contact-1.Set-Fix，单击 Continue 按钮；在 Edit Boundary Condition 对话框中选择 ENCASTRE，单击 OK 按钮完成。

单击工具箱中的 ▭（Create Boundary Condition），在 Create Boundary Condition 对话框中，Name 为 Move_Rigid，Step 选择 Initial，Category 选择 Mechanical，Types for Selected Step 选择 Displacement/Rotation，单击 Continue 按钮；在提示区单击 Sets 按钮，在 Region Selection 对话框中选择 Rigid-1.Set-1，单击 Continue 按钮；在 Edit Boundary Condition 对话框中勾选 U1、U2、U3、UR1、UR2、UR3，单击 OK 按钮完成。

单击工具箱中的 ▭（Boundary Condition Manager），选择 Move_Rigid/Step-1，单击 Edit 按钮，修改 U2 为 -0.5，如图 30-7 所示；重复上述操作，在 Step-2 修改 U2 为 0。

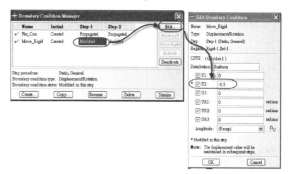

图 30-7 边界条件位移设置

4. 创建接触

切换到 Interaction 模块。

单击工具箱中的 ▭（Create Interaction Propoerty），在 Create Interaction Property 对话框中，Type 选择为 Contact，单击 Continue 按钮；在 Mechanical 选项卡中选择 Tangential Behavior，Friction Formulation → Frictionless；再选择 Normal Behavior，选择默认的"Hard" Contact 即可。

单击工具箱中的 ▭（Create Interaction），Step 选择为 Step-1，Types for Selected Step 选择为 Surface-to-surface Contact(Standard)，主面(Master Surface) 选择为刚性面 Rigid，Side 选择为 Purple，从面（Slave surface）选择为已定义的 Contact 的面集合 Contact-1.Surf-1，离散方式（Discretization method）选择为 Surface to surface，接触属性（Contact interaction property）选择为 IntProp-1，单击 OK 按钮完成。

30.2.6 创建inp文件

在环境栏 Module 后面选择 Job，进入 Job 模块。单击工具箱中的 ▭（Job Manager），在 Job Manager 对话框中单击 Create 按钮；在 Create Job 对话框中，Name 后面输入 Contact-Study，单击 Continue 按钮；在 Edit Job 对话框中单击 OK 按钮完成。选择 Write Input，单击创建输入文件 Contact_Study.inp。

30.2.7 编辑inp文件创建参数化输入模板

1. 编辑inp加入参数定义

在 Abaqus 的工作目录下打开 Contact_Study.inp 文件，在 *Heading 行下加入关键字，加入材料属性定义及参数变量定义：

```
**
*Include,inp=Mat_Ax1.inp
**
*PARAMETER
Mat='C5191R-H'
thick=0.2
**
```

材料定义 *Material 的工作由引入 Mat_Ax1.inp 文件完成，故删除如下关键字段：

```
* MATERIALS
*Material, name=C5191R-H
**
```

以定义的参数变量取代常规建模中的参考常量值，编辑关键字如下：

```
** Section: Section-1
*Shell Section, elset=_PickedSet12, material=<Mat>, offset=SPOS
<thick>, 9
*End Part
```

保存 inp 文件的修改，完成参数化输入模板的创建。

2.inp文件解释

本例 Contact_Study.inp 完整的 inp 请参阅随书资源，节选如下：

```
*Heading
*Preprint, echo=NO, model=NO, history=NO, contact=NO
**
*Include, inp=Material-RevBx1.inp
**
** 引入材料定义
*PARAMETER
Mat='C5191R-H'
thick=0.2
**
** 参数定义
** PARTS
**
*Part, name=Contact
*Node
......
......
*Surface, type=ELEMENT, name=Surf-1
_Surf-1_SNEG, SNEG
** Section: Section-1
*Shell Section, elset=_PickedSet12, material=<Mat>,
offset=SPOS
<thick>, 9
*End Part
** 使用参数变量
**
*Part, name=Rigid
*End Part
**
**
** ASSEMBLY
**
*Assembly, name=Assembly
**
*Instance, name=Contact-1, part=Contact
*End Instance
**
*Instance, name=Rigid-1, part=Rigid
  -0.266923,  4.233571,  1.
*Node
```

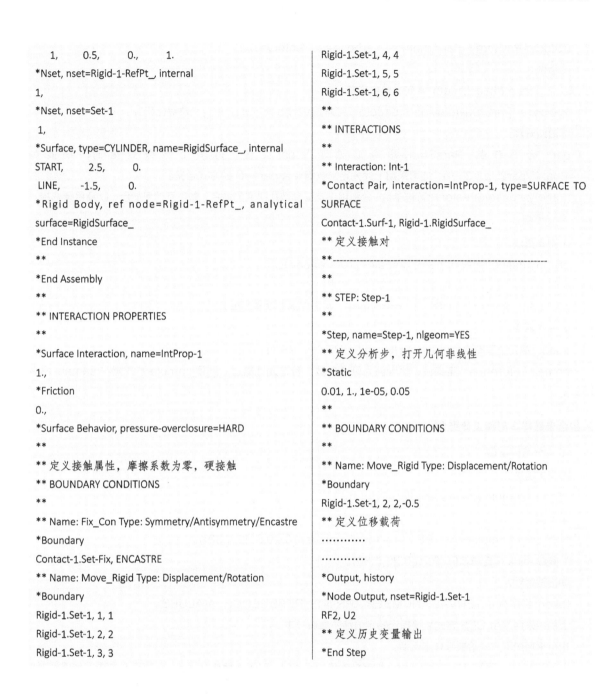

30.3 创建参数化研究的Python script脚本编译

30.3.1 Parametric study的脚本文件结构

1.定义设计空间

» 创建一个参数化研究

①脚本语法

aStudy=ParStudy (par=, name=, verbose=, directory=)。

②示例。

\>>> pars = ('thick','mat') # 定义参数变量。

\>>>cons=ParStudy(par=pars,directory=OFF,verbose=ON) # 定义参数化研究。

③语法解释。

par：必需参数。ParsStudy 命令必须定义 par 变量，有多个参数变量时，格式为 par=('par1','par2','par3'…)，亦可采用上述先定义数组变量 pars=() 的方式定义。

name/verbose/directory：可选参数，分别用来定义参数化研究的命名、备注及信息显示，以及目录选择。

» **定义参数**

①脚本语法。

aStudy.define (token, par=, domain=, reference=)。

②示例。

\>>> cons.define(DISCRETE, par=pars)   # 定义离散参数类型。

③语法解释。

token：单元类型有 CONTINUOUS、DISCRETE、PRINT。

domain/reference：定义域、参考值为可选参数，若在此处略过，则视 sample 方式需在 sample 命令中定义。

2. 组合参数样本创建设计集合

» **定义参数样本值**

①脚本语法。

aStudy.sample (token, additional data)。

②示例。

\>>> cons.sample(VALUES, par='thick', values=(0.20,0.25,0.30))。

\# 参数 thick 指定样本值 (0.20,0.25,0.30)。

③语法解释。

token：类型有 INTERVAL、NUMBER、PRINT、REFERENCE、VALUES。

上例中采用 VALUES 方式直接指定特定值给予参数样本。

也可采用如下方式给参数样本赋值。

INTERVAL：区间定义 / 间隔定义，指定样本值的区间段，对于连续参数而言，代表定义域内的数值间隔；对于离散型参数，代表定义域内的样本值的顺序索引间隔。定义域内的极限值为样本起止。

例：

\>>> cons.define(CONTINUOUS, par='thick')。

\>>> cons.sample(INTERVAL, par='thick', interval=0.05,domain=(0.20,0.30))。

\# 连续型参数 thick 被赋予样本值：(0.20,0.25,0.30)。

\>>> cons.sample(INTERVAL, par='thick', interval=-0.05,domain=(0.20,0.30))。

\# 连续型参数 thick 被赋予样本值：(0.30,0.25,0.20)。

区间 interval 取值亦可为负值；正值代表从定义域的最小值开始取值，负值则代表从定义域的最大值开始反向取值，反向取值便于在样本组合时使用元组（tuple）方式时定义顺序。

```
>>> cons.define(DISCRETE, par=pars)。
>>> cons.sample(INTERVAL, par='thick', interval=1,domain=(0.20,0.25,0.30))。
```
离散型参数 thick 被赋予样本值：(0.20,0.25,0.30)。

NUMBER：数字定义，选取定义域内的固定个数的值。

例：
```
>>> cons.define(CONTINUOUS, par=pars)。
>>> cons.sample(NUMBER, par='thick', number=3,domain=(0.20,0.30))。
```
连续型参数 thick 被赋予样本值：(0.20,0.25,0.30)。
```
>>> cons.define(DISCRETE, par=pars)。
>>> cons.sample(NUMBER, par='thick', number=3,domain=(0.20,0.25,0.30))。
```
离散型参数 thick 被赋予样本值：(0.20,0.25,0.30)。

对于离散型数据，有如下 3 种特殊案例：

① number=1，样本值为定义域内的中间值。

② number=2，样本值为定义域内的极限值。

③ number=3，样本值为定义域内的极限值 + 中间值。

另针对 numbers 不能在整数等分定义域内索引数时，则需对计算结果取整，例：domain=(1., 2., 3., 5., 7., 10., 12.)，numbers=5 所得样本值为 (1., 3., 5., 10., 12.)。其算法为：interval=(highest index − lowest index)/(number − 1)=（6-0）/（5-1）=1.5，则第 2 个样本值索引位置 index=0+1.5=1.5，取整为 2，样本值为 3，同理推演。

Reference：参考值定义，指定样本值的参考值，对称对的个数及区间段，以参考值为中心对称取值。

例：
```
>>> cons.define(CONTINUOUS, par=pars)。
>>> cons.sample(REFERENCE, par='thick', interval=0.05。
numSymPairs=1,reference=0.25)。
```
连续型参数 thick 被赋予样本值：(0.20,0.25,0.30)。

» **组合参数样本**

①脚本语法。

aStudy.combine (token, name=)。

②示例。
```
>>>cons.define(DISCRETE, par=pars)。
>>>cons.sample(VALUES,par='mat', values=('SUS301-3/4H-N1' ,'C7025-TM02-N1', 'C5191R-H')。
>>>cons.sample(VALUES, par='thick', values=(0.20,0.25,0.30))。
>>> cons.combine(TUPLE,name='Con')。
```
以元组方式创建设计集合 'Con'。

('SUS301-3/4H-N1' ,0.20), ('C7025-TM02-N1',0.25), ('C5191R-H', 0.30)。

③语法解释。

Token：类型有 MESH、TUPLE、CROSS。

不同组合方式如图 30-8 所示。

以 Mesh 方式组合样本，图 30-9 所示为参数集合内的所有组合。

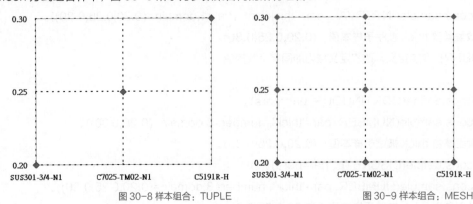

图 30-8 样本组合：TUPLE　　　　图 30-9 样本组合：MESH

以 CROSS 方式组合样本需在参数定义时给定参考值，以参考值为样本中心进行交叉组合，如图 30-10 所示。

>>>cons.define(DISCRETE, par='thick', domain=(0.20,0.25,0.30), reference=1)

>>> cons.define(DISCRETE, par='mat', domain=('SUS301-3/4H-N1' , 'C7025-TM02-N1', 'C5191R-H'), reference=1)。

>>>cons.sample(INTERVAL, par=pars, interval=1)。

>>> cons.combine(CROSS,name='Con')。

以 CROSS 方式创建设计集合得到以下样本值：

('SUS301-3/4H-N1' ,0.25), ('C7025-TM02-N1',0.20), ('C7025-TM02-N1',0.25), ('C7025-TM02-N1',0.30), ('C5191R-H', 0.25)。

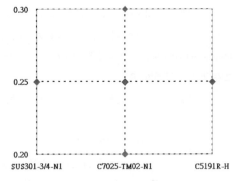

图 30-10 样本组合：CROSS

» 设计约束

①脚本语法。

aStudy.constrain ('constraint expression')。

②示例。

>>>cons.constrain('thick>0.15')。

在设计集合中加入约束条件参数 thick 须大于 0.15mm。

3.创建和执行参数化研究设计

» 创建参数化研究的设计工作

①脚本语法。

aStudy.generate (template)。

②示例。

>>>cons.generate('Contact_Study.inp')。

以 Contact_Study.inp 为模板创建参数化研究工作。

③语法解释。

命令 generate 将创建一个描述参数化研究内容的文件 (studyname.var)，其中包括所有创建的设计集合及相对应的参数值。

» **执行参数化研究的设计工作**

①脚本语法。

aStudy.execute (token, execOptions= , additional data)。

②示例。

>>>cons.execute(ALL)。

③语法解释。

Token: 类型有 ALL、DISTRIBUTED、INTERACTIVE。

ALL: 默认选项，按顺序依次执行所有设计工作。

DISTRIBUTED: 在本机或远程机器的队列界面以指定的队列执行（for UNIX）。

INTERACTIVE: 以交互的方式顺序执行所有设计工作，允许进一步的执行指导。

4. 参数化研究设计结果收集

» **收集结果**

①脚本语法。

aStudy.output (file=, instance=, overlay=, request=, step= , frameValue= | inc= | mode=)

aStudy.gather (request=, results=, step=, frameValue= | inc= | mode=,variable=, additional location data)。

②示例。

>>>cons.output(file=ODB)。

定义从 odb 文件中收集结果。

>>>cons.gather(results='u2',step=2,request=HISTORY,variable='U2',node=1,instance='Part-2-1')。

>>>cons.gather(results='RF2',step=2,request=HISTORY,variable='RF2',node=1,instance='Part-2-1')。

从 odb 文件中收集 history ouput 的结果 U2/RF2。

③语法解释。

aStudy.ouput 用于 aStudy.gather 命令之前，用以指定结果收集的文件，可从 .fil 或 .odb 中收集结果。其中 instance、step、request、inc/mode/frameValue 等参数亦可在 astudy.gather 命令中定义。

aStudy.gather 的结果从 odb 中收集时，需定义参数 request，指定来自于 field output 还是 history output。

» **报告结果**

①脚本语法。

aStudy.report (token, results= , par= , designSet= , variations=, truncation= , additional data)

②示例。

>>> cons.report(FILE, file='U_RF.psr', results=('u2','RF2'))。

定义结果输入到 ASCII 文件中。

③语法解释。

token：有 FILE、PRINT、XYPLOT3 种报告方式。FILE、XYPLOT 将收集结果输入 ASCII 文件中，XYPLOT 文件可在 Abaqus/CAE 界面中读取显示。

30.3.2 Parametric study的脚本文件实例演示

1.脚本实例（Example：cons.psf）

```
# create the study
pars = ('thick1','mat')
cons=ParStudy(par=pars,directory=OFF,verbose=ON)
# define the parameters
cons.define(CONTINUOUS, par='thick1')
cons.define(DISCRETE, par='mat')
# sample the parameters
cons.sample(INTERVAL, par='thick1', interval=0.05, domain=(0.20,0.30))
cons.sample(VALUES,par='mat',values=('SUS301-3/4H-N1','C7025-TM02-N1','C5191R-H'))
# combine the samples to give the designs
cons.combine(TUPLE,name='Con')
# generate analysis data
cons.generate(template='Contact_Study')
# execute all analysis jobs sequentially
cons.execute(INTERACTIVE)
# PARAMETRIC STUDY OUTPUT
cons.output(file=ODB)
# GATHER RESULTS FOR HISTORY OUTPUT AND WRITE XYPLOT
cons.gather(results='u2',step=1,request=HISTORY,variable='U2',node=1,instance='Rigid-1')
cons.gather(results='RF2',step=1,request=HISTORY,variable='RF2',node=1,instance='Rigid-1')
cons.report(FILE, file='U_RF.psr', results=('u2','RF2'))
```

2.执行文件（Script Execution）

在 Abaqus command 中执行命令：Abaqus script=cons.psf。

Python 编译执行结果如下：

```
***COMMENT: Parameter study created with 2 parameter(s)
***COMMENT: Executing the define command
***COMMENT: Current definition for parameter 'thick1':
  type      = 'CONTINUOUS'
  domain    = None
  reference = None
  sample    = None
***COMMENT: Executing the define command
***COMMENT: Current definition for parameter 'mat':
  type      = 'DISCRETE'
  domain    = None
  reference = None
  sample    = None
***COMMENT: Executing the sample command
***COMMENT: Current sample for parameter 'thick1':
  Sample = [0.20, 0.25, 0.30]
***COMMENT: Executing the sample command
***COMMENT: Current sample for parameter 'mat':
  Sample = ['SUS301-3/4H-N1', 'C7025-TM02-N1', 'C5191R-H']
***COMMENT: Executing the combine command
***COMMENT: Current design(s) in design set 'Con':
  c1 = [0.20, 'SUS301-3/4H-N1']
  c2 = [0.25, 'C7025-TM02-N1']
  c3 = [0.30, 'C5191R-H']
***COMMENT: Executing the generate command
***COMMENT: The current generated variation file is 'cons.var'
***COMMENT: The jobs created by the parameter study are:
  Contact_Study_cons_Con_c1
  Contact_Study_cons_Con_c2
  Contact_Study_cons_Con_c3
***COMMENT: Executing the execute command
***COMMENT: Starting execution of the parameter study in INTERACTIVE mode
```

共3个样本组合，以交互方式执行工作，提示如下：

```
Options:
 (1) Execute the next design of this study
 (2) Execute the next'n'designs of this study
 (3) Skip over the next'n'designs of this study
 (4) Execute the remaining designs of this study
 (5) Skip over the remaining designs of this study
option = 4

Contact_Study_cons_Con_c1 completed
Contact_Study_cons_Con_c2 completed
Contact_Study_cons_Con_c3 completed
*COMMENT: No more designs remain to be executed
*COMMENT: Executing the output command
*COMMENT: Executing the gather command
*COMMENT: A gather with the following setting
result = 'u2'
file = 'ODB'
step = 1
instance = 'Rigid-1'
frameValue = 'LAST' or mode = 1
variable = 'U2'
node = 1
request = 'HISTORY'
*COMMENT: Getting the result for design set Con
*COMMENT: The gather for 'u2' was successful
*COMMENT: Executing the gather command
*COMMENT: A gather with the following setting is
result = 'RF2'
file = 'ODB'
step = 1
instance = 'Rigid-1'
frameValue = 'LAST' or mode = 1
variable = 'RF2'
node = 1
request = 'HISTORY'
*COMMENT: Getting the result for design set Con
*COMMENT: The gather for 'RF2' was successful
*COMMENT: Executing the report command
*COMMENT: Results written to the file 'U_RF.psr'
```

3.结果查看

在 Abaqus 工作目录下可找到定义的结果文件 U_RF.psr，可查看收集的最大力的结果，如图 30-11 所示。

Parametric study: cons			
thick1,	mat,	u2,	RF2,
0.2,	SUS301-3/4H-N1,	-0.5,	-0.437841,
0.25,	C7025-TM02-N1,	-0.5,	-0.58273,
0.3,	C5191R-H,	-0.5,	-0.816904,

图 30-11 psr 收集的结果数据

4.可视化后处理（Visualization）

运行如下脚本 viewer_parametric.py，从 odb 中收集力量和位移数据，合并成 RF_U 曲线，可更直观地了解设计性能。

```
for i in range(1,4):
   odbName = 'Contact_Study_cons_Con_c' + str(i) + '.odb'
   odb = session.openOdb(name=odbName)
    session.XYDataFromHistory(name='RF2', odb=odb,
outputVariableName='Reaction force: RF2 PI: RIGID-1
Node 1 in NSET SET-1', steps=('Step-1', 'Step-2', ),
skipFrequency=1)
    session.XYDataFromHistory(name='U2', odb=odb,
outputVariableName='Spatial displacement: U2 PI:
RIGID-1 Node 1 in NSET SET-1', steps=('Step-1', 'Step-2', ),
skipFrequency=1)
   xy1 = session.xyDataObjects['U2']
   xy2 = session.xyDataObjects['RF2']
   xy3 = combine(-xy1,-xy2)
    session.XYData(name='RF2vsU2'+'_'+str(i),
objectToCopy=xy3, sourceDescription='combine (-"U2",
-"RF2" )')
   x0 = session.xyDataObjects['RF2vsU2'+'_'+str(i)]
   session.xyReportOptions.setValues(numDigits=9)
   session.writeXYReport(fileName= 'Contact_Study_cons_
Con_c' + str(i)  + '.rpt', appendMode=OFF, xyData=(x0, ))
   del session.xyDataObjects['RF2']
   del session.xyDataObjects['U2']
   del session.xyDataObjects['RF2vsU2']
```

查看力位移曲线如图 30-12 所示。3 条曲线代码如下：

Con_c1; [0.20, 'SUS301-3/4H-N1'];
Con_c2; [0.25, 'C7025-TM02-N1'];
Con_c3; [0.30, 'C5191R-H'];

3 种设计所产生的塑性变形基本相似，力量对比为 C3>C2>C1。

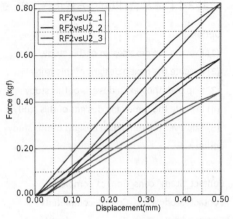

图 30-12 RF vs. Stoke

30.4 小结和点评

本讲通过一个参数化研究脚本自动执行建模、正向力和塑性变形量的求解和结果收集，以完成对连接器结构性能的参数化评估。由此可使读者对 Parametric Study 的建立方式及 Python 语言的应用有基本了解，能够给读者一定的启发和参考，从而使读者可有效应用机器语言完成更复杂、更高级的参数化研究。

点评：殷黎明 技术总监
昆山嘉华精密工业有限公司

第31讲 笔盖插入力参数化分析

主讲人：苏景鹤

软件版本	分析目的
Abaqus 2017	参数化研究笔盖与笔身的连接稳固性能

难度等级	知识要点
★★★★☆	Python参数化建模、Python处理Odb数据、响应面建立

31.1 概述说明

本讲我们研究笔盖的设计问题。从力学角度看设计笔盖时需要考虑：笔盖易于和笔体配合，同时盖好后不会因意外因素脱落。因此笔盖的设计必须满足一定的插入力和拔出力要求。通常设计者会在笔盖和笔体之间设计一些相互配合的卡槽结构来提供所需的插拔力。

31.2 问题描述

图 31-1 给出了一个简化的具有 8 个触点的镂空笔体和笔盖的装配模型。笔体和笔盖上设计的触点用来保证插拔力。当固定触点的切面形状和沿笔体的轴向位置以后，触点数目和笔体材料厚度就成了决定插拔力的主要因素。下面通过参数化模型确定最优的笔盖设计方案。

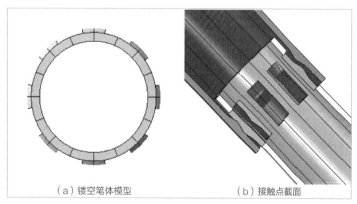

（a）镂空笔体模型　　　（b）接触点截面

图 31-1 简化装配模型

为了提高效率，分析中仅仅截取部分模型用于插拔力计算。模型具体参数为：

笔盖内径为 12mm；

每个触点对应的角度为 20°；

笔盖凸棱的下缘距笔盖下边缘 3mm；

笔体凸接触点上缘距笔体上边缘 4mm；

笔体镂空段长度为 6mm；

笔体或者笔盖中凸棱（触点）的插入和拔出的配合面斜坡均为 15°；

凸棱（触点）的轴向长度为3mm；

笔盖和笔体中各截取25mm在分析中使用；

笔盖和笔体材料都选择杨氏模量为2300MPa的塑料。

○ 需要求出参数配合（接触点数和笔盖厚度）使得插拔力F满足，$15N > F > 10N$。

31.3 参数化模型建模

根据模型周期对称的特点，建立图31-2所示的简化模型进行分析。

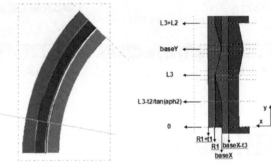

图31-2 根据周期性简化的计算模型

建模有两个关键点：需要事先计算好几何关键点的坐标（如图31-2所示）；使用旋转切割的方式生成笔体镂空特征。

Case_1_ContactSolve.py中相关代码如下：

```
1  #-*- coding: mbcs-*-
   #math 库用于数据计算；自建的 utility 库中有根据半径筛选边的函数
2  from math import *
3  from abaqus import *
4  from abaqusConstants import *
5  from caeModules import *
6  from utility import getByRadius
7
8  Nbul = 4# 触点个数
9  t0 = 0.8# 笔盖和笔体厚度
10
11 Abula = 20# 单个触点对应的圆周角
12 L1 = 25.0# 分析中笔盖长度
13 L3 = 3.0# 笔盖入口到触点的距离
14 R1 = 6.0# 笔盖内半径
15 t1 = t0# 笔盖厚度
16
17 L4 = 25.0# 分析中使用的笔体长度
18 L5 = 4.0# 笔体上端到触点的距离
19 t3 = t0# 笔体厚度
20 L6 = 6.0# 笔体上镂空的长度
21
22 L2 = 3.0# 触点区的长度
23 aph1 = 15.0# 插入坡度角度
24 aph2 = 15.0# 拔出坡度角度
......
#：：建立镂空笔体的模型
55 s2 = md.ConstrainedSketch(name='pen', sheetSize=200.0)
56 g1 = s2.ConstructionLine(point1=(0.0, -100.0), point2=(0.0, 100.0))# 旋转轴
57 c1 = s2.FixedConstraint(entity=g1)
58 baseX, baseY = R1-t2, L2+L3-t2/tan(aph2)# 计算关键点坐标
59 g2 = s2.Line(point1=(baseX, baseY), point2=(R1, L3))
60 g3 = s2.Line(point1=(R1, L3), point2=(baseX, L3-t2/tan(aph2)))
......
# 在两条线之间添加倒角特征，注意其中nearPoint参数给出大概的倒角位置（当两条曲线有
# 多个交点或者可能形成多个倒角时，nearPoint参数可以帮助确定倒角的位置）。
```

67 g9 = s2.FilletByRadius(radius=rdFt, curve1=g2, nearPoint1=(R1, L3),

68   curve2=g3, nearPoint2=(R1, L3))

69 pPen = md.Part(name='pen', dimensionality=THREE_D,

70   type=DEFORMABLE_BODY)

71 pPen.BaseSolidRevolve(sketch=s2, angle=360.0/Nbul/2.0,

72   flipRevolveDirection=OFF)

73 dat = pPen.datums

74 pd1 = pPen.DatumPointByCoordinate(coords=(20.0*cos(pi/Nbul),

75   0.0,20.0*sin(pi/Nbul)))

76 axis1 = pPen.DatumAxisByPrincipalAxis(principalAxis=YAXIS)

77 plane1 = pPen.DatumPlaneByLinePoint(line=dat[axis1.id],

78   point=dat[pd1.id])# 定义旋转切割特征的草绘平面

79 tf = pPen.MakeSketchTransform(sketchPlane=dat[plane1.id],

80   sketchUpEdge=dat[axis1.id], sketchPlaneSide=SIDE2,

81   sketchOrientation=LEFT, origin=(0.0,baseY-L2/2.0,0.0))# 定义草绘平面的空间位置

82 sCut = md.ConstrainedSketch(name='Scut',sheetSize=200, transform=tf)

……

87 pPen.CutRevolve(sketchPlane=dat[plane1.id], sketchPlaneSide=SIDE2,

88   sketchUpEdge=dat[axis1.id], sketchOrientation=LEFT, sketch=sCut,

89   angle=180.0/Nbul-Abula/2.0)# 添加旋转切割特征，形成笔体上的镂空段

……

#：定义材料属性并赋值（代码省略），并定义组装体和载荷步

103 root = md.rootAssembly

104 root.DatumCsysByDefault(CARTESIAN)

105 instPen = root.Instance(name='Pen', part=pPen, dependent=ON)

106 instCov = root.Instance(name='Cover', part=pCover, dependent=ON)

107 md.StaticStep(name='Step', previous='Initial',

108   maxNumInc=1000, initialInc=0.1, maxInc=0.1)

为了可以看到，在笔体配合过程中的插入力，该载荷步设置10个输出点

109 md.fieldOutputRequests['F-Output-1'].setValues(numIntervals=10)

定义接触对信息

111 fcs1 = instPen.faces

112 point1 = (0, baseY-L2/2.0+L6/2.0-1.0, 0)

113 point2 = (0, baseY-L2/2.0-L6/2.0+1.0, 0)

对于旋转生成的模型使用 getByBoundingCylinder 函数选取几何比较方便

114 sFaces1 = fcs1.getByBoundingCylinder(center1=point1, center2=point2,

115   radius=R1+2.0)

116 surf1 = root.Surface(side1Faces=sFaces1, name='Surf1')#side1Faces 参数表明该面法向向外

……

123 conProp = md.ContactProperty('IntProp-1')

124 conProp.TangentialBehavior(formulation=PENALTY, table=((0.1,),),

125   maximumElasticSlip=FRACTION, fraction=0.005)# 摩擦系数为0.1

126 md.SurfaceToSurfaceContactStd(name='Int-1', createStepName='Initial',

127   master=surf2, slave=surf1, sliding=FINITE,

128   interactionProperty='IntProp-1')

#：：定义载荷和边界条件

130 Csys = root.DatumCsysByThreePoints(name='cDatum', coordSysType=CYLINDRICAL,

131   origin=(0.0, 0.0, 0.0), point1=(1.0, 0.0, 0.0), point2=(0.0, 0.0, 1.0))# 定义圆柱坐标系

……

147 datum = root.datums[Csys.id]

148 xrp, zrp = (R1+t1/2.0)*cos(pi/Nbul/2.0), (R1+t1/2.0)*sin(pi/Nbul/2.0)

149 rp = root.ReferencePoint(point=(xrp, L1, zrp))# 定义输出力的参考点

150 rps = root.referencePoints

151 RPSet = root.Set(referencePoints=(rps[rp.id],), name='RPSet')#RPSet 会在后处理中用到

152 md.Coupling(name='coupling', controlPoint=RPSet, surface=Fixs, u3=ON,

153   influenceRadius=WHOLE_SURFACE, couplingType=KINEMATIC,

154   localCsys=datum)# 定义耦合，使得RPSet上可以输出插入力

```
155 md.DisplacementBC(name='sym-1',
createStepName='Initial',
156    region=sym1, u2=SET, ur1=SET, ur3=SET,
localCsys=datum)# 定义对称边界 1
157 md.DisplacementBC(name='sym-2',
createStepName='Initial',
158    region=sym2, u2=SET, ur1=SET, ur3=SET,
localCsys=datum)# 定义对称边界 2
159 md.DisplacementBC(name='Fix',
createStepName='Initial',
160    region=RPSet, u3=SET, localCsys=datum)# 固定
RPSet 端面
```

CAE 分析中网格的大小及匹配情况对计算结果影响比较大，因此需要对模型进行适当的切分来保证网格质量：笔体和笔筒在厚度方向至少有 4 个网格，并且接触区域网格应细化。具体切分和布种情况如图 31-3 所示，整个过程可以使用如下代码实现。

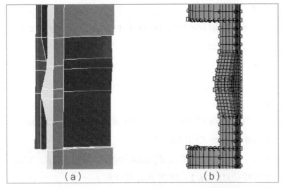

图 31-3 切分模型控制网格质量

Case_1_ContactSolve.py 中相关代码如下：

```
#：：切割模型控制网格生成过程
162 datPen = pPen.datums
163 planes = []
# 使用预先计算好的坐标数据生成辅助面
164 pd2 = pPen.DatumPointByCoordinate(coords=(20.0*cos(Abul/2.0),
165    0.0,20.0*sin(Abul/2.0)))
166 planes.append(pPen.DatumPlaneByLinePoint(line=datPen[axis1.id],
167    point=datPen[pd2.id]).id)
......
# 使用 utility 中的函数 getByRadius 可以帮助我们获得笔体中接触点上的倒角面的上下限的
# 坐标值：从位于 Z 平面上的倒角为 rdFt 的边的端点坐标给出
182 result = getByRadius(pPen, rdFt)
183 coorY, coorX= result['coordY'], result['coordX']# 记录倒角平面上下端点的坐标值
184 coorde = result['Edge'][0].pointOn[0]# 记录倒角特征弧线（Z 平面内）上一点坐标
185 pd7 = pPen.DatumPointByCoordinate(coords=(0.0, coorY[0], 0.0))
186 pd8 = pPen.DatumPointByCoordinate(coords=(0.0, coorY[1], 0.0))
187 planes.append(pPen.DatumPlaneByPointNormal(point=datPen[pd7.id],
188    normal=datPen[axis1.id]).id)
189 planes.append(pPen.DatumPlaneByPointNormal(point=datPen[pd8.id],
190    normal=datPen[axis1.id]).id)
# 使用生成的辅助面切分笔体部件
191 for idi in planes:
192    datPen = pPen.datums
193    cls = pPen.cells
194    pPen.PartitionCellByDatumPlane(datumPlane=datPen[idi], cells=cls)
#：：布种划分网格
196 egs1 = pPen.edges
197 x, y1, y2, y3, y4 = R1-t2-t3/2 ,baseY, coorY[1], coorY[0], baseY-L2
198 eg1 = egs1.findAt(((x,y1,0),),((x,y2,0),),((x,y3,0),),((x,y4,0),))
199 pPen.seedEdgeByNumber(edges=eg1, number=4, constraint=FIXED)
200 eg2 = egs1.findAt(((R1-t2-t3, coorde[1],0),), (coorde,))
201 pPen.seedEdgeByNumber(edges=eg2, number=4, constraint=FIXED)
202 x1, x2 = (coorX[0]+R1-t2)/2.0, (coorX[1]+R1-t2)/2.0
203 if coorY[0]<coorY[1]:# 判断找到的弧线的端点坐标的相对位置
204    y1, y2 = (coorY[0]+baseY-L2)/2.0,
```

```
(coorY[1]+baseY)/2.0
205 else:
206     y1, y2 = (coorY[0]+baseY)/2.0,
(coorY[1]+baseY-L2)/2.0
207 eg3 = egs1.findAt(((x1,y1,0),),((R1-t2-t3,y1,0),),)
208 eg4 = egs1.findAt(((x2,y2,0),),((R1-t2-t3,y2,0),),)
209 pPen.seedEdgeByNumber(edges=eg3, number=8,
constraint=FIXED)
210 pPen.seedEdgeByNumber(edges=eg4, number=8,
constraint=FIXED)
211 eg5 = egs1.findAt((((R1-t2)*cos(Abul/4.0),baseY,(R1-
t2)*sin(Abul/4.0)),),)
212 pPen.seedEdgeByNumber(edges=eg5, number=5,
constraint=FIXED)
213 pPen.seedPart(size=0.4, deviationFactor=0.1)
214 pPen.generateMesh()
……
264 md.DisplacementBC(name='Push',
createStepName='Step',
265     region=Push, u3=-Lmv, localCsys=datum)# 使用位
移控制笔体运动
……
```

上面的模型中网格控制的最终效果如图 31-4（a）所示。整个模型在两个简化面上使用柱坐标系加载圆周对称边界条件；笔体下端施加强制位移载荷；笔盖上端使用耦合参考点固定。笔盖上端面与参考点 RPSet 做运动耦合主要是为了方便后续提取插入力：输出参考点 RPSet 的反力值就可以得到插入力的大小（注意反力值的方向为 y 负方向，因此值为负值）。

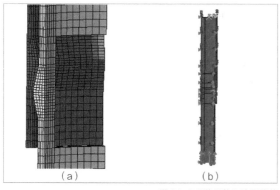

图 31-4 最终网格和边界载荷

模型计算完成后，输出参考点 RPSet 的反力的变化过程可得到图 31-5。为了自动提取最大反力结果，需要编写后处理的脚本程序来提取最终的反力值大小。

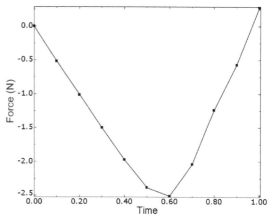

图 31-5 反力变化历程

Case_1_ContactSolve.py 中相关代码如下：

```
#：：提取反力结果
271 odb = session.openOdb(name=INPName+'.odb')
272 session.viewports['Viewport: 1'].
setValues(displayedObject=odb)
273 xyList = xyPlot.xyDataListFromField(odb=odb,
outputPosition=NODAL,
274     variable=(('RF', NODAL, ((COMPONENT, 'RF2'), )), ),
275     nodeSets=('RPSET', ))
276 data = xyList[0].data
277 Result = abs(min(zip(*data)[1]))*Nbul
```

31.4 优化策略与结果

对该问题，可以使用一种比较直观的方法来求解，即拟合。首先需要针对不同的参数配合计算其对应的插入力；然后对参数-结果数据进行拟合，得到比较好的"响应函数"；进而通过求解响应函数的极值来确定系统的可能最优解；最后再对结果进行验证。

先对均匀分布的参数组合进行分析得到对应的插

入力的数值。这一步只需要将前面的建模分析的脚本包装为函数，在主函数中循环调用该函数即可。下面的代码运行后会将均匀分布的 9 组参数模型的计算结果数据存入压缩文件 data.pkl 中。

Case_2_penSolve.py 中代码如下：

```
1  #-*- coding: mbcs-*-
2  import pickle
……
25 def getForce(numbers, thickness, RName = ''):#CAE 建模
   计算求解函数
……
302    return Result*Nbul
# 计算 9 组参数组合的结果，并记录入结果文件 data.pkl 中
304 if __name__=='__main__':
305    numLimit, thkLimit, nDiv = 12, 1.2, 3
306    numbers, thickes, results = [], [], []
307    for i in range(1,nDiv+1):
308       for j in range(1,nDiv+1):
309          numi = numLimit*i/nDiv
310          thki = thkLimit*j/nDiv
311          numbers.append(numi)
312          thickes.append(thki)
313          results.append(getForce(numi, thki, str(i)+str(j)))
314
315    output = open('data.pkl', 'wb')
316    pickle.dump(numbers, output)
317    pickle.dump(thickes, output)
318    pickle.dump(results, output)
319    output.close()
```

触点个数对插入力的影响近似为线性关系，而笔体的刚度和壁厚之间存在三次方关系，再考虑到两个输入量之间的相互作用，选择如下的响应函数形式对计算数据进行拟合：

$$z = a_0 xy + a_1 x + b_3 y^3$$

使用 Scipy 中提供的 curve_fit 进行多项式拟合（代码参见 Case_3_SimpleFit.py）。最终的拟合结果如图 31-6 所示。所有数据点处拟合函数的残差平方的均值为 1.86。具体拟合函数结果为：

$$z = 4.49xy - 1.08x + 3.35y^3$$

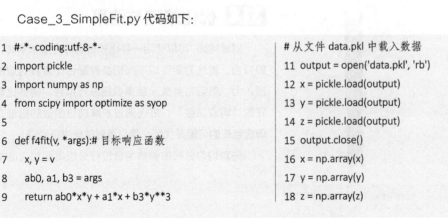

图 31-6 响应函数拟合结果

Case_3_SimpleFit.py 代码如下：

```
1  #-*- coding:utf-8-*-
2  import pickle
3  import numpy as np
4  from scipy import optimize as syop
5
6  def f4fit(v, *args):# 目标响应函数
7     x, y = v
8     ab0, a1, b3 = args
9     return ab0*x*y + a1*x + b3*y**3
```

```
# 从文件 data.pkl 中载入数据
11 output = open('data.pkl', 'rb')
12 x = pickle.load(output)
13 y = pickle.load(output)
14 z = pickle.load(output)
15 output.close()
16 x = np.array(x)
17 y = np.array(y)
18 z = np.array(z)
```

```
19  v = np.array([x,y])
20  guess = [1.0, 1.0, 1.0]
21  params, params_cov = syop.curve_fit(f4fit,v,z,guess)
22  resd = [z[i] - f4fit([x[i],y[i]], *params) for i in
range(len(x))]# 计算残差值
……
27  # 利用拟合函数构造数据点
28  x1 = np.linspace(2, 15, 15)
29  y1 = np.linspace(0.2, 1.5, 15)
30  x1 , y1 = np.meshgrid(x1,y1)
31  v1 = np.vstack([x1.flatten(),y1.flatten()])
32  zfit = f4fit(v1, *params)
33  zfit = zfit.reshape((15,15))
34  # 同时显示数据点和拟合函数
35  import matplotlib.pyplot as plt
36  from mpl_toolkits.mplot3d import Axes3D
37  fig = plt.figure()
38  ax = fig.add_subplot(111,projection='3d')
39  ax.scatter(x, y, z, s=90, marker='o')
40  wf = ax.plot_wireframe(x1,y1,zfit, rstride=1, cstride=1)
41  ax.set_xlabel('Partical Numbers (-)')
42  ax.set_ylabel('Thickness of pen (mm)')
43  ax.set_zlabel('Max insert Force (N)')
44  plt.show()
```

若笔体壁厚为 0.8mm，利用获得的响应函数可以快速估算出两个可行解：（4,0.8）和（5,0.8）。最后使用脚本 Case_1_ContactSolve.py 对这两组结果进行检验。响应函数预测的参数组合（4,0.8）和（5,0.8）对应的插入力分别为 11.76N 和 14.28N，而实际建模分析结果为 10.06N 和 13.78N。至此，完成了利用响应函数寻找满足特定要求的设计任务。

○ 使用上述方式建立响应函数，对参变量较少的情况（2个或者3个）比较合适，当参变量较多、系统比较复杂的时候很难找到一个可以很好地拟合所给的数据的多项式函数。这个时候插值方法就成了比较好的选择，如基于径向基函数（Radial Basis Function，RBF）的插值算法或者更复杂的高斯回归算法（Kriging方法）。
Scipy库中提供了RBF插值函数，如对上面例子中的数据，可以利用如下的语句建立RBF相应函数。
RBFFit = syip.Rbf(x,y,z,function='gaussian')
其中x,y,z为数据，而function参数代表传入的基函数形式。运行附件中的脚本Case_4_RBF.py就可以得到图31-7所示的响应函数。

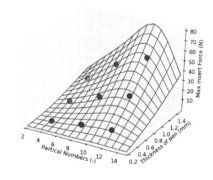

图 31-7 RBF 算法得到的插值结果

31.5 小结和点评

本讲以笔盖的简化模型为研究对象，利用 Python 脚本完成笔盖插入力参数化模型的优化问题，详细讲解了如何有效利用机器语言完成复杂的模型参数优化，并给出了不同情况下的建立响应函数的方法，对 DOE 的设计和科研起到积极作用。

点评：姚宗撰 博士　二次开发技术专家
DS SIMULIA

第 12 部分

非参优化

第32讲 飞机起落架扭力臂的拓扑优化分析

主讲人：顾仲

软件版本	分析目的
Abaqus 6.14	优化飞机起落架扭力臂结构

难度等级	知识要点
★★★★☆	拓扑优化、基于条件算法、通用算法、稳态求解

32.1 概述说明

拓扑优化是一个在最小化/最大化目标的同时给出所约束的材料的布局的过程。具体来说，就是一种基于条件的优化（如体积约束）的情况，去生成相应参数最优良（如刚度）的拓扑结构。

飞机起落架结构的设计在满足一定结构刚度的前提下，会尽可能地轻量化。然而，去探究到底去除（或称Cut）零件什么部位的多余部分并不是一件十分容易的事情。在传统工艺手段中，可能会经常采用耗时且昂贵的测试方法，且结果也往往并不理想。现在，使用 Abaqus/CAE 中的优化模块对起落架的扭力臂进行拓扑优化，以满足上述的轻量化设计需求。

在本讲中，将会对飞机起落架上的扭力臂模型进行拓扑优化，分别基于条件算法与通用算法建立优化任务，并且对于同一模型，在设计区域、优化约束、几何限制等主要参数的设置上都有较多的差别，优化结果在特征上也有显著不同，旨在为读者提供一个对于整个 Abaqus 优化模块更加全面和细致的分析和展示。

> ○ 在Abaqus 2017中已整合了Tosca的4类优化功能（拓扑、形状、加强筋和尺寸），由于部分用户受限于License，故本讲还以Abaqus 6.14进行讲解。

32.2 问题描述

32.2.1 工况说明

图 32-1 所示为飞机的起落架装配示意图，起落架由以下 4 个部分组成：①扭力臂、②连接销、③下悬架、④上悬架。其中扭力臂和连接销的装配件组合如图 32-2（左）所示。

当飞机起落架工作时，上、下悬架会发生相对位移（飞机降落时）或者相对扭转（飞机在地面转弯时）。这两种情况都会对扭力臂产生不同的加载，前者使扭力臂相对连接销发生扭转，后者使扭力臂相对连接销发生轴向的弯曲。因此，当对扭力臂进行结构优化时，需要对这两种加载情况进行相应的设置。

图 32-1 飞机起落架装配示意图　　图 32-2 初始设计（左）和设计区域（右）

> 拓扑优化的思想是尽可能在保持模型受力部分坚固的同时，节省所花费的材料。因此，优化过程的主要部分是移除（也称cut）模型的多余部分并且使模型仍然能够承受相应的预定载荷。所以，在设计初始模型以备优化的时候，需要尽可能将模型的尺寸增大，使优化过程中有更多的选择，优化结果更理想。经过调整的模型如图32-2（右）所示，与原始设计图相比尺寸得到了相应增加。

32.2.2 模型说明

图 32-3 所示的有限元模型已保存在随书文件 xxx_pre.cae（conditional 或 general）。模型中材料为钛，弹性模量为 114 GPa，泊松比设置为 0.34。

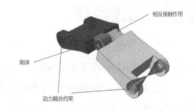

> 1. 如果网格太粗糙，会使计算的结果应力不准确从而影响优化结果。
> 2. 更详尽的设置请查看随书模型文件。

图 32-3 有限元模型

模型中单元为C3D8R连续单元。该扭力臂的网格划分使用的是线性、缩减积分的三维应力单元（C3D8R）。也可以使用 Mesh 模块继续调整所建立的网格以获得更精确的优化结果。

模型中对扭力臂的两端施加 2 个运动耦合约束，连接销部分的连接单元使用刚体约束，扭力臂和连接销定义相互接触。载荷加载 1 方向的集中力和 1、2 方向的扭矩。

32.2.3 优化说明

拓扑优化的任务目标是在相对体积约束 0.5（相当于去除 50%的相对体积）的条件下，使设计区域的最大应变能最小化（相当于最大化刚度），同时考虑实际生产限制。

因此，优化模块中的目标函数为：

» 扭力臂的刚度在关键加载步中最大
» 最大柔韧度（总应变能）在关键加载步中最小
» 关键加载步、最小化分析步中应变能的最大值

优化模块中所建立的约束为：

» 体积约束为 $V_{final} \leq 0.5 V_{intial}$
» RP1 点的 1 轴的旋转自由度约束，如图 32-4 所示

而设计与生产限制为：

图 32-4 连接销部分固定

- 非优化区域的限制
- 铸造工艺的限制

32.3 基于条件算法

32.3.1 导入优化模型

应用命令 File → Import → Model，将模型 torque-link-assembly_conditional_6.14_pre.cae 导入。

32.3.2 建立优化任务

如图 32-5 所示，在 Abaqus/CAE 的界面左侧的模型树中单击鼠标右键选择 Optimization Tasks → Create。选择优化方法为拓扑优化（Topology optimization），建立任务名为 optimize-link-stiffness 的拓扑优化任务。

（a）创建优化任务　　（b）选择优化类型并命名

图 32-5 建立优化任务

32.3.3 定义设计区域

单击图 32-5（b）中的 Continue 按钮，在底部提示区取消勾选 Create set，单击右侧的 Sets 按钮，在弹出的对话框中选择设置好的 set 集 OPTIMIZE-REGION，勾选 Highlight Selections in viewport 选项来高亮显示选中的区域，如图 32-6（a）所示。

单击图 32-6（a）中的 Continue 按钮，进入 Edit Optimization Task 对话框。

在图 32-6（b）所示的 Basic 选项卡中，取消勾选 Freeze load regions（会在之后的创建几何限制中进行相应的替代操作）；将 Advanced 选项卡中，Algorithm 选择为 Condition-based optimization，如图 32-6（c）所示，单击 OK 按钮完成设置。

（a）选择优化区域　　（b）Basic 选项卡　　（c）Advanced 选项卡

图 32-6 定义优化设计区域

> ○ 所选区域所有元素将被视为优化的目标，而在某些情况下，一些特定的部分不需要优化则会排除在优化区域之外。在本讲中采用了一种替代方案，是将部件的整体作为设计变量并创建冻结区域（Freeze load regions）或者称为"硬区域"，通常而言这种方案更有意义。
> 当使用这种方法的时候，必须使指定的体积约束不小于总的可用体积，需要存在优化区域的体积与冻结区域的区分度，否则将发生错误。

32.3.4 建立设计响应

设计响应是为定义目标或约束而创建的参数。基于条件的优化问题的原理是最小化模型结构的柔度以便最大化其刚度（两者互为倒数关系）。

优化区域中单个单元的应变能的总和作为度量模型结构柔度的参数，通过最小化总应变能来提高优化结果的刚度。

在起落架的模型中有两个分析步，一个是飞机的转向，另一个是飞机的制动。在实际情况中，转向占主导地位，因此在本讲中主要讨论 TURNING 分析步。

1. 应变能响应

如图 32-7（a）所示，在界面左侧模型树中的 Design Responses 选项单击鼠标右键，选择 Create 选项打开 Create Design Response 对话框。

如图 32-7（b）所示，在 Create Design Response 对话框中，将响应名称重新命名为 strain-energy-turning，类型选择为默认的 Single-term，单击 Continue 按钮继续，在底部提示区选择 Whole Model。

如图 32-7（c）所示，进入 Edit Design Response 对话框，在变量名选项卡（Variable）中选择 strain energy→Strain energy，在 Operator on values in region 选项框中选择 Sum of values。

如图 32-7（d）所示，切换到 Steps 选项卡，单击 + 按钮添加相关的分析步，在 Step and Load Case 中选择 Step-1-TURNING，单击 OK 按钮完成设置。

（a）建立设计响应　　（b）选择响应类型并命名　　（c）定义应变能　　（d）添加分析步

图 32-7 建立应变能响应

2. 体积响应

在拓扑优化中，假设材料元素所占的体积是可以删除的，并且将材料的删除（cut）定义为体积约束。在指定体积约束之前，需要先创建体积设计响应。

如图 32-8（a）所示，在界面左侧模型树中的 Design Responses 选项单击鼠标右键，选择 Create 选项打开 Create Design Response 对话框。

如图 32-8（b）所示，将响应名称重新命名为 volume，单击 Continue 按钮确定响应区域，并且选择 Body(elements)→OPTIMIZE-REGION（已经创建的 set 集），进入 Edit Design Response 对话框，如图 32-8（c）所示，在变量名选项卡（Variable）中选择 Volume 作为响应目标，其余选项默认，单击 OK 按钮完成设置。

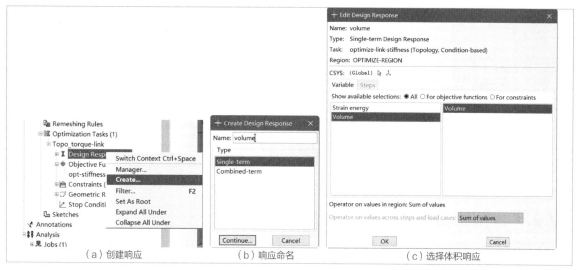

（a）创建响应　　（b）响应命名　　（c）选择体积响应

图 32-8 创建体积响应

32.3.5 创建目标函数

在大多数例子中，会存在多个复杂的载荷工况，在每个优化迭代中，只想对最重要的负载区域进行分析。创建目标函数允许指定在优化任务中，其包括了具体要执行哪些操作及操作目的，其可控性高，使用也较为便捷。

在本例中，TURNING 分析步占据应变能变化的主要部分，将其最大值最小化是本次优化的目标。

如图 32-9（a）所示，在模型树中的 Objective Function 单击鼠标右键选择 Create。

如图 32-9（b）所示，在 Create Objective Function 对话框中，将目标函数名称改为 optimize-stiffness，单击 Continue 按钮进入 Edit Objective Function 对话框。

在 Edit Objective Function 对话框中，如图 32-9（c）所示，选择 Target 为 Minimize design response values，在 Design Response 区域单击 + 按钮添加 strain-energy-turning，Weight 默认选择 1，单击 OK 按钮完成设置。

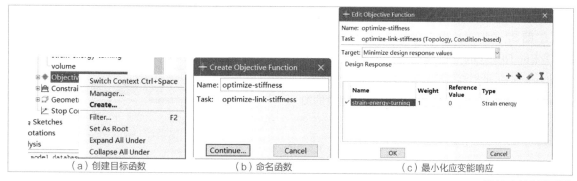

（a）创建目标函数　　（b）命名函数　　（c）最小化应变能响应

图 32-9 创建目标函数

32.3.6 创建优化约束

如图32-10（a）所示，在模型树中的Constraints单击鼠标右键选择Create，进入Create Constraint对话框。如图32-10（b）所示，将约束名称命名为volume-constraint，单击Continue按钮继续。

在打开的Edit Optimization Constraint对话框中，如图32-10（c）所示，在Name选项框中选择volume，并在A fraction of the initial value选项中将约束定为0.5，单击OK按钮完成设置。

（a）创建约束　　　　（b）命名约束　　　　（c）指定约束条件

图32-10 创建体积约束

32.3.7 建立几何限制

几何限制是对拓扑优化问题的额外约束，使我们能够获得更切合实际的优化结果。如果不设置几何限制的话，一方面，拓扑优化结果可能无法使用常规的生产技术制造；另一方面，添加几何限制也能得到工件所需要的对称性或尺寸大小的约束等。

与此同时，为了在模型中保持原始的设计意图，即通过扭力臂与连接销（通过建立的运动耦合模型）将负载从一端传输到另一端，需要固定载体所施加的区域。而在建立设计区域时，选择了整个模型作为优化区域，所以本讲中会在几何限制中进行相应设置以对载荷加载区域强制保持约束（即不会被优化器所改动）。

1. 固定载荷区域

如图32-11（a）所示，在模型树中的Geometric Restrictions单击鼠标右键选择Create，进入Create Geometric Restriction对话框，创建几何限制。

在图32-11（b）中，选择限制类型为Frozen area，名称命名为frozen-area，单击Continue按钮继续。

在图32-11（c）中，将限制区域选择为FROZEN-REGION（已创建的set集），单击Continue按钮，此时会显示图32-11（d）所示的提示，此操作会自动按照相应设置限制载荷与边界条件的加载，单击OK按钮完成设置。

（a）创建几何限制　（b）选择类型并命名

（c）选择限制区域　（d）限制提示

图32-11 限制载荷加载区域

2. 分模面几何限制

为了确保最终的设计方案可以使用相应的成型技术制造，需要对优化进行特定的中心平面几何限制（分模面），并且通过指定脱模区域、拉动方向和位于脱模平面上的点来确定。

» 创建第一部分的工艺限制

如图32-12（a）所示，在模型树中的Geometric Restriction单击鼠标右键选择Create，创建扭力臂的分模面几何限制。在图32-12（b）中，将打开的Create Geometric Restriction对话框中限制名称命名为demold-central1，Type选择为Demold control (Topology)，单击Continue按钮继续。

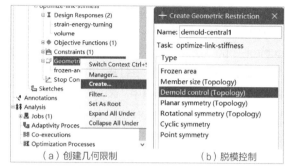

（a）创建几何限制　　　　（b）脱模控制

图32-12 创建脱模几何限制

如图32-13（a）所示，在Region Selection对话框中，选择DEMOLD-REGION-1，勾选Highlight selections in viewport来查看选中的区域。单击Continue按钮继续。

如图32-13（b）所示，在Edit Geometric Restriction对话框中，将Demold technique选择为Demolding with a central plane，Central plane选择为Specify，如图32-13（c）所示，在跳转的Region Selection对话框中，选择POINT-ON-CENTRAL-PLANE-1为分模面上的点，单击continue按钮继续。

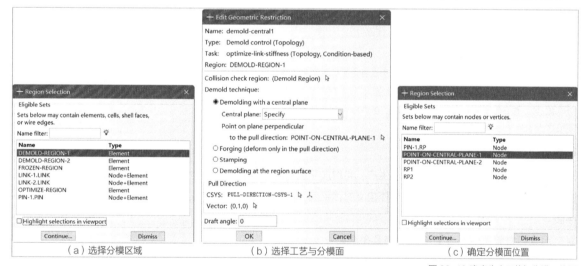

（a）选择分模区域　　　（b）选择工艺与分模面　　　（c）确定分模面位置

图32-13 确定生产工艺与分模面位置

在Pull Direction中需要确定坐标系与坐标系对应的矢量，在CSYS中不选择默认的全局坐标系（Global），选择已经建立的PULL-DIRECTION-CSYS-1坐标系，在Vector选项中指定矢量方向（0，1，0）。

> 1. Collision check region确保了任何被去除的单元元素（即密度被缩小到一个小于1的值的单元）不会与拉动方向上的模型产生碰撞。碰撞检查区域必须至少等于脱模区域，并且默认情况下等于脱模区域，所以此处无需再去设置。
> 2. Vector的指定需要输入起始点与终止点坐标，在设置的PULL-DIRECTION-CSYS-1坐标系中，只需输入起始点坐标（0，0，0）与终止点坐标（0，1，0）即可。
> 3. 在本讲中，可以通过建立分模面作为工艺约束，也可以通过建立冲压工艺约束来限制优化结果（stamping），此方法会在通用算法里介绍。

» **创建第二部分的工艺限制**

如图 32-14（a）所示，在模型树中的 Geometric Restriction 单击鼠标右键选择 Create，在图 32-14（b）中将名称命名为 demold-central2，Type 选择为 Demold control(Topology)。

如图 32-14（c）所示，在打开的 Region Selection 对话框中，区域选择为 DEMOLD-REGION-2，分模面位置由点 POINT-ON-CENTRAL-PLANE-2 定义，坐标系选择为 PULL-DIRECTION-CSYS-2，Vector 选择为（0, 1, 0），如图 32-16（d）所示。

（a）创建几何限制　　（b）选择限制类型并命名

（c）选择限制区域　　（d）确定工艺与分模面

图 32-14 创建第二部分的几何限制

○ 1. 默认情况下，拔模角度设置为0。之所以将角度引入优化的模型中，是确保优化后的部件能够从模具中分离。一般将值设定在0°~10°之间即可，这里使用默认值0。
2. 第二部分的拔模方向依旧显示为（0, 1, 0），因为使用的是不同的坐标系。

3. 建立对称几何限制

为了简化模型的优化结果，便于生产，将增加平面对称性限制。平面对称几何限制迫使最终设计方案对指定平面进行对称。要指定此限制，需要定义对称平面，可以通过选择坐标系和对称平面的法线方向来确立对称平面。

» **建立扭力臂第一部分的平面对称几何限制**

如图 32-15（a）所示，在模型树中的 Geometric Restriction 单击鼠标右键，选择 Create，创建新的几何限制，在图 32-15（b）中将限制的名称设置为 planar-symmetry1，Type 选择为 Planar symmetry（Topology）。

（a）创建几何限制　　（b）平面对称

图 32-15 创建平面对称的几何限制

如图32-16（a）所示，在Region Selection对话框中，选择DEMOLD-REGION-1，单击Continue按钮继续。跳转到Edit Geometric Restriction对话框，如图32-16（b）所示，在Normal to Symmetry Plane中选择坐标系与坐标轴。Axis选择2轴（即参考坐标系Y轴），CSYS选择PULL-DIRECTION-CSYS-1，单击OK按钮完成设置。

（a）选取区域　　　　　　（b）对称平面法向

图32-16 定义区域与对称面

» **建立扭力臂第二部分的平面对称几何限制**

如图32-17（a）所示，在模型树中的Geometric Restriction单击鼠标右键，选择Create，创建新的几何限制。在图32-17（b）中，将限制的名称设置为planar-symmetry2，Type选择为Planar symmetry(Topology)。

在图32-17（c）中的Region Selection对话框中，选择DEMOLD-REGION-2，单击Continue按钮继续。

跳转到Edit Geometric Restriction对话框，在Normal to Symmetry Plane中选择坐标系与坐标轴。Axis选择2轴，CSYS选择PULL-DIRECTION-CSYS-2，如图32-17（d）所示，单击OK按钮完成设置。

（a）创建几何限制　　　　　　（b）选择限制类型并命名

（c）选择限制区域　　　　　　（d）创建对称条件

图32-17 创建扭力臂第二部分的对称几何限制

32.3.8 创建优化进程

如图32-18(a)所示,在模型树中的Optimization Processes单击鼠标右键,选择Create,创建优化进程。

在图32-18(b)中的Edit Optimization Process对话框中,将创新的优化进程名称命名为optimize-link,Model选择为torque-link-assembly,Task选择为optimize-link-stiffness,在Description中将进程描述为topology optimization of a link,最大周期设为15,单击OK按钮完成设置。

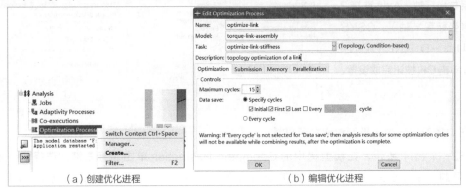

(a)创建优化进程　　(b)编辑优化进程

图 32-18 创建和编辑优化进程

32.3.9 提交优化进程

如图32-19所示,在模型树中所创建的进程名称上单击鼠标右键,选择Submit提交进程。

在任务计算过程中,可以通过单击鼠标右键选择Moniter打开监视器对话框,实时查看任务的计算进程,如图32-20所示。

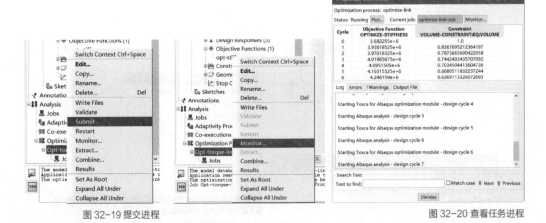

图 32-19 提交进程　　　　　　　　图 32-20 查看任务进程

在Topo_torque-link Monitor对话框中,单击Plot按钮可以以图表的方式查看不同计算周期后的优化结果,如图32-21所示。

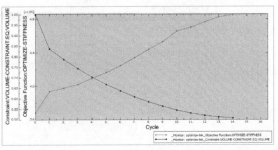

图 32-21 实时查看优化进程

32.3.10 查看优化结果

要在 Visualization 模块中查看优化结果,必须先将优化结果 Combine 到一个输出文件中(ODB)。在特殊条件下,为了减输出数据库文件的大小,可以仅保留第一个和最后一个设计周期的分析结果。对于分析结果,仅在优化期间保留模型中的应力和位移,即场输出变量为 S 和 U。

> 在后处理拓扑优化结果时,Combine 操作会将归一化的材料密度绘制为场输出至可视化模块,在此基础上再进行一系列的结果查看,如等值面上的应力和应变,或者继续提取新的拓扑优化结果的表面网格。另一方面,通过查看优化过程中的历史输出来监控目标和约束也十分重要。

1. Combine 结果

如图 32-22(a)所示,在模型树中的进程名称 optimize-link(状态显示为 complete)单击鼠标右键,选择 Combine,将优化结果导入 ODB 文件中以便查看,如图 32-22(b)所示。

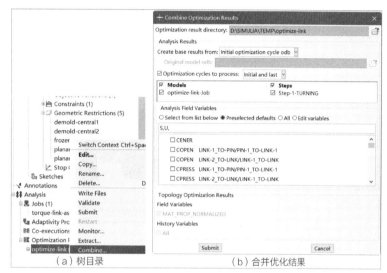

(a)树目录　　　　　　(b)合并优化结果

图 32-22 优化结果合并

2. 查看优化结果

再次在模型树的进程名称 optimize-link 单击鼠标右键,选择 Results,进入 Visualization 模块中查看优化结果,如图 32-23 所示。

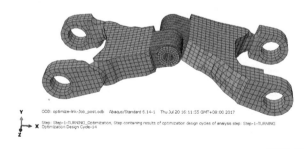

图 32-23 查看优化结果

应用命令 Result→Step/Frame,打开图 32-24(a)所示的 Step/Frame 对话框,选择相应的 Frame:Index 值,单击 OK 按钮后可以查看不同计算周期后的结果,默认选择 Index 值为 14,即优化的最终结果。

单击 Step/Frame 对话框底部的 Field Output 按钮,或者应用命令 Result→Field Output 进入图 32-24(b)所示的 Field Output 对话框,在 Primary Variable 选项卡中的 Output Variable 选框中,将 Name 选择为 MAT_PROP_NORMALIZED,结果如图 32-24(c)所示。

第12部分 非参优化

图 32-24 查看最终相对密度优化结果

应用命令 Result→Option，打开 Result Options 对话框，将 Averaging threshold 调至 100%，可以观察到最终优化结果中存在中间密度元素，尽管数量较小或者可能没有。这种方法可以在边界处提供平滑效果，结果的查看也更直接，如图 32-25 所示。

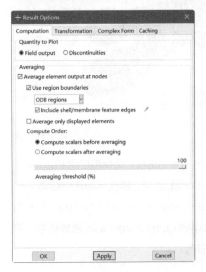
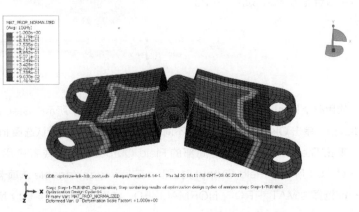

图 32-25 Avg 为 100% 下的优化结果

单击可视化界面左侧工具箱中的 ，查看优化结果的表面密度分布情况，如图 32-26 和图 32-27 所示。

图 32-26 优化结果相对密度分布

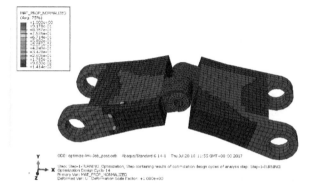

图 32-27 查看表面相对密度等值线

单击 右侧的 ，打开 View Cut Manager 对话框，通过在 Opt_surface 中选中 ，查看相对密度等值线在初始模型表面的分布，或者取消勾选 ，查看优化结果的表面，如图 32-28 所示。

图 32-28 查看优化表面

3.约束和目标迭代曲线

在结果树中，由上往下依次展开，Optimize-link-Job post.odb → HistoryOutput → Artificial strain energy → Optimization History: [VAR] VOLUME for Whole Model。在 Optimization History:[VAR]VOLUME for Whole Model 单击鼠标右键，选择 Save as，命名为 volume-constraint，单击 OK 按钮，则体积约束曲线变化如图 32-29 所示。

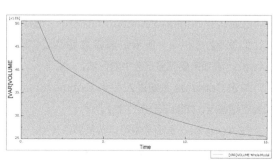

图 32-29 体积约束曲线

应用命令 Tools → XY Data → Manager，打开 XY Data Manager 对话框，选择名称为 volume-constraint，单击右侧的 Edit 按钮，打开 Edit XY Data 对话框以查看数据，如图 32-30 所示。

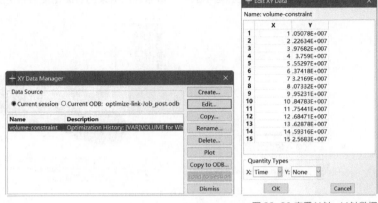

图 32-30 查看 X 轴、Y 轴数据

> 优化结果历史输出数据将会写入当前的工作目录中的 optimize-link 文件夹中，名称为 optimization_report.csv。只要优化进程仍在运行并且文件夹未被锁定，该文件便可读取并且跟踪优化的进度。

32.4 通用算法

32.4.1 建立优化任务

将上例中的模型文件复制，重新命名为 torque-link，并将存在的优化任务删除。使用通用算法建立新的拓扑优化任务。

模型文件中已经完成材料、载荷及边界条件的设置，在 Abaqus/CAE 的界面左侧模型树中的 Optimization Tasks 单击鼠标右键，选择 Create，如图 32-31（a）所示。在图 32-31（b）中，选择优化方法为 Topology optimization，建立名为 Topo_torque-link 的拓扑优化任务。

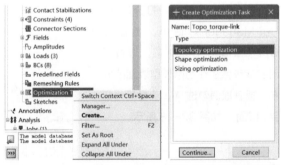

图 32-31 建立拓扑优化任务

32.4.2 定义设计区域

在跳转的 Region Selection 对话框中，选择需要优化的设计区域。

如图 32-32（a）所示，选择名称为 OPTIMIZE-REGION 的 set 集，勾选 Highlight selections in viewport 选项来高亮显示选中的区域。

单击 Continue 按钮进入 Edit Optimization Task 对话框，默认勾选 Freeze load regions，将载荷的加载区域固定，如图 32-32（b）所示。

在 Advanced 选项卡中可以选择算法类型，分为通用算法（基于敏感性）和基于条件算法，在本例中默认选择通用算法，单击 OK 按钮完成设置。

第32讲 飞机起落架扭力臂的拓扑优化分析

（a）选择优化设计区域　　　　　（b）冻结区域

图 32-32 选择设计区域

32.4.3 建立设计响应

如图 32-33（a）所示，在界面左侧模型树中的 Design Responses 单击鼠标右键，选择 Create，打开 Create Design Response 对话框。

1. 体积响应

在图 32-33（b）中，将响应重命名为 D-Response-1-volume，单击 Continue 按钮，再选择 Body(elements)→OPTIMIZE-REGION（已经创建的 set 集）确定响应区域。

如图 32-33（c）所示，进入 Edit Design Response 对话框，在变量名（Variable）选项卡中选择 Volume 作为响应目标，其余选项默认，单击 OK 按钮完成设置。

（a）建立设计响应　　　（b）选择响应类型并命名　　　（c）定义体积响应

图 32-33 创建体积响应

2. 应变能响应

同定义体积响应类似，如同 32-34（a）所示创建针对应变能的新的设计响应。其中，在图 32-34（b）所示的变量名（Variable）选项卡中选择 Strain energy 选项，在图 32-34（c）所示的 Steps 选项卡中选择 Model 为 torque-link'，Step and Load Case 选择 Step-1-TURNING，其余选项默认，单击 OK 按钮完成设置。

第12部分 非参优化

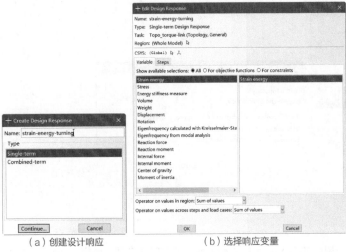
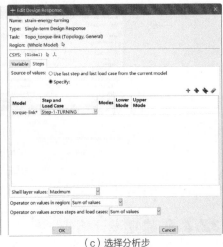

（a）创建设计响应　　　　　　（b）选择响应变量　　　　　　（c）选择分析步

图 32-34 创建 TURNING 分析步的应变能响应

> ○ 新版Tosca设计响应中的"能量-刚度法"就是执行刚度优化的推荐方法。其特点是计算效率高，总是可以达到刚度最大化，并且就算法本身而言较为科学，其对整个模型的全局控制十分精确。

3. 旋转响应

如图 32-35（a）所示，继续在模型树中的 Design Responses 单击鼠标右键来创建 RP1 点的设计响应；并按图 32-35（b）所示的将响应名称命名为 rotation-RP1-turning，单击 Continue 按钮，单击提示窗口的 Point(nodes) 按钮，选择图 32-35（c）所示的 RP1 点作为响应对象。

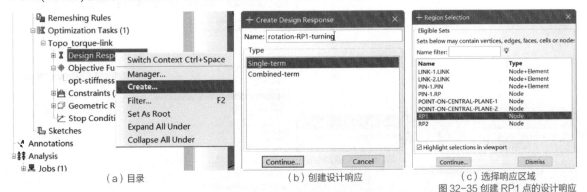

（a）目录　　　　　　（b）创建设计响应　　　　　　（c）选择响应区域

图 32-35 创建 RP1 点的设计响应

如图 32-36（a）所示，在 Variable 选项卡中选择 Rotation → 1-direction，建立 RP1 点的旋转响应。

在图 32-36（b）中的 Steps 选项卡中选择 Specify 指定分析步，单击 + 按钮，选择 Model 为 torque-link*，Step and Load Case 选择 Step-1-TURNING，其余选项默认，单击 OK 按钮完成设置。

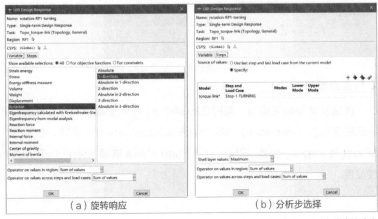

（a）旋转响应　　　　　　（b）分析步选择

图 32-36 建立 RP1 点的旋转响应

32.4.4 创建目标函数

如图 32-37（a）所示，在模型树中的 Objective Function 单击鼠标右键，选择 Create。

在图 32-37（b）所示的 Create Objective Function 对话框中，将目标函数名称改为 opt-stiffness，单击 Continue 按钮进入 Edit Objective Function 对话框。

选择 Target 为 Minimize design response values，在 Design Response 区域单击"+"添加 strain-energy-turning，单击 OK 按钮完成设置，如图 32-37（c）所示。

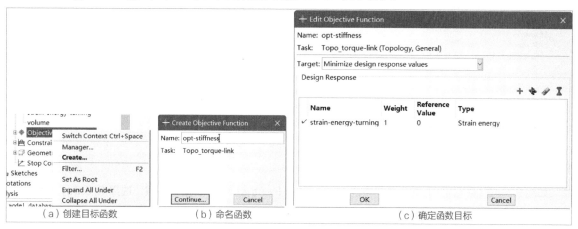

图 32-37 创建目标函数

32.4.5 创建优化约束

如图 32-38（a）所示，在模型树中的 Constraints 单击鼠标右键，选择 Create，进入 Create Constraint 对话框，将约束名称命名为 volume-constraint，如图 32-38（b）所示，单击 Continue 按钮继续。

在 Name 选项框中选择 Volum 并将约束定为 $V_{final} \leq 0.5 V_{initial}$，如图 32-38（c）所示，单击 OK 按钮完成设置。

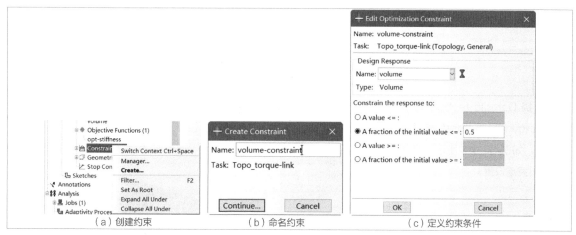

图 32-38 创建体积约束

继续在模型树中的 Constraints 单击鼠标右键，选择 Create，进入 Create Constraint 对话框。

将约束名称命名为 rotation-constraint，单击 Continue 按钮继续，在 Edit Optimization Constraint 对话框中的 Name 选项框中选择 rotation-RP1-turning，在 Constrain the response to 中选中 A value >=，并设定值为 -0.959，即约束 RP1 ≥ -0.959，如图 32-39 所示，单击 OK 按钮完成设置。

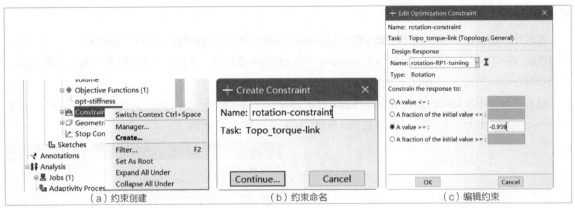

图 32-39 创建旋转约束

32.4.6 建立几何限制

1. 创建几何限制 1

如图 32-40（a）所示,在模型树中的 Geometric Restriction 单击鼠标右键,选择 Create,创建扭力臂的冲压工艺几何限制。

如图 32-40（b）所示,将限制命名为 restrict-stamp-1,Type 选择为 Demold control（Topology）,区域选择 DEMOLD-REGION-1（set 集）,如图 32-40（c）所示。

图 32-40 建立扭力臂几何限制 1

选择 Demold technique 为 Stamping,在 Vector 中选择脱模方向,如图 32-41 所示,单击 OK 按钮完成设置。

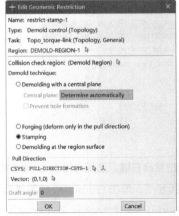
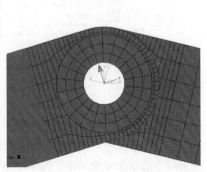

图 32-41 选择脱模方向 1

2.创建几何限制2

如图32-42（a）所示，继续在模型树中的 Geometric Restriction 单击鼠标右键，选择 Create，选择创建新的几何限制。

如图32-42（b）所示，Type 选择为 Demold control(Topology)，并将几何限制命名为 restrict-stamp-2，单击 Continue 按钮继续。

如图32-42（c）所示，进入 Region Selection 对话框，选择 set 集 DEMOLD-REGION-2，单击 Continue 按钮继续。

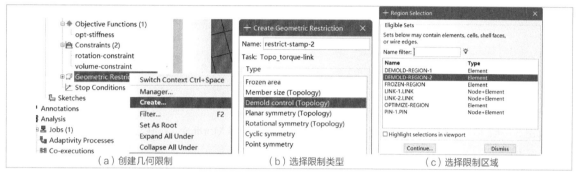

（a）创建几何限制　　（b）选择限制类型　　（c）选择限制区域

图 32-42 创建扭力臂几何限制 2

选择 Demold technique 为 Stamping，在 Vector 中选择脱模方向，如图 32-43 所示，单击 OK 按钮完成设置。

整个优化模块的初始设置已经完成，在模型树中可以查看已经建立的响应与约束等。

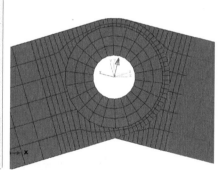

图 32-43 选择脱模方向 2

32.4.7 创建优化进程

如图32-44（a）所示，在模型树中的 Optimization Processes 单击鼠标右键，选择 create，创建优化进程。

在图 32-44（b）所示的 Edit Optimization Process 对话框中，将任务名称命名为 Opt-torque-link，Model 选择为 torque-link，Task 选择 Topo_torque-link，最大周期设为 50，单击 OK 按钮完成设置。

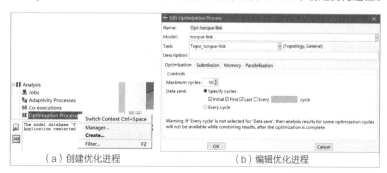

（a）创建优化进程　　（b）编辑优化进程

图 32-44 创建优化任务

32.4.8 提交优化进程

如图 32-45 所示,在模型树中创建的进程名称上单击鼠标右键,选择 Submit 提交进程。

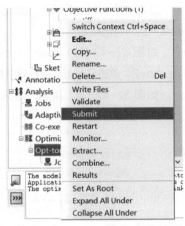

图 32-45 提交进程

如图 32-46 所示,在任务计算过程中,可以单击鼠标右键选择 Monitor,打开监视器对话框,实时查看任务的计算进程。

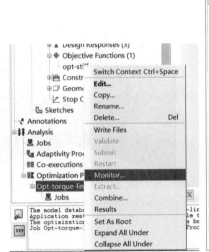

图 32-46 查看任务进程

在 Topo_torque-link Monitor 对话框中,单击 Plot 按钮,可以以图表的方式查看不同计算周期后的优化结果,如图 32-47 所示。

> ○ 在运行优化过程时,了解输出数据库(ODB)文件中内容的组织很重要。在优化过程中,每个设计周期会创建多个ODB文件,作业完成后,所有ODB文件的结果都会合并成一个ODB文件。

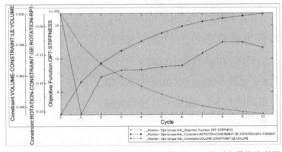

图 32-47 实时查看优化进程

32.4.9 查看优化结果

计算得到的优化结果不可以直接查看，需在模型树中的优化任务名 Topo_torque-link 单击鼠标右键，选择 Combine，将优化结果合并，如图 32-48 所示。

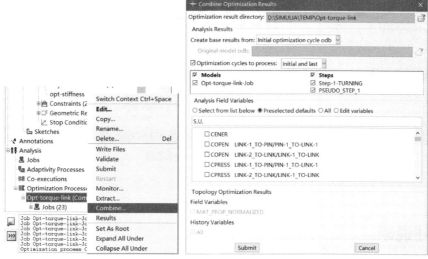

图 32-48 将优化结果合并

查看合并的优化结果，如图 32-49 所示。

图 32-49 查看优化结果

32.5 小结和点评

本讲基于飞机起落架工作状态下的载荷，对其扭力臂进行结构拓扑优化。其中，利用了两种拓扑优化算法与两种不同的制造工艺对其进行求解与约束。最终，在同时满足我们的初始目标与制造工艺要求的情况下，得到了优化后的模型方案。因此，拓扑优化结果具有重要的工程价值和实际指导意义。

点评：张健 仿真主管工程师

广汽研究院

第33讲 风力涡轮机轮轴的形状优化分析

主讲人：江丙云 姚伟

软件版本	分析目的
Abaqus 6.14	形状优化涡轮机轮轴

难度等级	知识要点
★★★★☆	形状优化、设计响应、目标函数

33.1 概述说明

形状优化主要用于产品外形仅需微调的情况，在迭代循环中对指定零件表面的节点进行移动，重置既定区域的表面节点位置，直到此区域的应力为常数（应力均匀），达到减小局部应力的目的。

本讲以图 33-1 所示的风力涡轮机轮轴中部球形区域为优化区域，针对风力涡轮机轮轴正常工作时工况进行形状优化。图中 A 端面进行固定约束，B、C 端面分别与其中心参考点进行耦合，在 B 端面参考点上施加沿 X 方向的力矩，在 C 端面参考点上施加沿 -X 方向的力矩，整体模型上施加绕 X 轴的旋转体力。

○ 在进行形状优化之前，优化区域必须具有较好的网格质量。

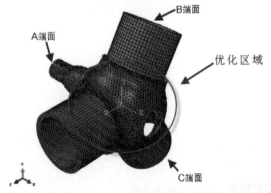

图 33-1 模型说明

本讲对风力涡轮机轮轴形状优化的目的是通过对其形状的改变，减小工作时的最大应力，从而达到优化制件结构的目标。

- 目标函数：最小化设计区域的最大应力；
- 几何约束：循环对称（120°）；
- 冻结区域：非设计区域。

○ 在Abaqus 2017中已整合了Tosca的4类优化功能（拓扑、形状、加强筋和尺寸），由于部分用户受限于License，故本讲还以Abaqus 6.14版进行讲解。

33.2 创建优化任务

打开模型 hub_shape_opt_6.14_pre.cae。

在模型树中的 Optimization Task 单击鼠标右键,选择 Create,如图 33-2(a)所示,打开 Create Optimization Task 对话框。将任务命名为 hub-shape,类型选择为 Shape optimization,单击 Continue 按钮继续,如图 33-2(b)所示。

(a)创建优化任务　　(v)命名优化任务并选择类型

图 33-2 新建优化任务

33.3 定义设计区域

通过单击提示栏的 Sets 按钮,打开 Region Selection 对话框,选择名称为 DESIGN_NODES 的 set 集,单击 Continue 按钮继续,如图 33-3(a)所示。

在 Edit Optimization Task 对话框中,如图 33-3(b)所示,在 Basic 选项卡中,勾选 Freeze boundary condition regions,接受默认的 Whole Model 设置。

在 Mesh Smoothing 选项框中,勾选 Specify Smoothing region 选项,并且单击该选项右侧的鼠标指针按钮选择网格区域,在图 33-3(c)所示的 Region Selection 对话框中,选择名称为 SMOOTH 的 set 集,单击 Continue 按钮,再回到图 33-3(b)所示对话框中,Number of node layers adjoining the task region to remain free 选择 Fix none。

(a)选择优化空间　　(b)编辑优化任务　　(c)选择网格光顺区域

图 33-3 定义优化设计区域

如图 33-4(a)所示,选择 Mesh Smoothing Quality 选项卡,将 Target mesh quality 选择为 Medium,勾选 Report poor quality elements。在 Smoothing Strategy 选项框中,将 Strategy 选择为 Constrained Laplacian,Convergence level 选择为 Medium,Frequency 选择为 Medium。

> 1. 优化过程中,为了获得较高质量的网格,优化模块可以对选定网格进行光顺,使得内外部节点位置合适。
> 2. 光顺算法是基于单元的,比较耗费计算时间,可以只对优化区域内的单元指定网格光顺化。
> 3. 光顺区域节点必须是自由的,不能对其施加约束或冻结。
> 4. Smoothing 区域最好大于设计区域,以使网格更光顺。

如图 33-4（b）所示，选择 Advanced 选项卡，可以发现算法选项 Algorithm 选择为 Condition-based optimization，即本次优化选择的算法类型为基于条件算法。其余选项默认，单击 OK 按钮完成设置。

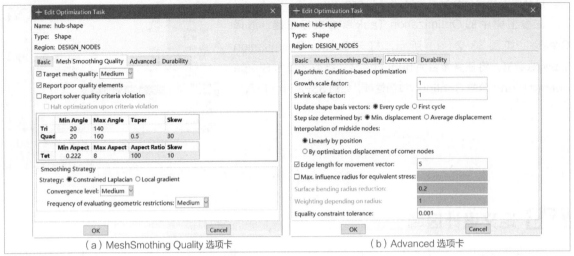

（a）MeshSmothing Quality 选项卡　　（b）Advanced 选项卡

图 33-4 设置优化任务

33.4 建立设计响应

如图 33-5（a）所示，在模型树中展开 hub-shape，在 Design Responses 单击鼠标右键，选择 Create，打开 Create Design Response 对话框，将响应命名为图 33-5（b）所示的 max-mises-stress，类型选择为 Single-term，单击 Continue 按钮继续。

在底部提示栏单击 Point(nodes) 按钮，继续单击 Sets 按钮，弹出图 33-5（c）所示的 Region Selection 对话框，选择点集名称为 DESIGN NODES 的 set 集，单击 Continue 按钮继续。

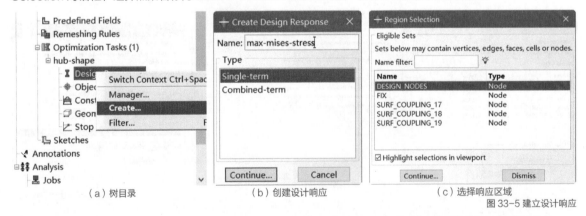

（a）树目录　　（b）创建设计响应　　（c）选择响应区域

图 33-5 建立设计响应

在打开的 Edit Design Response 对话框中，选择 Variables 选项卡，将变量名设置为 Stress → Mises hypothesis。选择 Steps 选项卡，将 Source of values 选择为 Specify，单击 + 按钮，并将 Operator on values across steps and load cases 选择为 Maximum value。其余选项默认，单击 OK 按钮完成设置。

> 1. 最大值或最小值：寻找出选定区域内的节点响应值的最大/最小值，但对应力、接触应力和应变只能是"最大值"。总和：对选定区域内节点的响应值做"总和"。Abaqus优化模块仅允许对体积、质量、惯性矩和重力做"总和"运算。
> 2. 针对形状优化，可以使用特征频率、应力、接触应力、应变、节点应变能密度和体积作为设计响应，其中仅体积设计响应可被用以约束定义。

33.5 创建目标函数

如图 33-6（a）所示，在模型树中的 Objective Functions 单击鼠标右键，选择 Create，在打开的 Create Objective Function 对话框中，将目标函数名称设置为 minmax_mises_obj，单击 Continue 按钮继续。

如图 33-6（b）所示，在打开的 Edit Objective Function 对话框中，将 Design Response 选项框中的 Name 值改为 max-mises-stress，设置 Target 为 Minimize design response values，其余选项默认，单击 OK 按钮完成设置。

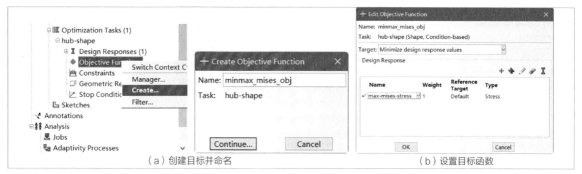

（a）创建目标并命名　　　　　　　（b）设置目标函数

图 33-6 目标函数

33.6 创建几何限制

本模型中无约束，所以跳过优化约束设置，选择创建几何限制。

33.6.1 对称几何限制

如图 33-7（a）所示，在模型树中的 Geometric Restrictions 单击鼠标右键，选择 Create，在打开的 Create Geometric Restriction 对话框中，将几何限制命名为 cyclic_symm，类型设置为 Rotational symmetry(Shape)，单击 Continue 按钮继续。

接下来提示选择几何限制区域，选择提示栏的 Sets 按钮，选择名称为 DESIGN_NODES 的 set 集，单击 Continue 按钮继续，如图 33-7（b）所示。

> 1. 为了便于生产加工，经常添加几何约束、尺寸约束。
> 2. 设定对称限制，能够加速优化，如施加轴对称和平面对称、点对称和旋转对称、循环对称等。
> 3. 将不需要优化的区域加以冻结。

（a）创建旋转对称　　　　　　　（b）对称区域选择

图 33-7 定义旋转对称几何限制

如图 33-8 所示，在打开的 Edit Geometric Restriction 对话框中，需要设置对称旋转轴，在 Rotational Axis of Symmetry 选项框中，接受默认的 CSYS 为 Global，并将 Vector 设置为（1，0，0）。勾选 Create a repeating pattern 选项，并将 Repeating segment size（degrees）设为 120。

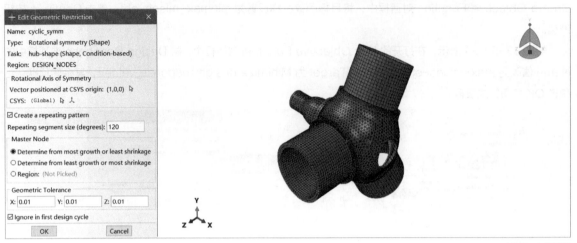

图 33-8 旋转轴

- 在设置 Vector 时，采用2点法来确定 Vector 的具体参数，其中第1个点设置为（0，0，0），第2个点设置为（1，0，0）即可。

33.6.2 固定几何限制

继续在模型树中的 Geometric Restrictions 单击鼠标右键，选择 Create，新建第 2 个几何约束。在打开的 Create Geometric Restriction 对话框中，如图 33-9（a）所示，将限制名称设置为 fixed_areas，类型设置为 Fixed Region，单击 Continue 按钮继续。

在 Region Selection 对话框中，将限制区域选择为 FIX，单击 Continue 按钮继续。如图 33-9（b）所示，在 Edit Geometric Restriction 对话框中，勾选 1-direction、2-direction、3-direction，并且勾选 Ignore in first design cycle，单击 OK 按钮完成设置。

（a）创建并选择固定区域　　（b）设置几何限制方向

图 33-9 设置位移固定的几何限制

33.7 创建优化进程

在模型树中的 Optimization Processes 单击鼠标右键，选择 Create，创建优化进程。在打开的 Edit Optimization Process 对话框中，将进程名称设置为 hub-shape-new，Data save 设置为 Every cycle，单击 OK 按钮完成设置。

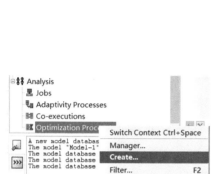
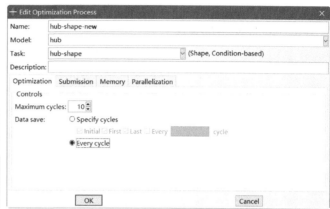

图 33-10 创建优化进程

33.8 提交优化进程

如图 33-11（a）所示，在模型树中创建的优化进程名称上单击鼠标右键，选择 Submit，将进程提交求解；此时，可以进程名称上单击鼠标右键，如图 33-11（b）所示，选择 Monitor，查看求解进程；同时可单击图 33-11（c）中 Plot 按钮绘制优化目标曲线。

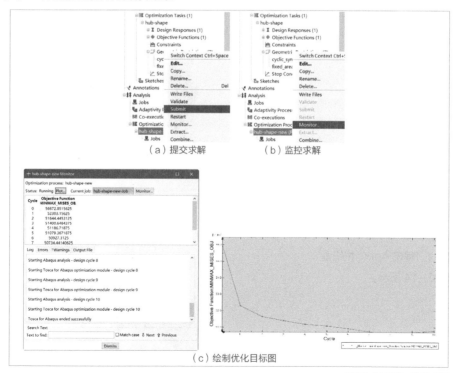

图 33-11 提交、监控求解

33.9 查看优化结果

当计算完成时,进程名称右侧会显示(Completed)。

在后处理可视化界面查看优化结果,需要先将优化进程的计算结果 Combine 到 ODB 文件中。如图 33-12(a)所示,在模型树中的进程名称上单击鼠标右键,选择 Combine 按钮,在图 33-12(b)所示的 Combine Optimization Results 对话框中,勾选 Optimization cycles to process 并设置为 All,其余选项默认,单击 Submit 按钮完成设置。

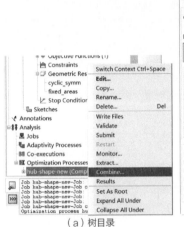 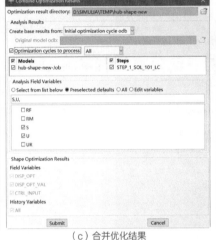 

(a)树目录　　　　　　　　(c)合并优化结果　　　　　　　　(c)监视合并进程

图 33-12 Combine 合并各次优化 ODB

在模型树中的进程名称上单击鼠标右键,选择 Results,查看形状优化结果,如图 33-13 所示。

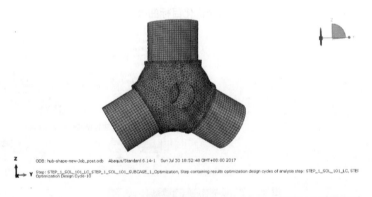

图 33-13 查看结果

应用命令 Options→Common,在 Visible Edges 选项框中选择 Feature edges,单击 Apply 按钮查看结果,如图 33-14 所示。

图 33-14 查看几何形态

单击工具箱中的 查看应力分布，如图 33-15 所示，或者在工具栏选择 DISP_OPT 查看优化过程中位移分布，如图 33-16 所示。

图 33-15 查看应力分布（第 10 次优化）

图 33-16 查看位移分布（第 10 次优化）

33.10 小结和点评

本讲对风力涡轮机轮轴的形状进行优化，详细介绍了形状优化任务、设计响应、目标函数和约束等设置，通过优化循环对指定表面的节点进行移动微调，最小化工作过程中的最大应力，以延长其使用寿命。此优化方法能够为应力集中问题提供良好的解决方案。

点评：黄诗尧　博士

福特汽车工程研究（南京）有限公司　材料＆制造　研究员

第 13 部分

子程序和GUI

第34讲 一个杆单元的有限元世界

主讲人：孔祥宏

软件版本
Abaqus 6.14

分析目的
静力分析杆单元的Python前后处理方法

难度等级
★★★☆☆

知识要点
MDB、ODB数据库结构，命令行接口的应用，以及Python程序前后处理

34.1 概述说明

本讲将介绍一般静力分析的详细操作过程及可视化后处理。为了减小模型规模，便于前后处理，本讲使用一个杆单元的静力分析来介绍Abaqus的模型数据库（MDB）和输出数据库（ODB）的结构及使用Python程序进行前后处理的方法。

有限元前后处理的方法很多，但在进行操作之前，应该首先了解操作对象，即MDB和ODB。本讲采用非常简单的例子介绍Abaqus的MDB和ODB，并由浅入深地介绍了使用Python程序进行前后处理，其标准操作流程（SOP）如图34-1所示。

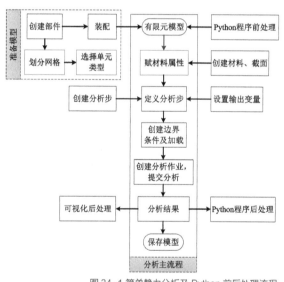

图 34-1 简单静力分析及 Python 前后处理流程

图34-1所示的流程中，Python程序前处理是对有限元模型的操作，也包括对创建分析作业之前所有操作过程的处理；Python程序后处理主要是对分析结果的数据处理。

> ○ 使用Abaqus进行有限元分析时，有两个文件是非常重要的，一个是cae文件，另一个是odb文件。其中，cae文件实际上是有限元模型数据库（Model database，MDB）的载体，而odb文件就是保存计算结果的输出数据库（Output database，ODB）的载体。在Abaqus软件中，有限元前后处理通常是指对MDB和ODB的操作。

34.2 问题描述

一根金属杆件长为1m，截面积为10mm²，一端简支，另一端受1000N的拉力。金属材料为钢，密度为

7820kg/m³,杨氏模量为198GPa,泊松比为0.3。

虽然在静力分析中,材料的密度可有可无,但在结构优化中往往以结构质量最轻为优化目标,因此要读取结构的质量。本讲将会介绍读取有限元模型质量的方法。

34.3 杆单元静力分析

在 Abaqus/CAE 图形用户界面中,按照图 34-1 所示的分析主流程进行建模、分析及可视化后处理。

34.3.1 创建部件、网格划分及装配

1. 创建部件

在 Part 模块,单击工具箱中的 (Create Part),在 Create Part 对话框中,Name 后面输入 Truss,Modeling Space 选择 3D,Type 选择 Deformable,在 Base Feature 区域选择 Wire、Planar,Approximate size 后面输入 2,单击 Continue 按钮进入绘图模式。

单击工具箱中的 (Create Lines: Connected),在提示区输入第 1 个点的坐标 (0,0) 后按 Enter 键,再输入第 2 个点的坐标 (1,0) 后按 Enter 键,再按 Esc 键或按鼠标中键。单击提示区的 Done 按钮或按鼠标中键,退出绘图模式。

> ○ 在提示区输入坐标时直接输入0,0和1,0即可,不需要输入括号。

2. 划分网格

在环境栏 Module 后面选择 Mesh,进入 Mesh 模块,环境栏中 Object 选择 Part: Truss。

单击工具箱中的 (Seed Edges),在视图区选择 Truss 部件,单击提示区的 Done 按钮或按鼠标中键,在 Local Seeds 对话框中,Method 选择 By number,Bias 选择 None,Number of elements 后面输入 1,单击 OK 按钮,单击提示区的 Done 按钮或按鼠标中键。

单击工具箱中的 (Mesh Part),单击提示区的 Yes 按钮或按鼠标中键,完成网格划分。

单击工具箱中的 (Assign Element Type),在 Element Type 对话框中,依次选择 Standard、Linear、Truss,即选择 T3D2 单元(2 节点线性三维杆单元),单击 OK 按钮完成。

> ○ 在布种子时,可以使用Bias来控制种子的疏密分布,其中Single提供单向疏密控制,Double提供双向疏密控制。

3. 装配

在环境栏 Module 后面选择 Assembly,进入 Assembly 模块。

单击工具箱中的 (Create Instance),在 Create Instance 对话框中选择 Parts: Truss,单击 OK 按钮完成。

34.3.2 创建材料、截面并给部件赋材料属性

1. 创建材料

在环境栏 Module 后面选择 Property,进入 Property 模块。

单击工具箱中的 ✏（Create Material），在 Edit Material 对话框中，Name 后面输入 Steel；单击 General → Density，在 Mass Density 下面输入 7820；单击 Mechanical → Elasticity → Elastic，在 Data 区域 Young's Modulus 和 Poisson's Ratio 下面分别输入 198e9 和 0.3，单击 OK 按钮完成。

2. 创建截面属性

单击工具箱中的 ⬛（Create Section），在 Create Section 对话框中，Name 后面输入 Sect-Steel，Category 选择 Beam，Type 选择 Truss，单击 Continue 按钮；在 Edit Section 对话框中，Material 后面选择材料 Steel，Cross-sectional area 后面输入截面积 1e-5，单击 OK 按钮完成。

3. 给部件赋材料属性

单击工具箱中的 ⬛L（Assign Section），在视图区选择部件 Truss，单击提示区的 Done 按钮或按鼠标中键，在 Edit Section Assignment 对话框中，Section 选择 Sect-Steel，单击 OK 按钮完成。

> ○ 本讲中单位系统为 m、kg、N、Pa。选取赋材料属性的区域时，提示区会显示 Create Set，可以根据需要勾选并命名。对于梁单元，通常要用 ✏（Assign Beam Orientation）定义截面方向；对于杆单元，可以用 ✏（Assign Beam/Truss Tangent）定义切向。

34.3.3 创建分析步、边界条件及加载

1. 创建分析步

在环境栏 Module 后面选择 Step，进入 Step 模块。

单击工具箱中的 ●■（Create Step），在 Create Step 对话框中，在 Initial 分析步之后插入 Static, General 分析步，单击 Continue 按钮；在 Edit Step 对话框中，Incrementation 选项卡中初始增量（Initial）和最大增量（Maximum）分别设为 0.1 和 0.2，其他采用默认设置；单击对话框的 OK 按钮完成。

2. 设置输出变量

单击工具箱中的 ⬛（Field Output Manager），在 Field Output Requests Manager 对话框中，选中 F-Output-1，单击 Edit 按钮；在 Edit Field Output Request 对话框中，设置如图 34-2 所示，单击 OK 按钮完成。

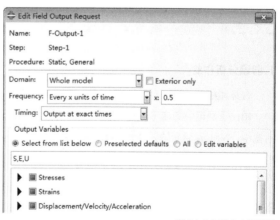

图 34-2 场输出变量设置

应用命令 Tool → Set → Create，在 Create Set 对话框中，Name 后面输入 Nd-BC，Type 选择 Node，单击 Continue 按钮，在视图区选择部件 Truss 的左端节点，单击提示区的 Done 按钮或按鼠标中键。

单击工具箱中的 ⬛（History Output Manager），在 History Output Requests Manager 对话框中，

选中 H-Output-1，单击 Edit 按钮；在 Edit History Output Request 对话框中，设置如图 34-3 所示，单击 OK 按钮完成。

> 为了输出历史输出变量，将增量步设得较小，输出多个时刻的数据。场输出变量和历史输出变量的输出频率不同，即图34-2和图34-3中Frequency的选项和设置不同。对于场变量，每0.5s输出一次；而历史变量在每个增量步都输出一次。

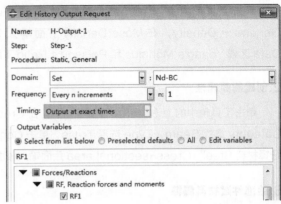

图 34-3 历史输出变量设置

3. 创建边界条件

在环境栏 Module 后面选择 Load，进入 Load 模块。

单击工具箱中的 ┗（Create Boundary Condition），在 Create Boundary Condition 对话框中，Name 使用默认的 BC-1，Step 选择 Initial，Category 选择 Mechanical，Types for Selected Step 选择 Symmetry，单击 Continue 按钮；在提示区单击 Sets 按钮，在 Region Selection 对话框中选择 Nd-BC，单击 Continue 按钮；在 Edit Boundary Condition 对话框中选择 PINNED，单击 OK 按钮完成。

4. 施加载荷

单击工具箱中的 ┗（Create Load），在 Create Load 对话框中，Name 使用默认的 Load-1，Step 选择 Step-1，Category 选择 Mechanical，Types for Selected Step 选择 Concentrated force，单击 Continue 按钮；在视图区选择装配实例 Truss-1 右端的节点，单击提示区的 Done 按钮或按鼠标中键；在 Edit Load 对话框中，在 CF1 后面输入 1000，单击 OK 按钮完成。

> 创建边界条件时，也可以直接在视图区选取节点。理论上，杆的右端点应该约束U2、U3两个位移自由度。

34.3.4 创建分析作业并提交分析

1. 创建分析作业

在环境栏 Module 后面选择 Job，进入 Job 模块。

单击工具箱中的 ▦（Job Manager），在 Job Manager 对话框中单击 Create 按钮；在 Create Job 对话框中，Name 后面输入 Job-Truss，单击 Continue 按钮；在 Edit Job 对话框中单击 OK 按钮完成。

> 在Edit Job对话框的Parallelization选项卡中可以设置多核并行计算。

2. 提交分析

在 Job Manager 对话框中，选中 Job-Truss 分析作业，单击 Submit 按钮提交计算。

当 Job-Truss 的状态（Status）由 Running 变为 Completed 时，计算完成，单击 Results 按钮进入可视化后处理模块。

3.保存模型

单击工具栏的 File 工具条中的 ■（Save Model Database），在 Save Model Database As 对话框的 File Name 后面输入 Truss，单击 OK 按钮完成。

34.3.5 可视化后处理

1.视图区设置

应用命令 View → Graphics Options，在 Graphics Options 对话框中设置 Viewport Background，将 Solid 和 Gradient 的颜色均设为白色，单击 OK 按钮完成。

单击工具栏 Viewport 工具条中的 ■（Viewport Annotation Options），在打开的对话框中可以对视图区的元素进行设置，如调整字体、位置等。例如，在 Legend 选项卡中，可以取消勾选 Show bounding box；在 Text 区域，单击 Set Font 按钮，可以设置字体、字号等；在 Numbers 区域可以设置数据显示格式、小数位数；在 Upper Left Corner 中可以设置在视图区的显示位置。

> 将视图区背景设为白色，便于截图、打印。熟练使用对视图区各元素的设置，可以使截图更紧凑、更美观。应用命令 View→Toolbars，勾选要显示的工具条。

2.显示云图

单击工具箱中的 ■（Plot Contours on Deformed Shape），在 Field Output 工具条中设置输出 U1。

单击工具箱中的 ■（ODB Display Options），在打开的对话框的 General 选项卡中，勾选 Render beam profiles，Scale factor 设为 10。通过在 Viewport Annotation Options 对话框中对 Triad、Legend、State Block 选项卡进行字体、位置设置，可以得到图 34-4 所示的杆的位移云图。

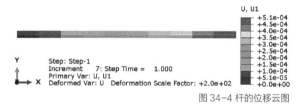

图 34-4 杆的位移云图

3.绘制曲线

单击工具箱中的 ■（Create XY Data），在 Create XY Data 对话框中，选择 ODB history output，单击 Continue 按钮；在 History Output 对话框的 Variables 选项卡中选择唯一的输出变量，单击 Plot 按钮绘图。

应用命令 Options → XY Options 下的 Curve、Chart、Axis、Chart Legend 等子菜单，可以对图中的曲线、绘图格式、坐标轴、图例等的字体、颜色进行设置。经过设置的历史输出变量曲线如图 34-5(a) 所示。

单击工具箱中的 ■（XY Data Manager），在 XY Data Manager 对话框中，选择 Current session，选择 _temp_1，单击 Rename 按钮，在 Rename XY Data 对话框中文本输入区输入 RF1，单击 OK 按钮完成，如图 34-5（a）所示。

单击工具箱中的 ■（Plot Contours on Deformed Shape），显示有限元模型及云图。单击工具箱中的 ■（Create XY Data），在 Create XY Data 对话框中，选择 ODB field output，单击 Continue 按钮；在 XY Data from ODB Field Output 对话框的 Variables 选项卡中，Position 选择 Unique Nodal；输出变量

选择 U1，在 Elements/Nodes 选项卡中，Method 选择 Pick from Viewport，单击 Edit Selection 按钮，在视图区选择杆右端节点，单击提示区 Done 按钮或按鼠标中键，单击对话框中的 Plot 按钮绘制杆右端点位移曲线，如图 34-5(b) 所示。按上述操作，在 XY Data Manager 对话框中将该曲线重命名为 U1。

单击 XY Data Manager 对话框的 Create 按钮或单击工具箱中的 ▥（Create XY Data），在 Create XY Data 对话框中，选择 Operate on XY data，单击 Continue 按钮；在 Operate on XY Data 对话框的公式输入框中输入：combine ("U1", -"RF1")；单击 Plot Expression 按钮。在 XY Data Manager 对话框将刚绘制的 XY Data 命名为 F-U，绘制的曲线如图 34-5(c) 所示。

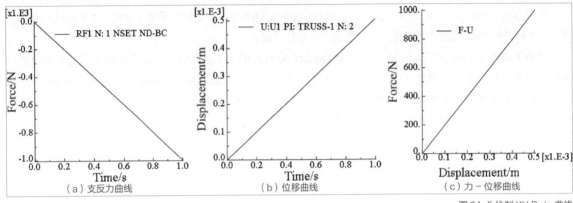

图 34-5 绘制 XY Data 曲线

> 对于工具箱中的图标右下角带有黑三角的工具，长按这些图标可以展开隐藏的工具图标。如长按 ▥，展开的图标中有 ▥▥▥。
> 在图 34-5 中，在视图区双击坐标轴、图例、绘图区也可打开相应的对话框进行设置。
> combine( ) 可以在对话框 Operators 区域中找到单击即可，"U1" 和 "RF1" 可以通过双击 XY Data 区域中相应的名称自动输入公式输入框中光标所在位置。

4. 复制到 ODB

在 XY Data Manager 对话框中，选中 3 个 XY Data（即 RF1、U1、F-U），单击 Copy to ODB 按钮，在 Copy Session XYData to ODB 对话框中，File name 后面输入 */XY-Data.odb（* 表示路径，略），单击 OK 按钮。

打开新创建的 XY-Data.odb，单击工具箱中的 ▥（XY Data Manager），在对话框中选择 Current ODB，选中 3 个 XY Data，单击 Load to Session 按钮；选择 Current session，可以看到刚导入 3 个 XY Data，它们可以用于绘图。

> 读者可以对比使用 Load to Session 后再绘图与直接在 Current ODB 中单击 Plot 按钮绘图之间的区别。

34.3.6 inp 文件解释

本讲 Job-Truss.inp 完整 inp 文件请参阅随书资源，节选如下：

```
*Heading                                    *Preprint, echo=NO, model=NO, history=NO, contact=NO
** Job name: Job-Truss Model name: Model-1  **
** Generated by: Abaqus/CAE 6.14-1          ** PARTS
```

```
** 部件 Truss，有 2 个节点，1 个 T3D2 单元
*Part, name=Truss
*Node
    1,    0.,    0.,    0.
    2,    1.,    0.,    0.
*Element, type=T3D2
1, 1, 2
……
** 给选定的单元赋材料属性，截面积为 1e-05m²
** Section: Sect-Steel
*Solid Section, elset=_PickedSet4, material=Steel
1e-05,
*End Part
**
** ASSEMBLY
** 装配，使用部件 Truss 创建装配实例 Truss-1
*Assembly, name=Assembly
*Instance, name=Truss-1, part=Truss
*End Instance
** 创建节点集合 Nd-BC
*Nset, nset=Nd-BC, instance=Truss-1
1,
*End Assembly
**
** MATERIALS
** 创建材料 Steel
*Material, name=Steel
*Density
7820.,
*Elastic
1.98e+11, 0.3
**
** BOUNDARY CONDITIONS
** 创建边界条件 BC-1，在 Nd-BC 节点集合的节点上施
加 PINNED 边界条件
** Name: BC-1 Type: Symmetry/Antisymmetry/Encastre
*Boundary
Nd-BC, PINNED
**
** STEP: Step-1
** 创建静力分析步 Step-1
*Step, name=Step-1, nlgeom=NO
*Static
0.1, 1., 1e-05, 0.2
**
** LOADS
** 施加集中载荷（Cload）
** Name: Load-1   Type: Concentrated force
*Cload
_PickedSet6, 1, 1000.
**
** OUTPUT REQUESTS
……
**
** FIELD OUTPUT: F-Output-1
** 定义场输出变量
*Output, field, time interval=0.5
*Node Output
U,
*Element Output, directions=YES
E, S
**
** HISTORY OUTPUT: H-Output-1
** 定义历史输出变量
*Output, history
*Node Output, nset=Nd-BC
RF1,
*End Step
```

34.4 模型数据库结构及Python前处理

34.4.1 查看模型数据库

在 Abaqus/CAE 图形用户界面左侧的 Model 选项卡中可以看到模型数据库的结构。在使用 Python 程序进行前处理前，应该深入了解模型数据库。下面介绍 3 种查看模型数据库的方法：

① 使用 prettyPrint( ) 方法逐级查看。
② 使用 getIndentedRepr( ) 方法逐级查看。
③ 使用 __members__、str( ) 和 keys( ) 逐级查看。

1. 使用 prettyPrint( ) 方法查看模型数据库

打开 Truss.cae 文件，在 Abaqus/CAE 图形用户界面的命令行接口进行下列操作。

```
>>> from textRepr import *      # 导入模块
>>> mdl=mdb.models['Model-1']   # 定义变量，赋值
>>> prettyPrint(mdl,1)          # 输出数据
```

输入上面 3 行 Python 程序后，在命令行接口输出 Model-1 模型的 1 级数据结构，修改 prettyPrint( ) 方法的第 2 个参数，可以输出各级数据结构。如使用 prettyPrint(mdl,5) 可以输出 5 级数据结构。

如果了解 Python 语言的元组、列表、字典 3 种数据形式，将很容易看懂模型数据库，该数据库是一种 MDB 风格的关系型数据库。

○ 后面为注释内容，不需要输入。

2. 使用 getIndentedRepr( ) 方法查看模型数据库

打开 Truss.cae 文件，在 Abaqus/CAE 图形用户界面的命令行接口进行下列操作。

```
>>> from textRepr import *              # 导入模块
>>> rpf=open('D:/report.txt','w')       # 新建或打开文件
>>> mdl=mdb.models['Model-1']           # 定义变量，赋值
>>> data=getIndentedRepr(mdl,3)         # 读取 3 级数据
>>> rpf.write(data)                     # 写入文本文件
>>> rpf.close()                         # 关闭文本文件
```

打开 D 盘下的 report.txt 文件，如图 34-6 所示。

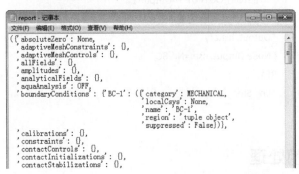

图 34-6 report 文件内容

○ 如果是连续操作，textRepr 模块只需要导入一次即可。

3. 使用__members__、str( )和keys( )查看模型数据库

打开 Truss.cae 文件，在 Abaqus/CAE 图形用户界面的命令行接口进行下列操作。

```
>>> mdl=mdb.models['Model-1']
>>> mdl.__members__
```

输入上面两行 Python 程序并按 Enter 键后，输出 Model-1 的一级数据，如下所示（已省略部分内容）。
[……, 'boundaryConditions', 'fieldOutputRequests', 'historyOutputRequests', 'loads', 'materials', 'parts', 'rootAssembly', 'sections', 'sketches', 'steps', ……]

在命令行接口输入：

```
>>> stp=mdl.steps
>>> stp.keys()
['Initial', 'Step-1']
>>> str(stp)
"{'Initial': 'InitialStep object', 'Step-1': 'StaticStep object'}"
```

因为 steps 是一个容器，其内容是各个分析步对象，使用 keys( )方法可以查看其对象名称，即字典数据的键；使用 str( )方法可以输出其信息。

> ○ members 前后各有两个下划线，按下 Shift 键，再按 P 键右上方的减号键。
> 灵活使用__members__、keys( )和 str( )可以方便查询模型数据库（MDB）和输出数据库（ODB）的相关信息。

4. 使用 getMassProperties( )读取模型质量

打开 Truss.cae 文件，在 Abaqus/CAE 图形用户界面的命令行接口进行下列操作。

```
>>> mdl=mdb.models['Model-1']
>>> rt=mdl.rootAssembly
>>> ms=rt.getMassProperties()
>>> ms
{'volume': 9.999999e-06, ……, 'volumeCentroid': (0.5, 0.0, 0.0), ……, 'momentOfInertia': (1.244591e-07, 0.0065167, 0.006516, 0.0, 0.0, 0.0), 'centerOfMass': (0.5, 0.0, 0.0), 'mass': 0.078199, ……}
>>> ms['mass']
0.0781999976694584
```

读取模型质量的完整路径如下：

mdb.models['Model-1'].rootAssembly.getMassProperties()['mass']

34.4.2 Python程序前处理

Abaqus 会将建模的操作步骤以 Python 程序的形式记录在 jnl 文件中，每一个 Truss.cae 文件都有一个 Truss.jnl 文件与之相伴。对 Truss.jnl 文件进行编辑，可以快速进行 Python 程序参数化建模等前处理操作。

将 Truss.jnl 文件重命名为 Truss.py 文件后，可以直接在 Abaqus 中运行，运行方式如下：

①应用命令 File → Run Script，在 Run Script 对话框中选择 Truss.py，单击 OK 按钮即可，也可直接双击 Truss.py 运行。

②在 Abaqus PDE 中运行，应用命令 File → Abaqus PDE，在 Abaqus PDE 中打开 Truss.py 并运行。

③启动 Abaqus 时运行，启动 Abaqus 后在 Start Session 页中单击 Run Script 按钮，在 Run Script 对话框中选择 Truss.py 并运行。

由于原 jnl 文件中的部分 Python 语句比较长，且不满足参数化建模等要求，因此要对其进行修改。下面介绍几种简单的修改方法。

1. 修改导入模块

在 Python 程序的开头导入模块部分，如下所示：

```
from part import *
```

可以将不需要的模块导入语句删除，如 interaction、optimization、visualization、connectorBehavior 等在本讲中不需要的模块。Python 程序开头导入的模块与在 Abaqus/CAE 中建模时所用的环境栏中的模块相对应。

2. 自定义变量

在原 jnl 文件的 Python 语句中，有大量语句的路径较长，可以自定义变量代替较长的路径。例如：

```
mdl=mdb.models['Model-1']
rtAsm=mdb.models['Model-1'].rootAssembly
```

在第一次使用之前定义变量即可，之后程序中出现的较长路径均可用前面定义的变量代替。

3. 获取单元、节点

在原 jnl 文件的 Python 语句中，通常使用 getSequenceFromMask( ) 获取单元、节点，该方法是使用鼠标在 Abaqus/CAE 的视图区选取单元、节点时使用的方法。而在参数化建模中，为了保证所选取单元、节点的准确性，通常要将 getSequenceFromMask( ) 替换掉。

如在原 jnl 文件中创建节点集合 Nd-BC 的 Python 语句为：

```
mdb.models['Model-1'].rootAssembly.Set(name='Nd-BC', nodes=
    mdb.models['Model-1'].rootAssembly.instances['Truss-1'].
    nodes.getSequenceFromMask(mask=('[#1 ]', ), ))
```

可以改为：

```
mdl=mdb.models['Model-1']
rtAsm=mdl.rootAssembly
inst=rtAsm.instances
nds=inst['Truss-1'].nodes
ndSphere=nds.getByBoundingSphere
rtAsm.Set(name='Nd-BC', nodes=ndSphere((0,0,0),0.01) )
```

上面 6 行 Python 程序非常简短，但可读性有所降低，如果在程序中大量使用自定义变量代替路径时，需要写好备注。上面用 getByBoundingSphere( ) 方法代替 getSequenceFromMask( )，可以使用相应的参数读取确定的节点或单元。

其他读取单元、节点的方法可以参考 Abaqus 6.14 用户手册 Programming 部分的 Abaqus Scripting reference Guide 的 31.6 和 31.10。

4. 修改后的Truss.py

```
from part import *
from material import *
from section import *
from assembly import *
from step import *
from load import *
from mesh import *
from job import *
from sketch import *
mdl=mdb.models['Model-1']
sketch=mdl.ConstrainedSketch(name='__profile__', sheetSize=2.0)    #创建草图
sketch.Line(point1=(0.0, 0.0), point2=(1.0, 0.0))                   #绘制直线
partT=mdl.Part(dimensionality=THREE_D, name='Truss',                #创建部件
    type=DEFORMABLE_BODY)
partT.BaseWire(sketch=sketch)                                       #由草图创建部件
del mdl.sketches['__profile__']                                     #删除草图
partT.seedEdgeByNumber(constraint=FINER,                            #给部件布种子
    edges=partT.edges, number=1)
partT.generateMesh()                                                #划分网格
partT.setElementType(elemTypes=(ElemType(elemCode=T3D2,             #定义单元类型
    elemLibrary=STANDARD), ), regions=(partT.edges, ))
rtAsm=mdl.rootAssembly
instT=rtAsm.Instance(dependent=ON, name='Truss-1', part=partT)
mat=mdl.Material(name='Steel')                                      #创建材料
mat.Density(table=((7820.0, ), ))                                   #定义材料密度
mat.Elastic(table=((198000000000.0, 0.3), ))                        #定义弹性常数
mdl.TrussSection(area=1e-05, material='Steel', name='Sect-Steel')   #创建截面
partT.SectionAssignment(offset=0.0, offsetType=MIDDLE_SURFACE,
    region=Region( edges=partT.edges), sectionName='Sect-Steel',
    thicknessAssignment=FROM_SECTION)                               #给部件赋截面属性
rtAsm.regenerate()
mdl.StaticStep(initialInc=0.1, maxInc=0.2, name='Step-1',           #创建分析步
    previous='Initial')
mdl.fieldOutputRequests['F-Output-1'].setValues(                    #定义场输出变量
    timeInterval=0.5, variables=('S', 'E', 'U'))
rtAsm.Set(name='Nd-BC', nodes=instT.nodes.getByBoundingSphere(      #创建节点集合
    (0,0,0),0.01))
mdl.historyOutputRequests['H-Output-1'].setValues(                  #定义历史输出变量
    rebar=EXCLUDE, region=rtAsm.sets['Nd-BC'],
    sectionPoints=DEFAULT, variables=('RF1', ))
mdl.PinnedBC(createStepName='Initial', name='BC-1',                 #创建边界条件
    region=rtAsm.sets['Nd-BC'])
mdl.ConcentratedForce(cf1=1000.0, createStepName='Step-1',          #施加集中力
    distributionType=UNIFORM, name='Load-1', region=
    Region(vertices=instT.vertices.getByBoundingSphere(
    (1,0,0),0.01 )))
jobT=mdb.Job(model='Model-1', name='Job-Truss')                     #创建分析作业
jobT.submit()                                                       #提交分析
jobT.waitForCompletion()                                            #等待分析完成
```

34.4.3 输出数据库结构及Python后处理

在 Abaqus/CAE 图形用户界面左侧的 Results 选项卡的 Output Databases 中可以看到输出数据库的结构，但此处可视化的输出数据库结构与实际的结构略有不同。在使用 Python 程序进行后处理时，应该先了解 ODB 的真实结构。

与查看 MDB 结构的方法类似，在 Abaqus/CAE 的命令行接口同样可以使用 prettyPrint( )、prettyPrint( )、__members__、str( ) 和 keys( ) 等方法查看 ODB 的结构。

1. 使用prettyPrint( )方法查看输出数据库

在 Abaqus/CAE 图形用户界面的命令行接口进行下列操作。

```
>>> from textRepr import *        # 导入 textRepr 模块
>>> from odbAccess import *       # 导入 odbAccess 模块
>>> odb=openOdb('Job-Truss.odb')  # 打开 odb 文件
>>> prettyPrint(odb,1)            # 输出数据
```

输入上面 4 行 Python 程序后，在命令行接口输出 Job-Truss.odb 的 1 级数据结构，修改 prettyPrint( ) 方法的第 2 个参数，可以输出各级数据结构。如使用 prettyPrint(odb,5) 可以输出 5 级数据结构。

仔细观察输出变量、历史输出变量的存储路径，有助于使用 Python 程序进行后处理时读取所需的数据。

2. 使用getIndentedRepr( )方法查看输出数据库

接着上面的操作，在命令行接口输入以下 Python 程序，可以将 Job-Truss.odb 文件的 3 级数据输出到文本文件 report.txt 中。

```
>>> rpf=open('D:/report.txt','w')    # 新建或打开文件
>>> data=getIndentedRepr(odb,3)      # 读取 3 级数据
>>> rpf.write(data)                  # 写入文本文件
>>> rpf.close()                      # 关闭文本文件
```

3. 使用__members__、str( )和keys( )查看输出数据库

在 Abaqus/CAE 图形用户界面的命令行接口进行下列操作，读取场变量和历史变量。

```
>>> from odbAccess import *    # 导入 odbAccess 模块
>>> odb=openOdb('Job-Truss.odb')
>>> odb.__members__
[……, 'materials', 'parts', 'rootAssembly', ……, 'steps', ]
>>> stp=odb.steps
>>> stp.keys()
['Step-1']
>>> stp1=stp['Step-1']
>>> stp1.__members__
[……, 'frames', 'historyRegions', ……]
#---------- 读取场变量 ----------
>>> frm=stp1.frames
>>> len(frm)
3
>>> frm3=frm[-1]
>>> frm3.__members__
[……, 'fieldOutputs', 'frameId', ……]
>>> fld=frm3.fieldOutputs
>>> fld.keys()
['E', 'S', 'U']
>>> u=fld['U']
>>> u.__members__
[……, 'name', 'type', 'validInvariants', 'values']
>>> val=u.values
>>> str(val)
"['FieldValue object', 'FieldValue object']"
>>> v1=val[1]
>>> v1.__members__
[……, 'data', 'nodeLabel',……]
>>> dt=v1.data
>>> dt
array([0.000505050527863204, 0.0, 0.0], 'f')
>>> u1=dt[0]
>>> u1
0.00050505053
>>> v1.nodeLabel
2
#---------- 读历史变量 ----------
>>> hr=stp1.historyRegions
>>> hr.keys()
['Node TRUSS-1.1']
```

```
>>> hrNd=hr['Node TRUSS-1.1']
>>> hrNd.__members__
['description', 'historyOutputs', 'loadCase', 'name', 'point', 'position']
>>> hp=hrNd.historyOutputs
>>> hp.keys()
['RF1']
>>> rf=hp['RF1']
>>> rf.__members__
['conjugateData', 'data', 'description', 'name', 'type']
>>> rf.data
((0.0,-0.0), ……, (1.0,-1000.0))
```

4. 读取场变量

前面读取场变量的操作演示了读取节点 2 在最后一个 frame 中的位移 U1 的值。读取场边变量的一般路径是：

odb.steps[name].frames[i].fieldOutputs[name].values[j].data[k]

其中，odb 由以下两种读取方法：
odb=openOdb('Job-Truss.odb') # 打开 odb 文件时定义变量 odb；
odb=session.odbs['Job-Truss'] # odb 文件已在 Abaqus/CAE 中打开时。

路径 steps[name] 中的 name 指分析步名称；fieldOutputs[name] 中的 name 指场变量名称，如 'U'、'S'、'E' 等；frames[i]、values[j]、data[k] 的中的 i、j、k 均为索引，为 0,1,2,…整数。

在使用 Python 程序进行后处理时，通常要结合一些 Python 控制语句进行操作，如 for 循环、while 循环、if…elif…else 控制语句等。

5. 读取历史变量

前面读取历史变量的操作演示了读取施加边界条件的节点的支反力 RF1 的历史输出数据。读取历史变量的一般路径是：

odb.steps[name-1].historyRegions[name-2].historyOutputs[name-3].data

其中，3 个 name 均可使用 keys( ) 方法查看。

34.5 小结和点评

本讲借助于简单的例子介绍使用 Python 程序进行前后处理，使读者熟练使用 Python 程序对 Abaqus 进行前后处理的操作流程。对应用 Python 处理 Abaqus 分析的 3 个必备知识： Abaqus 的 MBD 和 OBD 数据库结构、Python 语言的语法（包括数据类型、控制语句）和 Abaqus 提供的 Python 程序接口，分别做了讲解，能够使读者受到启发并激发他们思考。

点评：欧阳汉斌 博士

南方医科大学 基础医学院

第35讲 Dload子程序动态轴承载荷分析

主讲人：苏景鹤

软件版本	分析目的
Abaqus 6.14、Intel Visual Fortran2013、Visual Studio 2013	应用Dload子程序分析轴承动态载荷情况

难度等级	知识要点
★★★★★	动态载荷分布、Hertz接触、Dload子程序

35.1 概述说明

Abaqus 中用户自定义子程序为使用者提供了拓展 Abaqus 分析能力的重要途径。利用它可以完成很多复杂的计算分析任务。本讲详细介绍了如何使用 Python 开发含有子程序的 Abaqus 求解任务[1]。

使用 Abaqus 直接模拟轴承工作过程时由于接触点多常出现的不收敛的情况。如果借助 Hertz 接触理论来简化接触计算，直接将 Hertz 接触理论计算的压力结果施加到外圈对应位置则会大大简化计算量。

35.2 Dload子程序接触分析

35.2.1 滚子间力的分布

为了获得 Hertz 接触压力，需要知道单个滚子与外滚道之间的压力。参考 SolidWorks 帮助文档[2]，可以假定不同滚子接触力分布函数符合正弦或者抛物线形式。

考虑滚子无限多的极限情况，图 35-1 左图的情况会简化为图 35-1 右图，其中 1 代表轴，2 代表内圈，3 代表外圈。2 和 3 之间的接触压力可以看作为滚子接触力。

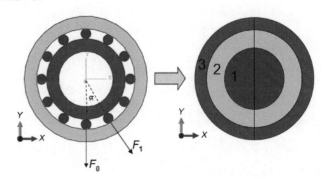

图 35-1 滚子间的接触力分布示意图

---
[1] 必须安装好 Abaqus+Fortran+visual studio 工作环境，推荐 Abaqus 6.14+Intel Fortran 2013+Visual Studio 2013
[2] http://help.solidworks.com/2012/English/SolidWorks/cworks/c_Bearing_Loads.htm

在 Abaqus 中建立简单的平面应力模型，固定外圈（3）的外表面，在轴（1）上施加均布力进行计算，从而可以知道滚子接触力的分布概况。图 35-2 列出了 Abaqus 分析结果和两种假设的对比，可以看出两种假设都可以比较好地近似该工况[3]下滚子接触力的分布规律。本讲的后续计算基于正弦分布假设展开。

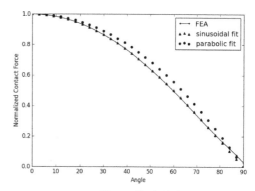

图 35-2 滚子间的接触力分布常见工况比较

考虑图 35-3 所示的轴承，受载荷为 F，滚子 i 与外圈的接触力为 F_i。根据正弦分布假设，应有

$$F_i = F_0 \cos\alpha_i, |\alpha_i| \leqslant 90^\circ \quad (1)$$

另外由受力平衡有

$$\sum_{i=1}^{N} F_i \cos\alpha_i = F \quad (2)$$

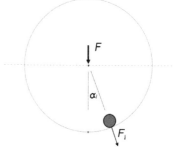

图 35-3 滚子接触力

结合上述两式可得到任意滚子在某时刻的接触力大小为

$$F_i = \frac{F \cos\alpha_i}{\sum_{k=1}^{N} \cos^2\alpha_k} \quad (3)$$

35.2.2 Hertz 接触理论

Hertz 理论是接触力学的基础，对圆柱滚子轴承，可以近似采用两圆柱接触模型计算接触压力分布[4]。

如图 35-4 所示，圆柱 1 直径为 d_1，材料弹性模量为 E_1，泊松比为 v_1；圆柱 2 直径为 d_2，材料弹性模量为 E_2，泊松比为 v_2。当受力 F 相互接触时，Hertz 理论假设接触面上接触压力呈椭圆分布，接触长度为 $2b$，最大接触压力为 P_m。

$$b = \sqrt{\frac{2}{\pi l} \frac{\left(1-v_1^2\right)/E_1 + \left(1-v_2^2\right)/E_2}{(1/d_1)+(1/d_2)}} \cdot \sqrt{F}$$

$$P_m = \frac{2F}{\pi b l} \quad (4)$$

---

[3] 不同的工况：轴的刚度、轴承座的刚度等都会影响滚子接触力的结果
[4] 不考虑滚子修形的影响

图 35-4 两圆柱体之间的 Hertz 接触

在接触区之外接触压力为 0，而在接触长度上距中心 x 处接触压力为

$$P = P_m \sqrt{1 - \frac{x^2}{b^2}} \tag{5}$$

35.2.3 Dload子程序模板

下面是一个用于加载近似滚子接触压力的 Dload 子程序。每一个迭代步中 Abaqus 在加载区域内的每一个积分点处都会调用该子程序，计算当前位置的载荷值。

```
1    SUBROUTINE DLOAD(F,KSTEP,KINC,TIME,NOEL,NPT,LAYER,
2   1 COORDS,JLTYP,SNAME)
3  C
4    INCLUDE 'ABA_PARAM.INC'
5  C
6    DIMENSION TIME(2),COORDS (3)
7    CHARACTER*80 SNAME
8    integer i,j,k,m,n
9    real rad1,Dia0,alpha,omega,Tforce,temp1,temp2,temp3,temp4,temp5
10   real pi, num, CLen, E1,E2,v1,v2,Kb,cPo,Wb,pmax
11   parameter (pi = 3.1415926, num = 8)
12   real beta(num),theta(num),the2(num),force(num)
13 C
14   Tforce=100000.0
15   rad1=80.0
16   Dia0=20.0
17   omega=2.0*pi
18   t=TIME(1)
19   temp1=0.0
20   CLen=1.0
21   E1=210000.0
22   E2=210000.0
23   v1=0.3
24   v2=0.3
```

以上部分是子程序参数的初始化，其中：

第 4 行的作用是将 ABA_PARAM.INC 文件内容引入当前程序，其中包含了 Abaqus 的安装与执行信息。

第 11 行定义了程序中用到的常数。

第 12 行定义了记录不同滚子对应信息的数组。

第 14~17 行中，Tforce 为轴承所受径向力大小，而 omega 为力方向变化角速度。

第 18 行中的 TIME(1) 表示当前载荷步的时间信息。

```
25   alpha=omega*t
26   do i=1,num
27     beta(i)=alpha*(rad1-Dia0)/rad1+(i-1.0)*2.0*pi/num
28     beta(i)=MOD(beta(i),2.0*pi)
29     theta(i)=beta(i)-alpha
30     if (cos(theta(i)).GT.0.0) then
31       the2(i) = (cos(theta(i)))**2
32       temp1 = temp1+the2(i)
33     else
34       the2(i) = 0.0
35     end if
36   end do
```

```
37      do j=1,num
38        if (the2(j).NE.0.0) then
39          force(j)=cos(theta(j))*Tforce/temp1
40        else
41          force(j)=0.0
42        end if
43      end do
```

第 25~43 行通过计算 t 时刻轴承所受径向力的方向,以及各个滚子的排布角度来确定各滚子的受力。

```
44      WRITE(7,*) 'force=', Tforce
45      WRITE(7,*) 'Roller Diameter=', Dia0, 'mm'
```

第 44~45 行将载荷信息写入 msg 文件中。

```
46      temp2=2.0*((1.0-v1**2)/E1+(1.0-v2**2)/E2)
47      temp3=pi*CLen*(1.0/Dia0-0.5/rad1)
48      Kb=(temp2/temp3)**0.5
```

第 46~48 行计算 Hertz 接触中的接触区长度常数。

```
49      if ((COORDS(2).EQ.0.0) .and. (COORDS(1).GT.0.0)) then
50        cPo=0.0
51      else if ((COORDS(2).EQ.0.0) .and. (COORDS(1).LT.0.0)) then
52        cPo=pi
53      else if ((COORDS(1).EQ.0.0) .and. (COORDS(2).GT.0.0)) then
54        cPo=0.5*pi
55      else if ((COORDS(1).EQ.0.0) .and. (COORDS(2).LT.0.0)) then
56        cPo=1.5*pi
57      else if (COORDS(1).GT.0.0) then
58        cPo=atan(COORDS(2)/COORDS(1))+2.0*pi
59      else if (COORDS(1).LT.0.0) then
60        cPo=atan(COORDS(2)/COORDS(1))+pi
61      end if
62      cPo=MOD(cPo, 2.0*pi)
63      temp4 = 10000.0
64      do m=1,num
65        if (temp4>abs(cPo-beta(m))) then
66          n=m
67          temp4=abs(cPo-beta(m))
68        end if
69      end do
```

第 49~69 行获得离当前积分点最近的滚子序号 n。

```
70      if (force(n).GT.0.0) then
71         Wb=Kb*sqrt(force(n))
72         pmax=2.0*force(n)/pi/CLen/Wb
73         temp4=abs(cPo-beta(n))
74         temp5=Wb/rad1
75         if (temp4.GT.temp5) then
76            F=0.0
77         else
78            F=pmax*sqrt(1.0-(temp4/temp5)**2)
79         end if
80      else
81         F=0.0
82      end if
```

第 70~82 行根据当前积分点是否在该滚子接触区域内计算该点应加载荷。

```
83      RETURN
84      END
```

35.3 Python建模

分析对象是轴承外圈的应力分布情况。为了更形象地呈现结果，建模中引入内圈和滚子（不参与计算）。通过简单的 CAE 操作和改写，得到程序 DloadBearing.py，具体如下：

```
1  #-*- coding: mbcs-*-
……
8  Mdb()
9  Tforce=120000.0# 总轴承力，其大小不变，方向以角速度 omega 转动
……
19 num=12# 滚子数目为 12
20 # 建立内圈外圈及滚珠的模型部件 pIn, pOut 和 pRoller
……
66 rpRollers=[]
67 for i in range(num):
68    name='Roller'+str(i+1)
69    iRoller=root.Instance(name=name, part=pRoller, dependent=ON)
70    posi = float(i)/num*2.0*math.pi
71    RAD = rad1-rad0
72    vector = (RAD*math.cos(posi), RAD*math.sin(posi), 0.0)
73    iRoller.translate(vector=vector)
74    rpRoller = root.ReferencePoint(point=vector)
75    rfPoint = root.referencePoints[rpRoller.id]
76    rpRollers.append(rfPoint)
77    rpSet = root.Set(referencePoints=(rfPoint,), name='rpRoller'+str(i+1))
78    faces = iRoller.faces
79    iRollerSet=root.Set(faces=faces, name='iRollerSet'+str(i+1))
80    imodel.Coupling(name='roller'+str(i+1), controlPoint=rpSet,
81       surface=iRollerSet, influenceRadius=WHOLE_SURFACE,
82       couplingType=KINEMATIC, u1=ON, u2=ON, ur3=OFF)
83 #66-82 行实现部件 pRoller 的组装移动以及耦合约束的定义
……
132 DloadName = 'Bearing.for'
133 cwd = os.getcwd()
134 DloadTemplateName = 'DloadBearing.for'# 子程序模板
135 DloadTemplate = os.path.join(cwd,
```

```
    DloadTemplateName)                              144    sstemp=ss1[0]+'='+ss1[1]+'='+str(num)+')\n'
136 DloadFile = os.path.join(cwd, DloadName)        145    f2.writelines(sstemp)
137 f1=open(DloadTemplate,'r')                      146  elif ss0[0]=='Tforce':
138 f2=open(DloadFile,'w')                          147    sstemp=ss1[0]+'='+str(Tforce)+'\n'
139 for line in f1.readlines():                     148    f2.writelines(sstemp)
140   ss=line.strip()                               ……
141   ss0=re.split('=',ss)                          # 形成当前分析所需的子程序 Bearing.for
142   ss1=re.split('=',line)
143   if len(ss0)==3:
```

图 35-5 所示的是由上面脚本计算得到的轴承外圈应力变化情况：有时候 6 个接触点，而有时候仅仅只有 5 个接触点。

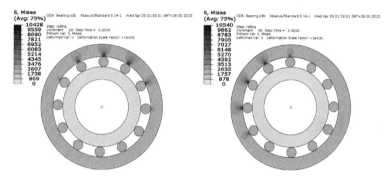

图 35-5 不同时刻（$t=0.2$ 和 $t=0.42$）轴承外圈应力分布

作为验证，将外圈固定点处的反力数值作图，如图 35-6 所示。总力数值在 120000N（=TForce）而力分量呈正弦分布，角速度为 2π[rad/s]，与输入一致。

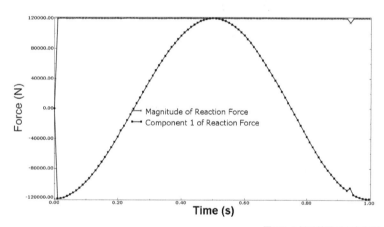

图 35-6 轴承外圈反力变化图

35.4 小结和点评

本讲以轴承动态载荷下接触分析为例，引入 Dload 子程序进行求解计算，讲解了如何使用 Python 开发 Abaqus 子程序的重要方法，以拓展和提高使用者工程分析能力，并针对轴承工作过程模拟中，由于多点接触常导致不收敛的问题，提出采用 Hertz 接触理论简化分析模型和求解设置，有效缩短了求解计算过程，减少了计算时间，提高了分析效率，具有一定的工程参考价值。

点评：高照阳　博士　技术总监
上海德沪涂膜设备有限公司

第36讲 Dflux的焊接热分析

主讲人：苏景鹤

软件版本	分析目的
Abaqus 6.14、Intel Visual Fortran 2013、Visual Studio 2013	采用Dflux子程序实现移动热源载荷的焊接热分析

难度等级	知识要点
★★★★★	Dflux子程序、移动热源、焊接自动化脚本

36.1 概述说明

由于焊接过程的升温-冷却的热循环，在焊缝附近的母材会发生明显的组织和性能的变化，该区域称为热影响区（Heat Affect Zone）。如图36-1所示，热影响区的不同位置会有不同的微观组织结构，而决定其组织形貌的主要因素就是焊接过程该位置的温度循环。

为了得到焊接过程中母材不同位置的温度循环历程，需要模拟热源沿着焊缝移动时整个母材的温度变化情况。Abaqus传热分析提供了功能类似Dload的子程序接口Dflux，借助它可以实现移动热源载荷。此外，焊接过程焊条逐步填充的现象可以利用Abaqus中的生死单元来实现。

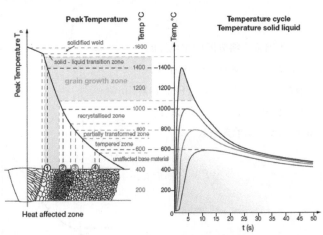

图36-1 焊接时热影响区中材料的热循环

36.2 问题描述

本小节中应用Dflux开发一个简单的平板焊接自动分析程序。具体的分析模型如图36-2所示。

图36-2 平板焊接模型[1]

---

[1] 图片来源 http://www.lgtechniek.be/Subcattegorie.aspx?subID=23

板材厚度 b=8mm；初始缝隙 a=2mm；坡口角度 θ =75°；焊接速度 v=1.5mm/s；电弧电压 25V，电流 100A，热效率为 0.8。

需要获得焊接过程中距焊缝一定距离处材料的温度变化曲线，进一步通过温度历程曲线结合铁碳相图推断热影响区材料的组织结构和机械性能。

36.3 焊接分析热源类型

有限元方法模拟焊接过程时，需要使用分布热源来描述焊接过程的输入热源。目前比较常用的有两种热源模型：Gauss 模型和 Goldak 模型。

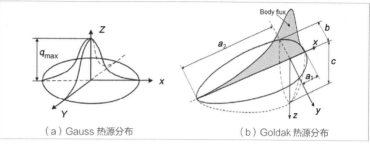

（a）Gauss 热源分布　　（b）Goldak 热源分布

图 36-3 Gauss 热源分布与 Goldak 热源分布

当焊接过程中熔池深度较小时，可以近似认为热量是从表面直接传入的，可以选择面热源：Gauss 模型。如图 36-3（a）所示，Gauss 热源假定面上的热流密度符合 Gauss 分布，其一般形式为

$$q(r) = q_{\max} e^{-Kr^2}$$

考虑到热源有效功率为 Q，则有

$$\int_0^\infty q(r) \cdot (2\pi r) \cdot \mathrm{d}r = Q \rightarrow q_{\max} = \frac{KQ}{\pi}$$

如果熔池深度比较大，需要考虑焊接热源在深度方向的变化，此时通常使用 Goldak 模型。Goldak 模型为双椭球模型，假定体上的热流密度分布符合双椭球分布，如图 36-3（b）图所示，具体可以用下面的公式来标示。

$$q_1(x,y,z) = \frac{6\sqrt{3}(f_1 Q)}{a_1 bc\pi\sqrt{\pi}} e^{-\frac{3x^2}{a_1^2} - \frac{3y^2}{b^2} - \frac{3z^2}{c^2}}, \quad x \geq 0 \qquad q_2(x,y,z) = \frac{6\sqrt{3}(f_2 Q)}{a_2 bc\pi\sqrt{\pi}} e^{-\frac{3x^2}{a_2^2} - \frac{3y^2}{b^2} - \frac{3z^2}{c^2}}, \quad x < 0 \qquad f_1 + f_2 = 2.0$$

式中，Q 为热源的有效功率；f_1 和 f_2 为热量在前后两部分之间的分配比例。

在上面两个热源表达式的基础上，考虑到热源沿着 X 方向以速度 v 移动，那么，Gauss 热源可以用如下的公式来表述：

$$q(r,t) = \frac{KQ}{\pi} e^{-K\left[(x-v\cdot t)^2 + y^2\right]}$$

而 Goldak 热源可以表示为

$$q_1(x,y,z,t) = \frac{6\sqrt{3}(f_1 Q)}{a_1 bc\pi\sqrt{\pi}} e^{-\frac{3(x-v\cdot t)^2}{a_1^2} - \frac{3y^2}{b^2} - \frac{3z^2}{c^2}}, \quad x \geq 0 \qquad q_2(x,y,z,t) = \frac{6\sqrt{3}(f_2 Q)}{a_2 bc\pi\sqrt{\pi}} e^{-\frac{3(x-v\cdot t)^2}{a_2^2} - \frac{3y^2}{b^2} - \frac{3z^2}{c^2}}, \quad x < 0$$

下面的分析过程以 Goldak 双椭球热源为例来说明移动热源在 Abaqus 中的实现过程。

36.4 Dflux子程序模板

Abaqus 提供的 Dflux 子程序接口与 Dload 类似，其将积分点信息（坐标）和迭代步时间信息传入程序，用户需要按照自己的需求定义随时间或者位置变化的热流载荷。

下面给出一个双椭球热源模板 dual_ellipse_plate.template：

```
1       SUBROUTINE DFLUX(FLUX,SOL,JSTEP,JINC,TIME,NOEL,NPT,COORDS,
2     1          JLTYP,TEMP,PRESS,SNAME)
3  C
4       INCLUDE 'ABA_PARAM.INC'
5
6
7       DIMENSION COORDS(3),FLUX(2),TIME(2)
8       CHARACTER*80 SNAME
9
10      v=4.0
11      q=3000.0
12      d=v*TIME(2)
13
14      x=COORDS(1)
15      y=COORDS(2)
16      z=COORDS(3)
17
18      x0=0
19      y0=0
20      z0=60.0
21
22      a=2.8
23      b=3.2
24      c=1.9
25      aa=5.6
26      f1=1.0
27      PI=3.1415926
```

以上模板中的数据，初始化了热源的参数：（x0，y0，z0）为初始热源中心；（a，b，c，aa，f1）定义了双椭球热源的形状参数；（q，v）定义了热源有效功率和移动速度，其中功率单位为 mW；（x，y，z）为当前积分点坐标，TIME（2）为分析步总时间。

```
29      heat1=6.0*sqrt(3.0)*q/(a*b*c*PI*sqrt(PI))*f1
30      heat2=6.0*sqrt(3.0)*q/(aa*b*c*PI*sqrt(PI))*(2.0-f1)
31
32      shape1=exp(-3.0*(z-z0-d)**2/a**2-3.0*(y-y0)**2/b**2
33     $     -3.0*(x-x0)**2/c**2)
34      shape2=exp(-3.0*(z-z0-d)**2/aa**2-3.0*(y-y0)**2/b**2
35     $     -3.0*(x-x0)**2/c**2)
36
37  C   JLTYP=1，表示为体热源
38      JLTYP=1
39      IF(z .GE.(z0+d)) THEN
40      FLUX(1)=heat1*shape1
41      ELSE
42      FLUX(1)=heat2*shape2
43      ENDIF
44      RETURN
45      END
```

上面第 29~45 行定义了热源的具体表达公式，其中 JLTYP 用来指示当前热源加载类型（面热源或者体热源）。

使用第 35 讲的方法，可以编写一个 Python 函数（buildfor）针对特定输入修改模板中的内容来生成适合当前模型的子程序文件。

36.5 焊接自动化分析脚本

36.4 节中生成的 Dflux 子程序可以帮助我们完成热源移动的功能；而使用下面介绍的生死单元技术可以模拟实际的焊接填料过程。

在 Abaqus/CAE 的 Interaction 模块中，可以使用 Model change 完成单元生死的设定，如图 36-4 所示。可以在特定的载荷步中"杀死"某个几何块，该区域的单元在该载荷步中将不起作用，直到在后续某个载荷步中重新"激活"该区域的单元为止。

图 36-4 CAE 中的生死单元设定

为了模拟焊接过程，在 Python 脚本中需要完成如下的工作：

（1）建模，切分几何（如图 36-5 所示），为实现逐步激活单元做准备。

（2）根据不同的部件，赋予对应的材料属性；

（3）建立初始载荷步中，"杀死"整个焊条区域，并为整个区域设置热边界。

（4）根据时间点在特定载荷步激活对应几何块，并设定热边界条件（对流、辐射）。

（5）控制网格生成过程。

（6）生成对应 Dflux 子程序。

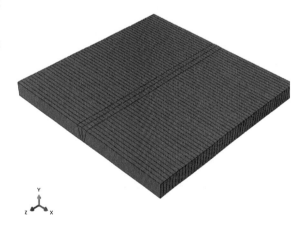

图 36-5 平板对接焊模型的切分

PlateWelding.py 程序如下：

```
1   #-*- coding: mbcs-*-
……
9   def buildFor(Q=3000.0,factor1=1.0,source_
a1=1.9,source_b1=3.2,
10      source_c1=2.8,source_a2=1.9, weldingV=4.0,
11      source_x0=0.0,source_y0=4.0,source_z0=0.0):
……
58  ##===========================================
==============
59  Temp0 = [0.0, 200.0, 400.0, 600.0, 800.0, 1000.0,
1200.0, 1400.0]#[oC]
60  fa = lambda T: 450+0.28*T-2.91e-4*T**2+1.34e-
7*T**3#[J/kg/K]
61  Cp = [fa(item)*1.0e6 for item in Temp0]#[mJ/ton/K]
62  lma = lambda T:14.6+1.27e-2*T#[W/m/K]
63  Cd = [lma(item) for item in Temp0]#[mW/mm/K]
64  dens=((7.86e-9, ), )
65  specificheat=(zip(Cp, Temp0))
66  conductivity=(zip(Cd, Temp0))
```

第 59~66 行定义了材料的传热特性，考虑了温度对比热及导热系数的影响。不锈钢的比热 c 和导热系数 λ 满足如下关系[2]：

$$c = 450 + 0.28T - 2.91 \times 10^{-4}T^2 + 1.34 \times 10^{-7}T^3$$
$$\lambda = 14.6 + 1.27 \times 10^{-2}T$$

```
68  L_p=100.0#mm
69  d_p=8.0#mm
70  w_p=50.0#mm
71  a_f=2.0#mm
72  theta=75.0
73  R_f=d_p*4.0#mm
74  partNum=50
75  timeoutputRelease=60.0
76  numoutputRelease=10
77  absZero=-273.15
78  boltZmann=5.67E-09#mW/mm2/K4
79  globalSize=8
80  upNum=4
81  dnNum=4
82  tkNum=8
83  myfilmCoeff=0.5#mW/mm2/oC
84  mysinkTemperature=20.0
85  myambientTemperature=20.0
86  myemissivity=0.4
87  initialTemp=20.0
```

以上定义了几何模型参数及网格参数，其中 partNum=50 表示在分析中模型将被切分为 50 份，因此该问题将会有 52 个载荷步（1 个初始步 +50 个焊条逐步激活载荷步 +1 个冷却载荷步）。

```
89  weldingV=1.5#mm/s
90  s_Q=2000000.0#mW
91  s_a1=7.0#mm
92  s_b1=8.0#mm
93  s_c1=4.0#mm
94  s_a2=12.0#mm
95  s_x0=0.0#mm
96  s_y0=d_p/2.0#mm
97  s_z0=-4.0#mm
```

第 89~97 行定义了移动热源参数及热源的起始点。

---

[2] http://www.mace.manchester.ac.uk/project/research/structures/strucfire/materialInFire/Steel/StainlessSteel/thermalProperties.htm

```
99   moveTime=L_p/partNum/weldingV
100  b_f=a_f+2.0*d_p/tan(theta/180.0*pi)
101  fc_y=d_p/2.0-sqrt(R_f**2-(b_f/2.0)**2)
102
103  weldModel = Mdb().models['Model-1']
104  #*********************Part definition***************************
105  sLef = weldModel.ConstrainedSketch(name='leftPlate', sheetSize=200.0)
106  sLef.Line(point1=(-w_p, d_p/2.0), point2=(-b_f/2.0, d_p/2.0))
107  sLef.Line(point1=(-b_f/2.0, d_p/2.0), point2=(-a_f/2.0, -d_p/2.0))
108  sLef.Line(point1=(-a_f/2.0, -d_p/2.0), point2=(-w_p, -d_p/2.0))
109  sLef.Line(point1=(-w_p, -d_p/2.0), point2=(-w_p, d_p/2.0))
110  pLef = weldModel.Part(name='PartLeft', dimensionality=THREE_D,
111       type=DEFORMABLE_BODY)
112  pLef.BaseSolidExtrude(sketch=sLef, depth=L_p)
......
```

Part 定义部分生成两块母材及焊料的几何模型 pLef、pRig 和 pFil。

```
134  #*********************materials definition***************************
135  weldMat = weldModel.Material(name='mat')
136  weldMat.Density(table=dens)
137  weldMat.SpecificHeat(temperatureDependency=ON, table=specificheat)
138  weldMat.Conductivity(temperatureDependency=ON, table=conductivity)
139  weldModel.HomogeneousSolidSection(name='weld', material='mat')
140
141  set = pLef.Set(name = 'Lef', cells=pLef.cells)
142  pLef.SectionAssignment(region=set, sectionName='weld')
......
```

定义材料热属性并赋给对应的几何体。为简单起见本例中母材和填料使用相同的材料属性。

```
148 #**********************Assembly **********
***************************
149 root = weldModel.rootAssembly
150 inst1 = root.Instance(name='PartFiller', part=pLef, dependent=ON)
151 inst2 = root.Instance(name='PartLeft', part=pRig, dependent=ON)
152 inst3 = root.Instance(name='PartRight', part=pFil, dependent=ON)
153 root.InstanceFromBooleanMerge(name='WeldingPart', instances=((inst1,
154     inst2, inst3)), keepIntersections=ON, originalInstances=SUPPRESS,
155     domain=GEOMETRY)
……
```

第148~182行脚本完成装配几何体的任务。通过几何布尔运算生成分析几何，然后对焊接对象进行切分，为后续设置做准备。

在分析过程中，焊料填入前后模型的表面有变化：填料前露在外面的部分面不存在了，同时又有新的表面产生。如图36-6（a）所示，填料前原来结构与空气接触的外表面在填料后将变为结构内部，热传导方式也从结构－空气间的对流换热变为结构内部的导热；而填料后的结构也将产生图36-6（b）所示的新的对流换热边界。为了在不同的载荷步中准确定义热边界，先将这些可能需要定义热边界的面存入预先设定的序列中，后续可以根据每个载荷步的实际情况加载热边界条件。下面的脚本第183~263行就完成了这样的工作。

（a）填料前　　　　（b）填料后

图36-6　填料前后外表面的变化

```
#+++++++++++++++++++++++++++++++++++++++++++
++++++++++++++++++++++++
183 face_p1_Yup=[]# 存放左侧母材上表面（Y+ 向）
184 face_p1_Ydn=[]# 存放左侧母材下表面（Y- 向）
185 face_p2_Yup=[]# 存放左半侧焊料上表面（Y+ 向）
186 face_p2_Ydn=[]# 存放左半侧焊料下表面（Y- 向）
187 face_p3_Yup=[]# 存放右半侧焊料上表面（Y+ 向）
188 face_p3_Ydn=[]# 存放右半侧焊料下表面（Y- 向）
189 face_p4_Yup=[]# 存放右侧母材上表面（Y+ 向）
190 face_p4_Ydn=[]# 存放右侧母材下表面（Y- 向）
191 face_p1_XY=[]# 存放左侧母材左侧面
192 face_p2_XY=[]# 存放左侧母材与焊料交界面
193 face_p3_XY=[]# 存放右侧母材与焊料交界面
194 face_p4_XY=[]# 存放右侧母材右侧面
195 face_bead_front_p2=[]# 存放左半侧焊料后端面（Z+ 向）
196 face_bead_front_p3=[]# 存放右半侧焊料后端面（Z+ 向）
197 face_bead_begin=[]# 存放焊料前端面（Z- 向）
198 cell_p2=[]
199 cell_p3=[]
200 cell_bead=[]# 存放焊料几何块
201 faceZ=[]
202 edgeZ=[]# 存储模型中所有Z向的几何边的序列
203 R_semi_filler=fc_y+R_f*cos(asin(b_f/2.0/R_f)/2.0)
204 xface_out_filler2=-R_f*sin(asin(b_f/2.0/R_f)/2.0)
205 xface_out_filler3=R_f*sin(asin(b_f/2.0/R_f)/2.0)
206
207 xcell_c1=(-w_p-b_f/2.0)/2.0
208 xcell_c2=-a_f/4.0
209 xcell_c3=a_f/4.0
210 xcell_c4=(w_p+b_f/2.0)/2.0
211 xface_c1=-w_p
212 xface_c2=-1.0*(a_f+b_f)/4.0
213 xface_c4=w_p
214 xface_c3=(a_f+b_f)/4.0
215 yface_up=d_p/2.0
216 yface_dn=-d_p/2.0
217 yface_fillerup=R_semi_filler
218 ycell=0.0
219 root = weldModel.rootAssembly
220 iWeld = root.instances['WeldingPart-1']
221 selectC=iWeld.cells
222 selectF=iWeld.faces
```

```
223
224 for jj in range(partNum):
225     zCell=L_p/partNum*(jj+0.5)
226     zFace=L_p/partNum*(jj+1.0)
227     #Determine coord for selecting corresponding entities.
228     face_p1_Yup.append(selectF.findAt(((xcell_c1,yface_up,zCell),)))
229     face_p1_Ydn.append(selectF.findAt(((xcell_c1,yface_dn,zCell),)))
230     face_p2_Yup.append(selectF.findAt(((xface_out_filler2,
231     yface_fillerup,zCell),)))
......
263     faceZ.append(selectF.findAt(((xcell_c4,ycell,L_p),)))
264 #**************************STEP Settings***********************
......
276 weldModel.HeatTransferStep(name='Step-t0', previous='Initial',
277     timePeriod=1e-08, maxNumInc=10000, initialInc=1e-08, minInc=1e-13,
278     maxInc=1e-8, deltmx=200.0)
279 fOR = weldModel.fieldOutputRequests['F-Output-1']
280 fOR.setValues(frequency=LAST_INCREMENT, variables=('HFL', 'NT'))
281 #**********Boundary condition for the initial step-t0******************
282 weldModel.FilmCondition(name='film', createStepName='Step-t0',
283     surface=restsurface, definition=EMBEDDED_COEFF, filmCoeff=myfilmCoeff,
284     sinkTemperature=mysinkTemperature)
285 weldModel.RadiationToAmbient(name='radiation', createStepName='Step-t0',
286     surface=restsurface, radiationType=AMBIENT, distributionType=UNIFORM,
287     emissivity=myemissivity, ambientTemperature=myambientTemperature)
288 weldModel.BodyHeatFlux(name='bodyFlux', createStepName='Step-t0',
289     region=allset, magnitude=1.0, distributionType=USER_DEFINED)
290 weldModel.ModelChange(name='deactivate_all', createStepName='Step-t0',
291     region=beadset, activeInStep=False, includeStrain=False)
292 weldModel.Temperature(name='Predefined', createStepName='Initial',
293     region=allset, magnitudes=(initialTemp,))
294 weldModel.FilmCondition(name='film_surface_all_t0',
295     createStepName='Step-t0', surface=sidesurface,
296     definition=EMBEDDED_COEFF, filmCoeff=myfilmCoeff,
297     sinkTemperature=mysinkTemperature)
298 weldModel.RadiationToAmbient(name='radiation_surface_all_t0',
299     createStepName='Step-t0',surface=sidesurface, radiationType=AMBIENT,
300     distributionType=UNIFORM, emissivity=myemissivity,
301     ambientTemperature=myambientTemperature)
```

第264~301行定义了初始载荷步及其对应的热边界条件。为了方便后续载荷步中边界的定义，这里将热边界分为两个部分：随分析步变化的热边界（定义在sidesurface上）和分析中不变的热边界（定义在restsurface上）。后续载荷步中仅需要更新定义在sidesurface上的热边界即可。

```
302 #**********Boundary condition for the following steps*******************
303 stepNum=partNum
304 preStep='Step-t0'
305 preRadiationBC='radiation_surface_all_t0'
306 preFilmBC='film_surface_all_t0'
307 preFoutput='F-Output-1'
308 for i in range(stepNum):
309     stepNamechange='step-t'+str(i+1)
310     stepNameheat  ='step-'+str(i+1)
311     sidesurface   ='surfaceside_t'+str(i+1)
312     setActivate   ='setActivate_t'+str(i+1)
313     film_surface_all='film_surface_all_t'+str(i+1)
314     radiation_surface_all='radiation_surface_all_t'+str(i+1)
315     FoutputName ='F-Output-step'+str(i+1)
316     #############setting for step_t
```

```
317 weldModel.HeatTransferStep(name=stepNameheat, previous=preStep,
318     timePeriod=moveTime, maxNumInc=10000, initialInc=moveTime*0.005,
319     minInc=moveTime*1e-8, maxInc=moveTime*0.03, deltmx=200.0)
320 weldModel.FieldOutputRequest(name=FoutputName,numIntervals=1,
321     createStepName=stepNameheat, variables=('HFL','NT'))
322 ##############set and surface for step_t
323 eleSet=cell_p2[i:i+1]+cell_p3[i:i+1]
324 activeSet=root.Set(cells=eleSet, name=setActivate)
325 sur_side1=[]
326 sur_side2=[]
327 if i!=(stepNum-1):
328     sur_side1=face_p3_Ydn[0:i+1]+face_p3_Yup[0:i+1]+\
329     face_p2_Ydn[0:i+1]+face_p2_Yup[0:i+1]
330     sur_side2=face_p2_XY[i+1:]+face_bead_front_p2[i:i+1]+\
331     face_bead_front_p3[i:i+1]+face_p3_XY[i+1:]
332 else:
333     sur_side1=face_p3_Ydn[0:i+1]+face_p3_Yup[0:i+1]+\
334     face_p2_Ydn[0:i+1]+face_p2_Yup[0:i+1]+\
335     face_bead_front_p3[i:i+1]+face_bead_front_p2[i:i+1]
336     sur_side2=face_p2_XY[i+1:]+face_p3_XY[i+1:]
337 sur_all=root.Surface(side1Faces=sur_side1,side2Faces=sur_side2,
338     name=sidesurface)
339 ############## BC for step_t
340 weldModel.ModelChange(name=setActivate,
341     createStepName=stepNameheat, region=activeSet,
342     activeInStep=True, includeStrain=False)
343 weldModel.FilmCondition(name=film_surface_all,
344     createStepName=stepNameheat, surface=sur_all,
345     definition=EMBEDDED_COEFF, filmCoeff=myfilmCoeff,
346     sinkTemperature=mysinkTemperature)
347 weldModel.RadiationToAmbient(name=radiation_surface_all,
348     createStepName=stepNameheat, surface=sur_all,
349     radiationType=AMBIENT, distributionType=UNIFORM,
350     emissivity=myemissivity, ambientTemperature=myambientTemperature)
351 ############## deativate BC for step_t
352 weldModel.interactions[preRadiationBC].deactivate(stepNameheat)
353 weldModel.interactions[preFilmBC].deactivate(stepNameheat)
354 ############## update the temp variables for step_t
355 preStep=stepNameheat
356 preRadiationBC=film_surface_all
357 preFilmBC=radiation_surface_all
358 preFoutput=FoutputName
……
```

第302~371行，脚本通过循环定义每一步填料载荷步，同时更新热边界条件。

```
372 # 定义模型冷却载荷步
373 releaseName='stepRelease'
374 weldModel.HeatTransferStep(name=releaseName, previous=preStep,
375     timePeriod=timeoutputRelease, maxNumInc=10000,
376     initialInc=moveTime*0.005, minInc=1e-8*timeoutputRelease,
377     maxInc=moveTime*0.2, deltmx=200.0)
378 weldModel.FieldOutputRequest(name='release_output',createStepName=\
379     releaseName, numIntervals=numoutputRelease)
380 weldModel.loads['bodyFlux'].deactivate('stepRelease')# 冷却时候不需要加热源
381 weldModel.setValues(absoluteZero=absZero, stefanBoltzmann=boltZmann)
383 # 模型划分网格
384 pWeld.setMeshControls(regions=pWeld.cells, technique=STRUCTURED)
……
433 root.regenerate()
434 # 定义分析任务
435 #*************Create the inp file and submit the
```

```
job*******************
436 jobName='Welding_plate'
437 dfluxName=buildFor(Q=s_Q,factor1=1.0,source_a1=s_a1,source_b1=s_b1,
438     source_c1=s_c1,source_a2=s_a2,weldingV=weldingV,
439     source_x0=s_x0,source_y0=s_y0,source_z0=s_z0)# 生成 Dflux 子程序文件
440 mdb.Job(name=jobName, model='Model-1', userSubroutine=dfluxName,
441     multiprocessingMode=DEFAULT, numCpus=8, numDomains=8)
```

利用上述脚本建模后提交计算即可得到图 36-7 所示的瞬时温度分布图,可以看到双椭球热源的移动效果。

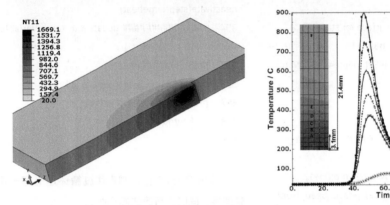

图 36-7 焊接过程中结构瞬时温度分布　　　图 36-8 母材上给定位置的温度历程

提取垂直于焊缝方向上母材特定位置的温度历程曲线,结果如图 36-8 所示。距离焊缝 3.1mm 位置处的母材在焊接过程会经历一次[3]20 → 900 → 20℃的温度循环,该数据可以为推断该处材料经过焊接后组织转变情况提供必要的信息。

在工程实践中,初步计算的结果常常需要和实验结果进行对比,通过修正模型参数来获得更好的预测结果。利用上面的脚本,只需要修改程序初始的模型参数即可快速完成一次模型参数的试算过程,进而快速地确定合适的计算参数。

36.6 小结和点评

本讲针对焊接热分析,讲述了焊接过程中热量传输及焊接热源的基本原理,采用用户子程序 Dflux 和生死单元技术,实现了焊接热源的移动及焊缝材料的填充;由于采用生死单元法,需要完成大量分析步的设置,本讲案例详细解释了焊接自动化的 Python 脚本。依此分析方法可获得焊接过程中材料的温度变化曲线,为进一步推断热影响区材料的组织结构、机械性能和焊接热变形研究提供了良好的基础;对包括电弧、激光和电子束等不同热源类型的焊接工艺仿真,都有很好的参考价值。此外,Abaqus 2017 版新增了焊接插件,更便于读者使用。

点评:黄霖 博士　首席科学家
美敦力上海创新中心

---

[3] 本例为单道次焊接过程

第37讲 六边形蜂窝结构自动建模开发

主讲人：贾利勇

软件版本	分析目的
Abaqus 6.14	基于Python语言的六边形蜂窝结构的GUI 插件开发

难度等级	知识要点
★★★★★	Python GUI、二次开发、图形界面、内核执行文件

37.1 概述说明

复合材料蜂窝夹芯结构是一种常见的夹层结构，其中蜂窝的细节模型较为复杂，如果采用传统的手工建模，十分耗时。另外，还需区分蜂窝不同部位厚度的差异。本讲详细讲解六边形蜂窝的自动建模程序插件，可以快速准确地建立六边形蜂窝的细节模型。

37.2 问题描述

该插件主要功能如下：

» 六边形蜂窝晶格几何的参数化定义
» 蜂窝板整体尺寸的参数化定义
» 支持材料的选取及新零件的命名
» 三维立体蜂窝的几何生成
» 材料属性的赋予及不同部位厚度的区分

程序的中英文主界面如图37-1所示，GUI界面可以通过RSG对话框构造器来创建。

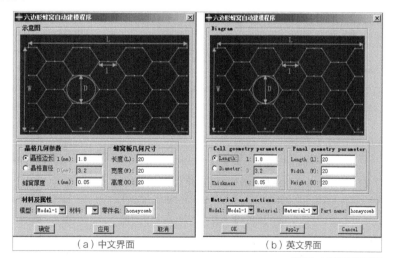

（a）中文界面　　（b）英文界面

图 37-1 插件图形界面

该插件由 3 个代码文件及 2 个 .png 格式的图片文件组成，具体文件如下：

» **注册文件：honeycomb_standard_plugin.py**

- **图形界面文件**：honeycomb_standardDB.py
- **内核执行文件**：honeycomb_fun.py
- **插件图标**：icon.png
- **蜂窝几何尺寸示意图**：icon_small.png

37.3 注册文件解释

以下是注册文件的源代码及注释，注册文件由 RSG 对话框构造器生成，在其基础上进行了局部修改。

```python
#-*-coding: UTF-8-*-
from abaqusGui import *
from abaqusConstants import ALL
import osutils, os
###################################################
##########################
# 插件注册文件
# 文件名为：honeycomb_standard_plugin.py
###################################################
##########################
class honeycomb_standard_plugin(AFXForm):
    #~~~~~~~~~~~~~~~~~~~~~~~~~~~~~~~~~~~~~~~~~~~~~~~~~
    ~~~~~~~~~~~~~~~~~~~~~~~~~~~~~
    def __init__(self, owner):

        # Construct the base class.
        #
        AFXForm.__init__(self, owner)
        self.radioButtonGroups = {}
        self.cmd = AFXGuiCommand(mode=self,
method='honeycomfun',
            objectName='honeycomb_fun',
registerQuery=False)
        # 指定内核执行文件及其函数。

        pickedDefault = ''
        # 以下为注册各类控件的关键字并设置默认初值
        if not self.radioButtonGroups.has_key('celldimention'):
            self.celldimentionKw1 = AFXIntKeyword(None,
'celldimentionDummy', True)
            self.celldimentionKw2 = AFXStringKeyword(self.cmd,
'celldimention', True)
            self.radioButtonGroups['celldimention'] = (self.
celldimentionKw1,
                self.celldimentionKw2, {})
            self.radioButtonGroups['celldimention'][2][1] = 'Length:'
        self.celldimentionKw1.setValue(1)
        if not self.radioButtonGroups.has_key('celldimention'):
            self.celldimentionKw1 = AFXIntKeyword(None,
'celldimentionDummy', True)
            self.celldimentionKw2 = AFXStringKeyword(self.cmd,
'celldimention', True)
            self.radioButtonGroups['celldimention'] = (self.
celldimentionKw1,
                self.celldimentionKw2, {})
            self.radioButtonGroups['celldimention'][2][2] =
'Diameter:'
        self.celllengthKw = AFXFloatKeyword(self.cmd,
'celllength', True, 1.8)
        self.celldiameterKw = AFXFloatKeyword(self.cmd,
'celldiameter', True, 3.2)
        self.thicknessKw = AFXFloatKeyword(self.cmd,
'thickness', True, 0.05)
        self.panellengthKw = AFXFloatKeyword(self.cmd,
'panellength', True, 20)
        self.panelwidthKw = AFXFloatKeyword(self.cmd,
'panelwidth', True, 20)
        self.panelheightKw = AFXFloatKeyword(self.cmd,
'panelheight', True, 20)
        self.modelNameKw = AFXStringKeyword(self.cmd,
'modelName', True)
        self.materialNameKw = AFXStringKeyword(self.cmd,
'materialName', True)
        self.partNameKw = AFXStringKeyword(self.cmd,
'partName', True, 'honeycomb')

        #~~~~~~~~~~~~~~~~~~~~~~~~~~~~~~~~~~~~~~~~~~~~~~~~~
        ~~~~~~~~~~~~~~~~~~~~~~~~~~~~~
```

```python
def getFirstDialog(self):

    import honeycomb_standardDB
    return honeycomb_standardDB.honeycomb_standardDB(self)

    #~~~~~~~~~~~~~~~~~~~~~~~~~~~~~~~~~~~~~~~~~~~~~

    def doCustomChecks(self):
        # Try to set the appropriate radio button on. If the user did
        # not specify any buttons to be on, do nothing.
        # 以下代码为判断数据的合法性
        for kw1,kw2,d in self.radioButtonGroups.values():
            try:
                value = d[ kw1.getValue() ]
                kw2.setValue(value)
            except:
                pass
        if self.materialNameKw.getValue()=='':
            showAFXErrorDialog(getAFXApp().getAFXMainWindow(),
                'please import or creat a material for impactor.')
            return False
        else:
            return True

    #~~~~~~~~~~~~~~~~~~~~~~~~~~~~~~~~~~~~~~~~~~~~~

    def okToCancel(self):

        # No need to close the dialog when a file operation (such
        # as New or Open) or model change is executed.
        #
        return False

#~~~~~~~~~~~~~~~~~~~~~~~~~~~~~~~~~~~~~~~~~~~~~~~~~~~~~~~~~~~~~~~~~~~~~~~~
# Register the plug-in
#
thisPath = os.path.abspath(__file__)
thisDir = os.path.dirname(thisPath)
icon_honeycomb = afxCreateIcon( os.path.join(thisDir, 'icon.png') )
# 定义图标
toolset = getAFXApp().getAFXMainWindow().getPluginToolset()
# 将插件注册到【Plug-ins】菜单
toolset.registerGuiMenuButton(
    buttonText=' ★复合材料工具包 | ★六边形蜂窝自动建模程序 ',
    # 定义插件在菜单中的显示文本
    object=honeycomb_standard_plugin(toolset),
    messageId=AFXMode.ID_ACTIVATE,
    icon=icon_honeycomb ,
    # 定义插件在菜单中的显示图标
    kernelInitString='import honeycomb_fun',
    applicableModules=ALL,
    version='1.0',
    author='N/A',
    description='N/A',
    helpUrl='N/A'
)
```

37.4 图形界面文件

以下是图形界面文件的源代码及注释，图形界面文件由 RSG 对话框构造器生成，在其基础上进行了局部修改。

```python
#-*-coding: UTF-8-*-
from abaqusConstants import *
from abaqusGui import *
from kernelAccess import mdb, session
import os
thisPath = os.path.abspath(__file__)
thisDir = os.path.dirname(thisPath)
###############################################################
```

```
#GUI 窗体文件，文件名为 honeycomb_standardDB.py
# 可由 RSG 构造器自动生成
####################################################
##############################
class honeycomb_standardDB(AFXDataDialog):

    #~~~~~~~~~~~~~~~~~~~~~~~~~~~~~~~~~~~~~~~~~~~~~~~~
    ~~~~~~~~~~~~~~~~~~~~~~~~~~~~
    def __init__(self, form):

        # Construct the base class.
        #
        AFXDataDialog.__init__(self, form, '六边形蜂窝自动
建模程序',
            self.OK|self.APPLY|self.CANCEL, DIALOG_ACTIONS_
SEPARATOR)

        okBtn = self.getActionButton(self.ID_CLICKED_OK)
        okBtn.setText('OK')
        # 保留 OK 按钮
        applyBtn = self.getActionButton(self.ID_CLICKED_
APPLY)
        applyBtn.setText('Apply')
        # 保留 Apply 按钮
        GroupBox_1 = FXGroupBox(p=self, text='Diagram',
opts=FRAME_GROOVE)
        fileName = os.path.join(thisDir, r'icon_small.png')
        icon = afxCreatePNGIcon(fileName)
        # 定义蜂窝尺寸示意图
        FXLabel(p=GroupBox_1, text='', ic=icon)
        GroupBox_4 = FXGroupBox(p=self, text='',
opts=FRAME_GROOVE)
        HFrame_2 = FXHorizontalFrame(p=GroupBox_4,
opts=0, x=0, y=0, w=0, h=0,
            pl=0, pr=0, pt=0, pb=0)
        GroupBox_2 = FXGroupBox(p=HFrame_2, text='Cell
geometry parameter',
            opts=FRAME_GROOVE)
        # 晶格几何尺寸板块
        HFrame_1 = FXHorizontalFrame(p=GroupBox_2,
opts=0, x=0, y=0, w=0, h=0,
            pl=0, pr=0, pt=0, pb=0)
        VFrame_2 = FXVerticalFrame(p=HFrame_1, opts=0,
x=0, y=0, w=0, h=0,
            pl=0, pr=0, pt=0, pb=0)
        # 定义单选按钮，控制几何参数类型
        FXRadioButton(p=VFrame_2, text='Length:', tgt=form.
celldimentionKw1, sel=1)
        FXRadioButton(p=VFrame_2, text='Diameter:',
tgt=form.celldimentionKw1, sel=2)
        if isinstance(VFrame_2, FXHorizontalFrame):
            FXVerticalSeparator(p=VFrame_2, x=0, y=0, w=0,
h=0, pl=2, pr=2, pt=2, pb=2)
        else:
            FXHorizontalSeparator(p=VFrame_2, x=0, y=0, w=0,
h=0, pl=2, pr=2, pt=2,
pb=2)
        # 定义晶格边长、直径及厚度
        l = FXLabel(p=VFrame_2, text='Thickness',
opts=JUSTIFY_LEFT)
        VFrame_3 = FXVerticalFrame(p=HFrame_1, opts=0,
x=0, y=0, w=0, h=0,
            pl=0, pr=0, pt=0, pb=0)
        self.celllengthtext=AFXTextField(p=VFrame_3, ncols=8,
labelText='l:',
            tgt=form.celllengthKw, sel=0)
        self.celldiametertext=AFXTextField(p=VFrame_3,
ncols=8, labelText='D:',
            tgt=form.celldiameterKw, sel=0)
        AFXTextField(p=VFrame_3, ncols=8, labelText='t:',
tgt=form.thicknessKw, sel=0)
        # 定义 text 控件的可用性
        self.addTransition(form.celldimentionKw1,
AFXTransition.EQ,
            1, self.celllengthtext,
            MKUINT(FXWindow.ID_ENABLE, SEL_COMMAND),
None)
        self.addTransition(form.celldimentionKw1,
AFXTransition.EQ,
            1, self.celldiametertext,
            MKUINT(FXWindow.ID_DISABLE, SEL_COMMAND),
None)
        self.addTransition(form.celldimentionKw1,
AFXTransition.EQ,
            2, self.celldiametertext,
            MKUINT(FXWindow.ID_ENABLE, SEL_COMMAND),
None)
        self.addTransition(form.celldimentionKw1,
```

```
AFXTransition.EQ,
    2,self.celllengthtext,
        MKUINT(FXWindow.ID_DISABLE, SEL_COMMAND),
None)
    # 蜂窝板几何尺寸板块
    GroupBox_3 = FXGroupBox(p=HFrame_2, text='Panel geometry parameter',
        opts=FRAME_GROOVE)
    # 定义蜂窝板的长度、宽度及高度
        AFXTextField(p=GroupBox_3, ncols=12, labelText='Length (L):',
        tgt=form.panellengthKw, sel=0)
        AFXTextField(p=GroupBox_3, ncols=12, labelText='Width (W):',
        tgt=form.panelwidthKw, sel=0)
        AFXTextField(p=GroupBox_3, ncols=12, labelText='Height (H):',
        tgt=form.panelheightKw, sel=0)
    GroupBox_5 = FXGroupBox(p=self, text='Material and sections',
        opts=FRAME_GROOVE)
    HFrame_4 = FXHorizontalFrame(p=GroupBox_5, opts=0, x=0, y=0, w=0, h=0,
        pl=0, pr=0, pt=0, pb=0)
    frame = FXHorizontalFrame(HFrame_4, 0, 0,0,0,0, 0,0,0,0)

    # Model combo
    # Since all forms will be canceled if the  model changes,
    # we do not need to register a query on the model.
    # 定义模型及材料下拉框
        self.RootComboBox_1 = AFXComboBox(p=frame, ncols=0, nvis=1, text='Model:',
        tgt=form.modelNameKw, sel=0)
    self.RootComboBox_1.setMaxVisible(10)
    names = mdb.models.keys()
    names.sort()
    for name in names:
        self.RootComboBox_1.appendItem(name)
    if not form.modelNameKw.getValue() in names:
        form.modelNameKw.setValue( names[0] )
    msgCount = 15
    form.modelNameKw.setTarget(self)
    form.modelNameKw.setSelector(AFXDataDialog.ID_LAST+msgCount)
    msgHandler = str(self.__class__).split('.')[-1] + '.onComboBox_1MaterialsChanged'
    exec('FXMAPFUNC(self, SEL_COMMAND,
        AFXDataDialog.ID_LAST+%d, %s)' % (msgCount, msgHandler) )
    # Materials combo
    #
    self.ComboBox_1 = AFXComboBox(p=frame, ncols=0, nvis=1,
        text='Material:', tgt=form.materialNameKw, sel=0)
    self.ComboBox_1.setMaxVisible(10)
    # 定义新零件名称文本框
    AFXTextField(p=HFrame_4, ncols=9, labelText='Part name:',
        tgt=form.partNameKw, sel=0)
    self.form = form
    #~~~~~~~~~~~~~~~~~~~~~~~~~~~~~~~~~~~~~~~~~~~~~~~~~~~~~~~~~~~~~~~~

    def show(self):

        AFXDataDialog.show(self)
        # Register a query on materials
        #
        self.currentModelName = getCurrentContext()['modelName']
        self.form.modelNameKw.setValue(self.currentModelName)
        mdb.models[self.currentModelName].materials.registerQuery(self.updateComboBox_1Materials) #~~~~~~~~~~~~~~~~~~~~~~~~~~~~~~~~~~~~~~~~~~~~~~~~

    def hide(self):
        AFXDataDialog.hide(self)
        mdb.models[self.currentModelName].materials.unregisterQuery(self.updateComboBox_1Materials)   #~~~~~~~~~~~~~~~~~~~~~~~~~~~~~~~~~

    def onComboBox_1MaterialsChanged(self, sender, sel, ptr):
        self.updateComboBox_1Materials()
        return 1
    #~~~~~~~~~~~~~~~~~~~~~~~~~~~~~~~~~~~~~~~~~~~~~~~~~~~~~~~~~~~~~
```

```
def updateComboBox_1Materials(self):
    modelName = self.form.modelNameKw.getValue()
    # 更新材料下拉框中的材料名
    #
    self.ComboBox_1.clearItems()
    names = mdb.models[modelName].materials.keys()
    names.sort()
    for name in names:
        self.ComboBox_1.appendItem(name)
    if names:
        if not self.form.materialNameKw.getValue() in names:
            self.form.materialNameKw.setValue( names[0] )
    else:
        self.form.materialNameKw.setValue('')
    self.resize( self.getDefaultWidth(), self.getDefaultHeight() )
```

37.5 内核执行文件

六边形蜂窝自动建模程序的内核执行文件由一个主函数组成，该函数有10个变量，分别定义了蜂窝板及蜂窝晶格的几何尺寸、模型及材料选择、零件名等信息。程序中使用了草图自动生成、几何拉伸、属性创建、属性赋予、厚度区分等功能，可以实现六边形蜂窝结构的参数化建模。感兴趣的读者可以在此基础上添加网格划分等功能，程序源码及注释如下：

```
#! /user/bin/python
#-*-coding: UTF-8-*-
from abaqusConstants import *
from caeModules import *
from abaqus import *
import sys
##################################################
# 内核执行文件，文件名为：honeycomb_fun.py
##################################################
def honeycomfun(modelName,materialName,partName,celldimention,celllength,\
            celldiameter,thickness,panellength,panelwidth,panelheight):

    if celldimention=='Diameter:':
        celllength=celldiameter/sqrt(3)
    # 根据晶格内切圆直径计算蜂窝晶格边长
    l=celllength
    lhalf=0.5*celllength
    lsqrt=0.5*sqrt(3)*celllength
    NX=int(panellength/3/celllength)
    NY=int(panelwidth/sqrt(3)/celllength)

    spacingX=3*l
    spacingY=sqrt(3)*celllength
    # 创建几何草图
    s = mdb.models[modelName].ConstrainedSketch(name='__profile__',
        sheetSize=200.0)
    g, v, d, c = s.geometry, s.vertices, s.dimensions, s.constraints
    s.setPrimaryObject(option=STANDALONE)
    s.Line(point1=(-lhalf, 0.0), point2=(lhalf, 0.0))

    s.Line(point1=(-lhalf, 0.0), point2=(-l, lsqrt))
    s.Line(point1=(-l, lsqrt), point2=(-2.0*l, lsqrt))
    s.Line(point1=(lhalf, 0.0), point2=(l, lsqrt))
    s.Line(point1=(l, lsqrt), point2=(2.0*celllength, lsqrt))

    s.Line(point1=(-lhalf, 0.0), point2=(-l,-lsqrt))
    s.Line(point1=(-l,-lsqrt), point2=(-2.0*celllength,-lsqrt))
    s.Line(point1=(lhalf, 0.0), point2=(l,-lsqrt))
    s.Line(point1=(l,-lsqrt), point2=(2.0*celllength,-lsqrt))
    # 阵列初始草图
    s.linearPattern(geomList=(g[2],g[3],g[4],g[5],g[6],g[7],g[8],g[9],g[10]),
        vertexList=(), number1=NX, spacing1=spacingX, angle1=0.0, number2=NY,
        spacing2=spacingY , angle2=90.0)
    session.viewports['Viewport: 1'].view.fitView()
    # 创建三维蜂窝几何体
    p = mdb.models[modelName].Part(name=partName,
```

```
    dimensionality=THREE_D,
        type=DEFORMABLE_BODY)
    p.BaseShellExtrude(sketch=s, depth=panelheight)
    session.viewports['Viewport: 1'].setValues(displayedObject=p)
    del mdb.models[modelName].sketches['__profile__']
    # 赋属性
    mdb.models[modelName].HomogeneousShellSection(name='honeythickness1',
        preIntegrate=OFF, material=materialName, thicknessType=UNIFORM,
        thickness=thickness, thicknessField='', idealization=NO_IDEALIZATION,
        poissonDefinition=DEFAULT, thicknessModulus=None,
        temperature=GRADIENT,
        useDensity=OFF, integrationRule=SIMPSON, numIntPts=5)
    mdb.models[modelName].HomogeneousShellSection(name='honeythickness2',
        preIntegrate=OFF, material=materialName, thicknessType=UNIFORM,
        thickness=2*thickness, thicknessField='', idealization=NO_IDEALIZATION,
        poissonDefinition=DEFAULT, thicknessModulus=None,
        temperature=GRADIENT,
        useDensity=OFF, integrationRule=SIMPSON, numIntPts=5)
    p = mdb.models[modelName].parts[partName]
    f = p.faces
    facethick1=f[0:0]
    facethick2=f[0:0]
    # 计算需要赋双层厚度的面并赋属性
    NX2=2*NX
    NY2=2*NY
    for i in range(0,NX+1) :
        for j in range(0,NY+1) :
            f1=f.findAt((1.5*l*(2*i-1),lsqrt*(2*j-1),0.5*panelheight),)
            facethick2=facethick2+ f[f1.index:f1.index+1]
        milestone('          双层厚度区域赋属性 :', 'zones', i, NX2)
    # 主窗口右下角显示进度条
    for i in range(0,NX) :
        for j in range(0,NY) :
            f1=f.findAt((3*l*i,2*lsqrt*j,0.5*panelheight),)
            facethick2=facethick2+ f[f1.index:f1.index+1]
        milestone('          双层厚度区域赋属性 :', 'zones', i+NX, NX2)
    # 主窗口右下角显示进度条
    region = regionToolset.Region(faces=facethick2)
    p.SectionAssignment(region=region,
        sectionName='honeythickness2', offset=0.0,
        offsetType=MIDDLE_SURFACE, offsetField='',
        thicknessAssignment=FROM_SECTION)
    # 计算需要赋单层厚度的面并赋属性
    for j in range(0,2*NY) :
        for i in range(0,2*NX) :
            f1=f.findAt((0.75*l*(2*i-1),0.5*lsqrt*(2*j-1),0.5*panelheight),)
            facethick1=facethick1+ f[f1.index:f1.index+1]
        milestone('          单层厚度区域赋属性 :', 'zones', j, NY2)
    # 主窗口右下角显示进度条
    region = regionToolset.Region(faces=facethick1)
    p.SectionAssignment(region=region,
        sectionName='honeythickness1', offset=0.0,
        offsetType=MIDDLE_SURFACE, offsetField='',
        thicknessAssignment=FROM_SECTION)
    # 赋属性
```

37.6 插件效果

六边形蜂窝自动建模程序的所有文件及程序源代码存放于随书配套资源 honeycomb_standard 文件夹内。将该文件夹复制到 Abaqus 工作目录或者 Abaqus 安装目录下的 Abaqus_plugins 文件夹内，重新启动 Abaqus/CAE，可以在 Plug-ins→复合材料工具包中找到六边形蜂窝自动建模程序功能菜单，如图 37-2 所示。

第13部分 子程序和GUI

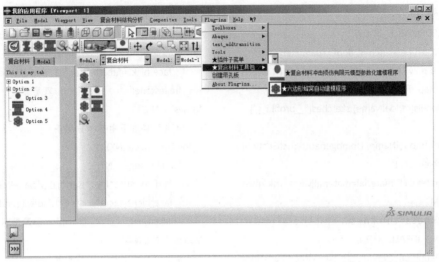

图 37-2 插件程序图标

单击该插件的图标✿，进入图 37-2 所示的图形界面，在上述界面中选择晶格的定义方式并输入几何参数、零件名称等信息。上述设置完成之后单击 Apply 按钮或者 OK 按钮便可自动创建六边形蜂窝模型，如图 37-3 所示。

> ○ 本插件程序中区分了蜂窝不同部位的厚度差异，图 37-3 中，黄色区域的厚度是深绿色区域的两倍，但是本插件程序未对蜂窝边缘厚度进行处理，感兴趣的读者可以通过修改内核执行文件予以改进。

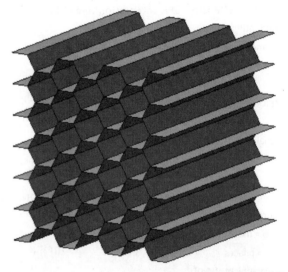

图 37-3 插件程序运行效果

37.7 小结和点评

本讲对六边形蜂窝结构进行了插件开发，详细讲解了 Python 注册文件、图形 GUI 界面和内核执行文件等内容；因蜂窝夹芯结构中蜂窝的细节模型较为复杂，若采用传统的手工建模非常耗时，而自动建模程序可以快速准确建立六边形蜂窝的细节模型。

点评：李保罗 CAE 经理

深圳比克动力电池有限公司

第 **14** 部分

土木建筑

第38讲 钢筋混凝土框架柱子的失效分析

主讲人：范光召 李潇然

软件版本	分析目的
Abaqus 2017	静力弹塑性分析钢筋混凝土框架结构中柱子的失效
难度等级	知识要点
★★★★☆	混凝土材料塑性损伤模型参数的意义及取值、钢筋混凝土结构建模、弹塑性求解与分析

38.1 概述说明

本讲以某梁板结构模型的弹塑性分析为例，采用考虑大位移的静力分析求解，详细讲解钢筋混凝土结构模型建立、混凝土材料参数含义及取值，以及混凝土结构弹塑性结果分析等内容。

38.2 分析流程

图 38-1 给出了本讲有限元分析过程。Abaqus 分析一般包括模型创建、分析计算及后处理 3 个过程，操作人员的主要工作为模型创建及计算结果的查看与分析。

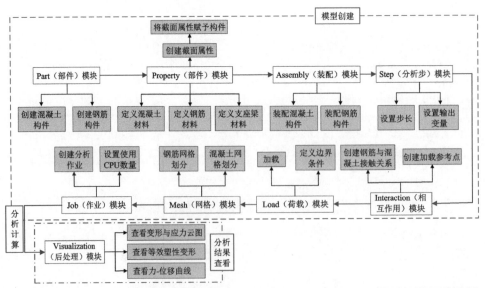

图 38-1 有限元分析过程

38.3 问题描述

试件原型是陆新征教授课题组按照《混凝土结构设计规范》(GB50010-2010) Code for design of concrete structures 设计的 6 层 RC 框架结构,其横向、纵向均为 4 跨,每跨 6m,底层层高 4.2m,其余层层高 3.6m,结构平面图如图 38-2(a)所示。抗震设防烈度为 6 度,设计地震分组为第一组,场地类型为二类场地。试验选取底层边跨两个开间的楼板及梁作为研究对象,如图 38-2(a)中红色线框所示。试验采用 1:3 的缩尺比例,试验原型的梁截面尺寸为 250mm×500mm,楼板厚度为 150mm,梁跨为 6m。缩尺后,试验模型的梁截面尺寸为 85m×170mm,楼板厚度为 50mm,梁跨为 2m,如图 38-2(b)所示。梁板的配筋在后文给出。

试验中,在失效边柱的位置布置上下两个千斤顶,如图 38-2(c)所示,试验开始时,两个千斤顶同时施加大小相等(小于 20kN)的竖向平衡力,然后逐渐增加向下的竖向位移,利用位移控制加载,模拟柱的失效,模型破坏如图 38-2(d)所示。

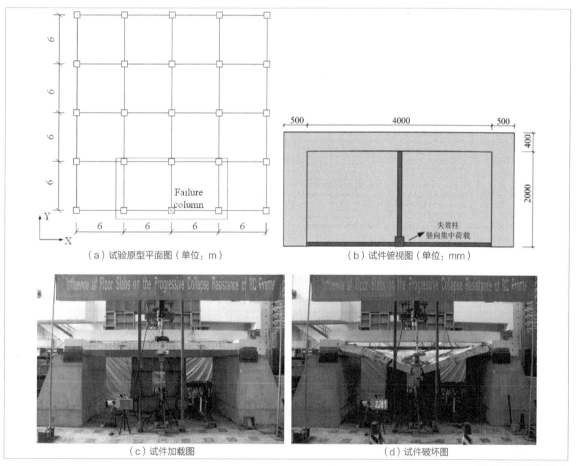

图 38-2 试件模型信息

为了简化周围楼板对试验区域楼板的约束作用,边梁采取三边固支,一边自由的理想边界条件。为了实现这一理想的边界条件,在构件固支端设计了截面较大的支座梁,支座梁截面尺寸为 340mm×500mm。边梁的配筋如图 38-3 所示,混凝土保护层厚度为 6mm,支座梁定义为弹性材料,不考虑其配筋。楼板的配筋如图 38-4 所示,楼板与梁中钢筋的材料信息见表 38-1。混凝土立方体抗压强度(150mm×150mm)为 45.3MPa。

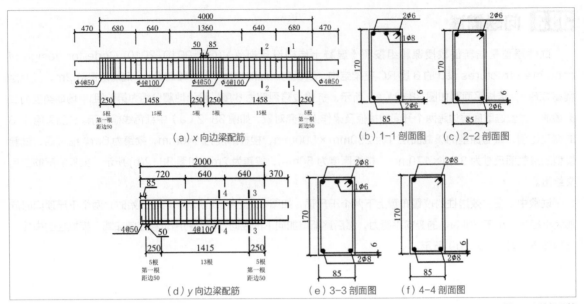

图38-3 边梁配筋

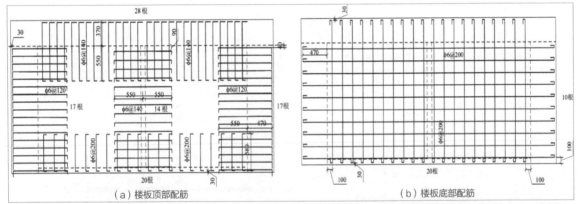

图38-4 楼板配筋

表38-1 钢筋材料信息

钢筋种类	屈服应力/MPa	极限应力/MPa	弹性模量/N·mm²	伸长率(5d)/%
6mm	371.7	526.20	2.246×10^5	30
8mm	354.9	501.54	2.214×10^5	35

1. 本模型建模简单，所以采用实体单元建模。中部重点计算的混凝土梁与板采用C3D8I（8节点六面体线性非协调模式单元），计算结果较精确；外围的混凝土支座梁可以粗略计算，采用C3D8R（8节点六面体线性减缩积分单元）；钢筋采用T3D2桁架单元。
2. 本试验为单向加载试验，分析步类型采用Static, General。
3. 本试验明显为大变形，需要考虑几何非线性，所以在Step模块应该把Nlgeom设为On。
4. 有限元模型不考虑钢筋与混凝土之间的滑移。
5. 混凝土材料由于粗骨料的存在，存在网格尺寸效应。所以并不是网格划分越细，所得结果越准确。

38.4 模型建立

38.4.1 创建模型部件

进入 Part 模块进行模型构件的创建 Module: Part Model: Model-1 Part: 。

1. 创建混凝土构件

单击工具箱中的 ■ (Create Part)，在 Name 后面输入 EdgeBeam-2000，将 Approximate size 修改为 500，其他选项不变，单击 Continue 按钮。单击工具箱中的 □（Create Lines: Rectangle），输入（-42.5,-85）后按鼠标中键，再输入（42.5,85），按鼠标中键，得到宽 85mm、高 170mm 的矩形。确认无误后再次按鼠标中键，弹出 Edit Base Extrusion 对话框，在 Depth 后输入 2000，即将该矩形拉伸 2000mm，单击 OK 按钮，得到宽 85mm、高 170mm、长 2000mm 的实体矩形混凝土梁。

按相同操作创建 X 方向的边梁 EdgeBeam-4000（85mm×170mm×4000mm）、X 方向的支座梁 Girder-5000（500mm×340mm×5000mm）、Y 方向的支座梁 Girder-2000（500mm×340mm×2000mm）、楼板 Slab（2000mm×50mm×4000mm）。

> 1. Abaqus中没有默认单位，用户使用时应该注意单位的统一，否则会导致计算错误。本讲使用的单位为mm、N。
> 2. Approximate size并不影响所创建构件的属性，修改该参数是为了方便建模。用户应该根据自己构件截面的尺寸大小来修改该参数。例如，Girder-5000与Girder-2000该参数宜取500，而Slab的该参数宜取2000。

2. 创建钢筋

单击工具箱中的 ■，在 Name 后面输入 BeamBar2000-720，将 Approximate size 修改为 1000，Shape 设为 Wire，其他选项保持默认值不变，单击 Continue 按钮。单击工具箱中的 ✍（Create Lines: Connected），输入（-360,0）后按鼠标中键，再次输入（360,0），按鼠标中键，得到长 720mm 的直线段。确认无误后再次按鼠标中键，即得到 Y 向边梁中的一种钢筋。如图 38-3(e) 所示，此钢筋为 Y 方向边梁上端中部钢筋（即单根直径 6mm 钢筋）。

按相同操作创建 Y 方向的边梁钢筋 BeamBar2000-1010（长度 1010mm）、BeamBar2000-2370（长度 2370mm）。按相同操作创建 X 方向的边梁钢筋 BeamBar4000-1150（长度 1150mm）、BeamBar4000-1360（长度 1360mm）、BeamBar4000-4940（长度 4940mm）。按相同操作创建楼板钢筋 SlabBar-580（长度 580mm）、SlabBar-920（长度 920mm）、SlabBar-1020（长度 1020mm）、SlabBar-1100（长度 1100mm）、SlabBar-2440（长度 2440mm）、SlabBar-5000（长度 4940mm）。

单击工具箱中的 ■，在 Name 后面输入 Stirrup，将 Approximate size 修改为 300，Shape 设为 Wire，其他选项保持默认值不变，单击 Continue 按钮。单击工具箱中的 □，输入（-36.5,-79）后按鼠标中键，再次输入（36.5,79），按鼠标中键，得到宽 73mm、高 158mm 的矩形。确认无误后再次按鼠标中键，即得到矩形箍筋。

> 1. 在创建大量构件时，一定要养成在Name栏写清楚构件名称与信息的习惯，不能因为麻烦而不重视该步骤，否则可能会在后面处理时分不清楚构件的编号。
> 2. 创建钢筋时一定要留出保护层厚度的尺寸，否则会使钢筋露在混凝土外面。

38.4.2 创建材料和截面属性

进入 Property 模块进行材料与截面属性的定义 Module: Property　Model: Model-1　Part: 。

1. 创建混凝土材料

单击工具箱中的 (Create Material)，在 Name 后输入 Concrete-C45。单击 Mechanical → Elasticity → Elastic，定义混凝土弹性属性。输入 Young's Modulus（弹性模量）为 32500N/mm², Poisson's Ratio（泊松比）为 0.25。

单击 Mechanical → Plasticity → Concrete Damaged Plasticity，定义混凝土损伤塑性属性。首先定义 Plasticity 栏，该栏中从左往右的 5 个参数分别如下：Dilation Angle（膨胀角）为 30，Eccentricity（塑性势偏移量）为 0.1，fb0/fc0（双轴受压初始屈服应力与单轴受压初始屈服应力比值）1.16，K（第二应力不变量在拉子午面上的值与第二应力不变量在压子午面上的值之比）为 0.667，Viscosity Parameter（黏度系数）为 0.0005。

混凝土材料的峰值强度取轴心抗压强度标准值 f_{ck}=29.78MPa，该值可以根据给出的混凝土立方体抗压强度 $f_{cu,k}$ 由公式 $f_{ck}=0.88\alpha_{c1}\alpha_{c2}f_{cu,k}$ 得到。该公式参数取值可见《混凝土结构设计规范》条文说明 4.1.3，此处不再赘述。混凝土材料的单轴受压、单轴受拉的应力应变曲线计算公式取自《混凝土结构设计规范》附录 C。随书提供了材料塑性数据的 Excel 文件，可以分别将数据拷贝到 Compressive Behavior 与 Tensile Behavior 相应的数据栏中。

接下来将定义混凝土损伤系数。单击 Compressive Behavior 选项卡右上角的 Suboptions 按钮，打开 Suboption Edit 对话框，在 Tension recovery 后填入 0，表明混凝土由受压变为受拉，微裂缝发展后，材料抗拉刚度不会恢复，然后将材料塑性数据的 Excel 文件中 Damage Parameter 与 Inelastic Strain 数据复制到相应位置，单击 OK 按钮，完成受压损伤系数的定义，如图 38-5(a) 所示。单击 Tensile Behavior 选项卡右上角的 Suboptions 按钮，打开 Suboption Edit 对话框，在 Compression recovery 后填入 1，表明混凝土由受拉变为受压，裂缝闭合后，材料抗压刚度恢复，然后将材料塑性数据的 Excel 文件中 Damage Parameter 与 Cracking Strain 数据复制到相应位置，单击 OK 按钮，完成受拉损伤系数的定义，如图 38-5(b) 所示。最后单击 OK 按钮，完成混凝土材料的定义。

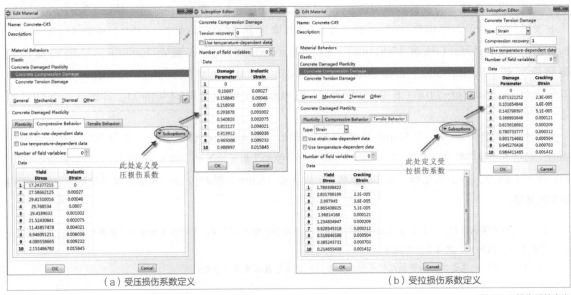

(a) 受压损伤系数定义　　　　　　　　(b) 受拉损伤系数定义

图 38-5 损伤系数定义

> 1. Abaqus的混凝土损伤模型采用的是非关联流动法则，其中系数Dilation Angle（膨胀角）控制着塑性势函数开口的大小。膨胀角越小，材料越容易破坏，结构计算结果就越偏于安全。但是，膨胀角越小越不易收敛。因此，在进行构件承载力计算时，应该在保证计算结果正确、满足收敛性要求的前提下，对膨胀角应取较小值，以保证设计安全。混凝土膨胀角取值在30~35之间都是合理的，本讲取30。
> 2. Eccentricity（塑性势偏移量）决定了塑性势函数趋近其渐近线的速率。笔者研究发现，该参数的引入主要是为了保证塑性势函数的连续、光滑，及塑性势函数在顶点处可导。该系数保证塑性势函数在子午面上顶端处垂直于静水压力轴，高围压下趋近线性Drucker-Prager准则。偏移量取值越小越不易收敛，当取值为零时，塑性势函数则变为Drucker-Prager函数，在端点会出现尖角，造成数值计算不收敛。软件默认值0.1已经使得曲线与线性Drucker-Prager函数的差别非常小，如果没有确切根据，最好保持默认值0.1。
> 3. Viscosity Parameter（黏度系数）是为了使材料模型在软化阶段更容易收敛。该值越大混凝土在软化时越易收敛，但该值越大，计算结果越不准确。最好控制该值不要大于0.0005。

2.创建钢筋材料

单击工具箱中的，在Name后输入Bar6。单击Mechanical → Elasticity → Elastic，定义钢筋弹性属性。输入Young's Modulus（弹性模量）数值为224600N/mm^2，Poisson's Ratio（泊松比）为0.3。单击Mechanical → Plasticity → Plastic，定义钢筋塑性属性。在相应的表格处填入钢筋塑性参数，如图38-6(a)所示。

按相同的方法定义直径8mm钢筋材料属性。其中，Young's Modulus（弹性模量）数值为221400N/mm^2，Poisson's Ratio（泊松比）为0.3。钢筋塑性参数如图38-6(b)所示。由于箍筋（直径4mm）并未给出材料性质，所以本讲取箍筋的材料性质与6mm直径钢筋相同。

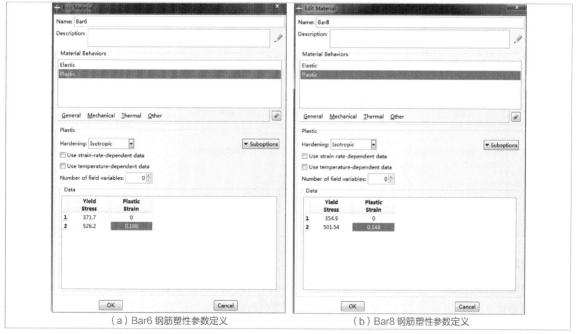

（a）Bar6钢筋塑性参数定义　　（b）Bar8钢筋塑性参数定义

图38-6 钢筋塑性参数定义

> 1. 塑性应变(Plastic Strain)栏第1个值必须为0，表示这是塑性的开始。如果不为零，那么生成材料时软件将报错。
> 2. 本讲定义的钢筋材料模型为双折线模型。塑性参数的两行数值定义了屈服后的应力应变关系。如果塑性参数只填入一行，就表明定义了理想弹塑性的钢筋。

3. 创建支座梁材料

由于支座梁只是起到边缘约束作用，不是计算的重点，而且实际试验中也是一直处于弹性，因此模拟时支座梁只需定义弹性。

单击工具箱中的 ，在 Name 后输入 Girder。单击 Mechanical → Elasticity → Elastic，定义钢筋弹性属性。输入 Young's Modulus（弹性模量）数值为 300000N/mm^2，Poisson's Ratio（泊松比）为 0.3。

4. 创建截面属性

Abaqus 中需要把材料属性赋值给截面，再将截面属性赋给模型。这种定义方式极大地方便了材料性质的修改，读者在以后的使用中可以明显地感觉到这种方法的优点。

单击工具箱中的 (Create Section)，在 Name 后输入 Concrete-C45，其他保持默认值，单击 Continue 按钮。在弹出的对话框中 Material 后的下拉列表中选则 Concrete-C45，单击 OK 按钮，创建了混凝土截面属性，如图 38-7(a) 所示。按相同方法创建支座梁截面 Girder。

单击工具箱中的 ，在 Name 后输入 Bar6。在 Category 栏选择 Beam，Type 栏选择 Truss，即使用桁架模拟钢筋，单击 Continue 按钮。在弹出的对话框中 Material 后的下拉列表中选则 Bar6，在 Cross-sectional area 后填入钢筋的截面积 28.26，单击 OK 按钮，创建了 6mm 钢筋的截面属性，如图 38-7(b) 所示。按相同方法创建 8mm 钢筋的截面属性 Bar8，如图 38-7(c) 所示。按相同方法创建 4mm 钢筋的截面属性 Bar4，在弹出的对话框中 Material 后的下拉列表中选择 Bar6（即使用 6mm 钢筋的材料性质），在 Cross-sectional area 后填入钢筋的截面积 12.56，如图 38-7(d) 所示。

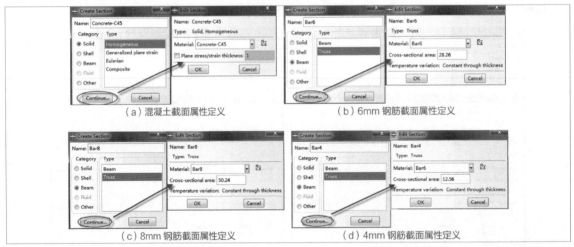

（a）混凝土截面属性定义　　（b）6mm 钢筋截面属性定义
（c）8mm 钢筋截面属性定义　　（d）4mm 钢筋截面属性定义

图 38-7 截面属性定义

5. 将截面属性赋予构件

将创建的 Concrete-C45 截面赋予构件 EdgeBeam-2000、Slab 及 EdgeBeam-4000；将创建的 Girder 截面赋予构件 Girder-2000 与 Girder-5000；将创建的 Bar8 截面赋予构件 BeamBar2000-2370 与 BeamBar4000-1150；将创建的 Bar4 截面赋予构件 Stirrup；将创建的 Bar6 截面赋予其他构件。

钢筋构件赋予截面属性将以 BeamBar2000-720 为例进行说明。单击 Part 后面的下拉列表，选择 BeamBar2000-720 ，单击工具箱中的 (Assign Section)，按住鼠标左键框选钢筋，并按鼠标中键，此时弹出 Edit Section Assignment 对话框。在 Section 后选择 Bar6，并单击 OK 按钮，此时，钢筋由原来的白色变为绿色，即说明了已将 Bar6 截面赋予了构件

BeamBar2000-720。

混凝土构件赋予截面属性将以 EdgeBeam-2000 为例进行说明。单击 Part 后面的下拉列表，选择 EdgeBeam-2000，单击工具箱中的，按住鼠标左键框选梁构件，并按鼠标中键，此时弹出 Edit Section Assignment 对话框。在 Section 后选择 Concrete-C45，并单击 OK 按钮，梁构件由原来的白色变为绿色，即说明了已将 Concrete-C45 截面赋予了构件 EdgeBeam-2000。

> 由于箍筋是由四根桁架围成，因此在单击Edit Section Assignment对话框的OK按钮后还需要按鼠标中键给予确定，如果没有按鼠标中键便退出，则会导致箍筋属性赋予失败。

38.4.3 创定义装配件

在 Module 列表中选择 Assembly 模块进行各个构件的装配。

1.混凝土构件装配

单击工具箱中的（Instance Part），在弹出的对话框中选择 Girder-5000，其他保持默认状态不变，如图 38-8(a) 所示，单击 OK 按钮，右侧出现支座梁的三维视图。在上方菜单中单击（Rotate View），按住鼠标左键旋转装配件视图，显示出 Girder-5000 构件左下方的边，然后按鼠标中键确定。单击（Translate Instance），然后单击 Girder-5000 构件，此时构件外轮廓线呈现红色，然后按鼠标中键，选择构件左下方边的中点，两次按鼠标中键，将构件的左下方边的中点移动到坐标原点，如图 38-8(b) 所示。

按相同的方法创建 Girder-2000，单击（Rotate Instance），然后单击 Girder-2000 构件，此时构件外轮廓线呈现红色，然后按鼠标中键，在作图区下方出现选择开始点的输入框，保持默认按鼠标中键，在作图区下方出现选择结束点的输入框，在输入框中输入坐标（0.0,1.0,0.0），按鼠标中键，弹出旋转角度，保持默认值不变，两次按鼠标中键，此时可以看到 Girder-2000 构件旋转90°，与 Girder-5000 构件垂直。单击，然后左键单击 Girder-2000 构件，此时构件外轮廓线呈现红色，然后按鼠标中键，单击 Girder-2000 构件角部端点，然后再按 Girder-5000 构件角部端点，此时将 Girder-2000 构件移动到了 Girder-5000 构件的一端，然后按鼠标中键确定，如图 38-9(a) 所示。单击（Linear Pattern），然后按 Girder-2000 构件，此时构件外轮廓线呈现红色，然后按鼠标中键，在弹出的对话框中，将 Direction 2 中的 Number 修改为 1，单击 Direction 1 中的白色箭头（Direction），然后选择作图区黄色坐标系的 Z 轴，在 Direction 1 的 Offset 中输入 4500，然后单击（Flip），单击 OK 按钮，得到如图 38-9（b）所示的装配件。

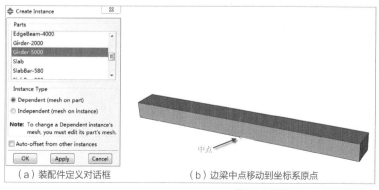

（a）装配件定义对话框　　（b）边梁中点移动到坐标系原点

图 38-8 定义 Girder-5000 装配件

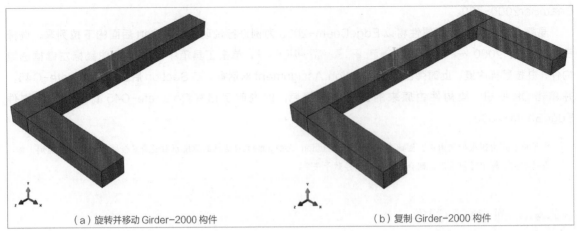

（a）旋转并移动 Girder-2000 构件　　（b）复制 Girder-2000 构件

图 38-9 旋转与复制装配件

按相同的操作装配边梁 EdgeBeam-2000 与 EdgeBeam-4000，最后可以得到混凝土部分的装配件，如图 38-10(a) 所示。单击 ◎（Merge/Cut Instance），在弹出的对话框中 Part name 后输入 ConFrame，单击 Continue 按钮，按住鼠标左键框选模型，按鼠标中键，将各个构件融合为一个构件，如图 38-10(b) 所示。

将 Module 切回 Part 功能模块，并选择在 Part 后的下拉列表中选择 Merge 后得到的 ConFrame 构件。单击工具箱中 ▙（Partition Cell: Define Cutting Plane）按钮，按鼠标中键，然后选择点 1，再选择线 2，按鼠标中键，将模型初步分割，如图 38-10(c) 所示。然后选择右下方分割出来的模型，按照上述方法将模型继续分割，最终样式如图 38-10（d）所示。然后将 Module 切回 Assembly 功能模块。

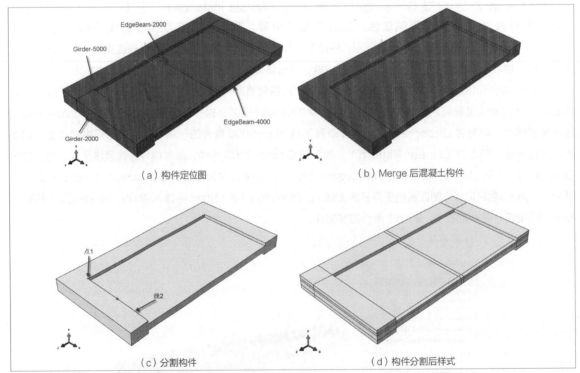

（a）构件定位图　　（b）Merge 后混凝土构件

（c）分割构件　　（d）构件分割后样式

图 38-10 分割构件

单击模型树中 ⊞ Assembly 左侧的加号，在下拉菜单中单击 ⊞ Instances (7) 左侧的加号，选中下拉菜单中所有带红色叉号的项，然后按鼠标右键，选中 Delete，删除选中的项。

○ 1. 只将构件定位后，各个构件实际是分离的，需要将各个构件连接在一起。本讲使用的是Merge功能，这样各个构件就变成一个整体，对整体进行分割后，各个部分还是连接在一起的，分割的目的是方便后面的网格划分。当然也可以使用Tie进行各个构件的粘结，但是这种方法要麻烦许多。
2. 切割构件的目的是在构件划分网格时，可以划分出规则的网格，这样不但节约了计算成本，而且可以得出更为精确的结果。

2.钢筋构件装配

在顶部主菜单中找到 View 选项，应用命令 View → Assembly Display Options → Instance，勾掉 ConFrame-1 前的对号，单击 OK 按钮，这时作图区混凝土装配件隐去，该操作的目的是便于钢筋的装配。

钢筋的装配原理与混凝土构件装配相同，由于钢筋数量较多，此处不再赘述其操作，读者可以根据本讲提供的模型数据自行定位装配。钢筋装配的具体信息读者可以参考随书资源中提供的模型文件，读者可以使用主菜单栏中❶（Query information）进行钢筋节点坐标及长度的查询。钢筋定位好后需要进行 （Merge/Cut Instance）操作，后文称该操作为 Merge 操作，Merge 后的名称为 BarFrame。单击模型树中 Assembly 左侧的加号，在下拉菜单中单击 Instances 左侧的加号，选中下拉菜单中所有带红色叉号的项，然后按鼠标右键，选中 Delete，删除选中的项。

装配好的钢筋装配件如图 38-11（a）所示。应用命令 View → Assembly Display Options → Instance，勾选 ConFrame-1，单击 OK 按钮，此时混凝土装配件显示。读者可以使用 旋转模型检查钢筋是否露在混凝土外面。单击工具箱中的 （Render Model: Wireframe），将显示整体线框模型，如图 38-11（b）所示。单击工具箱中的 （Render Model: Shaded），模型会变回填充显示。检查无误后进入下一步。

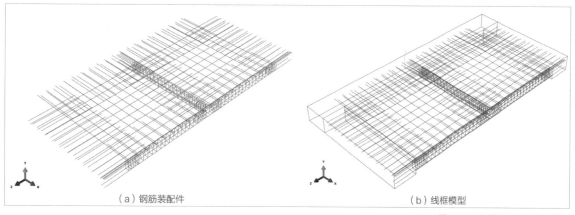

（a）钢筋装配件　　　　　　　　　　　（b）线框模型

图 38-11 钢筋与整体模型装配件

○ 本讲删除模型树中Assembly → Instance内带红色叉号的项是为了操作方便。读者在装配构件时，如果没有十足的装配正确的把握，最好不要删除。

38.4.4 设置分析步

在 Module 列表中选择 Step 模块，在该模块进行分析步的定义。

本讲施加单向荷载，所以只需要定义一个荷载步。单击工具箱中的 （Create Step）按钮，在 Name 后面输入 Step-Load，其他保持默认值不变，单击 Continue 按钮，在弹出的 Edit Step 对话框 Basic 栏，把 Nlgeom（几何非线性）设为 On，单击 Incrementation 选项卡，把 Initial（初始增量步大小）改为 0.0001，把 Maximum（最大增量步大小）改为 0.001，把 Maximum number of increments 改为 100000，然后单击 OK 按钮，定义过程如图 38-12 所示。

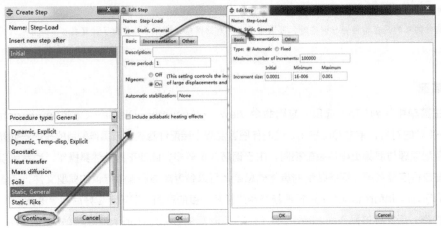

图 38-12 分析步定义

应用命令 Output → Field Output Requests → Manager，在弹出的对话框中可以发现，软件已经自动创建了一个名为 F-Output-1 的场变量默认输出控制。单击右侧的 Edit 按钮，可以在弹出的对话框设置需要输出的场变量及输出的频率，如图 38-13 所示。本讲此处采用默认值，不修改该部分。

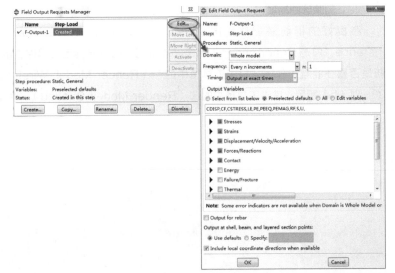

图 38-13 设定场变量输出

38.4.5 定义约束

在 Module 列表中选择 Interaction 模块，在该模块进行模型之间约束关系的定义。

首先建立加载参考点。单击工具箱中 （Create Reference Point）按钮，在作图区下方输入坐标（2457.5,255,0），按鼠标中键，得到参考点 RP-1。

将参考点 RP-1 与梁建立耦合约束。单击工具箱中 （Create Constraint）按钮，在 Name 后输入 Constraint-RP-1，Type 选择 Coupling（耦合），如图 38-14（a）所示，单击 Continue 按钮。单击选择参考点 RP-1，按鼠标中键两次后，选择梁 EdgeBeam-2000 与梁 EdgeBeam-4000 相交的矩形区域，按鼠标中键，弹出 Edit Constraint 对话框，如图 38-14（b）所示，保持默认状态不变，单击 OK 按钮，建立参考点 RP-1 与梁的随动耦合约束，如图 38-14(c) 所示。

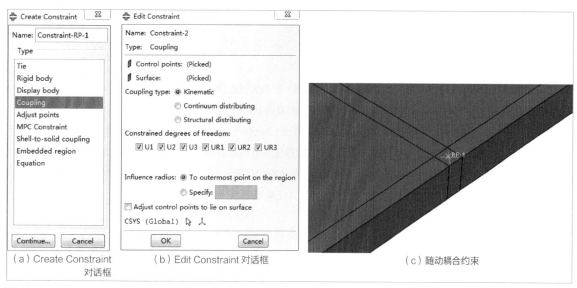

图 38-14 定义参考点与梁的约束关系

定义钢筋与混凝土的约束关系。单击工具箱中 （Create Display Group）按钮，在 Item 栏中选择 Part instance，右侧选择 BarFrame-1，单击左下角 Replace 按钮，只显示钢筋笼，单击 Dismiss 关闭对话框。单击工具箱中的 按钮，在 Name 后输入 Constraint-Bar-Concrete，Type 选择 Embedded region，如图 38-15（a）所示，单击 Continue 按钮。提示区显示 Select embedded region，框选钢筋笼，按鼠标中键，提示区显示 Selection the method for host region，选择 Whole Model，弹出 Edit Constraint 对话框，如图 38-15（b）所示，保持默认值不变，单击 OK 按钮，完成约束定义。单击工具箱中 （Replace All），显示所有构件，如图 38-15(c) 所示。

> 1. 定义参考点的目的是将荷载加在参考点上。对构件施加集中荷载时要避免直接将荷载施加在模型的一点上，因为这样会导致加载点出现数值奇异和负特征值，造成模型不收敛。同样，实际试验中也不是将荷载加载到一个点上，而是加载到一个较小的面上。
> 2. 上面定义钢筋与混凝土约束关系的方法没有考虑钢筋与混凝土的滑移。读者应该对此有清醒的认识，如果进行钢筋与混凝土的滑移分析就不可采用该定义方法。

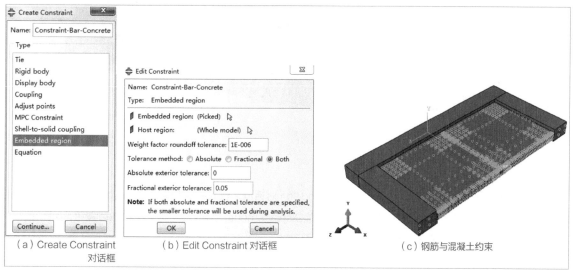

图 38-15 定义钢筋与混凝土的约束关系

38.4.6 定义荷载与边界条件

在 Module 列表中选择 Load 模块 Module: Load Model: Model-1 Step: Initial ，在该模块进行模型边界条件与施加荷载的定义。

实际模型边界条件简单，有限元模型采用与实际模型一致的边界约束，在支座梁 Girder-2000 与 Girder-5000 的底面施加固端约束。荷载采用位移控制，将荷载施加在参考点 RP-1 上。

单击工具箱中 (Create Boundary Condition)，弹出 Create Boundary Condition 对话框，保持默认选项不变，单击 Continue 按钮，如图 38-16（a）所示。然后按住 Shift 键选择图 38-16(b) 中红色部分，然后按鼠标中键。弹出 Edit Boundary Condition 对话框，选择最下方 ENCASTRE (U1=U2=U3=UR1= UR2= UR3) 选项，如图 38-16（c）所示，单击 OK 按钮，完成边界条件定义，结果如图 38-17（d）所示。

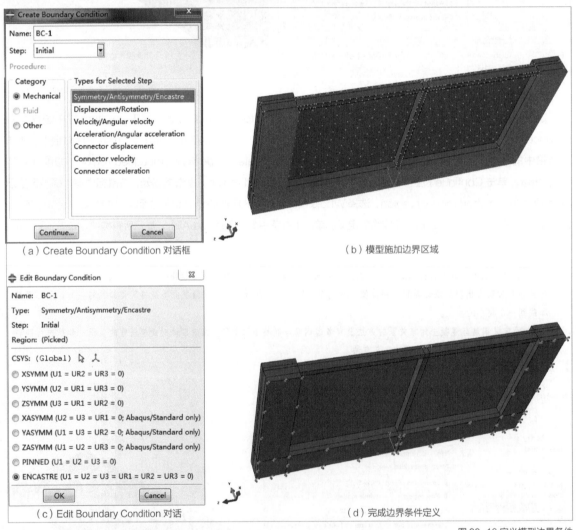

（a）Create Boundary Condition 对话框
（b）模型施加边界区域
（c）Edit Boundary Condition 对话
（d）完成边界条件定义

图 38-16 定义模型边界条件

单击工具箱中 ，弹出 Create Boundary Condition 对话框，在 Name 后输入 BC-Load，在 Step 后选择 Step-Load，在 Type for Selected Step 列表中选择 Displacement/Rotation，单击 Continue 按钮，如图 38-17（a）所示。在右侧作图区单击选择 RP-1，然后按鼠标中键。弹出 Edit Boundary Condition 对话框，勾选 U2，

在后面输入 -600，表示沿 Y 轴负方向移动 600mm，如图 38-17（b）所示，单击 OK 按钮，完成荷载定义，如图 38-17(c) 所示。

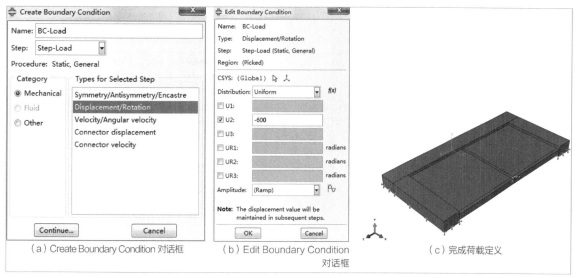

（a）Create Boundary Condition 对话框　　（b）Edit Boundary Condition 对话框　　（c）完成荷载定义

图 38-17 定义模型荷载

38.4.7 划分网格

在 Module 列表中选择 Mesh 模块 Module: Mesh　Model: Model-1　Object: Assembly Part: BarFrame，在该模块进行模型各部分的网格划分。

1. 钢筋笼网格划分

在 Module 列表中，选择 Part，并在其后面的下拉列表中选择 BarFrame 选项，将视图显示为钢筋笼 Module: Mesh　Model: Model-1　Object: Assembly Part: BarFrame。

单击工具箱中（Seed Part），弹出 Global Seeds 对话框，在 Approximate global size 后输入 150，单击 OK 按钮，完成钢筋种子的布置，如图 38-18(a) 所示。单击工具箱中的 (Assign Element Type)，按住鼠标左键并框选整个钢筋笼，然后按鼠标中键，弹出 Element Type 对话框，在 Family 列表中选择 Truss，并单击 OK 按钮，然后按鼠标中键，完成钢筋单元类型的定义，如图 38-18(b) 所示。单击工具箱中的（Mesh Part），然后按鼠标中键，完成钢筋网格划分。

2. 混凝土网格划分

在 Module 列表中，选择 Part，并在其后面的下拉列表中选择 ConFrame 选项，将视图显示为混凝土框架 Module: Mesh　Model: Model-1　Object: Assembly Part: ConFrame。

单击工具箱中的，弹出 Global Seeds 对话框，在 Approximate global size 后输入 150，单击 OK 按钮，完成混凝土种子的布置。单击工具箱中的，选中模型绿色部分，然后按鼠标中键，弹出 Element Type 对话框，在 Hex 中勾选 Incompatible modes，并单击 OK 按钮，然后按鼠标中键，完成混凝土单元类型的定义，如图 38-19（a）所示。单击工具箱中的，然后按鼠标中键，完成混凝土网格划分，如图 38-19（b）所示。

481

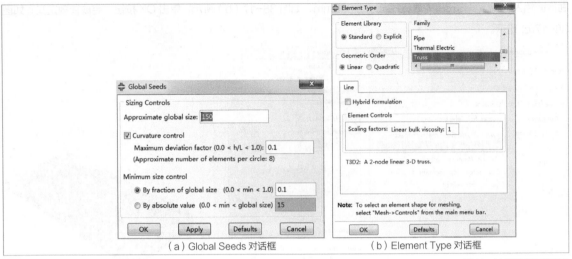

图 38-18 钢筋笼网格划分

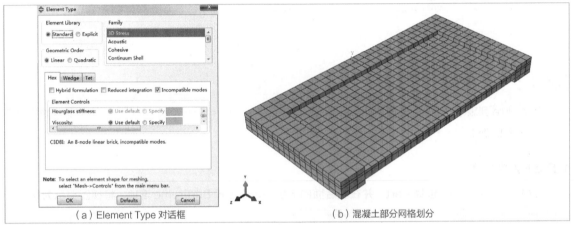

图 38-19 混凝土网格划分

> ○ 当网格划分规则并且无明显扭曲时,单元类型选用线性非协调单元(Incompatible modes),可以在明显降低计算成本的情况下得到与二次单元相当的结果。

38.4.8 提交分析作业

在 Module 列表中选择 Job 模块，在该模块进行模型作业的创建与提交。

单击工具箱中的 ![] (Create Job)，弹出 Create Job 对话框，在 Name 后输入模型作业名称，单击 Continue 按钮。在弹出 Edit Job 对话框中选择 Parallelization 选项卡，然后勾选 Use multiple processors，根据自己电脑的情况在后面输入使用 CPU 的数量，单击 OK 按钮，完成工作的创建，如图 38-20(a) 所示。

单击工具箱中的 ![] 右侧的 ![] (Job Manager)，弹出 Job Manager 对话框，单击 Data Check 按钮，检查模型是否有问题。当 Status 下方状态变为 Completed 后，单击 Submit 按钮，完成作业提交，进行模型的分析，如图 38-20(b) 所示。在模型计算过程中，可以单击 Monitor 按钮查看模型计算状况，如图 38-20(c) 所示。当 Status 下方状态由 Running 变为 Completed 时表示模型计算完成，单击 Result 按钮，进入 Visualization 模块查看计算结果。

第38讲 ── 钢筋混凝土框架柱子的失效分析

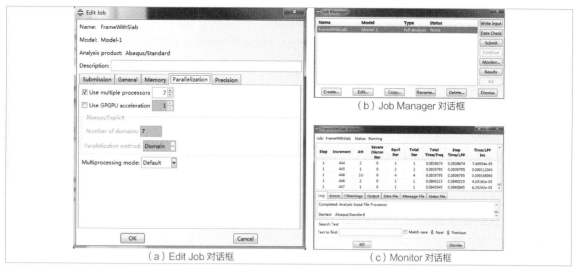

图 38-20 作业的创建与提交

1. 使用Abaqus并行计算可以提高计算速度，但是需要知道自己电脑CPU的核数。读者可以在设备管理器中查看自己电脑处理器的核数。作者电脑CPU为8核，因此在随书资源提供的模型中选择了7。如果读者电脑核数少于7，则在提交随书资源作业前需要修改此值，否则会出错。

2. 读者同样可以在Memory选项卡设置内存使用情况。Abaqus默认使用内存是物理内存的90%，因此，一般情况下读者没必要更改此项。

38.5 查看结果

计算结果可以在 Visualization 模块查看。

38.5.1 查看变形与应力云图

单击工具箱中的 ⌞（Plot Contours on deformed shape），绘图区显示出变形后的应力云图。应用命令 Tools → Display Group → Create 选项，在 Item 列表中选择 Part Instance，在右侧列表选择 ConFrame-1，并单击左下角的 ⌞（Replace）按钮，可以只显示混凝土部分的变形与应力云图。同理，在右侧列表选择 BarFrame-1，并单击左下角的 ⌞（Replace）按钮，可以只显示钢筋部分的变形与应力云图，如图 38-21 所示。

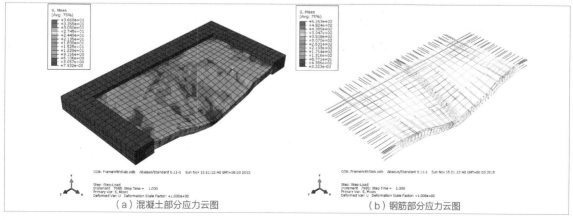

（a）混凝土部分应力云图　　　　　　　（b）钢筋部分应力云图

图 38-21 Mises 应力云图

38.5.2 查看等效塑性变形

应用命令 Result → Field Output 选项，在 Primary Variable 列表中选择 PEEQ，然后单击 OK 按钮，如图 38-22 所示。在绘图区会显示模型的变形与等效塑性应变云图，当构件某一部分等效塑性应变值大于零时，表明构件此处进入了塑性，如图 38-23 所示。

38.5.3 查看力-位移曲线

单击工具箱中的 ![icon]（Create XY Data），在弹出的 Create XY Data 对话框中选择 ODB Field output 选项，如图 38-24(a) 所示，单击 Continue 按钮，弹出 XY Data from ODB Field Output 对话框。在 Variables 选项卡，在 Position 后的下拉菜单选择 Unique Nodal，然后在下方列表中单击 RF: Reaction force 左侧的黑色三角形，弹出下拉列表，并勾选 RF2。同理，单击 U: Spatial displacement 左侧的黑色三角形，弹出下拉列表，并勾选 U2，如图 38-24(b) 所示。然后选择 Elements/Nodes 选项卡，在 Method 列表中选择 Node sets，然后在右侧选择 ASSEMBLY_CONSTRAINT-RP-1_REFERENCE_POINT，如图 38-24（c）所示并单击 Plot 按钮，会在绘图区得出加载参考点处的力、位移与时间的关系曲线。

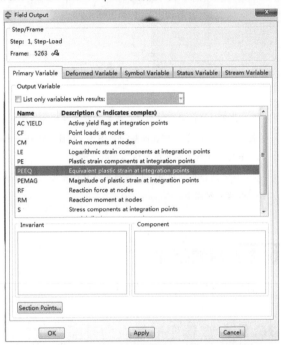

图 38-22 Field Output 对话框

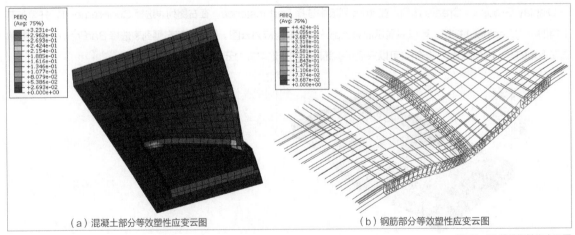

（a）混凝土部分等效塑性应变云图　　（b）钢筋部分等效塑性应变云图

图 38-23 等效塑性应变云图

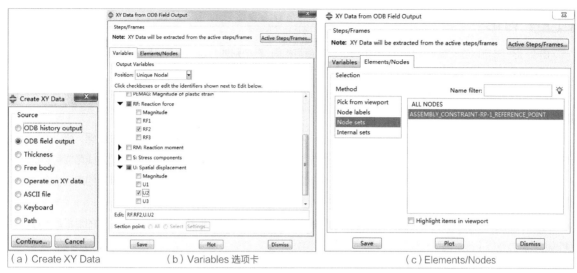

(a) Create XY Data　　　　(b) Variables 选项卡　　　　(c) Elements/Nodes

图 38-24 提取力、位移与时间的关系曲线

单击工具箱中的 ，在弹出的 Create XY Data 对话框中选择 Operate on XY data 选项，单击 Continue 按钮，如图 38-25(a) 所示，弹出 Operate on XY data 对话框。在 Operators 中选择 combine 函数，然后依次双击 XY Data 中的 U、RF，单击 Plot Expression 按钮，如图 38-25(b) 所示，生成加载点的力 – 位移曲线。

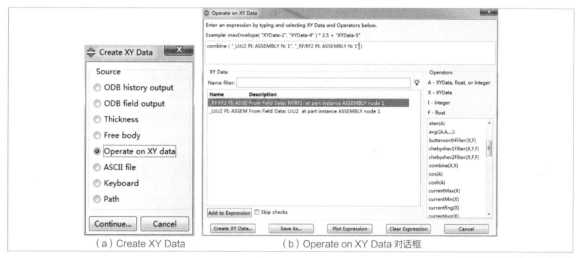

(a) Create XY Data　　　　(b) Operate on XY Data 对话框

图 38-25 生成力 – 位移曲线

38.5.4 分析力-位移曲线与试验曲线对比

在生成力 – 位移曲线后，可以单击 按钮右侧的 （XY Data Manager），在弹出的 Create XY Data 对话框中选择 _temp_1，单击 Edit 按钮，弹出 Edit XY data 对话框。读者可以在该对话框中将数据拷贝到 Excel 中进行处理，随书资源中给出了有限元模拟数据与实际试验数据，两者曲线对比如图 38-26 所示。

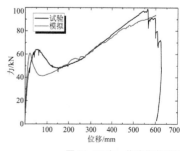

图 38-26 力 – 位移曲线对比

38.6 讨论

由图38-26可以看出模拟曲线与试验曲线的发展趋势相同，在个别地方差别较大，下面分析一下两者差异的原因。

①在曲线上升段（未达到峰值点），可以看出模拟曲线表现出来的试件刚度要比实际试件大。可能原因是，试件在此时产生了裂缝或钢筋的滑移，使试件产生了刚度退化。而模拟试件模型没有考虑裂缝与钢筋滑移的影响，所以前期刚度要比实际情况大一些。

②峰值之后的下降段模拟曲线要比实际曲线陡。一方面，由于没有给出实际混凝土的全曲线数据，所以模型混凝土的应力应变曲线是根据规范取值，有限元混凝土的应力应变曲线与实际混凝土真实的应力应变曲线可能有差别。另一方面，给出的是素混凝土的应力应变曲线，而没有考虑箍筋对混凝土的约束效应。箍筋对混凝土约束会使混凝土的延性极大提高，下降曲线会平缓很多。

③试验曲线最后出现突然的下降，并且有阶段性的上升。此时，应该是钢筋锚固端出现拔出式的滑移甚至拉断，使试件承载力直线下降。有限元模拟中没有考虑钢筋的滑移与钢筋拉断，所以模拟无法出现试验曲线那样的直线下降情况。

38.7 inp文件解释

下面解释本实例对应的 inp 文件。在随书的资源中可以找到该 inp 文件。

```
** PARTS
** 钢筋笼构件
*Part, name=BarFrame
*Node
……
定义桁架单元
*Element, type=T3D2
……
创建钢筋截面并赋值给钢筋构件
** Section: Bar6
……
** Section: Bar4
……
** Section: Bar8
……
*End Part
** 混凝土框架构件
*Part, name=ConFrame
*Node
……
定义实体减缩积分单元
*Element, type=C3D8R
……
定义实体非协调单元
*Element, type=C3D8I
……
```

```
创建支座梁截面并赋值给支座梁构件
** Section: Girder
……
创建混凝土截面并赋值给混凝土构件
** Section: Concrete-C45
……
*End Part
**
** ASSEMBLY
**
*Assembly, name=Assembly
** 混凝土框架实体
*Instance, name=ConFrame-1, part=ConFrame
*End Instance
** 钢筋笼实体
*Instance, name=BarFrame-1, part=BarFrame
*End Instance
……
定义钢筋与混凝土之间的约束关系
** Constraint: Constraint-Bar-Concrete
*Embedded Element
……
定义加载点与混凝土之间的约束关系
** Constraint: Constraint-RP-1
*Coupling, constraint name=Constraint-RP-1, ref node=_PickedSet22, surface=_PickedSurf21
```

```
*Kinematic
*End Assembly
**
** MATERIALS
** 材料材性定义
*Material, name=Bar6
*Elastic
224600., 0.3
*Plastic
 371.7,   0.
 526.2, 0.198
*Material, name=Bar8
*Elastic
221400., 0.3
*Plastic
 354.9,   0.
 501.54, 0.148
*Material, name=Concrete-C45
*Elastic
32500., 0.25
*Concrete Damaged Plasticity
30.,   0.1,  1.16, 0.667, 0.0005
*Concrete Compression Hardening
……
*Concrete Tension Stiffening
……
*Concrete Compression Damage
……
*Concrete Tension Damage
……
*Material, name=Girder
*Elastic
300000., 0.3
**
** BOUNDARY CONDITIONS
** 定义支座边界条件
** Name: BC-1 Type: Symmetry/Antisymmetry/Encastre
*Boundary
……
**----------------------------------------------------------------
**
** STEP: Step-Load
** 定义分析步（考虑几何非线性）
*Step, name=Step-Load, nlgeom=YES, inc=100000
*Static
0.0001, 1., 1e-06, 0.001
**
** BOUNDARY CONDITIONS
** 定义位移加载荷载
** Name: BC-Load Type: Displacement/Rotation
*Boundary
……
*End Step
```

38.8 小结和点评

本讲采用静力隐式算法对钢筋混凝土框架结构中柱子的失效进行了仿真分析，详尽地给出了混凝土材料本构的取值、结构边界定义、静力加载方法及分析结果查看方法等具体操作步骤，特别对混凝土与钢筋材料取值参数进行了详细说明，给出了材料中各个参数的含义，便于读者理解。同时给出了模拟结果与试验结果的对比，可以看出，该种模拟方法可以得到较好的结果。本讲提供的模拟方法为该类型结构的模拟提供了较好的参考实例。

点评：张磊 博士
清华大学 土木水利学院

第39讲 新型桩基与地下连续墙组合码头结构分析

主讲人：王琰

软件版本	分析目的
Abaqus 2017	研究新型码头结构的受力特性

难度等级	知识要点
★★★★☆	修正剑桥本构模型的应用、地应力平衡、港池开挖过程模拟、结构与土的相互作用

39.1 概述说明

本节以图 39-1 所示的 T 型桩基与地下连续墙组合码头结构为例，详细分析了该结构的施工与加载过程中的结构受力特性。码头施工期间开挖深度为 20m，港池开挖结束后港池内水深 5.5m，运行期间码头面施加 10kPa 荷载，码头后方堆场施加 30kPa 的堆载。考虑到码头面板与纵横梁之间交错较为复杂，本案例中将面板与纵横梁简化合并为增厚的承台结构。

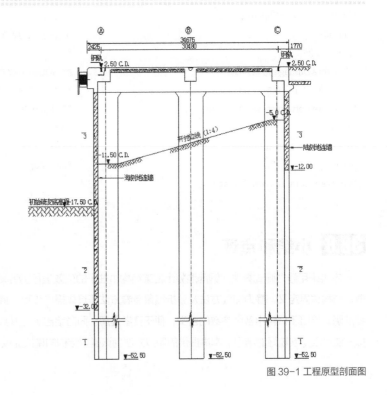

图 39-1 工程原型剖面图

39.2 模型创建

39.2.1 创建几何部件

打开 Abaqus/CAE，在 Module 列表中选择 Part，进入 Part 模块。

第39讲　新型桩基与地下连续墙组合码头结构分析

▶ 创建部件

单击工具箱中的 ┗，在 Create Part 对话框中将 Name 改为 piles，其他设置默认不变，单击 Continue 按钮进入 Sketch 界面。

单击工具箱中的 □，在提示栏输入坐标(0,0)，确认后再输入(0.8,2.8)并再次确认，则创建了一个 2.8×0.8（翼缘）的矩形，再在该矩形长边中点处创建一个 3.5×0.8 的矩形（腹板），单击工具箱中的 ┼ 并选取腹板和翼缘重合的线段，确认后完成修剪，则 T 型桩截面绘制完成。

本讲模型结构桩位分布如图 39-2 所示，水平向桩间距为 7m，前后排 T 型桩翼缘间距为 33.6m。确认后在 Edit Feature 对话框中取 Depth 为 55。

按照上述操作，分别建立部件 aw（14.5×0.8×14）、dw（34.5×0.8×14）、soil（100×80×14）。

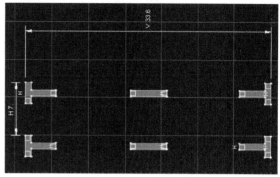

图 39-2 piles 部件草图

39.2.2 创建材料与截面

▶ 创建材料

切换到 Property 模块，单击工具箱中的 🖉 创建材料，在 Edit Material 对话框中将 Name 改为 concrete。

选择 Mechanical → Elasticity → Elastic，将 Data 栏中 Young's Modulus 即杨氏模量取值 4E11，Poisson's Ratio 即泊松比取值 0.167。

选择 General → Density，将 Data 栏中 Mass Density 即材料密度取值 2500，确认后完成材料编辑。

按上述操作创建岩土材料，Name 改为 soil，选择 General → Density 将密度取值 1500。

选择 Mechanical → Plasticity → Clay-Plasticity 设置修正剑桥（MCC）塑性参数，Intercept(e_1) 取值 1.221，Data 栏中从左到右分别定义参数 γ、M、α_0（默认不填），β 和 K，如图 39-3 所示。

图 39-3 MCC 塑性材料设置

图 39-4 多孔弹性材料设置

选择 Mechanical → Elasticity → Porous Elastic 设置多孔弹性参数，如图 39-4 所示，Shear 类型默认为 Poisson，Data 栏从左到右分别定义 K、v、p_t^{el}。

选择 Other → Pore Fluid → Permeability 设置渗透系数，Types 默认为 Isotropic（各项同性），流体比重设为 10000，Data 栏定义不同孔隙比的渗透系数，如图 39-5 所示。

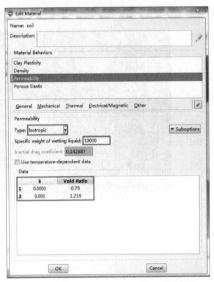

图 39-5 渗透性设置

图 39-6 创建截面属性

» **创建并赋予截面属性**

单击工具箱中的 ，在 Create Section 对话框中将 Name 改为 concrete，其他默认不变，单击 Continue 按钮，在 Edit Section 对话框中将 Material 设为 concrete，确认后即创建了混凝土的实体截面属性，如图 39-6 所示。

同上创建名称为 soil 材料为 soil 的实体截面属性。

在 Module: Part，Model: Model-1，Part: piles 中依次选取每个 Part，执行 后选取该 Part 相同截面属性的部分并确认，在 Edit Assignment Manager 对话框中将 Section 改为其相应的截面属性，确认后则完成了对实体的截面属性赋予。

> 1. 考虑到实际工程中混凝土与钢筋共同受力，所以可以适当增大混凝土弹性模量代替钢筋混凝土，如果需要考虑钢筋与混凝土分别受力，以及应力分配的细节，可以使用混凝土损伤塑性参数并同时建立钢筋网的框架模型，相关方法请读者查阅其他资料。
> 2. 土体的本构模型很多，其中HSS模型较为适用于基坑开挖模拟，但是使用MC和DP本构模型分析计算更加安全稳定且经验丰富，MCC本构适用于正常固结或弱固结黏土。另外，考虑到参数有限及Abaqus中自带的本构类型较少，除了应用较多的MC、DP、MCC之外，其他的本构大家可以根据需要参阅相关文献或书籍查询Abaqus自带本构用法，以及其他土体UMAT子程序的应用方法，笔者在此不做详细介绍。
> 3. 本节所使用的材料参数和工况条件并非实际工程采用，仅作参考案例以供分享。

39.2.3 创建实例

» **装配实例**

切换到 Assembly 模块，执行工具栏 ，勾选 Auto-offset from instances 防止装配的实例重叠，选取 soil 后确认完成土体的装配，如图 39-7 所示。

图 39-7 装配实例

图 39-8 全部实例示意图

> » 调整实例位置

为方便初始地应力场的施加，最好将整个模型调整至以 Z 轴为高程，可以使用旋转和平移实例的方法实现。

例如，单击工具箱中的 ，在提示栏执行 Instances 并选取目标实例，确认后在提示栏先后输入或鼠标选取旋转轴的起点、终点及旋转角度，确认后即可完成实例的旋转。单击工具箱中的 完成类似操作即可实现实例的平移。

按照上述步骤，以 soil 的位置为参照，将所有结构部件按照图 39-1 进行平移，使土体底面的中心处于坐标原点，如图 39-8 所示。

> » 对实例进行布尔运算

单击工具箱中的 进行实例的布尔运算。在 Merge/Cut Instance 对话框中按图 39-9 所示设置，然后依次先选取土体，再框选所有结构物，确认后完成对土体的布尔运算，即将土体内部所有和结构物重合的部分全部删除，并将剩余部分土体生成新的 Part。

在界面左侧模型树中找到 Assembly → Part Instances，选取 soil-1，单击鼠标右键执行 Delete，再将之前用来切割土体的各个部件的实例（注意名称和前方的 ×）选中，单击鼠标右键执行 Resume 恢复之前切割后被 Suppress 的实例，如图 39-10 所示。

按上述操作，以 piles 外轮廓为边界切割 dw 和 aw，以 dw、aw 和 piles 外轮廓为边界切割 plate。最后保持模型树中的 Instances 为 dw-p、aw-p、piles、plate-p、soil-p。

选中所有实例，单击鼠标右键执行 Make Independent，将其转换为独立实例，方便独立网格的划分。

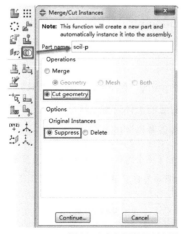

图 39-9 布尔运算切割实例

图 39-10 恢复被 Suppress 实例

第14部分 土木建筑

1. ◯◯◯◯◯ 是显示组工具条，适用于对实例的显示进行编辑，如执行 ◯，提示栏修改为 `Select entities to remove: Instances Done Undo Redo` 后选取 soil 并确认可以删除显示土体而保留其他实例。而 `All` ◯◯ 多用于选择性选取内外部的线面和实体，希望读者能够熟练掌握。

2. 对于此类结构，有的模型中会将与土体重合的部分设为一个集合，在后续分析步中利用生死单元功能先"杀死"结构物进行地应力平衡，再"杀死"重合部分土体，同时重新激活结构物来模拟结构物成型施工的简化过程。本讲未采用此方法。

3. 非独立实例的网格是基于 Part 进行划分的，无法在 Assembly 模块中进行修改，对于大规模重复装配的 Part 可以采用非独立网格，仅需要对一个 Part 进行划分即可，节约了很多网格划分的时间。

» 对实例进行几何切割

对于本讲的模型而言，由于结构与土的接触面较多，为了保证计算精度，需要根据结构物的形状对土体进行多次切割，尽量保证结构与土体的单元都接近于正六面体，且接触面节点分布基本一致。

几何切割的过程较为烦琐，本节建议先将结构物独立显示，执行 ◯◯◯◯◯，选取结构外轮廓表面，默认 `How do you want to specify the offset? Enter Value Select Point` 后输入偏移值为 0，则创建一个与目标外轮廓面重合的参照面（不用重复创建重合轮廓面）。

执行 ◯◯◯◯◯，选取需要切割的实体，再选取用以切割的参考面，确认后完成切割。

本节主要以原状土层界面、港池开挖泥面为基准对模型进行整体切割，切割后码头结构如图 39-11 所示。

图 39-11 切割后码头结构

» 定义 Surface 与 Set

切割结束后，需要对施加接触、约束等条件的表面预先定义 Surface，方便工程师在建模过程中对模型进行检查和调试。

Surface 和 Set 定义原则为：不同接触属性（一般为不同土层与结构的接触属性不同）的接触面需要分开定义，由于分层开挖而将被逐层取消激活的接触面要单独定义。每个需要单独参与分析的部分要单独定义 Set，如分层开挖部分的土体。

应用命令 Tools → Surface → Create，Type 默认为 Geometry，Name 自行定义，要方便区分土体表面与结构表面，单击 Continue 按钮，选中相应面确认后即可。如本节陆侧地连墙底面命名为 awb，与其接触的土体表面命名为 awb-s。

应用命令 Tools → Set → Create，Type 默认为 Geometry，Name 分别设为 R1、R2 和 R3，单击 Continue 按钮，修改选择类型为 `Cells` ◯◯◯ 后选取对应的土体并确认即可。

Surface 和 Set 定义详情本节不做介绍，具体细节请读者参考资源的本节 CAE 文件。

1. 选取面时，提示栏提供 by angle（按角度选取）和 individual（逐个选取）两种方式，按角度选取适用于同时选取相交且夹角小于设定值的表面。这类表面选取方式与显示组配合使用可以使集合或者表面定义工作速度极大加快。

> 2. 如果觉得参照面过多影响自己的视线，可以应用命令View→Assembly View Options→Datum，执行Show no Datums，确认后将不会显示任何参照坐标系或者参照面。

39.2.4 创建分析步

» **创建地应力平衡分析步**

进入 Step 模块，单击工具箱中的 创建分析步，Procedure type 选择 Geostatic，Name 改为 geo，Incrementation 选项卡中 Type 设为 Fixed，其余默认不变，确认完成。

图 39-12 Soils 分析步 Basic 选项卡设置

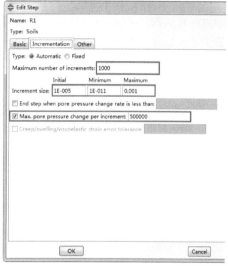

图 39-13 Soils 分析步 Increment 选项设置

» **创建开挖和加载分析步**

依次创建 4 个 Procedure type 为 Soils 的分析步，分别命名为 R1、R2、R3、LOAD，作为三步开挖和加载的分析步。

这 4 个分析步的 Basic 选项卡中将 Pore fluid response 默认为 Transient consolidation，Time period 设为 0.001 以模拟快速开挖，如图 39-12 所示。

Incrementation 选项卡的设置如图 39-13 所示。

Other 选项卡中的 Default load variation with time 设为 Ramp linearly over step，其余默认保持不变。

由于涉及开挖这类大变形分析，需要打开分析步的几何非线性选项。应用命令 Step Manager → Nlgeom，勾选从 geo 开始的 Nlgeom 选项，如图 39-14 所示。

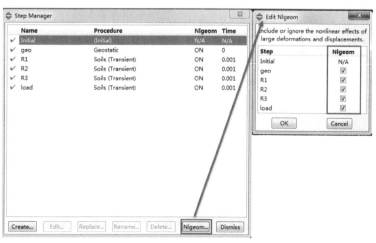

图 39-14 几何非线性设置

> 1. 岩土开挖问题为大位移问题，必须打开几何非线性开关。本讲的MCC土体本构可以采用默认的求解器进行求解，若采用MC本构则需要设置为非对称求解器进行求解。
> 2. 本节是地基土与结构同时进行地应力平衡，平衡过程存在着较大的变形，因此须打开几何非线性选项。对于常规情况下地应力平衡的分析步，建议关闭几何非线性选项。

39.2.5 创建相互作用

» 创建接触属性

切换到 Interaction 模块，单击工具箱中的 创建接触属性，Type 默认为 Contact 后单击 Continue 按钮。在 Edit Contact Property 对话框中执行 Mechanical → Tangential Behavior，Friction formulation 设为 Penalty，Friction Coeff 设为 0.3，再执行 Mechanical → Normal Behavior，默认 Hard Contact，确认后则建立了基于库伦摩擦公式的接触摩擦属性，如图 39-15 所示。

同上创建 Intprop-2，Friction Coeff 取为 0.5，作为桩底和土体的摩擦属性。

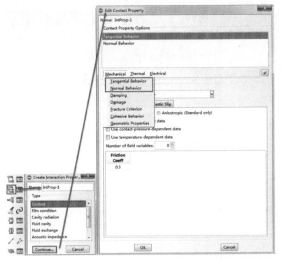

图 39-15 创建接触属性

» 创建接触相互作用

单击工具箱中的 创建相互作用，在 Create Interaction 对话框中 Step 默认为 Initial，Type for Selected Step 改为 Surface-to-surface contact（standard）。

执行提示栏 Surfaces... 进入 Region Selection 对话框，选取某结构面为接触主面，重复操作并选取相应的土体表面为接触从面。

勾选 Edit Interaction 对话框的 Slave Adjustment 选项卡中的 Specify tolerance for adjustment zone，将其值设为 0.1，根据是否为桩底接触将 Contact interaction property 选取为 IntProp-1 或 IntpProp-2，如图 39-16 所示。

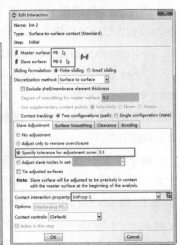

图 39-16 创建接触相互作用

> 对于常规土木工程模型中结构与土的接触作用，一般将刚度较大的结构面设为主面，而刚度较小的土体作为从面。主从面网格节点相对应是最为合理的设置，否则从面网格须密于主面。

» **创建 Model Change 相互作用**

单击工具箱中的 ，在 Create Interaction 对话框中，将 Name 改为 R1，Step 默认为 R1，Type for Selected Step 改为 Model change 后单击 Continue 按钮，保持 Edit Interaction 对话框默认选项，Region 选取预定义的集合 R1，如图 39-17 所示，则完成了在 R1 分析步对 R1 土体部分的开挖设置。

同理，创建 R2 与 R3。

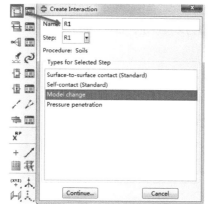

图 39-17 创建 Model change 相互作用

单击工具箱中的 ，在 Interaction Manager 中，找到开挖的 R1、R2 土体集合与结构接触的相互作用，按照对应开挖的分析步，在管理器对话框右侧将其设为 Inactive。则该接触会在对应的开挖分析步开始时被抑制，避免系统在分析时造成过约束的分析错误。

» **创建 Tie 约束**

单击工具箱中的 创建约束，Type 默认为 Tie，单击 Continue 按钮后在提示栏中执行 Surfaces...，在 Region Selection 中选中平台与桩的连接面为约束主面，重复操作选中从面，确认后保持 Edit Constraint 对话框中各选项默认并确认，则完成了绑定约束的创建，如图 39-18 所示。

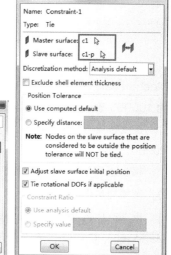

图 39-18 创建 Tie 约束

同理，将平台与桩、墙之间的所有接触部分都设置为绑定约束，以模拟码头结构整体浇筑形式。

> 1. 严格意义上应当单面与单面设置接触，而不能多面同时设置接触，否则会因接触精度较低导致不易收敛，本节考虑到简略性故不做此细化。单面与单面设置接触后，接触容差可以不做调整或选择 adjust only to remove overclosure，如若收敛性不好（如存在网格穿透等问题），则可视精度要求等情况将 tolerance 调整为较小的值。
> 2. 本节模型需要单独对桩提取截面内力，因此将桩和地下连续墙设置为两个 Part，如果没有类似的要求，建议读者将所有混凝土结构部分通过布尔运算 Merge 成一个整体，避免部分节点同时参与绑定约束和结构与土的接触而造成的过约束。

39.2.6 创建荷载、边界条件与预定义场

切换到 Load 模块。

» 创建重力荷载

单击工具箱中的 创建荷载，在 Create Load 对话框中将 Name 改为 gravity，类型选择 Mechanical → Gravity，Step 选择 geo，单击 Continue 按钮，将 Component 3 设为 -10，保持其他选项默认后确认，则完成了整个模型的重力环境设定，如图 39-19 所示。

» 创建堆载

执行菜单栏 Tools → Amplitude → Create，在 Edit Amplitude 对话框的 Amplitude Data 选项卡中将 Time/Frequency 与 Amplitude 按图 39-20 所示设置。

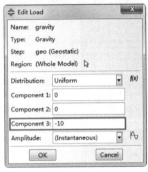 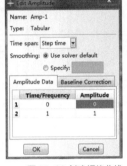  

图 39-19 重力荷载设置　　图 39-20 创建幅值曲线　　　　　　　　　图 39-21 创建堆载

单击工具箱中的 ，在 Create Load 对话框中将 Name 设为 Load-1，类型选择为 Mechanical → Pressure，Step 选择 load，确认后选取码头顶面，在 Edit Load 对话框中将 Magnitude 设为 10000，确认后完成，如图 39-21 所示。

按上述操作创建 Load-2，荷载作用表面选取为码头的后方土体顶面，荷载大小在 load 分析步中设为 30000。

将 Load-1 与 Load-2 的 Edit load 对话框中 Amplitude 设置为 Amp-1。

» 创建静水压力

单击工具箱中的 删除显示被开挖土体 R1、R2 和 R3，应用命令 Tools → Surface Manager → Create，选中浚深面并创建名称为 hydropressure 的 Surface，再次应用命令 Tools → Set Manager → Create 创建名称为 hydropressure 的 Set。

在 R3 分析步创建类型为 Pressure，名称为 hydropressure-1，作用区域为 hydropressure 面，荷载数值为 55000，模拟开挖后的港池底面的竖向静水压力。

在 R3 分析步中创建类型为 Pressure、名称为 hydropressure-2，作用区域为 dws-1-1（即浚深面至其上部 5.5m 范围内前墙海侧表面）的作用在结构物上的竖向线性分布的侧向静水压力，参数设置如图 39-22 所示。

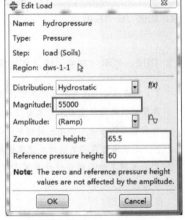

图 39-22 侧向静水压力沿高程分布设置

» 创建位移边界条件

单击工具箱中的 创建边界条件，在 Create Boundary Condition 对话框中将 Step 改为 Initial，Type for Selected Step 改为 Displacement/Rotation，如图 39-23 所示。在 Region selection 对话框中选择

B1，限制 Edit Boundary Condition 对话框勾选 U1 并确认。则完成了垂直于模型轮廓面方向的位移约束。
同上，选择 B2 勾选 U1，选择 B3 勾选 U2，选择 B4 勾选 U1、U2、U3。

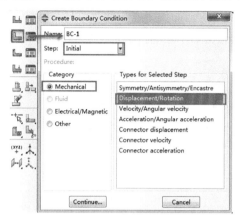
图 39-23 创建位移边界

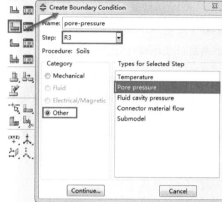
图 39-24 创建孔压边界

» **创建孔压边界条件**

再次单击工具箱中的，在 Create Boundary Condition 对话框中将将 Step 改为 R3，Category 改为 Other，Type for Selected Step 改为 Pore pressure，Name 为 pore-pressure，如图 39-24 所示。边界施加区域为之前定义的 hydropressure 表面，孔压数值为 55000，用以模拟港池水位形成的孔压边界条件。

> 1. 由于MCC本构必须要定义其初始应力状态，这样才能由系统去计算土体的初始屈服面，但是由于随深度线性递增的地应力和线性递增的孔隙比并不是严格对应，因此在计算过程中会发现系统提示大量的节点不在屈服面上，Abaqus会根据材料提供的参数进行调节，使每个节点都处于初始屈服面，但相应的地应力平衡的位移场结果相对较差。
> 2. 本模型地基土都采用单一黏土层进行模拟，地基土层厚度对上述误差会有一定的放大，但是在大多数工程条件中并不存在该假想地基土条件，因此读者可根据实际需要决定是否采用文后的子程序对地基土的密度和孔隙比随深度变化进行非线性表示。
> 3. 由于本模型模拟的施工过程较快，土体的孔压状态可视为不排水条件，因此不必设置地基土边界的孔压条件，Abaqus默认其为不排水边界。若读者有排水模拟需要，可设置孔压为0的边界条件进行模拟。

» **创建预定义场**

单击工具箱中的创建预定义场，Step 默认为 Initial，执行 Mechanical → Geostatic stress，确认后在 Region Selection 对话框中选择 soil，确认后按图 39-25 从上到下依次输入顶部自重应力值、顶部 Z 轴坐标、底部自重应力值、底部 Z 轴坐标及侧向土压力系数，即完成了初始地应力的定义。

图 39-25 创建初始地应力

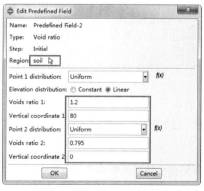
图 39-26 创建初始孔隙比

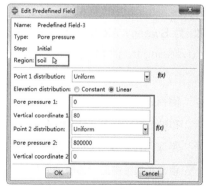
图 39-27 创建初始孔隙比

单击工具箱中的, Category 选为 Other 中的 Pore pressure, 确认后 Region 选为集合 soil, 确认后在对话框中输入土体顶底初始孔压及其 Z 轴坐标, 如图 39-26 所示, 即完成饱和土体条件下初始孔隙水压力的定义。

单击工具箱中的, Category 选为 Other 中的 Void Ratio, 确认后 Region 选为集合 soil, 如图 39-27 设置土体顶底两面的初始孔隙比及其 Z 轴坐标。

> 1. 由于分析步采用的 Soils 分析步, 故不考虑一些动荷载造成的影响, 如果有对结构在船舶撞击力、波浪力及其他动荷载下的响应问题感兴趣的读者, 可以参阅本书其他实例关于动力分析的相关知识。
> 2. 对于大多数岩土问题而言, 土体并非饱和, 对于非饱和土体问题除上述预定义场外还需要定义初始饱和度, 并在土体材料中设置土体吸湿曲线关系等相关参数, 有兴趣的读者可以查阅其他相关文献, 本节不做详细介绍。

39.2.7 网格划分与单元属性定义

» 网格布种

切换到 Mesh 模块, 单击工具箱中的布置全局种子, 选中视图内所有实例, 确认后将 Approximate global size 设为 2, 其余默认不变并确认, 如图 39-28 所示。

单击工具箱中的按边布种, 选中图 39-28 所示的几何边, 确认后按图 39-28 设置布种方式, 即完成了网格密度线性梯度增长的设置, 可以在保证计算精度的基础上节省大量的计算时间。

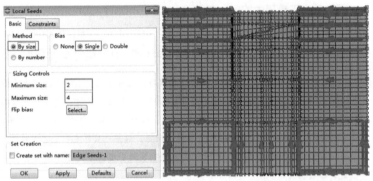

图 39-28 递增网格种子布置

再次单击工具箱中的, 选择图 39-29 所示边, 在 Local Seeds 对话框中将 Method 设为 By number, Bias 设为 None, Number of elements 设为 2。

单击工具箱中的控制网格属性, 选择图 39-29 中所示三角形区域土体, 确认后在 Local Seeds 对话框中将 Element shape 改为 Hex-dominated, Technique 改为 Sweep, Algorithm 设为 Advancing front 并勾选子选项。

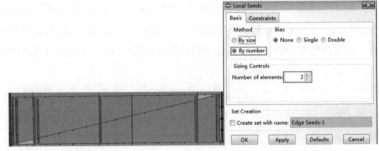

图 39-29 斜坡面附近网格种子布置

» 网格生成

布种结束后单击工具箱中的划分网格, 选中所有实例并确认即完成网格划分。

» 修改单元属性

单击工具箱中的修改单元属性, 选择所有土体单元后确认, 在 Element Type 对话框中将 Family 选为 Pore Fluid/Stress 即孔隙流/孔压单元, 其余默认不变, 确认单元类型为 C3D8P, 如图 39-30 所示。

对所有结构单元重复上述操作，在 Element Type 对话框中默认 Family 为 3Dstress，勾选 Reduced integration，单元类型为 C3D8R，如图 39-30 所示。

> 土木工程中的实体单元通常采用较为柔软的C3D8R单元，但为了保证计算精度，同时不致使网格出现过大长宽比，笔者建议在抗弯方向即本模型的Y方向布置不少于四层的网格，在X方向布置不少于两层网格。具体布置可参照随书资源本节CAE模型设置。

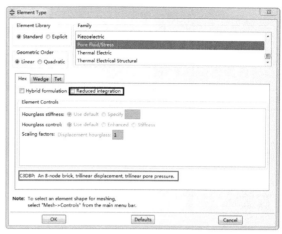

图 39-30 网格属性设定

39.2.8 创建并提交任务

» **创建任务**

切换到 Job 模块，执行 创建任务，Name 改为 T-section-diaphragm-wharf，Source 默认为 model-1，确认后保持其他默认即可。

» **提交并监控任务**

执行 Write Input 将 CAE 模型信息写入 inp 文件，单击 Submit 按钮即完成了作业任务的提交工作，运算过程中可单击 Monitor 按钮进入任务监控窗口查看计算的详细情况。

当 Status 显示为 Completed 时，表示该任务计算成功。

> 每一次对CAE模型修改完成后，可将已创建的Job重新写入inp文件，无须再次创建Job。

39.3 计算结果提取

在 Job Manager 中单击 Results 按钮，进入 Visualization 模块查看模型计算结果文件，单击工具箱中的 查看云纹图。在图 39-31 中修改显示场输出变量。

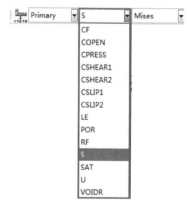

图 39-31 修改显示场输出变量

» **修改视图选项**

单击工具箱中的 ，修改 Basic 选项卡 Visible edges 选项为 Featuree rdges，如图 39-32 所示。确认后视图框模型可隐去网格线，仅保留各实例的外轮廓线。

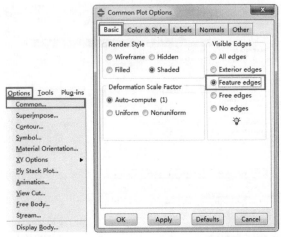

图 39-32 云纹图显示模式设置　　　　　　　图 39-33 显示极值设置

执行菜单栏 Options → Contour → Limits，勾选 Min/Max 栏中的 Show location，如图 39-33 所示，完成后视图中出现最大值和最小值的数值和节点位置的标记。

本模型主要计算结果云纹图如图 39-34~图 39-37 所示。

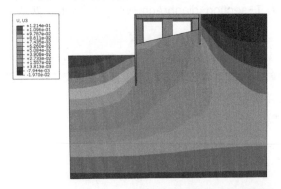
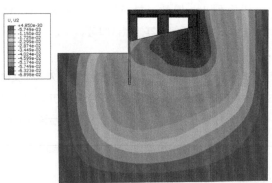

图 39-34 竖向位移分布等值云纹图　　　　　图 39-35 水平向位移分布等值云纹图

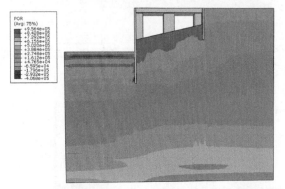

图 39-36 孔压分布等值云纹图　　　　　图 39-37 码头结构 Mises 应力等值云纹图

》 创建 XYdata

单击工具箱中的 ⦿ 替换显示实例 piles，应用命令 Tools → Path → Create，Name 设为 LP，确认后单击 Add After 按钮，自顶向底依次选中海侧桩的某条边的网格节点，如图 39-38 所示，确认后即完成创建沿海侧桩的节点路径。

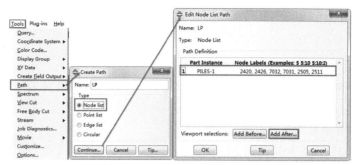

图 39-38 创建节点路径

同理,创建中桩和陆侧桩的节点路径 MP、SP。

单击工具箱中的 ，Source 选为 Path,确认后按图 39-39 所示进行设置。

单击 Save as 按钮,名称改为 LP-load 并确认保存。所得数据即为 LP 路径不同节点在 load 分析步结束后的 Y 方向位移。

按上述操作创建中桩和海侧桩位移数据 MP-LOAD 和 SP-LOAD。

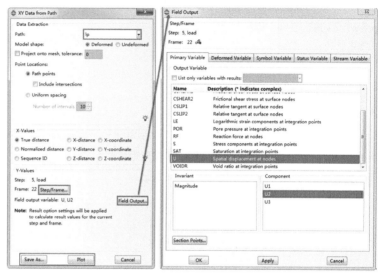

图 39-39 创建 XY data 提取位移

应用命令 Plug-in → Tools → Excel Utilities,在对话框中选中需要提取的 XY Data,确认后即可自动生成 Excel 文件,如图 39-40 所示。

图 39-40 XYdata 数据生成 Excel

39.4 实体单元截面内力提取方法

在土木水利工程中,结构的内力是结构是否具备承载能力的重要评判标准,也是工程师最关注的力学指标。Abaqus 对于实体单元截面内力提取相对梁板单元较为复杂,目前常用的主要有以下 3 种方法。

39.4.1 基于inp提取截面内力

» **定义网格面**

网格划分完成后，单击工具箱中的 ◉ 替换显示 piles-1，应用命令 Tools → Surface Manager → Create，类型选择为 Mesh，依次创建海中陆侧桩沿桩顶至桩底等间隔的网格面 sp1~sp15、mp1~mp15、lp1~lp15，保证相同序号的网格面所处的 Z 轴坐标相同且表面方向为 Z 轴正方向（即内表面选取时的颜色保证 Z 轴正方向为 brown，如图 39-41 所示）。

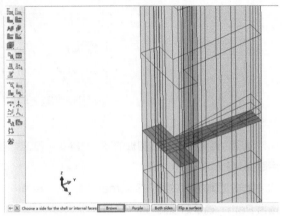

图 39-41 创建网格面集

» **插入截面内力提取语句**

进入 Temp 文件夹中打开 T-section-diaphragm-wharf.inp，在 inp 文件中添加弯矩和截面内力提取语句，插入位置如图 39-42 所示。

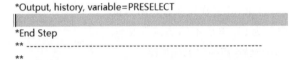

图 39-42 弯矩与截面内力提取语句插入位置

海侧桩顶面弯矩及截面内力提取语句如下：

```
*section print,name=sp1,surface=sp1,axes=local,frequency=1,update=yes
,3.5,-16,80
,3.6,-16,80,,3.5,-15.8,80
sof,som
```

以此为准建立 sp1~sp14、mp1~mp14、lp1~lp14 共 42 个面的提取语句，并粘贴至指定位置即可。在运行结束后的 dat 文件中即可找到所需的各个截面在任一增量步中的截面内力值。

读者可以打开随书资源查询本节模型的截面内力提取语句。

» **截面内力提取**

打开 T-section-diaphragm-wharf.dat 文件，图 39-43 所示为最终的 SP1 截面的内力值，其中，SOM2 为所求截面弯矩，SOF3 为所求截面剪力，SOF1 为所求截面轴力。

SOFM	SOF1	SOF2	SOF3	SOMM	SOM1	SOM2	SOM3
3.7984E+05	-1837.	-4038.	3.7982E+05	5.8230E+04	1.4027E+04	-5.6458E+04	2541.

图 39-43 dat 文件中的 SP1 网格面截面剪力与弯矩

提取出每个增量步运行结束后各网格面的弯矩值，并对应网格面相应的Z轴坐标，通过 Excel 即可绘制各增量步的桩身弯矩分布图。

读者可以打开随书资源本节模型的 dat 文件查询截面内力。

> ○ 弯矩提取语句中：
> 第1行中的sp1是预定义的网格面sp1，其余默认不变；
> 第2行为该截面局部坐标系坐标原点且是求矩点（必须为某一个网格结点，可自行计算后通过切割的形式使之成为几何节点）；
> 第3行前后两个坐标分别表示以该截面局部坐标系原点为准的X和Y轴方向上的一点；
> 第4行的sof表示剪力和轴力输出，som表示弯矩输出。
> 结果输出文件中，SOF1、SOF2和SOF3分别表示局部坐标系的Z轴、X轴和Y轴方向，同理SOM1、SOM2和SOM3分别表示绕局部坐标系的Z轴、X轴和Y轴形成的截面内力矩。SOFM和SOMM分别表示最大截面内力与截面弯矩。

39.4.2 基于历程输出变量提取截面内力

» 定义网格面

创建沿桩长分布的网格面，此步骤同上。

» 创建积分截面

切换到 Step 模块，应用命令 Output → Integrated Output Section → Create，定义积分截面名称后单击 Continue 按钮，在下方提示栏单击 Surface 按钮，在 Region Selection 对话框中选择需要输出的预定义截面名称，在 Edit Integrated Output Section 对话框中定义积分截面的中心和局部坐标系，如图 39-44 所示。

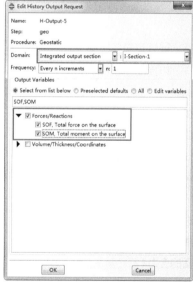

图 39-44 积分截面设置　　图 39-45 截面内力场输出设置

» 创建历程输出变量

单击工具箱中的 ，更改历程输出变量的 Name 和 Step 并继续，在 Edit Output Request 对话框中将 Domain 改为 Integrated output section，截面名称改为前文预定义的积分截面。在 Output Variables 选项区中勾选 Forces/Reactions 中的 SOF 和 SOM，如图 39-45 所示。

» 查询历程输出变量

提交文件并运行完成后，打开 odb 文件进入 Visualization 模块，单击工具箱中的 ，Source 选为 ODB history output 并确认，在 History Output 对话框中即可看到预定义积分截面输出的 SOF 和 SOM 值。

39.4.3 基于free body cut提取截面内力

» **定义网格面**

创建沿桩长分布的网格面,此步骤同上,分别对海中陆侧桩创建 Set。

» **创建场变量**

切换到 Step 模块,单击工具箱中的 ![icon] 创建场变量,按图 39-46 进行设置并确认,则完成了对陆侧桩所有单元节点内力的场变量输出设置。

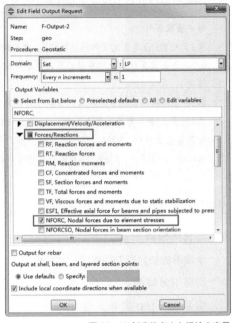

图 39-46 创建节点内力场输出变量

» **创建自由体切面**

切换到 Visualization 模块。单击工具箱中的 ![icon],定义自由切面的名称,Selection Method 设置为 3D element faces 后单击 Continue 按钮,Free Body Cross-Section 对话框左侧的 Item 和 Method 保持默认,右侧选择需要输出的截面名称,确认后在 Edit Free Body Cut 对话框中保持各选项默认,如图 39-47 所示。完成后即可在视图框内看到所输出截面的合力(红色箭头)和合力矩(蓝色箭头)。

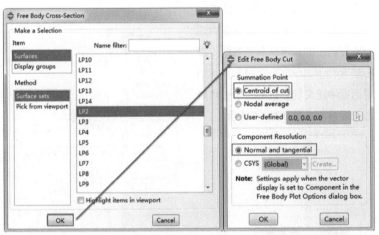

图 39-47 自由体切面设置

> 由于涉及的网格面较多,本讲采用第一个方法提取截面内力,对其他方法感兴趣的读者可自行操作学习。

39.5 计算结果分析与讨论

39.5.1 计算结果分析

本节模型海中陆侧桩桩身水平位移分布如图 39-48 所示,弯矩如图 39-49 所示。

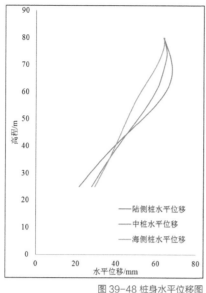

图 39-48 桩身水平位移图　　　　　图 39-49 桩身弯矩图

通过观察弯矩图可知，海侧桩和中桩的最大正弯矩都出现在承台与桩顶连接处附近，而陆侧桩最大正弯矩出现在桩身中上部。观察桩身水平位移图可知，海中陆侧桩桩顶位移受承台限制作用而完全一致，但最大水平位移依次增大。

根据桩身变形和内力可知，本结构的承担土压力的方式为梯级承载、协同受力：

陆侧桩及陆侧地连墙承受陆域侧向土压力的直接作用而产生形变，即第一级承载；

海侧桩和中桩的弯矩分布表明其承担的主要荷载来自于陆侧桩变形的同时通过顶部承台传递的侧向力，即为第二级承载；

码头内部的斜坡面传递的侧向土压力由海侧地连墙和海侧桩协同承担，即第三级承载。

总体上来看，该结构整体刚度较大，群桩可以协调受力，是一种良好的结构形式。

39.5.2 关于初始条件设置的讨论

严格意义上土体的密度随着不同深度孔隙比的不同会呈现非线性分布，干密度与初始孔隙比的关系为：

$$\rho_d = \rho_{sat} - \rho_w \frac{e_0}{1+e_0}$$

可以通过设置密度随场变量变化，并调用场变量与 Z 轴坐标的关联的子程序来设置密度随深度的变化。
根据初始孔隙比与初始应力状态关系：

$$e_0 = e_1 - \lambda \ln p_0' + \kappa \ln \frac{p_0'}{p'} = e_1 - \lambda \ln(\frac{q^2}{M^2 p'} + p) + \kappa \ln(\frac{q^2}{M^2 p'^2} + 1)$$

初始孔隙比为非线性分布，本节中的线性分布并不精确。用户可以自行通过定义用户子程序来实现初始孔隙比随初始应力状态的变化。

读者可以在 Load 模块打开孔隙比的预定义场，将 Distribution 改为 User Defined，再进入 Job 模块打开 Job Manager，双击对应的 job 后进入 Edit Job，在 General 选项卡中的 User Subroutine File，选中已编写完成的 Fortran 子程序文件确认后再次运行程序。

用户子程序如下：

```
SUBROUTINE VOID (EZERO,COORDS,NOEL)
C
INCLUDE 'ABA_PARAM.INC'
C
DIMENSION COORDS(3)
C
E1=1.221
C       e1 是等向压缩固结曲线 lnp=0 对应的孔隙比
Z=COORDS(3)
C       提取 Z 轴坐标
VSTRESS=10.*(80-Z)
C       计算竖向应力
HSTRESS=0.4*VSTRESS
C       计算水平应力
DSTRESS=VSTRESS-HSTRESS
C       计算偏应力
FL=0.03
FK=0.005
FM=1.28
C       定义 $\lambda$、$\kappa$、$M$
EZERO = E1 - FL*LOG(DSTRESS*DSTRESS/FM/FM/P+P)+FK*LOG(DSTRESS*DSTRESS/FM/FM/P/P+1.0)
C       根据初始应力状态计算初始孔隙比
RETURN
END
```

39.6 小结和点评

本讲对新型港工结构在施工期和运行期的结构内力和变形等进行了仿真分析，内容丰富翔实，对土木工程 Abaqus 有限元模型创建过程中的常见问题和常规步骤都给予了较为细致的解读，尽管作者对部分参数和设定的处理仍有值得商榷和改进之处，但总体而言仍是一篇值得学习的教程，能够为类似工程的有限元仿真分析提供一定的指导。

点评：谭慧明 副教授
河海大学 港口海岸及近海工程学院

第40讲 深层岩石的水力压裂仿真分析

主讲人：陈佳敏

软件版本	分析目的
Abaqus 2017	采用渗流应力耦合研究水力压裂裂缝的扩展过程、裂缝形态及井底压力变化

难度等级	知识要点
★★★★☆	地应力平衡、Cohesive单元嵌入、断裂与失效、渗流应力耦合分析

40.1 概述说明

本节以图40-1所示的深部岩层的水力压裂为例，应用Cohesive单元模拟水力裂缝，采用Soil分析类型，讲解多物理场的渗流应力耦合技巧。

40.2 问题描述

图40-1所示为水力压裂施工的目标地层，地层埋深2000m，压裂目标层厚度10m，上下盖层厚度均为20m，岩层材料参数和地应力条件见表40-1。施工采用的压裂液黏度为1e-3 Pa·s，施工为定排量施工，注液峰值为0.6 m³/min，注入总时长300s，其中前30s为注液提速阶段，注入点位于目标层中点。

由于模型满足对称条件，因此建立1/2对称模型，并将对称面中点作为注入点。除了对称面以外的所有外表面约束法向位移，边界孔隙压力为常数（20MPa）；对称面采用对称约束，且为不透水边界。

模型采用geostatic和soil两个分析步进行分析：

① geostatic，为地应力平衡分析步，目的是构造一个平衡的初始地应力场，并去除由于初始应力引起的初始变形。

② soil，为渗流应力耦合分析步，目的是模拟注液过程中的裂缝扩展。

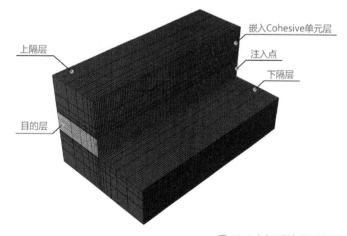

图40-1 水力压裂有限元模型

表40-1 岩层材料参数和地应力条件

地层	单位	上/下盖层	目标层
弹性模量	GPa	15	20
泊松比	—	0.3	0.25
渗透系数	m/s	1e-8	1e-7
滤失系数	m^2·s/kg	1e-15	1e-13
抗拉强度	MPa	4	2
断裂能密度	N/m	8000	4000
垂直地应力	MPa	32	32
水平最大地应力	MPa	30	30
水平最小地应力	MPa	30	25
孔隙压力	MPa	20	20

○ 石油工程中常用渗透率,单位常为毫达西(mD=1e-15m^2),与基质内部流体性质无关,只与颗粒或孔隙的形状、大小及其排列方式有关。而Abaqus中采用渗透系数,两者可通过下式进行转换:

$$\kappa = \frac{d\gamma}{\mu}$$

式中,k为渗透系数;d为渗透率;$\gamma = \rho g$为流体容重;μ为流体动力黏度。

40.3 模型创建

40.3.1 创建几何部件

» **创建、保存模型**

打开 Abaqus/CAE,创建 Model Database: With Standard/Explicit Model,应用命令 File → Save as 保存模型为 40_Hydrofracture.cae。

» **创建几何部件**

应用命令 Part → Create: Part,或单击工具箱中的按钮,创建部件 Part-Formation,如图 40-2 所示,单击 Continue 按钮,进入草图绘制界面。

单击工具箱中的按钮创建矩形截面,并在提示栏中输入(-30,0)、(30,50)两点坐标,按鼠标中键完成草图绘制。设置拉伸长量为100,单击OK按钮。

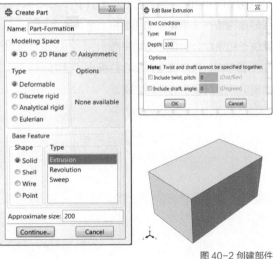

图 40-2 创建部件

» 部件刨分

单击工具箱中的 ,创建3个基准点（0,20,0）（0,25,0）（0,30,0）；并单击工具箱中的 对部件进行刨分，刨分结果如图40-3所示。

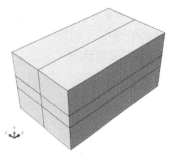

图40-3 创建部件并刨分

40.3.2 网格划分

切换到 Mesh 模块对 Part-Formation 部件进行网格划分。

» 定义种子

应用命令 Seed → Part 或单击工具箱中的 （Seed Part），设置全局种子尺寸（Approximate global size）为1；应用命令 Seed → Edges，或单击工具箱中的 （Seed Edges），选择图40-4（a）中红色高亮的边，定义过渡网格类型，并采用 Flip bias 选项按钮，调整线的过渡方向，使箭头指向模型的中心，设置最小网格为1，最大网格为10，如图40-4（b）所示。

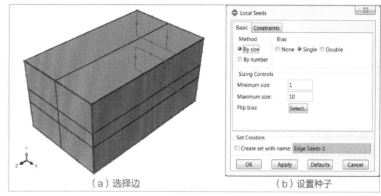

（a）选择边　　　　（b）设置种子

图40-4 过渡网格定义

» 定义单元类型

应用命令 Mesh → Element Type，或单击工具箱中的 （Assign Element Type），选择整个部件，定义单元类型为 C3D8P 单元，如图40-5所示。

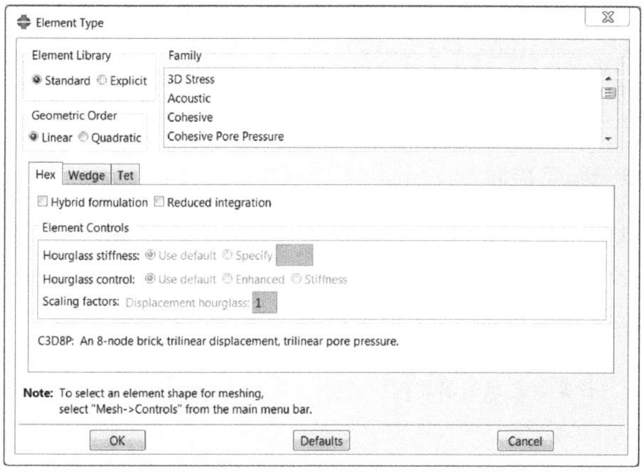

图40-5 网格类型定义

第14部分 土木建筑

» 划分网格

应用命令 Mesh → Part，或单击工具箱中的 ▦（Mesh Part），对部件进行网格划分，网格划分结果如图 40-6 所示。

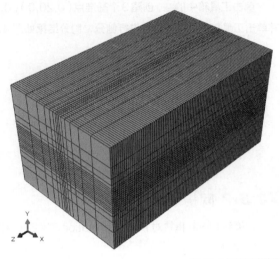

图 40-6 网格划分结果

» 嵌入 Cohesive 单元

应用命令 Mesh → Edit，或单击工具箱中的 ▦（Edit Mesh），类别 Category 修改为 Mesh，选择 Insert cohesive seams，如图 40-7 所示。并将选择筛选器的部分按钮修改为"Select From Interior Entities"：▦▦▦。按照提示信息选择模型中间内部剖面，如图 40-8 所示。单击 Done 按钮即可插入零厚度 Cohesive 孔压单元，并在信息窗口中提示插入单元和新建集合的情况，如图 40-9 所示。

- Abaqus 2016 版本以后才提供 Insert cohesive seams 选项。

图 40-7 嵌入 Cohesive 单元命令

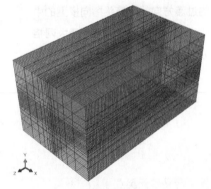

图 40-8 选择嵌入的内面位置

```
Inserted 2000 cohesive pore pressure elements by addition of 4242 new nodes, of which 2121 are midside nodes
Following sets and surfaces have been created or modified
CohesiveSeam-1-Elements    : containing cohesive pore pressure elements
CohesiveSeam-1-TopNodes    : containing top nodes
CohesiveSeam-1-BottomNodes : containing bottom nodes
CohesiveSeam-1-MidNodes    : containing mid nodes
CohesiveSeam-1-TopSurf     : containing top element faces
CohesiveSeam-1-BottomSurf  : containing bottom element faces
```

图 40-9 网格嵌入后的提示信息

» Cohesive 单元增加单元阻尼控制

应用命令 Mesh → Element Type，或单击工具箱中的 ▦（Assign Element Type），选择信息提示栏中的 Set 按钮，并选择 Cohesive Seam-1-Elements 集合，检查单元类型为 COH3D8P，将 Element Controls 中的 Viscosity 激活，并定义数值为 0.01。

- 阻尼越大，计算越容易收敛，计算结果越偏离实际，因此，为了获得较理想结果，需要对研究的问题进行阻尼参数的敏感性分析。

40.3.3 创建Set集合

为方便后续指派材料属性，先创建 Set 集合。

» **创建实体单元集合**

应用命令 Tools → Set: Create，分别创建中间层和隔层集合，类型为 Geometry，选择方式指定为 Cells Cells ，并分别命名为 Set-mid、Set-side。

» **创建 Cohesive 单元集合**

嵌入的 Cohesive 单元是目标层和隔层的总和，由于需要定义不同的材料属性，因此需要拆分为两个集合，分别命名为 Set-mid-cohe、Set-side-cohe；选择的时候需要格外注意，避免少选和多选。

» **创建注入点集合**

由于注入点位于 Cohesive 单元中间层的孔压节点，而零厚度 Cohesive 单元的三层节点均重合，因此很难直接选择到单独的孔压节点。嵌入 Cohesive 单元层时，软件自动生成了 CohesiveSeam-1-MidNodes 点集合，包含了所有的 Cohesive 中间孔压节点，因此可以将其复制为 Set-inject，并采用减选策略（Ctrl+ 鼠标左键框选），保留最后的注入点位置的单个节点。

» **创建初始破裂 Cohesive 单元集合**

为了实现 Cohesive 单元注入液体，注入点附近的 Cohesive 单元需要定义为完全损伤，因此，选择注入点集合附近的两个 Cohesive 单元，定义为 Set-init-element

在部件内定义的集合结果如图 40-10 所示。

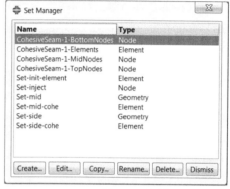

图 40-10 部件集合的管理窗口

40.3.4 创建属性

切换到 Property 模块。在此例中，实体单元材料和 Cohesive 单元材料的处理方式有较大区别。

1. 创建实体材料：目的层Mid-Solid（隔层Side-Solid）

应用命令 Material → Create，或单击工具箱中的 （Create Material）按钮，弹出编辑材料对话框。

» **命名：** 对话框中 Name 为 Mid-Solid（隔层：Side-Solid）

» **弹性参数：** 对话框中选择 Mechanical → Elastic，定义弹性模量为 20e9（隔层：15e9）Pa，泊松比为 0.25（隔层：0.3）

» **渗透系数：** 对话框中选择 Other → Pore Fluid:Permeability，定义渗透系数（k）为 1e-7（隔层：1e-8）m/s；孔隙比为 0.2；流体容重为 9800 N/m^3

2. 创建Cohesive单元材料：Mid-Cohe（隔层Side-Cohe）

应用命令 Material → Create，或单击工具箱中的 （Create Material），弹出编辑材料对话框。

» **命名：** 对话框中 Name 为 Mid-Cohe（隔层：Side- Cohe）

» **弹性参数：** 对话框中选择 Mechanical → Elastic，类型为 Traction，设置 E=G1=G2=20e9（隔层：15e9）Pa

» 损伤参数：对话框中选择 Mechanical → Damage for Traction Separation Laws：Maxs Damage，最大正应力破坏准则，定义 3 个方向上的最大临界正应力均为 2e6（隔层：3e6）Pa；并激活 Suboptions 按钮下的 Damage Evolution 选型，定义损伤演化，类型选为 Energy、混合模式修改为 BK、激活 Power 选型设置为 2、定义断裂能 GI=GII=GIII=4000（隔层：8000）N/m。

» 滤失系数：对话框中选择 Other → Pore Fluid:Fluid Leakoff，定义上下表面的滤失系数均为 1e-13（隔层：1e-15）$m^2 \cdot s/kg$

» 缝隙流性质：对话框中选择 Other → Pore Fluid:Gap Flow，定义黏度为 1e-3 Pa·s

3. 创建截面属性

应用命令 Section → Create，或单击工具箱中的 ![icon]（Create Section），弹出 Create Section 对话框。

» 创建实体截面属性：目的层 Section-mid-solid（隔层：Section-side-solid）

在 Create Section 对话框，命名为 Section-mid-solid（隔层：Section-side-solid），选项 Solid: Homogeneous；单击 Continue 按钮，在 Edit Section 对话框中，选择材料 Mide-Solid（隔层：Side-Cohe），单击 OK 按钮。

» 创建 Cohesive 单元截面属性

在 Create Section 对话框，如图 40-11（a）所示，命名为 Section-mid-cohe（隔层：Section-side-cohe），选项 Other → Cohesive；单击 Continue 按钮，在 Edit Section 对话框中，选择材料 Mid-Cohe（隔层：Side-Cohe），设置响应类型为 Traction Separation，并定义初始厚度为 0.001，如图 40-12（b）所示。

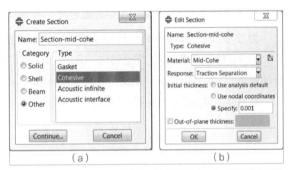

图 40-11 创建 Cohesive 单元截面属性

4. 指派截面属性

应用命令 Assign → Section，或单击工具箱中的 ![icon]（Assign Section）。

» 指派实体的截面属性

根据提示 ![prompt]，单击 Sets 按钮；如图 40-12（a）所示，选择 Set-mid，单击 Continue 按钮；弹出 Edit Section Assignment 对话框，选择 Section 为 Section-mid-solid，单击 OK 按钮。采用同样方法定义集合 Set-side 的 Section 为 Section-side-solid。

» 指派 Cohesive 单元截面属性

同上，选择图 40-12（a）中的 Set-mid-cohe，单击 Continue 按钮，选择 Section-mid-cohe；定义 Set-side-cohe 集合的 section 为 Section-side-cohe。

（a）选择指派区域对话框　　（b）指派属性管理

图 40-12 指派截面属性

40.3.5 创建装配

切换到 Assembly 模块。

应用命令 Instance → Create，或单击工具箱中的 ╚ (Create Instance)，默认 Parts 选择 Part-Formation，单击 OK 按钮完成创建实例。

40.3.6 创建分析步

切换到 Step 模块。

1.定义地应力平衡分析步

应用命令 Step → Create，或单击工具箱中的 ←■ (Create Step)，弹出 Create Step 对话框；选择 Procedure Type 为 General: Geostatic，单击 Continue 按钮。

» Edit Step 对话框如图40-13所示，在 Basic 选项卡设置 Nlgeom 为 On（几何非线性）

» 在 Incrementation 选项卡，定义增量步类型为 Automatic，其余默认

» 在 Other 选项卡中，设置矩阵存储（Matrix storage）为非对称存储（Unsysmmetric）

单击 OK 按钮完成第 1 个分析步定义。

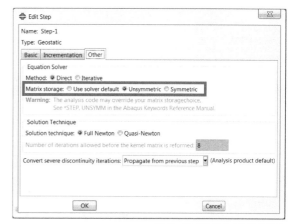

图40-13 编辑地应力平衡分析步

2.定义压裂施工分析步

应用命令 Step → Create，或单击工具箱中的 ←■ (Create Step)，弹出 Create Step 对话框，选择 Procedure Type 为 General: Soils，单击 Continue 按钮。

» 在 Basic 选项卡设置分析步时长（Time period）为 300

» 在 Incrementation 选项卡中，设置最大增量步数（Maximum number of increments）为10000，初始增量步大小（Initial）为 0.01，最小增量步（Minimum）为 1e-8，最大增量步（Maximum）为 10，单个增量步允许孔压变化（Max. pore pressure change per increment）为 1e8 Pa，取消激活蠕变选型

» 在 Other 选项卡中，设置矩阵存储（Matrix storage）为非对称存储（Unsysmmetric）

单击 OK 按钮完成第 2 个分析步定义。

3.修改场变量输出

应用命令 Output → Field Output Request:Edit:F-Output-1，弹出场变量编辑窗口，修改输出场量：S,LE,U,SDEG,VOIDR,SAT,POR。

4.增加历程变量输出

应用命令 Output → History Output Request:Create，或单击工具箱中的 按钮，在弹出的对话框中设置 Name：H-Output-2，Step：Step-1，单击 Continue 按钮，弹出历程输出编辑窗口，如图 40-14 所示，设置 Domain 为 Set，并选择 Part-Formation-1.Set-inject 集合，输出注入点孔隙压力 POR。

5.修改求解控制参数

应用命令 Other → Generla solution control:Edit:Step-1，弹出警告信息，单击 Continue 按钮，弹出 General Solution Controls Editor 窗口，如图 40-15 所示。选择 Specify，进行控制参数的人工修改，并进入 Time Incrementation 选项卡，勾选 Discontinuous analysis；进入第 1 个 More 子页面，修改 I_A 为 15。

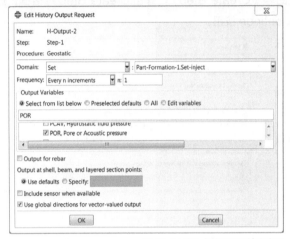

图 40-14 注入点孔压历程输出窗口　　　　图 40-15 求解控制参数编辑窗口

40.3.7 创建边界和载荷

切换到 Load 模块。

1.定义外表面法向位移约束

应用命令 BC → Create，或单击工具箱中的 ，激活创建边界条件对话框，Name 为 BC-1，Step 为 Step-1，Category 选择 Mechanical，Type 为 Displacement/Rotation，如图 40-16（a）所示，选择区域类型设置为 Geometry，并选择部件上下几何面，定义 U2 为 0，如图 40-16（b）所示。

同样的方法，定义外表面法向为 X 和 Z 轴的位移约束 BC-2 和 BC-3。

（a）选择指派区域对话框　　（b）指派属性管理

图 40-16 边界位移约束定义

2.定义非对称面外表面的孔压边界条件

应用命令BC→Create，或单击工具箱的 （Create Boundary Condition），激活创建边界条件对话框，Name 为 BC-4，Step 为 Step-1，Category 选择 Other，Type 为 Pore pressure。选择除对称面以外的所有表面，并定义为 Set-pp 集合，单击 Done 按钮，在弹出对话框中设置 Magnitude 为 20e6 Pa，如图 40-17 所示。

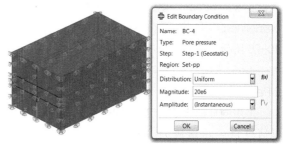

图 40-17 孔压边界条件定义

3.定义注液条件

» 创建注液排量时程曲线

应用命令 Tools→Amplitude，Name 为 Amp-1，Type 为 Tabular，单击 Continue 按钮，弹出 Edit Amplitude 对话框，设置数据如图 40-18 所示，其他保持默认。

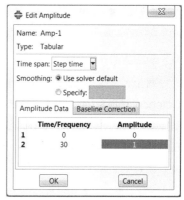

图 40-18 创建注液排量复制曲线

» 创建注液荷载

应用命令 Load→Create，或单击工具箱中的 （Create Load），激活 Create Load 对话框如图 40-19（a）所示，定义 Name 为 Load-1，分析步为 Step-2，类别为 Fluid，类型为 Concentrated pore fluid，单击 Continue 按钮，选择 Part-Formation-1.Set-inject 集合，单击 Done 按钮，弹出 Edit Load 对话框，如图 40-19（b）所示，定义 Magnitude 为 -0.05m³/s，幅值为 Amp-1，单击 OK 按钮完成定义。

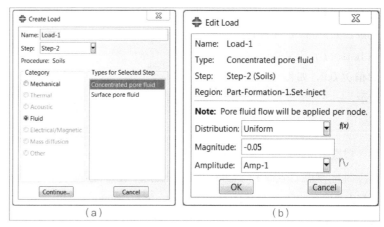

图 40-19 创建注液荷载

4.定义初始条件

» 创建初始地应力条件

应用命令 Predefined Field→Create，或单击工具箱中的 （Create Predefined Field），激活 Create

Predefined Field 对话框，设置 Name 为 Pre-Stress-mid，Step 选择为 Initial，Category 选择为 Mechanical，Types 选择 Stress，单击 Continue 按钮，通过信息提示栏的 Sets 按钮，选择 Set-mid 集合，弹出 Edit Predefined Field 窗口，如图 40-20 所示，定义 6 个应力分量为：-5e6、-1e7、-12e7、0、0、0 Pa。

采用同样的方法，定义 Set-side 集合中初始应力分量为：-1e7、-1e7、-12e7、0、0、0 Pa，初始地应力名称设置为 Pre-Stress-side。

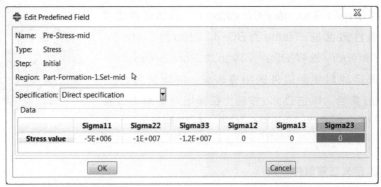

图 40-20 定义初始地应力条件

○ 渗流应力耦合分析中，需要区别总应力和有效应力，有效应力为总应力减去静水压力部分，因此，当最小水平地应力为25MPa，孔隙压力为20MPa时，有效应力为5MPa；其次，地应力状态为压，因此输入应力分量数值均为负数。

» 创建初始孔隙压力条件

同上，激活 Create Predefined Field 对话框，设置 Name 为 Pre-PorePressure，Step 选择为 Initial，Category 选择为 Other，Types 选择 Pore pressure，单击 Continue 按钮，通过信息提示栏的 Geometry 按钮，选择整个模型，并定义集合名称为 Set-all，单击 Done 按钮，弹出 Edit Predefined Field 对话框，选择统一的孔隙压力分布（Uniform-Constant），定义孔隙压力数值为 20e6 Pa，如图 40-21 所示。

» 创建初始孔隙比

同上，激活 Create Predefined Field 对话框，设置 Name 为 Pre-VoidRatio，Step 选择为 Initial，Category 选择为 Other，Types 选择 Pore pressure，单击 Continue 按钮，通过信息提示栏的 Sets 按钮，选择集合名称为 Set-all，单击 Continue 按钮，弹出 Edit Predefined Field 对话框，选择统一的孔隙压力分布（Uniform-Constant），定义孔隙比数值为 0.2，如图 40-22 所示。

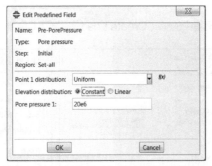
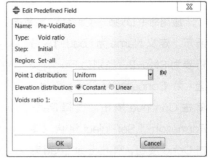

图 40-21 创建初始孔隙压力窗口　　图 40-22 创建初始孔隙比窗口

» 创建初始饱和度

同上，激活 Create Predefined Field 对话框，设置 Name 为 Pre-Saturation，Step 选择为 Initial，Category 选择为 Other，Types 选择 Pore pressure，单击 Continue 按钮，通过信息提示栏的 Sets 按钮，选择集合名称为 Set-all，单击 Continue 按钮，弹出 Edit Predefined Field 对话框，选择统一的饱和度分布（Uniform-Constant），定义饱和度数值为 1。

40.3.8 修改关键字

Abaqus 中很多功能不能通过 CAE 界面直接操作进行定义，因此需要通过编辑关键字进行定义，应用命令 Model → Edit keywords: Model-1，可激活关键字编辑对话框。

1. 定义初始起裂单元

找到关键字 **STEP:Step-1 位置，在其前面插入语句，如图 40-23 所示。

```
*Initial Conditions, TYPE=INITIAL GAP
Part-Formation-1.Set-init-element
```

2. 增加Cohesive单元的场输出

找到关键字 *Output, field 位置，并在其后的 *Element Output 字段后增加 PFOPEN，输出 Cohesive 渗流单元的裂缝宽度，如图 40-24 所示。

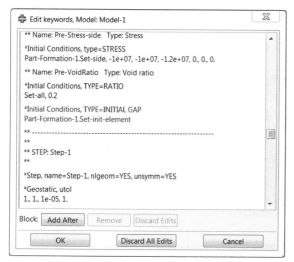 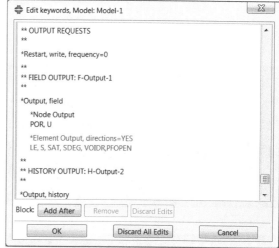

图 40-23 增加初始起裂单元关键字　　　　图 40-24 增加 Cohesive 单元张开度输出关键字

> 还可以输出Cohesive渗流单元的其他场量：GFVR（裂隙流体积速率）；LEAKVRT、LEAKVRB（分别为单元顶面和底面的流体滤失速率）；ALEAKVRT、ALEAKVRB（分别为单元顶面和底面的流体滤失的累积总体积）。

40.3.9 创建并提交作业

切换到 Job 模块。

应用命令 Job → Create，创建名为 Job-40_Hydrofracture 的对 Model-1 作业。

应用命令 Job → Submit: Job-40_Hydrofracture，提交作业，需要较长计算时间。

应用命令 Job → Monitor: Job-40_Hydrofracture，监控求解过程，直到完成求解。

应用命令 Job → Results: Job-40_Hydrofracture，自动切换到后处理模块，以查看求解结果。

40.4 查看结果

在可视化后处理 Visualization 模块。

1. 查看破裂单元分布

查看单元损伤 Primary SDEG 分布，由于仅 Cohesive 单元有损伤输出，且被实体单元包裹，因此单击工具栏中的 ，隐藏一半的实体单元，调整角度，并应用命令 Options → Common，或单击工具箱中的 ，弹出 Common Plot Options 对话框，调整 Deformation Scale Factor 为 Uniform，Value 为 1000，如图

40-25（a）所示，得到的云图如图40-25（b）所示，红色区域为破裂单元，且能观测到明显的裂缝张开效果。

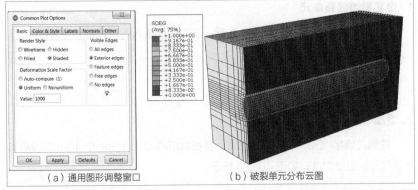

（a）通用图形调整窗口　　（b）破裂单元分布云图

图 40-25 破裂单元分布云图

通过状态栏中的 ◄◄ ◄ ► ►► 按钮，可以调整得到不同时刻的破坏情况，如图40-26所示。

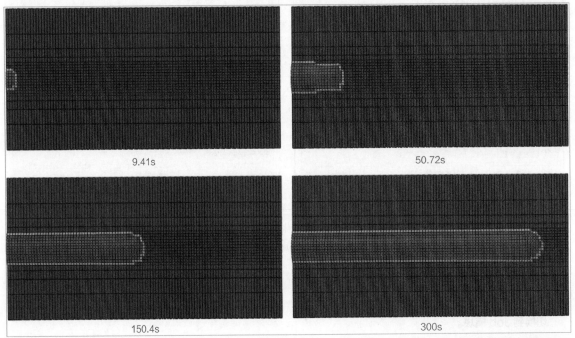

图 40-26 不同时刻获得的破裂单元分布

2. 查看裂缝张开情况

查看 Cohesive 单元张开度 Primary PFOPEN 分布，如图 40-27 所示，最大张开位移为 5.934 mm，位于注液点位置。

图 40-27 破裂单元张开度云图

3. 查看地应力分布情况

查看应力分量 S11 Primary S S11 分布，隐藏 Cohesive 单元和一半的模型，得到各部分的云图分布如图 40-28 所示。

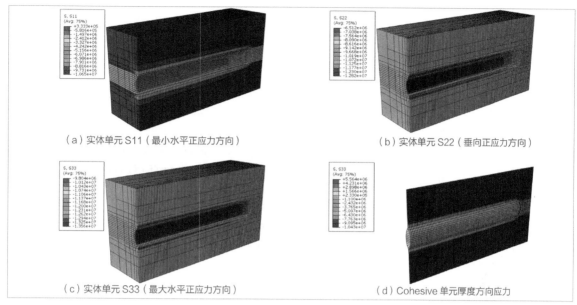

(a) 实体单元 S11(最小水平正应力方向)　　(b) 实体单元 S22(垂向正应力方向)

(c) 实体单元 S33(最大水平正应力方向)　　(d) Cohesive 单元厚度方向应力

图 40-28 模型各部分应力云图分布

4. 注入点孔隙压力变化

在前处理过程中，设置了注入点集合 Set-inject 的孔隙压力 POR 历程输出，因此应用命令 Result → History Output，弹出 History Output 对话框，选择 Pore or Acoustic Pressure:POR at Node 34542 in NSET SET-INJECT 选项，单击 Plot 按钮，可得到注入点孔压历程曲线，如图 40-29 所示。

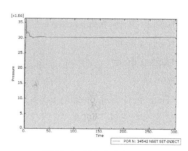

图 40-29 注入点孔隙压力历程曲线

40.5 inp 文件解释

打开工作目录下的 Job-40_ Hydrofracture.inp，节选如下：

```
** Cohesive 单元控制，定义粘性正则化系数
*Section Controls, name=EC-1, VISCOSITY=0.01
1., 1., 1.
** 定义加载幅值曲线
*Amplitude, name=Amp-1
     0.,      0.,     30.,      1.
** 初始孔隙压力
*Initial Conditions, TYPE=PORE PRESSURE
Set-all, 2e+07
** 初始饱和度
*Initial Conditions, type=SATURATION
Set-all, 1.
```

```
** 储层的初始地应力
*Initial Conditions, type=STRESS
Part-Formation-1.Set-mid,-5e+06,-1e+07,-1.2e+07, 0., 0., 0.
** 隔层的初始地应力
*Initial Conditions, type=STRESS
Part-Formation-1.Set-side,-1e+07,-1e+07,-1.2e+07, 0., 0., 0.
** 初始孔隙比
*Initial Conditions, TYPE=RATIO
Set-all, 0.2
** 初始破裂单元(编辑关键字进行添加)
*Initial Conditions, TYPE=INITIAL GAP
Part-Formation-1.Set-init-element
```

```
**----------------------------------------------------
** 地应力平衡分析步
*Step, name=Step-1, nlgeom=YES, unsymm=YES
*Geostatic, utol
1., 1., 1e-05, 1.
** 位移边界条件
*Boundary
Set-y, 2, 2
Set-x, 1, 1
Set-z, 3, 3
** 孔隙压力边界条件
*Boundary
Set-pp_PP_, 8, 8, 2e+07
** 控制参数,增加计算的收敛性
*Controls, reset
*Controls, analysis=discontinuous
*Controls, parameters=time incrementation
, , , , , , 15, , ,
** 输出设置
*Restart, write, frequency=0
*Output, field
*Node Output
POR, U
*Element Output, directions=YES
LE, S, SAT, SDEG, VOIDR
```

```
*Output, history
*Node Output, nset=Part-Formation-1.Set-inject
POR,
*Output, history, variable=PRESELECT
*End Step
**----------------------------------------------------
** 压裂施工分析步
*Step, name=Step-2, nlgeom=YES, inc=10000, unsymm=YES
*Soils, consolidation, end=PERIOD, utol=1e+08
0.01, 300., 1e-08, 10.,
** 注液条件
*Cflow, amplitude=Amp-1
Part-Formation-1.Set-inject, ,-0.01
** 输出设置
*Restart, write, frequency=0
*Output, field
*Node Output
POR, U
*Element Output, directions=YES
LE, S, SAT, SDEG, VOIDR,PFOPEN(编辑关键字进行添加)
*Output, history
*Node Output, nset=Part-Formation-1.Set-inject
POR,
*Output, history, variable=PRESELECT
*End Step
```

40.6 讨论

从当前工况的计算结果可知,水力裂缝扩展所需的井底压力稳定在 30MPa,无法促使隔层起裂扩展,因此水力裂缝仅在储层内扩展。当降低隔层地应力水平时,可以获得不同的裂缝形态,如水力裂缝扩展到隔层内部。同时调整岩层的材料性质、施工条件均会对裂缝形态产生影响。

40.7 小结和点评

本讲以石油工程中常用的油藏改造技术:水力压裂为研究对象,采用 Abaqus 提供的渗流-应力耦合分析类型,模拟压裂施工过程中压裂液泵入导致的地层破裂和地层压力变化,并详细描述了三维多层压裂模型的几何建模、网格划分、材料定义、边界条件和预定义场施加等前处理过程,获得沿储层扩展的水力裂缝。该实例概念清楚,工艺简单,可作为三维真应力压裂仿真的入门学习资料。

点评:范铁钢 博士
中国石油天然气管道科学研究院有限公司 材料所